超限高层建筑工程抗震设计
可行性论证指南及实例

主　　编　　汪　凯　江　韩
副主编　　周　慧　王曙光
参编人员　　刘　涛　杜东升　胡　浩
　　　　　　赵学斐　周　建　龚道阳
　　　　　　李威威　刘　辉　许伟志
　　　　　　朱善强　曹光荣

东南大学出版社
SOUTHEAST UNIVERSITY PRESS
·南京·

内 容 提 要

超限建筑工程抗震设防专项审查是对现有设计方法与设计制度的重要补充,是满足我国城市建设发展需要,保证建筑工程抗震安全性的重要机制。从整个设计行业来看,结构抗震设计水平参差不齐,部分设计机构对"超限建筑工程"的界定范围理解不准确、抗震性能分析不全面、结构分析脱离建筑设计方案。本指南系统地梳理了超限结构抗震审查工作的关键问题并提供了相应的解决应对措施,内容完备,覆盖面广,同时精选了近年来典型的超限工程案例汇编成册,供广大结构设计人员参考。本指南主要内容包括:超限高层建筑超限情况判别与分类、超限高层建筑结构计算分析要求、超限高层建筑结构抗震性能设计、结构超限设计的针对性措施、复杂超限结构计算分析的相关问题、隔震工程设计、减震工程设计和工程案例。

本指南可作为从事建筑结构设计人员的指导书,也可作为科研机构、高校或相关从业者的参考用书。

图书在版编目(CIP)数据

超限高层建筑工程抗震设计可行性论证指南及实例/
汪凯,江韩主编. —南京:东南大学出版社,2019.2
　　ISBN 978-7-5641-8106-2

　　Ⅰ. ①超… Ⅱ. ①汪… ②江… Ⅲ. ①高层建筑—防
震设计—指南　Ⅳ. ①TU973-62

中国版本图书馆 CIP 数据核字(2018)第 266688 号

超限高层建筑工程抗震设计可行性论证指南及实例

| 主　　编 | 汪　凯　江　韩 | **副主编** | 周　慧　王曙光 |

参编人员　刘　涛　杜东升　胡　浩　赵学斐　周　建　龚道阳　李威威
　　　　　　刘　辉　许伟志　朱善强　曹光荣

出版发行	东南大学出版社
社　　址	南京市四牌楼 2 号　邮编:210096
出 版 人	江建中
责任编辑	丁　丁
编辑邮箱	d.d.00@163.com
网　　址	http://www.seupress.com
电子邮箱	press@seupress.com
经　　销	全国各地新华书店
印　　刷	虎彩印艺股份有限公司
版　　次	2019 年 2 月第 1 版
印　　次	2019 年 2 月第 1 次印刷
开　　本	787 mm×1 092 mm　1/16
印　　张	30
字　　数	958 千
书　　号	ISBN　978-7-5641-8106-2
定　　价	198.00 元

本社图书若有印装质量问题,请直接与营销部联系。电话(传真):025-83791830

序 一

我国改革开放 40 年来,城市建设水平得到飞速发展,人们显著感受到城市面貌日新月异的变化。近年来,随着城镇化进程的加速,越来越多的人口向城市聚集。城市的用地面积有限,却要满足海量人口衣食住行等多方面需求,这就迫使我们向天空、向地下索要空间。城市建设水平往往代表着一个城市的繁荣程度,高层建筑作为现代城市文明的一种标志,有时是一个城市、一个国家,甚至是一个时代的象征。

超限高层建筑工程是指超出国家现行规范、规程所规定的适用高度和适用结构类型的高层建筑工程,以及体型特别不规则的高层建筑工程,主要类型可分为超高建筑、不规则建筑和大跨空间建筑。超限高层建筑的建设既有赖于经济的发展和人民的需求,也需要土木建筑学科中各种成熟配套的科学和技术作为基础,可以说,经济与科技的进步支撑了超限高层建筑的发展。

我国是一个地震多发国家,对于超高、超大、复杂的超限高层建筑来讲,建筑中人员密集,建筑造价高昂,一旦发生严重震灾,后果不堪设想。为加强超限高层建筑工程抗震设防管理,提高抗震设计的安全性,我国自 1998 年开始实行超限高层建筑工程抗震设防专项审查。审查制度实施 20 年以来,极大提高了超限高层建筑的抗震性能,特别是在概念设计、结构体系、结构布置、加强措施等方面的审查意见和建议,基本消除结构明显存在的抗震薄弱部位,显著提高超限高层建筑工程的抗震能力。在超限高层建筑建设过程中,大量新材料及新技术得到论证并日趋成熟,为广大从业人员的应用与创新提供了源源不断的动力。超限高层建筑的建设有力促进了新型建筑结构材料、新型建筑结构体系、隔震减震技术以及计算设计方法等领域的不断进步,包括相关设计规范的修订与更新,形成了良性循环。

本书作者长期从事超限高层建筑工程的设计工作,具有丰富的工程经验及较高的理论水平,结合实际工程项目系统地梳理了近年来超限审查的工作要点,内容完备,覆盖面广。本书汇聚了江苏省近年来通过超限审查的近 30 项典型超限建筑工程案例,这些案例是从全省 700 余项超限高层建筑项目中遴选出来的,项目类型丰富,结构体系齐全,超限种类多样,均达到了较高的设计水准,可为全省乃至全国相关超限高层建筑的设计与审查提供借鉴,共同提高我国超限高层建筑工程的抗震设防水平。

中国工程院院士

江苏省建筑科学研究院有限公司董事长

2018 年 11 月

序 二

地震是严重威胁人类安全的自然灾害,具有突发性强、破坏性大、危害面广、难以预测等特点。江苏是我国东部地区中强地震活动水平较高的省份,有历史记载以来发生过多次破坏性地震,特别是 20 世纪 70 年代以来,全省境内及近海海域共发生 5 级以上地震 17 次,6 级以上地震 5 次,震情形势一直复杂严峻。同时,江苏人口众多、经济发达、城镇密集、社会财富集中,一旦发生破坏性地震,有可能造成严重的经济损失、人员伤亡和社会影响。近年来,随着城镇化进程的持续加快,江苏省超高层建筑及复杂建筑不断涌现,截至 2017 年年底,全省已累计建设 700 多项超限高层建筑项目,包括高度超过 300 m 的苏州中南中心、南京金鹰天地广场、苏州绿地中心等,项目类型也涵盖商业、酒店、高层住宅、交通站房、文化医疗等多种建筑类型。因此,进一步做好城市抗震防灾工作,增强工程抗震能力,进而预防和减轻地震灾害是摆在政府主管部门和建筑工程从业者面前的重要基础性工作之一。

随着江苏省建筑市场逐渐与国际接轨,建筑设计理念日新月异,造型新颖、富有感召力的建筑越来越多,这对提升江苏省城市整体美感、提高建筑设计水平都有着积极的作用。但同时也要看到,建筑设计的"特立独行"也给结构设计带来不小的挑战,如建筑上喜爱的"反重力式"悬挑、立面上的内收凹进、底部竖向构件缺失、受力构件转换等对结构设计特别是抗震设计来说都是不利的,必须引起结构设计师的高度重视。我国现行的建筑工程设计标准规范体系是长期以来在理论研究、科学实验及大量工程实践基础上形成的,适用于常规的建筑结构设计。对于符合其适用范围的工程,按照相关标准规范设计,结构安全可以得到保证;对于超出结构体系、力和位移限值等的建筑工程应该补充分析研究或试验,论证其可行性,并经过专项审查,以确保结构安全。江苏省近年来已对数百例超限高层建筑的抗震设计进行了抗震设防专项审查,取得了一定的成绩和经验。

在未来,无论是江苏省内还是全国范围内,都将会出现越来越多的超限高层建筑,这些建筑对结构设计的要求也会越来越高。规范超限高层建筑工程抗震设防专项审查和提高结构设计人员的设计水平对于确保工程质量、减小地震灾害损失、促进江苏建筑行业发展具有重要的意义。为此,本书编委会通过对目前国内已建和在建的超限高层建筑和大跨屋盖建筑工程项目进行系统的梳理、剖析和总结,编制了超限高层建筑工程抗震设计可行性论证指南,并从近十年来江苏省内 700 余项超限高层和大跨屋盖建筑工程中精选了近 30 项典型案例,整理分析汇编成案例集。该指南对江苏省超限高层建筑结构设计和抗震设防专项审查工作具有重要的指导意义,所附案例具有很强的代表性和实用性。相信本书的出版将进一步提高全省房屋建筑工程抗震设防设计、审查工作的水平,促进全省建筑工程抗震设防质量不断提升。

全国工程勘察设计大师

中国建筑科学研究院研究员

2018 年 11 月

前　言

根据国家《行政许可法》，江苏省住房和城乡建设厅1999年批准成立了江苏省超限高层建筑工程抗震设防审查专家委员会，在全省开展了超限高层建筑工程抗震设防审查工作。超限高层建筑工程是指超出国家现行规范、规程所规定的适用高度、适用结构类型，或者由于平面和竖向不规则而易引起震害、影响结构安全度的建筑工程，以及按有关规范、规程规定，应当进行抗震设防专项审查的特殊类型、特殊形式、超长悬挑、特大跨度的高层建筑工程。超限高层建筑工程的抗震设防专项审查，主要是审查其超限的可行性，限制严重不规则的建筑结构，对于超高或特别不规则的结构，则需要审查其理论分析、试验研究或所依据震害经验的可靠性，所采取的抗震措施是否有效，其目的就是要避免、消除抗震安全隐患。目前超限高层建筑工程抗震设防专项审查已列入国务院行政许可，已经成为针对超限高层建筑抗震设计所采取的重要技术管理手段，为勘察、设计以及施工图审查提供了重要的技术支持与审查依据，是对现有设计方法与设计制度的重要补充，是满足我国城市建设发展需要，保证建筑工程抗震安全性的重要机制。

截至2017年，全省已组织有关专家审查了766项超限高层建筑工程。近年来我省的超限高层建筑工程尤其是超高层建筑呈逐年上升的趋势，这些建筑在形态和风格上不断推陈出新、追求创意，主要表现为平面和立面的不规则，这种建筑能带来一定的美感，满足人们审美需求，在城市建筑中应用较广，逐渐成为现今城市建筑设计的主要趋势。然而不规则结构受力形式复杂，为结构设计带来了很大的挑战。为了更好地指导全省超限高层建筑工程抗震设防审查工作，提高抗震设计和审查工作质量，笔者编制完成了《超限高层建筑工程抗震设计可行性论证指南及实例》。

超限高层建筑工程的抗震设计是初步设计的组成部分，也是结构设计的重要内容，直接关系到建筑设计方案的可实施性和安全性。从整个设计行业来看，结构抗震设计水平参差不齐，部分设计机构对"超限高层建筑工程"的界定范围理解不准确、抗震性能分析不全面、结构分析脱离建筑设计方案，为超限审查专家对建筑抗震性能的把握带来了一定的困难。因此，有必要制定超限高层抗震设防可行性论证报告编制指南，规范抗震设计审查内容，推动我省抗震设计质量水平的提高。

超限高层建筑工程的抗震设防专项审查内容应包括：建筑的抗震设防分类、抗震设防烈度（或者设计地震动参数）、场地抗震性能评价、结构体系布置、抗震概念设计和性能目标设定、结构整体抗震性能分析和关键部位计算分析、抗震加强措施等。建筑单位申报超限高层建筑工程的抗震设防专项审查时，应当提供相应的专项审查文件，其中《超限高层建筑工程抗震设计可行性论证报告》是最重要的技术文件。

本指南基本涵盖了完成超限高层建筑工程抗震设计可行性报告所需开展的设计和研究工作，具体内容包括：超限高层建筑工程的判定、抗震性能目标的设定及实现、结构体系和基础形式的选择论证、超限高层建筑工程计算分析和专项分析、抗震综合措施以及可能需要的试验研究等。面对日新月异的建筑设计创新，解决超限高层建筑工程中各种新问题需要工程设计领域的同行们共同努力。本指南不到之处，也将根据今后对相关问题的深入研究和进一步的工程实践来补充完善。

目 录

1 总则 ……………………………………………………………………………… 1

2 术语和符号 …………………………………………………………………… 2
　2.1 术语 ……………………………………………………………………… 2
　2.2 符号 ……………………………………………………………………… 4

3 超限高层建筑超限情况判别与分类 ………………………………………… 6
　3.1 建筑结构超限判定的依据 ……………………………………………… 6
　3.2 超限高层建筑的类型与判定 …………………………………………… 6
　3.3 建筑物高度超限的认定 ………………………………………………… 7
　3.4 规则性超限认定一 ……………………………………………………… 8
　3.5 规则性超限认定二 ……………………………………………………… 12
　3.6 规则性超限认定三 ……………………………………………………… 13
　3.7 其他超限高层建筑 ……………………………………………………… 13

4 超限高层建筑结构计算分析要求 …………………………………………… 14
　4.1 计算分析总体要求 ……………………………………………………… 14
　4.2 高度超限时的计算要求 ………………………………………………… 17
　4.3 平面规则性超限时的计算要求 ………………………………………… 17
　4.4 竖向不规则结构计算分析要求 ………………………………………… 18
　4.5 错层结构 ………………………………………………………………… 19
　4.6 多塔结构 ………………………………………………………………… 19
　4.7 带强（弱）连接体结构 ………………………………………………… 20
　4.8 其他要求 ………………………………………………………………… 20
　4.9 大跨空间结构计算要求 ………………………………………………… 20
　4.10 巨型结构体系结构布置及计算要求 ………………………………… 21

5 超限高层建筑结构抗震性能设计 …………………………………………… 22
　5.1 基于性能的钢筋混凝土建筑结构抗震设计方法 …………………… 22
　5.2 地震作用与抗震性能目标 ……………………………………………… 23

6 结构超限设计的针对性措施 ………………………………………………… 30
　6.1 高度超限时的抗震构造措施 …………………………………………… 30
　6.2 平面规则性超限时的抗震构造措施 …………………………………… 31
　6.3 立面规则性超限时的抗震构造措施 …………………………………… 33

7 复杂超限结构计算分析的相关问题 ······ 42

7.1 超限高层建筑工程审查会专家关注点 ······ 42

7.2 超限高层建筑工程设计需关注的计算结果与相关规范对照 ······ 42

7.3 超限审查意见内容 ······ 43

7.4 常见结构设计软件的选择 ······ 43

7.5 楼层最小剪力系数 ······ 47

7.6 阻尼比 ······ 49

7.7 风洞试验 ······ 50

7.8 底部剪力墙受拉控制方法 ······ 52

7.9 静力弹塑性时程分析 ······ 54

7.10 动力弹塑性时程分析 ······ 57

7.11 关于加强层的设置 ······ 61

7.12 钢板混凝土剪力墙 ······ 62

7.13 施工模拟及收缩徐变分析 ······ 63

7.14 超长结构温度作用分析 ······ 67

7.15 舒适度分析 ······ 68

7.16 穿层柱 ······ 70

7.17 框架柱地震剪力及其调整 ······ 71

7.18 塔楼偏置对策 ······ 71

7.19 超限高层连梁的设计 ······ 72

7.20 竖向构件搭接柱设计 ······ 74

7.21 上部结构嵌固部位 ······ 75

7.22 防连续倒塌分析 ······ 77

7.23 超限高层结构地基抗震设计要求 ······ 79

7.24 结构抗震试验要求 ······ 80

7.25 大跨度空间结构(屋盖)设计控制 ······ 80

7.26 常见审查意见汇总 ······ 88

8 隔震工程设计 ······ 92

8.1 设计总体要求 ······ 92

8.2 分析模型和分析方法 ······ 92

8.3 隔震设计要点 ······ 94

8.4 其他设计要求 ······ 96

8.5 隔震支座检测 ······ 98

9 减震工程设计 ······ 100

9.1 减震技术概要 ······ 100

9.2 阻尼器分类及特点 ······ 100

9.3 减震设计流程要点 ······ 102

9.4 减震结构的反应特性 ······ 103

9.5 减震结构附加阻尼比计算 ······ 103

10 工程案例 ······ 105

10.1 南京青奥中心(塔楼部分) ······ 105

10.2　南京青奥中心(会议中心) ･･････････････････････････････････････ 115

10.3　启东市体育文化中心 ･･ 126

10.4　江苏大剧院 ･･ 137

10.5　苏州工业园区体育中心 ･････････････････････････････････････ 150

10.6　南京禄口机场 2 号航站楼 ･･････････････････････････････････ 160

10.7　昆山汇金大厦 ･･ 171

10.8　徐州观音机场二期扩建工程 ･････････････････････････････････ 179

10.9　苏州第二图书馆 ･･ 191

10.10　苏州大剧院 ･･ 201

10.11　靖江文化中心 ･･ 214

10.12　太湖试验厅工程 ･･ 224

10.13　无锡宜兴文化中心大剧院 ･････････････････････････････････ 234

10.14　昆山凤凰广场 ･･ 241

10.15　苏州工业园区凯悦酒店东地块 ･････････････････････････････ 257

10.16　宿迁雨润广场项目 ･･ 266

10.17　苏宁总部易购研发办公楼 ･････････････････････････････････ 282

10.18　苏州绿地中心超高层 B1 地块项目 ･･････････････････････････ 294

10.19　苏州中南中心 ･･ 304

10.20　南京金鹰天地广场 ･･ 315

10.21　苏州工业园区 271 号地块超高层项目 ･･･････････････････････ 327

10.22　南通如东县体育中心体育场 ･･･････････････････････････････ 340

10.23　康力电梯试验塔项目 ･･････････････････････････････････････ 352

10.24　台积电(南京)有限公司 30.48 cm(12 英寸)晶圆厂与设计服务中心一期项目
　　　生管中心 ･･･ 363

10.25　宿迁市苏豪银座项目 ･･････････････････････････････････････ 372

10.26　徐州杏山子车辆段上盖项目 ･･･････････････････････････････ 384

10.27　南京博物院老大殿隔震加固工程 ･･･････････････････････････ 395

10.28　宿迁佳宝儿童医院隔震设计 ･･･････････････････････････････ 402

10.29　宿迁淮海技师学院综合楼减震设计 ･････････････････････････ 420

参考文献 ･･･ 438

附　录 ･･･ 440

1 总 则

1. 为贯彻执行《中华人民共和国建筑法》《中华人民共和国防震减灾法》《中华人民共和国行政许可法》、住房和城乡建设部《房屋建筑工程抗震设防管理规定》《超限高层建筑工程抗震设防管理规定》《超限高层建筑工程抗震设防专项审查技术要点》,加强对超限高层建筑工程抗震设计的管理工作,实行预防为主的方针,使超限高层建筑工程的抗震设计达到抗震设防目标的要求,制定本指南。

2. 本指南主要依据国家标准《建筑工程抗震设防分类标准》(GB 50223—2008)、《建筑抗震设计规范》(GB 50011—2010)、《高层建筑混凝土结构技术规程》(JGJ 3—2010)、《高层民用建筑钢结构技术规程》(JGJ 99—2015)编制。

3. 超限高层建筑工程抗震设计时,除应遵守现有技术标准的要求外,还应包括下列内容:

(1)结构抗震体系的要求。

(2)超限程度的控制和结构抗震概念设计。

(3)结构抗震性能设计。

(4)结构抗震计算分析。

(5)结构抗震构造措施。

(6)必要时,应进行结构抗震试验。

4. 建筑形体的多样性宜与结构受力的合理性统一,使建筑物既满足建筑功能和形体美观的要求,又保证地震作用下的结构安全,对可能存在的影响结构安全的其他问题应重点分析与论证。结构抗震设计应遵循概念设计与计算分析并重的原则。在现有技术和经济条件下,当结构安全和建筑形体等方面出现矛盾时,应以安全为重。设计者应通过结构抗震概念设计、已有的工程经验、精细的结构分析、有针对性的抗震措施和必要的结构抗震试验验证,完成超限高层建筑工程的抗震设计工作。

2　术语和符号

2.1　术　　语

2.1.1　高层建筑

10 层及 10 层以上或房屋高度大于 28 m 的住宅建筑以及房屋高度大于 24 m 的其他高层民用建筑。

2.1.2　房屋高度

自室外地面至房屋主要屋面的高度(不包括局部突出屋面的电梯机房、水箱、构架等高度)。主要屋面指屋面建筑面积大于下一层楼面建筑面积的 30% 的屋面。若建筑地下室有一面临空,则应从临空面的地面开始计算。

2.1.3　高宽比

房屋高度与建筑平面宽度之比。

2.1.4　抗震设防标准

衡量抗震设防要求高低的尺度,由抗震设防烈度或设计地震动参数及建筑抗震设防类别确定。

2.1.5　建筑抗震概念设计

根据地震灾害和工程经验等所形成的基本设计原则和设计思想,进行建筑和结构总体布置并确定细部构造的过程。

2.1.6　抗震措施

除地震作用计算和抗力计算以外的抗震设计内容,包括抗震构造措施。

2.1.7　抗震构造措施

根据抗震概念设计原则,一般不需计算而对结构和非结构各部分必须采取的各种细部要求。

2.1.8　较多短肢剪力墙结构

在规定的水平地震作用下,短肢剪力墙承担的底部倾覆力矩不小于结构底部总地震倾覆力矩的 30%(应小于 50%)的剪力墙结构。

注:短肢剪力墙是指墙肢截面厚度不大于 300 mm、各肢截面高度与厚度之比的最大值大于 4 但不大于 8 的剪力墙。

2.1.9　建筑不规则程度的划分

1. 不规则:指超过《建筑抗震设计规范》(GB 50011—2010)第 3.4.3 条表 3.4.3-1 和表 3.4.3-2 中一项及一项以上的不规则指标。

2. 特别不规则:指具有较明显的抗震薄弱部位,可能引起不良后果者。即具有《建筑抗震设计规范》(GB 50011—2010)第 3.4.3 条表 3.4.3-1 和表 3.4.3-2 中六个主要不规则类型的三个及三个以上的;具有本指南的表 3.3 中所列的两项不规则或同时具有本指南的表 3.2 和表 3.3 中某项不规则;具有本指南的表 3.4 中所列的一项不规则。

3. 严重不规则:指的是形体复杂,多项不规则指标超过《建筑抗震设计规范》(GB 50011—2010)第 3.4.4 条上限值或某一项大大超过规定值,具有现有技术和经济条件不能克服的严重的抗震薄弱环节,可能导致地震破坏的严重后果者。

2.1.10 多遇地震

50 年超越概率为 63% 的地震烈度(重现期为 50 年),比基本烈度约低一度半,为"第一水准烈度"。

2.1.11 设防地震

50 年超越概率为 10% 的地震烈度(重现期为 475 年),为"第二水准烈度"。

2.1.12 罕遇地震

50 年超越概率为 2%～3% 的地震烈度(重现期为 1 600～2 400 年),为"第三水准烈度",当基本烈度 6 度时为 7 度强,7 度时为 8 度强,8 度时为 9 度弱,9 度时为 9 度强。

2.1.13 "三个水准"抗震设防

抗震设防"三个水准"即"小震不坏、中震可修、大震不倒"。一般情况下,遭遇第一水准烈度——众值烈度(多遇地震)影响时,建筑处于正常使用状态,结构处于弹性工作状态;遭遇第二水准烈度——基本烈度(设防地震)影响时,结构进入非弹性工作状态,但非弹性变形或结构体系的损坏控制在可修复的范围;遭遇第三水准烈度——最大预估烈度(罕遇地震)影响时,结构有较大的非弹性变形,但应控制在规定的范围内,以免倒塌。

2.1.14 二阶段设计

二阶段设计是为了实现"三个水准"设防的目标而进行的结构设计,第一阶段设计是承载力验算,取第一水准的地震动参数计算结构的弹性地震作用标准值和相应的地震作用效应,并采用相应规范规定的分项系数设计表达式进行结构构件的截面承载力抗震验算,来满足第一水准下具有必要的承载力可靠度,同时满足第二水准的损坏可修的目标。对大多数结构,可只进行第一阶段设计,通过概念设计和抗震措施来满足"三个水准"的设计要求。第二阶段设计是弹塑性变形验算,对地震时易倒塌的结构、有明显薄弱层的不规则结构以及有专门要求的建筑,进行结构薄弱部位的弹塑性层间变形验算并采取相应的抗震构造措施,实现第三水准的设防要求。

2.1.15 软弱层

刚度变化不符合《高层建筑混凝土结构技术规程》(JGJ 3—2010)第 3.5.2 条要求的楼层。

2.1.16 薄弱层

指在强烈地震作用下,结构首先屈服并产生较大弹塑性位移的楼层,即竖向抗侧力构件不连续处的楼层(抗侧力构件承担的第一振型底部倾覆力矩大于 10% 的抗侧力构件不连续时)或楼层抗侧力结构的层间受剪承载力小于其相邻上一层受剪承载力的 80% 的楼层,以及楼层屈服强度系数小于 0.5 的框架结构的楼层。

2.1.17 楼层屈服强度系数

按构件实际配筋和材料强度标准值计算的楼层受剪承载力与按罕遇地震作用标准值计算的楼层弹性地震剪力的比值。

2.1.18 错层结构

楼板错层(同一层内楼板高差大于 1 000 mm 或梁高)所占楼层数大于总楼层数(不含地下室)的 20%或四层。

2.1.19 楼层抗侧力结构层间受剪承载力

指在所考虑的水平地震作用方向上,该层全部柱、剪力墙及斜撑的受剪承载力之和。

2.2 符　　号

2.2.1 材料力学性能

$C20$——表示立方体抗压强度标准值为 20 N/mm² 的混凝土强度等级;

E_c——混凝土弹性模量;

E_s——钢筋弹性模量;

f_{ck}、f_c——分别为混凝土轴心抗压强度标准值、设计值;

f_{tk}、f_t——分别为混凝土轴心抗拉强度标准值、设计值;

f_{yk}——普通钢筋屈服强度标准值;

f_y、f'_y——分别为普通钢筋的抗拉、抗压强度设计值;

f_{yv}——横向钢筋的抗拉强度设计值;

f_{yh}、f_{yw}——分别为剪力墙水平、竖向分布钢筋的抗拉强度设计值。

2.2.2 作用和作用效应

F_{Ek}——结构总水平地震作用标准值;

F_{Evk}——结构总竖向地震作用标准值;

G_E——计算地震作用时,结构总重力荷载代表值;

G_{eq}——结构等效总重力荷载代表值;

M——弯矩设计值;

N——轴向力设计值;

S_d——荷载效应或荷载效应与地震作用效应组合的设计值;

V——剪力设计值;

w_0——基本风压;

w_k——风荷载标准值;

ΔF_n——结构顶部附加水平地震作用标准值;

Δu——楼层层间位移。

2.2.3 几何参数

a_s、a'_s——分别为纵向受拉、受压钢筋合力点至截面近边的距离;

A_s、A'_s——分别为受拉区、受压区纵向钢筋截面面积;

A_{sh}——剪力墙水平分布钢筋的全部截面面积;

A_{sv}——梁、柱同一截面各肢箍筋的全部截面面积;

A_{sw}——剪力墙腹板竖向分布钢筋的全部截面面积;

A——剪力墙截面面积;

A_w——T 形、I 形截面剪力墙腹板的面积;

b——矩形截面宽度；

b_b、b_c、b_w——分别为梁、柱、剪力墙截面宽度；

B——建筑平面宽度、结构迎风面宽度；

d——钢筋直径；

e——偏心距；

e_0——轴向力作用点至截面重心的距离；

e_i——考虑偶然偏心计算地震作用时，第 i 层质心的偏移值；

h——层高或截面高度；

h_0——截面有效高度；

H——房屋高度；

H_i——房屋第 i 层距室外地面的高度；

l_a——非抗震设计时纵向受拉钢筋的最小锚固长度；

l_{ab}——受拉钢筋的基本锚固长度；

l_{abE}——抗震设计时纵向受拉钢筋的基本锚固长度；

l_{aE}——抗震设计时纵向受拉钢筋的最小锚固长度；

s——箍筋间距。

2.2.4 系数

α——水平地震影响系数值；

α_{max}、α_{vmax}——分别为水平、竖向地震影响系数最大值；

α_1——受压区混凝土矩形应力图的应力与混凝土轴心抗压强度设计值的比值；

β_c——混凝土强度影响系数；

β_z——z 高度处的风振系数；

γ_j——j 振型的参与系数；

γ_{Eh}——水平地震作用的分项系数；

γ_{Ev}——竖向地震作用的分项系数；

γ_G——永久荷载（重力荷载）的分项系数；

γ_w——风荷载的分项系数；

γ_{RE}——构件承载力抗震调整系数；

η_p——弹塑性位移增大系数；

λ——剪跨比或水平地震剪力系数；

λ_v——配箍特征值；

μ_N——柱轴压比或墙肢轴压比；

μ_s——风荷载体型系数；

μ_Z——风压高度变化系数；

ξ_y——楼层屈服强度系数；

ρ_{sv}——箍筋面积配筋率；

ρ_w——剪力墙竖向分布钢筋配筋率；

ψ_w——风荷载的组合值系数。

2.2.5 其他

T_0——结构第一平动或平动为主的自振周期（基本自振周期）；

T_t——结构第一扭转振动或扭转振动为主的自振周期；

T_g——场地的特征周期。

3 超限高层建筑超限情况判别与分类

汶川地震之后,建筑物的抗震性能越来越受到关注,如何在保证安全可靠的同时繁荣建筑市场创作,是经济发展过程中建设领域需要认真面对的问题。建筑物与人类生活息息相关,需要从房屋自身的属性和功能出发进行构思和构筑,因此概念设计十分重要。《建筑抗震设计规范》(GB 50011—2010)第3.4.1条明确规定:"建筑设计应根据抗震概念设计的要求明确建筑体型的规则性。不规则的建筑应按规定采取加强措施;特别不规则的建筑应进行专门研究和论证,采取特别的加强措施;严重不规则的建筑不应采用。"对一个工程项目首先应该根据本项目的特点,判别其规则性,进行计算和分析,并采取针对性的设计和构造措施,保证建筑物具有足够的安全性和经济性。

3.1 建筑结构超限判定的依据

判定建筑工程超限类别和严重程度的依据为国家有关文件和现行规范,具体如下:
《超限高层建筑工程抗震设防管理规定》(建设部令第111号);
《建筑抗震设计规范》(GB 50011—2010)(简称《抗规》)及2016年局部修订;
《高层建筑混凝土结构技术规程》(JGJ 3—2010)(简称《高规》);
《超限高层建筑工程抗震设防专项审查技术要点》(住房和城乡建设部,2015年5月)。
应当指出:与上述规范、规程、技术要点相关的超限高层建筑工程仅为目前超限高层建筑工程的主要类型。工程项目中很多不规则项以及不规则程度的把握,需要设计人员在相关依据的基础上综合判断。具体工程的超限判定遇到困难时,可向国家或省超限专家委员会咨询。

3.2 超限高层建筑的类型与判定

超限高层建筑工程是指超出国家现行规范、规程所规定的适用高度和适用结构类型的高层建筑工程,体型特别不规则的高层建筑工程,以及有关规范、规程规定应进行抗震专项审查的高层建筑工程。超限高层建筑工程包括以下4种情况:

1. 高度超限工程:即房屋高度超过规定,包括超过《建筑抗震设计规范》(GB 50011—2010)第6章钢筋混凝土结构和第8章钢结构最大适用高度,超过《高层建筑混凝土结构技术规程》(JGJ 3—2010)第7章中有较多短肢墙的剪力墙结构、第10章中错层结构和第11章混合结构最大适用高度的高层建筑工程。

2. 规则性超限工程:即房屋高度不超过规定,但建筑结构布置属于《建筑抗震设计规范》(GB 50011—2010)、《高层建筑混凝土结构技术规程》(JGJ 3—2010)规定的特别不规则的高层建筑工程,包括平面不规则、竖向不规则两方面内容。平面不规则包括扭转不规则、凹凸不规则、楼板不连续,竖向不规则包括竖向抗侧力构件不连续,侧向刚度突变、楼层受剪承载力突变、尺寸突变。

3. 屋盖超限工程:即屋盖的跨度、长度或结构形式超出《建筑抗震设计规范》(GB 50011—2010)第10章及《空间网格结构技术规程》(JGJ 7—2010)、《索结构技术规程》(JGJ 257—2012)等空间结构规程规定的大型公共建筑工程(不含骨架支承式膜结构和空气支承膜结构)。

4. 结构类型超限工程:即特殊结构类型的高层建筑工程,包括《建筑抗震设计规范》(GB 50011—

2010)、《高层建筑混凝土结构技术规程》(JGJ 3—2010)和《高层民用建筑钢结构技术规程》(JGJ 99—2015)(简称《高钢规》)等现行规范、规程尚未列入的其他类型高层建筑结构,特殊形式的大型公共建筑及超长悬挑结构、特大跨度的连体结构等。

3.3 建筑物高度超限的认定

根据《建筑抗震设计规范》(GB 50011—2010)对钢筋混凝土结构和钢结构最大适用高度的规定以及《高层建筑混凝土结构技术规程》(JGJ 3—2010)对具有较多短肢剪力墙的剪力墙结构、错层结构和混合结构最大适用高度的规定,各类结构体系房屋的最大适用高度汇总后列于表3.1。

表3.1 各类结构体系房屋的最大适用高度(m)

结构类型		6度	7度 (0.10g)	7度 (0.15g)	8度 (0.20g)	8度 (0.30g)	9度
混凝土结构	框架	60	50	50	40	35	24
	框架-抗震墙	130	120	120	100	80	50
	抗震墙	140	120	120	100	80	60
	部分框支抗震墙	120	100	100	80	50	不应采用
	框架-核心筒	150	130	130	100	90	70
	筒中筒	180	150	150	120	100	80
	板柱-抗震墙	80	70	70	55	40	不应采用
	较多短肢墙	140	100	100	80	60	不应采用
	错层的抗震墙	140	80	80	60	60	不应采用
	错层的框架-抗震墙	130	80	80	60	60	不应采用
混合结构	钢外框-钢筋混凝土筒	200	160	160	120	100	70
	型钢(钢管)混凝土框架-钢筋混凝土筒	220	190	190	150	130	70
	钢外筒-钢筋混凝土内筒	260	210	210	160	140	80
	型钢(钢管)混凝土外筒-钢筋混凝土内筒	280	230	230	170	150	90
钢结构	框架	110	110	110	90	70	50
	框架-中心支撑	220	220	200	180	150	120
	框架-偏心支撑(延性墙板)	240	240	220	200	180	160
	各类筒体和巨型结构	300	300	280	260	240	180

高层建筑工程高度超限的判别界限可按表3.1执行,同时应注意以下几点:

1. 现行规范对于房屋建筑高度的起算点为室外地坪到主要屋面板顶的高度,不包括局部突出屋顶部分,但大量建筑,尤其是坡地建筑的室外地坪不在同一个标高处,主要屋面上往往又建有设备用房和装饰构件,对结构本身存在不同影响。所以超限高层建筑应针对其多样性与复杂性,根据不同情况分析确定。

结构计算中,将相邻两层侧向刚度比不宜小于2作为嵌固端的判定条件。嵌固端以下部位不参与地震作用计算,因此当室外地坪不在同一标高时,嵌固端可作为建筑结构的高度起算点。

当突出屋面的电梯机房、水箱、构件等较小时,可以不计局部突出屋面的部位,但当突出屋面的面积大于顶层面积30%时,结构高度应取至突出屋面顶高度,如图3.1所示。当主体结构上建有较大规模的装饰性构架时,该构件应参与整体结构分析,特别是装饰构件与主体结构的连接部位,材料不同时还需适当考虑阻尼比不同的影响。同时补充采用弹性时程分析法计算,明确鞭梢效应,加强装饰性构件与主体结构连接部位的构造。

对于坡屋顶建筑,当檐口标高处不设水平楼板时,房屋高度可算至檐口标高处;当檐口标高附近设水平楼板时,即带阁楼的坡屋顶时,高度可算至坡高的1/2高度处。

2. 乙、丙类建筑应根据本地区设防烈度按表3.1确定其最大适用高度;甲类建筑6、7、8度时宜按本地区设防烈度提高一度后确定,9度时应专门研究。

3. B级高度的钢筋混凝土高层建筑应列为高度超限的高层建筑工程,但B级高度规则高层建筑可直接按《高层建筑混凝土结构技术规程》(JGJ 3—2010)相应规定设计,不需进行抗震性能化设计。

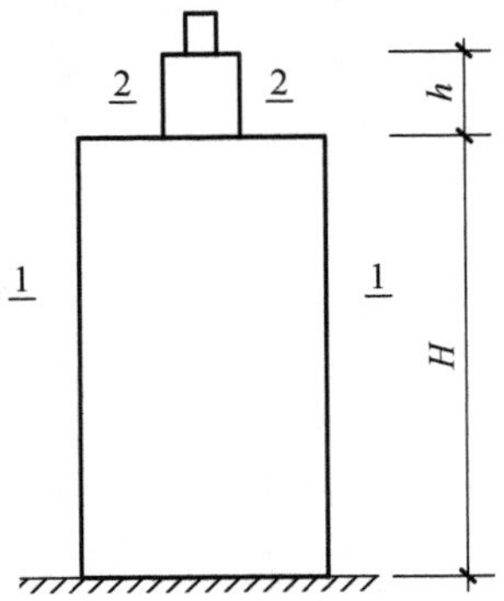

图3.1 结构高度计算示意图

注:当$S_{2-2}>0.3S_{1-1}$时,结构高度应为$H+h$;当$S_{2-2}<0.3S_{1-1}$时,结构高度应为H。其中S_{1-1}、S_{2-2}分别表示1-1剖面与2-2剖面的面积。

4. 同时存在平面不规则和竖向不规则项(部分框支剪力墙结构仅指框支层以上的楼层同时存在平面和竖向不规则项)时,其最大适用高度应比表内数值降低10%。

5. 《高层建筑混凝土结构技术规程》(JGJ 3—2010)涉及的错层结构,一般包含框架结构、框架-剪力墙结构和剪力墙结构。错层结构受力复杂,地震作用下易形成多处薄弱部位,目前错层结构的研究和工程实践经验较少,对其适用高度加以适当限制。

6. 框架-剪力墙结构在水平力作用下,结构底层框架部分承受的地震倾覆力矩与结构总地震倾覆力矩的比值不尽相同,结构性能存在较大的差别。当框架部分承担的地震倾覆力矩不大于结构总地震倾覆力矩的10%时,意味着结构中框架承担的地震作用较小,绝大多数均由剪力墙承担,工作性能接近于纯剪力墙结构,其最大适用高度仍按框架-剪力墙结构的要求执行。当框架部分承受的地震倾覆力矩大于结构总地震倾覆力矩的10%但不大于50%时,属于典型的框架-剪力墙结构。当框架部分承受的地震倾覆力矩不大于80%但大于结构总地震倾覆力矩的50%时,意味着结构中剪力墙的数量偏少,框架承担较大的地震作用,其最大适用高度不宜再按框架-剪力墙结构的要求执行,但可比框架结构的要求适当提高,提高的幅度可视剪力墙承担的地震倾覆力矩来确定。当框架部分承受的倾覆力矩大于结构总倾覆力矩的80%时,意味着结构中剪力墙的数量极少,其最大适用高度宜按框架结构采用。框架-剪力墙结构中出现少量短肢墙,短肢墙承担的底部倾覆力矩宜计入剪力墙内。

7. 具有较多短肢剪力墙的剪力墙结构是指,在规定水平地震作用下,短肢剪力墙承担的底部地震倾覆力矩不小于结构底部总地震倾覆力矩的30%且不大于50%的剪力墙结构。根据《高层建筑混凝土结构技术规程》(JGJ 3—2010)第7.1.8条,短肢剪力墙是指截面厚度不大于300 mm、各肢截面高度与厚度之比的最大值大于4但不大于8的剪力墙。抗震设计时,高层建筑结构不应全部采用短肢剪力墙。B级高度高层建筑不宜布置短肢剪力墙,不应采用具有较多短肢剪力墙的剪力墙结构。当采用具有较多短肢剪力墙的剪力墙结构时应符合下列要求:在规定的水平地震作用下,短肢剪力墙承担的底部地震倾覆力矩不宜大于结构底部总地震倾覆力矩的50%,且房屋适用高度应比剪力墙结构的最大适用高度适当降低,7度、8度(0.2g)和8度(0.3g)时分别不宜大于100 m、80 m和60 m。

8. 框架-核心筒结构带有部分仅承受竖向荷载的无梁楼盖时,可不作为板柱-剪力墙结构对待。

9. 为减少框架柱截面尺寸或增加延性而在混凝土框架柱中设置型钢,框架梁仍为普通钢筋混凝土梁时,或在结构中局部构件(如转换梁、柱)采用型钢梁或型钢混凝土柱,该结构不应视为混合结构,其最大适用高度仍按钢筋混凝土结构确定。

3.4 规则性超限认定一

房屋高度不论是否大于表3.1的规定,但结构布置具有表3.2所列三项及三项以上不规则的高层建筑工程属超限高层建筑工程。

表 3.2 同时具有下列三项及以上的不规则高层建筑工程

序号	不规则类型	简要涵义	备注
1a	扭转不规则	考虑偶然偏心的扭转位移比大于1.2	参见《抗规》3.4.3
1b	偏心布置	偏心率大于0.15或相邻层质心相差大于相应边长15％	参见《高层民用建筑钢结构技术规程》(JGJ 99—2015)3.3.2
2a	凹凸不规则	平面凹凸尺寸大于相应边长30％等	参见《抗规》3.4.3
2b	组合平面	细腰形或角部重叠形	参见《高规》3.4.3
3	楼板不连续	有效宽度小于50％,开洞面积大于30％,错层大于梁高	参见《抗规》3.4.3
4a	刚度突变	相邻层刚度变化大于70％(按《高规》考虑层高修正时,数值相应调整)或连续三层变化大于80％	参见《抗规》3.4.3,《高规》3.5.2
4b	尺寸突变	竖向构件收进位置高于结构高度20％且收进大于25％,或外挑大于10％和4 m,多塔	参见《高规》3.5.5
5	构件间断	上下墙、柱、支撑不连续,含加强层、连体类	参见《抗规》3.4.3
6	承载力突变	相邻层受剪承载力变化大于80％	参见《抗规》3.4.3
7	局部不规则	如局部的穿层柱、斜柱、夹层、个别构件错层或转换,或个别楼层扭转位移比略大于1.2等	已计入1~6项者除外

1. 扭转位移比指在规定水平力作用下,楼层的最大弹性水平位移(或层间位移)与该楼层两端抗侧力构件弹性水平位移(或层间位移)平均值的比值。计算扭转位移比时,楼盖刚度可按实际情况确定而不限于刚度无限大假定。最大水平位移和平均水平位移的计算,均应取楼层中同一轴线两端的竖向构件,不应计入楼板的悬挑端。对于扭转不规则计算,还需注意以下几点:

(1)"规定水平力":计算扭转位移比时,楼层的位移可取"规定水平力"计算。"规定水平力"一般可采用振型组合后的楼层地震剪力换算的水平作用力,并考虑偶然偏心。

(2)水平作用力的换算原则:每一楼面处的水平作用力取该楼面上、下两个楼层的地震剪力差的绝对值;连体下一层各塔楼的水平作用力,可由总水平作用力按该层各塔楼的地震剪力大小进行分配计算。结构楼层位移和层间位移控制值验算时,仍采用CQC的效应组合。

(3)偶然偏心:考虑到结构地震动力反应过程中可能由于地面扭转运动、结构实际的刚度和质量分布相对于计算假定值的偏差,以及在弹塑性反应过程中各抗侧力结构刚度退化不同等原因引起的扭转反应增大,特别是目前对地面运动扭转分量的强震实测记录很少,地震作用计算中还不能考虑输入地面运动扭转分量。采用附加偶然偏心作用计算是一种实用方法。美国、新西兰和欧洲等国家和地区规范都规定计算地震作用时应考虑附加偶然偏心,偶然偏心距的取值多为0.05L。对于平面规则(包括对称)的建筑结构需附加偶然偏心;对于平面布置不规则的结构,除自身已存在的偏心外,还需附加偶然偏心。

当计算双向地震作用时,可不考虑偶然偏心的影响,但应与单向地震作用考虑偶然偏心的计算结果进行比较,取不利的情况进行设计。实际计算时,可将每层质心沿主轴的同一方向(正向或负向)偏移。

《高层建筑混凝土结构技术规程》(JGJ 3—2010)规定各层质量偶然偏心为$0.05L_i$(L_i为垂直于地震作用方向的建筑物总长度)来计算单向水平地震作用。当楼层有局部突出时,可按回转半径相等的原则,简化为无局部突出的规则平面,以近似确定垂直于地震计算方向的建筑物边长L_i。如图3.2所示平面,当计算y向地震作用时,若b/B及h/H均不大于1/4,可认为是局部突出。此时用于确定偶然偏心的边长可近似按下式计算:

$$L_i = B + \frac{bh}{H}\left(1 + \frac{3b}{B}\right) \tag{3-1}$$

2. 凹凸不规则是指结构平面凹凸尺寸(从按抗侧力构件截面中

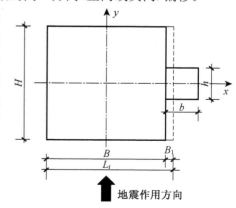

图 3.2 平面局部突出示例

心线算起)大于相应边长的30%,不规则示意图详见图3.3。深凹进平面在凹口设置连梁,其两侧的变形不同时仍视为凹凸不规则,不按楼板不连续中的开洞对待。若连梁两侧顺向有长度≥1 000 mm的墙(不宜为"一"字墙),且连梁跨高比小于5或连梁采用刚度较大的结构形式时,可认为两侧变形相同。

3. 组合平面:结构平面为角部重叠的平面图形或细腰形平面图形,其中角部重叠面积应大于较小一边的25%,同时重叠处两交点的最近长度宜≥5.0 m(见图3.4中的阴影部分)(见图3.4)。

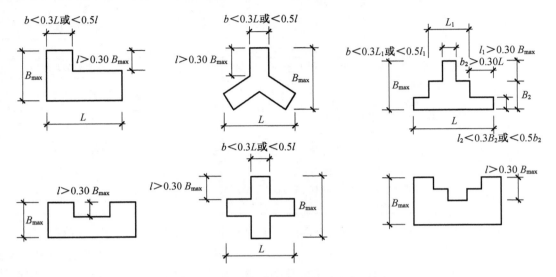

图3.3 结构平面凹进或凸出不规则示意图

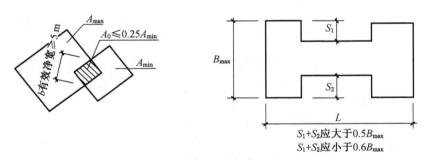

图3.4 结构平面角部重叠及平面细腰形示意图

注:1. 在计算B_{max}时,若凸出部分的宽度小于所在边的边长的30%,则此凸出部分的长度可不计算在B_{max}之内。
2. 计算角部重叠部分的面积时,当楼、电梯间的墙体均为钢筋混凝土墙,可不扣除楼梯、电梯间的开洞的面积。

4. 楼板不连续是指楼板的尺寸和平面刚度急剧变化。例如有效楼板宽度小于该层楼板典型宽度的50%或开洞面积大于该层楼面面积的30%(见图3.5);扣除凹入或开洞后,楼板在任一方向的最小净宽度不宜小于5 m,且开洞后每一边的楼板净宽度不应小于2 m,或错层大于梁高或1 000 mm(楼层数量应大于总层数的20%及四层)。

5. "有效楼板宽度"是指楼板实际传递水平地震作用时的有效宽度,即楼板的实际宽度,应扣除楼板实际存在的洞口宽度和楼、电梯间(楼、电梯周边无钢筋混凝土剪力墙时)在楼面处的开口尺寸等。"有效楼板宽度"与考察的位置(楼板剖面)有关。

"楼板典型宽度"是指被考察楼层的楼板代表性宽度。对平面形状比较规则的楼层,可以是楼板面积占大多数区域的楼板宽度;对抗侧力结构布置不均匀的结构,可以是主要抗侧力构件所在区域的楼板宽度。

"有效楼板宽度"和"楼板典型宽度"都是从楼板传递水平地震作用的角度来衡量的,考察的是楼板传递水平地震作用的有效性和完整性,见图3.6。

6. 地震作用下,结构楼层刚度的突变会使得这些楼层的变形过分集中,出现严重震害甚至倒塌。所以设计中应力求使结构刚度自下而上逐渐均匀减少,体型均匀、不突变。正常设计的高层建筑下部楼层侧

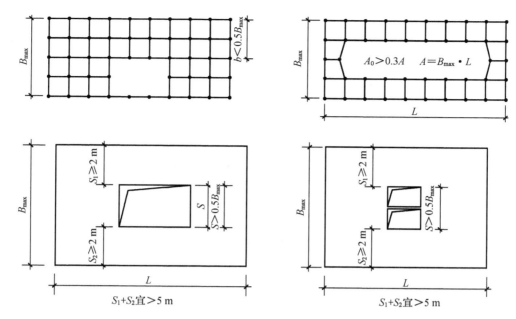

图 3.5　楼板的尺寸或平面刚度变化不规则示意图

注:1. 当楼、电梯间的墙体均为钢筋混凝土墙,可不按开洞考虑。
　　2. 转换层楼盖不宜开大洞口。

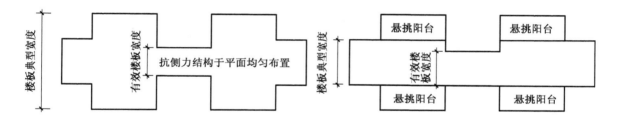

图 3.6　有效楼板宽度及楼板典型宽度

注:1. 有效楼板宽度的计算和楼、电梯间周围的墙体有关,当楼、电梯间周围有剪力墙时,尽管楼、电梯开洞造成楼板不连续,但由于周边围合的剪力墙具有很大的侧向刚度,有利于水平地震作用的传递,因此可不按开洞考虑。但应注意,当楼、电梯间周围的剪力墙分散布置或整体性较差时,则楼、电梯间仍应按楼板开洞计算洞口面积。
　　2. 悬挑部分不计入楼板典型宽度内。

向刚度宜大于上部楼层的侧向刚度,否则变形会集中于刚度小的下部楼层而形成结构软弱层,所以应对下层与相邻上层的侧向刚度比值进行限制。

(1) 框架结构楼层的侧向刚度不宜小于相邻上层侧向刚度的 70% 或相邻上部三层侧向刚度平均值的 80%。

(2) 框架-剪力墙、板柱-剪力墙、剪力墙、框架-核心筒、筒中筒结构考虑层高修正的楼层侧向刚度不宜小于相邻上层侧向刚度的 90%;当本层层高大于相邻上层层高的 1.5 倍时,考虑层高修正的楼层侧向刚度不宜小于相邻上层侧向刚度的 1.1 倍;对结构底部嵌固层,嵌固层考虑层高修正的楼层侧向刚度不宜小于相邻上层侧向刚度的 1.5 倍。

(3) 抗震设计时底部大空间:底部大空间为 1、2 层时,转换层上、下结构等效剪切刚度比 γ_{e1} 宜接近 1,不应小于 0.5;底部大空间层数大于 2 层时,转换层与其相邻上层的侧向刚度比不应小于 0.6,且其转换层下部结构与上部结构的等效侧向刚度比 γ_{e2} 宜接近 1,不应小于 0.8。γ_{e1} 和 γ_{e2} 计算详见《高层建筑混凝土结构技术规程》(JGJ 3—2010)附录 E 要求。

7. 尺寸突变指:当结构上部楼层收进部位到室外地面的高度 H_1 与房屋高度 H 之比大于 0.2 时,竖向构件局部收进的水平尺寸不小于相邻下一层的 25%;当上部结构楼层相对于下部楼层外挑时,上部楼层水平尺寸大于下部楼层水平尺寸的1.1倍,且水平外挑尺寸 a 大于4 m(见图3.7)以及多塔楼结构。

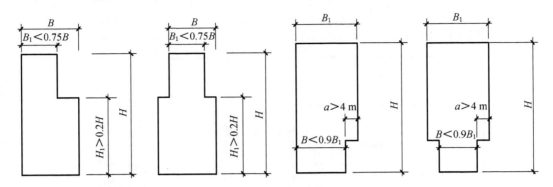

图3.7 结构竖向收进和外挑示意图

注:外挑时若外挑部位没有竖向构件,则不算悬挑结构。

8. 上下墙、柱、支撑不连续,结构体系属于《高层建筑混凝土结构技术规程》(JGJ 3—2010)第10章定义的复杂高层建筑结构,包括带转换层的结构(抗震设防烈度7度转换层位于5层及以下,抗震设防烈度8度转换层位于3层及以下)、带加强层的结构或连体类等复杂的高层建筑(任一类型按一项不规则计)。

注:(1) 确定转换层所在楼层数时应从四周有土体约束的地下室以上起算(以下同)。

(2) 对整体结构中仅个别结构构件进行转换的结构,如剪力墙结构中转换的剪力墙面积不大于总剪力墙面积的10%时,或托换柱的数量不多于总柱数的20%时,可不划归带转换层结构。

9. 抗侧力结构的层间受剪承载力小于相邻上一层的80%。

注:(1) 楼层抗侧力结构的层间受剪承载力是指在所考虑的水平地震作用方向上,该层全部柱、剪力墙、斜撑的受剪承载力之和,应取实际的截面尺寸和材料强度标准值,在每个正负水平方向分别计算,仔细判断。具有斜撑的楼层,其承载力不应将不同方向斜撑的承载力绝对值相加。

(2) 不宜采用同一楼层刚度和承载力变化同时不规则的高层建筑结构。

10. 依据《住房城乡建设部关于印发〈超限高层建筑工程抗震设防专项审查技术要点〉的通知》(建质〔2015〕67号)的精神,对不规则的类型可以"合并同类项":

(1) 表3.2中1a、1b项,即"考虑偶然偏心的扭转位移比大于1.2"(《建筑抗震设计规范》(GB 50011—2010)第3.4.3条)与"偏心率大于0.15或相邻层质心相差大于相应边长15%"(《高层民用建筑钢结构技术规程》(JGJ 99—2015)第3.3.2条)可合并考虑。

(2) 表3.2中2a、2b项,即"平面凹凸尺寸大于相应边长30%等"(《建筑抗震设计规范》(GB 50011—2010)第3.4.3条)与"细腰形或角部重叠形"(《高层建筑混凝土结构技术规程》(JGJ 3—2010)第3.4.3条)可合并考虑。

(3) 表3.2中4a、4b项,即"相邻层刚度变化大于70%(按《高规》考虑层高修正时,数值相应调整)或连续三层变化大于80%"(《建筑抗震设计规范》(GB 50011—2010)第3.4.3条)与"收进大于25%,外挑大于10%和4m、多塔"(《高层建筑混凝土结构技术规程》(JGJ 3—2010)第3.5.5条)可合并考虑。

11. 局部的不规则,视其位置、数量等对整个结构影响的大小判断是否计入不规则的一项。

3.5 规则性超限认定二

房屋高度不论是否大于表3.1的规定,但结构布置具有表3.3中两项或同时具有表3.3和表3.2中某项不规则的高层建筑工程,属超限高层建筑工程。

表 3.3　具有下列 2 项或同时具有下表和表 3.2 中某项不规则的高层建筑工程(不论高度是否大于表 3.1)

序	不规则类型	简要涵义	备注
1	扭转偏大	裙房以上的较多楼层考虑偶然偏心的扭转位移比大于 1.4	表 3.2 之 1 项不重复计算
2	抗扭刚度弱	扭转周期比大于 0.9,超过 A 级高度的结构扭转周期比大于 0.85	
3	层刚度偏小	本层侧向刚度小于相邻上层的 50%	表 3.2 之 4a 项不重复计算
4	塔楼偏置	单塔或多塔与大底盘的质心偏心距大于底盘相应边长 20%	表 3.2 之 4b 项不重复计算

注:1. 较多楼层指超过总楼层数的 20%。
　　2. 扭转偏大是指较多楼层偶然偏心的扭转位移比大于 1.4,少数楼层大于 1.4 仍属于表 3.2 中的一项。
　　3. 扭转周期比指以扭转为主的第一自振周期与以平动为主的第一自振周期的比值。计算扭转周期比时,可直接计算结构的固有自振特征,不必附加偶然偏心。当扭转方向的振动因子大于 0.5 时,可认为该振型是以扭转为主的振型。

3.6　规则性超限认定三

房屋高度不论是否大于表 3.1 的规定,但结构布置具有表 3.4 中某一项不规则的高层建筑工程,属超限高层建筑工程。

表 3.4　具有下列某一项不规则的高层建筑工程

序	不规则类型	简要涵义
1	高位转换	框支墙体的转换构件位置:7 度超过 5 层,8 度超过 3 层
2	厚板转换	7~9 度设防的厚板转换结构
3	复杂连接	各部分层数、刚度、布置不同的错层;连体两端塔楼高度、体型或沿大底盘某个主轴方向的振动周期显著不同的结构
4	多重复杂	结构同时具有转换层、加强层、错层、连体和多塔等复杂类型的 3 种

注:1. 仅前后错层或左右错层属于表 3.2 中的一项不规则,多数楼层同时前后、左右错层属于本表的复杂连接。
　　2. 高位转换是指框支墙体,高位的托柱转换仍属于表 3.2 中的一项。
　　3. 连体的塔楼划为显著不均匀,不仅指高度或体型,也包括沿大底盘某个主轴方向的振动周期显著不同;对底部铰接连廊需具体分析,可能仍属表 3.2 中的一项。

3.7　其他超限高层建筑

其他超限高层建筑涵义见表 3.5。

表 3.5　其他高层建筑工程

序	简称	简要涵义
1	特殊类型高层建筑	抗震规范、高层混凝土结构规程和高层钢结构规程暂未列入的其他高层建筑结构,特殊形式的大型公共建筑及超长悬挑结构,特大跨度的连体结构等
2	大跨屋盖建筑	空间网格结构或索结构的跨度大于 120 m 或悬挑长度大于 40 m,钢筋混凝土薄壳跨度大于 60 m,整体张拉式膜结构跨度大于 60 m,屋盖结构单元的长度大于 300 m,屋盖结构形式为常用空间结构形式的多重组合、杂交组合以及屋盖形体特别复杂的大型公共建筑

注:1. 表中大型公共建筑的范围,可参见《建筑工程抗震设防分类标准》(GB 50223—2008)。
　　2. 特殊超限情况处理:确因工程需要,在建筑物总高度方面或在建筑物的规则性方面超过表 3.1~表 3.4 节的控制要求而不能改变建筑物结构体系时,应有可靠的设计依据,如试验研究(包括整体结构模型试验、节点试验)和精细的结构分析(包括弹性和弹塑性时程分析等)。

4 超限高层建筑结构计算分析要求

4.1 计算分析总体要求

1. 高层建筑结构的分析模型应根据结构实际情况确定。所选用的分析模型应能较准确地反映结构中各构件的实际受力状况。应正确判断计算结果的合理性和可靠性,注意计算假定与实际受力的差异,通过结构各部分受力情况的变化以及最大层间位移的位置和分布特征,判断结构受力特征的不利情况。对结构分析软件的计算结果,应确认其有效后方可作为工程设计的依据。

2. 超限高层建筑结构在进行重力荷载作用效应分析时,应符合下列规定:

(1) 柱、墙、斜撑等构件的轴线变形,宜采用适当的计算模型考虑施工过程的影响。

(2) 结构复杂及房屋高度大于 150 m 的高层建筑,应考虑施工过程的影响。

(3) 必要时(如特别复杂的结构、高度大于 200 m 的混合结构、大跨度空间结构、静载下构件竖向压缩变形差异较大的结构、叠合柱等)应有重力荷载下的结构施工模拟分析,当施工方案与施工模拟计算分析不同时,应重新调整相应的计算。

3. 考虑非荷载作用(温度、混凝土收缩徐变、基础沉降等)对结构受力的影响。

4. 计算混合结构竖向荷载作用效应时,宜考虑钢柱、型钢混凝土(钢管混凝土)柱与钢筋混凝土核心筒竖向变形差异引起的结构附加内力。

5. 超限高层建筑结构应采用至少两个不同的力学模型和不同编制单位的结构分析软件进行多遇地震作用下的整体计算,并对其计算结果进行分析比较。

6. 体型复杂的建筑物应通过风洞模型试验或数值模拟研究确定风荷载,房屋高度大于 200 m 或有下列情况之一时,宜进行风洞试验判断确定建筑物的风荷载:

(1) 平面形状或立面形状复杂。

(2) 体型复杂的风敏感建筑。

(3) 立面开洞或连体建筑。

(4) 周围地形和环境较复杂。

7. 对于高宽比较大、基本周期较长的风敏感高层建筑,应考虑横风向风振的影响,结构顺风向及横风向的侧向位移应分别符合《高层建筑混凝土结构技术规程》(JGJ 3—2010)第 3.7.3 条要求。

8. 房屋高度不小于 150 m 的高层混凝土建筑结构应满足风振舒适度要求。现行国家标准《建筑结构荷载规范》(GB 50009—2012)规定的 10 年一遇的风荷载标准值作用下,结构顶点的顺风向和横风向振动最大加速度计算值不应超过《高层建筑混凝土结构技术规程》(JGJ 3—2010)表 3.7.6 的限值。结构顶点的顺风向和横风向振动最大加速度可按现行行业标准《高层民用建筑钢结构技术规程》(JGJ 99—2015)的有关规定计算,也可通过风洞试验结果判断确定。计算舒适度时结构阻尼比取值,对混凝土结构取 0.02,对混合结构可根据房屋高度和结构类型取 0.01~0.02,对钢结构取 0.01~0.015。

9. 在结构整体计算中,对转换层、加强层、连接体等做计算模型简化处理的情况下,宜对其局部进行更细致的补充计算分析,对受力复杂的结构构件及节点,应按应力分析的结果进行配筋设计校核。

10. 超限高层建筑结构应采用时程分析法进行多遇地震下的补充计算,且结构时程分析的嵌固端应与反应谱分析一致。当取三组加速度时程曲线输入时,计算结果宜取时程法的包络值和振型分解反应谱法的较大值;当取七组及七组以上的时程曲线时,计算结果可取时程法的平均值和振型分解反应谱法的较大值。结构时程分析所采用的地震加速度时程曲线要满足地震动三要素的要求,即频谱特性、有效峰值和持续时间。

频谱特性可用地震影响系数曲线表征,依据所处的场地类别和设计地震分组确定。

加速度的有效峰值按《建筑抗震设计规范》(GB 50011—2010)表 5.1.2-2 中所列地震加速度最大值采用,即以地震影响系数最大值除以放大系数(约 2.25)得到。计算输入的加速度曲线的峰值,必要时可比上述有效峰值适当加大。当结构采用三维空间模型等需要输入双向(两个水平向)或三向(两个水平和一个竖向)地震波时,其加速度最大值通常按 1(水平向 1):0.85(水平向 2):0.65(竖向)的比例调整。人工模拟的加速度时程曲线也应按上述要求生成。

输入的地震加速度时程曲线的有效持续时间,一般从首次达到该时程曲线最大峰值的 10% 那一点算起,到最后一点达到最大峰值的 10% 为止。不论是实际的强震记录还是人工模拟波形,有效持续时间一般为结构基本周期的 5～10 倍。

11. 超限高层建筑结构应采用弹塑性静力或弹塑性动力分析法进行补充计算。计算应以构件的实际承载力为基础,着重于发现结构的薄弱部位和提出相应的加强措施。

12. 超限高层建筑结构进行弹塑性计算分析时,应符合下列规定:

(1) 高度不超过 200 m 的非特别不规则高层建筑结构,可采用静力弹塑性分析法。

(2) 高度超过 200 m 或扭转效应明显的高层建筑结构,应采用弹塑性时程分析法。

(3) 复杂结构及特别不规则高层建筑结构,应采用弹塑性时程分析法。

(4) 高度超过 300 m 的结构,应采用两个独立的动力弹塑性分析计算校核。

(5) 对于超 B 级高度的结构,当设计单位无类似工程设计经验时,宜有第三方的计算结果进行校核。

13. 超限高层建筑结构进行弹塑性计算分析时,应符合下列规定:

(1) 当采用结构抗震性能设计时,应根据本指南第 5 章的有关规定预定结构的抗震性能目标。

(2) 梁、柱、斜撑、剪力墙、楼板等结构构件,应根据实际情况和分析精度要求采用合适的简化模型。

(3) 构件的几何尺寸、混凝土构件所配的钢筋和型钢、混合结构的钢构件、钢结构构件等应按实际情况参与计算。

(4) 应根据预定的结构抗震性能目标,合理取用钢筋、钢材、混凝土材料的力学性能指标以及本构关系,钢筋和混凝土材料的本构关系可按《混凝土结构设计规范》(GB 50010—2010)的有关规定采用。

(5) 应考虑几何非线性影响。

(6) 进行动力弹塑性计算时,地面运动加速度时程曲线的选取、预估罕遇地震作用的峰值加速度取值以及计算结果的选用应满足《建筑抗震设计规范》(GB 50011—2010)的有关规定。

(7) 应对结构进入弹塑性的状态及计算结果的合理性进行细致的分析和描述。

14. 当结构进入弹塑性状态时,结构构件的承载力设计可采用等效弹性方法计算竖向构件及关键部位构件的组合内力。计算中可适当考虑结构阻尼比的增加(增加值一般不大于 0.02)以及剪力墙连梁刚度的折减(刚度折减系数一般不小于 0.3)。实际工程设计时,可以先对底部加强区部位和薄弱部位的竖向承载力按上述方法计算,再通过弹塑性分析校核全部竖向构件的屈服状态。

15. 出屋面结构和装饰构架自身较高或体型相对复杂时,应参与整体结构分析,材料不同时还需适当考虑阻尼比的影响,宜采用时程分析法补充计算,明确其鞭梢效应,验证大震下支座安全性。

16. 结构总地震剪力以及各层的地震剪力与其以上各层总重力荷载代表值的比值应符合《建筑抗震设计规范》(GB 50011—2010)的要求。当结构底部计算的总地震剪力偏小需调整时,其以上各层的剪力、位移也应调整。基本周期大于 6 s 的结构,计算的底部剪力系数比规范值低 20% 以内;基本周期为 3.5～5 s 的结构,计算的底部剪力系数比规范值低 15% 以内,可采用规范关于剪力系数最小值的规定进行设计;基本周期为 5～6 s 的结构,可插值采用。

17. 结构两个主轴方向第一平动周期比值不宜小于 0.8,以避免结构两个方向振动形式差异过大。

18. 框架-核心筒结构中,外框的剪力调整应符合《高层建筑混凝土结构技术规程》(JGJ 3—2010)第 8.1.4 条规定,需保证有足够的二道防线,侧向刚度沿竖向分布基本均匀时,任一层框架部分承担的剪力值,不应小于结构底部总地震剪力的 20% 和按框架-抗震墙结构、框架-核心筒结构计算的框架部分各楼层地震剪力中最大值 1.5 倍二者中的较小值。

19. 抗震设计时,除加强层及其相邻上下层外,框架-核心筒结构框架部分按侧向刚度分配的最大楼层地震剪力小于结构底部总地震剪力的 10% 时,其核心筒墙体的地震作用内力应乘以增大系数 1.1,边缘构件的抗震构造措施应适当加强,任一层框架部分承担的地震剪力不应小于结构底部总地震剪力的 15%。

20. 薄弱层和软弱层:薄弱层属于结构强度判断,软弱层属于结构刚度判断。同一楼层不宜既是软弱层又是薄弱层。对于层高较小的设备夹层(如层高小于 2 m),可以采用悬挂楼盖体系,楼层计算高度取底下楼层高度与该设备夹层高度之和。

关于楼层承载力计算,应取实际的截面尺寸和材料强度标准值,在每个正负水平方向分别计算。具有斜撑的楼层,其承载力不应将不同方向斜撑的承载力绝对值相加。

21. 分析模型中构件的计算简化宜符合下列要求:

(1) 在内力和位移计算中,可以考虑框架梁、柱的刚域影响,刚域长度可按《高层建筑混凝土结构技术规程》(JGJ 3—2010)第 5.3.4 条计算。

(2) 现浇楼面和装配式楼面中梁的刚度可考虑翼缘作用予以增大,楼面梁刚度增大系数可根据翼缘情况取 1.3～2.0。

(3) 在进行结构弹性分析时,考虑钢梁和混凝土楼板的共同工作,梁的刚度可取钢梁刚度的 1.2～1.5 倍。

(4) 连梁宜采用墙单元进行分析,当采用梁单元时,连梁的跨高比宜大于 4。

(5) 剪力墙和连梁采用墙单元模拟时,须对单元进行剖分,同时控制最大单元尺寸。最大单元尺寸不宜大于 1 m,具体单元尺寸可通过比较分析确定,以考虑分析结果的准确性和计算效率。

(6) 应采用合理的楼板单元。对于楼板缺失较多的情况,应采用弹性板,考虑楼板平面内的变形;对与桁架弦杆相连的楼板,宜对楼板平面内刚度进行折减,确保大震下楼板开裂后弦杆杆件的安全。

(7) 对型钢混凝土构件宜考虑型钢对构件刚度增大的作用。

22. 计算分析模型中计算参数的选取应符合结构实际情况。

(1) 多遇地震下结构阻尼比应满足《高层建筑混凝土结构技术规程》(JGJ 3—2010)和《建筑抗震设计规范》(GB 50011—2010)的要求。

① 对钢结构,不超过 50 m 的结构可取 0.04,超过 50 m 且小于 200 m 的钢结构可取 0.03,高度不小于 200 m 时宜取 0.02。

② 对混凝土结构可取 0.05。

③ 对混合结构可取 0.04。

(2) 当非承重墙体为砌体墙时,高层建筑结构的计算自振周期折减系数可按下列规定取值:

① 一般情况框架结构可取 0.6～0.7。

② 框架-剪力墙结构可取 0.7～0.8。

③ 框架-核心筒结构可取 0.8～0.9。

④ 剪力墙结构可取 0.8～1.0。

(3) 对于采用轻质材料的隔墙,可根据工程情况确定周期折减系数。

(4) 质量和刚度分布明显不对称的结构,应计入双向水平地震作用下的扭转影响。

(5) 计算高层建筑结构地震作用效应时,可对剪力墙连梁刚度予以折减,折减系数可参照《高层建筑混凝土结构技术规程》(JGJ 3—2010)第 5.2.1 条要求。

(6) 楼面梁受扭计算时应考虑现浇楼盖对梁的约束作用。当计算中未考虑现浇楼盖对梁扭转的约束作用时,可对梁的计算扭矩予以折减。

(7) 高层建筑进行重力荷载作用效应分析时,宜考虑施工过程的影响。

4.2 高度超限时的计算要求

1. 控制结构的整体刚度,验算楼层最小剪重比。

2. 结构抗震计算振型数不应小于15,且计算振型数应满足各振型参与质量之和不小于总质量的90%的要求。

3. 验算高层建筑的稳定性(刚重比),并判断是否考虑 $P-\Delta$ 效应的影响,刚重比验算对于多塔结构,要分成单塔验算;对于单塔结构,要"掐头去尾"(去除地下室部分,突出屋面的局部小塔楼也要扣除,并附加其质量);对于部分裙房的结构,应按无裙房计算。如遇复杂建筑物,采用屈曲分析进行补充验算。

4. 应验算结构整体的抗倾覆稳定性,验算桩基在水平力最不利组合情况下桩身是否出现拉力或过大的压力,并通过调整桩的布置,控制桩身尽量不出现拉力或不超过桩在竖向力偏心作用下的承载力。

5. 应验算核心筒墙体在重力荷载代表值作用下的轴压比。

6. 应进行弹性时程分析法补充计算,计算所采用的地震波频谱特性、有效峰值数量、持续时间等应满足规范和规程的要求。计算结果与反应谱结果进行对比,并找出薄弱楼层。

7. 补充罕遇地震作用下的变形验算。

8. 应进行施工过程模拟计算,考虑不同结构构件竖向变形差异以及对加强层伸臂桁架受力的影响。

9. 验算结构顶部风荷载作用下的舒适度,舒适度验算可仅算至人员到达的最高楼层。

10. 安全等级为一级的高层建筑结构宜满足抗连续倒塌概念设计要求;有特殊要求时,可采用拆除构件方法进行抗连续倒塌设计。

4.3 平面规则性超限时的计算要求

1. 超限高层建筑工程应采用空间结构计算模型进行抗震分析。在进行结构位移计算时,一般可假定楼板在其自身平面内为刚性楼板,设计时应采取相应的措施保证楼板平面内的整体刚度。

凹凸不规则或楼板局部不连续造成的平面不规则对楼板面内刚度存在影响。如楼板可能产生较明显的面内变形,进行结构内力分析时,计算模型中应考虑楼板的弹性变形,一般情况下对楼板可采用弹性膜单元。

2. 结构抗震分析时,应按照楼、屋盖的平面形状和平面内的变形状态将楼板分类定义为刚性板、分块刚性板、弹性膜或独立的弹性节点等属性,再按抗侧力系统的布置确定抗侧力构件间的共同工作并进行各构件的地震内力分析。

3. 在考虑楼板弹性变形影响时,可采用下述三种处理方法:

(1)采用分块刚性模型加弹性楼板连接的计算模型,即凹口周围各一开间或局部突出部位的根部开间的楼板考虑弹性楼板,而其余楼板考虑为刚性楼板,如图4.1所示。采用这样的处理可以求得凹口周围或局部突出部位根部的楼板内力,还可以减少部分建模和计算工作量。

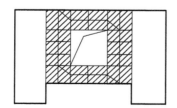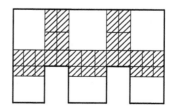

图 4.1 分块刚性模型加弹性板连接的计算模型(斜线部分为弹性板)

（2）对于点式建筑或平面尺寸较小的建筑，也可以将整个楼面都考虑为弹性楼板。

（3）计算结果应能反映出楼板在凹口部位、突出部位的根部以及楼板较弱部位的内力，作为楼板截面设计的参考。计算结果应反映出凹口内侧墙体上连梁有无超筋现象，以作为是否设置拉梁、拉板的参考。

4. 应加强楼板的整体性，保证地震力的有效传递，避免楼板削弱部位在大震下受剪破坏。应根据楼板的开洞位置和受力状况及所设定的性能目标进行楼板的受剪承载力验算。

5. 部分结构的连接薄弱时，应考虑连接部位各构件的实际构造和连接的可靠程度，必要时可取结构整体模型和分开模型计算的不利情况，或要求某部分结构在设防烈度下保持弹性工作状态。

6. 楼板缺失时应注意验算跨层柱的计算长度（特别是内部无板但外侧带悬挑梁段时）。长短柱并存时，外框的长柱可按短柱的剪力复核其承载力，必要时，框架短柱复核罕遇地震下极限承载力。

7. 仅局部有少量楼板或开洞对楼盖整体性影响很大时，该层不能视为一个计算楼层，宜与相邻层并层计算。

8. 开洞较大时，局部楼板宜按中震复核平面内抗剪承载力。

9. 应验算狭长楼板周边构件的承载力，并按照偏拉构件进行设计。

4.4 竖向不规则结构计算分析要求

4.4.1 带转换层结构

1. 控制上下刚度比，刚度比计算方法应满足本指南 3.4 中相关要求。

2. 同一楼层不宜既是软弱层又是薄弱层。

3. 转换构件须在模型中进行补充定义（包括转换梁、框支柱等，对于梁上托柱的梁可不视为框支梁）。

4. 整体结构计算须采用至少两个不同力学模型的程序进行抗震计算，还应采用弹性时程分析补充计算，必要时采用动力弹塑性时程分析校核。如需对转换结构局部进行补充分析，可采用有限元方法，转换结构以上至少取两层结构进入局部模型，并注意模型边界条件符合实际工作状态。

5. 高位转换时，应对整体结构进行重力荷载作用下的施工模拟计算，并应按照转换构件受荷面积验算其承载力。

4.4.2 带加强层结构

1. 应通过计算分析结合建筑功能布局确定加强层的道数及刚度，以减少整体结构的刚度突变和内力剧增。当布置 1 个加强层时，可设置在 0.6 倍房屋高度附近；当布置 2 个加强层时，可分别设置在顶层和 0.5 倍房屋高度附近；当布置多个加强层时，宜沿竖向从顶层向下均匀布置，加强层也可设置周边水平腰桁架。水平伸臂桁架、周边腰桁架可采用斜腹杆桁架、实体梁、箱形梁、空腹桁架等形式。如建筑允许，对抗震有利的做法是沿建筑高度多设几道加强层，每道加强层的刚度尽量小。外伸臂桁架宜与周边桁架结合使用以提高使用效率。如建筑功能限制，也可设置多道周边加强桁架作为加强层。

2. 加强层的刚度不宜过大，以避免产生过大的内力突变。加强层的数量除考虑结构受力的要求外，还应考虑设置加强层对施工工期的影响。对重力荷载作用下进行符合实际情况的施工模拟分析，特别应考虑外伸臂桁架后期封闭后对结构受力的影响。

3. 采用巨型柱的带加强层结构体系时，周边水平桁架对总体结构的刚度影响较小，其道数及刚度可适当减少。

4. 抗震设计时，需进行弹性时程分析法补充计算，必要时进行弹塑性时程分析的计算校核。

5. 在结构内力和位移计算中，加强层楼板宜考虑楼板平面内变形影响，加强层上下层楼板按弹性楼盖假定进行整体计算；计算伸臂杆件的地震内力时，楼板应采用弹性膜计算假定，并考虑楼板可能开裂对楼板面内刚度的影响。

4.5　错层结构

1. 错层结构(见图 4.2)是指楼板错层(同一层内楼板高差大于 1 000 mm 或梁高)所占楼层数大于总楼层数(不含地下室)的 20% 或四层。

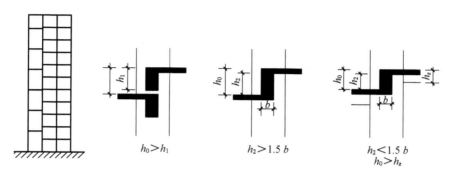

图 4.2　错层结构示意

2. 错层结构计算时应符合如下规定:

(1) 当错层高度不大于框架梁的截面高度时,可忽略错层因素的影响,楼层标高可近似取两部分楼面标高的平均值。

(2) 当错层高度大于框架梁的截面高度时,错层结构各部分楼板宜作为独立楼层参加整体计算。

(3) 框架错层可利用修改梁节点标高的方式输入错层梁或斜梁。

(4) 多塔错层可在多塔模型修改各塔的层高。

(5) 对于楼层位移和层间位移的扭转位移比,需用每个局部楼盖四个角点的对应数据手算复核;错层部位的内力,应注意沿楼盖错层方向和垂直于错层方向的差异,按不利情况考虑。

(6) 错层结构的层刚度比仅供参考。

4.6　多塔结构

1. 各塔楼的层数、平面和刚度宜接近,塔楼对底盘宜对称。塔楼结构与底盘结构质心的距离不宜大于底盘相应边长的 20%,见图 4.3。

2. 对多塔结构,宜按整体模型和各塔楼分开的模型分别计算,并采用较不利的结果进行结构设计。当塔楼周边的裙房超过两跨时,分塔楼模型宜至少附带两跨的裙房结构。

3. 多塔结构计算分析的重点是大底盘的整体性以及大底盘协调上部多塔楼的变形能力。一般情况下大底盘的楼板在计算模型中应按弹性板处理(弹性板 6 或弹性膜),每个塔楼的楼层可以考虑为一个刚性楼板,宜考虑平扭耦联计算结构的扭转效应,振型数不应小于 15,且不应小于塔楼数的 9 倍,须保证计算振型数使各振型参与质量之和不小于总质量的 90%。

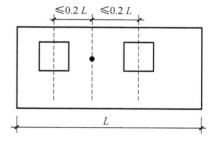

图 4.3　塔楼结构与底盘结构质心距离示意

4. 当大底盘楼板削弱较多(例如逐层开大洞形成中庭等),致使不能协调多塔楼共同工作时,在罕遇地震作用下可按单塔楼进行简化计算,计算模型中大底盘的平面尺寸可以按塔楼数量进行平均分配或根据建筑结构布置进行分割,大底盘楼层应计入整个计算模型中。

5. 大底盘多塔楼结构,可按《高层建筑混凝土结构技术规程》(JGJ 3—2010)第 10.6.3.4 条规定的整体和分塔楼计算模型分别验算整体结构和各塔楼结构扭转为主的第一周期与平动为主的第一周期的比值,并应符合 JGJ 3—2010 第 3.4.5 条的有关规定。

6. 大底盘屋面楼板刚度及配筋应进行加强,底盘屋面楼板厚度不宜小于 150 mm,宜双层双向配筋,每层每方向钢筋网的配筋率不宜小于 0.25%。体型突变部位上、下层结构的楼板也应加强构造措施。

7. 转换层不宜设在底盘屋面的上层塔楼内,否则应采取有效的抗震措施。

4.7　带强(弱)连接体结构

1. 连体部分楼板采用弹性楼板假定,在设防地震作用下应控制连体部分的梁、板上的拉应力不超过混凝土轴心抗拉强度标准值。

2. 连体结构两塔楼间距一般较近,应考虑建筑物风力相互干扰的群体效应,如有条件,宜通过风洞试验确定体型系数以及干扰作用等。

3. 7 度(0.15g)和 8 度设防地区的连体结构,连体结构的连接体应考虑竖向地震作用。6 度和 7 度(0.1g)抗震设计时,高位连体结构的连接体宜考虑竖向地震的影响。连体和连廊本身应注意竖向地震的放大效应,跨度较大时应参照竖向时程分析法确定连廊跨中竖向地震作用,确保使用功能和大震安全。

4. 连体结构的振动往往较明显,应进行风振舒适度以及大跨度连体结构楼板舒适度验算。

5. 连体结构应进行施工模拟分析,考虑荷载施加顺序对结构内力和变形的影响。

4.8　其他要求

1. 对于立面收进幅度过大引起的超限,楼板无开洞且平面比较规则时,在计算分析模型中可以按刚性楼板考虑,采用振型分解反应谱法进行计算。结构分析的重点应是检查结构的位移有无突变、结构刚度沿高度的分布有无突变,楼层抗剪承载力有无突变、结构的扭转效应是否能控制在合理范围内。

2. 立面开大洞的建筑,洞口以上相关层的楼板宜考虑为弹性楼板,应重点检查洞口角部构件的内力,避免在小震时出现裂缝。对于开大洞而在洞口以上的转换构件,还应检查其在竖向荷载下的变形,并评价这种变形对洞口上部的影响。

3. 超限高层中跨度大于 24 m 的楼盖结构、跨度大于 12 m 的转换结构和连体结构、悬挑长度大于 5 m 的悬挑结构,竖向地震作用效应标准值应采用时程分析法或振型反应谱法进行计算。跨度大于 24 m 的连体结构计算竖向地震作用时,应参照竖向时程分析结果确定。时程分析计算时,输入的地震加速度最大值可按规定的水平输入最大值的 65% 采用。反应谱分析时,结构竖向地震影响系数最大值可按水平地震影响系数最大值的 65% 采用,但设计地震分组可按第一组采用。

4. 超限高层中大跨度结构、悬挑结构、转换结构、连体结构的连接体的竖向地震作用标准值,不应小于结构或构件承受的重力荷载代表值与《高层建筑混凝土结构技术规程》(JGJ 3—2010)表 4.3.15 所规定的竖向地震作用系数的乘积。

4.9　大跨空间结构计算要求

1. 出于竖向地震作用的考虑,增加以竖向作用为主的组合工况。

除有关规范、规程规定的作用效应组合外,应增加考虑竖向地震为主的地震作用效应组合,以及风荷载为主的地震作用效应组合:

$$1.2S_{GE} + 1.3S_{Evk} + 0.5S_{Ehk} + 1.4 \times 0.2S_{wk} \leqslant R/\gamma_{RE} \tag{4-1}$$

$$1.2S_{GE} + 0.2(1.3S_{Evk} + 0.5S_{Ehk}) + 1.4S_{wk} \leqslant R/\gamma_{RE} \tag{4-2}$$

式中：S_{GE}——重力荷载代表值的效应；

$\quad\quad S_{Evk}$——竖向地震作用标准值的效应；

$\quad\quad S_{Ehk}$——水平地震作用标准值的效应。

2. 大悬臂屋面宜考虑竖向地震加速度的放大作用。

设防烈度为 7 度($0.15g$)及 7 度以上时，屋盖的竖向地震作用应参照竖向时程分析结果，按支承结构的高度确定。

3. 钢结构屋面与下部钢筋混凝土支承结构的计算分析。

屋盖结构与支承的主要连接部位的构造应与计算模型相符合，应采用拆分和整体两种模型分别计算包络设计。

计算阻尼比的选用：采用综合阻尼比或区分结构类别的分类阻尼比。

4. 应进行施工安装过程中的内力分析。地震作用及使用阶段的结构内力组合，应以施工全过程完成后的静载内力为初始状态。必要时，应进行屋盖施工模拟分析。

5. 宜从严控制关键杆件的应力比及稳定要求。在重力和中震组合下以及重力与风力组合下，关键杆件的应力比不宜大于 0.85，稳定要求不大于 0.90。连接构造及其支座按大震安全验算承载力，并确保向支承结构传递屋盖的地震作用。

6. 对某些复杂结构形式，应注意个别关键构件失效时屋盖整体连锁倒塌的可能。空间结构在两个主轴方向的刚度应协调。

7. 温度作用应按合理的温差值确定。在计算屋面结构的温度应力时，应分别考虑施工、合拢和使用三个不同时期各自不利温差的影响。

8. 基本风压和基本雪压应按百年一遇采用。屋盖体型复杂时，屋盖积雪分布系数、风载体型系数和风振系数应比规范要求增大或经风洞试验等方法确定。屋盖坡度较大时还应考虑积雪融化可能产生的滑落冲击荷载。

9. 屋盖结构单向长度超过 400 m 时，应考虑行波效应的多点和多方向地震输入的分析比较。超长结构在设缝情况下，应考虑每个结构单元两端开口处结构单元的侧向稳定、防震缝宽度等问题。

4.10 巨型结构体系结构布置及计算要求

1. 巨型结构体系是由大型构件(巨型柱、巨型梁、巨型支撑等)组成的主结构与常规结构构件组成的次结构共同工作的一种结构体系。

2. 巨型结构体系可采用巨型框架结构、巨型桁架结构、巨型悬挂结构、多重组合巨型结构体系。

3. 巨型结构体系的主、次结构之分应明确，主结构和次结构可采用不同的材料和体系，主结构可采用高强材料，次结构可采用普通材料。

4. 巨型结构体系中的次结构可设计成地震中第一道防线，在设防烈度地震作用下可进入塑性；在罕遇地震作用下，主结构中的水平构件可进入塑性，主结构的竖向构件不进入塑性或部分进入塑性。

5. 主结构中的巨型构件在承担荷载的同时应形成有效的抗侧力体系。加强巨型结构的抗扭刚度，尽可能将抗侧力构件布置在结构外周。

6. 巨型框架结构体系中的巨型柱宜设置在结构的四周，巨型梁的位置宜为：布置 1 道巨型梁时，最佳位置在 0.6 倍的结构总高度附近；布置 2 道巨型梁时，最佳位置在顶层和一半高度位置附近；布置 3 道或 3 道以上巨型梁时，宜沿竖向从顶向下均匀布置。

7. 巨型结构应进行施工过程的模拟分析计算，应采取施工措施，减少施工阶段在竖向荷载作用下由于巨型结构的变形在次结构中产生的内力。

8. 巨型结构构件的承载力验算时，可不考虑次结构的有利作用。

9. 巨型柱承载力计算时，其计算长度宜取巨型梁作为侧向支撑点，同时应保证巨型梁对巨型柱有可靠的约束作用。

5 超限高层建筑结构抗震性能设计

5.1 基于性能的钢筋混凝土建筑结构抗震设计方法

《建筑抗震设计规范》(GB 50011—2010)的主要内容由以下三大部分组成：

1. 规范限定的适用条件。

2. 结构和构件的计算分析。

3. 结构和构件的构造要求。

对于一个新建建筑物的抗震设计，当满足以上三个部分要求时，就是符合规范的设计；当不满足第一部分要求时，就被称为"超限"工程，需要采取比规范第二、三部分更严格的计算和构造，并证明该工程可以达到"小震不坏，中震可修，大震不倒"的抗震设防目标。

基于性能的抗震设计理念和方法自 20 世纪 90 年代在美国兴起，并日益得到工程界的关注。美国的 ATC40(1996 年)、FEMA237(1997 年)提出了既有建筑评定、加固中使用多重性能目标的建议，并提供了设计方法。美国加州结构工程师协会 SEAO 于 1995 年提出了新建房屋基于性能的抗震设计。1998 年和 2000 年，美国 FEMA 又发布了几个有关基于性能的抗震设计文件。2003 年美国 ICC(International Code Council)发布了《建筑物及设施的性能规范》，其内容广泛，涉及房屋的建筑、结构、非结构及设施的正常使用性能、遭遇各种灾害时(火、风、地震等)的性能、施工过程及长期使用性能，该规范对基于性能设计方法的重要准则作了明确的规定。日本也开始将抗震性能设计的思想正式列入设计和加固标准中，并由建筑研究所(BRI)提出了一个性能标准。欧洲混凝土协会(CEB)于 2003 年出版了《钢筋混凝土建筑结构基于位移的抗震设计》报告。澳大利亚则在基于性能设计的整体框架以及建筑防火性能设计等方面做了许多研究，提出了相应的建筑规范(BCA1996)。我国在基于性能的抗震设计方面也发表了不少论文加以研究和探讨。

基于性能的抗震设计是建筑结构抗震设计的一个新的重要发展，它的特点是：

1. 使抗震设计从宏观定性的目标向具体量化的多重目标过渡，业主(设计者)可选择所需的性能目标。

2. 抗震设计中更强调实施性能目标的深入分析和论证，有利于建筑结构的创新，经过论证(包括试验)可以采用现行标准规范中还未规定的新的结构体系、新技术、新材料。

3. 有利于针对不同设防烈度、场地条件及建筑的重要性采用不同的性能目标和抗震措施。

我国基于性能的抗震设计方法的应用源于超限高层建筑设计的复杂性，借鉴国外的基于性能抗震设计思路，提出了适合我国国情的性能化抗震设计方法，并在实践中不断完善。基于理论研究和规程实践经验，总结出这套方法纳入 2010 年颁布实施的《建筑抗震设计规范》(GB 50011—2010)以及《高层建筑混凝土结构技术规程》(JGJ 3—2010)中。这两本规范中引入的基于性能抗震设计方法对地震动水准、性能目标、性能水准组合及计算方法等基于性能抗震设计的关键内容作出了明确规定。

超限高层建筑工程性能化设计方法是建筑抗震性能化设计在超限高层建筑工程中的具体应用，是一种多水准、多目标设防的抗震设计。建筑抗震性能化设计的理论依据是基于性能的抗震设计，其基本思想是使所设计的工程结构在使用期间满足各种预定的抗震性能目标要求。对超限高层建筑工程采用性能化设计的意义在于：使抗震设计从宏观定性的目标向具体量化的多目标过渡，性能目标具备可选择性；设计强调为实现性能目标所需进行的深入分析和论证，有利于结构体系的创新和新技术、新材料的应用。

5.2 地震作用与抗震性能目标

5.2.1 地震作用

根据《建筑抗震设计规范》(GB 50011—2010)、《建筑抗震设防分类标准》(GB 50223—2008)及《建筑工程抗震性态设计通则》(CECS160:2004)有关内容,甲、乙、丙、丁类建筑结构多遇地震(小震)、设防烈度地震(中震)、罕遇地震(大震)的超越概率取值原则如表5.1所示,水平地震影响系数最大值如表5.2所示。对于设计使用年限不低于50年的结构,其地震作用取值应经专门研究提出并按规定的权限批准后确定,当缺乏当地的相关资料时,可参考《建筑工程抗震性态设计通则》(CECS160:2004)。

表 5.1 地震作用超越概率取值原则

建筑抗震设防类别	小震	中震	大震
甲类	63.5%/100 年	10%/100 年	2%/100 年
乙类	63.5%/50 年	10%/50 年	2%/50 年
丙类	63.5%/50 年	10%/50 年	2%/50 年
丁类	63.5%/50 年	10%/50 年	2%/50 年

表 5.2 水平地震影响系数最大值

抗震设防类别	抗震设防烈度	小震	中震	大震
乙、丙、丁类	6 度(0.05g)	0.04	0.12	0.28
	7 度(0.1g)	0.08	0.23	0.50
	7 度(0.15g)	0.12	0.34	0.72
	8 度(0.2g)	0.16	0.45	0.90
	8 度(0.3g)	0.24	0.68	1.20

5.2.2 结构抗震性能水准

结构的抗震性能水准表示结构在特定的某一地震设计水准下预期破坏的最大程度。结构和非结构构件的破坏以及因它们破坏而引起的后果,主要从结构破坏程度、人员安全性、震后修复难易程度等方面来表述。根据《建(构)筑物地震破坏等级划分》(GB/T 24335—2009),建筑的地震破坏可划分为基本完好(含完好)、轻微损坏、中等破坏、严重破坏、倒塌等五个等级。具体划分标准如下:

1. 基本完好:承重构件完好;个别非承重构件轻微损坏;附属构件有不同程度破坏,一般不需要修理或稍加修理即可继续使用。人们不会因结构损伤造成伤害,可安全出入和使用。

2. 轻微损坏:个别承重构件轻微裂缝,个别非承重构件明显破坏;附属构件有不同程度的破坏。不需修理或稍加修理后,仍可继续使用。

3. 中等破坏:多数承重构件出现轻微裂缝,部分出现明显裂缝;个别非承重构件严重破坏。需一般修理,采取安全措施后可适当使用。

4. 严重破坏:多数承重构件严重破坏或部分倒塌。应采取排险措施,需大修、局部拆除。

5. 倒塌:多数承重构件倒塌,需拆除。

为了对具有不同性能水准的结构的抗震性能进行宏观判断,参照上述地震破坏等级划分,《高层建筑混凝土结构技术规程》(JGJ 3—2010)提出了高于上述一般情况的五个抗震性能水准,并给出了各性能水准结构预期的震后性能状况,见表5.3。

表 5.3　各性能水准结构预期的震后性能状况

结构抗震性能水准	宏观损坏程度	损坏部位			继续使用可能性
		关键构件	普通竖向构件	耗能构件	
1	完好、无损坏	无损坏	无损坏	无损坏	不需修理即可继续使用
2	基本完好、轻微损坏	无损坏	无损坏	轻微损坏	稍加修理即可继续使用
3	轻度损坏	轻微损坏	轻微损坏	轻度损坏、部分中度损坏	一般修理后可继续使用
4	中度损坏	轻度损坏	部分构件中度损坏	中度损坏、部分比较严重损坏	修复或加固后可继续使用
5	比较严重损坏	中度损坏	部分构件比较严重损坏	比较严重损坏	需排险大修

注:1."关键构件"是指该构件的失效可能引起结构的连续破坏或危及生命安全的严重破坏。
　　2."普通竖向构件"是指"关键构件"之外的竖向构件。
　　3."耗能构件"包括框架梁、剪力墙连梁及耗能支撑等。
"关键构件"举例:
(1)结构底部加强部位的重要竖向构件(底部加强区剪力墙、框架柱)。
(2)水平转换构件及与其相连的竖向支承构件(转换梁、框支柱)。
(3)大跨度连体结构的连接体、与连接体相连的竖向支承构件。
(4)大悬挑结构的主要悬挑构件。
(5)加强层的伸臂构件以及与伸臂相连的周边竖向构件。
(6)巨型结构中巨型柱、巨型梁(巨型桁架)。
(7)扭转变形很大部位的竖向(斜向)构件。
(8)长短柱出现在同一楼层且数量相当时,该楼层的各个长短柱。

5.2.3　抗震性能化目标

　　根据图 5.1 及图 5.2,可把结构的性能水平分为以下四个阶段:充分运行阶段(Operational,简称 OP)、基本运行阶段(Immediate Occupancy,简称 IO)、生命安全阶段(Life Safety,简称 LS)、接近倒塌阶段(Collapse Prevention,简称 CP)。充分运行是指建筑和设备的功能在地震时或震后能继续保持,结构构件与非结构构件可能有轻微的破坏,但建筑结构完好;基本运行是指建筑的基本功能不受影响,结构的关键和重要构件以及室内物品未遭破坏,结构可能损坏,但经一般修理或不需修理仍可继续使用;生命安全是指建筑的基本功能受到影响,主体结构有较重破坏但不影响承重,非结构部分可能坠落,但不致严重伤人,生命安全能得到保障;接近倒塌是指建筑的基本功能不复存在,主体结构有严重破坏,但不致倒塌。

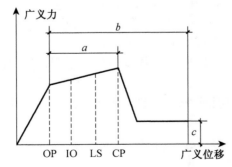

图 5.1　延性结构性能水平的阶段

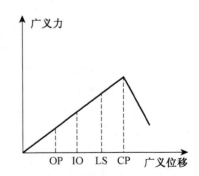

图 5.2　非延性结构性能水平的阶段

　　结构抗震性能目标是指在设定的地震地面运动水准下结构的预期性能水准。性能目标应根据结构方案在房屋高度、规则性、结构类型、抗震设防标准等方面的特殊要求,并结合基本设防烈度、设防类别、场地条件、建造费用、震后损失和修复难易程度等因素综合考虑后确定。

《建筑抗震设计规范》(GB 50011—2010)附录 M 提出了抗震性能化设计的参考目标,即性能 1、2、3、4;《高层建筑混凝土结构技术规程》(JGJ 3—2010)提出了 A、B、C、D 四级结构抗震性能目标与《建筑抗震设计规范》(GB 50011—2010)的抗震性能 1、2、3、4 是基本一致的。表 5.4 提供了一些可供选择的性能目标。

表 5.4 性能目标选定方案

地震水准	结构性能水准				
	1	2	3	4	5
小震	A、B、C、D				
中震	A	B	C	D	
大震		A	B	C	D

性能目标 A:小震和中震下均满足性能水准 1 的要求,大震下满足性能水准 2 的要求,即结构处于基本弹性状态,高度和不规则性一般不需专门限制。见表 5.5。

表 5.5 抗震性能目标"A"预期达到的震后性能状况

地震烈度水准		多遇地震	设防烈度地震	预估的罕遇地震
性能水准		1	1	2
震后性能状况	宏观损坏程度	完好、无损坏	完好、无损坏	基本完好~轻微损坏
	损坏部位 普通竖向构件	无损坏	无损坏	无损坏
	关键构件	无损坏	无损坏	无损坏
	耗能构件	无损坏	无损坏	轻微损坏
	继续使用的可能性	一般不需修理即可继续使用	一般不需修理即可继续使用	稍加修理即可继续使用

性能目标 B:小震下满足性能水准 1 的要求,中震下满足性能水准 2 的要求,大震下满足性能水准 3 的要求;部分结构构件损坏;其高度不需专门限制,重要部位的不规则性限制可比现行标准的要求放宽。见表 5.6。

表 5.6 抗震性能目标"B"预期达到的震后性能状况

地震烈度水准		多遇地震	设防烈度地震	预估的罕遇地震
性能水准		1	2	3
震后性能状况	宏观损坏程度	完好、无损坏	基本完好~轻微损坏	轻度损坏
	损坏部位 普通竖向构件	无损坏	无损坏	轻度损坏
	关键构件	无损坏	无损坏	轻微损坏
	耗能构件	无损坏	轻微损坏	轻度损坏、部分中度损坏
	继续使用的可能性	一般不需修理即可继续使用	稍加修理即可继续使用	一般修理后才可继续使用

性能目标 C:小震下满足性能水准 1 的要求,中震下满足性能水准 3 的要求,大震下满足性能水准 4 的要求;结构中等破坏,其高度可适当超过《高层建筑混凝土结构技术规程》(JGJ 3—2010)B 级高度的规定,某些不规则性限制可有所放宽。见表 5.7。

表 5.7　抗震性能目标"C"预期达到的震后性能状况

地震烈度水准			多遇地震	设防烈度地震	预估的罕遇地震
性能水准			1	3	4
震后性能状况	宏观损坏程度		完好、无损坏	轻度损坏	中度损坏
	损坏部位	普通竖向构件	无损坏	轻微损坏	部分构件中度损坏
		关键构件	无损坏	轻微损坏	轻度损坏
		耗能构件	无损坏	轻度损坏、部分中度损坏	中度损坏、部分比较严重损坏
	继续使用的可能性		一般不需修理即可继续使用	一般修理后才可继续使用	修复或加固后才能继续使用

性能目标 D：小震下满足性能水准 1 的要求，中震满足性能水准 4 的要求，大震下满足性能水准 5 的要求，结构的损坏不危及生命安全。其高度一般不宜超过《高层建筑混凝土结构技术规程》（JGJ 3—2010）B 级高度的规定，规则性限制一般也不宜放宽。见表 5.8。

表 5.8　抗震性能目标"D"预期达到的震后性能状况

地震烈度水准			多遇地震	设防烈度地震	预估的罕遇地震
性能水准			1	4	5
震后性能状况	宏观损坏程度		完好、无损坏	中度损坏	比较严重损坏
	损坏部位	普通竖向构件	无损坏	部分构件中度损坏	部分构件比较严重损坏
		关键构件	无损坏	轻度损坏	中度损坏
		耗能构件	无损坏	中度损坏、部分比较严重损坏	比较严重损坏
	继续使用的可能性		一般不需修理即可继续使用	修复或加固后才能继续使用	需排险大修

5.2.4　性能水准的判别及性能目标的选定

抗震性能设计需要有一个比较合理的性能水准判别准则，在性能目标选用时考虑的因素应比较全面。

1. 性能水准的判别准则

对于上节提出的结构在地震作用下的五个性能水准，表 5.9 给出判别是否满足性能水准的准则，可供参考。其中，对各项性能水准，结构的楼盖体系必须有足够安全的承载力，以保证结构的整体性。为避免混凝土结构构件发生脆性剪切破坏，设计中应控制受剪截面尺寸，满足现行标准对剪压比的限制要求。性能水准中的抗震构造，"基本要求"相当于混凝土结构中四级抗震等级构造要求，低、中、高和特种延性要求可参照混凝土结构中抗震等级的三、二、一和特一级的构造要求。

表 5.9　性能水准判别准则

性能水准 1	全部构件的抗震承载能力满足弹性设计要求。在多遇地震（小震）作用下，结构层间位移角、结构构件的承载力及结构整体稳定性等均应满足相应规范要求
性能水准 2	第 2 性能水准的设计要求与第 1 性能水准结构的差别是，框架梁、剪力墙等耗能构件的正截面承载力只需要满足"屈服承载力设计"。"屈服承载力设计"是指构件按材料强度标准值计算的承载力不小于按重力荷载及地震作用标准值计算的构件组合内力
性能水准 3	允许部分框架梁、剪力墙连梁等耗能构件正截面承载力进入屈服阶段。竖向构件及关键构件正截面承载力满足"屈服承载力设计"的要求

性能水准 4	关键构件抗震承载力满足"屈服承载力设计"的要求,允许部分竖向构件及大部分框架梁、剪力墙连梁等耗能构件进入屈服阶段,但构件的受剪截面应满足截面限制条件,这是防止构件发生脆性破坏的最低要求。结构的抗震性能必须通过弹塑性计算加以深入分析,例如:弹塑性层间位移角、构件屈服的次序及塑性铰分布、塑性铰部位钢材受拉塑性应变及混凝土受压损伤程度、结构薄弱部位、整体结构的承载力不发生下降等
性能水准 5	第 5 性能水准结构与第 4 性能水准结构的差别在于关键构件承载力满足"屈服承载力设计"的要求,允许比较多的竖向构件进入屈服阶段,并允许部分"梁"耗能构件发生比较严重的破坏。结构的抗震性能必须通过塑性计算加以深入分析,尤其应注意同一楼层的竖向构件不宜全部进入屈服并宜控制结构整体承载力的下降幅度不超过 10%

2. 性能目标的选用

超限高层建筑工程抗震性能目标的设定是实现超限高层性能化设计的关键,内容包括整体抗震性能及构件、局部部位的性能水准。《高层建筑混凝土结构技术规程》(JGJ 3—2010)第 3.11.1 条的条文说明建议对性能目标的选取应偏于安全考虑,主要原因在于目前地震地面运动的不确定性及强烈地震下非线性分析方法(计算模型及参数的选用等)存在不少经验因素,缺少从强震记录、设计施工资料到实际震害的验证,对结构抗震性能的判断难以十分准确,尤其是对于长周期的超高层建筑或特别不规则结构的判断难度更大。结合《高层建筑混凝土结构技术规程》(JGJ 3—2010)的建议,选择高层建筑的抗震性能目标时,应综合考虑多个因素。下面提出一些建议,供参考。

(1) 在第一准则地震(小震)作用下,任何高层建筑的结构都应满足性能水准 1 的要求。

(2) 某些建筑物,由于其特殊的重要性而需要结构具有足够的承载力,以保证它在中震、大震下始终处于基本弹性状态;也有一些建筑虽然不特别重要,但其设防烈度较低(如 6 度)或结构的地震反应较小,它仍可能具有在中震、大震下只出现基本弹性反应的承载水平;某些结构特别不规则,但业主为了实现建筑造型和满足特殊建筑功能的需要,愿意付出经济代价,使结构设计满足在大震作用下仍处于基本弹性状态。以上情况以及其他特殊情况,可选用性能目标"A",此时房屋的高度和不规则性一般不需要专门限制。

(3) 性能目标"B""C""D"都允许结构不同程度地进入非弹性状态。震害经验及试验和理论研究表明,在中震、大震下,使结构既具有合适的承载力又能发挥一定的延性性能是比较合理的。对复杂和超限高层建筑结构,一般情况下可选用性能目标"B""C""D"。这三种目标的选用需要综合考虑设防烈度、结构的不规则程度和房屋高度、结构发挥延性变形的能力、结构造价、震后的各种损失及修复难度等因素。对于超限高层建筑结构,鉴于目前非线性分析方法的计算模型及参数的选用尚存在不少经验因素,震害及试验验证还欠缺,对结构性能水准的判断难以十分准确,因此在性能目标选用中宜偏于安全一些。

(4) 特别不规则的高层建筑结构,其不规则性的程度超过现行标准的限值较多,结构的延性变形能力较差,建议选用目标"B"。

(5) 房屋高度或个别不规则性超过现行标准的限值较多的结构,可选用性能目标"B""C"。

(6) 房屋高度和不规则性均超过现行标准的限值较小的结构,可选用性能目标"C"。

(7) 房屋高度不超过现行规程 B 级高度且不规则性满足限值的结构,可选用性能目标"D"。

目前超限高层建筑工程的结构形式通常具有创新性和复杂性,往往会出现某些特别重要的关键构件,此类构件如发生轻度破坏将对整个结构破坏造成重大影响,例如关键的转换构件、支撑大跨度水平构件的竖向构件、跨越数层的重要竖向构件及其他复杂传力路径中的关键构件。对于这些构件可不必严格执行整体性能目标对应的构件性能水准要求,应单独进行性能水准设定,从而确保实现结构整体抗震性能目标。

在《超限高层建筑工程抗震设计可行性论证报告》的编写中应当明确列出结构的抗震性能目标及构件的抗震性能水准。下面以马鞍山某房屋高度超 B 级高度的框支剪力墙结构为例,说明报告中以表格形式确定的性能目标和构件性能水准,见表 5.10。此工程抗震设防分类为丙类,采用部分框支剪力墙结构,结构屋面高度约 160.5 m,超过《高层建筑混凝土结构技术规程》(JGJ 3—2010)B 级高度的规定,转换部位设置在第 10 层。参考《高层建筑混凝土结构技术规程》(JGJ 3—2010)第 3.11.1 条条文说明,将结构抗震性能目标定为 C 级,因此在三种地震水准作用下,结构的整体性能水准分别设定为完好、轻度损坏和中度损坏。结构中的普通竖向构件和耗能构件的性能水准与结构整体抗震性能目标一致,为 C 级,及三种地震水准下的性能水准为 1、3 和 4,分别对应无损坏、轻度损坏和中度损坏。在轻度损坏中,构件允许超过弹性状态,可根据具体情况设定不屈服或少量弯曲屈服的条件;而中度损坏中,构件通常允许弯曲屈服(或部分完全屈服)、剪切不屈服(或部分剪切屈服)。关键构件框支柱、框支梁及转换层以下底部加强区部位剪力墙的损坏将对结构的整体抗震性能产生重大影响,因此将此三类构件的性能目标提高为 B 级,在三种地震水准下的性能水准分别为 1、2 和 3,即震后损坏状态分别为无损坏、无损坏和轻微损坏(罕遇地震作用下关键构件轻微损坏的衡量标准为不屈服)。

表 5.10 某超限高层建筑工程的抗震性能目标设定

地震水准		多遇地震	设防烈度地震	罕遇地震
结构抗震性能目标:C 级		完好	轻度损坏	中度损坏
关键构件	框支柱	弹性	弹性	不屈服
	框支梁	弹性	弹性	不屈服
	转换层以下底部加强区部位剪力墙	弹性	弹性	抗剪截面控制条件
	转换层以上底部加强区部位剪力墙	弹性	抗剪弹性抗弯不屈服	抗剪截面控制条件
普通竖向构件	非底部加强部位剪力墙	弹性	抗剪弹性抗弯不屈服	无
耗能构件	连梁	弹性	弯曲屈服	无
	框架梁	弹性	弯曲屈服	无
转换层楼板		弹性	弹性	抗剪不屈服

5.2.5 结构抗震性能分析

结构在多遇地震作用下的抗震性能分析通常采用反应谱方法进行,《高层建筑混凝土结构技术规程》(JGJ 3—2010)对于 B 级高度的高层建筑结构、混合结构及第 10 章所规定的复杂高层建筑结构还提出采用弹性时程分析法进行补充计算的要求。分析模型应根据《建筑抗震设计规范》(GB 50011—2010)和《高层建筑混凝土结构技术规程》(JGJ 3—2010)的要求设定相应的地震影响系数、与抗震等级有关的内力调整系数、各种荷载的分项系数、抗震调整系数及材料性能。目前主流的结构分析设计软件可以自动将小震作用下结构的整体变形指标、构件的承载力和变形等设计指标与规范进行对比,工程师可以直观地从计算结果中获知结构各项性能指标是否满足弹性的目标要求。

结构在设防地震下的抗震性能分析通常针对中震弹性和中震不屈服两种情况。其分析仍然采用反应谱法,但是计算参数选取与小震弹性分析相比存在差别。将此三种弹性分析方法的计算条件列于表 5.11 中进行对比。与中震不屈服相比,中震弹性对结构的抗震性能要求更高。中震分析的计算结果提取与小震分析相同。

表 5.11 小震、中震弹性和中震不屈服分析参数对比

计算参数选取	小震弹性	中震弹性	中震不屈服
地震影响系数最大值	《高规》4.3.7 条	《高规》4.3.7 条	《高规》4.3.7 条
内力调整系数	按规范取	1.0	1.0
内力组合分项系数	按规范取	按规范取	1.0
承载力控制调整系数	按规范取	按规范取	1.0
材料强度	材料设计值	材料设计值	材料标准值

5.2.6 构件抗震承载力性能指标验算

1. 满足弹性设计的验算表达式

$$\gamma_G S_{GE} + \gamma_{Eh} S_{Ehk}^* + \gamma_{Ev} S_{Evk}^* \leqslant R_d / \gamma_{RE} \tag{5-1}$$

式中：S_{Ehk}^*、S_{Evk}^*——水平和竖向地震作用标准值的效应。多遇地震承载力验算时应考虑与抗震等级有关的增大系数、中震或大震承载力验算时可不考虑与抗震等级有关的增大系数；

S_{GE}——重力荷载代表值作用下的效应；

R_d、γ_{RE}——构件承载力设计值和承载力抗震调整系数；

γ_G——重力荷载分项系数；

γ_{Eh}、γ_{Ev}——水平地震和竖向地震作用分项系数。

2. 满足不屈服设计的验算表达式

考虑以水平地震作用为主时：

$$S_{GE} + S_{Ehk}^* + 0.4 S_{Evk}^* \leqslant R_k \tag{5-2}$$

考虑以竖向地震作用为主时（水平长悬臂结构和大跨度结构中关键构件，应考虑以竖向地震作用为主的组合）：

$$S_{GE} + 0.4 S_{Ehk}^* + S_{Evk}^* \leqslant R_k \tag{5-3}$$

式中：R_k——截面承载力标准值，按材料强度标准值计算。

3. 满足受剪截面控制条件的验算表达式

钢筋混凝土构件（墙、柱等）

$$V_{GE} + V_{Ek}^* \leqslant 0.15 f_{ck} b h_0 \tag{5-4}$$

型钢混凝土剪力墙、型钢混凝土柱：

$$(V_{GE} + V_{Ek}^*) - 0.25 f_{ak} A_a \leqslant 0.15 f_{ck} b h_0 \tag{5-5}$$

钢板混凝土剪力墙：

$$(V_{GE} + V_{Ek}^*) - (0.25 f_{ak} A_a + 0.5 f_{spk} A_{sp}) \leqslant 0.15 f_{ck} b h_0 \tag{5-6}$$

式中：V_{GE}——重力荷载代表值作用下的构件剪力（N）；

V_{Ek}^*——地震作用标准值作用下的构件剪力（N），不需考虑与抗震等级有关的增大系数；

f_{ck}——混凝土轴心拉压强度标准值（N/mm²）；

f_{ak}——剪力墙端部暗柱中型钢的强度标准值（N/mm²）；

A_a——剪力墙端部暗柱中型钢的截面面积（mm²）；

f_{spk}——剪力墙墙内钢板的强度标准值（N/mm²）；

A_{sp}——剪力墙墙内钢板的横截面面积（mm²）。

6 结构超限设计的针对性措施

6.1 高度超限时的抗震构造措施

对于平面和竖向规则性较好、仅高度超限的高层建筑，可分为以下两种情况：

（1）高度超过表3.1规定的限值，但未超过《高层建筑混凝土结构技术规程》（JGJ 3—2010）中B级高度最大适用高度（见表6.1）的钢筋混凝土高层结构，总体上可按《高层建筑混凝土结构技术规程》（JGJ 3—2010）中关于B级高度建筑的有关设计措施执行即可。

对于钢筋混凝土框架结构、板柱-剪力墙结构、带较多短肢墙的剪力墙结构，当高度超过表3.1规定时，宜调整结构体系和布置，可选择改为框架-剪力墙结构、剪力墙结构等。

（2）高度超过表3.1规定限值的高层钢结构、高层混合结构，以及高度超过表6.1中关于B级高度最大适用高度的钢筋混凝土结构，应根据高度超限的程度，进行仔细分析、专门的研究和论证，并采取比现行规范、规程更严格、更有效的抗震措施，确保结构抗震安全。

表6.1　B级高度钢筋混凝土高层建筑的最大适用高度（m）

结构体系		6度	7度	8度	
				0.20g	0.30g
框架-剪力墙		160	140	120	100
剪力墙	全部落地剪力墙	170	150	130	110
	部分框支剪力墙	140	120	100	80
筒体	框架-核心筒	210	180	140	120
	筒中筒	280	230	170	150

对于第二种高度超限的情况，结构超限设计应着重关注以下几个方面，并采取相应的加强措施：

（1）多遇地震计算，应采用弹性时程分析法作补充分析。振型分解反应谱法计算时，应选取足够数量的振型数，使各振型参与质量之和不小于总质量的90%；弹性时程分析输入的地震波，应满足《建筑抗震设计规范》（GB 50011—2010）关于地震波选波的要求。当选取三组加速度时程曲线输入时，计算结果宜取弹性时程法的包络值和振型分解反应谱法的较大值；当选取七组或七组以上加速度时程曲线时，计算结果可取弹性时程法的平均值和振型分解反应谱法的较大值。

（2）注意分析结构基底总地震剪力和楼层地震剪力，验算各楼层剪重比是否满足要求。不满足时，应采取调整结构布置、增加结构刚度或调整结构总地震剪力和各楼层水平地震剪力，使之满足规范要求。

地震剪力调整时应注意以下几点：

① 当结构底部总地震剪力不满足时，各楼层地震剪力均应进行调整，不能仅调整不满足的楼层。

② 楼层地震剪力调整后，结构的地震倾覆力矩、内力和位移均应作相应调整。

③ 当较多楼层的剪力系数不满足最小剪力系数的要求（例如15%以上的楼层）或底部楼层剪力系数远远小于最小剪力系数要求（例如小于85%），说明结构整体刚度偏弱（或结构太重），应调整结构体系，增强结构刚度（或减少结构重量），而不能简单采用放大楼层剪力系数的办法。

④ 弹性时程分析的总地震剪力也应满足最小剪力系数要求。

（3）应验算结构整体稳定是否满足要求。基础设计时,应尽可能使结构竖向荷载重心与基础底面形心相重合,应验算整体结构的抗倾覆稳定性和桩基在水平力最不利组合情况下桩身是否出现拉应力,当出现拉应力时,应验算桩基抗拔承载力,并采取相应的加强措施。

（4）对于框架-核心筒结构（包括钢框架-钢筋混凝土核心筒结构、型钢混凝土框架-钢筋混凝土核心筒结构）应注意校核框架部分的地震剪力分担比,确保二道防线的作用。周边框架部分按弹性计算分配的地震剪力的最大值,除底部个别楼层、加强层及其相邻上下层外,多数楼层应满足不小于底部总地震剪力10%的要求;对于超过 B 级最大适用高度较多的超高层建筑,除底部个别楼层、加强层及其相邻上下层外,多数楼层应满足不小于底部总剪力的 8%且最大值不宜小于 10%,最小值不宜小于 5%。

（5）对竖向荷载效应敏感的高层结构,柱、墙、斜撑等构件的轴向变形计算应考虑施工过程的影响;超 B 级高度建筑,宜考虑混凝土收缩、徐变效应及基础不均匀沉降等非荷载效应对计算结果的影响。

（6）超高层建筑应重视横向风振效应的影响,必要时应通过风洞试验确定风荷载体型系数。

高层钢结构、高度不小于 150 m 的混凝土结构及混合结构,应验算结构顶部（人可到达的最高楼层）的风振舒适度。10 年一遇风荷载作用下的顺风向和横风向振动最大加速度应满足规范要求。注意风振舒适度验算时结构阻尼比的合理取值。

（7）采取提高剪力墙或核心筒墙肢延性的措施:

① 控制核心筒墙肢剪应力水平。墙肢受剪截面应满足罕遇地震下的受剪截面控制条件,避免发生脆性剪切破坏。

② 控制墙肢轴压比。轴压比是影响墙肢延性的主要因素之一,应验算重力荷载代表值作用下墙肢的轴压比。

③ 必要时扩大墙肢设置约束边缘构件的范围,如将约束边缘构件设置范围延伸至墙肢轴压比不大于 0.3 的范围。

④ 中震下出现小偏心受拉的混凝土构件应采用《高层建筑混凝土结构技术规程》（JGJ 3—2010）中规定的特一级构造。中震时双向水平地震下墙肢全截面由轴向力产生的平均名义拉应力超过混凝土抗拉强度标准值时宜设置型钢承担拉应力,且平均名义拉应力不宜超过两倍混凝土抗拉强度标准值（可按弹性模量换算考虑型钢和钢板的作用）,全截面型钢和钢板的含钢率超过 2.5%时可按比例适当放松。

（8）采取提高框架柱延性的措施:

① 控制框架柱轴压比和剪应力。轴压比是影响框架柱延性的主要因素;框架柱受剪截面应满足罕遇地震下的受剪截面控制条件,以免发生脆性剪切破坏。

② 对于特一级抗震等级以及中震下出现小偏心受拉的框架柱,宜采用型钢混凝土柱、钢管混凝土柱。

（9）针对结构高度超限程度不同,提出合理的抗震性能目标。

（10）补充结构的弹塑性分析计算。高度不超过 150 m 时,可采用静力弹塑性分析方法;高度大于 200 m 或扭转效应明显的结构应采用动力弹塑性分析;高度在 150～200 m 之间,根据结构的变形特征选择静力或动力时程法;高度超过 300 m 应做两个独立的动力弹塑性分析。计算应以构件的实际承载力为基础,着重于发现薄弱部位和提出相应加强措施。

（11）必要时（如特别复杂的结构、高度超过 200 m 的混合结构、静载下构件竖向压缩变形差异较大的结构等）,应有重力荷载下的结构施工模拟分析。当施工方案与施工模拟计算分析不同时,应重新调整相应的计算。

6.2　平面规则性超限时的抗震构造措施

1. 当存在平面凹凸不规则、楼板不连续等平面不规则项时,结构计算模型应考虑楼板平面内弹性变形的影响,宜采取平面弹性板、弹性膜单元。

（1）对楼板开大洞的情况，洞口周边一跨范围的楼板可定义为弹性板（弹性膜）单元，其余楼板仍可按刚性板处理。

（2）对平面凹凸不规则，可将凹口周边各一跨的范围、凸出部位的根部一跨范围内的楼板定义为弹性板（弹性膜）单元，其余楼板仍可按刚性板处理。

（3）对细腰形平面、楼板有效宽度小于 50% 的情况，可将细腰部位楼板定义为弹性板（弹性膜）单元，其余楼板仍可按刚性板处理。

（4）对存在错层的情况，当错层高度不大于框架梁截面高度时可忽略错层影响，楼层标高可取两部分楼面标高平均值；当错层高度大于框架梁高，应将各错层楼板作为独立楼层参与整体计算，计算时可分别定义各块楼板为刚性板。

（5）对于平面尺寸较小的建筑，也可将整个楼板或全楼定义为弹性板（弹性膜）单元。

2. 楼板缺失或较大开洞引起长、短柱共用时，应采取以下措施：

（1）长、短柱承担的地震剪力将发生变化，应考虑中震、大震下出现短柱先破坏，随后地震剪力转由长柱承担的可能。为此，在多道防线调整的基础上，跨层长柱可按短柱的剪力复核其承载力。必要时，短柱可按大震作用复核其承载力。

（2）对仅局部布置少量楼板的楼层，或局部布置夹层的楼层，宜与相邻楼层并层计算。此时应仔细复核并层后相邻上下楼层的刚度和承载力变化，判别是否存在软弱层和薄弱层，并采取相应的加强措施。

（3）长、短柱的计算长度不同时，应注意校核越层柱的计算长度。

（4）外框长短柱的数量相当时，其内力分配可在多道防线调整的基础上，按各个被击破的最不利情况考虑。

3. 凹口深度超限的高层建筑，宜采取以下构造措施：

（1）屋面层的凹口位置应设置拉梁或拉板。

（2）建筑高度超过 100 m 时，或建筑高度在 60～100 m 之间且凹口深度大于相应投影方向总尺寸的 40% 时，宜每层设置拉梁或拉板。

（3）建筑高度小于 60 m 且凹口深度大于相应投影方向总尺寸的 40% 时，除屋面层外，其他楼层宜隔层设置拉梁或拉板。

（4）当凹口部位楼板有效宽度大于 6 m，且凹口深度小于相应投影方向总尺寸的 40% 时，如结构抗震计算指标能通过，则除屋面层外，在凹口位置可以不设拉梁或拉板，但应验算凹口部位楼板的应力，检查凹口内侧墙体上连梁的配筋是否有超筋现象并进行控制。

4. 对建筑平面局部突出布置的情况，突出部位的根部楼板应适当加厚，配筋应加强，并采用双层双向配筋。

5. 对楼板平面开大洞的情况，大洞口周边宜设钢筋混凝土梁，并加强洞口周围楼板的厚度和配筋。对由于楼面开洞形成的狭长板带传递水平力时，周边梁的拉通钢筋及腰筋等应予加强，并可靠锚固。

6. 对于平面中楼板间连接较弱的情况，连接部位楼板应适当加厚，配筋相应加强。

7. 应验算楼板在地震作用下和竖向荷载组合作用下的主拉应力，计算结果应能反映出凹口部位、突出部位根部、楼板连接薄弱部位的内力，以此作为楼板截面设计的参考。大开洞周边或连接薄弱部位的局部楼板，可按中震复核平面内承载力，确保水平力的可靠传递。对于平面超长的结构，结构布置应考虑减少温度应力对结构的影响。

8. 结构平面布置应减少扭转的影响。在考虑偶然偏心影响的规定水平地震力作用下，楼层竖向构件最大的水平位移和层间位移，A 级高度高层建筑不宜大于该楼层平均值的 1.2 倍，不应大于该楼层平均值的 1.5 倍；B 级高度高层建筑、超过 A 级高度的混合结构及《高层建筑混凝土结构技术规程》（JGJ 3—2010）第 10 章所指的复杂高层建筑不宜大于该楼层平均值的 1.2 倍，不应大于该楼层平均值的 1.4 倍。结构扭转为主的第一自振周期 T_t 与平动为主的第一自振周期 T_0 之比，A 级高度高层建筑不应大于 0.9，B 级高度高层建筑、超过 A 级高度的混合结构及《高层建筑混凝土结构技术规程》（JGJ 3—2010）第 10 章所指复杂高层建筑不应大于 0.85。

注：当楼层的最大层间位移角不大于《高规》第 3.7.3 条规定的限值的 40％时,该楼层竖向构件的最大水平位移和层间位移与该楼层平均值的比值可适当放松,但不应大于 1.6。

9. 对于错层引起的楼板不连续,应采用每块错层楼盖分块刚性的假定进行整体计算,每块刚性楼盖的扭转位移比,应按楼盖四个角点的对应数据手算复核,分别满足位移比验算要求。

10. B 级高度的钢筋混凝土建筑,平面角部不宜设置过大的转角窗;A 级高度高层建筑设置转角窗时,应采取加强措施,转角窗两侧剪力墙墙肢宜通高设置约束边缘构件,转角窗部位楼板内宜设置暗梁或斜向拉结加强筋,楼板配筋相应加强。

11. 错层部位的框架柱截面尺寸不应小于 600 mm,混凝土强度等级不应低于 C30,箍筋应全柱段加密配置;抗震等级应提高一级采用,一级应提高至特一级,但抗震等级已经为特一级时应允许不再提高;柱截面承载力应按中震不屈服验算。错层部位的剪力墙墙肢不应采用单肢墙。错层部位的墙肢厚度不应小于 250 mm,并应设置与之垂直的墙肢或扶壁柱。抗震等级应提高一级采用,混凝土强度等级不应低于 C30,水平和竖向分布钢筋的配筋率不应小于 0.5％。

6.3　立面规则性超限时的抗震构造措施

6.3.1　带转换层结构的抗震构造措施

目前国内外实际工程中应用的转换层主要结构形式有梁式转换结构、板式转换结构、桁架式转换结构和箱形转换结构(图 6.1)。近几年来,柱式(斜柱、V 形柱)转换结构、搭接柱等新型转换结构也相继在一些工程中得到应用。

各种类型转换层由于结构形式差别较大,其传力性能和抗震性能等存在明显差异。

梁式转换结构传力直接、明确,传力途径清楚,结构计算相对容易,受力性能好,工作可靠,构造简单,施工方便。但是当转换梁跨度较大时,要求转换梁截面尺寸较大,其质量和抗侧力刚度相应较大,因而地震反应也较大。

板式转换结构一方面使得上部结构布置方便,另一方面使得传力不清楚,受力复杂,结构计算相对困难,并且厚板集中了很大的质量和刚度,地震反应强烈。

桁架式转换结构受力明确,传力途径清楚,转换桁架不仅使开洞和设置管道方便,而且它们的位置与大小具有很大的灵活性,使充分利用转换层的建筑空间成为可能。桁架式转换结构自重和抗侧力刚度比转换梁小,使得带桁架转换层高层建筑的质量和刚度相对缓和,因而地震反应比带转换梁的高层建筑要小得多。

箱形转换结构是由单向托梁、双向托梁同上、下层较厚的楼板共同作用形成,其侧向刚度很大。

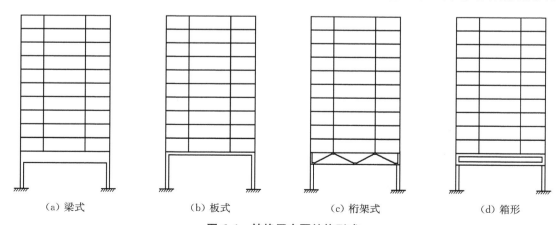

(a) 梁式　　　　　　(b) 板式　　　　　　(c) 桁架式　　　　　　(d) 箱形

图 6.1　转换层主要结构形式

高层建筑的转换结构有两类:一类为墙体转换,另一类为柱或斜撑转换。对于墙体转换,墙体及其转换大梁形成拱,对框支柱有向外推力。抽柱的转换梁是空腹桁架的下弦杆,次应力较大,有时须不考虑空腹桁架的空间作用。不同的转换要有不同的设计方法,框支转换大梁的设计和空腹桁架下弦杆的设计有明显的不同,不可相混。有时,结构在两个主轴方向的转换类型不同,在一个方向为框支转换,另一个方向为抽柱转换,则需分别处理;在一个方向为框支柱,另一个方向为落地墙的端柱,计算框支柱数量时,两个方向应区别对待。

带转换层结构的抗震构造措施宜按下列采用:

1. 加强转换层下部结构的侧向刚度,使转换层上下主体结构侧向刚度尽可能接近。当转换层设置在1、2层时,可近似采用转换层与其相邻上层结构的等效剪切刚度比 γ_{e1} 表示转换层上、下层结构刚度的变化,γ_{e1} 宜接近1,非抗震设计时 γ_{e1} 不应小于0.4,抗震设计时 γ_{e1} 不应小于0.5。γ_{e1} 可按下列公式计算:

$$\gamma_{e1} = \frac{G_1 A_1}{G_2 A_2} \times \frac{h_2}{h_1} \tag{6-1}$$

$$A_i = A_{w,i} + \sum_j C_{i,j} A_{ci,j} (i = 1, 2) \tag{6-2}$$

$$C_{i,j} = 2.5 \left(\frac{h_{ci,j}}{h_i} \right)^2 (i = 1, 2) \tag{6-3}$$

式中:G_1、G_2——分别为转换层和转换层上层的混凝土剪切模量;

A_1、A_2——分别为转换层和转换层上层的折算抗剪截面面积,可按式(6-2)计算;

$A_{w,i}$——第 i 层全部剪力墙在计算方向的有效截面面积(不包括翼缘面积);

$A_{ci,j}$——第 i 层第 j 根柱的截面面积;

h_i——第 i 层的层高;

$h_{ci,j}$——第 i 层第 j 根柱沿计算方向的截面高度;

$C_{i,j}$——第 i 层第 j 根柱截面面积折算系数,当计算值大于1时取1。

当转换层设置在第2层以上时,按式(6-4)计算的转换层与其相邻上层的侧向刚度比不应小于0.6。

$$\gamma_1 = \frac{V_i \Delta_{i+1}}{V_{i+1} \Delta_i} \tag{6-4}$$

式中:γ_1——楼层侧向刚度比;

V_i、V_{i+1}——第 i 层和第 $i+1$ 层的地震剪力标准值(kN);

Δ_i、Δ_{i+1}——第 i 层和第 $i+1$ 层在地震作用标准值作用下的层间位移(m)。

当转换层设置在第2层以上时,尚宜采用图6.2所示的计算模型按式(6-5)计算转换层下部结构与上部结构的等效侧向刚度比 γ_{e2}。γ_{e2} 宜接近1,非抗震设计时 γ_{e2} 不应小于0.5,抗震设计时 γ_{e2} 不应小于0.8。

$$\gamma_{e2} = \frac{\Delta_2 H_1}{\Delta_1 H_2} \tag{6-5}$$

式中:γ_{e2}——转换层下部结构与上部结构的等效侧向刚度比;

H_1——转换层及其下部结构(计算模型1)的高度;

Δ_1——转换层及其下部结构(计算模型1)的顶部在单位水平力作用下的侧向位移;

H_2——转换层上部若干层结构(计算模型2)的高度,其值应等于或接近计算模型1的高度 H_1,且不大于 H_1;

Δ_2——转换层上部若干层结构(计算模型2)的顶部在单位水平力作用下的侧向位移。

转换层的楼层刚度比、转换构件剪压比的控制是否得当。必要时,水平转换构件需采用重力荷载下不考虑墙体共同工作的手算复核。

2. 部分框支剪力墙结构在地面以上设置转换层的位置,8度时不宜超过3层,7度时不宜超过5层,6度时可适当提高。对部分框支剪力墙结构,当转换层的位置设置在3层及3层以上时,其框支柱、剪力墙底部加强部位的抗震等级宜提高一级,已为特一级时可不再提高。

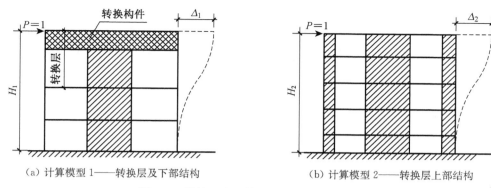

（a）计算模型1——转换层及下部结构　　　　　（b）计算模型2——转换层上部结构

图6.2　转换层上下等效侧向刚度计算模型

3. 框支转换时落地剪力墙间距以及落地剪力墙与相邻框支柱的距离,应满足《高层建筑混凝土结构技术规程》（JGJ 3—2010）第10.2.16条要求,且落地剪力墙和筒体底部墙体应加厚,框支框架承担的地震倾覆力矩应小于结构总地震倾覆力矩的50%。

4. 框支梁上一层墙体内不宜设置边门洞,避免框支中柱上方设置门洞而形成"秃头"框支柱。当必须设置边门洞时,对应于框支柱上方的洞边墙体宜设置翼墙或端柱（图6.3）。

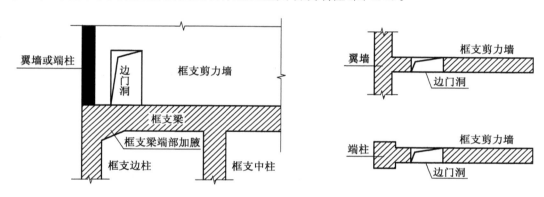

图6.3　框支梁上一层墙体设置边门洞时的加强构造

5. 对于不落地构件通过次梁转换的问题,应慎重对待。少量的次梁转换,设计时应对不落地构件（抗震墙、柱、支撑等）的地震作用如何通过次梁传递到主梁又传递到落地竖向构件要有计算分析,即不落地竖向构件地震作用在次梁上形成的弯矩,按规范增大后成为主梁的集中扭矩,再传递到主梁两端的落地竖向构件,成为落地构件的附加弯矩;主梁的抗扭分析中可考虑楼板的有利影响,通过上述计算对有关部位采取相应的加强措施,方可视为符合《建筑抗震设计规范》（GB 50011—2010）第3.5.2条要求"有明确的计算简图和合理的地震作用传递途径"。

6. 转换层地震剪力应乘以增大系数1.25;转换构件内力放大系数,特一、一、二级转换构件的水平地震作用计算内力应分别乘以增大系数1.9、1.6、1.3;7度（0.15g）及8度抗震设防时,转换结构应考虑竖向地震作用为主的组合,且竖向地震作用应考虑上下两个不同方向分别进行组合。

7. 采用斜腹杆桁架作转换结构时,上、下弦杆应按偏心受压或偏心受拉构件设计;当其轴向刚度、弯曲刚度考虑相连楼板作用时,应考虑竖向荷载或地震作用下楼板混凝土受拉开裂可能导致刚度退化的影响。为安全起见,宜按不考虑楼板作用（"零刚度板假定"）复核转换桁架的杆件内力。

8. 核心筒部分墙肢需要转换时,应对转换部位进行详细的有限元分析。

9. 采用斜柱、斜撑作转换结构时,应按照弹性楼盖方法计算构件内力,并考虑楼盖梁板在使用过程中刚度退化的影响。

6.3.2　多塔结构的抗震构造措施

1. 各塔楼的层数、平面和刚度宜接近,塔楼对底盘宜对称布置,上部塔楼结构的综合质心与底盘结构质心的距离不宜大于底盘相应边长的 20%。中国建筑科学研究院结构所等单位的试验研究和计算分析表明,多塔楼结构振型复杂,且高振型对结构内力的影响大,当各塔楼质量和刚度分布不均匀时,结构扭转振动反应大,高振型对内力的影响更为突出,因此要求多塔楼结构各塔楼的层数、平面和刚度宜接近。

2. 转换层不宜设置在底盘屋面的上层塔楼内。震害和计算分析表明,转换层宜设置在底盘楼层范围内,不宜设置在底盘以上的塔楼内(图 6.4)。若转换层设置在底盘屋面的上层塔楼内时,易形成结构薄弱部位,不利于结构抗震,应尽量避免;无法避免时应采取有效的抗震措施,包括增大构件内力、提高抗震等级等。

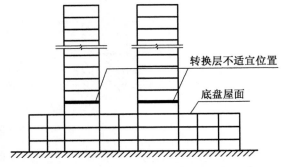

图 6.4　多塔楼结构转换层不适宜位置示意

多塔楼结构振型数不应小于塔楼塔数的 9 倍,且计算振型数应使各振型参与质量之和不小于总质量的 90%,同时采用弹性时程分析法进行补充计算,宜采用弹塑性静力或弹塑性动力分析方法补充计算。

3. 对多塔结构,宜按整体模型和各塔楼分开模型分别计算,并采用较不利的结果进行结构设计。当塔楼周边的裙房超过两跨时,分塔楼模型宜至少附带两跨的裙房结构。

4. 大底盘多塔楼结构应按整体模型和分塔楼计算模型分别验算整体结构和各塔楼结构扭转为主的第一周期与平动为主的第一周期的比值,并满足《高层建筑混凝土结构技术规程》(JGJ 3—2010)第 3.4.5 条要求。

5. 为保证结构底盘与塔楼的整体作用,裙房屋面板应加厚并加强配筋,板面负弯矩配筋宜贯通;裙房屋面上、下层结构的楼板也应加强构造措施。为保证多塔楼建筑中塔楼与底盘整体工作,塔楼之间裙房连接体的屋面梁以及塔楼中与塔楼连接体相连的外围柱、墙,从固定端至裙房屋面上一层的高度范围内,在构造上应予以特别加强(图 6.5)。

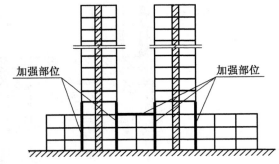

图 6.5　多塔楼结构加强部位示意

6. 底盘屋面高度超过塔楼高度的 20% 时,塔楼在底盘屋面上一层的层间位移角不宜大于底盘楼层最大层间位移角的 1.15 倍;底盘上、下各 2 层的塔楼周边竖向构件的抗震等级宜提高一级,抗震等级已经为特一级时,允许不再提高;偏心收进时,应加强收进部位以下 2 层结构周边竖向构件的配筋构造措施。大量地震震害以及相关的试验研究和分析表明,结构体型收进较多或收进位置较高时,因上部结构刚度突然降低,其收进部位容易形成薄弱部位,故在收进的相邻部位要求采取更高的抗震措施。当结构偏心收进时,受结构整体扭转效应的影响,下部结构的周边竖向构件内力增加较多,也应予以加强。

7. 多塔结构抗风设计宜考虑各塔楼间相互影响的干扰增大系数。对于高层建筑群,当房屋相互间距较近时,由于旋涡的相互干扰,房屋某些部位的局部风压会显著增大,设计时应考虑此不利情况。对比较重要的高层建筑,建议在风洞试验中考虑周围建筑物的干扰因素。

6.3.3　带加强层结构的抗震构造措施

1. 水平伸臂构件宜贯通核心筒墙体,墙体内应设构造连接型钢柱,并应上、下延伸至少一层;水平伸臂构件的平面布置宜位于核心筒的转角和 T 形节点处,与核心筒墙体可有一定的斜交角度;水平伸臂上下弦杆伸入墙体内的截面翼缘宽度宜适当减少,以方便墙体混凝土施工。结构模型振动台试验及研究分析表明,由于加强层的设置,结构刚度突变,伴随着结构内力的突变,以及整体结构传力途径的改变,从而使结构在地震作用下,其破坏和位移容易集中在加强层附近,形成薄弱层,故对加强层及相邻层的竖向构件进行加强。伸臂桁架容易造成核心筒墙体承受较大的剪力,上下弦杆的拉力需要可靠地传递到核心筒上,故要求伸臂构件贯通核心筒。

2. 应采用合适的施工顺序及构造措施,减少结构竖向变形差异在伸臂构件中产生的附加内力。如伸臂桁架斜腹杆延迟安装,混凝土实体梁(墙)设置后浇带、后浇块等措施。

3. 进行重力荷载作用下符合实际情况的施工模拟分析,特别应考虑外伸桁架后期封闭对结构受力的影响;宜考虑核心筒混凝土收缩、徐变效应及地基基础不均匀沉降对加强层伸臂构件内力的影响。由于加强层的伸臂构件强化了内筒与周边框架的联系,内筒与周边框架的竖向变形差将产生很大的次应力,需要采取有效的措施减少这些变形差,而且在结构分析时应该进行合理的模拟,反映出这些措施影响。

4. 宜采用两个不同力学模型的软件计算,并作相互比较和分析;采用弹性时程分析法补充计算,必要时宜采用弹塑性时程分析校核。

5. 结构内力和变形计算时,加强层上下楼板应考虑平面内变形的影响;多遇地震下伸臂杆件的内力应采用弹性膜假定计算,并考虑楼板可能开裂对面内刚度的影响,必要时宜采用平面内零刚度楼盖("零楼板假定")进行验算。中震或大震承载力验算时,不宜考虑楼板刚度对伸臂桁架上下弦杆的有利作用。

6. 加强层及其相邻层的框架柱、核心筒剪力墙的抗震等级应提高一级,一级应提高至特一级,但抗震等级已经为特一级时应允许不再提高;加强层及其相邻层的框架柱箍筋通长加密,轴压比限值应按其他楼层框架柱的数值减少 0.05 采用;加强层及其相邻层核心筒剪力墙应设置约束边缘构件。由于加强层刚度和承载力较大,与其上、下相邻楼层相比有突变,加强层相邻楼层往往成为抗震薄弱层,与加强层水平伸臂结构相连部位的核心筒剪力墙以及外围框架柱受力大且集中。为了提高加强层及其相连楼层与加强层水平伸臂结构相连接的核心筒墙体及外围框架柱的抗震承载力和延性,特作此要求。

6.3.4　连体结构的抗震构造措施

连体结构大致可分为四类(图 6.6):其一,两个主塔间用刚性连接的结构体相连,连接体可以是一个或多个,每个连接体可以是一层或多层;其二,两个主塔间用供人行走的通廊相连,一般按支座可滑动的结构处理;其三,平面为开口很大的槽形,不满足刚性楼盖假定,在开口处每隔若干层设置连接体构件加强楼盖的整体性,减少扭转位移比;其四,房屋立面开设大洞口,在洞口顶部设转换构件将洞口两侧相连。不同的连体设计方法不同。

1. 当连体与两端铰接时,至少一端应采用可滑动连接,根据震害经验,设计时应保证大震下不坠落,考虑支座处两个主塔沿连体的两个主轴方向在大震下的弹塑性位移,然后按位移设计。当两个主塔高低不同,主轴方向正交或斜交时,需考虑双向水平地震同时作用。当连体为多层时,不仅要考虑支座处的位移,还需考虑相关楼层的位移。

2. 当连体与两端刚接时,要算出两端支座在大震下的内力和变形,确保连体本身和连接部位的安全。对高低的主塔、主轴方向不一致的情况,需仔细分析计算。

3. 对开口处的连接构件,可按中震下不屈服设计;对大洞口顶部的转换构件,本身应按水平转换构件设计,支座处应考虑楼层侧向刚度突变导致的薄弱,采取相应的加强措施。

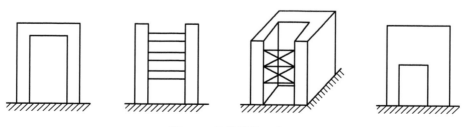

图 6.6　连体结构示意图

4. 连体结构宜优先采用钢结构,尽量减轻结构自重;当连接体包含多个楼层时,最下面一层宜采用桁架结构形式。

5. 连体结构两端与主体结构宜优先采用刚性连接。但当两侧主体结构层数和刚度相差悬殊时,不宜采用强连接的连体结构。

6. 连体结构两端与主体结构刚性连接时,连接体既要承受很大的竖向重力荷载和地震作用,又要在水平地震作用下协调两侧主体结构的变形,因此应特别注意加强连接体与主体结构之间的连接构造措施。连接结构的主要构件(如桁架的上下弦杆)应延伸至主体结构内筒并与内筒可靠连接,或在主体结构内沿连接体方向设型钢混凝土梁与主体结构可靠锚固;连接体楼板宜采用钢筋混凝土平板并与主体结构可靠连接,受力较大时楼板平面内设置支撑;当主体结构为钢筋混凝土结构时,与连接体相连的竖向构件(墙或柱)内宜设置型钢,型钢宜向上延伸不少于 1 层,向下延伸不少于 2~3 层。

7. 当连接体宽度较小(如高空连廊),两侧主体结构层数和侧向刚度差异较大时,连体结构与主体结构之间可采用滑动连接。此时应保证支座滑移量能满足两个方向在罕遇地震作用下的位移要求,并应采取防坠落、防撞击的措施。罕遇地震下的位移大小应采用动力时程分析方法计算复核。

8. 刚性连接的连体结构,宜采用至少两个不同力学模型的三维空间分析软件进行整体内力和变形计算。

9. 连接体结构楼板应采用弹性楼板假定计算。应复核连体结构楼板应力和变形,多遇地震和风荷载作用下,楼板拉应力不宜超过混凝土轴心抗拉强度标准值。

10. 连体结构抗震计算应采用弹性时程分析法作补充验算,7 度(0.15g)和 8 度时连接体应考虑竖向地震影响,6 度和 7 度(0.1g)时高度超过 80 m 的连接体也宜计算竖向地震作用。

11. 连体结构应进行施工模拟分析,考察施工和加载顺序对结构内力和变形的影响。

12. 连体结构两侧塔楼间距一般较近,抗风计算宜考虑塔楼间相互影响的干扰增大系数。必要时宜通过风洞试验确定体型系数以及塔楼间的相互干扰影响。

13. 应进行连体结构的风振舒适度验算和大跨度连接体楼板竖向振动舒适度验算。连接体楼盖结构竖向第一自振频率不宜低于 3 Hz。

14. 刚性连接的连体部分楼板,应补充楼板截面受剪承载力验算,连体部分楼板的截面剪力可取连体楼板承担的两侧塔楼楼层地震作用力之和的较小值。

15. 刚性连接的连体部分楼板较薄弱时,强震下可能发生破坏,宜补充两侧塔楼的单独承载力复核,确保连接体失效后两侧塔楼可以独立承担地震作用而不致发生严重破坏或倒塌。

16. 两侧塔楼为钢筋混凝土结构时,连接体及与连接体相连的结构构件在连接体高度范围及其上、下层,抗震等级应提高一级(已为特一级时可不再提高);与连接体相连的框架柱,在连接体高度范围及其上、下层,箍筋应全柱端加密,轴压比限值应按其他楼层的数值减少 0.05 采用;与连接体相连的剪力墙,在连接体高度范围及其上、下层应设置约束边缘构件。

17. 连接体主要受力构件宜按中震弹性进行设计,两侧支座及与支座相邻的塔楼构件宜按中震不屈服进行设计。

18. 对于钢结构连接体,宜采用地面拼装、整体提升的方法安装。

6.3.5　体型收进结构的抗震构造措施

随着我国经济的发展和建筑技术的进步,功能多样、形体独特的复杂高层建筑大量涌现,体型收进作为常见的结构不规则形式,在建筑上主要表现方式有以下四种:

1. 裙房顶部收进

高层住宅或者写字楼往往在下部楼层设置商业用房等大空间公共场所形成大面积裙房,裙房一般在 7 层以下,主楼一般在 30 层以上。为了更好地实现建筑功能,通常主楼和裙房之间不设抗震缝,当外立面在裙房顶收进时结构抗侧刚度沿高度突然发生变化,对抗震不利。在实际工程中,塔楼往往偏置于裙房的一侧,此时还会产生明显的扭转效应,对抗震更为不利。图 6.7 为两个典型的裙房顶收进的商业建筑。

2. 立面退台收进

为了提高建筑物的稳定性,增加可建造高度,古代砖石建筑中很早就开始采用立面退台收进的建筑形式,例如现存于埃及的台阶式金字塔(图 6.8a)、现存于伊拉克萨马拉大清真寺的螺旋塔(图 6.8b)。在当代的超高层建筑中,建设者们也采用了类似的设计理念。例如美国芝加哥的西尔斯大厦(图 6.9a)、阿联

图 6.7　裙房收进的商业建筑

酋迪拜的哈利法塔(图 6.9b)和我国天津的富力广东大厦(图 6.9c)。这些超高层建筑结构都采用了多次退台的建筑形式,一方面多次收进避免了侧向刚度的突然变化,另一方面自下而上逐段递减的质量分布有利于减小地震作用。另外,沿高度递减的迎风面也有助于减小风荷载。

（a）埃及台阶式金字塔　　　　　　　　　　　（b）伊拉克螺旋塔

图 6.8　立面退台收进的古建筑

（a）西尔斯大厦　　　　　　　（b）哈利法塔　　　　　　　（c）富力广东大厦

图 6.9　立面退台收进的建筑

3. 顶部收进

为满足立面造型的需要,将建筑物在顶部收进成小塔楼,在新中国成立初期,这种风格的建筑在我国有很多。比较典型的是中国人民革命军事博物馆和北京展览馆(图 6.10)。突出屋面的小塔楼受到经主体结构放大的地震作用,反应更为强烈,往往提前破坏,通常把这种现象称为"鞭梢效应"。

4. 核心筒内缩

近年来随着高层建筑数目的快速增长,出现了"部分核心筒不延伸到顶"的结构布置方案。其主要原

（a）中国人民革命军事博物馆

（b）北京展览馆

图 6.10　顶部收进的典型建筑

因是核心筒尺寸由电梯数目决定，考虑到上部楼层的人流量小于下部楼层，若干层以上的电梯数目允许减少，这时将核心筒内缩可以留出更多的楼面可用空间。图 6.11 为两个典型的核心筒内缩的超高层建筑：天津嘉里中心、北京国贸三期，核心筒内缩的位置一般都在比较高的位置。作为主要的抗侧力构件，核心筒内缩也会导致结构侧向刚度的突然变化，当缩进程度较大时也对抗震不利。

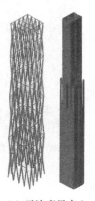
（a）天津嘉里中心

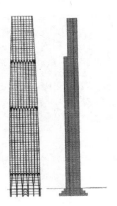
（b）北京国贸三期

图 6.11　核心筒内缩的典型建筑

历次地震震害的教训告诉我们，对于结构刚度沿高度方向连续变化，原则上有任何明显偏离都可能招致不利的甚至常常是危险的结构反应。但是随着我国城市建设的发展、建筑功能的提升，不规则结构成为一个无法回避的问题。体型收进与其他类型的不规则有所不同，层高变化、厚板转换等往往使结构产生"上刚下柔"的刚度分布，而体型收进正好相反，使结构产生"上柔下刚"的刚度分布。相对来说，"上刚下柔"更为不利，而"上柔下刚"也存在刚度突变问题，当刚度变化剧烈时同样也会严重影响结构的抗震性能。

（1）体型收进结构的收进部位，楼层侧向刚度、构件内力和层间位移均可能发生突变，对抗震不利。应控制体型收进尺寸的比例，若收进尺寸超出规范限值较多时，可结合建筑立面采用台阶式多次内收的方式，以减少收进部位楼层内力和变形的突变程度。

（2）体型收进结构的地震作用，应采用弹性时程法作补充计算。

（3）加强上部收进结构底部楼层的侧向刚度和承载力。上部收进结构的底层层间位移角不宜大于下部相邻区段最大层间位移角的 1.15 倍。

（4）抗震设计时，体型收进部位上、下各 2 层周边竖向构件的抗震等级宜提高一级。

（5）一侧收进易引起结构偏心，此时底部结构会因扭转效应的影响而内力加大，须加强收进部位以下 2 层的周边竖向构件的配筋构造措施。

（6）收进部位的楼板厚度不宜小于 150 mm，并加强配筋构造。

6.3.6 悬挑结构的抗震构造措施

1. 悬挑部分宜优先采用钢结构,以减轻悬挑部分的结构自重。

2. 悬挑部分宜采用冗余度较高的结构形式。

3. 悬挑结构上部刚度大于下部结构,设计应采取加强下部楼层刚度和承载力的措施,减小上下相邻楼层刚度和承载力的突变程度。同一楼层不宜既是软弱层又是薄弱层。

4. 悬挑结构上部质量和扭转惯性矩较下部结构大,结构整体扭转效应明显,尤其是不对称悬挑结构,上部悬挑部位质量偏心严重,结构扭转效应更为显著。设计应通过合理的结构布置,尽可能减少结构偏心和扭转效应的不利影响。下部结构周边(特别是悬挑结构一侧的下方)宜采取增设剪力墙或斜撑等措施,提高下部结构整体抗扭刚度。

5. 由于悬挑结构上部质量相对较大,高阶振型地震的影响显著,抗震计算应选取足够数量的振型数,并应采用弹性时程分析法进行补充计算和分析。

6. 悬挑跨度较大、高度较高时,应补充竖向地震作用的计算,并考虑以竖向地震作用为主的工况组合。

7. 悬挑部位采用悬挑桁架结构时,应采用弹性膜楼盖假定计算,并考虑楼板可能开裂对面内刚度的影响,必要时宜采用平面内零刚度楼盖("零楼板")假定进行验算。中震或大震承载力验算时,不宜考虑楼板刚度对悬挑桁架上下弦杆的有利作用。

8. 悬挑结构应进行施工模拟分析,考虑施工和加载顺序对结构内力和变形的影响。

9. 应对大跨度悬挑结构楼板的竖向振动舒适度进行验算。

10. 抗震设计时,悬挑结构的关键构件以及与之相连的主体结构关键构件的抗震等级应提高一级(已为特一级时可不再提高)。

11. 悬挑结构关键构件(悬挑部分根部的弦杆、斜腹板等)的抗震承载力应满足中震弹性要求。

7 复杂超限结构计算分析的相关问题

7.1 超限高层建筑工程审查会专家关注点

超限高层建筑工程审查会专家关注点见表7.1。

表7.1 超限工程审查会专家关注点

结构体系	结构选型	传力途径	周期和周期比	刚度比与刚重比
	总体刚度	变形特征	层间位移角限值	性能化目标
	多道防线	外围框架封闭性	外框柱剪力	位移比
工程判断	模型与实际的符合程度	时程波	剪力系数	薄弱层
	结构构造	关键部位	细部构造	主要墙肢受拉
	薄弱部位目标	基底抗倾覆	舒适度	位移比

7.2 超限高层建筑工程设计需关注的计算结果与相关规范对照

超限高层建筑工程设计需关注的计算结果与相关规范对照见表7.2。

表7.2 超限高层建筑工程设计需关注的计算结果与相关规范对照

项目	规范
1. 剪重比:各主轴方向分别控制并根据规范调整剪力系数	《高规》(JGJ 3—2010)4.3.12条 《抗规》(GB 50011—2010)5.2.5条
2. 扭转位移比	《高规》(JGJ 3—2010)3.4.5条 《抗规》(GB 50011—2010)3.4.4条
3. 周期比	《高规》(JGJ 3—2010)3.4.5条
4. 侧向刚度比	《高规》(JGJ 3—2010)3.5.2条 《抗规》(GB 50011—2010)3.4.3.1
5. 受剪承载力比	《高规》(JGJ 3—2010)3.5.3条 《抗规》(GB 50011—2010)3.4.3.1条
6. 楼层质量比/地上结构单位面积重度	《高规》(JGJ 3—2010)3.5.6条
7. 弹性、弹塑性层间位移角	《高规》(JGJ 3—2010)3.7.3条、3.7.5条 《抗规》(GB 50011—2010)5.5.1条、5.5.5条
8. 风振舒适度	《高规》(JGJ 3—2010)3.7.6条
9. 楼盖舒适度	《高规》(JGJ 3—2010)3.7.7条
10. 整体稳定性	《高规》(JGJ 3—2010)5.4.4条
11. 框架部分承担的剪力	《高规》(JGJ 3—2010)8.1.4条、9.1.11条、10.2.17条 《抗规》(GB 50011—2010)6.2.13条、6.7.1.2条
12. 墙、柱轴压比	《高规》(JGJ 3—2010)6.4.2条、7.2.13条 《抗规》(GB 50011—2010)6.3.6条、6.4.2条
13. 转换层上下的侧向刚度比	《高规》(JGJ 3—2010)10.2.3条、E.0.1条、E.0.2条、E.0.3条
14. 弹性时程分析验证	《高规》(JGJ 3—2010)4.3.5条 《抗规》(GB 50011—2010)5.1.2条

7.3　超限审查意见内容

抗震设防专项审查意见主要包括下列三方面内容：

1. 总评。对抗震设防标准、建筑体型规则性、结构体系、场地评价、构造措施、计算结果等作简要评定。

2. 问题。对影响结构抗震安全的问题，应进行讨论、研究，主要安全问题应写入书面审查意见中，并提出便于施工图设计文件审查机构审查的主要控制指标（含性能目标）。

3. 结论。分为"通过""修改""复审"三种。

审查结论"通过"，指抗震设防标准正确，抗震措施和性能设计目标基本符合要求。对专项审查所列举的问题和修改意见，勘察设计单位明确其落实方法。依法办理行政许可手续后，在施工图审查时由施工图审查机构检查落实情况。

审查结论"修改"，指抗震设防标准正确，建筑和结构的布置、计算和构造不尽合理，存在明显缺陷。对专项审查所列举的问题和修改意见，勘察设计单位落实后所能达到的具体指标尚需经原专项审查专家组再次检查。因此，补充修改后提出的书面报告需经原专项审查专家组确认已达到"通过"的要求，依法办理行政许可手续后，方可进行施工图设计并由施工图审查机构检查落实。

审查结论"复审"，指存在明显的抗震安全问题，不符合抗震设防要求，建筑和结构的工程方案均需大调整。修改后提出修改内容的详细报告，由建设单位按申报程序重新申报审查。

审查结论"通过"的工程，当工程项目有重大修改时，应按申报程序重新申报审查。

7.4　常见结构设计软件的选择

目前常用的结构计算软件有 PKPM、盈建科、SAP2000、ETABS、ANASYS、ABAQUS、PERFORM-3D、OpenSees、MIDAS、广厦结构 CAD、STAAD、3D3S 等。

7.4.1　PKPM

PKPM 是一套集建筑设计、结构设计、设备设计、工程量统计和概预算报表等于一体的大型综合 CAD 系统，可以在建筑、结构、设备、概预算各专业间实现数据共享。

PKPM 系列软件可自动计算结构自重，自动传导恒、活荷载和风荷载，并且自动提取结构几何信息完成结构单元划分，可以自动把剪力墙划分成壳单元，使复杂计算模式简单实用化。在这些工作的基础上自动完成内力分析、配筋计算等并生成各种计算数据。基础程序自动接力上部结构的平面布置信息及荷载数据完成基础的计算设计。结构专业中各个设计模块之间也同样实现了数据共享，可以对各种结构模型的建立、荷载统计、上部结构内力分析、配筋计算、绘制施工图、基础计算程序接力运行进行信息共享，最大限度地利用数据资源。

7.4.2　盈建科

YJK 建筑结构设计软件系统包括建筑结构计算软件（YJK-A）、基础设计软件（YJK-F）、砌体结构设计软件（YJK-M）、结构施工图辅助设计软件（YJK-D），涵盖结构建模、上部结构计算、基础设计、砌体结构设计、施工图设计和接口软件六大方面。程序可应用于各种类型的工业与民用建筑工程，包括框架、框剪、剪力墙、框筒、复杂高层、构筑物、钢结构、特种结构、砌体结构等。盈建科与 Revit、PKPM、MIDAS、ETABS、探索者等软件具有数据接口，可以实现模型互转。

7.4.3 SAP2000

SAP2000 程序是由 Edwards Wilson 创始的 SAP(Structure Analysis Program)系列程序发展而来的,至今已经有许多版本面世。SAP2000(SAP90 的替代品)是这些新一代程序中最新也是最成熟的产品。最新的 SAP2000 Nonlinear 版除了包括全部 Plus 的功能之外,再加上动力非线性时程反应分析和阻尼构材、减震器、Gap 和 Hook 构材等材料特性,它主要适用于分析带有局部非线性的复杂结构(如基础隔震或上部结构单元的局部屈服)。SAP2000 适合三维结构整体性能分析,空间建模方便,荷载计算功能完善,可从 CAD 等软件导入,文本输入输出功能完善。结构弹性静力及时程分析功能相当不错,效果好,后处理方便。

7.4.4 ETABS

ETABS 是由 CSI 公司开发研制的房屋建筑结构分析与设计软件,ETABS 已有近三十年的发展历史,是美国乃至全球公认的高层结构计算程序,在世界范围内广泛应用,是房屋建筑结构分析与设计软件的业界标准。

目前,ETABS 已经发展成为一个建筑结构分析与设计的集成化环境,系统利用图形化的用户界面来建立一个建筑结构的实体模型对象,通过先进的有限元模型和自定义标准规范接口技术来进行结构分析与设计,实现了精确的计算分析过程和用户可自定义的(选择不同国家和地区)设计规范来进行结构设计工作。

ETABS 除一般高层结构计算功能外,还可计算钢结构、钩、顶、弹簧、结构阻尼运动、斜板、变截面梁或腋梁等特殊构件和结构非线性计算(Pushover,Buckling,施工顺序加载等),甚至可以计算结构基础隔震问题,功能强大。

7.4.5 ANSYS

ANSYS 软件是美国 ANSYS 公司研制的大型通用有限元分析(FEA)软件,是世界范围内增长最快的计算机辅助工程(CAE)软件,能与多数计算机辅助设计(Computer Aided Design,CAD)软件接口,实现数据的共享和交换,是融结构、流体、电场、磁场、声场分析于一体的大型通用有限元分析软件。

软件主要包括三个部分:前处理模块、分析计算模块和后处理模块。前处理模块提供了一个强大的实体建模及网格划分工具,用户可以方便地构造有限元模型。分析计算模块包括结构分析(可进行线性分析、非线性分析和高度非线性分析)、流体动力学分析、电磁场分析、声场分析、压电分析以及多物理场的耦合分析,可模拟多种物理介质的相互作用,具有灵敏度分析及优化分析能力。后处理模块可将计算结果以彩色等值线显示、梯度显示、矢量显示、粒子流迹显示、立体切片显示、透明及半透明显示(可看到结构内部)等图形方式显示出来,也可将计算结果以图表、曲线形式显示或输出。

7.4.6 ABAQUS

ABAQUS 被广泛地认为是功能最强的有限元软件,其解决问题的范围从相对简单的线性分析到许多复杂的非线性问题,特别是能够驾驭非常庞大复杂的问题和模拟高度非线性问题。ABAQUS 包括一个丰富的、可模拟任意几何形状的单元库,并拥有各种类型的材料模型库,可以模拟典型工程材料的性能,其中包括金属、橡胶、高分子材料、复合材料、钢筋混凝土、可压缩超弹性泡沫材料以及土壤和岩石等地质材料。作为通用的模拟工具,ABAQUS 除了能解决大量结构(应力/位移)问题,还可以模拟其他工程领域的许多问题,例如热传导、质量扩散、热电耦合分析、声学分析、岩土力学分析。ABAQUS 不但可以做单一零件的力学和多物理场的分析,同时还可以做系统级的分析和研究。ABAQUS 的系统级分析的特点相对于其他的分析软件来说是独一无二的。

7.4.7 PERFORM-3D

PERFORM-3D(Nonlinear Analysis and Performance Assessment for 3DStructure)是三维结构非线

性分析与性能评估软件,其前身为 Drain-2DX 和 Drain-3DX,由美国加州大学伯克利分校的 Powell 教授开发,是一个用于抗震设计的非线性计算软件。通过基于变形或强度的限制状态对复杂结构进行非线性分析。

PERFORM-3D 为用户提供了一个强大的地震工程分析工具来进行静力 Pushover 分析和非线性动力时程分析。钢筋的本构材料可采用 E-P-P 或 Trilinear 形式,可根据具体情况考虑钢筋的强度损失、滞回造成的刚度退化效应和钢材应力-应变关系的对称性。混凝土的本构模型可采用 E-P-P 或 Trilinear 形式,可根据实际情况考虑混凝土的受拉特性、强度损失和混凝土的滞回造成的刚度退化效应。

PERFORM 3D 为基于性能设计提供了强大的分析功能,能够计算所有限制状态和所有组件的需求/能力比。性能基于 ATC-40、FEMA-356 或者 ATC-440 自动评价。

7.4.8 OpenSees

OpenSees 的全称是 Open System for Earthquake Engineering Simulation(地震工程模拟的开放体系)。它是由美国国家自然科学基金(NSF)资助、西部大学联盟"太平洋地震工程研究中心"(Pacific Earthquake Engineering Research Center,简称 PEER)主导、加州大学伯克利分校为主研发而成的用于结构和岩土方面地震反应模拟的一个较为全面且不断发展的开放的程序软件体系。

OpenSees 具有以下一些突出特点:便于改进,易于协同开发,保持国际同步。OpenSees 主要用于结构和岩土方面的地震反应模拟。可以实现的分析包括简单的静力线弹性分析、静力非线性分析、截面分析、模态分析、Pushover 拟动力分析、动力线弹性分析和复杂的动力非线性分析等,还可用于结构和岩土体系在地震作用下的可靠度及灵敏度的分析。

7.4.9 MIDAS

MIDAS 中文名为迈达斯,是一种有关结构设计有限元分析软件,分为建筑领域、桥梁领域、岩土领域、仿真领域四个大类。

MIDAS-FEA 是目前唯一全部中文化的土木专用非线性及细部分析软件,它的几何建模和网格划分技术采用了在土木领域中已经被广泛应用的前后处理软件 MIDAS FX+的核心技术,同时融入了 MIDAS 强大的线性、非线性分析内核,并与荷兰 TNO DIANA 公司进行了技术合作,是一款专门适用于土木领域的高端非线性分析和细部分析软件。

7.4.10 广厦结构 CAD

广厦结构 CAD 是深圳市广厦软件有限公司研发的一个面向工业和民用建筑(混凝土、砖、钢和它们的混合结构)的多高层结构 CAD,支持框架、框剪、筒体、砖混、混合、底框砖混、板柱墙等结构形式。

广厦建筑结构通用分析与设计软件 GSSAP 将通用有限元计算技术与建筑结构设计相结合,可计算任意结构形式,对建筑结构中的多塔、错层、转换层、楼面大开洞、长悬臂和大跨度等情形提供了方便的处理手段。GSNAP 是在建筑结构通用分析和设计软件 GSSAP 基础上开发的弹塑性静力和动力分析软件,构件材料可以是弹性的和弹塑性的,考虑 P-效应,具有弹塑性动力时程分析和弹塑性静力推覆分析 Pushover 分析功能,弹塑性分析自动接力 GSSAP 模型,梁柱计算单元采用纤维束模型,墙采用弹塑性壳单元。

7.4.11 STAAD

STAAD 是由世界著名的美国工程咨询和 CAD 软件开发公司 REI(Research Engineering International)从 20 世纪 70 年代开始开发的通用有限元结构分析与设计软件。在中国建筑金属结构协会建筑钢结构委员会首批审批登记和 2004 年重新审定的钢结构工程设计软件中,STAAD/CHINA 被评为适应于国内与国外工程的软件。

STAAD 本身具有强大的三维建模系统及丰富的结构模板,用户可方便快捷地直接建立各种复杂的三维模型。用户亦可通过导入其他软件(例如 AUTOCAD)生成的标准 DXF 文件在 STAAD 中生成模型。对各种异形空间曲线、二次曲面,用户可借助 EXCEL 电子表格生成模型数据后直接导入到 STAAD 中建模。

7.4.12　3D3S

3D3S 钢结构-空间结构设计软件是同济大学独立开发的 CAD 软件系列,同济大学拥有自主知识产权。3D3S 软件提供以下四个系统:3D3S 钢与空间结构设计系统、3D3S 钢结构实体建造及绘图系统、3D3S 钢与空间结构非线性计算与分析系统和 3D3S 辅助结构设计及绘图系统。

7.4.13　软件选择

1. 对于多高层结构的设计优先选择 PKPM、盈建科、广厦结构 CAD,另外也可以选择 SAP2000、ETABS、MIDAS、STAAD-PRO 进行弹性补充计算。

2. 对于钢结构的设计推荐使用 3D3S、MIDAS。

3. 对于空间结构的设计优先选择 SAP2000、MIDAS、STAAD-PRO,纯计算分析推荐使用 ANSYS、3D3S、MIDAS。

4. 对于索膜结构可以选择 ANSYS、3D3S。

5. 对结构静力弹塑性分析(Pushover)建议采用 PKPM、盈建科、SAP2000、PERFORM-3D。

6. 对于动力弹塑性分析建议采用 PKPM-SAUSAGE、盈建科、MIDAS、PERFORM-3D,OpenSees、ABAQUS,另外也可以选用 ETABS、SAP2000、MIDAS。

7. 节点细部分析,建议采用 ANSYS、ABAQUS。

另外,对于一些特殊结构,考虑到可能会使用到简单的二次开发,建议选择 ANSYS、ABAQUS 等带有编程语言的通用软件。

结构常用弹塑性分析软件对比如表 7.3 所示。

表 7.3　常用动力弹塑性分析软件对比

软件	地震波激励	材料模型	梁柱模型	剪力墙模型	楼板模型	阻尼处理	数值求解
YJK-EP	质点	规范损伤、强化	纤维束模型	平板壳模型	整层刚性分块弹性	瑞利阻尼	隐式
PKPM-Epda	质点	规范损伤、强化	纤维束模型	平板壳模型	整层刚性	瑞利阻尼	隐式
MIDAS/Building	质点	规范损伤、强化(铰无需本构)	塑性铰模型	双向纤维模型	整层刚性分块弹性	瑞利阻尼	隐式
MIDAS/Gen	质点	规范损伤、强化(铰无需本构)	塑性铰模型 纤维束模型	等代柱模型	整层刚性分块弹性	瑞利阻尼	隐式
CSI/ETABS	质点	规范损伤、强化(铰无需本构)	塑性铰模型	分层壳模型	分层壳模型	瑞利阻尼	隐式
CSI/SAP2000	质点	规范损伤、强化(铰无需本构)	塑性铰模型	分层壳模型	分层壳模型	瑞利阻尼	隐式
CSI/PERFORM-3D	质点	规范损伤、强化(铰无需本构)	塑性铰模型 纤维束模型	双向纤维模型	整层刚性弹性壳、膜	瑞利阻尼 等效振型阻尼	隐式
SAUSAGE	质点	规范损伤、强化	纤维束模型	分层壳模型	分层壳模型	瑞利阻尼 等效振型阻尼	显式/隐式

（续表）

软件	地震波激励	材料模型	梁柱模型	剪力墙模型	楼板模型	阻尼处理	数值求解
LS-Dyna	支座	规范损伤、强化 二次开发	塑性铰模型 纤维束模型	分层壳模型	分层壳模型	瑞利阻尼 等效振型阻尼	隐式
Msc/marc	质点	规范损伤、强化 二次开发	纤维束模型 （需二次开发）	分层壳模型	弹性壳、膜 分层壳模型	瑞利阻尼	隐式
ABAQUS/Explicit	支座	CDP、强化 二次开发	纤维束模型	分层壳模型	分层壳模型	瑞利阻尼 等效振型阻尼 （二次开发）	显式/隐式

7.5 楼层最小剪力系数

7.5.1 楼层最小地震剪力的限值要求

由于地震影响系数（加速度反应谱）在长周期段下降较快，对于基本周期大于 3.5 s 的结构，由此计算所得的水平地震作用下的结构效应可能太小。对于长周期结构，地震地面运动速度和位移可能对结构的破坏具有更大影响，但是规范所采用的振型分解反应谱尚无法对此作出估计。出于结构安全的考虑，提出楼层水平地震剪力最小值的要求，规定了不同烈度下的最小剪力系数（亦称剪重比、剪质比）。楼层剪力系数等于楼层的剪力和该楼层以上的结构重力之比。计算的楼层剪力系数小于最小地震剪力系数时，结构水平地震作用效应（含内力和位移）应据此进行相应调整。

对于结构基本周期超过 5 s 的高层建筑，按设计反应谱采用振型分解反应谱计算的楼层剪力非常小，很难达到上述最小地震剪力系数的要求，需要适当降低，如表 7.4 所示。

表 7.4　楼层最小地震剪力系数值

类别	6 度	7 度	8 度	9 度
扭转效应明显或基本周期 小于 3.5 s 的结构	0.008	0.016(0.024)	0.032(0.048)	0.064
基本周期大于 5 s 的结构	0.006	0.012(0.018)	0.024(0.036)	0.048

注：1. 基本周期介于 3.5～5.0 s 之间的结构可用插入法取值。

2. 括号内数值分别用于设计基本地震加速度为 0.15g 和 0.30g 的地区。

《建筑抗震设计规范》（GB 50011—2010）提出的设计反应谱骨架曲线由上升段和加速度、速度、位移扩展段组成，而谱加速度即地震影响系数最大值 α_{max} 只与抗震烈度挂钩，与场地特征周期 T_g 无关。按《建筑抗震设计规范》（GB 50011—2010）第 5.2.5 条规定，表 7.4 所示楼层最小剪力系数 λ_{min} 取值如下：

当 $T < 3.5$ s 时，

$$\lambda_{min} = 0.20\alpha_{max} \tag{7-1}$$

当 $T > 5.0$ s 时，

$$\lambda_{min} = 0.15\alpha_{max} \tag{7-2}$$

当 $T = 3.5 \sim 5.0$ s 时，按插入法取值。

基本周期大于 6 s 的结构，计算的底部剪力系数比规定值低 20% 以内，基本周期 3.5～5 s 的结构比规定值低 15% 以内，即可采用规范关于剪力系数最小值的规定进行设计。基本周期在 5～6 s 的结构可以插值采用。6度(0.05g)设防且基本周期大于5 s的结构,当计算的底部剪力系数比规定值低但按底部剪力系数0.8%换算的层间位移满足规范要求时,即可采用规范关于剪力系数最小值的规定进行抗震承载力验算。

按楼层最小地震剪力系数对结构水平地震作用效应进行调整时应该注意,如果较多楼层的最小剪力系数不满足最小剪力系数要求(例如15%以上的楼层)或底部楼层剪力系数小于最小剪力系数要求太多(例如小于85%),说明结构整体刚度偏弱(或结构太重),应调整结构体系,增强结构刚度(或减少结构重量),而不能简单采用放大楼层剪力系数的办法。

7.5.2 最小地震剪力系数与结构内力、位移、建筑舒适度的协同与制约关系

楼层地震剪力系数不是一个孤立的参数,它与结构质量和刚度分布(表现为结构振型分布)、地震影响系数最大值、场地特征周期 T_g 有关。结构抗震设计是否满足最小地震剪力系数限值要求与结构内力(如墙、柱轴压比,拉应力)、层间位移是否满足规范限值要求以及在风荷载作用下是否满足建筑舒适度要求等是相互协同和相互制约的。如果超高层建筑由于平、立面规则性差,质量、刚度分布不均匀,不能满足上述规范要求时,应通过调整改善结构体系,而不是放松对某些参数(如楼层剪力系数、位移、轴压比等)的限值要求来解决,否则将可能影响结构安全和正常使用。

应当指出的是,当楼层最小剪力系数不满足规范要求时,对各楼层剪力乘以一个放大系数,只能提高结构构件承载力(强度),并不能从根本上解决结构体系合理性问题。

7.5.3 工程实例

表7.5所列高层建筑的抗震设防烈度由6度到8.5度(8度0.3g),场地特征周期 T_g 由0.35 s到0.65 s,风荷载由内地的0.40 kN/m² 到沿海地区的0.95 kN/m²,具有一定的代表性。结构设计出现了由地震控制、风控制、地震和风双控三种情况。除个别例子外,基本满足《建筑抗震设计规范》(GB 50011—2010)的规定。

表 7.5　工程实例中剪重比与各种参数的关系

项目名称	高度 h(m)	层数 n	结构体系	抗震设防烈度	α_{max}	场地周期 T_g(s)	风荷载 50/100年(kN·m⁻²)	结构周期 T(s)	剪重比(%)		最大层间位移角				轴压比	
									λ_X	λ_Y	X向地震作用	X向风荷载	Y向地震作用	Y向风荷载	墙	柱
海口某城B座	150	39	框-筒	8.5	0.24	0.35	0.75/0.90	2.69	5.35	5.71	1/1 009	1/4 000	**1/758**	1/2 500	0.31	0.49
									4.80	**4.80**	**1/800**		**1/800**		**0.50**	**0.75**
北京某建筑	528	108	巨柱-框-筒-斜撑	8.0	0.16	0.40	0.45/0.50	7.38	**1.98**	**1.98**	1/558	—	1/551	—	**0.47**	0.60
									2.04	**2.04**	**1/500**		**1/500**		0.45	**0.70**
厦门某中心	340	68	框-筒-伸臂	7.5	0.12	0.40	0.80/0.95	6.28	1.77	1.68	1/625	1/1 035	1/625	1/510	**0.47**	0.63
									1.53	**1.53**	**1/500**		**1/500**		0.45	**0.70**
天津某滨海中心	443	94	巨柱-框-筒-伸臂	7.5	0.12	0.65	0.55/0.60	7.96	1.59	1.59	1/503	1/714	1/518	1/740	**0.49**	0.64
									1.53	**1.53**	**1/500**		**1/500**		0.45	**0.75**
郑州某中央广场	300	67	框-筒-带状桁架	7.5	0.12	0.55	0.45/0.50	5.91	1.90	1.90	1/645	1/953	1/667	1/910	0.49	0.64
									1.80	**1.80**	**1/500**		**1/500**		**0.50**	**0.75**

（续表）

项目名称	高度 h(m)	层数 n	结构体系	抗震设防烈度	α_{max}	场地周期 T_g(s)	风荷载 50/100 年(kN·m⁻²)	结构周期 T(s)	剪重比(%) λ_X	λ_Y	最大层间位移角 X向地震作用	X向风荷载	Y向地震作用	Y向风荷载	轴压比 墙	柱
南京某中心塔1	237	58	CFT框-筒	7	0.101（安评）	0.45	0.45/0.50	6.10	1.30	1.29	1/863	1/1 558	1/692	1/630	0.38	0.47
									1.29	**1.29**	**1/554**		**1/554**		**0.50**	**0.75**
青岛某中心塔楼	241	65	框-剪-伸臂-双塔	6	0.114（安评）	0.35	0.60/0.66	6.32	**0.57**	**0.52**	1/2 075	1/1 175	1/1 615	1/515	**0.58**	**0.87**
									1.45	**1.45**	**1/528**		**1/528**		**0.50**	**0.75**
长沙某金融中心	440	91	巨柱-框-筒-伸臂	6	0.062（安评）	0.40	0.35/0.40	7.58	0.78	**0.73**	1/1 357	1/1 420	1/1 204	1/1 099	**0.50**	0.65
									0.74	**0.74**	**1/500**		**1/500**		**0.45**	**0.70**

注：表中加粗字体为超过限值。

7.6 阻 尼 比

阻尼是结构的重要动力特性之一，是动力响应幅度和影响结构稳定性的重要参数。阻尼的机理很复杂。从概念分析，阻尼引起结构能量耗散，是结构振幅逐渐变小的原因；从产生物理机制分析，固体材料变形时的内摩擦、材料快速应变引起的热耗散、结构连接部位的摩擦、结构构件与非结构构件之间的摩擦、结构周围外部介质（空气、流体等）的影响等，都是结构振动过程中阻尼的来源。从影响因素分析，材料、几何尺寸、结构、构造、荷重、预应力等都能影响阻尼的大小。

在考虑阻尼影响时，阻尼系数是一个重要的因素。结构的阻尼系数是结构在每一振动循环中消耗能量大小的变量，其量值可能在很大范围内变化。由于结构的阻尼需要依靠试验得到，采用阻尼系数不利于对结构阻尼进行合理性判断和对不同阻尼大小进行比较，因此，在有阻尼的结构动力反应分析中，均采用阻尼系数和临界阻尼的比值（即阻尼比）来表示结构的阻尼大小。阻尼比的取值会直接影响结构动力特性的分析。

阻尼比的取值，在各种结构体系、各类荷载条件下，在不同规范中给出不同规定，应在计算前仔细确定，详见表7.6。

表7.6 不同结构的阻尼比取值

受荷情况	混凝土结构 阻尼比	规范条文	钢结构 阻尼比	规范条文	混合结构 阻尼比	规范条文
多遇地震	0.05	《高规》（JGJ 3—2010）4.3.8条	0.03(50<H<200) 0.02(H≥200)	《抗规》（GB 50011—2010）8.2.2条	0.04	《高规》（JGJ 3—2010）11.3.5条
设防地震	0.05	《高规》（JGJ 3—2010）4.3.8条	—	—	—	—
罕遇地震	0.05（弹塑性） 0.07（弹性估算）	《高规》（JGJ 3—2010）4.3.8条	0.05	《抗规》（GB 50011—2010）8.2.2条	0.05	《高层建筑钢-混凝土组合结构设计规程》CECS(230:2008)5.3.4条

受荷情况		混凝土结构		钢结构		混合结构	
		阻尼比	规范条文	阻尼比	规范条文	阻尼比	规范条文
风荷载	层位移及承载力	0.05	《建筑结构荷载规范》(GB 50009—2012) 165页 《高规》(JGJ 3—2010) 4.3.8条及条文说明	0.02	《建筑结构荷载规范》(GB 50009—2012) 165页 《高规》(JGJ 3—2010) 4.3.8条及条文说明	0.02~0.04	《高规》(JGJ 3—2010) 11.3.5条及条文说明
	舒适度	0.02	《高规》(JGJ 3—2010) 3.7.6条及条文说明	0.01~0.02	《高钢规》(JGJ 99—2015) 3.5.5条及条文说明	0.01~0.015 (0.01~0.02)	《高规》(JGJ 3—2010) 11.3.5条文说明 《高规》(JGJ 3—2010) 3.7.6条及条文说明

7.7 风洞试验

风荷载的复杂性源自它们的时间和空间的变化。风的特性随地表建筑物的外形和分布状况而不同，并且不同的高层建筑结构有着不同的气动外形和动力特性，因而使得风对结构的作用愈加的复杂。当风从结构表面绕过时，会出现旋涡脱落、边界层分离以及再附等现象，因而形成复杂的空气作用力。风对结构的作用可以分为静力作用和动力作用，静力作用是由平均风荷载引起，而动力作用是由脉动风荷载引起。对于刚度较大的建筑物，结构振动很小，这种风对结构的作用仅相当于静力作用；而对于刚度较小的建筑物，结构振动较大，这时风对结构的作用是静力作用和动力作用。

由于空气在建筑物表面和附近流动的随机性和复杂性，在结构设计中主要考虑两个方面的风效应：

1. 结构在风荷载作用下的安全性，其内容包括建筑结构在风荷载作用下的平均响应和脉动响应、结构静力等效风荷载、结构和部件的强度和塑性稳定性、结构抗倾覆抗滑移稳定性、气动弹性稳定性和材料疲劳、结构气动阻尼等。

2. 结构在风荷载作用下的适用性和附近风环境的影响，包括与舒适性密切相关的加速度响应、行人高度风环境、结构变形和层间位移以及建筑进排气等。

"风洞"就是利用一个特需设计的通道，通过动力设备产生近似地球表面真实大气的情况并且可以控制的气流来进行各种空气动力试验的设备。由于结构体型和周边状况的复杂性，《建筑结构荷载规范》(GB 50009—2012)的相关条款对结构风荷载的规定并不能够满足设计的需要。因此，风洞试验成了结构设计师们获得真实状况下结构风荷载的主要手段。在模拟的风场中，通过刚性模型测压试验、气动弹性模型试验、高频天平试验等，可以得到模型表面风压、结构三分力和动态响应等，然后根据模型的缩尺比和风速比等比尺推算出结构原型的受力状况。风洞试验能够人为控制进行结构风效应的模拟再现，其工作效率较高，对前期结构的优化设计意义重大，并且费用较低。由于风洞试验存在其优越性，目前已成为风工程研究者们进行风工程结构设计和科学研究采用最广泛的研究方法。

7.7.1 风洞试验技术

高层建筑风洞试验是在实验室内模拟大气边界层内风与高层结构的相互作用，获取高层结构动力响应、气动力以及建筑周围风环境等。为了能获得准确的建筑风荷载和响应，风洞试验应重点把握以下几个要点：

1. 正确模拟高层建筑周边风环境和干扰建筑，以保证风速谱输入的正确性。

2. 高层建筑结构外形的模拟。因为结构所受的风力很大一部分原因是由建筑的外形决定的，而且气动反馈现象伴随着高层建筑结构的振动而发生,换而言之,高层建筑结构外形还决定着气动导数。

3. 动力特性的模拟。因为结构的机械导纳函数取决于结构的动力特性,而高层建筑结构的风力与其响应之间的转化取决于其机械导纳函数。

根据试验模型动力特性的不同,高层建筑风洞试验可以分为两类:气动弹性模型试验和气动模型试验。迄今为止,风洞实验室内主要通过刚性模型试验、气动弹性模型试验以及高频动态天平试验来研究风对高层建筑结构的作用。

7.7.2　刚性模型测压试验技术

刚性模型测压试验是在建筑刚性模型上布设测压孔,通过测压孔将模型表面的风压通过测压管传到测压计。这种试验多用来获得结构主体和围护结构的风荷载,也可用于高层建筑风致响应分析。围护结构的风荷载可以由结构内外表面压力差获得,建筑主体或者局部风荷载由建筑表面的分压力进行积分获得。高层建筑测压试验的测压点通常有几百个,点数越多测量风压越精确。测量脉动风压时,为保证测量的效率和准确性,宜采用动响应性能好的测压仪器。

7.7.3　高频天平风洞试验技术

由于基阶频率对高层建筑的响应的贡献占据了主要部分,在忽略高阶成分影响的情况下,通过天平采集的基底弯矩可以推算出在忽略高阶模态的情况下高层建筑结构的广义风荷载,从而为计算外形和气动力分布复杂的高层建筑结构提供了一个准确而又方便的方法。

为避免天平模型系统对气动力的放大作用以及保证测量信号的信噪比,天平系统必须具备高频和高灵敏度的特点。

高频天平风洞试验技术的优点:

1. 模型制作简单,模型能够满足轻质且刚度大即可。
2. 风洞试验方便易行,布置好风场以后安装天平模型系统即可进行试验。
3. 试验与响应计算不是同时进行的,数据处理简单,工作量小。
4. 试验费用低,并且试验在确定了建筑的几何外形后即可进行,对高层结构初步设计的建筑外形优化设计意义重大。

因为以上优点,高频动态天平现已广泛地应用于风洞试验和结构设计。然而,其也有一定的局限性:高频天平试验忽略了气动阻尼的作用,并且没有考虑高阶模态的贡献和模态耦合对试验的影响,这样会对研究成果的可靠性造成一定影响。

7.7.4　气动弹性模型试验技术

气动弹性模型试验采用的模型需模拟建筑物的动力特性。试验时可直接测量总体平均和动力荷载及响应,包括位移、扭转角和加速度。所以这类试验与刚性模型试验的最大差别就在于可以直接获得附加气动力与外部气流共同作用下的模型振动响应。对于有可能发生涡激振动和驰振等气动弹性失稳振动的建筑物,进行气动弹性模型试验可获得更为准确的风振特性。

因此气动弹性模型试验主要应用于气动弹性效应显著的建筑结构体系,例如超高层建筑、格构式塔架、大跨度屋盖结构等。对于刚度较柔且细长的高层建筑,可根据建筑结构的振动特性进行简化处理,使用锁定振动(一阶振型/模态满足力学相似)、多质点振动(重要振型相关的振动特性模型化)或完全弹性模型试验(所有振动特性全部模型化)等方法获得结构的动力响应。对于以壳或膜等覆面材料为主的大跨度屋盖结构,一般采用完全弹性模型气动弹性试验。

7.7.5　应当进行风洞试验的三种情况

1. 体型复杂。这类建筑物或构筑物的表面风压很难根据规范的相关规定进行计算,一般应通过风洞试验确定其风荷载。

2. 对风荷载敏感。通常是指自振周期较长、风振响应显著或者风荷载是控制荷载的这类建筑结构,如超高层建筑、高耸结构、柔性屋盖等。当这类结构的动力特性参数或结构复杂程度超过了荷载规范的适用范围时,就应当通过风洞试验确定其风荷载。

3. 周边干扰效应明显。周边建筑对结构风荷载的影响较大,主要体现为在干扰建筑作用下,结构表面的风压分布和风压脉动特性存在较大变化,这给主体结构和围护结构的抗风设计带来不确定因素。

7.8　底部剪力墙受拉控制方法

7.8.1　剪力墙受拉时的抗震性能

1. 底部剪力墙受拉的试验现象

高层建筑底部剪力墙在地震中出现受拉的情况是可能的,中国建筑科学研究院在很多高层建筑结构的抗震试验中都发现这一现象。图 7.1 是在 30 层框架核心筒组合结构试验中出现的现象,在设计大震作用下,底部剪力墙出现受拉开裂,垂直于地震作用方向的受拉剪力墙完全被拉起,平行于地震作用方向的墙肢有超过一半的长度被拉起,受压区已经很小。最终整个结构因受拉侧的框架柱型钢被拉断引起整体倾覆破坏(图 7.2)。

在试验中转换梁上的柱根处发生受拉、受压反复作用造成的主筋屈曲现象,这类试件的破坏是在受力过程中先出现受拉开裂,钢筋屈服产生塑性伸长,受压后伸长的钢筋屈曲,产生灯笼状的破坏(图 7.3)。以往的震害中也经常能看到类似的情况。

图 7.1　墙底拉开

图 7.2　角柱破坏照片

图 7.3　试验中柱根钢筋的屈曲破坏

2. 震害资料

在智利地震中,有较多剪力墙结构发生破坏,如图 7.4 所示,建筑发生底部剪力墙受拉破坏进而造成整体倾覆破坏。

图 7.4　底部剪力墙受拉破坏

图 7.5 中左侧剪力墙出现等间距裂缝，为典型的受拉破坏，裂缝分布比较均匀；图 7.5 中右侧剪力墙在底部发生拉剪破坏，墙肢底部产生水平裂缝，受剪承载力降低很多，只有左侧端部很小部分出现了斜裂缝。

图 7.5 震害照片

7.8.2 拉剪复合作用下剪力墙的设计

虽然规范中给出了剪力墙受拉时的抗剪承载力的设计公式，但其研究基础是不足的，公式（7-3）基本只对剪力墙的压剪进行验证，对拉力作用下剪力墙的受剪缺乏详细的试验验证。这一公式对应的是在拉力不大的情况下混凝土斜压破坏的模式。

$$V \leqslant \frac{1}{\lambda - 0.5}\left(0.5 f_t b_w h_{w0} + 0.13 N \frac{A_w}{A}\right) + f_{yh} \frac{A_{sh}}{s} h_{w0} \tag{7-3}$$

规范还给出了剪力墙水平施工缝的验算公式，这一公式（7-4）针对的是混凝土中既有裂缝处的抗剪情况，主要利用穿过裂缝的钢筋的销栓作用、裂缝面之间混凝土的摩擦咬合力以及钢筋大变形后的拉力来承担剪力。该公式有较大的安全度，拉力作用时，计算出的水平抗剪能力较低。

$$V_{uj} \leqslant \frac{1}{\gamma_{RE}}(0.6 f_y A_s + 0.8N) \tag{7-4}$$

针对既往试验和震害的情况，在剪力墙承受较大拉力时，会出现贯通的水平裂缝，在水平力与钢筋拉应力共同作用下，可能出现斜压破坏，也可能出现水平裂缝的剪坏，应该同时满足两个公式的要求。但目前对受拉剪力墙的抗剪研究还很不充分，试验依据不足，规范给出的公式有待进一步研究和验证。从工程实践的角度看，在研究依据不足的情况下，也应该采取一些措施以保证结构的安全。《超限高层建筑工程抗震设防专项审查技术要点》修订过程中也是根据对受拉剪力墙的抗剪的关注，制定了相应的规定。《超限高层建筑工程抗震设防专项审查技术要点》中规定的核心要求有两点：一是混凝土全截面开裂后拉应力应由型钢[和（或）钢板]来承担，二是要限制拉应力水平。要求配置型钢主要是型钢可以较好地限制水平缝的滑移破坏，并且其本身在拉压作用下在裂缝处发生屈曲的可能性也较小，可以继续承担轴向作用。

7.8.3 名义拉应力的计算

对于高层、超高层建筑，底部剪力墙经常需要配置型钢或钢板，而《超限高层建筑工程抗震设防专项审查技术要点》也要求拉力过大时宜配置型钢。在计算剪力墙平均拉应力时，可以考虑型钢和（或）钢板的作用，其考虑方式是将型钢和（或）钢板按弹性模量折算为混凝土[公式（7-5）]。

$$\sigma_t = \frac{N_t}{A_c + \frac{E_s}{E_c} \cdot A_s} \tag{7-5}$$

式中：N_t——承受的拉力；

A_c——混凝土截面面积；

A_s——型钢和（或）钢板截面面积；

E_c、E_s——分别为混凝土和钢材的弹性模量。

7.8.4 控制拉应力的方法

对于底部墙体拉应力的控制方法，可从两个方面入手：一是减小墙体承担的拉力，二是提高墙体抗拉的能力。减小墙体承担的拉力，需要从结构体系入手，通过加强内外筒体的联系或加强外筒的抗侧刚度，将倾覆力矩传递给外框架，以减小内筒承担的倾覆力矩，进而减小墙肢承受的拉力。这需要结构工程师根据具体工程的实际情况进行调整。考虑到墙体受拉的同时还需要承受地震作用的往复水平剪力，目前比较可靠的提高墙体抗拉能力的手段是在墙体内配置型钢或钢板。承受拉力的墙体正截面裂缝宽度与钢筋应力水平直接相关,与混凝土的抗拉强度关系较小。表 7.7 给出根据混凝土结构设计规范中最大裂缝宽度计算公式[公式(7-6)],构件纵向受拉钢筋等效应力分别为 $\sigma_{s1}=180$ MPa,$\sigma_{s2}=200$ MPa 和 $\sigma_{s3}=220$ MPa 时不同强度等级混凝土对应的构件最大裂缝宽度。其中,α_{cr} 取 2.7,E_s 取 2×10^5 MPa,c_s 取 30 mm,ρ_{te} 取 0.025,d_{eq} 取 20 mm。

$$\omega_{\max} = \alpha_{cr}\frac{\sigma_s}{E_s}\left(1.1-0.65\frac{f_{tk}}{\rho_{te}\sigma_s}\right)\left(1.9c_s+0.08\frac{d_{eq}}{\rho_{te}}\right) \tag{7-6}$$

表 7.7　构件裂缝宽度　　　　　　　　　　　单位:mm

应力 ＼ 强度等级	C30	C35	C40	C45	C50	C55	C60
f_{tk}	2.01	2.2	2.39	2.51	2.64	2.74	2.85
σ_{s1}	0.24	0.23	0.22	0.22	0.21	0.21	0.20
σ_{s2}	0.27	0.27	0.26	0.25	0.25	0.24	0.24
σ_{s3}	0.31	0.30	0.29	0.29	0.28	0.28	0.27

注:$\sigma_{s1}=180$ MPa,$\sigma_{s2}=200$ MPa 和 $\sigma_{s3}=220$ MPa。f_{tk} 为混凝土轴心抗拉强度标准值。

表 7.7 计算结果表明,当钢筋平均拉应力不超过 200 MPa 时,混凝土裂缝宽度一般不超过 0.3 mm。此时混凝土裂缝宽度不大,能够继续承受一部分剪力。经计算,对于 C60 混凝土剪力墙,当名义拉应力等于 $2f_{tk}$ 时,若控制型钢和钢筋的拉应力不超过 200 MPa,则对应的型钢、钢筋的总量为 3%,扣除约 0.5% 的钢筋,型钢的含钢率约为 2.5%。新版《超限高层建筑工程抗震设防专项审查技术要点》规定:"全截面型钢和钢板的含钢率超过 2.5% 时可按比例适当放松",就是基于以上的考虑。当含钢率提高时,可以按比例提高名义拉应力的水平,其实质还是型钢的拉应力水平基本控制在 200 MPa,裂缝宽度不至过大,型钢也可以限制水平缝的滑移和防止自身屈曲。

7.9　静力弹塑性时程分析

在罕遇地震作用下,抗震结构都会部分进入塑性状态。为了满足结构在大震作用下的抗震要求,有必要研究和计算结构的弹塑性变形要求,结构弹塑性分析已经或即将成为抗震设计的一个重要组成部分。《建筑抗震设计规范》(GB 50011—2010)提出了两阶段设计方法来验算罕遇地震作用下结构的变形要求。

我国及世界上大多数国家目前所采用的抗震规范中,结构抗震设计是以承载力为基础的设计,即:用线弹性方法计算结构在小震作用下的内力、位移;用组合的内力验算构件的截面,使结构具有一定的承载力;位移限值主要是使用阶段的要求,也是为了保护非结构构件;结构的延性和耗能能力是通过构造措施获得的。虽然构造措施是为了使结构在大震中免遭倒塌,但设计人员并不掌握结构在大震中的实际性能。为了了解结构的弹塑性性能,就必须进行弹塑性分析。近年来由于我国经济建设的高速发展,出现了许多结构形式复杂的建筑物,对于这些复杂的结构必须进行较为精细的分析,包括考虑楼板变形的弹性分析和结构弹塑性分析。

目前结构抗震的弹性分析已经比较成熟,由简化的平面结构发展到空间结构、由空间协同再发展到空间分析,逐步接近实际,而且有些程序还可以将楼板变形引入计算。但对于结构在罕遇地震作用下的弹塑性性能的分析,则还处于初步阶段。结构弹塑性分析可分为弹塑性静力分析和弹塑性动力分析两大类。弹性动力时程分析并不能反映结构在地震作用下进入弹塑性状态时的真实受力情况,而弹塑性动力时程分析时输入地震波直接计算地震反应全过程中各时刻结构的内力和变形状态,给出结构开裂和屈服的顺序,发现应力和塑性变形集中的部位,可以计算结构弹塑性变形,并得到该地震波作用下对结构延性的要求,因而可以发现结构中某些薄弱环节并进行加强,进而判别结构的屈服机制、薄弱环节及可能的破坏类型,是结构弹塑性分析最可靠的方法。

7.9.1 静力弹塑性 Pushover 分析基本原理及主要计算步骤

1. 基本原理

静力弹塑性分析方法的基本原理是在采用一些假定的基础上求出地震作用需求谱、结构的能力谱和二谱曲线的相交点,称作性能控制点,从而求出在相应地震作用下结构的受力与变形状况。当某构件屈服时,计算中将采用其屈服后的构件弹塑性刚度以代替弹性状态时的弹性刚度。

(1)地震作用需求谱(Demand Spectrum)

结构的地震作用需求谱实际上就是单质点结构的地面运动加速度反应谱。我国规范采用地震影响系数 α 为纵坐标,结构周期 T 为横坐标的地震加速度反应谱,称为地震影响系数曲线。根据单质点系统自由振动理论,单质点结构的位移 S_d 与周期 T 存在如下关系:

$$S_d = \frac{\alpha W}{K} = \frac{\alpha mg}{K} = \frac{T^2}{4\pi^2}\alpha g \tag{7-7}$$

式中:K——结构刚度;

W——质点重量;

m——质点质量;

g——重力加速度。

令

$$S_a = \alpha g \tag{7-8}$$

$$S_d = \frac{T^2}{4\pi^2}S_a = \alpha\frac{T^2 g}{4\pi^2} \tag{7-9}$$

将地震影响系数曲线的横坐标 T 改为 S_d,则以单质点结构 $S_a(S_a = \alpha g)$ 为纵坐标,位移 S_d 为横坐标的新的地震影响系数曲线即为静力弹塑性分析法中的地震作用需求谱,如图 7.6 所示。

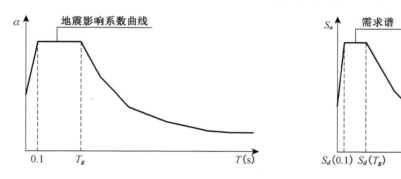

图 7.6 地震影响系数曲线和需求谱的转化

(2)结构能力谱(Capacity Spectrum)

在静力弹塑性分析中,为了将结构的受力与变形性能与地震作用的需求谱相联系,从而分别确定小震、中震、大震作用下的性能控制点,应首先求出结构的能力谱曲线。其中,较能反映结构总体受力与变形特征的是结构的基底剪力 V_b 与顶点位移 u_n,在现行静力弹塑性分析法中,假设结构位移近似由第一振型位移表示,可得

$$u_n = \gamma_1 X_{1n}S_d \tag{7-10}$$

由此可得

$$S_d = \frac{u_n}{\gamma_1 X_{1n}} \tag{7-11}$$

基底剪力以第一振型基底剪力表示:

$$V_b = \alpha M_1^* \cdot g = M_1^* \cdot S_a \tag{7-12}$$

由此得

$$S_a = \frac{V_b}{M_1^*} \tag{7-13}$$

式中：u_n——结构顶点位移；

γ_1——第一振型的参与系数，$\gamma_1 = \dfrac{\sum\limits_{j=1}^{n} m_j X_{1j}}{\sum\limits_{j=1}^{n} m_j X_{1j}^2}$

X_{1j}——第一振型在 j 层的相对位移；
n——结构总层数；

M^*——第一振型的参与质量，$M_1^* = \dfrac{\left(\sum\limits_{j=1}^{n} m_j X_{1j}\right)^2}{\sum\limits_{j=1}^{n} m_j X_{1j}^2}$。

由静力弹塑性分析在不同侧力作用下求得的 V_b 和 u_n 值代入式(7-11)(7-13)求得 S_a 为纵坐标、S_d 为横坐标的曲线，即近似认为是结构抗侧力的能力谱，如图 7.7 所示。

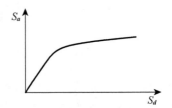

图 7.7　基底剪力-顶点位移曲线和能力谱的转化

分别对应于小震、中震、大震作用的需求谱与结构能力谱的交点(见图 7.8)即为分别对应于结构小震、中震、大震作用下的性能控制点 C_s、C_m、C_r。它们所对应的结构受力与变形状况即近似认为结构在相应地震作用下的受力与变形性能。

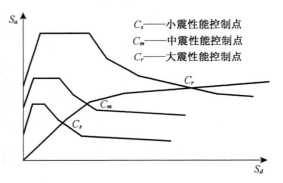

图 7.8　性能控制点示意图

2. 结构弹塑性分析的主要步骤
(1) 建立结构的弹性分析模型。
(2) 对结构各构件的不同部位设置相应的塑性铰。
(3) 完成结构在竖向荷载(标准值)作用下的内力分析。
(4) 对结构施加某种分布形式的侧向荷载，逐渐增大侧向荷载，使结构某些构件从弹性状态逐步进入屈服状态，直至结构丧失承载力或达到目标位移，由此可得结构的基底剪力-顶点位移曲线。
(5) 由结构的基底剪力-顶点位移曲线，根据式(7-10)～(7-13)可得结构的能力谱曲线，将结构的能力谱曲线与规范对应的需求谱曲线[根据式(7-7)～(7-9)转换]表示在一起(图 7.8)，从而可得结构的性能控制点。

7.9.2　侧向荷载分布形式的确定

对于静力弹塑性分析，合理确定侧向荷载的分布形式是相当重要的，施加不同形式的侧向荷载，计算结果亦不相同，有时甚至会差别较大。假定的荷载分布形式应与地震作用的实际情况相符合，否则可能对结构的抗震性能做出错误的预测。

侧向荷载的分布特征，既要反映出结构在实际地震运动下惯性力分布形式，又要能够大体反映出结构在地震力作用下的位移特征。对于高层建筑,侧向荷载分布形式的选择一般需考虑高阶振型的影响。通常,没有单一的荷载分布形式能够完全反映结构全过程的变形及内力情况。同时,由于结构在罕遇地震作用下一般均会进入弹塑性状态,因而结构的抗侧刚度以及惯性力的大小和分布形式也会随之改变。为了较全面地评估结构的抗震性能尤其是要着重了解其薄弱部位,在静力弹塑性分析中采用合理分布形式的侧向荷载是比较重要的。

在静力弹塑性分析中,以往对侧向荷载的分布形式常采用以下几种方式:

(1) 形式一:核定层剪力分布

根据振型分解反应谱法,可求得结构楼层地震作用剪力 Q_i,将各层剪力差作为侧向荷载 P_i,即

$$Q_i = \sqrt{\sum_{j=1}^{n} Q_{ji}^2}$$

$$P_i = Q_i - Q_{i+1}$$

(7-14)

式中:n——计算振型的个数;

Q_{ji}——j 振型时 i 层的剪力。

(2) 形式二:第一振型分布

假定侧向荷载的分布方式为第一振型分布方式。

(3) 形式三:指数分布

为了考虑结构变形的不同模态及高阶振型对各楼层加速度影响的不同,侧向力分布采用如下方式:

$$P_i = \frac{W_i h_i^k}{\sum_{i=1}^{n} W_i h_i^k} V_b$$

(7-15)

式中,k 为控制侧向荷载分布形式的参数,根据结构的基本周期可按下列公式取值:

$$k = \begin{cases} 1.0 & T \leqslant 0.5 \text{ s} \\ 2.0 & T \geqslant 2.5 \text{ s} \\ 1 + \dfrac{T - 0.5}{2} & 0.5 \text{ s} < T < 2.5 \text{ s} \end{cases}$$

(7-16)

(4) 形式四:质量分布

侧向荷载分布与楼层质量成正比,不考虑各振型对结构反应影响的不同。

众所周知,进行静力弹塑性分析目的主要是了解结构何时何处进入弹塑性及其发展过程,直至掌握结构在大震作用下的受力及变形状况,求出弹塑性层间位移,判断是否导致倒塌。对于结构振动以第一振型为主、基本周期在 2 s 以内的结构,静力弹塑性分析能够很好地估计结构的整体和局部弹塑性变形,同时也能揭示弹性设计中存在的隐患(包括层屈服机制、过大变形以及强度、刚度突变等)。对于长周期结构和高柔的超高层建筑,静力弹塑性分析与非线性时程分析方法的计算结果可能差别较大,不宜采用。

7.10 动力弹塑性时程分析

结构在地震作用下产生的变形达到一定程度后,构件材料屈服进入塑性阶段,导致结构刚度退化,此时需对结构进行弹塑性分析。《建筑抗震设计规范》(GB 50011—2010)5.5.2 条对罕遇地震作用下需进行薄弱层的弹塑性变形验算的结构进行分类规定。

动力弹塑性时程分析能够计算结构在整个地震过程中每一个时刻的内力及变形状态值,在分析过程中可考虑结构构件材料非线性、几何非线性、边界非线性等非线性因素,在弹塑性时程分析过程中刚度矩阵与阻尼矩阵随地震输入变化,通过数值分析方法求解。在工程实践中常用的动力弹塑性分析软件有 ABAQUS、ANSYS、ADINA 等通用有限元软件以及 CSI 系列(PERFORM-3D、SAP2000、ETABS)、

MIDAS、PKPM-SAUSAGE、YJK 等建筑结构专用软件。

7.10.1 材料本构模型

1. 混凝土本构

对混凝土结构进行动力弹塑性分析,必须考虑混凝土结构组成材料的弹塑性力学性能。混凝土的本构关系(应力-应变关系)对混凝土结构非线性分析有重大影响,国内外学者根据试验和理论研究提出了一些应用广泛的本构模型。

(1)线弹性本构模型

假设混凝土材料的应力-应变符合线性比例关系,加载与卸载的应力、应变沿同一直线路径变化,卸载后无残余变形。该本构模型具有一定局限性,与混凝土真实特性相差较远。在一些特定情况下,使用该模型为简便、有效手段,如:①混凝土应力水平较低,内部微裂缝及塑性变形尚不明显;②预应力与约束结构未开裂阶段;③体型复杂结构近似计算和初步分析。

(2)非线弹性

混凝土规范提供的单轴受拉、单轴受压本构,考虑了混凝土非线性特性,由试验实测数据回归确定应力-应变关系。对一次单调加载具有较高精度,在工程实践中应用较广。但其不能考虑加载和卸载应力路径的不同,不能反映滞回特性和残余变形。

(3)塑性本构

主要以塑性流动理论为基础,同时考虑加载路径和硬化而导出的混凝土本构模型,但是经典塑性理论的众多本构关系不能很好地从数学上描述混凝土的力学行为并且缺乏物理基础。对于一些经典的塑性方法只进行数学的描述,对混凝土的结构设计起到了很大的作用。如果要求更高的设计精度,经典的塑性模型因无法准确地表达出混凝土的力学行为而难以实现。

(4)塑性损伤本构

混凝土的破坏过程实际上就是各种微裂缝的演化、发展和积累的过程,从物理原理上看,损伤力学模型比较符合混凝土真实的本构关系。

在地震作用下,构件内材料内力增大并导致体积单元破坏形成损伤。以通用有限元软件 ABAQUS 为例,其依据损伤因子的大小评价构件受损程度。确定受拉损伤因子与受拉应力、应变关系以及受压损伤因子与受压应力、应变的关系可按照下列公式进行。

受拉损伤因子计算式:

$$d_t = \begin{cases} 1 - \sqrt{\dfrac{1.2 - 0.2x^5}{1.2}} & (x \leqslant 1) \\ 1 - \sqrt{\dfrac{1}{1.2[\alpha_t(x-1)^{1.7} + x]}} & (x > 1) \end{cases} \tag{7-17}$$

受压损伤因子计算式:

$$d_c = \begin{cases} 1 - \sqrt{\dfrac{1}{\alpha_a}[\alpha_a + (3 - 3\alpha_a)x + (\alpha_a - 2)x^2]} & (x \leqslant 1) \\ 1 - \sqrt{\dfrac{1}{\alpha_a[\alpha_d(x-1)^2 + x]}} & (x > 1) \end{cases} \tag{7-18}$$

在(7-17)式中,$x = \varepsilon/\varepsilon_t$,$\alpha_t$ 参见《混凝土结构设计规范》(GB 50010—2010)定义;(7-18)式中 $x = \varepsilon/\varepsilon_c$,$\alpha_a$、$\alpha_d$ 参见《混凝土结构设计规范》(GB 50010—2010)。

(5)其他力学理论

其他各种混凝土材料的本构模型主要有基于黏弹性-黏塑性理论的模型、基于内时理论的模型,以及基于断裂力学和损伤力学的模型。还有一些本构模型则是上述一些理论的不同组合。这些本构仍处于发展阶段,距离工程应用仍有一定距离。

2. 钢材本构

完整的金属材料本构都由三个准则构成,分别是屈服准则、强化准则和流动准则。其中,屈服准则指的是材料内某点开始达到塑性状态(极限平衡状态)时应力分量之间的数量关系(应力组合),可以理解为用以判断某一质点屈服的条件。当各应力分量之间符合一定的数量关系时,质点才进入塑性状态。强化准则是用来描述后继屈服面在应力空间中的演化规律,包括屈服面大小的变化以及位置的变化等。流动准则用以确定在加载过程中产生的塑性应变增量的方向,即确定各塑性应变增量分量之间的比例关系。钢材是比较理想的匀质材料,其本构通常可以简化为理想二折线模型,常用的强化模型有同向强化模型和随动强化模型。在多轴应力状态下,两种强化模型均可采用 Von-Mises 屈服准则判断钢材是否达到屈服。

(1)同向强化

材料在一个方向屈服后继续加载,产生塑性变形,在该方向屈服点提高,在另一方向材料的屈服强度也相应提高。比如拉伸方向屈服强度提高多少,压缩方向屈服强度也提高多少。同向强化模型描述的是屈服面大小的变化,而屈服面中心不发生改变。该强化模型适用于单向加载或者变形较小的情况,见图 7.9。

(2)随动强化

材料在一个方向屈服后继续加载,进入塑性状态,屈服点在该方向提高,另一方向材料的屈服强度相应减小。比如拉伸方向屈服强度提高多少,压缩方向屈服强度就降低多少。随动强化模型描述的是屈服面中心的变化,而屈服面大小不发生改变。随动强化模型考虑了包辛格效应,可用于循环加载和可能反向屈服的情况,故常用于模拟钢材在地震反复作用下的特性,见图 7.10。

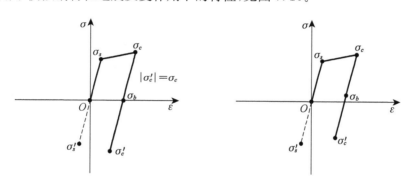

图 7.9 同向强化模型   图 7.10 随动强化模型

7.10.2 构件弹塑性本构模型

1. 框架梁柱

框架梁在地震作用下以弯曲破坏为主,屈服后性能常用离散塑性铰和纤维模型模拟。沿框架梁长度的塑性铰以及沿截面的纤维铰可以设置于预判受力较大位置,通常将主方向弯矩铰和剪力铰布置于梁端。框架柱在地震作用下综合考虑轴力及两个方向弯矩,其塑性表现为 PMM 相关铰。梁柱混凝土的力学性能需考虑纵筋和箍筋的套箍效应,经常选用 Mander 混凝土本构,见图 7.11。

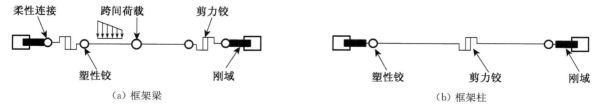

（a）框架梁   （b）框架柱

图 7.11 SAP2000 中框架梁、柱塑性铰模型

2. 剪力墙

在罕遇地震作用下,剪力墙单元弹塑性分析模型主要分为两大类:一类是微观有限元模型,另一类是

基于结构整体的宏观模型。剪力墙单元弹塑性表现为主要考虑轴向-弯曲变形与剪切变形,包括钢筋屈服、混凝土开裂及混凝土非弹性碎裂。剪力墙平面外力学行为一般为弹性。对结构进行弹塑性分析时,有以下四种应用较多的力学模型:

（1）非线性分层壳

分层壳单元是基于复合材料原理,将剪力墙塑性行为通过对分层壳模型的非线性分析来实现。剪力墙单元可以分为混凝土层、两个纵向和水平向钢筋层,其中钢筋截面可以根据已有配筋面积换算,确定钢筋层等效厚度。混凝土可以分别定义板属性和膜属性,表现剪力墙的平面内与平面外的力学行为。各个应力方向是否考虑非线性,也可根据工程实际情况有选择地设定。

（2）纤维截面模型

主要考虑轴向变形、弯曲变形与剪切变形,包括钢筋屈服、混凝土开裂及混凝土非弹性碎裂;剪力墙平面外力学行为为弹性。平面内轴向-弯曲特性通过纤维截面来定义,包括混凝土纤维和钢筋纤维,剪切特性通过定义弹性或弹塑性剪切材料来定义。一般为防止发生剪切破坏,可定义弹性剪切材料,通过控制截面的抗剪承载力来调整设计。在纤维截面定义时可以采用约束混凝土与非约束混凝土纤维来模拟端部约束区与非端部约束区。见图7.12。

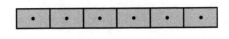

图7.12　剪力墙纤维分布

（3）多垂直杆元模型

该模型（见图7.13）将采用多根并联杆元模拟剪力墙的边缘构件和中心墙板,并设置高度为 ch 的刚性元素,使得墙的转动发生在 ch 处。基于沿墙体高度不同的曲率分布,系数 c 的取值范围为 $0\sim1$。墙两侧边缘构件由具有轴向刚度（K_1, K_2）的2根最外端杆元模拟,中心墙板的轴向刚度和弯曲刚度由中间（最少2根）具有轴向刚度为 K_3, K_4, $\cdots$, K_n 的杆元模拟,而刚度为 K_h 的水平弹簧则模拟剪力墙的剪切刚度。多垂直杆元模型不仅能保证一定准确性,而且能保证计算效率,是在实际工程中运用比较方便的剪力墙宏观分析模型。

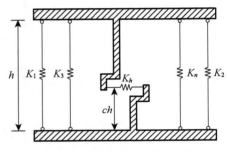

图7.13　多垂直杆元模型

（4）基于材料的实体模型

相较于以上宏观模型方法,采用微观有限元方法对钢筋混凝土剪力墙进行弹塑性分析,其精度更高。比较成熟的软件系统如 ABAQUS、ANSYS 等可进行类似分析,但这种方法计算量相当大,对于体量较大的结构,此方法很难实现。由于钢筋混凝土材料本身的离散性较大,于高层建筑结构来说,一般只能采用宏观方法。

3. 钢支撑

支撑框架结构体系中的钢支撑、桁架结构中的杆件等在服役过程中均是以承受轴力为主。在地震作用下,钢支撑受拉屈服性能比较简单。而实际支撑不可避免地存在各种缺陷,如初始弯曲、残余应力、荷载初始偏心、制作误差等,影响支撑的屈曲承载力,因此支撑受压时除了需考虑材料非线性还应考虑几何非线性。软件模拟中可以在支撑跨中引入初始缺陷为 1/1 000 的支撑长度,支撑中点设置轴力塑性铰或者采用纤维截面进行动力弹塑性时程分析。

7.10.3　几何非线性

线弹性分析通常基于小变形假设,不考虑构件位置和形状变化对结构刚度的影响。对结构进行动力弹塑性分析过程中,结构产生较大变形后将不符合小变形假设,此时除了考虑材料非线性还需要考虑几何非线性。

1. 重力 P-Δ 效应

建筑结构在水平力作用下产生水平变形,重力荷载因水平变形对结构产生附加效应,这称为重力 P-

Δ 效应。高层结构的 P-Δ 效应使结构侧移和内力增加,位移较大时甚至会引起结构整体失稳。P-Δ 效应的影响要素为重力和刚度,《高层建筑混凝土结构技术规程》(JGJ 3—2010)5.4 节对重力二阶效应及结构稳定作了相关规定。

2. 大变形

大变形需考虑结构在变形后新的形状下的平衡,其中大变形包括单元大的平动和转动。大多数结构在动力弹塑性分析过程中考虑 P-Δ 效应即可满足工程精度,但是对于变形较大的如索膜结构等需考虑大位移。大位移在计算软件中实现还是基于单元小应变假定,所以需将单元进行划分。

7.10.4　弹塑性数值分析方法

弹塑性动力时程分析的数值方法通常采用直接积分法,其包含隐式和显式方法。振型叠加法适用于弹性体系,叠加原理在弹塑性分析中不再适用;快速非线性分析(FNA)方法基于振型叠加概念,可用于存在有限数量非线性连接单元的结构分析。

1. 快速非线性分析(FNA)

快速非线性分析方法是一种计算效率较高的非线性动力分析方法,该方法只考虑结构的连接单元(阻尼器、隔震支座等)和边界条件的非线性,无法考虑材料非线性和几何非线性。这种方法将非线性单元产生的力当作外荷载处理,形成考虑非线性荷载并进行修正的模态方程,然后可以对该模态方程进行类似于线性振型分解处理。使用该方法时,应确认结构除了非线性单元以外,其他结构构件应处于弹性或者弱非线性状态。

2. 直接积分法

直接积分法包括隐式和显式两种计算方法,常用的隐式方法有 Newmark-β 法、Wilson-θ 法、Hiber-Hughes-Taylor(HHT)法。后两种方法皆是对 Newmark-β 法的发展,Wilson-θ 法是通过引入一个系数 θ 修改时间步长使得 Newmark-β 法达到无条件稳定,但是这种方法可能会给高阶振型带来较大误差。HHT 法将系数 α 引入并修改动力平衡方程,α 一般取值 0～1/3,通过损耗高频振型确保结果的收敛性。

中心差分法为一种显式积分法,与隐式算法不同,显式方法进行方程求解时不需对刚度矩阵求逆。用位移的有限差分代替位移的导数即加速度和速度,将运动方程中的速度向量和加速度向量用位移的某种组合来表示,将微分方程组求解问题转化为代数方程组求解问题,并在时间区间内求得每个微小时间区间的递推公式,进而求得整个时程的反应。显式计算对时间步长要求高,一般适用于计算时长较短的分析。

7.11　关于加强层的设置

框架-核心筒结构体系利用建筑设备层和避难层的空间布置结构加强层(见图 7.14),以增强结构抗侧力刚度。加强层构件有两种类型:第一种是水平伸臂桁架,第二种是环带桁架(腰桁架)。两者的功能不同,不一定同时设置,如果设置的话,一般会设置在同一层。水平伸臂桁架和环带桁架(腰桁架)包括两种基本形式:斜腹杆桁架和空腹桁架。带水平伸臂的框架-核心筒结构由一个核心筒通过刚度很大的水平伸臂构件与外柱连接构成。由于水平伸臂的刚度很大,在结构产生侧移时,它使外框架柱产生很大的轴向拉压力,外柱离中和轴的距离比核心筒翼缘离中和轴的距离要大,刚性加强层上下外柱的压力差对结构形成了一个数值较大的力偶矩,而这个力偶矩与水平外载产生的倾覆力矩方向正好相反,这样所有外柱均参与整体抗弯,以整个建筑宽度抵抗侧向力,大大提高了结构抗侧刚度和抗倾覆能力,从而减少结构侧移。

在结构适当位置设置水平加强层,这种方法的优点有几方面:第一,可增大结构抗侧刚度,改善结构受力状态,从而有效减少结构侧移。在高层建筑中合理设置加强层,与不设加强层相比,顶点侧移可降低 10%～30%。第二,利用结构避难层设置水平加强层,可较好解决建筑底部或其他层的需要开设大开间、结构上下层形式不同和结构布置上的矛盾,从而满足建筑功能需求。第三,设置水平加强层是减少高层建筑结构侧移并提高其抗侧刚度的一种既有效又经济的方法,在满足使用功能和规范要求的前提下,通过设置水平加强层可以减少剪力墙和框架柱等竖向构件截面尺寸。

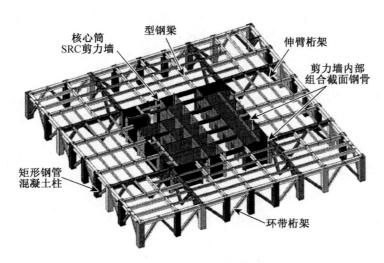

图 7.14　加强层构件组成示意图

当然带加强层的结构也有其不利的一面。在地震作用下,加强层的设置将会引起结构刚度、内力突变,并易形成薄弱层,结构的损坏机理难以呈现"强柱弱梁"和"强剪弱弯"的延性屈服机制。

加强层的设置应通过敏感性分析确定,通常情况下,在 $2H/3$ 及以上高度设置的加强层会有更高的效率。加强层设置了伸臂桁架和周边腰桁架,能有效提高结构的整体抗侧刚度,减小剪力滞后效应,减小框架柱竖向变形差异,提高结构抗扭刚度。设计中应遵守下列原则:多道、均匀布置于抗侧效率高的部位,减少对某一道的特别依赖,减少刚度和应力突变程度;每一道伸臂承受的内力适当,避免过大的截面需求,以保证伸臂与巨柱及核心筒连接节点的安全可靠和可实施性;保证由伸臂分隔的隔断外框架分担倾覆力矩的比例和均衡性;伸臂用钢量适当。此时,应注意为了使伸臂桁架上下弦杆的拉力能有效地传递到核心筒上,伸臂桁架应贯通核心筒墙体布置以保证构件内力在墙体内的传递,同时不应忽略伸臂桁架中巨大轴力产生的变形,加强层上下楼板应定义为弹性板,真实地反映楼板面内刚度对桁架变形的影响,施工中要特别注意核心筒与外围框架柱之间产生的沉降差异,可采取桁架腹杆滞后连接等措施减小这一不利影响。此外,加强层在实现控制结构位移的同时,也一定程度上造成了结构楼层刚度的突变,进而影响了其相邻楼层构件的内力,核心筒墙肢弯矩和剪力在加强层的上、下层大幅度增加,所以加强层及上下层核心筒墙体角部设置型钢,与伸臂桁架相连,提高加强层筒体的承载力及延性,保证伸臂桁架与筒体连接的可靠性。同时对加强层及上、下楼层的核心筒按照约束边缘构件设计,增加暗柱中的钢骨含量,同时提高暗柱的配筋率和纵向钢筋配筋率,加强层上、下层楼板加厚为 150 mm,并设置双层双向钢筋。对伸臂桁架的斜杆,根据情况可采用防屈曲支撑,这样可为整体结构提供额外的阻尼耗能作用,减轻罕遇地震作用下主体结构,特别是加强层附近的楼层遭受的损坏程度,改善结构的抗震性能。

综上所述,对地震作用控制的结构,设置加强层可能导致楼层刚度突变,于抗震不利。同时,加强层也不能设计得过刚,以确保在满足整体刚度情况下不会出现薄弱层。加强层设计原则详见《高层建筑混凝土结构技术规程》(JGJ 3—2010)第 10.3 条和《建筑抗震设计规范》(GB 50011—2010)第 6.7.3 条。

7.12　钢板混凝土剪力墙

钢筋混凝土剪力墙是一种在高层建筑中广泛使用的抗侧力构件。然而,随着建筑高度的增加,结构底部重力荷载和剪力越来越大,造成剪力墙的厚度增加,延性变差,减少了建筑使用面积,也不利于结构抵抗地震作用。

众所周知,钢筋混凝土结构刚度大,抗侧移能力强,但混凝土易开裂,结构容易发生脆性破坏。而钢结构延性好,但是屈曲问题又十分突出。如果将钢板与混凝土结合起来协调工作,弥补各自缺点,更好地发挥它们的优势,形成一种新型的抗侧力构件则具有广阔的实际应用前景。同钢筋混凝土剪力墙相比,钢板混凝土剪力墙具有不易开裂,延性、耗能能力好的优点。而同钢板剪力墙相比,除具有防火、保温、隔声等优势外,钢板混凝土剪力墙又具有刚度大、在地震作用下侧移小以及不易发生局部屈曲等优点。另外钢板混凝土剪力墙在大大提高剪力墙抗震耗能能力的情况下并不会削弱墙的承载力、刚度和整体性,所以对于在地震作用下要承担大部分后期水平荷载的剪力墙来说,采用钢板混凝土剪力墙可以使结构拥有较大的承载力和刚度,也可以具有良好的延性和耗能能力。因此,近年来组合式结构开始越来越广泛地应用于超高层结构的抗侧力体系中。钢板混凝土剪力墙结构见图7.15。

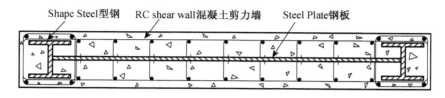

图7.15　钢板混凝土剪力墙

在美国抗震规范(AISC-1997)中,在钢板的一侧或两侧连接钢筋混凝土剪力墙所形成的新型构件被称作钢板混凝土剪力墙。与普通钢筋混凝土剪力墙相比,钢板混凝土剪力墙具有许多优点。

1. 与具有相同承载力的钢筋混凝土剪力墙相比,组合剪力墙更薄更轻,可以增加建筑使用面积。
2. 可以限制内部钢板的屈服,防止混凝土墙产生裂缝和结构体系中其他构件的破坏。
3. 在钢板混凝土剪力墙中,混凝土墙约束钢板和预防屈服后屈曲。同时钢板混凝土组合剪力墙还具有隔热和耐火等功能。

与普通剪力墙相比,钢板剪力墙综合考虑了钢板型钢暗柱以及混凝土墙体的共同作用,即剪力墙中的钢板可以提供较大的抗侧刚度和抗剪能力,因此具有更高的抗侧刚度和抗剪承载力,同时,混凝土又可以对钢板屈曲产生约束,使钢板可以充分发挥其强度潜力。钢板混凝土剪力墙构造形式是在混凝土墙体内嵌入钢板,墙内钢板表面设置了抗剪栓钉用以协调与其外包混凝土的变形,并将钢板分隔开的两侧混凝土拉结成一体,左右相邻钢板分隔间的连接采用高强螺栓,以减少现场焊接量。在剪力墙约束边缘内设置型钢柱并与钢板相连。除此之外,在剪力墙墙身内部还设置暗钢梁和暗钢柱,起到约束剪力墙内钢板的作用,为提高结构延性,底部约束边缘内型钢面积不小于6%,同时提高墙身部分钢筋配筋率和暗柱的体积配筋率。应当注意,当约束边缘构件内的箍筋需要穿钢骨时,在钢骨上按箍筋间距间隔开孔,未开孔处箍筋做成开口箍,焊于钢骨上。当墙身拉筋需要穿钢板时,在钢板上按拉筋间距开孔,同时控制开洞率小于0.5%。

7.13　施工模拟及收缩徐变分析

7.13.1　混凝土收缩徐变作用

1. 混凝土收缩机理

混凝土的收缩指的是在混凝土凝结初期的硬化过程中水分挥发、水化反应以及自身周围环境温度的变化而使得混凝土体积出现缩小的现象。混凝土的收缩是混凝土的固有属性,与所受荷载历程无关,不会因为混凝土中的应力消失而不发生收缩。混凝土的收缩通常包括化学收缩(也称自收缩)、干燥收缩、碳化收缩以及温度收缩。

2. 混凝土收缩影响因素

通过长时间的研究发现,影响混凝土收缩的因素有很多,如水泥品种、组成混凝土的骨料品种及各自含量、混凝土水灰比及各组成部分的配合比、所掺外加剂的品种及含量、混凝土的养护条件等。

（1）水泥品种

通常情况下，水泥中所含的化学成分不会对混凝土的收缩造成影响，但水泥所含的矿物成分及颗粒大小会对混凝土的收缩产生影响。

（2）骨料品种及含量

在混凝土的内部，骨料会约束水泥石的收缩，骨料本身的刚度和所占的体积百分比会影响收缩作用的大小。水泥石含量减少，混凝土的收缩也会变小。而骨料本身的化学性质也会对混凝土的收缩产生影响，含有轻骨料或者骨料本身容易吸水，则混凝土收缩就会更大。

（3）混凝土配合比

混凝土的配合比主要包括水灰比、单位体积含水量、水泥用量等。具有同样水泥用量的单位体积的混凝土，水灰比越大收缩就越大。当含水量一样时，单位体积混凝土的水泥用量越多，混凝土收缩就越大。

（4）混凝土养护条件

养护条件对混凝土收缩的影响相对比较复杂，混凝土的收缩不是一天就完成的，而需要经历一个漫长的时间阶段，而养护时间、养护条件等都能对混凝土的收缩产生影响。养护时周围环境湿度大的比周围环境湿度小的收缩要小。

3. 混凝土收缩的预测公式

自从混凝土收缩现象被发现以来，国内外学者对其进行了大量研究，收缩的影响因素很多，有条件的应通过试验来预测收缩，做施工模拟时可以利用国内外常用的收缩预测模型来预测混凝土的收缩。比较有名的收缩预测模型有 ACI 模型、CEB-FIP 模型、GL2000 模型、B-P 模型以及建研院（86）模型等，运用最广泛的则是 CEB-FIP（1990）模型。

混凝土的收缩与构件内部的应力没有关系，依据 CEB-FIP 规范（1990），收缩公式适用的条件为湿养护不能超过 14 d，且所处环境的相对湿度 $RH = 40\% \sim 50\%$ 及环境温度为 $5 \sim 30 \, ^\circ\text{C}$ 的素混凝土构件。在没有受到外界荷载作用的条件下，素混凝土构件的平均收缩应变的计算公式表示如下：

$$\varepsilon_{cs}(t, t_s) = \varepsilon_{cso}\beta_s(t - t_s) \tag{7-19}$$

$$\varepsilon_{cso} = \beta_{RH}[160 + \beta_{sc}(90 - f_c)] \times 10^{-6} \tag{7-20}$$

式中：ε_{cso}——混凝土的名义收缩系数；

β_{sc}——与水泥品种相关的系数，当水泥类别为普通型或者快硬型时 $\beta_{sc} = 5$，当水泥品种为快硬高强型时 $\beta_{sc} = 8$；

β_{RH}——相对湿度系数。

$$\beta_{RH} = -1.55\left[1 - \left(\frac{RH}{100}\right)^3\right] \quad 40\% \leqslant RH \leqslant 99\% \tag{7-21}$$

$$\beta_{RH} = 1.25 \quad RH > 99\% \tag{7-22}$$

$\beta_s(t - t_s)$ 为混凝土收缩随时间变化的系数。它的表达式为

$$\beta_s(t - t_s) = \left[\frac{(t - t_s)}{0.035(2A_c/u)^2 + (t - t_s)}\right]^{0.5} \tag{7-23}$$

式中：t_s——开始收缩时混凝土的龄期（单位：d）；

t——混凝土的龄期（单位：d）；

A_c——构件的横截面面积（单位：mm^2）；

u——与大气接触的截面边界长度（单位：mm）。

4. 混凝土徐变的机理

混凝土徐变是指在长期持续不变的应力作用下，随着时间的推移，混凝土的变形在不断增长的现象。科学家经研究，普遍认为徐变与混凝土的弹性模量的大小、强度以及施加给混凝土的荷载历程有密切关系。混凝土水化比较充分，弹性模量大，混凝土强度低，则混凝土的徐变就比较小。徐变产生的四点主要原因如下：

（1）在应力作用下水泥胶凝体因为剪切破坏和滑动产生的黏稠变形。

（2）水泥胶凝体受到混凝土骨料的约束作用而产生的滞后变形。

（3）吸附水受竖向应力的作用产生渗流和转移而致使混凝土结构发生紧缩。

（4）应力作用下混凝土裂缝、水泥结晶体的破坏以及水泥结晶体的重新连接而产生的永久变形。

5. 混凝土徐变的影响因素

通过不断的研究和试验，总结出一些对混凝土收缩徐变产生影响的因素，如混凝土各部分的组成及配合比、混凝土构件的截面大小、混凝土周围环境的温度和湿度，一般认为收缩大的混凝土徐变值也大。不过徐变也有一些特别的影响因素，如混凝土的加载龄期、加载持续时间以及混凝土所处的应力水平等。

6. 混凝土徐变的预测公式

混凝土徐变变形可以分为可恢复变形和不可恢复变形，也可以分为基本徐变和干缩徐变，国内外有很多计算徐变的公式，各个公式计算的结果可能会有比较大的差别，比较常见的有 CEB-FIP(1990)模型、B3模型、GL2000 模型等，同样运用最广泛的则是 CEB-FIP(1990)模型。

徐变与构件所受的应力水平有关，依据 CEB-FIP 规范(1990)，徐变公式适用的条件为应力水平 $\sigma_c/f_c(t_0)<0.4$，且所处环境的相对湿度 $RH=40\%\sim100\%$ 及环境温度为 5～30 ℃的素混凝土构件，徐变系数是徐变应变与瞬时弹性应变的比值，采用徐变系数计算徐变应变的公式可以表达为

$$\varepsilon_c(t,t_0)=\varepsilon_e(t_0)\phi(t,t_0) \tag{7-24}$$

公式中 $\varepsilon_e(t_0)$ 为 t_0 时刻应力引起构件的弹性应变，$\phi(t,t_0)$ 即为徐变系数，它的表达式为

$$\phi(t,t_0)=\phi(\infty,t)\beta_c(t-t_0) \tag{7-25}$$

式中：$\phi(\infty,t)$ ——名义徐变系数，$\phi(\infty,t)=\varphi_{RH}\beta(f_c)\beta(t_0)$；

ϕ_{RH} ——环境相对湿度修正系数，$\phi_{RH}=1+\dfrac{1-RH/100}{0.1(2A_c/u)^{1/3}}$；

$\beta(f_c)$ ——考虑混凝土加载龄期时强度修正系数，$\beta(f_c)=16.76/\sqrt{f_c}$；

$\beta(t_0)$ ——取决于加载时龄期 t_0 相关的参数，$\beta(t_0)=1/(0.1+t_0^{0.2})$；

$\beta_c(t-t_0)$ ——徐变随时间变化的系数，$\beta_c(t-t_0)=\left[\dfrac{(t-t_0)}{\beta_H+(t-t_0)}\right]^{0.3}$，其中 $\beta_H=1.5\left[1+\left(1.2\dfrac{RH}{100}\right)^{18}\right]\dfrac{2A_c}{u}+250\leqslant1\,500$，$RH$ 为环境年平均相对湿度。

现以 MIDAS/GEN 软件为例介绍，在软件中除了对常规的混凝土和钢材的材料属性进行定义外，由于混凝土具有时间的依存特性，还需要补充定义它的收缩徐变和强度增长函数。收缩徐变利用程序内置的函数《公路钢筋混凝土及预应力混凝土桥涵设计规范》(JTGD 62—2012)来定义，该规范里混凝土的徐变系数和收缩应变的计算公式采用 CEB-FIP(1990)中的公式并作了适当简化，其中环境平均相对湿度取 70%，水泥种类系数取 5，开始计算混凝土收缩徐变时的龄期为 3 d。混凝土强度发展函数利用内置规范 CEB-FIP(1990)来进行定义，定义时水泥类型为普通硅酸盐水泥。各个函数定义的软件操作截图如图 7.16～图 7.18。

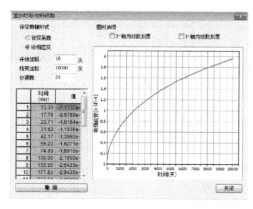

图 7.16　混凝土收缩应变发展曲线定义

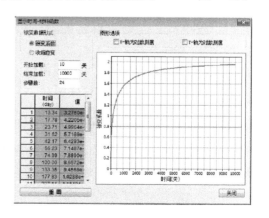

图 7.17　混凝土徐变系数发展曲线定义

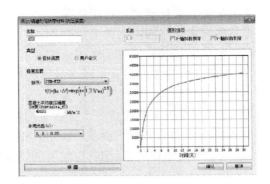

图 7.18　混凝土材料强度发展曲线定义

7.13.2　施工模拟特点

　　高层建筑结构中的竖向构件(筒体、剪力墙、框架柱等)在垂直荷载下轴压比设计的差异必定要在它们之间产生竖向轴变的差异,由此引起内力的编号调整,《高层建筑混凝土结构技术规程》(JGJ 3—2010)第5.1.6条明确指出高层建筑结构应考虑墙柱的轴向变形的影响,但实际的高层主体结构一般都随着主体结构的施工逐层形成,同时大部分垂直荷载(主要是结构自重)也是随主体结构的施工逐层施加到逐层形成的主体结构上的,也就是说,一方面某 i 层的主体结构施工阶段的垂直荷载只波及影响到 i 层及以下各层主体结构,并不影响 i 层以上的各层主体结构;另一方面,在主体结构施工到 i 层时, i 层以上的主体结构尚未形成,不应该也不可能参与 i 层及以下各层主体结构施工阶段的垂直荷载下的工作(见图 7.19)。对于这类过程,考虑施工模拟方法与上一次加载方法两者计算结果差异主要表现在以下两方面:

　　1. 楼层竖向位移沿结构高度分布规律不一致,前者最大竖向位移在中间层附近,后者的楼层最大位移位于结构顶层。

　　2. 在框架-剪力墙结构或框架核心筒结构中,前述的两种方法对竖向构件间的内力分配有较明显的影响。基于后者模拟方法,高层建筑顶部部位一端与柱相连的梁负弯矩会减少或出现变化,而一端与墙体相连的梁负弯矩偏大,造成截面超筋现象。

7.13.3　模型中需要注意的事项

　　1. 用数值模拟来分析高层建筑结构,应能真实反映施工过程中结构构件内力的变化历程、结构的成型过程。当施工方案与施工模拟计算分析不同时,应重新调整相应的计算。

　　2. 施工模拟分析模型中,应考虑材料的时变性、荷载作用及边界条件的准确性。混凝土材料的收缩徐变模型可参考CEB-FIP(1990)等相关资料。

　　3. 考虑混凝土收缩效应作用下的楼板应力应采用弹性楼板假定,可采用膜单元或壳单元模拟楼板。

7.13.4　考虑施工过程的结构设计

　　1. 带伸臂、斜撑等构件的结构,应有重力荷载下的结构施工模拟分析。当伸臂桁架、斜撑采用后连接时应复核施工过程中结构在可能的风荷载(10年基本风压)作用下的承载能力和变形。

　　2. 当混凝土核心筒先于外围框架施工时,应考虑施工阶段混凝土核心筒在风荷载及其他荷载作用下

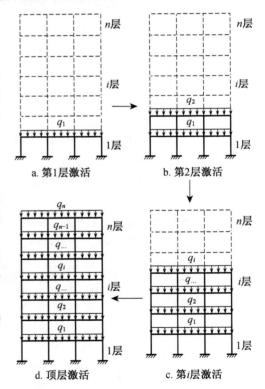

图 7.19　精确模拟施工过程方法

的不利受力状态,应验算在浇筑混凝土之前外围型钢结构在施工荷载及可能的风荷载作用下的承载力、稳定及变形,并据此确定钢框架安装与浇筑混凝土楼层的间隔层数。

3. 计算钢筋混凝土框架核心筒结构的竖向荷载作用时,宜考虑框架柱(钢柱、型钢混凝土柱与钢管混凝土柱)与钢筋混凝土核心筒竖向变形差异引起的结构附加内力,计算竖向变形差异应考虑混凝土收缩、徐变等因素的影响,并针对其中的不利影响采取对策。

7.14　超长结构温度作用分析

建筑结构不论在施工阶段还是在使用阶段,都不可避免地要受到温度的作用。对于单体长度符合规范规定的结构,一般不需要特别考虑温度作用对结构的影响。但是超长结构必须考虑温度作用对结构的影响。

由于环境温差变化,结构主要承重构件——梁、板、柱及剪力墙等构件由于外界约束或内部约束而不能完全自由变形,而在结构内部产生应力,称为温度应力。温度应力与荷载应力的产生机理完全不同,图7.20可以说明两者之间的区别。

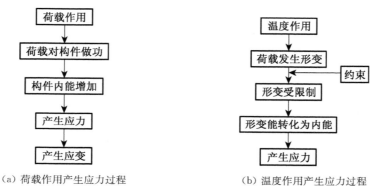

（a）荷载作用产生应力过程　　　　　　　（b）温度作用产生应力过程

图7.20　荷载应力和温度应力产生机理对比图

从上图对比发现,荷载应力是由荷载直接作用构件产生的,而温度应力是由于构件在温度改变和混凝土收缩时得不到自由变形,其变形受到限制,使变形能转化为构件内能而产生的温度应力,其与约束有着密切的关系。众所周知,混凝土抗拉能力较弱,而结构在施工过程和使用过程中温度变化几乎不可避免,当温度应力超过混凝土抗拉强度即产生裂缝。对于超长结构既要不设或少设温度伸缩缝,又要使结构不出现有害裂缝,需要对结构温度作用的大小由定性的构造措施转为定量的计算分析。实际上,留缝与否并不是决定结构能否消除温度不利影响的唯一条件。留缝不一定能达到预想的效果,不留缝也不一定会引起结构的不良反应。实践证明,如果计算方法正确,采取的预防措施得当,完全可以做到不设伸缩缝而取得预想的效果。

7.14.1　计算分析需注意的问题

1. 计算模型宜基于三维整体模型,应采用膜单元或壳单元模型模拟楼板,并应采用材料的线膨胀系数。

2. 温度作用分析,应综合考虑施工、合拢和使用三个不同状态下最不利温差的影响。

3. 以结构的初始温度(合拢温度)为基准,结构的温度作用效应应考虑温升和温降两种工况,温升工况使构件产生膨胀,温降工况使构件产生收缩,一般两个工况都应校核。混凝土结构的合拢温度一般可取后浇带封闭时的月平均气温,钢结构的合拢温度一般可取合拢时的日平均温度。

4. 结构的平均温度应根据工程施工期间和正常使用期间的实际情况确定,根据《建筑结构荷载规范》(GB 50009—2012)第9.3.2条确定结构平均温度。

5. 工况组合时,温度作用应根据结构施工和使用期间可能同时出现的情况考虑其与其他可变荷载的组合,如温度作用的组合值系数 0.6、频遇值系数 0.5 和准永久值系数 0.4。

6. 混凝土结构在进行温度作用效应分析时,可考虑混凝土开裂等因素引起的结构刚度的降低,以及混凝土的徐变应力松弛特性的有利影响。具体量化可参考王铁梦的《工程结构裂缝控制》等资料。

7.14.2 结构设计

1. 根据温度作用分析结果配置抗裂钢筋。

2. 根据平面布置设置后浇带(间距在 30～40 m),后浇带采用受力钢筋不断开的方式,混凝土强度等级比两侧的混凝土强度等级提高一级,且在预留后浇带位置采用水平分缝、竖向分层错开的施工方法,可解决初期混凝土的收缩问题,提高混凝土对温度变化的耐受力。

3. 对间距大于 40 m 的后浇带引入跳仓法施工,利用混凝土在 5～10 天期间性能尚未稳定和没有彻底凝固前容易将内力释放出来的"抗与放"特性原理,以避免混凝土施工初期的收缩作用。

4. 采用减小水化热的措施,如选用水化热低的水泥品种,在混凝土里掺入粉煤灰或高效减水剂,掺入减水剂按《混凝土外加剂应用技术规范》(GB 50119—2013)计算掺量,根据需要添加聚丙烯抗裂纤维(1 m³ 混凝土掺 0.6 kg 聚丙烯短纤维可增强混凝土的抗伸缩能力),在保证混凝土的设计强度的前提下,尽可能减小水泥用量,减小水灰比,采用 5～40 mm 连续级配的粗骨料,严格控制沙子和石子的含泥量在 1.5% 以内,混凝土采用 60～90 d 强度,尽可能晚拆模,注意混凝土硬化过程的养护。

5. 控制入模温度,采取低温入模施工工艺,在温度相对较低的时段(如夜间、凌晨)进行混凝土浇筑,必要时可适当加冰水降温,以减少温度应力及混凝土的收缩。

6. 混凝土浇灌后,应及时采取保湿养护措施(如结构表面可铺设塑料薄膜或草袋进行保温保湿),延长水化热散热时间,利用混凝土的松弛特性,用时间来缓解温差变化带来的应力,同时也应注意经常浇水养护,保持初凝混凝土处于湿润状态,混凝土初凝前用木抹子在结构表面抹压 2～3 遍。

7. 为减少温度应力,必须做好屋面的保温或隔热层,在温度应力大的部位增设温度钢筋,配置相应的预应力温度筋(或对屋顶长向主梁钢筋施加预应力),可在屋顶层设伸缩缝或将顶层划分不同高层区段。对建筑外表面均需采用保温措施。

7.15 舒适度分析

高层建筑需满足人体舒适度,主要体现在两个方面:

(1) 风振下舒适度。

(2) 正常使用中大跨楼盖竖向振动舒适度。

高层建筑具有高度高、柔度大、自振频率低等特点。对于高层或超高层建筑,风荷载为主要的侧向荷载。由于风荷载的主频率较低,一般与结构的前几阶主要振动频率较为接近,结构在风荷载下的振动响应较为显著,其风致振动舒适度问题较为突出。

7.15.1 风振舒适度控制

1. 计算内容

高层建筑混凝土结构应具有良好的使用条件,满足舒适度的要求,通过控制十年一遇的风荷载取值计算或专门风洞试验确定的结构顶点最大加速度 a_{max} 限值来实现。高层建筑的风振反应加速度包括顺风向最大加速度、横风向最大加速度和扭转角速度。关于顺风向最大加速度和横风向最大加速度的研究工作虽然较多,但各国的计算方法并不统一,互相之间也存在明显的差异。建议可按现行行业标准《高层民用建筑钢结构技术规程》(JGJ 99—2015)的相关规定进行计算。

判断高层建筑是否需要考虑横风向风振的影响,一般要考虑建筑高度、高宽比、结构自振频率及阻尼比等多种因素,并要借鉴工程经验及有关资料来判断。一般而言,对于横风向风振作用效应明显的高层建筑,如建筑高度超过 150 m 或高宽比大于 5 的高层建筑应考虑横风向风振。对于细长圆形截面的构筑物,如高度超过 30 m 且高宽比大于 4 的构筑物也应考虑横风向风振。

2.计算参数

(1)风荷载取十年一遇的风荷载或由专门风洞试验确定的荷载值。

(2)计算舒适度时结构阻尼比的取值要求:一般情况,对混凝土结构取 0.02,对混合结构可根据房屋高度和结构类型取 0.01～0.02。

3.结果控制

结构顶点最大加速度 a_{max} 限值对住宅、公寓不大于 0.15 m/s²,对办公楼、旅馆不大于 0.25 m/s²。

7.15.2　楼盖舒适度控制

楼盖结构应具有适宜的舒适度,控制舒适度要求的参数有竖向振动频率、竖向振动加速度。当竖向振动频率超出规范限值要求较多时,可不验算竖向振动加速度。

1.竖向振动频率

(1)计算模型宜基于三维整体模型,楼板应采用壳单元模型。

(2)宜采用与竖向相关的 Ritz 向量求解,并激活相应的竖向荷载。

(3)计算结果判断:住宅和公寓钢筋混凝土楼盖结构竖向频率不宜低于 5 Hz,办公楼和旅馆钢筋混凝土楼盖结构竖向频率不宜低于 4 Hz,大跨度公共建筑钢筋混凝土楼盖结构竖向频率不宜低于 3 Hz。

2.竖向振动加速度

(1)楼盖结构竖向振动加速度的简化计算方法可参照《高层建筑混凝土结构技术规程》(JGJ 3—2010)附录 A。

(2)采用弹性时程分析方法时,计算模型宜采用三维结构整体模型,宜采用与竖向相关的 Ritz 向量法求解,并激活相应的竖向荷载。

(3)求解竖向振动加速度时,应依据建筑使用功能,选用相应的人员起立、行走、跳跃等振动激励。

(4)阻尼比取值详见表 7.8。

表 7.8　人行走作用力及楼盖结构阻尼比

人员活动环境	结构阻尼比 β
住宅、办公、教堂	0.02～0.05
商场	0.02
室内人行天桥	0.01～0.02
室外人行天桥	0.01

注:1. 表中阻尼比用于钢筋混凝土楼盖结构和钢-混凝土组合楼盖结构。
　　2. 对住宅、办公、教堂建筑:阻尼比 0.02 可用于无家具非结构件情况,如无纸化电子办公区、开敞办公区和教堂;阻尼比 0.03 可用于有家具、非结构构件,带少量可拆卸隔断的情况;阻尼比 0.05 可用于含全高填充墙的情况。
　　3. 对室内人行天桥,阻尼比 0.02 可用于天桥带干挂吊顶的情况。

(5)竖向振动加速度限值详见表 7.9。

表 7.9　楼盖竖向振动加速度限值

人员活动环境	峰值加速度限值(m/s²)	
	竖向自振频率不大于 2 Hz	竖向自振频率不小于 4 Hz
住宅、办公	0.07	0.05
商场及室内连廊	0.22	0.15

注:楼盖结构竖向自振频率为 2～4 Hz 时,峰值加速度限值可按线性插值选取。

7.16 穿 层 柱

随着城市建设的发展,人们对建筑功能的审美要求使得结构往往出现底部大空间、错层、穿层柱等复杂建筑结构。穿层柱在竖向荷载和水平力共同作用下,其破坏形状是弯曲破坏而不是剪切破坏。现行结构规范对空间大跨度钢结构的稳定有相应的规定和要求,而对于超高层建筑,基本上未做要求。对高层建筑中柱的计算长度确定也仅有简单规定。《混凝土结构设计规范》(GB 50010—2010)第 6.2.20 条对单构件承载力计算时的计算长度选取做出规定:一般房屋中,柱计算长度取 1.0～1.25 倍层高,现行计算程序大都按此规定确定混凝土柱计算长度。

柱作为重要的结构构件,其稳定性及计算长度的确定很重要,尤其是随着高层建筑的发展,越来越多的超高层由于建筑空间效果需求而形成 2～3 层穿层柱的高层建筑,由于这些柱在跃层范围内没有楼板的侧向支撑,其平面外计算长度是否取其跃层的高度? 构件计算长度该如何取值是该类设计面临的一个重要问题,对结构的安全性、经济性具有重要意义。

事实上,结构和构件的稳定问题都是一个整体性问题,柱、楼盖、核心筒等之间相互支承、相互约束,单一构件的屈曲稳定必然会受到其他构件的约束作用,因此钢管混凝土柱计算长度系数应根据结构的整体屈曲稳定分析结果才能合理确定。

7.16.1 分析方法

通过整体结构的线性屈曲分析确定穿层柱计算长度的方法是:将该柱放在整体模型中进行屈曲模态分析,得到欧拉临界力和屈曲系数。分析工况的加载模式有多种,一般情况可以取作用于全楼的重力荷载代表值。整体模型的屈曲分析具有较为直观的屈曲模态,可以直接看到结构整体的屈曲变形,通过判断各阶屈曲模态对应的变形来判断具体结构构件是否发生屈曲,从而得到其对应的屈曲临界力 P_{cr},通过欧拉公式提供的条件,一旦确定构件的临界承载力 P_{cr},即可反推出构件的等效计算长度 L。

$$P_{cr} = \frac{\pi^2 EI}{(\mu L)^2} \tag{7-26}$$

实施步骤:

(1)确定拟计算构件及初始长度范围。

(2)加载、屈曲分析,对整体模型法通常采用恒载加活载的竖向加载方式。

(3)获得屈曲系数,并乘以相应分析工况下杆件内力得到构件的临界荷载 P_{cr}。

(4)将临界荷载 P_{cr} 代入欧拉公式,反算长度系数。

7.16.2 穿层柱设计

分析时取两个模型:

1. 按实际情况建模并考虑周边梁对柱的约束作用。

2. 不考虑第二层局部楼板,仅考虑其荷载,合并楼层。穿层柱设计取两种模型包络值。设计采取:

(1)增大柱截面尺寸,降低柱轴压比。

(2)按中震弹性的性能目标进行设计。

(3)穿层柱的大震稳定计算,可采用 ANSYS 等软件进行屈曲分析,也可选择 ABAQUS 软件进行显式分析,它可自动考虑几何非线性,具体做法如下:

a. 将结构的材料均定义为弹塑性材料,并细分穿层柱,最小节间长度为 0.5～1.0 m。

b. 设置一个重力显式分析步,按准静力加载方式,求解重力作用下的效应(恒荷载组合系数取 1,活荷载取 0.5),时间步长为 1.0 s。

c. 设置两个地震显式分析步,分别为纵、横主方向加载三向罕遇地震波,时间步长可取 $\max(40, 10 \times T_o)$ 秒,T_o 为基本周期,单位为 s。

d. 观察穿层柱水平变形较大节点的位移时程曲线,求最大水平位移值及其对应的上端节点轴力 P_o 及步内时刻 t。

e. 仅保留一个最大水平位移对应的地震显式分析步,其将时间步长修改为 t。

f. 增加干扰力显式分析步,虚设干扰力可分别作用于穿层柱的两端,大小相等且方向相反的一对集中力,数值从 0 到充分大,其时间步长为 1.0 s,按准静力加载方式求解。

g. 观察穿层柱内水平变形可能较大节点的水平时程曲线,若出现水平位移突变值,则可得对应的临界干扰力作用力值 P_1 及临界作用力的代表值 $P_{cr} = P_o + P_1$。

h. 判断穿层柱的大震稳定性。

若 $K = \dfrac{P_{cr}}{P_o} \geqslant 2$,则可认为穿层柱在大震作用下处于稳定。

这部分穿层柱的抗侧刚度较差,设计时对该部分的设计剪力和弯矩取值不小于该层其他柱的剪力和弯矩设计值,并加强柱子的抗扭钢筋,与穿层柱顶相交的框架梁顶筋、底筋通长配置,增强结构抗连续倒塌能力,穿层柱的实际配筋面积不小于中震弹性计算结果。与此同时,穿层柱顶层的楼板厚度及配筋应给予加强。

7.17 框架柱地震剪力及其调整

在水平地震作用下,框架应具有一定的抗侧能力,为第二道抗震防线提供保证,按《高层建筑混凝土结构技术规程》(JGJ 3—2010)第 9.1.11 条规定,当框架部分分配的地震剪力标准值的最大值小于结构底部总地震剪力标准值的 10% 时,各层框架承担的地震剪力标准值应增大到结构底部总地震剪力标准值的 15%,此时各层核心筒体的地震剪力标准值宜乘以增大系数 1.1,但可不大于结构底部总地震剪力标准值,墙体的抗震构造措施应按抗震等级提高一级后采用,已为特一级的可不再提高。当框架部分分配的地震剪力标准值小于结构底部总地震剪力标准值的 20%,但其最大值不小于结构底部总地震剪力标准值的 10% 时,应按结构底部总地震剪力标准值的 20% 和框架部分楼层地震剪力标准值最大值的 1.5 倍二者的较小值进行调整。即对框架柱和梁承担的剪力予以调整(取 $0.2Q_o$ 和 $1.5V_{f,max}$ 二者较小值),然后进行组合内力和验算。

如某工程,主楼框架分配剪力基本满足不小于主楼底部总剪力的 8% 的要求,在施工图设计阶段,对于框架梁配筋计算时,框架剪力调整取 $0.2Q_o$,对于框架柱剪力调整,则取 $1.5V_{f,max}$ 进行配筋计算。提请注意:在主楼带有大面积裙房时,可能会造成底部剪力较大,此时,可将底部主楼部分的剪力取出,用于主楼的 $0.2Q_o$ 调整。同时,为保证外框结构屈服机制的实现,对于框架梁配筋计算时,框架梁剪力调整取 $0.2Q_o$ 与 $1.5V_{f,max}$ 二者的较小值,对于框架柱,则取 $0.2Q_o$ 与 $1.5V_{f,max}$ 二者的较大值。

7.18 塔楼偏置对策

1. 对塔楼与裙房相连部分,控制最大位移与层平均位移比值及最大层间位移与平均层间位移比值。裙房顶部楼板与搭接层板厚度加厚到 150 mm,双层双向配筋不小于 0.25%,其相邻层上下楼面板厚取不小于 120 mm,配筋也适当加强。同时,裙房各层与塔楼相连的两跨或三跨梁板适当加强,以增强塔楼的变形协调能力(见图 7.21)。

2. 适当增加裙房部分刚度,增加底部剪力墙,

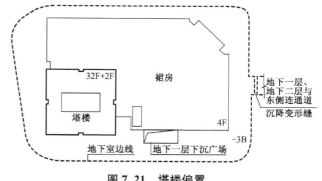

图 7.21 塔楼偏置

调整底部剪力墙位置,尤其是在塔楼的裙房部分适当布置一些剪力墙,以调整裙房部分结构的刚心,使其尽可能地靠近质心。

3. 如塔楼偏置过多,在进行结构内力计算时,大底盘部分可按弹性楼板计算。

4. 体型收进高层建筑结构、底盘高度超过房屋高度 20% 的多塔楼结构的设计应符合下列规定:

(1) 体型收进处宜采取措施减小结构刚度的变化,上部收进结构的底部楼层层间位移角不宜大于相邻下部区段最大层间位移角的 1.15 倍。

(2) 抗震设计时,体型收进部位上、下各 2 层塔楼周边竖向结构构件的抗震等级宜提高一级采用,一级提高至特一级,抗震等级已经为特一级的,允许不再提高。

(3) 结构偏心收进时,应加强收进部位以下 2 层结构周边竖向构件的配筋构造措施。

7.19 超限高层连梁的设计

超限高层结构的连梁往往承受较大的剪力而导致截面验算不满足要求,首先从减小连梁承担的剪力入手,按《高层建筑混凝土结构技术规程》(JGJ 3—2010)第 5.2.1 条规定:地震效应计算时,连梁刚度折减系数不宜小于 0.5,按《建筑抗震设计规范》(GB 50011—2010)第 6.2.13 条条文说明规定:重力荷载、风荷载作用下连梁刚度不宜折减,计算位移时可不折减(以风荷载为主时),对连梁的刚度进行折减或设置水平缝形成双连梁、多连梁;控制连梁的剪跨比,在高跨比较大的连梁加设型钢,提高连梁抗震性能。如果连梁的破坏对承担竖向荷载没有明显的影响,可认为连梁完全破坏,按照独立墙肢进行结构计算和墙肢配筋,具体内容详见《高层建筑混凝土结构技术规程》(JGJ 3—2010)第 7.2.26 条。其次增大连梁的抗剪能力,可在连梁中设置施工较方便的竖向抗剪钢板,钢板侧面设置栓钉以保证剪力传递给混凝土部分,可解决剪力墙部分连梁抗剪超筋的问题,同样依靠钢材承担剪力,可在不降低结构刚度的情况下,从根本上解决混凝土抗剪能力有限的问题。

连梁的概念设计包含以下内容:

1. 连梁对于联肢剪力墙的刚度、承载力、延性等都有十分重要的影响,它又是实现剪力墙二道设防设计的重要构件。连梁两端承受反向弯曲的作用,截面厚度较小,是一种对剪切变形十分敏感且容易出现斜裂缝和容易剪切破坏的构件。设计连梁的特殊要求是:在小震和风荷载作用的正常使用状态下,它起着联系墙肢且加大剪力墙刚度的作用,它承受弯矩和剪力,不能出裂缝;在中震下它应当首先出现弯曲屈服,耗散地震能量;在大震作用下,可能也允许它剪切破坏。连梁的设计成为剪力墙设计中的重要环节,应当了解连梁的性能和特点,从概念设计的需要和可能对连梁进行设计。

工程中应用的大多数连梁都采用普通的受弯纵向钢筋和抗剪钢箍(简称普通配筋),它的延性较差。采用斜交叉配筋的连梁延性较好,但是受到厚度条件的限制而应用较少。

2. 跨高比大的连梁可按一般梁的要求设计,而跨高比较小的连梁受竖向荷载的影响较小,两端同向弯矩影响较大,两端同向的弯矩使梁反弯作用突出,它的剪跨比可以写成:

$$\frac{W}{Vh_b} = \frac{V \times l/2}{Vh_b} = \frac{l}{2h_b} \tag{7-27}$$

连梁的剪跨比与跨高比 (l/h_b) 成正比,跨高比小于 2,就是剪跨比小于 1。住宅、旅馆等建筑中,剪力墙连梁的跨高比往往小于 2,甚至不大于 1。试验表明,剪跨比小于 1 的钢筋混凝土构件几乎都是剪切破坏,因而一般剪力墙结构中的连梁容易在反复荷载下形成交叉裂缝,导致混凝土挤压破碎而破坏。

3. 连梁顶面和底面的纵向水平钢筋应对称配置。连梁截面的受弯承载力应符合下列规定:

$$M_b \leqslant A_s f_y (h_{b0} - a_s) \tag{7-28}$$

式中:M_b——连梁截面组合的弯矩设计值;

A_s——顶面或底面纵向钢筋的面积;

h_{b0}——连梁截面的有效高度。

4. 跨高比不大于 1.5 的连梁,其纵向钢筋的最小配筋率宜符合表 7.10 的要求;跨高比大于 1.5 的连梁,其纵向钢筋的最小配筋率可按框架梁的要求采用。抗震设防剪力墙结构的连梁,其纵向钢筋的最大配筋率宜符合下列要求:

跨高比大于 2.5 的连梁 $\qquad \left(\dfrac{A_S}{b_b h_{b0}}\right)_{max} \leqslant 144\dfrac{l}{h_b}\dfrac{f_t}{f_y}$

跨高比不大于 2.5 的连梁 $\qquad \left(\dfrac{A_S}{b_b h_{b0}}\right)_{max} \leqslant 108\dfrac{l}{h_b}\dfrac{f_t}{f_y}$

表 7.10 跨高比不大于 1.5 的连梁纵向钢筋的最小配筋率(%)

跨高比	最小配筋率(采用较大值)
$l/h_b \leqslant 0.5$	$0.20, 45f_t/f_y$
$0.5 < l/h_b \leqslant 1.5$	$0.25, 55f_t/f_y$

7.19.1 连梁超筋时的处理

1. 剪力墙结构设计中连梁超筋是一种常见现象。在某段剪力墙各墙肢通过连梁形成整体,成为联肢墙或壁式框架,使此墙段具有较大的抗侧刚度,能达到此目的主要依靠连梁的约束弯矩。

2. 连梁的超筋,实质是剪力不满足《高层建筑混凝土结构技术规程》(JGJ 3—2010)式(7.2.23-1)~式(7.2.23-3)剪压比要求。从剪力墙的简化手算方法得知,连梁是作为沿高度连续化的连杆处理的,由总约束弯矩得每层连梁约束弯矩,再由约束弯矩得连梁剪力,从剪力得到弯矩。由于连梁一般由竖向荷载产生的剪力值较小,剪力主要因约束弯矩产生。

3. 在一般剪力墙结构中,连梁易超筋的部位为结构底部 1/3 总高度的楼层;平面中,当墙段较长时其中部的连梁,某墙段中墙肢截面高度(即平面中的长度)大小悬殊不均匀时,在大墙肢连梁易超筋。

4. 连梁超筋时,可采取的措施有:

(1) 减小连梁截面高度。

(2) 抗震设计的剪力墙中连梁弯矩及剪力可进行塑性调幅,以降低其剪力设计值。但在内力计算时已经按《高层建筑混凝土结构技术规程》(JGJ 3—2010)第 5.2.1 条的规定降低了刚度的连梁,其调幅范围应当限制或不再继续调幅,以避免在使用状况下连梁中裂缝开展过早、过大,使用状况内力是指竖向荷载及风荷载作用的组合内力。当部分连梁降低弯矩设计值后,其余部位连梁和墙肢的弯矩设计值应相应提高。

(3) 当连梁破坏对承受竖向荷载无明显影响时,可考虑在大震作用下该联肢墙的连梁不参与工作,按独立墙肢进行第二次结构内力分析(第二道防线),墙肢应按两次计算所得的较大内力配筋。

根据上述第(3)条可在易超筋的部位连梁按铰接处理进行整体计算,但应注意按此种处理后计算结构层间位移比尚需满足规范要求,或相差不应太大。连梁按铰接处理后,主要承受竖向荷载,施工时仍为整浇,上部钢筋按构造设置。

7.19.2 连梁配筋应满足的要求

1. 连梁上下纵向受力钢筋受力伸入墙内的锚固长度不应小于:抗震设计时为 L_{aE},非抗震设计时为 L_a,且均不应小于 600 mm。

2. 抗震设计的剪力墙中,沿连梁全长箍筋的构造要求应按框架梁梁端加密区箍筋构造要求采用;非抗震设计时,沿连梁全长的箍筋直径应不小于 6 mm,间距不大于 150 mm。

3. 在顶层连梁伸入墙体的钢筋长度范围内,应配置间距不大于 150 mm 的构造箍筋,构造箍筋直径应与该连梁的箍筋直径相同。

4. 截面高度大于 700 mm 的连梁,在梁的两侧面应设置纵向构造钢筋(腰筋),沿高度间距不应大于

200 mm,直径不应小于 10 mm。宜将墙面水平分布钢筋拉通。

5. 在跨高比不大于 2.5 的连梁中,梁两侧的纵向分布筋(腰筋)的面积配筋率不应小于 0.3%,并宜将墙肢中水平钢筋拉通连续配置,以加强剪力墙的整体性。

6. 一、二级剪力墙底部加强部位跨高比不大于 2.0,墙厚≥250 mm 的连梁,可采用斜向交叉配筋,以改善连梁的延性,每个方向的斜筋面积按下式计算:

$$A_S \leqslant \frac{V_b \gamma_{RE}}{2 f_y \sin \alpha} \tag{7-29}$$

式中:V_b——连梁剪力设计值;

f_y——斜筋的抗拉强度设计值;

α——斜筋与连梁轴线夹角;

γ_{RE}——承载力抗震调整系数,取 0.85。

7.20 竖向构件搭接柱设计

搭接柱转换结构是一种新颖的转换结构体系,适用于框架、框架核心筒等结构中,上下层柱错位时的框架柱转换如图 7.22、图 7.23 所示,竖向荷载作用下搭接柱转换,可将上层柱子的轴向压力通过搭接块的剪切变形传递到下层柱子,而搭接柱上、下层柱偏心所产生的弯矩则由搭接柱附近上下层楼盖梁、板的拉、压力形成的反向力偶来平衡,搭接柱转换层中受拉楼盖的梁板为偏心受拉构件,搭接块本身受力较为复杂,所受压力、剪力、弯矩都较大。搭接柱转换结构在重力荷载作用下的安全度和可靠度主要取决于搭接块相接楼盖梁板的承载力和轴向刚度。楼盖梁板的承载能力和轴向刚度得到控制和满足,重力荷载作用下,次内力(柱、梁、板、墙的弯矩、剪力)及搭接柱变形就能受到控制,整个搭接柱转换结构就能正常工作。

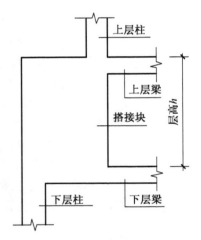

图 7.22 搭接柱转换示意图

在工作设计中,对重力荷载正常工作状态下受拉层楼盖按偏心受拉设计,严格控制其最大裂缝宽度不超过 0.1 mm,并控制受拉纵筋最大应力和受压楼盖梁板截面轴向压力,按构造配置受压钢筋。设计时搭接块上、下层板采用双层双向配筋,单层单项最小配筋率为 0.3%,并加强楼面结构钢筋连接。采用主动预应力设计,对搭接柱受拉楼层的梁施加预应力,由预应力事先对整个搭接柱转换结构施加反向荷载,产生结构的反向变形,用以减少搭接块的水平位移,减小受拉楼盖梁板的主拉应力,控制其裂缝发展,确保受拉楼盖梁板的轴向刚度,提高受拉楼盖梁板的承载能力。采用主动预应力也有利于减小搭接柱的转角,减小搭接柱上、下层梁的梁端弯矩,设计中采取的有效预应力相当于重力荷载标准产生的楼盖总水平拉力的 70%,在小震的组合下,控制楼面梁板的拉应力小于混凝土的抗拉强度,使其轴向刚度不致因开裂而有较大的退化,有效地减小搭接柱的转动。

对搭接柱转换结构抗震设计,主要取罕遇地震作用组合的轴力设计值进行"搭接块"斜截面受剪截面控制,取罕遇地震作用组合的"搭接块"竖向剪力设计值和水平剪力设计值,进行"搭接块"配筋设计,取"搭接块"上层柱正常使用状态轴力标准值进行"搭接块"斜裂缝控制,针对搭接柱及其上下层框架柱采取措施。

1. 弹性大震组合下正截面及斜截面极限承载力满足要求。

2. 强剪弱弯:上述构件斜截面极限承载力安全度不小于 1.2 倍正截面极限承载力安全度。

3. 大偏心受压:上述构件弹性大震组合下处于大偏心受压。

4. 上述构件配筋率、配箍率及钢筋锚固应予以加强。

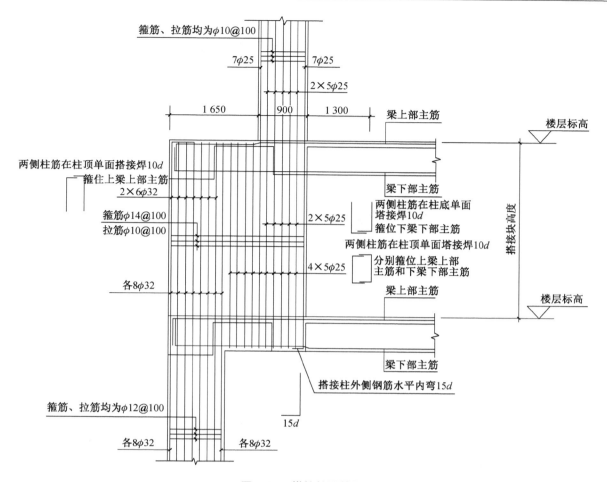

图 7.23　搭接柱配筋图

7.21　上部结构嵌固部位

所谓的嵌固部位就是预期塑性铰出现的部位,从理论上讲,结构下部的嵌固部位应能限制结构上部构件在水平方向的平动位移和转角位移,并将上部结构的剪力全部传给下部结构。因此,对作为主体结构嵌固部位地下室楼层的整体刚度和承载力应加以控制,嵌固部位的正确设定直接关系到结构计算模型与结构实际受力状态的符合程度和构件内力及结构位移等计算结果的准确性,确保嵌固部位可以通过对结构刚度和承载力的调整迫使塑性铰出现在预定部位。

对于无地下室的建筑物,结构设计通常假定上部结构嵌固在首层底部。对于有地下室的建筑物,由于地下室周边的挡土墙在平面内有很大的刚度,墙体土体对地下室有很强的约束作用,以及地下室结构设计的有效强化,高层建筑在地震作用下很可能在地下室顶部产生刚度突变,塑性铰由基础顶面转移到地下室顶部或地下室的某一楼层。故正确分析嵌固部位的位置及合理提高嵌固楼层的构件刚度,对地下室设计至关重要。《建筑抗震设计规范》(GB 50011—2010)第6.1.14条和《高层建筑混凝土结构技术规程》(JGJ 3—2010)第3.6.3和12.2.1条对嵌固部位设计和构造要求均有严格规定。为了能使地下室顶板作为上部结构的嵌固部位,要求地下室顶板必须具有足够的平面刚度以有效传递地震基底剪力。为使框架柱嵌固端屈服时,或抗震墙肢的嵌固端屈服时,地下一层对应的框架柱或抗震墙肢不应屈服,《高规》规定了地下一层框架纵筋面积和墙肢端部纵筋面积的要求,一般情况下地下室最高一层结构需设置混凝土墙,地下室外墙可以参与地下室侧向刚度计算。因此,地下室顶板作为上部结构的嵌固部位是容易做到的。但当地下室外墙与上部结构相距较远时(3跨或20 m)地下室外墙就不宜参与判断嵌固条件的侧向刚度计算,地下室结构的楼层侧向刚度指结构自身的刚度,在确定上部结构嵌固部位时,楼层侧向刚度比的计算中不考虑土对地下室外墙的约束作用。事实上,回填土对地下室结构的约束作用很大,地下室结构与周边回填土的总刚度要比地下室结构的自身刚度大许多(见图7.24)。

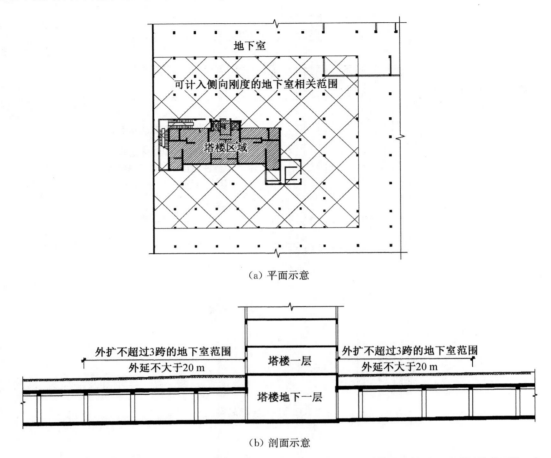

（a）平面示意

（b）剖面示意

图 7.24　地下室顶板作为上部结构的嵌固部位时,地下一层可计入侧向刚度的地下室"相关范围"示意

建筑上部结构的嵌固部位一般情况下可采用"剪切刚度法"。无地下室时,上部结构的嵌固部位应为基础顶面,且在计算时不应考虑土对结构的约束作用,并按嵌固端在首层地面的计算模型进行承载力包络设计。地下室顶板不能作为上部结构嵌固部位时,对地下室顶板及嵌固部位楼板的要求,规范未作具体规定,可根据工程经验和下列做法设计:

1. 上部结构嵌固部位的确定,按地下室楼层结构的整体性和结构的楼层侧向刚度比来确定上部结构的嵌固部位,即依次验算地下一层及以下各层对其下一层的侧向刚度比,当满足侧向刚度比 $\gamma \leqslant 0.5$ 时,即可确定上部结构的嵌固部位,否则上部结构的嵌固部位即为基础顶部。

2. 计算要求当上部结构的嵌固端在地下一层时,仍应考虑地下室顶板对上部结构实际存在的嵌固作用,应取不同嵌固部位(地下一层的地面和地下室顶板顶层)分别计算包络设计。

3. 地下一层顶板作为嵌固部位满足各项要求,但房屋地下一层某侧有下沉广场或庭院时应有如下考虑:紧邻下沉式广场或庭院的地下一层外墙,当其总长度大于建筑平面总周长的 1/4 或某侧的长度大于相应单边边长的 1/2 时,整体结构应分别按嵌固在地下一层顶板和地下二层顶板两种计算模型进行包络设计,底部加强部位应延伸至地下一层,地下二层的抗震等级应与底部加强部位相同,地下二层以下抗震构造措施的抗震等级可逐层降低。

4. 主楼首层底板顶与周边相连地下室顶板有高差时,应按下列步骤设计:

（1）首层底板顶与周边地下室顶板高差不大于梁高,且主楼首层与相关范围内地下一层侧向刚度之比满足嵌固部位要求时,可将主楼首层底板作为嵌固部位。

（2）首层底板顶与周边地下室顶板高差大于梁高，且主楼首层与主楼范围内地下一层侧向刚度之比不大于 0.5 时，可将主楼首层底板作为嵌固部位，地下一层采取加强措施。

7.22　防连续倒塌分析

建筑结构的安全问题是结构设计的首要问题。近年来，由于撞击、爆炸等偶然荷载造成的建筑结构损坏时有发生，这些偶然荷载一旦对建筑结构的主要受力构件造成破坏，并引起连续性的结构倒塌，将造成非常严重的损失。

我国《混凝土结构设计规范》（GB 50010—2010）考虑到"9·11"事件中纽约世贸中心的 2 栋 110 层高楼在遭到飞机撞击后相继倒塌和汶川大地震中框架结构严重破坏的事例，着重强调了提高结构的整体稳固性，以避免出现结构的连续倒塌，引入整体稳固性、重要构件冗余约束性、超静定结构体系、多条传力路线、防连续倒塌设计等内容和概念。

1. 连续倒塌的概念及设计思路

连续倒塌是指初始的局部单元破坏向其他单元扩展，最终导致结构大范围区域或者整体性的倒塌。

连续倒塌一般是由偶然荷载引发。偶然荷载是指在结构使用过程中出现概率较小、持续期很短的荷载，如火灾、爆炸、车辆撞击、人为破坏等。这些非常规荷载因素都可能造成结构的损坏，如在设计阶段没有妥善地对结构进行防连续倒塌设计，那么上述偶然因素造成的连锁性反应均可能造成灾难性的后果。

防连续倒塌设计以将偶然因素导致的损失减少至可接受程度为目标，就设计思想而言，包括针对构件的抗倒塌设计、针对荷载传递路径的抗倒塌设计和针对结构体系的抗倒塌设计三个层次。从设计方法而言，主要包括了局部加强法、拉结构件法和拆除构件等基本方法。

（1）设计思想

第一层次对于构件而言，称为关键构件设计。特别是那些可能直接遭受意外荷载作用的关键构件，如容易遭受车辆撞击的结构外边柱等。对这些关键构件应进行加强或者保性设计。这一方法的优点是设计对象明确，设计方法可以沿用传统方法。其缺点是由于突发事件本身难以预测，成功做到单一结构构件在突发事件下不发生破坏，其可能性较低。

第二层次设计思想是以变换传荷路径法为基础形成的。其原理是在部分结构构件已经发生破坏或丧失功能的基础上，通过形成有效的备用荷载传递路径来提高结构的二次承载能力。也就是说通过有效的应力重分布来承担由于局部构件失效造成的影响，从而有效地减少发生坍塌的范围。

第三层次是针对结构体系的设计。其重点是对结构进行有效的分区，以将破坏限制在受破坏区的范围内，减少结构整体连续倒塌的可能。这种设计适用于多跨桥梁、厂房等结构层数少同时平面尺寸较大的结构。对于高层建筑而言，由于不能有效地控制倒塌范围，这一方法的使用受到限制。

（2）局部加强法

局部加强法是指提高可能遭受偶然作用而发生局部破坏的重要竖向构件和关键传力部位的安全储备。设计时可以直接提高重要构件承载力（尤其是受剪承载力）和延性，对钢结构也可提高钢构件的耐火性能。

（3）拉结构件法

抗拉结设计是在结构局部竖向构件失效的条件下，建筑结构内部形成拉结力。内部拉结力分为水平拉结和竖向拉结。水平拉结来自纵向、横向和外围拉结力。纵向拉结是来自柱和承重墙的拉筋。拉结设计的目的是保证结构在发生局部破坏时，其屋面或楼面的荷载对结构的拉力能够有效地被梁柱系统承担。对于图 7.25 不同位置的结构构件，应分别满足以下要求：

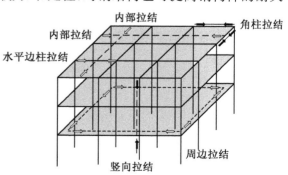

图 7.25　提高结构整体性的不同类型拉结

① 结构内部的梁和楼板要保证具有基本的拉结力,并且应保证与周边的拉结体系锚固良好。

② 由于周边框架梁承担锚固其内部的梁和楼板传递的拉结力,因此其不能小于同方向相邻内部构件的拉结力。

③ 墙、柱的竖向拉结要求从基础至屋面连续贯通,并且大于各层中水平拉结力的最大值。

拉结设计主要保证上述构件满足其所处位置的拉结强度要求,计算中按新的计算简图,采用梁、悬索、悬臂的拉结模型继续承载受力。由于这种方法针对构件进行,对于复杂结构而言,简化程度较高,可靠性低,也不能有针对性地对某一位置的破坏进行设计和验算。

(4) 拆除构件法

拆除构件法是目前用于设计分析的最常用方法,也称为变化荷载路径法。其基本方法如图 7.26 所示。其中 X 处表示对原结构框架柱的拆除。该法是目前对连续倒塌针对性最强、可靠性最高的一种设计方法。

图 7.26 拆除构件法的图示

2. 连续倒塌分析

目前国内外的连续性倒塌分析主要以基于拆除构件法的数值计算和室内结构倒塌模拟试验两个途径来实现。

(1) 连续倒塌的计算分析

计算方法包括静力计算法、静力非线性计算法、动力线性计算法和动力非线性计算法。当应用于 10 层和 10 层以下的规则结构时可采用线性分析,对 10 层以上的结构和非规则结构则必须采用非线性方法。静力分析和动力分析的差别在于前者采用了动力放大系数考虑动力效应,后者则使用时程分析考虑动态效应,这一方法比静力分析更加复杂,分析结果更加接近实际。

连续倒塌分析的步骤如下:

① 建立有限元模型。

② 对未破坏结构进行静力分析,利用计算结果确定失效的关键构件。

③ 去掉失效构件,将由于该构件失效引起的动力荷载组合施加在结构上,对模型进行动力分析。如果在这一过程中有其他构件失效,则移除该构件,同时将其上的荷载分配到周围构件上。

④ 读取非线性时程分析的结果。

⑤ 基于状态参量来估计计算结果,判断结构的抗倒塌性能。

目前多数结构计算软件 PKPM 和 YJK 等均可进行静力分析,而动力的连续性倒塌分析一般采用通用软件实现,如 LS-DYNA 等,利用其材料库中的钢筋混凝土整体模型以及接触算法进行钢筋混凝土结构的动力分析。

(2) 连续倒塌试验

连续倒塌问题相当复杂,计算模型中包含大量的假设和简化。因此在连续倒塌领域,试验研究也是一个方向。近年来的一些抗倒塌性能试验研究为连续倒塌理论提供了大量的成果。

3. 防止结构连续倒塌的若干措施与建议

(1) 防止结构连续倒塌的有利结构体系及构造:剪力墙结构、筒中筒结构及框架-剪力墙结构均属于较好的防连续倒塌的结构体系。

(2) 型钢混凝土结构、钢管混凝土叠合柱、钢管混凝土结构、钢板组合剪力墙结构均属于坚固性较强的组合结构。

(3) 创造转变传力途径的条件,如用双向相交梁代替单向大梁,用转换桁架代替转换大梁。

(4) 楼板宜按双向设计,当一个方向失效,另一个方向可起承重作用。内隔墙的材料设计和构造应能起到梁的作用。楼板的配筋构造应连续不断,接头采用焊接,与支座应有良好的锚固。当楼板混凝土断裂,板内配筋应起到悬挂的作用。

(5) 降低构件内力(轴压比、剪压比),保证结构总体稳定及局部稳定。

7.23　超限高层结构地基抗震设计要求

7.23.1　对岩土工程勘察成果判断

1. 建筑场地的类别划分应以土层等效剪切波速和场地覆盖层厚度为准,波速测试孔数量和布置应符合《建筑抗震设计规范》(GB 50011—2010)第 4.1.3 条规定;波速测试孔深度应满足覆盖层厚度确定的要求,建筑场地覆盖层厚度的确定应符合《建筑抗震设计规范》(GB 50011—2010)第 4.1.4 条规定。

2. 场地类别划分、液化判别和液化等级评定应准确、可靠。

3. 建筑的场地类别划分时,当处于不同场地类别的分界线附近时,应要求按插值方法确定地震作用计算所用的特征周期,并符合《建筑抗震设计规范》(GB 50011—2010)第 4.1.6 条规定。

4. 当需要在条状突出的山嘴、高耸孤立的山丘、非岩石和强风化岩石的陡坡、河岸和边坡边缘等不利地段建造丙类及丙类以上建筑时,除保证其在地震作用下的稳定性外,尚应估计不利地段对设计地震动参数可能产生的放大作用,其水平地震影响系数最大值应乘以增大系数,其值应根据不利地段的具体情况确定,在 1.1~1.6 范围内采用。

5. 地基评价宜采用钻探取样、室内土工试验、触探等方法,并结合其他原位测试方法进行。设计等级为甲级的建筑物应提供载荷试验指标、抗剪强度指标、变形参数指标和触探资料;设计等级为乙级的建筑物应提供抗剪强度指标、变形参数指标和触探资料;设计等级为丙级的建筑物应提供触探及必要的钻探和土工试验资料。

6. 提供深基坑开挖的边坡稳定计算和支护设计所需的岩土技术参数,论证其对周边已有建筑物和地下设施(管线)的影响,基坑施工降水的有关技术参数及施工降水方法的建议。

7. 对抗浮水位的确定目前尚无统一规定,各勘察单位所提供的抗浮水位有时差异很大,应充分考虑各方面因素综合确定。

7.23.2　地基基础设计基本要求

1. 地震作用下结构的动力效应与基础埋置深度关系密切,软弱土层时更为明显,故高层建筑和超限高层建筑工程的基础应有一定的埋置深度。当设防烈度高、场地差时,宜用较大埋置深度,以抗倾覆和滑移,确保建筑物的安全。同时,在满足承载力、变形、稳定及上部结构抗倾覆要求的前提下,埋置深度的限值也可适当放松。前提条件是:①采用桩筏和桩箱基础。②每根桩与筏板应有可靠的连接。③基础周边的桩应能承受可能产生的拉力。基础位于岩石地基上,可能产生滑移时,还应验算地基的滑移,并采取止滑措施。

2. 平面不规则、竖向不规则、建筑物高差较大和平面尺寸过长的结构有一个共同特征,就是对地基不均匀沉降异常敏感,设计中应验算各主要控制点的沉降量,严格控制建筑物的绝对沉降量,避免过大的沉降差,减少沉降对上部结构的影响。具体措施包括:合理控制基础底板的厚度、强度和配筋;调整桩长和桩位布置,加强筏板基础的整体性和整体刚度,避免过大的沉降差,以减少沉降对上部结构的影响。

3. 高度超限时,要控制建筑物周边桩身尽量不出现拉力或超过桩在竖向偏心作用时的承载力。当无法避免部分桩出现拉力时,这部分桩应按抗拔桩进行设计并考虑反复荷载的不利作用,加强桩身与承台板之间的连接。

4. 高层建筑结构沉降观测极其重要,一方面可以据此复核结构的受力情况,检验其安全度,另一方面为同地区同类工程积累经验,并能在结构设计阶段预测计算差异沉降效应影响,从而为正确的结构设计提供可靠的依据。

5. 超限超高层建筑关于液化土层和软弱土层的抗震措施。

(1) 应根据建筑物的抗震设防类别、地基的液化等级以及场地液化效应等的影响,结合工程项目具体情况,根据《建筑抗震设计规范》(GB 50011—2010)第 4.3.6 条、4.3.7 条、4.3.8 条、4.3.9 条采取相应的部分消除地基液化的措施或全部消除地基液化的措施。液化土的桩周摩阻及桩水平抗力应乘以效应折减系数,考虑液化土对桩身承载力的不利影响。

（2）存在液化土层的低承台桩基抗震验算应符合《建筑抗震设计规范》(GB 50011—2010)第 4.4.3 条要求。

（3）处于液化土中的桩基承台周围宜用密实干土填筑夯实,若用砂土或粉土则应使土层的标准贯入锤击数不小于《建筑抗震设计规范》(GB 50011—2010)第 4.3.4 条的规定。

（4）液化土和震陷软土中桩的配筋范围,应自桩顶至液化深度以下符合全部消除液化沉陷所要求的深度,其纵向钢筋应与桩顶部相同,箍筋应加粗和加密。

（5）抗震设防类别为甲、乙类高层建筑的地下或半地下结构,当基础顶面位于或穿过可液化土层时,宜在抗震设计中考虑土层中孔隙水压力上升的不利影响。

（6）当上部结构中设有沉降缝(兼防震缝)且有较厚的严重液化土层时,缝宽宜适当加大。

7.24　结构抗震试验要求

7.24.1　当复杂和超限高层建筑结构体系特别复杂、结构类型特殊,并没有可借鉴的抗震设计依据时,应进行必要的模型试验。例如:采用高含钢率的型钢混凝土梁柱和剪力墙,具有型钢的异形构件等新型构件,应进行构件的模型试验;采用多杆件铸钢节点、多级转换层、梁侧楼板开洞使梁本身及梁柱节点域不与楼板直接相连,应进行新结构部件的模型试验;有的复杂体系或高度超过规程适用高度特别多,如上海中心、天津 117 大厦等,需进行新结构体系整体模型试验。

7.24.2　不论拟静力试验还是振动台试验,均要按《建筑抗震试验规程》(JGJ/T 101—2015)的要求处理好模型的相似性。整体结构模型试验时,模型设计、模型施工、试验加载等应按相似关系要求进行,模型试验宜与理论分析相结合,才能使模型的试验结果能够推演到实际结构上。模型的比例,整体结构模型不宜小于 1/25(金属结构、微粒混凝土不小于 1/50),构件模型不宜小于 1/10,节点模型不宜小于 1/4。

7.24.3　对于上述需进行结构模型抗震试验的高层建筑工程,试验的目的要有针对性,模型设计和试验方案需要经过专家论证,以达到提供超限结构性能设计依据的目的。

7.24.4　进行抗震试验前应进行详细的计算分析,在所有的计算指标满足现有技术标准或专家组评审意见之后,方可进行结构试验以检验结构的抗震能力或找出抗震薄弱环节。在试验完成后,还宜根据试验结果建立计算模型,进行弹塑性时程分析或推覆(Pushover)分析。

7.24.5　结构抗震试验应在主体结构施工图设计之前完成,结构抗震试验结果应正确地应用到工程设计中去。

7.24.6　对于上述已经进行了小比例的整体结构模型试验的工程,在该工程建成后应进行实际结构的动力特性测试,竣工验收时要有相应的实际结构动力特性测试报告。

7.24.7　对于上述已经进行了大比例的结构构件、部件或节点模型抗震性能试验的工程,条件具备时可于施工阶段在这些构件中设置应变(或应力)测试设备,并进行跟踪监测,为这些工程的建设方和用户提供施工期间和正常使用状态时的基础信息。

7.25　大跨度空间结构(屋盖)设计控制

空间结构是相对于具有较为明显层概念的结构而提出的,是一种在荷载作用下三维受力特性、结构成型和受力分析都较为复杂的三维空间结构形体。这类结构无法用简单的平面、立面、剖面表示其结构施工图。空间复杂结构构件呈三向受力状态,且一般跨度大、形式复杂,它采用特殊结构解决传统的梁、柱构件受力的问题。空间结构能适应不同跨度、不同支承条件的各种建筑要求,形状上也能适应正方形、矩形、多边形、圆形、扇形、三角形以及由此组合而成的各种形状的建筑平面、立面。同时,该类建筑造型轻巧、外形美观,在大型体育场(馆)、会展中心、大型剧院(文化中心)、飞机场、车站等大型建筑中已得到广泛应用。空间结构不仅充分发挥了材料的性能,而且利用自身合理的受力形体来满足不同建筑造型和功能的需求,从而能够跨越更大的空间,满足大跨度建筑的要求。大跨度空间结构类型包括网架结构、网壳结构、膜结构、悬索结构、管桁架、薄壳结构和张弦结构等。

7.25.1 大跨度空间结构(屋盖)设计的原则

1. 应明确所采用的结构类型、受力特征和传力特性、下部支承条件的特点,以及具体的结构安全控制荷载和控制目标。

2. 对下部支承结构,其支承约束条件应与屋盖结构受力性能的要求相符。对桁架、拱架、张弦结构应明确给出提供平面外稳定的结构支撑布置和构造要求。

3. 应明确屋盖结构的关键杆件、关键节点和薄弱部位,并提出保证结构承载力和稳定的具体措施;对关键节点、关键杆件及其支承部位(含相关的下部支承结构构件),应提出明确的性能设计目标,选择预期水准的地震作用设计参数时,中震和大震可仍按规范的设计参数采用。

4. 应严格控制屋盖结构支座由于地基不均匀沉降和下部支承结构变形(含竖向、水平和收缩徐变等)导致的差异沉降;应确保下部支承结构关键构件的抗震安全,不应先于屋盖破坏;应采取措施使屋盖支座的承载力和构造在罕遇地震下安全可靠,确保屋盖结构的地震作用直接、可靠地传递到下部支承结构。

5. 应从严控制关键杆件应力比及稳定要求,在重力和中震组合下以及重力与风荷载、温度作用组合下,关键杆件的应力比控制应比规范的规定适当加严或达到预期性能目标;特殊连接构造应在罕遇地震下安全可靠,复杂节点应进行详细的有限元分析,必要时应进行试验验证,对某些复杂结构形式,应考虑个别关键构件失效导致屋盖整体连续倒塌的可能。

6. 屋盖结构的基本风压和基本雪压应按重现期 100 年采用。设防烈度为 7 度(0.15g)及以上时,屋盖的竖向地震作用应参照整体结构时程分析结果确定;体型复杂的屋盖结构,风载体型系数和风振系数、屋面积雪分布系数应比规范要求适当增大或通过风洞模型试验或数值模拟研究确定;应考虑风的漂移作用使雪荷载发生变化,对结构内力产生不利影响,对关键杆件和局部薄弱部位应严控杆件应力比,对特别重要的建筑及非结构构件必要时按瞬间或极值风压值校核结构受力,确保安全;屋盖坡度较大时尚宜考虑积雪融化可能产生的滑落冲击荷载,尚可依据当地气象资料考虑可能超出荷载规范的风荷载;天沟和内排水屋盖尚应考虑排水不畅引起的附加荷载;温度作用应按合理的温差值确定,应分别考虑施工、合拢和使用三个不同时期各自的不利温差。

7. 大跨度空间结构计算模型应准确反映构件受力和结构传力特征,应计入屋盖结构和下部支承结构的协同作用;屋盖结构与下部支承结构的主要连接部位的约束条件、构造应与计算模型相符;整体结构计算分析时,应考虑下部支承结构与屋盖结构不同阻尼比的影响,若各支承结构单元动力特性不同且彼此连接薄弱,应采用整体模型与切分单独模型进行静载、地震、风荷载和温度作用下各部位相互影响的计算分析的比较,合理取值。

8. 应进行施工安装过程分析,地震作用及使用阶段的结构内力组合应以施工全过程完成后的静载内力为初始状态。对超长结构应要求考虑行波效应的多点地震输入的分析比较,对超大跨度结构应进行罕遇地震下考虑几何和材料非线性的弹塑性分析。

7.25.2 大跨度空间结构(屋盖)主要设计内容

1. 目前常用大跨度结构分析程序为 PMSAP、ETABS、SATWE、SAP2000、MIDAS GEN、ANSYS 和 ABAQUS,其中 SAP2000、MIDAS GEN、ANSYS、ABAQUS 主要用于屋盖的计算分析,SATWE、PMSAP、ETABS 主要用于屋盖下部结构的设计。屋盖与下部结构分开计算比整体计算的屋盖的最大竖向位移和屋盖桁架的最大应力均小,而分开计算比整体计算的基底反力大,说明屋盖与下部结构分开计算对屋盖偏不利,对下部结构偏安全,对大跨度结构应把钢结构屋盖和下部混凝土合并整体计算。各常用软件功能对比见表 7.11。

表 7.11 常用软件功能对比

	MIDAS GEN	SAP2000	ABAQUS	ANSYS	PMSAP	SATWE	ETABS
风荷载计算	规范计算	自定义	自定义	自定义	规范计算	规范计算	规范计算
构件定义模拟施工	自定义	自定义	自定义	自定义	—	—	—
温度计算	内力自动组合	自定义组合	自定义组合	自定义组合	内力主动组合	内力主动组合	自定义组合
屈曲计算	可计算	可计算	可计算	可计算	—	—	—
反应谱计算	规范计算	规范计算	自定义	自定义	规范计算	规范计算	规范计算
静力弹性计算	可计算	可计算	可计算	可计算	可计算	可计算	可计算
动力弹塑性计算	—	可计算	可计算	可计算	—	—	—

2. 风荷载计算

大跨度空间结构风荷载作用受力复杂,对风荷载较敏感,每一个节点位置的风载体型系数和结构风振系数应通过风洞试验风压系数时程经计算确定。

3. 模拟施工计算

在施工过程中,大跨空间结构的几何形态、材料特性、荷载作用及边界条件是变化的,在整个结构没有合拢为空间受力体系前不能按照设计的受力模式进行传力,施工过程中结构变形不能忽视。

4. 温度计算

大跨度屋盖均匀降温时,温度荷载作用下的竖向变形与恒载作用下的竖向变形方向一致,恒载与温度组合后变形增大;大跨度屋盖均匀升温时,恒载与温度组合后变形减小。

5. 屈曲稳定分析

对于大跨度空间结构稳定分析不应只进行特征值屈曲分析,应通过非线性屈曲分析考虑结构的初始缺陷、$P-\Delta$ 效应及大变形等。采用非线性屈曲分析计算得到的荷载因子应满足规范要求。

6. 结构动力分析

大跨度空间结构动力分析宜采用弹性时程分析法进行多遇地震下的补充计算,当取三组加速度时程曲线输入时,计算结果宜取时程法的包络值和振型分解反应谱法的较大值;当取七组及七组以上的时程曲线时,计算结果可取时程法的平均值和振型分解反应谱法的较大值。结构时程分析所采用的地震加速度时程曲线要满足地震动三要素的要求,即频谱特性、有效峰值和持续时间。由于空间结构建模及查验结果的操作都很复杂,特别是构件连接关系容易出错,造成荷载传递路径发生截然不同的结果,建议采用两个程序计算,进行全模型校核分析,可大大降低错漏率。

7. 结构优化

对大跨度空间结构基于动力弹塑性分析进行结构优化,在实际工程设计中取得较好的效果,相比小震弹性分析,罕遇地震下弹塑性分析容易发现结构首先屈服的部位、变形较大和应力比超限的构件,为优化结构布置提供依据。

对上刚下柔结构,由于屋盖较重导致柱顶支座变形较大,可通过在柱顶布置黏滞阻尼器以减少屋盖的地震响应。

对长悬挑空间结构要合理设计抗震耗能构件,要确保悬挑根部在大震下处于弹性工作状态。可通过在剪力墙设置钢板、增加耗能梁等措施,有效减小结构损伤。

大跨度网壳结构可通过施加环形预应力索提高网壳的整体刚度,减小竖向变形,同时可减少屋盖钢材用量。

8. 设计成果主要查看四个方面内容:

(1) 周期振型是否有异常。

(2) 变形是否满足要求。

(3) 查看应力是否满足要求。

(4) 构造条件是否满足要求。

9. 复杂节点分析与设计,常用有限元分析软件主要有 ANSYS、ABAQUS、MIDAS GEN 等。需注意的是,不管何种程序分析的结果都需要设计人员判断结构的正确性。

复杂空间钢结构的节点主要采用焊接空心球节点、相贯焊节点、铸钢节点以及销轴节点。各种节点均有不同适用范围,应按受力特点和工程结构需要选用。

10. 大跨空间结构施工图内容与传统的结构工程不同,它需要将传统的平、立、剖面图与结构三维轴测图以及细部放大图,节点和杆件坐标等相结合作为图纸表达。相对于传统工程图纸增加"结构三维轴测图""结构俯视图""支座节点编号图""节点坐标表""杆件编号表"等。

7.25.3　大型剧院(文化中心)结构设计

近十年来,江苏地方现代化大剧院(文化中心)开始兴建,如江苏大剧院、启东市文化体育中心(北区大剧院)(见图 7.27)、宜兴文化中心大剧院、南京保利大剧院、江苏大丰区文化艺术会展中心、泰州靖江文化中心、金湖文化艺术中心、常州武进影艺宫、扬州戏曲园等各具特色的文化建筑。

大剧院的结构一般体型复杂,多存在大跨、联体、错层水平和竖向刚度突变等整体计算中较难处理的问题。由于大剧院建筑造型新奇,为满足功能需要,导致建筑平面布置复杂,结构不对称,使用荷载大且分布不均匀。荷载大的部位主要集中在舞台区域,结构先天存在质心与刚心较大的偏离,在地震作用下,结构会产生较大的扭转效应,扭转位移比不易控制。另外大剧院的观众厅、主舞台、后舞台、侧舞台比较空旷,高差很大,楼板缺失很多,被开洞分开的各部分连接较弱,在地震作用下各部分容易相对振动而使削弱部分产生震害。所以,大部分剧院(文化中心)的抗侧力结构方案多选用框架-剪力墙结构体系,利用建筑隔墙及楼、电梯井,在适当位置设置剪力墙来调整结构整体刚心,减小刚心与质心的偏心距,增强结构的整体抗扭刚度,避免在地震作用下发生扭转脆性破坏。另外,通过在平面连接部位设置剪力墙,增强薄弱部位的连接,在地震作用下结构会有很好的空间协同工作能力。

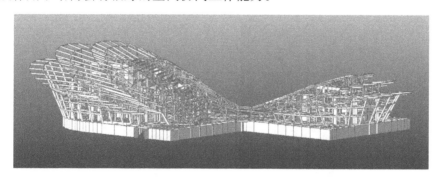

图 7.27　启东市文化体育中心(北区)拼装模型

抗震规范中关于结构扭转位移的控制要求是基于刚性楼板假设计算得出来的,对于大剧院这样内部空旷的结构,采用全楼刚性楼板假定计算将产生较大的误差,对于结构分析的准确性有较大影响。因此对于此类内部空旷结构的扭转控制,不能仅拘泥于扭转位移比的控制,更应注重详细研究各个振型,通过分析整体扭转振型对地震力的贡献情况,以及竖向构件的绝对层间位移来从概念上表现把握。启东市文化体育中心的相关设计数据见表 7.12～表 7.14、图 7.28～图 7.29。

表 7.12　启东文化体育中心(北区)MIDAS 和 SATWE 计算结果

计算软件		MIDAS	SATWE
第一平动周期(s)	X 向	0.601 4	0.620 0
	Y 向	0.564 3	0.571 2
剪重比(%)	X 向地震	6.2	6.7
	Y 向地震	6.3	6.7
最大弹性层间位移角	X 向地震	1/2 381	1/2 265
	Y 向地震	1/2 474	1/2 008

表 7.13　二层刚性板位移与位移比计算结果

板块编号	位移点位置	X−5%偏心		X+5%偏心		Y−5%偏心		Y+5%偏心	
		位移	位移比	位移	位移比	位移	位移比	位移	位移比
1号	左端(上端)	2.12	1.06	2.55	1.17	2.41	1.13	3.08	1.12
	右端(下端)	2.32		1.78		3.12		2.43	
2号	左端(上端)	3.06	1.04	3.33	1.04	3.75	1.02	4.39	1.05
	右端(下端)	3.30		3.06		3.85		3.75	

表 7.14　三层刚性板位移与位移比计算结果

板块编号	位移点位置	X−5%偏心		X+5%偏心		Y−5%偏心		Y+5%偏心	
		位移	位移比	位移	位移比	位移	位移比	位移	位移比
1号	左端(上端)	1.76	1.14	2.22	1.09	2.49	1.08	2.86	1.06
	右端(下端)	2.33		1.87		2.93		2.52	
2号	左端(上端)	3.29	1.14	3.12	1.23	3.52	1.09	4.21	1.08
	右端(下端)	2.55		2.01		4.30		3.61	
3号	左端(上端)	2.52	1.04	2.78	1.04	3.05	1.06	3.56	1.00
	右端(下端)	2.74		2.56		3.43		3.58	

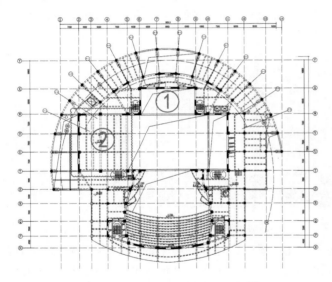

图 7.28　二层刚性板编号平面位置

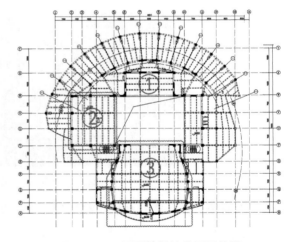

图 7.29　三层刚性板编号平面位置

　　另外,由于结构内部空旷,尽管各竖向构件之间设有可靠的联系,也不能保证很好地协同工作,即使计算结果满足规范对扭转位移比的要求,也不能确保结构的整体抗扭性能良好。由于实际地震的复杂性,这种仅在计算中满足规范的结果是脆弱的。所以这类结构应注重概念设计,充分考虑到在强震下各部分不能协同工作,而分解为几个相对独立部分进行整体与局部的包络设计,还可以单独提取平面桁架进行复核计算。在设计中,对于空旷范围周边的构件应予以加强。

　　对于剧院这样内部比较空旷的结构,风荷载不能有效地由外围构件通过各层楼板传到结构内部的其他抗侧力构件上,所以在计算中应将风荷载直接施加在外围构件上。如果采用国内传统的计算软件将风荷载直接施加于各层的质心,会带来较大安全隐患。大剧院工程多为复杂体型,风荷载按荷载规范取值往往不能反映实际情况,如江苏大剧院风洞试验结果表明,受结构体型和相邻建筑的影响,结构多部位实际承受的风荷载普遍要比规范计算的风荷载大 2～3 倍。因此对于体型复杂的结构进行风洞试验是非常必要的。

由于大剧院舞台特殊的使用要求,大剧院的主舞台、升降乐池的基础埋置较深,如启东文化体育中心大剧院舞台台仓区域埋深约 17.0 m,基础设计必须考虑抗浮稳定问题,宜进行多种抗浮设计方案比选。

大剧院建筑中的屋盖结构常常造型多变,跨度大,受力和边界条件复杂。如启东文化体育中心大剧场重叠形钢屋盖,结构布置时,利用叠合屋面间的立面幕墙高度设置了弧形钢桁架,该桁架以其下混凝土柱作为支承与柱顶采用刚接(固端约束),上、下弦分别与高、低片屋面相连,并承担其传来的荷载。此外,结合建筑屋面效果,大小剧场的屋盖间难于设置结构缝,故钢屋盖结构布置时,将两剧场的屋盖进行整合建模,并对中部连接位置进行刚度弱化设置,尽量减少连体钢屋盖对各自混凝土部分的传力影响,施工图设计中对其进行"分""合"两大工况的包络设计,确保整体结构的安全(见图 7.30、图 7.31)。钢屋盖计算分为单独钢屋盖模型和钢屋盖与混凝土拼合模型。

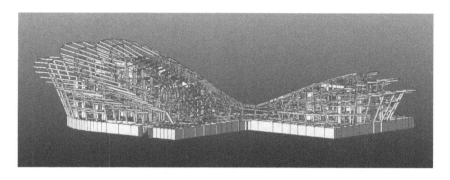

图 7.30　腰部连接模型

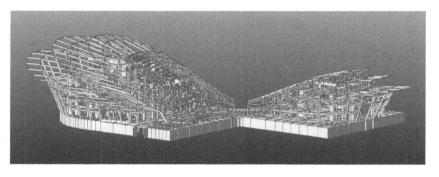

图 7.31　腰部断开模型

屋盖结构在水平荷载作用下侧移见表 7.15。

表 7.15　屋盖结构在水平荷载作用下侧移

工况	最大侧移(mm)	
	单独屋盖模型	拼合模型
X 向地震	15.8	49.9
Y 向地震	15.4	48.7
X 向风	19.9	23.5
Y 向风	28.9	32.6

地震作用及风荷载作用下单独屋盖模型的最大侧移均小于拼合模型,这主要是由于单独屋盖模型的混凝土柱底采用刚接,比拼合模型的混凝土柱底刚度大,屋盖高度 H 为 41 m 左右,按 $H/500$ 计算挠度限值为 82 mm,两模型计算结构均在限值范围内。屋盖设计考虑了恒载、活载、风载、地震作用及温度作用的组合,两种模型验算都表明所有构件应力比均小于 1,重点是控制好关键杆件应力比在一定范围内。

7.25.4 大跨度体育场(馆)结构设计

近几年,随着经济发展,江苏兴建了一批各具特色的体育场馆,如苏州工业园区体育中心、南京青奥体育公园、扬州体育公园体育场、徐州奥体中心、南通如东体育中心体育场等体育设施。体育场馆类建筑多为重点设防类建筑,常用结构体系为下部混凝土框架或框架-剪力墙结构,上部采用大跨钢屋盖加支撑或是悬挑罩棚体系,主受力拱桁架+主次桁架受力体系(见图7.32~图7.34),如南通如东县体育中心体育场拱支体育场结构。

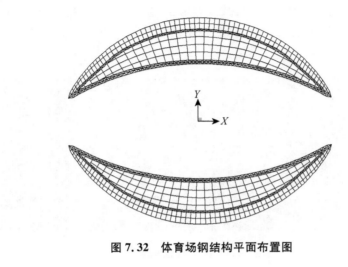

图7.32 体育场钢结构平面布置图

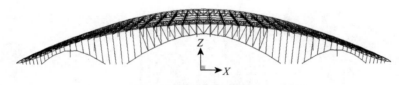

图7.33 体育场钢结构立面布置图

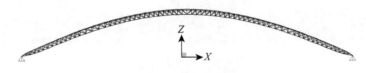

图7.34 拱桁架立面布置图

1. 该类型结构设计主要考虑问题如下:

(1) 结构选型与布置。根据所选结构体系,结合建筑平面、立面、剖面等设计参数及功能要求,设定相关结构设计参数与设计控制指标后进行结构计算分析,再进行杆件截面的选择与强度校核,基本满足后进行结构优化设计,最后进行节点设计。

(2) 从结构计算角度讲包含以下工作内容:整体结构力学属性在软件中的模拟;整体结构传力途径的确定;边界条件属性的模拟;温度作用与风荷载以及地震作用的考虑;构件计算长度的确定;整体结构稳定分析以及复杂节点应力分析;对钢屋盖整体进行弹塑性极限承载力分析,从而发现结构的薄弱部位,了解结构在各工况下的工作特性。

(3) 结构设计主要控制指标:

① 混凝土结构控制指标:位移比、轴压比、配筋率、配箍率、剪压比等。

② 钢结构控制指标:

A. 变形方面:桁架挠度 $L/400$;网架,立体桁架屋盖 $L/250$(L 为短方向长度);对于悬挑罩棚前端挠度控制为 $L/150$(L 为罩棚悬挑长度)。

B. 动力特性:钢屋盖与悬挑罩棚竖向自振频率≥1.0 Hz。

C. 构件应力指标:受力杆件最大应力不大于 $0.85f$(f 为钢材设计强度);索及撑杆最大应力比小于 0.4,不大于拉索极限抗拉强度 50%。

③ 稳定指标:结构线弹性整体稳定屈曲荷载系数 $K \geq 10$,结构非线性整体稳定屈曲荷载系数 $K \geq 4.2$。

④ 性能化设计指标:上部钢结构及其支承构件承载力和下部混凝土竖向构件承载力满足中震弹性,其他构件满足小震设计。

⑤ 结构整体指标:周期比小于 0.9。

(4)温度作用在计算中的考虑:温度作用为可变荷载,在荷载组合中分项系数取 1.4,组合值系数取 0.6,考虑温度作用的混凝土结构分析可以考虑结构因刚度退化以及混凝土材料的徐变、收缩作用等而对温度作用进行折减。

(5)风荷载作用在计算中的考虑:结构分析中应根据规范计算值和风洞试验参数计算值中取大者进行包络设计,保证体育场馆屋盖在风吸荷载作用下不发生向上变形。对于屋面局部边角位置,风荷载体型系数往往会很大,设计中需要足够重视。计算围护结构所受风荷载时应考虑阵风系数,当屋面体形复杂时,应考虑不均匀积雪分布可能造成的不利影响。

(6)地震作用在计算中的考虑:按规范值和安评值进行包络设计。

阻尼比取值如下:

=0.02 控制上部钢结构(钢结构单体模型)

=0.05 控制下部混凝土结构(混凝土结构单体模型)

=0.035 控制下部混凝土结构(总装模型)

(7)结构设计中包络设计范围:

① 采用弹性时程分析与规范反应谱分析方法进行比较,包络设计。

② 上部钢结构与混凝土部分连接界面铰接和固接双控包络设计,注意,当支座通过预埋型钢与混凝土部分连接时,支座弯矩必须考虑。

③ 单独模型与整体模型包络设计。

④ 管桁架设计中腹杆与弦杆固接和铰接双控包络设计,注意,当腹杆节间长度与截面高度较小时,不可忽略节点刚度影响。

(8)对几何非线性明显的大跨结构,应根据结构实际施工安装方案,补充进行施工安装阶段的模拟分析。结构的地震作用及后续使用阶段的计算应以施工全过程完成后的静力状态(内力、变形)为初始状态。

2. 大跨体育场馆类结构设计常见步骤如下:

(1)在确定看台结构和钢屋盖结构体系前提后,进行结构抗震超限规则性情况对照检查,确定关键构件结构抗震性能目标,对主体结构进行弹性计算分析。如用 ETABS 分析软件进行看台主体结构分析与构件设计,用 SAP2000 软件单独可进行钢结构及总装结构的计算分析,用 MIDAS 软件也可进行单独钢结构、单独混凝土结构及总装结构计算分析,用 ANSYS12.0 软件也可进行大跨度钢结构屋盖分析及节点有限元分析;用 ABAQUS 软件可进行钢结构非线性极限承载力分析、风洞试验分析、节点承载力分析,用 3D3S 软件可进行钢结构几何建模、初步设计,生成 SAP2000 模型,用 Solid works 软件可进行复杂节点实体建模。

(2)对结构计算主要结果进行汇总分析

① 主要分析参数:结构分析模型层数,如东西看台取基础面为嵌固端,层数为方便建模人为划分为五层;抗震设防烈度;设计基本地震加速度值,设计地震分组,场地类别;阻尼比选取,周期折减系数,同时考虑双向地震作用与偶然偏心地震作用,振型组合采用 CQC 方法,计算振型数 3~22 个,振型参与质量比>90%;构件内力设计时,采用弹性楼板模型,采用总刚分析方法,以考虑结构超长带来的楼板弹性刚度对水平力分配的影响。

② 主要结果:周期与振型,位移角和层间位移比,质量比,结构层刚度比,结构层抗剪承载力比。

(3)对体育场馆钢屋盖结构分析,首先进行弹性时程分析和反应谱分析、风荷载作用分析、雪荷载作用分析、幕墙立柱对主桁架的影响分析,分析钢屋盖结构自振特性和竖向变形,再进行结构内力计算。

如结构设计中利用SAP2000建立屋盖结构模型,采用MIDAS进行整体模型的分析比较,采用ANSYS进行屋盖单独分析、稳定性分析和弹塑性极限承载力分析,进行钢屋盖单独模型与整体模型的对比分析之后,进行钢结构构件设计和重要节点设计。由于体育场支承在混凝土结构之上,而且上部钢结构的竖向刚度很大,支座的不均匀沉降对上部结构的影响不容忽视,支座混凝土结构的沉降应小于$L/1\ 000$。

(4)进行专项设计分析内容如下:

① 结构稳定性分析。

② 弹塑性极限承载力分析。

③ 温度作用分析(看台结构和钢结构部分)。

④ 钢结构抗连续倒塌分析。

⑤ 典型节点有限元分析。

(5)针对结构抗震不规则及不利情况所采取的加强措施。

(6)施工过程分析。

7.26 常见审查意见汇总

表7.16 不同高度类别建筑抗震审查意见汇总(框架-核心筒结构)

A 级	1. 楼面缺失较多时,应补充计算核心筒墙体的稳定性。 2. 时程分析资料显示高振型影响明显时,应按照时程分析的结果进行抗剪控制。 3. 框架梁不宜支撑在内筒剪力墙的连梁上,框架梁与筒壁相连处应采取措施给予加强。 4. 性能设计目标:底部加强区剪力墙承载力按中震弹性设计,地震动参数小震按安评报告和规范的大值采用。 5. 连体结构连接复杂的结构,应有详细应力分析与连接详图,应采用两个不同力学模型对结构进行建模分析。 6. 裙楼面积较大、平面不规则时,抗震构造需加强。 7. 楼层的地震剪力应取用不小于弹性时程分析地震波的包络值。 8. 高位转换的超限高层建筑工程应采用两个不同单位编制的两种计算模型软件对结构进行计算。 9. 结构总长度较大,温度应力计算时的温差应进一步复核,并按温度应力计算的结果校核配筋。 10. 抗风计算时宜考虑风力相互干扰的群体效应。
B 级	1. 地震动参数:小震按规范和安评报告提供的反应谱设计取底部剪力大值采用,中震按规范取值。 2. 性能设计目标:底部加强部位的剪力墙受剪承载力按照中震弹性校核。底部加强部位的竖向构件正截面承载力按照中震不屈服校核。小震验算时,框架柱的地震剪力取$0.2Q_0$和$1.5V_{f,\max}$的较大值。核心筒剪力墙应满足大震下抗剪截面控制条件。抗震缝宽度应按大震复核。支承顶部构架的框架梁应按中震弹性设计。 3. 裙房与主楼连接薄弱,连接部位应予加强,并对裙房部分单独进行抗震验算。 4. 框架柱与梁的偏心距较大,应考虑偏心距的影响,并采取适当的构造措施,首层穿层柱承受的剪力应不小于普通框架柱,计算长度系数取值应符合结构的实际状况。 5. X方向与Y方向的刚度差异较大,应适当调整并充分考虑结构的扭转效应,计算应考虑双向地震作用。 6. 框架的剪力调整系数不能自定取最大值2倍,框架角柱应按双向偏心受压构件计算;对顶部楼层的地震剪力应取用不小于弹性时程分析的结果;顶部风荷载计算时,应考虑女儿墙正压及负压的作用。 7. 转换梁与剪力墙垂直相交,剪力墙平面外的稳定及承载力难以保证,结构布置应调整,对转换梁并应补充有限元分析,校核转换梁的承载力。 8. 复核柱的型钢含骨量,并优化型钢的断面形式,核心筒的四角应增设型钢。 9. 补充沉降变形计算。 10. 判别是否存在高振型反应,并采取相应措施。 11. 设计地震动参数应按建筑抗震设计规范取值。 12. 结构时程分析所采用的地震波应符合规范要求。 13. 抗震与抗风均应按最不利方向进行分析,抗风设计时,连梁刚度折减系数应按1.0计算,并以此校核配筋。 14. 与核心筒刚接的钢梁,应采取措施降低由于柱与核心筒竖向变形差异产生的内力。 15. 超长结构单元,宜对其温度效应采取措施。 16. 核心筒的墙厚度宜沿高度进行调整。 17. 核心筒墙体布置宜调整,对无楼板约束的悬墙应增加稳定验算,宜适当增加墙体或扶壁柱。

(续表)

超B级	1. 小震验算时,地震作用的取值按规范和安评计算的结构底部总剪力,取大值控制。中震、大震验算按规范取值。 2. 应验证±0.00层作为上部结构嵌固层的嵌固条件。 3. 性能目标:简体底部加强部位承载力按中震弹性设计,剪应力按大震不屈服按 $0.15f_{ck}$ 控制;柱子受剪按总剪力 25% 和单柱最大剪力的 1.8 倍的较大值控制;剪力墙应满足大震作用下的截面尺寸要求,伸臂桁架及周边桁架按中震不屈服设计。 4. 中震弹性下,简体应按墙肢计算,不可按墙段单元计算,应取各个墙段在同一工况下组合,手算复核。 5. 简体墙肢开大洞口,宜作钢板剪力墙。 6. 角部异型断面构件应按墙、柱要求作包络设计。 7. 腰桁架应按中震不屈服性能目标设计,楼面钢梁和腰桁架宜与型钢柱翼缘连接。 8. 地下室外墙离主楼较远,宜在塔楼附近适当布置剪力墙,以满足嵌固要求。 9. 上部结构应考虑时程分析计算的高振型影响。 10. 建议对钢管混凝土柱和型钢混凝土柱做对比分析,逐段过渡。钢管(型钢)混凝土柱与梁斜交的构造应进一步细化。 11. 应补充大震时的弹塑性动力时程分析,弹塑性计算宜采用另一个程序。 12. 应验算中震和风荷载下剪力墙底部是否出现拉力。 13. 裙房超长,应进行温度应力分析,采取措施。 14. 裙房框架结构可适当分散增设少量剪力墙,以减小扭转效应。 15. 裙房中部弱连接部位设计宜改进。 16. 裙房与塔楼连接较弱,连接部位楼板应给予加强,并补充楼板的应力分析,按楼板的应力分析结果进行配筋。 17. 应补充舒适度计算(含楼面舒适度和风荷载作用下的舒适度)。 18. 按风洞试验的结果调整风荷载作用的计算分析。

表 7.17 不同高度类别建筑抗震审查意见汇总(框架-剪力墙结构)

A级	1. 性能设计目标:底部加强区部位剪力墙受剪承载力按中震弹性设计,正截面承载力按中震不屈服校核,框架柱、悬挑桁架按中震弹性设计,中震作用下出现拉力的剪力墙宜设置型钢或适当加大截面。 2. 上部楼层应考虑高振型影响,并依据时程分析结果校核设计。 3. 结构的计算模型应符合工程实际状况,补充转换梁应力分析。 4. 楼板开孔较大,应尽可能改善竖向抗侧力构件的布置,穿层柱承受的剪力应至少取基底剪力的 2%,确保该区域竖向构件的承载力。 5. 局部剪力墙应按照规范要求验算其稳定性。 6. 楼面局部突出部分应采取加强措施。 7. 应按规范要求验算转换层上下刚度比。 8. 塔楼角柱应特别加强,错、夹层部位的墙、柱应注意加强。 9. 特征周期值按抗震规范要求用差值法计算。 10. 施工图设计时注意梁柱平面偏心的构造,注意框架梁与钢骨柱的连接构造,框架梁与剪力墙出平面的相交构造等。 11. 屋顶处的构架应按非结构进行抗震设计并考虑风荷载作用。 12. 桩基础应验算地震作用下的水平承载力;应补充沉降计算资料,考虑不均匀沉降时对结构的影响。 13. 穿层柱承受的剪力不应小于普通框架柱,并按此剪力校核框架的承载力。 14. 宜补充斜向地震作用的分析。 15. 薄弱层应进一步加强抗震措施。 16. 裙房区域偏心率极大时,应调整,并采取措施确保裙房框架的安全性;裙房框架柱尚应考虑填充墙不规则布置对结构的不利影响。 17. 细腰形平面的"细腰"部位楼面布置应适当调整,楼板宜按应力分析的结果校核配筋。 18. 采用橡胶隔震支座产品时,要求厂家提供相关设计规格的、完整的型式检验报告,支承阻尼器的框架梁应采用型钢混凝土梁,结构构件设计时,应计入阻尼器传递的附加内力对框架的影响。消能部件与主体结构之间的连接部件应在大震弹性范围内工作。
B级	1. 抗震设防按国家《建筑抗震设计规范》采用,特征周期取值选用地质勘察报告提供数据。 2. 性能设计目标:底部加强区的竖向构件按照中震弹性复核,剪力墙截面抗剪控制条件按照 $0.15f_cbh_0$;正截面承载力按中震不屈服,框架作为第二道防线分担地震剪力偏小,剪力调整应加大,不应限制调整系数。 3. 计算模型应与工程实际相符,计算中增加最不利方向地震作用。 4. 按时程分析的结果应考虑高振型的影响,楼层剪力按时程分析的结果进行配筋。 5. 按地震安评报告的结果,应采用弹塑性分析复核大震下的位移。 6. 应验证嵌固条件。 7. 若计算多项指标超标,建议主裙楼之间增设一道抗震缝。 8. 风载计算时连梁刚度不应折减。

(续表)

超 B 级	1. 性能设计目标:底部加强区的剪力墙受剪承载力应按照中震弹性校核;其正截面的承载力按中震不屈服校核,大震满足截面条件。 2. 剪力墙约束边缘构件应上延至墙体轴压比 0.25 的楼层。 3. 上部楼层承受的剪力应取不小于时程分析的结果。 4. 穿层柱承受的剪力不应小于普通框架柱,并详细复核其承载力,框架剪力可分段调整。 5. 大跨预应力梁与剪力墙垂直相交,支座构造措施应加强。 6. 对结构不规则或薄弱部位的分析应完整,并依据不规则的类型和薄弱的程度采取相应的加强措施。 7. 应采用动力弹塑性时程分析,并依据计算结果对结构的薄弱部位采取相应的措施。 8. 补充大震作用下的弹塑性分析资料。 9. 立面收进较大,应考虑高振型的影响。 10. 双塔之间应考虑风载干扰系数。

表 7.18　不同高度类别建筑抗震审查意见汇总(框架结构)

A 级	1. 抗震设计性能目标:悬臂桁架上下弦杆按中震弹性设计,并应考虑以竖向地震作用为主的荷载组合;框架柱受剪承载力按中震弹性设计,正截面承载力按中震不屈服设计。 2. 进一步按照规范要求完善初勘报告。 3. 对框支结构应按照规范要求进行补充调整和计算分析。 4. 应明确建筑的抗震类别、结构的抗震等级。 5. 补充基础设计的内容。 6. 建议设计单位在施工图阶段对转换层的梁柱关系、梁墙关系进行调整优化。
B 级	超 A 级高度:应考虑弹性时程分析中高振型的影响。
超 B 级	

表 7.19　不同高度类别建筑抗震审查意见汇总(剪力墙结构)

A 级	1. 性能设计目标:底部加强区部位剪力墙按中震弹性设计,补充按设防烈度抗倾覆验算的资料。 2. 高振型影响应按时程分析结果进行校核控制。转换层以上轴压比大于 0.35 的剪力墙墙肢应设置约束边缘构件,应根据时程分析的结果调整楼层剪力。 3. 对错层交界处层高较小的剪力墙采取适当措施提高墙体延性。 4. 复核该工程的场地特征周期取值。 5. 时程分析所采用的地震波应符合规范要求。 6. 采用其他计算软件计算对比分析。 7. 裙楼和主楼之间抗震缝不小于抗震设计规范的最低要求。 8. 减短桩长,优化桩基设计,增大基础的抗倾覆能力,有利于桩基质量控制。 9. 分析得到的楼层剪重比已满足规范要求,地震力可不放大,外墙厚度可优化。 10. 高宽比超过《高规》的适宜范围,应进行稳定补充计算,所用水平力为基本烈度值。 11. 转角处应进一步采用抗震加强措施,穿层柱应加强。 12. 应明确薄弱部位或关键部位构件的性能目标。
B 级	1. 性能设计目标:底部加强区、与连廊有关的关键构件的剪力墙受剪承载力应按照中震弹性校核;其正截面的承载力宜按中震不屈服校核;轴压比大于 0.35 的墙体宜设置约束边缘构件,高宽比较大,应补充设防烈度地震作用下的抗倾覆验算。 2. 抗震设计的地震动参数应按安评报告和抗震设计规范确定。 3. 场地的特征周期应按规范要求插值取用。 4. ±0.00 层的嵌固条件应予详细论证。 5. 时程分析采用的地震波应符合规范要求,上部楼层的剪力取用不小于时程分析的包络值。 6. 应补充基础沉降计算,采取合适的结构措施,确保结构安全。 7. 高层建筑之间的间距较小时,应考虑风力相互干扰的群体效应,按风洞试验和规范的大值确定风荷载。 8. 抗震缝的宽度和倾覆力矩按基本烈度核算,按中震弹性位移复核抗震缝宽度。 9. 秃头剪力墙较多,宜适当加翼。

（续表）

超B级	1. 场地特征周期应按插值法取值。 2. 性能设计目标：底部加强部位剪力墙受剪承载力按中震弹性设计，正截面承载力按中震不屈服设计，并应满足大震作用下的截面控制条件；设防烈度地震作用下全截面受拉的小墙肢及轴压比大于0.5的墙肢应设置型钢；轴压比大于0.25的墙肢宜设置约束边缘构件。 3. 结构剪重比不满足规范要求的层数较多，调整系数较大，宜采取针对性的改进措施。 4. 细腰形平面结构，结构整体分析需采用细腰部位非刚性模型计算，并应复核端部相对于细腰部位的扭转效应；细腰部位受力复杂，应进行应力分析，并按应力进行配筋设计校核。 5. 高宽比较大，埋置深度不满足规范要求时，应补充建筑物的稳定性计算。 6. 时程分析地震波应符合规范要求。 7. 应补充弹塑性计算分析。 8. 应采用两个不同编制单位的软件分析比较。 9. 与剪力墙垂直相交的梁不应按连梁计算，并应复核梁端墙体的局部承载力，梁端部钢筋应有可靠的锚固措施。 10. 房屋高度较大，采用剪力墙结构且布置不对称时，应补充动力弹塑性时程分析，并按计算结果校核施工图设计。

表7.20　不同高度类别建筑抗震审查意见汇总（框支剪力墙结构）

A级	1. 小震的地震动参数可按安全性评价报告结果采用，底部剪力不应小于按规范计算的结果，中震和大震按《建筑抗震设计规范》采用。 2. 性能设计目标：框支框架应按性能控制目标，建议按中震弹性进行设计，框支梁大震下应满足极限承载力；框支柱承受的地震剪力应按小震地震作用的30%总剪力控制，并宜按中震弹性校核其承载力；转换层以下剪力墙和框支柱、转换层上部2层剪力墙按抗弯中震不屈服、抗剪弹性设计，落地剪力墙和框支梁满足大震抗剪截面控制条件。 3. 框支层梁、柱、墙偏心较大，框支梁截面相差悬殊时，宜适当调整。 4. 上部剪力墙和框支梁型钢的连接构造应可靠。 5. 塔楼之间的连廊按弱连接设计，滑动端的缝宽应满足大震作用下的变形要求。 6. 带有裙房的结构单元，剪力调整可按裙房与塔楼分段调整。 7. 验算钢骨框支梁的截面控制条件时，应按《钢骨混凝土结构技术规程》（YB9082—2006）的有关条文补充完整的计算书。
B级	1. 性能设计目标：框支梁在大震作用下应满足截面控制条件，并宜按中震不屈服校核其承载力，框支柱承受的剪力应调整。 2. 场地特征周期值应按插值法采用。 3. 结构的嵌固部位上下层刚度比应满足规范要求。 4. 框支柱应承受的剪力应详细复核，每根框支柱承受的剪力不应小于底部剪力的3%，非满跨框支梁尚需补充手算的不考虑空间工作的承载力复核。 5. 应进一步验证时程分析地震波的适应性，楼层剪力应采用三条地震波的包络值。 6. 顶部构架的设计应考虑高振型的影响。
超B级	1. 性能设计目标：底部加强部位剪力墙、框支框架按中震弹性设计，框支梁及底部加强部位落地剪力墙应满足大震作用下的截面控制条件，并应复核框支梁极限承载力。 2. 关于地震作用和最小剪力系数取值：小震作用按规范和安评报告提供的反应谱取底部剪力的大值采用，最小剪力系数按所采用的反应谱 α_{max} 的0.2倍取值。中震和大震按规范取值。 3. 对与剪力墙垂直相交的楼层梁，应重视剪力墙平面外稳定及承载力的复核计算。 4. 上部楼层剪力按时程分析结果的包络值采用。

表7.21　不同高度类别建筑抗震审查意见汇总（筒体结构）

A级	
B级	1. 电视塔塔身应考虑温度作用的影响。 2. 时程分析用地震波应满足规范要求。 3. 应采用弹塑性时程法分析结构的动力响应。 4. 应考虑横向风振的影响。 5. 上部采用弹性时程分析时应考虑高振型的影响，并应按照三条时程分析地震波的剪力包络设计。 6. 结构的计算模型应考虑到塔身内部横隔板连接较弱对结构的影响。 7. 应控制内部混凝土剪力墙轴压比及墙体的稳定性。
超B级	1. 性能设计目标：剪力墙底部加强区按中震弹性设计，剪力墙截面满足大震截面控制条件。 2. 抗倾覆按中震验算。 3. 风荷载作用下连梁刚度不宜折减。

8 隔震工程设计

8.1 设计总体要求

1. 隔震结构设计时,需要注意场地的选择,重点防止地基不均匀沉降,防止地震对地基和桩造成破坏而导致其不能支撑上部结构。

2. 设计有地下室的隔震结构时,可以采用以下两种方法:

(1) 一种是用隔震装置支承包含地下室的整体建筑。

(2) 另一种是在地上和地下部分之间设置隔震层。

3. 设计中应分析结构基底剪力和楼层剪力,验算各楼层剪重比是否满足要求。不满足时,应采取调整结构布置、增加结构刚度或调整结构总地震剪力和各楼层水平地震剪力,使之满足规范要求。

4. 隔震装置的选择需要考虑到地震作用下隔震结构的变形集中于隔震层,隔震装置的支承能力、变形能力、刚度、能量吸收能力等力学性能,以及隔震层的整体刚度和阻尼等力学性能,应该与上部结构的重量以及作用于各柱的竖向力等平衡配置。

5. 在隔震结构中设计安装设备管线时,必须考虑隔震层产生的最大水平位移。

6. 隔震支座和阻尼器应具有普通结构构件同等以上的耐久性能,建设单位和管理部门应当对隔震支座和阻尼器做定期检查。

8.2 分析模型和分析方法

8.2.1 上部结构模型

1. 考察隔震层和隔震装置的整体动力反应时,可建立单质点模型。

2. 建立多质点模型时,将各楼层置换成质点,按处理各层刚度的方式不同分为两种:上部结构各层刚度使用弯剪型单元的方法及上部结构各层刚度采用等效剪切型单元的方法。

3. 建立扭转振动模型时,各楼层在平面内可视为刚体,每层楼板考虑两个线位移和一个转动位移。此模型的刚度处理同样有弯剪型和等效剪切型两种。

4. 建立三维空间模型时可以考虑将各楼板视为平面内刚体,视具体情况将上部结构按弹性或塑性加以考虑。

5. 当需要考虑竖向地震输入下隔震支座产生的轴力或大跨度梁板产生的内力时,需要建立竖向振动模型。各层竖向刚度由柱轴向刚度提供。按照模型的精细程度不同,可以分为多质点模型、空间框架模型或是在平面框架模型中增加可以考虑梁、楼板振动状态的多质点多自由度模型。

8.2.2 隔震支座模型

1. 天然橡胶支座的水平力和变形关系通常可视为线性,铅芯橡胶支座和高阻尼橡胶支座的水平力和水平变形的关系呈非线性,有必要进行非线性恢复力特性的模型化。常用的模型有双线性模型或根据最大位移反应调整屈服力和刚度的修正双线性。

2. 考察竖向振动时,需要同时考虑隔震支座、上部结构柱轴向变形、基础结构变形以及桩的变形。

3. 隔震设计应该尽量避免隔震支座产生拉应力。但在高宽比较大的建筑结构四角或抗震墙下部的隔震支座,在确保安全的前提下,允许支座在设计中产生拉应力,但拉应力不超过现行规范限值。

4. 隔震支座在受拉或提离时的竖向刚度较小,设计时必须考虑其受拉、受压刚度不同的非线性特性,如图 8.1 所示,K_c 和 K_t 分别为支座受压和受拉刚度。

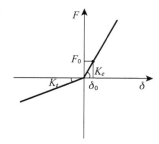

图 8.1　隔震支座竖向刚度非线性特性

8.2.3　阻尼器模型

隔震结构通常会在隔震层安装部分阻尼器,以防止隔震支座产生过大变形并增加隔震结构耗能能力。

1. 金属阻尼器的荷载-位移关系可使用双线性或三线性模型来模拟。

2. 黏滞型阻尼器等非线性阻尼器可利用 Maxwell 模型或 Voigt 模型。

3. 在分析地震动两方向输入或考虑扭转变形时,必须考虑阻尼器是否具有方向性。例如,活塞型黏滞阻尼器具有明显的方向性,而由钢棒和铅制成的弹塑性阻尼器对水平面内所有方向的变形都能发挥相同的阻尼效果,可认为是无方向性的阻尼器。

8.2.4　下部结构模型

对隔震结构进行分析时,一般不对隔震层的下部结构进行模型化。但出现下列情况时必须将下部结构模型化:

1. 采用层间隔震(如图 8.2)等需注重下部结构反应增幅的情况。

2. 需要直接得到桩等基础结构设计反应值的情况。

3. 软土地基上高宽比较大的建筑中基础、地基转动变形影响不可忽略的情况。

4. 竖向地震反应等与地基的相互作用,逸散阻尼效果影响较大的情况。

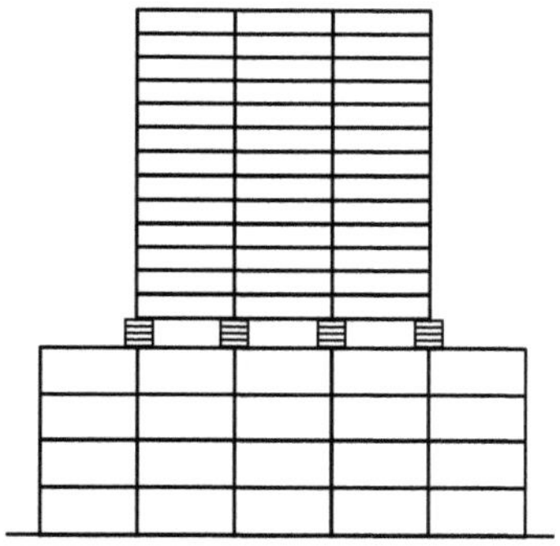

8.2.5　反应谱法

反应谱法通常采用双线性隔震体系分析模型,首先根据设计条件初定隔震层位移,由此确定隔震层双线性参数,计算出隔震结构等效周期和等效阻尼,由反应谱求出隔震体系的地震响应。反复迭代,直到隔震层位移符合收敛条件,进而求得结构水平向地震减震系数。该方法与传统结构计算方法衔接好,参数较少,使用方便,但无法考虑隔震支座的真实非线性特性。

图 8.2　层间隔震模型图

8.2.6　时程分析法

1. 采用时程分析法时应选用足够数量的实际强震加速度时程和人工模拟地震加速度时程进行输入。宜选取不少于 2 组人工模拟加速度时程和不少于 5 组实际强震加速度时程曲线。地震作用取 7 组加速度时程曲线计算结果的平均值。

2. 当隔震结构处于发震断层 10 km 以内时,其水平地震作用计算应考虑近场影响,乘以增大系数。《建筑抗震设计规范》(GB 50011—2010)第 12.2.2—2 条规定:规定 5 km 以内宜取 1.5,5 km 以外可取不小于 1.25。

3. 对甲、乙类隔震建筑,宜采用不少于两种程序对地震作用计算结果进行比较分析。

4. 隔震层以上结构竖向地震作用标准值可按《建筑抗震设计规范》12.2.1 进行取值。

5. 考虑对承受两方向输入的隔震结构进行动力反应分析时,必须使用能够表现隔震支座、阻尼器 X 和 Y 向的力-位移关系的模型。

6. 多遇地震作用下隔震层以上结构处于弹性状态,采用结构软件进行时程分析时可考虑隔震支座水平非线性特性,上部结构按弹性定义。以 SAP2000、ETABS 软件为例,隔震支座可采用非线性连接 Rubber isolator 单元模拟橡胶隔震支座,采用快速非线性法(FNA 法)进行动力时程响应分析。

8.3　隔震设计要点

1. 隔震层的布置应符合下列要求:

(1)隔震层的阻尼装置和抗风装置可与隔震橡胶支座合为一体,也可单独设置。必要时可设置限位装置。

(2)隔震橡胶支座的平面布置宜与上部结构和下部结构中竖向受力构件的平面位置相对应。隔震橡胶支座底面宜布置在相同标高位置上。

(3)隔震层刚度中心宜与上部结构的质量中心重合,偏心率不宜大于 3%。

(4)重力荷载下尽可能保证各个隔震橡胶支座应力相近;采用多种规格的隔震橡胶支座时,应注意充分发挥每个隔震橡胶支座的承载力和变形能力。

(5)设置在隔震层的抗风装置宜对称、分散地布置在厂房结构的周边。

(6)上部结构及隔震层部件应与周围固定物脱开,水平方向脱开距离不应小于隔震层在罕遇地震下最大水平位移值的 1.2 倍,且不应小于 200 mm。

(7)上部结构和地面之间应设置完全贯通的水平隔离缝,缝高不小于 20 mm,并用柔性材料填充。

(8)隔震层的布置设计应有便于检查和替换的措施;隔震层应设置必要的照明、通风及消防设施。

(9)隔震橡胶支座应进行潜在灾害的防护。

2. 隔震橡胶支座在重力荷载代表值下的压应力限值应满足表 8.1 要求。

表 8.1　隔震橡胶支座压应力限值

支座第二形状系数 S_2	$S_2 \geqslant 5.0$	$4.0 \leqslant S_2 < 5.0$	$3.0 \leqslant S_2 < 4.0$
压应力限值(MPa)	$\leqslant 10.0$	$\leqslant 8.0$	$\leqslant 6.0$

3. 隔震层的橡胶隔震支座在罕遇地震作用下的最大竖向压应力不应超过表 8.2-1 所规定限值,滑板隔震支座在罕遇地震作用下的最大竖向压应力不应超过表 8.2-2 所规定限值。橡胶隔震支座在罕遇地震下不宜出现竖向拉应力,当不可避免受拉时,其竖向拉应力不应超过表 8.2-3 所规定限值。出现拉应力的支座数量不宜超过支座总数的 30%,滑板隔震支座必须保持受压状态。

表 8.2-1　橡胶隔震支座在罕遇地震下的压应力限值

建筑类别	甲类建筑	乙类建筑	丙类建筑
压应力限值(MPa)	20	25	30

表 8.2-2　滑板隔震支座在罕遇地震下的压应力限值

建筑类别	甲类建筑	乙类建筑	丙类建筑
压应力限值(MPa)	25	30	40

注:弹性滑板隔震支座中的橡胶支座部及滑移材料的压应力限值均应满足该表。

表 8.2-3　橡胶隔震支座在罕遇地震下的拉应力限值

建筑类别	甲类建筑	乙类建筑	丙类建筑
拉应力限值(MPa)	0	1.0	1.0

注:隔震支座验算罕遇地震、极罕遇地震作用下最大压应力和最小压应力时,应考虑三向地震作用产生的最不利轴力;其中水平和竖向地震作用产生的应力应取标准值,不再组合。

4. 隔震层的橡胶隔震支座在罕遇地震、极罕遇地震作用下的水平位移应满足规范规定。隔震层的滑板隔震支座在罕遇地震、极罕遇地震作用下考虑扭转影响的水平位移,不应超过该支座的水平位移限值。当隔震层中有多种规格的支座时,应根据最小支座确定隔震层位移。

8.3.1 上部结构设计细则

1. 上部结构在罕遇地震、极罕遇地震作用下,结构楼层内最大的弹塑性层间位移应符合下式要求:

$$\Delta u_p < [\theta_p]h \tag{8-1}$$

式中：Δu_p——在罕遇地震、极罕遇地震作用下弹塑性层间位移,宜采用动力弹塑性时程分析方法;对规则建筑,也可采用静力弹塑性分析方法或等效线性化方法。

$[\theta_p]$——弹塑性位移角限值,应符合本指南表 8.3 的规定。

表 8.3　隔震层以上结构层间弹塑性位移角限值

结构类型	罕遇地震
钢筋混凝土框架结构	1/150
钢筋混凝土框架-抗震墙、板柱-抗震墙、框架-核心筒	1/250
钢筋混凝土抗震墙结构	1/300
钢结构	1/120

2. 隔震后,隔震层以上结构按照减震系数进行降烈度设计,但为保证上部结构的总水平地震作用不至于下降过多,使设计具有足够的安全储备,需要满足最小剪重比要求。

8.3.2 隔震层下部结构

1. 隔震层下部结构的承载力验算应考虑上部结构传来的轴力、弯矩、水平剪力以及由隔震层水平变形产生的附加弯矩(见图 8.3),可按式(8-2)进行计算。

$$M = \frac{P\delta + Qh}{2} \tag{8-2}$$

式中:M——隔震支墩及连接部位所受弯矩;

P——上部混凝土结构传递的设计轴压力;

δ——隔震支座的水平剪切变形位移;

Q——支座所受水平剪力;

h——隔震支座的总高度(含连接板)。

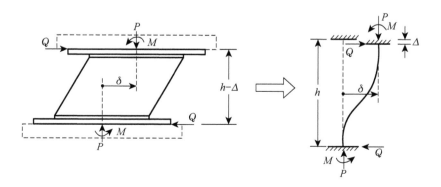

图 8.3　隔震支墩及连接部位变形

2. 隔震层支墩、支柱及相连构件,应采用在罕遇地震下隔震支座底部的竖向力、水平力和弯矩进行承载力验算。

3. 隔震层以下的地下室或隔震塔楼下的底盘中直接支撑塔楼结构及其相邻一跨的相关构件,应满足设防地震烈度下的抗震承载力要求,并按照罕遇地震下进行层间位移验算。隔震层以下地面以上的结构在罕遇地震下的层间位移角限值应满足表 8.4 要求。

表 8.4 隔震层以下结构层间位移角限值

下部结构类型	设防烈度地震	罕遇地震
钢筋混凝土框架结构	1/550	1/250
钢筋混凝土框架-抗震墙、板柱-抗震墙、框架-核心筒	1/800	1/300
钢筋混凝土抗震墙结构	1/1 000	1/400
钢结构	1/250	1/150

4. 隔震橡胶支座上、下部柱头应设置防止局部受压的钢筋网片。隔震橡胶支座和隔震层上、下部基础之间的连接件应能传递极限安全地震动下支座的最大水平剪力和弯矩,外露预埋件应有可靠的防锈措施,预埋件的锚固钢筋应与钢板牢固连接,锚固钢筋的锚固长度不应小于 30 倍钢筋直径,且不应小于 250 mm。

5. 隔震层应有充分的整体复位功能,隔震层的总弹性恢复力应大于隔震层总水平屈服荷载设计值的 1.7 倍。

6. 隔震装置老化等原因造成隔震装置力学特性有明显变化时,应进行考虑隔震装置特性变化的多因素地震响应分析,充分考虑橡胶老化对设计参数带来的影响。

8.4 其他设计要求

8.4.1 隔震层偏心率的计算和要求

1. 考虑上部结构隔震层偏心率应小于 3%,计算方法按照下列公式进行:

(1) 重心

$$X_g = \frac{\sum N_{l,i} \cdot X_i}{\sum N_{l,i}}, \quad Y_g = \frac{\sum N_{l,i} \cdot Y_i}{\sum N_{l,i}} \tag{8-3}$$

(2) 刚心

$$X_k = \frac{\sum K_{ey,i} \cdot X_i}{\sum K_{ey,i}}, \quad Y_k = \frac{\sum K_{ex,i} \cdot Y_i}{\sum K_{ex,i}} \tag{8-4}$$

(3) 偏心距

$$e_x = |Y_g - Y_k|, \quad e_y = |X_g - X_k| \tag{8-5}$$

(4) 扭转刚度

$$K_t = \sum \left[K_{ex,i} (Y_i - Y_k)^2 + K_{ey,i} (X_i - X_k)^2 \right] \tag{8-6}$$

（5）弹力半径

$$R_x = \sqrt{\frac{K_t}{\sum K_{ex,i}}}, \quad R_y = \sqrt{\frac{K_t}{\sum K_{ey,i}}} \tag{8-7}$$

（6）偏心率

$$\rho_x = \frac{e_y}{R_x}, \quad \rho_y = \frac{e_x}{R_y} \tag{8-8}$$

式中：$N_{l,i}$——第 i 个隔震支座承受的长期轴压荷载；

$\quad\quad X_i$，Y_i——第 i 个隔震支座中心位置 X 方向和 Y 方向坐标；

$\quad\quad K_{ex,i}$，$K_{ey,i}$——第 i 个隔震支座在隔震层发生位移 δ 时，X 方向和 Y 方向的等效刚度。

2. 上部结构的偏心

上部结构偏心一般由建筑物重量、荷载偏差或结构构件刚度、强度偏差产生。如果隔震层没有偏心，则如上所述，扭转振动的影响就很小，这在建筑功能上不可避免偏心的情况下是非常有利的。

3. 隔震层的偏心

相对于上部结构的整体重心，隔震支座和阻尼器等隔震装置整体刚心的偏心会带来隔震层的偏心。对于相同的偏心距和偏心率，由隔震层平面形状、隔震装置的位置、非线性特性引起的扭转振动的影响程度也不一样。即使设计上不存在偏心，在高压应力下，特别是第二形状系数小的小型叠层橡胶支座的刚度会降低，地震时滑板支座的摩擦力伴随轴力的变化而变化，隔震支座和阻尼器制作上的偏差、上部结构荷载的变化等原因，都有可能引起扭转振动。有一些规范已经考虑了此问题。

4. 下部结构的偏心

下部结构的偏心是由隔震层下部的地下层或由基础构成的下部结构的重量、刚心的偏心而产生的。发生偏心的具体情况有：(1)下部结构与上部结构平面形状相异；(2)同时利用直接基础和桩基础等不同类型基础。为避免影响隔震性能的发挥，下部结构通常设计得非常坚固，一般认为下部结构的偏心对扭转振动的影响很小。

8.4.2 隔震支座抗火设计要求

当隔震装置设置在最下层楼板上时，几乎没有暴露在火中的危险，可不做特别考虑。当隔震装置设置在基础以外的部分时，需要采取防火措施，在隔震装置周围遮盖具有伸缩性的耐火材料，或者把隔震层设置在防火区内。

8.4.3 隔震支座极限性能

叠层橡胶支座的极限性能取决于其竖向拉压应力和水平剪应变的耦合作用，应由生产厂商提供或进行极限性能试验实测。竖向拉压应力-水平剪应变的极限状态曲线及其设计使用范围如图 8.4 所示。

8.4.4 抗风设计

设计隔震建筑时，隔震层的总屈服力高于 100 年一遇的风压设计值。风荷载情况下的结构性能评价包括隔震层的阻尼器在反复荷载作用下的疲劳设计，以及风荷载作用下的居住性能评价等。强风作用下建筑的反应与地震不同，在风荷载方向上位移是以平均风压产生的平均位移为中心变化的。而在与风向垂直的方向上，位移是以 0 为中心，以第 1 周期反复振动。

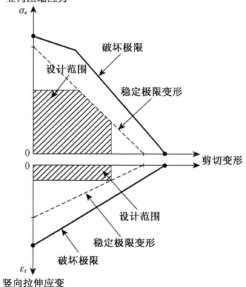

图 8.4 隔震支座竖向拉压应力-水平剪应变极限状态曲线

8.4.5　抗倾覆设计

高层隔震结构的抗倾覆问题在我国大陆规范中尚没有明确的规定,《台湾建筑物耐震设计基准及解说》规定:建筑物隔震系统的抗倾覆力矩不得小于倾倒力矩,倾倒力矩应该以设计地震力的 1.2 倍进行计算,抗倾覆力矩则依照隔震系统上部结构总重量的 0.9 倍进行计算。

为了防止倾覆的出现,需要注意以下几点问题:

(1) 注意结构的高宽比。隔震结构受到地震作用时,水平地震产生的剪力和竖向地震产生的轴力变化会作用于叠层橡胶支座。建筑物的高宽比越大,越容易发生转动(回转)。

(2) 在叠层橡胶支座的设计中要注意应力的作用。支座受拉后虽然对水平方向的位移反应没有影响,但竖向加速度在瞬间增大。

(3) 如果考虑到实际的上部结构和压缩支承点的非刚体性以及具有吸收能量的特性,实际抗倾覆安全度比上述评价法得到的结果要更大一些。

8.4.6　隔震层水平位移的规定

1. 隔震建筑遭遇地震时,上部结构与下部结构之间大约会发生数十厘米的相对位移。为了不阻碍约束相对位移,并避免位移造成的损伤,必须保证其连接部分有充足的间隔。如走廊、通道等上部结构与地基相连部分、电梯与基础的关系、上部结构到隔震层的楼梯部分等。

2. 在发生相对位移的两部分之间设置扶手、栅栏、楼梯时,必须采用柔性接头。不要在发生相对位移部分放置物品阻碍其相对位移;管道、电线等配管配线的上部结构与下部结构的支撑部分,必须采用能够跟随最大位移的软接头。当管道接头部分重量很大时,需装置中部支撑,且不能阻碍位移。

3. 采取上述措施时,必须考虑地震时扭转反应的影响,尽可能减小隔震层的偏心率来决定隔震层具体的间隔。

8.4.7　隔震层竖向位移的规定

隔震层竖向位移需考虑大震时产生的竖向变形、徐变变形以及温度变化引起的伸缩变形等,并用柔性材料填充隔震层的竖向伸缩缝。

8.4.8　建筑方面针对隔震装置的考虑

1. 设置隔震装置时,必须避免橡胶老化、钢材生锈等情况。采用滑板支座,需采取保护措施使滑动面不沾染沙尘。

2. 隔震装置周围必须留有充足的间隔,确保地震时装置的变形不受建筑物或设备管线的阻碍。根据装置的形式和安装方法,要有一定的检查、修补和更换的空间。

3. 根据隔震装置设置的位置不同选择是否采用防火措施。当隔震装置设置在基础以外的部分,且有暴露在火中的危险时,可以在隔震装置周围遮盖具有伸缩性的耐火材料,或者把隔震层设置在防火区内。

8.4.9　隔震层的限位装置

隔震层的限位装置只在必要时才设置。若设置限位装置,要避免产生碰撞的不利影响。当隔震橡胶支座有较大的水平变形能力、较大的阻尼,并且与上下部结构有可靠的连接时,一般可不单独设置限位装置。抗风装置宜布置在建筑物周边,以尽量减少建筑物平面扭转产生的不利影响。

8.5　隔震支座检测

1. 隔震橡胶支座外观质量应符合《橡胶支座第 3 部分:建筑隔震橡胶支座》(GB 20688.3—2006)规定

的要求。

2. 支座尺寸偏差应符合表8.5要求,连接板的尺寸偏差按《橡胶支座第3部分:建筑隔震橡胶支座》(GB 20688.3—2006)第8.6及8.7节规定执行。

表8.5 隔震橡胶支座尺寸允许偏差

	项目	尺寸允许偏差
内部	每层橡胶厚度	设计值的±10%
	橡胶层总厚度	设计值的±5%
	夹层薄钢板厚度	按《碳素结构钢和低合金结构钢热轧薄钢板和钢带》(GB 912—2008)标准执行
	封钢板厚度	±0.5 mm
	钢板直径或边长	±1.0 mm
外部	总高度	±1.5%且不超过±6.0 mm
	包括橡胶保护层在内的外直径或边长	±1%且不超过±5.0 mm
	中孔直径	±1.5 mm
	橡胶保护层厚度	±1.5 mm
	上、下表面水平度	不超过3 mm,且不超过直径或短边的0.25%
	侧表面垂直度(水平偏移)	不超过3 mm,且不超过支座总高度的1%

3. 隔震橡胶支座的检验分为型式检验、出厂检验和抽样检验。

(1)型式检验

① 应用于建筑的各种规格、类型的隔震橡胶支座均应进行型式检验。

② 橡胶材料性能要求及钢板强度要求应符合《橡胶支座第3部分:建筑隔震橡胶支座》(GB 20688.3)中6.4节和6.6节相关规定。

(2)出厂检验

① 隔震橡胶支座应全部进行出厂检验,检验应包括材料物理性能检测、支座力学性能试验、外观质量和尺寸偏差检查。当设计有其他要求时,尚应进行相应的检验。

② 考虑地震荷载组合最大计算压应力下的水平极限应变试验应抽样进行,抽样数量为每种类型支座不少于1个。

③ 进行过地震荷载组合最大计算压应力下的水平极限应变性能试验的支座不能在工程中使用。

(3)抽样检验

① 隔震和消能减震产品在出厂安装前,应由业主代表、设计代表、监理代表共同对工程中拟采用的隔震和消能减震产品进行抽样检验。抽样检验的合格率应为100%,即若有一件抽样的一项性能不合格,则该次抽样检验不合格。

② 对隔震和消能减震产品进行抽样检验,除应满足《建筑抗震设计规范》(GB 50011—2010)规定以外,还需满足下列要求:对隔震产品和黏滞流体消能减震产品,每种类型和规格的抽样数量不应少于总数的30%且不少于3件。对其他类型的消能减震产品,每种类型和规格的抽样数量不应少于总数的5%且不少于2件。对于隔震支座和黏滞流体消能器,检验后的产品可用于主体结构;对其他类型消能器,检验后的消能器不能用于主体结构。

4. 隔震工程施工,应在隔震设计单位或设计依托单位指导下进行,监理单位和质检部门负责质量监督。隔震施工完成后,应组织专项施工验收。

9 减震工程设计

9.1 减震技术概要

1. 减震设计包括结构在地震作用下的减震、风振下的减振等。减震体系通过设置减震装置增加结构阻尼比,地震发生时,减震装置可吸收部分输入到结构的地震能量,进而减小结构响应。

2. 减震装置的设置应充分考虑原结构的特点,对于一般结构减震装置通常设置在层间位移较大的楼层,在平面上宜采用均匀、分散、对称的布置原则,并尽量布置在结构外围。

3. 在结构中设置阻尼器后,其对结构整体的影响通过附加阻尼比的方式考虑,同时还需要考虑阻尼器对相邻构件的影响。

4. 减震结构系统建筑物的特征:

(1) 建筑物的加速度及变形可减少 10%~30%左右。

(2) 大震时,建筑物内家具、设备以及管线的破坏减少,震后修复工程量减少。

(3) 减震装置可吸收地震能量,也可减少台风等其他激励造成的振动。

9.2 阻尼器分类及特点

各种阻尼器因吸收能量形式不同,大致可分为 2 种型式:(1)黏性阻尼型(速度相关型);(2)位移阻尼型(位移相关型)。

9.2.1 黏性阻尼器

黏性阻尼器通过对建筑物附加阻尼比来吸收地震作用产生的能量,主要种类有黏滞阻尼器和黏弹性阻尼器。其阻尼力的大小与建筑物的反应速度有关,所以也称它为速度相关型阻尼器。黏性阻尼器在建筑物振动较小阶段即可发挥其减震效果。其内部流体多为油或高分子材料,阻尼力大小会随着振动周期或使用时的温度不同而变化。

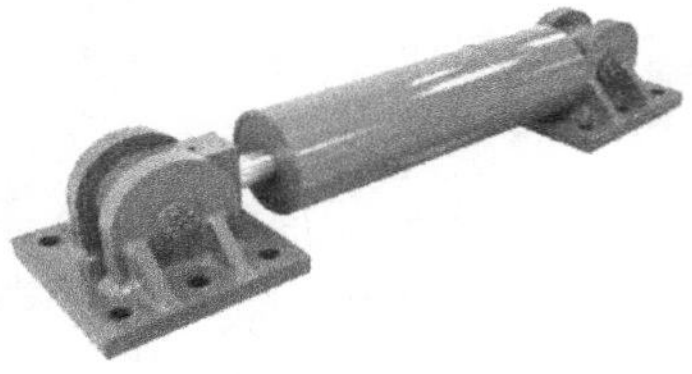

1. 筒式黏滞阻尼器(见图 9.1)

利用黏滞液体的流体抵抗力作为阻尼力,大部分筒式黏滞阻尼器是在钢制的圆筒形容器内注入流体密封制作而成。

图 9.1 筒式黏滞阻尼器

筒式黏滞阻尼器腔体由两个压力室连接一个调节阀组成,当建筑物振动造成阻尼器伸缩时,利用黏滞液体通过调节阀所产生的抵抗力作为阻尼力。阻尼器的性能与圆柱体的截面积、行程、黏滞液体流量、调节阀的形状及构造等有关。

2. 墙式黏滞阻尼器(见图 9.2)

墙式黏滞阻尼器一般在密闭开口钢板箱体内填充高黏性液体,以上下相邻两钢板之间相互运动所产生的剪力作为阻尼力,钢板面积越大,钢板间的间距越小,其阻尼力越大。

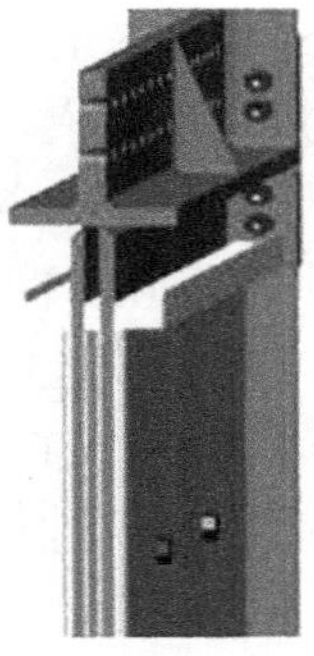

图 9.2 墙式黏滞阻尼器

3. 黏弹性阻尼器

黏弹性阻尼器(见图9.3)的抵抗力由高分子黏弹性体与钢板间的剪力所产生,黏弹性阻尼器可设置为墙体的一部分,也可设置为斜撑形式,黏弹性阻尼器的性能与黏弹性体的厚度及面积有关。

图9.3　黏弹性阻尼器

9.2.2　位移阻尼器

位移阻尼器通过滞回圈吸收振动能量来对建筑物的振动进行控制,该滞回圈由钢材、铅、摩擦材料等材料受力变形后所得。建筑物的变形越大,阻尼器吸收能量的量越大。位移阻尼器在本身材料屈服时才会产生阻尼效果,所以必须适当地设定屈服时的变形量。

1. 软钢阻尼器

软钢阻尼器利用其塑性变形的能量来吸收地震作用在建筑物上的能量,钢材屈服后的延展性良好,能量吸收能力强,此类阻尼器还有价格便宜及加工性良好等优点,阻尼器能量吸收的能力与振动频率或温度无显著关系,也没有长时间质量下降的问题。在外力作用下,钢材的消能减震机制有轴力抵抗、剪力抵抗、弯矩抵抗及扭转抵抗四种,利用这四种钢材抵抗机制的减震阻尼器也都有实际开发应用。

轴力抵抗型阻尼器(见图9.4)钢材的轴力作用有拉力与压力两种,一般钢材受压时会产生失稳的问题,所以需要考虑稳定性机制,使拉力和压力两个方向都呈现稳定的纺锤形受力-变形关系曲线。轴力抵抗型钢材在全体积上变形一致,所以吸收能量的效率较高。屈服后的防屈曲支撑具有通过轴向拉压变形吸收地震能量的特性。

剪切型阻尼器(见图9.5)利用钢板剪切变形时剪应力-应变的滞回圈来吸收地震力。与轴力抵抗型阻尼器相同,剪切型阻尼器在全体积上变形一致,吸收能量的效率较高。剪力板的配置组成有许多种型式,如利用斜撑连接,以中间柱或墙与主梁的中部进行连接,或在梁柱连接处连接。阻尼板的宽厚比大时,为防止局部失稳所造成的阻尼力降低,必要时须加入加劲肋板。

弯曲抵抗型阻尼器(见图9.6)钢材利用弯曲弯矩-回转角的关系吸收地震能量。一般而言,构件长度大于构件宽度2倍以上时,弯曲应力的成分会比剪切应力的成分高,所以构件形状较长的阻尼器基本上为弯曲型阻尼器。

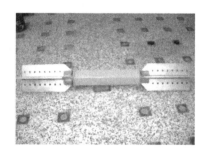

图9.4　轴力抵抗型软钢阻尼器(BRB)

图9.5　剪切型软钢阻尼器

图9.6　弯曲型软钢阻尼器

扭转抵抗型阻尼器利用中空圆形钢管的扭转抵抗力来消能减震。扭转抵抗型阻尼器的扭矩-扭转角的关系图为稳定的纺锤形状,钢管的厚度与直径比相对较薄时,钢材在全体积上变形一致,吸收能量的效率相当高。

2. 其他位移型阻尼器

除软钢阻尼器外,也可利用其他某些材料的受力-变形位移特性制成阻尼器,如铅挤压型阻尼器,此类型阻尼器在圆柱筒内灌入铅的材料,应用铅的塑性滞回能量吸收地震能量。又如摩擦型阻尼器,此类阻尼器将圆柱状的外钢管的内面用合金类材料做成折层状,利用摩擦造成的摩擦力产生阻尼。

9.2.3　阻尼器安置方式

阻尼器安置方式主要有斜撑型、中间柱型、隔墙型或剪力墙型等(见图9.7)。根据建筑物的条件,一栋建筑物可同时使用黏性阻尼型及位移阻尼型两种阻尼系统。

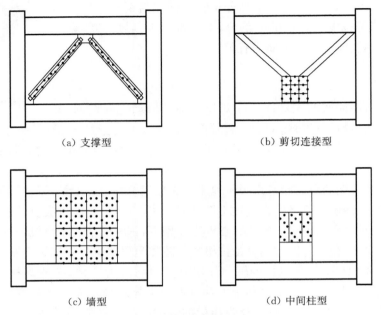

(a) 支撑型   (b) 剪切连接型

(c) 墙型   (d) 中间柱型

图 9.7 阻尼器常见安装方式

9.3 减震设计流程要点

1. 减震设计基本流程如下：

(1) 分析减震前结构动力特性，利用振型反应谱法计算结构最大变形。

(2) 根据减震前结构最大变形确定减震结构变形目标。

(3) 根据阻尼器布置原则初步确定减震方案。

(4) 对减震结构进行非线性时程分析，评估其减震效果。

(5) 步骤 4 中减震效果达到预期目标则可确定减震方案可行，进行阻尼器的深化设计；若未达到减震目标，则对阻尼器方案调整优化，再次分析，直至达到目标。其基本设计流程见图 9.8。

2. 设计目标：设计减震结构时主要考虑两方面的设计目标。一是确保抗震安全性。以防止主体结构的重大损伤为评价指标，设定主体结构的损伤容许值，并确保阻尼器在设计条件下不会达到极限状态。二是考虑居住性的改善和设备财产的保护。以加速度及层间位移角为重要的评价指标，设定二者的容许值。

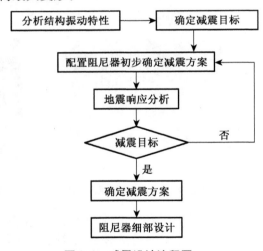

图 9.8 减震设计流程图

3. 减震设计也可以采用优化方法进行阻尼器最佳位置的搜索，优化目标可以考虑位移减震率、剪力减震率或者损伤减小率。

4. 主体结构设计

(1) 对于主体结构，遵循一般的设计准则，截面尺寸可适当减小。对于阻尼器，除需考虑选用合适的类型外，还需对其平面及立面布置进行设计。

(2) 平面布置时，不能有偏心过大的情况发生，外围分散布置则可放置较多的阻尼器，对单个阻尼器能力要求可以小些。立面布置时，要求刚度与强度分配要均匀。连层布置时，需注意柱脚的轴力。

（3）吸收能量的楼层部位、能力及顺序也需要预先设置。对温度依存性较大的黏弹性阻尼器应放置于温度较稳定的区域。

5．减震结构由主体结构和阻尼器共同抵抗地震作用。若阻尼器分担的比例大，则主体结构构件的截面可适当减小，并且需要详细考虑各层的刚度分布、水平极限强度分布，避免出现薄弱层。阻尼器所需的数量按照其负担的地震荷载比例确定。

6．动力分析模型一般采用基础固定的多质点系串联模型或者三维整体模型。当采用多质点系串联模型时主体结构多采用等价剪切弹簧模型。对于弯曲变形无法忽略的高层建筑，可考虑弯曲剪切弹簧棒模型。阻尼器的力学模型分别为位移阻尼器的非线性弹簧模型与黏性阻尼器的线性/非线性阻尼模型。

7．地震波选择要在统计意义上相符，多遇地震时程分析可选取 5 组实际记录和 2 组人工模拟时程曲线。选取的时程波的平均地震影响系数曲线与振型分解反应谱法所用的地震影响系数相比，在主要振型周期点上相差不超过 20％。结构主方向的平均底部剪力为振型分解反应谱法计算结果的 80％～120％，每条地震波输入的计算结果为振型分解反应谱法计算结果的 65％～135％。

8．详细设计阶段，必须评估阻尼器与主体结构间的连接构件的刚度、变形、强度及连接形式。对阻尼器应制定抵抗长期性能劣化的防范措施，并提供防火措施及维护替换的方法。

9.4　减震结构的反应特性

减震结构的反应特性视主体结构与阻尼器的地震荷载分担率及阻尼器的能量吸收特性而定，位移型阻尼器的能量吸收能力与反应变形及振幅相关，黏性阻尼器则仅与反应速度相关。

1．位移型阻尼器吸收的能量正比于阻尼器屈服强度与阻尼器累积塑性变形量之积，设计屈服强度在最大变形时可以发挥作用，位移阻尼器对于层间变形和主体结构层间剪力都有较好的减震效果。

2．黏滞阻尼器对结构的反应加速度、层间变形、主体结构层剪力有减小作用。阻尼系数越大，阻尼力越大。黏性阻尼器的阻尼力和速度成一定的比例关系，当阻尼器达到最大变位时阻尼力最小。

3．位移型阻尼器属于变形相关型，在弹性振动范围内无法吸收能量。而黏性阻尼器则为速度相关型，在小幅振动发生时，即开始吸收能量。因此黏性阻尼器能有效地控制加速度反应，且在风振控制中宜优先选用。

9.5　减震结构附加阻尼比计算

9.5.1　规范应变能法计算附加阻尼比

《建筑抗震设计规范》(GB 50011—2010)提出的是基于能量的附加阻尼比计算方法，附加阻尼比 ξ_a 计算公式见式(9-1)。

$$\xi_a = \frac{\sum_j W_{cj}}{4\pi W_s} \tag{9-1}$$

式中：W_{cj}——j 消能器在预期位移下往复循环 1 周消耗的能量；

W_s——消能结构在预期位移下的总应变能。

为避免迭代计算和根据层间位移估计消能器变形带来误差，由非线性时程分析计算结构的实际地震作用、水平位移和消能器变形，代入式(9-1)直接计算消能器附加阻尼比。

9.5.2　能量法计算附加阻尼比

常用的结构分析软件如 ETABS、SAP2000 等，进行消能减震结构时程分析时，具有自动统计结构及

阻尼器能量的功能。参考规范方法,按照(9-2)式进行附加阻尼比 ξ_a 计算:

$$\xi_a = \frac{E_D}{4\pi E_I} \tag{9-2}$$

式中:E_I——结构输入总能量;

E_D——阻尼器消耗总能量。

9.5.3 减震系数法

对不设阻尼器结构考虑预期附加阻尼比 ξ_a(总阻尼比为 $\xi_a + \xi_o$)和不考虑附加阻尼比按照反应谱方法计算楼层剪力,对设置阻尼器结构按进行多遇地震下非线性时程分析得到各楼层剪力,比较按照反应谱法与动力时程法得到减震系数 β_d 和 β_a,按照公式(9-3)进行评估。

$$\frac{\beta_d}{\beta_a} = \frac{F_{di}/F_{oi}}{F_{ai}/F_{oi}} = F_{di}/F_{ai} \leqslant 1(i = 1, 2, \cdots, N) \tag{9-3}$$

式中:F_{oi}——不设阻尼器结构采用反应谱法所得第 i 层楼层剪力;

F_{ai}——不设阻尼器结构考虑预期附加阻尼比按照反应谱法所得第 i 层楼层剪力;

F_{di}——设阻尼器结构非线性时程分析所得第 i 层楼层剪力。

对于长周期的超高层结构,按照反应谱方法计算结构内力,阻尼比对结构内力影响较小,低估了附加阻尼的作用。

9.5.4 振动衰减法计算附加阻尼比

根据自由振动衰减理论,单自由度体系阻尼比 ξ 与振幅 S 关系如式(9-4)所示。

$$\xi = \frac{\delta_m}{2\pi m(\omega/\omega_D)} \approx \frac{\delta_m}{2\pi m} \tag{9-4}$$

式中:δ_m——振幅对数衰减率,$\delta_m = \ln(S_n/S_{n+m})$,$S_n$ 和 S_{n+m} 分别为第 n 和第 $n+m$ 周期振幅;

m——两振幅间相隔;

ω 和 ω_D——分别为无阻尼和有阻尼振动的自振频率。

自由振动衰减法将消能结构顶点自由振动衰减看作单自由度体系自由振动,根据式(9-4)并结合结构目标变形计算消能器附加阻尼比。其计算过程为:

(1)将消能减震结构自身阻尼比设为 0,对结构施加 1 个瞬时激励,计入消能器非线性变形,计算消能减震结构振幅自由振动衰减时程。

(2)将结构振幅值代入式(9-4),计算不同振幅下消能减震结构的阻尼比,得到消能减震结构阻尼比-振幅曲线。

(3)估算多遇地震作用下结构顶点振幅,在阻尼比-振幅曲线中确定结构阻尼比,即为消能器附加阻尼比。

10 工程案例

10.1 南京青奥中心(塔楼部分)

设计单位:中国建筑设计研究院

10.1.1 工程概况与设计标准

南京青奥中心位于建邺区江山大街北侧,金沙江东路南侧,扬子江大道东南侧,燕山路南延段西侧。该项目由办公酒店塔楼及会议中心组成,总建筑面积约 50 万 m²,地上约 37 万 m²,地下约 13 万 m²。其中塔楼地上总建筑面积约 25 万 m²,地下约 4.2 万 m²,分别由 1 号塔楼和 2 号塔楼及裙房构成。1 号塔楼地下 3 层,地上 58 层,建筑总高度 249.50 m,使用功能为会议酒店,客房层总建筑面积约 9.6 万 m²。2 号塔楼地下 3 层,地上 68 层,建筑总高度 314.50 m,自下而上依次由办公、餐饮、空中大堂、五星级酒店、康体、健身、SPA、泳池、俱乐部等功能组成,不含裙房的总建筑面积约 12 万 m²。裙房地上 5 层,地下 3 层,1 层至 5 层为会议酒店配套餐饮、娱乐、康体服务用房,地上建筑面积 3.7 万 m²,屋面高度 27.5 m,裙房与塔楼地上部分通过结构缝分开,自成体系。塔楼裙房与会议中心在 15 m 及 21.12 m 标高处通过独立的空中连廊连接。建筑效果图如图 10.1 所示。本报告只涉及塔楼部分。

图 10.1 建筑效果图

根据地质勘查报告及《建筑抗震设计规范》(GB 50011—2010),本项目结构分析和设计采用参数如表 10.1。

表 10.1 建筑物设计参数

结构设计基准期(可靠度)	50 年
结构设计使用年限	50 年
建筑结构安全等级	二级
建筑抗震设防分类	乙类
建筑高度类别	超 B 级
地基基础设计等级	甲级
基础设计安全等级	一级
抗震设防烈度	7 度
抗震措施	8 度
设计基本地震加速度峰值	0.1g
场地类别	Ⅲ类
特征周期 T_g	0.45 s, 0.50 s(安评报告)

(续表)

弹性分析阻尼比	0.04
弹塑性分析阻尼比	0.05
核心筒、外框架抗震等级	特一级(地上)
周期折减系数	0.85

10.1.2 结构体系及超限情况

1. 结构体系

本工程两个塔楼建筑幕墙最高点高度塔 1 为 255.00 m,塔 2 为 314.29 m,结构高度塔 1 为 223.95 m,塔 2 为 286.53 m。根据其外形及功能特点,两塔楼均采用钢管混凝土框架-钢筋混凝土核心筒混合结构体系(塔楼立面示意图如图 10.2 所示),外框柱采用矩形钢管混凝土柱,柱间距 6 m,其中塔 1 折线柱间距 4.5 m,两塔楼高度均超出《高层建筑混凝土结构技术规程》(JGJ 3—2010)中混合结构框架-核心筒体系建筑最大适用高度 190 m,属高度超限。其中塔 1 高度超限 18%,塔 2 高度超限 52%。设计中建筑功能及平面布置在结构平面、竖向布局上尽量遵循简单、规则、对称的结构布置原则,以利于整体结构的抗震与抗风。采用上述相对柱距较小的外框柱布置,虽然未构成明显的外框筒结构,但是其侧向刚度明显增强,能够提供较好的抗侧和抗弯能力,取消了超高层结构设置加强层的惯用手法,避免了加强层对结构带来的刚度、承载力突变等不利影响。

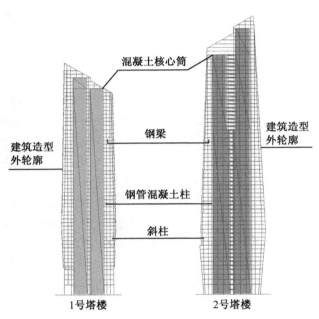

图 10.2 塔楼结构立面示意图

(图中标注:混凝土核心筒、建筑造型外轮廓、钢梁、钢管混凝土柱、斜柱、1号塔楼、2号塔楼)

塔 1 最大结构高宽比为 7.6,塔 2 最大结构高宽比为 9.1,核心筒高宽比塔 1 为 16.4,塔 2 为 18.7。由于塔楼沿平面短向高宽比较大,塔楼沿平面长向柱子均采用竖直柱,建筑沿高度折线外形以楼面外挑形成。塔楼长向两端因建筑造型需要各有四根柱子向该侧核心筒单向倾斜形成折线形外形。为了缓解外框柱因倾斜带来的附加内力,一方面在满足建筑外观要求的前提下,使倾斜外框柱尽量减小倾斜角度(最大倾角约 4 度左右),另一方面通过增强倾斜外框柱及与之相连的楼面梁强度及延性,并使楼面框架梁中的轴向内力能够沿核心筒墙体进行有效传递。此外,在可能的条件下,为减少因倾斜带来的楼面钢梁非标而造成的施工难度,在中上部一定楼层内使斜柱恢复垂直,其中塔 1 下部在满足建筑造型要求的前提下采用了垂直柱,仅在上部建筑外形需求时采用了向内倾斜的形式。外围框架柱采用了方形(矩形)钢管混凝土柱。虽然矩形钢管对其核心混凝土的约束效果不如圆钢管显著,但仍有良好的效果,尤其可以有效地提高构件的延性,充分利用钢材的抗拉性能。同时,采用矩形钢管混凝柱一方面使得外围框架柱在有限的截面条件下承担较大的竖向荷载,另一方面也便于与框架钢梁连接,加快施工进度,并为基础采用一柱一桩创造条件。针对两个方向抗侧力混凝土剪力墙长度的差异,在短方向设置较多的剪力墙,并在核心筒外周剪力墙中埋设钢骨,增强其延性,提高抗震性能。为了增强外围框架的抗侧力性能,提高其整体抗侧贡献,外围框架梁采用了截面高度较大的宽翼缘 H 型钢梁。为了减轻结构自重,减小地震作用,加快施工进度,方便与矩形钢管柱的连接,楼面梁也采用了工字型钢梁(除设框架梁外每跨间设 1 道次梁)。

2. 结构的超限情况

本工程根据《超限高层建筑工程抗震设防管理规定》(建设部令第 111 号)和《超限高层建筑工程抗震设防专项审查技术要点》(建质〔2010〕109 号),对规范涉及结构不规则性条文进行了检查。详见表 10.2～表 10.4。

表 10.2 建筑结构高度(m)超限检查

	结构类型	6度	7度 (0.10g)	7度 (0.15g)	8度 (0.20g)	8度 (0.30g)	9度	是否超限
混凝土结构	框架	60	50	50	40	35	24	
	框架-抗震墙	130	120	120	100	80	50	
	抗震墙	140	120	120	100	80	60	
	部分框支抗震墙	120	100	100	80	50	不应采用	
	框架-核心筒	150	130	130	100	90	70	
	筒中筒	180	150	150	120	100	80	
	板柱-抗震墙	80	70	70	55	40	不应采用	
	较多短肢墙	140	100	100	80	60	不应采用	
	错层的抗震墙	140	80	80	60	60	不应采用	
	错层的框架-抗震墙	130	80	80	60	60	不应采用	
混合结构	钢外框-钢筋混凝土筒	200	160	160	120	100	70	
	型钢(钢管)混凝土框架-钢筋混凝土筒	220	190	190	150	130	70	塔1:223.95 超限 塔2:286.53 超限
	钢外筒-钢筋混凝土内筒	260	210	210	160	140	80	
	型钢(钢管)混凝土外筒-钢筋混凝土筒	280	230	230	170	150	90	

表 10.3 高层建筑一般规则性超限检查

序号	不规则类型	判断依据	判断	备注
1a	扭转不规则	考虑偶然偏心的扭转位移比大于1.2	有	
1b	偏心布置	偏心率大于0.15或相邻层质心相差大于相应边长15%	无	
2a	凹凸不规则	平面凹凸尺寸大于相应边长的30%	无	
2b	组合平面	细腰形和角部重叠形	无	
3	楼板不连续	有效宽度小于50%,开洞面积大于30%,错层大于梁高	无	
4a	刚度突变	相邻层刚度变化大于70%或连续三层变化大于80%	无	
4b	尺寸突变	竖向构件位置缩进大于25%,或外挑大于10%和4 m,多塔	无	
5	构件间断	上下墙、柱、支撑不连续,含加强层、连体等	有	
6	承载力突变	相邻层受剪承载力变化大于80%	无	
7	其他不规则	如局部的穿层柱、斜柱、夹层、个别构件错层或转换	无	

注:a、b不重复计算不规则项。

表 10.4 高层建筑严重规则性超限检查

序号	不规则类型	判断依据	判断	备注
1	扭转偏大	裙房以上的较多楼层,考虑偶然偏心的扭转位移比大于1.4	无	
2	扭转刚度弱	扭转周期比大于0.9,混合结构大于0.85	无	
3	层刚度偏小	本层侧向刚度小于相邻上层的50%	无	

（续表）

序号	不规则类型	判 断 依 据	判断	备注
4	高位转换	框支墙体的转换构件位置：7度超过5层，8度超过3层	无	
5	厚板转换	7～9度设防的厚板转换结构	无	
6	塔楼偏置	单塔或多塔与大底盘的质心偏心距大于底盘相应边长的20%	无	
7	复杂连接	各部分层数、刚度、布置不同的错层	无	
		连体两端塔楼高度、体型或者沿大底盘某个主轴方向的振动周期显著不同的结构		
8	多重复杂	结构同时具有转换层、加强层、错层、连体和多塔等复杂类型的3种	无	

10.1.3 超限应对措施及分析结论

一、超限应对措施

1. 分析模型及分析软件

结构采用 PKPM/SATWE 进行整体分析，并采用 MIDAS/Building 进行校核。抗震分析时考虑了扭转耦联效应、偶然偏心以及双向地震效应。由于两个塔楼各层楼面规则，开洞率很小，且采用钢筋混凝土楼板，验算结构最大水平位移和层间位移与其相应楼层位移平均值的比值时采用刚性楼板假定。计算时，外围框架梁及楼面梁与框架柱采用刚接假定，楼面梁和核心筒采用铰接假定，其余楼层次梁与核心筒及外框梁均采用铰接假定。

2. 关键部位性能目标

表10.5给出了主要构件的抗震性能指标。

表 10.5　主要构件抗震性能指标

抗震设防水准		多遇地震	设防烈度	罕遇地震
层间位移限值		1/500	—	1/100
计算方法		反应谱，时程分析法	反应谱	反应谱，时程分析法
转换桁架	弦杆	弹性	弹性	弹性
	竖腹杆	弹性	弹性	弹性
	斜腹杆	弹性	弹性	不屈服
	转换柱	弹性	弹性	弹性
框架柱	抗剪	弹性	弹性	不屈服
	抗剪	弹性	弹性	局部几根柱底层抗弯屈服，不倒塌
抗震墙连梁		弹性	可屈服，但仍有一定承载力	可屈服，但仍有一定承载力
筒体底部加强区及上下各一层	墙体抗剪	弹性	弹性	不屈服
	墙体抗剪	弹性	不屈服	局部屈服，不倒塌
其他抗震墙		弹性	不屈服	局部屈服，不倒塌
结构阻尼比		0.04	0.04	0.05

3. 针对性抗震措施

本工程两个塔楼结构屋面高度塔1为223.95 m，塔2为286.53 m，两塔楼高度均超出现行《高层建筑混凝土结构技术规程》(JGJ 3—2010)中混合结构框架-核心筒体系建筑最大适用高度 190 m,属高度超限。其中塔 1 高度超限 18%,塔 2 高度超限 52%。采取了以下措施提高结构抗震性能:

(1)加强框架部分作为二道防线的作用,框架在底部占结构总剪力约 15%,在 X 向和 Y 向较长的墙体内设置结构洞,利用连梁耗能,减轻墙体损伤。

(2)在底部数层框架柱内加设钢骨,以提高结构延性。

(3)在底部加强部位,剪力墙轴压比大于 0.10 时设置约束边缘构件;在其他部位,剪力墙轴压比大于 0.25 时设置约束边缘构件。

(4)尽量优化构件截面,减轻结构自重。

(5)核心筒底部加强区及其上一层配置若干型钢以实现中震下受弯不屈服。

(6)确定各种结构构件的最小配筋要求,相比规范略有提高。

二、整体结构主要分析结果

1. 多遇反应谱分析结果

表 10.6 和表 10.7 给出了 1 号塔楼和 2 号塔楼采用 SATWE 和 MIDAS 的反应谱计算结果。

表 10.6　塔 1 刚性楼板模型主要计算结果对比

		SATWE	MIDAS	备注
周期(s)	第一周期	6.051(Y)	5.686(Y)	
	第二周期	4.442(X)	4.166(X)	
	第三周期	2.569(T)	2.821(T)	
	扭转周期/平动周期	0.424	0.496	<0.85
顶点最大位移(mm)	X 向风	105.72	81.5	
	Y 向风	309.63	265.62	
	X 向单向地震	153.19	147.68	
	Y 向单向地震	248.00	245.55	
最大层间位移角	X 方向单向地震	1/1 198(n=33)	1/1 263(n=56)	<1/500
	Y 方向单向地震	1/618(n=35)	1/717(n=56)	
最大位移与平均位移比值(考虑 5% 偶然偏心)	X 方向地震	1.07(n=1)	1.21(n=1)	规定水平力作用
	Y 方向地震	1.37(n=1)	1.27(n=1)	
基底剪力(kN)(剪重比)	X 方向单向地震	24 194.16(1.45%)	23 423.68(1.44%)	
	Y 方向单向地震	22 063.04(1.32%)	20 794.55(1.28%)	
轴压比	框架柱	0.52	0.61	<0.7
	剪力墙	0.37	0.38	<0.4
总质量(t)		167 108	165 544	

表 10.7　塔 2 刚性楼板模型主要计算结果对比

		SATWE	MIDAS	备注
周期(s)	第一周期	6.937(Y)	6.764(Y)	
	第二周期	5.560(X)	5.308(X)	
	第三周期	3.137(T)	3.501(T)	
	扭转周期/平动周期	0.452	0.517	<0.85

（续表）

		SATWE	MIDAS	备注
顶点最大位移(mm)	X 向风	181.37	140.23	
	Y 向风	395.12	349.66	
	X 向单向地震	234.32	236.75	
	Y 向单向地震	325.57	332.47	
最大层间位移角	X 方向单向地震	1/911($n=44$)	1/954($n=44$)	<1/500
	Y 方向单向地震	1/679($n=43$)	1/689($n=43$)	
最大位移与平均位移比值(考虑5%偶然偏心)	X 方向地震	1.07($n=1$)	1.13($n=1$)	规定水平力作用
	Y 方向地震	1.31($n=1$)	1.31($n=2$)	
基底剪力(kN)(剪重比)	X 方向单向地震	24 723.02(1.31%)	25 740.14(1.40%)	
	Y 方向单向地震	22 033.04(1.17%)	22 184.57(1.20%)	
轴压比	框架柱	0.48	0.45	<0.7
	剪力墙	0.33	0.39	<0.4
总质量(t)		188 396	188 150	

上述计算结果表明，SATWE 和 MIDAS 的计算结果基本相符：

(1) 结构第一扭转周期与第一平动周期之比小于0.85，满足规范要求。

(2) 结构最大层间位移角两个方向均小于1/500 的规范限值。考虑偶然偏心情况下，SATWE 结果显示楼层最大位移/平均位移(楼层最大层间位移/平均层间位移)最大值为1.37，满足规范不应大于1.4 的要求。可以认为虽然位移比稍大，但仍满足规范对于结构整体抗震性能的要求。

2. 中、大震性能分析

为考察中震($T=475$ 年)、大震($T=2\,500$ 年)结构各个构件保持弹性和不屈服可能性，采用符合规范的中震反应谱(Ⅲ类场地土)和大震反应谱(Ⅲ类场地土)进行了弹性反应谱分析。分析的主要目的是确定中震下可能出现"可修"的破坏位置、大震下结构可能"倒塌"的部位，同时考察可能的塑性发展水平。

按照"中震可修，大震不倒"的原则，需要对中、大震作用下关键构件的承载力进行复核，确定其达到设定的性能指标，其计算参数见表10.8(其他参数与小震弹性计算相同)。

表 10.8　中、大震计算参数表

计算参数	中震弹性	中震不屈服	大震不屈服
地震作用影响系数 α_{max}	0.23	0.23	0.5
特征周期 T_g(s)	0.45	0.45	0.50
作用分项系数	和小震弹性分析相同	1.0	1.0
材料分项系数	和小震弹性分析相同	1.0	1.0
承载力抗震调整系数	和小震弹性分析相同	1.0	1.0
材料强度	和小震弹性分析相同	采用标准值	采用标准值
风荷载计算	不计算	不计算	不计算
构件地震力调整	不调整	不调整	不调整
双向地震作用	不考虑	不考虑	不考虑
偶然偏心	不考虑	不考虑	不考虑

（续表）

计算参数	中震弹性	中震不屈服	大震不屈服
结构阻尼比	0.04	0.04	0.04
按中震（或大震）设计性能	弹性	不屈服	不屈服
中梁刚度放大系数	按《混凝土结构设计规范》（GB 50010—2010）	按《混凝土结构设计规范》（GB 50010—2010）	按《混凝土结构设计规范》（GB 50010—2010）
连梁刚度折减系数（中震下连梁可屈服）	0.5	0.5	0.3
$0.2V_0$调整	否	否	否
计算方法	弹性计算	弹性计算	弹性计算

（1）中震弹性验算

计算结果表明，在中震情况下，在整个楼层范围内框架柱都能满足中震弹性要求，达到预先设定的结构中震弹性验算下的性能目标（见表 10.9）。

表 10.9　设定的中震弹性性能目标完成情况

构件位置	设定性能指标	验算结果
框架柱	弹性	满足
核心筒底部加强区及其上下各延一层	抗剪弹性，抗弯不屈服	满足

混凝土核心筒底部墙肢的编号如图 10.3、图 10.4 所示。塔 1 和塔 2 分别取位于角部和中间部位的 A 至 H 墙肢，提取中震弹性计算结果中各墙肢各荷载工况中最大平均拉应力。图 10.5、图 10.6 给出 A 至 H 墙肢的平均拉应力随层高的变化。可以看出，核心筒位于角部墙肢的平均拉应力大于核心筒中间部位墙肢，1 号塔楼在 21 层位置时墙肢最大平均拉应力可以降低至 2 MPa 以下，2 号塔楼在 15 层位置时墙肢的最大平均拉应力可以降低至 2 MPa 以下。

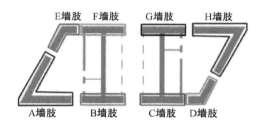

图 10.3　塔 1 核心筒示意图

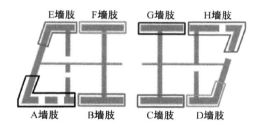

图 10.4　塔 2 核心筒示意图

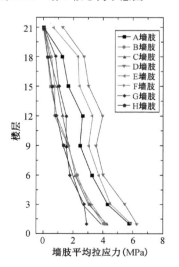

图 10.5　塔 1 核心筒墙肢平均拉应力

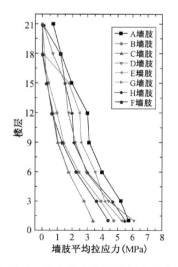

图 10.6　塔 2 核心筒墙肢平均拉应力

（2）大震不屈服验算

计算结果表明（如表 10.10 所示），在大震情况下，核心筒剪力墙有相当一部分已经屈服，框架柱的抗剪未出现屈服，局部楼层框架柱抗弯出现了屈服，部分框架梁梁端发生屈服。根据大震不屈服验算，可初步判断本结构可实现"大震不倒"的设防目标。

表 10.10　设定的大震不屈服性能指标完成情况

构件位置	屈服情况（大震）	验算结果
框架柱	所有柱抗剪不屈服，除角柱外都能达到抗弯不屈服	满足

3. 罕遇地震弹塑性时程分析

依据国家抗震规范和超限审查技术要点的相关要求，本工程应进行第三水准的大震弹塑性分析，以确保本工程大震的安全性。本工程弹塑性动力时程分析采用 MIDAS 系列建筑结构通用有限元分析与设计软件 MIDAS/Building（V2010）来完成，大震地震波为北京震泰工程技术有限公司提供的两条实测天然波（大震）和一条人工波。本项目抗震设防烈度为 7 度，弹塑性分析按 7 度罕遇考虑，时程分析所用地震加速度时程曲线有效峰值根据规范取为 220 cm/s^2。以下给出最不利一组地震波的分析结果。

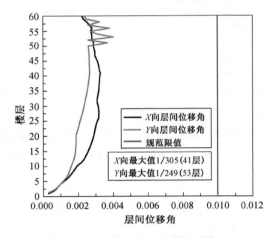

图 10.7　塔 1 罕遇地震位移角

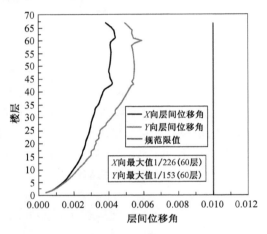

图 10.8　塔 2 罕遇地震位移角

图 10.7 给出了在 L001 天然波作用下塔 1 结构层间位移角沿楼层的分布曲线，X 向的最大层间位移角为 1/305，出现在 41 层，Y 方向最大层间位移角为 1/249，出现在 53 层。两个方向的层间位移均满足规范规定的弹塑性层间位移角不大于 1/100 的要求。图 10.8 给出了在 L001 天然波作用下塔 2 结构层间位移角沿楼层的分布曲线，X 向最大层间位移角为 1/226，出现在 60 层，Y 方向最大层间位移角为 1/153，出现在 60 层。两个方向的层间位移角均满足规范规定的弹塑性层间位移角不大于 1/100 的要求。

由于不同强度等级屈服应变有所不同，因此采用了实时应变与该材料强等级屈服应变的比值来表示混凝土和钢筋的屈服状态。图 10.9～图 10.11 给出了塔 1 核心筒混凝土、钢筋应变云图。

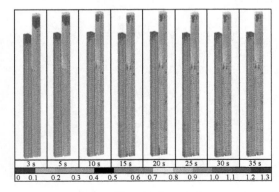

图 10.9　核心筒混凝土正应变

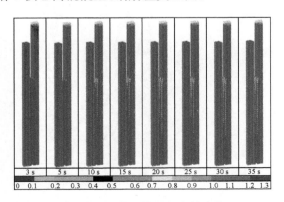

图 10.10　核心筒混凝土剪应变

混凝土核心筒在地震开始前 5 s 内基本处于弹性状态;10 s 至 20 s 之间混凝土核心筒在底部位置的角部以及在 42 层核心筒中间收进部位内侧混凝土屈服,在避难层混凝土核心筒角部的局部门洞周围有混凝土屈服;20 s 至 35 s,混凝土塑性变形没有进一步发展。核心筒钢筋随地震时程应变有所提高,其应变与屈服应变的比值从 0.3 提高到 0.7 左右,在结构中上部墙体开洞位置有钢筋应变较大情况,但大部分钢筋未达到屈服状态。

图 10.12～图 10.16 分别给出了塔 1 X 向梁、Y 向梁、柱间梁、核心筒连梁和框架柱的塑性铰随地震时程的发展状态。

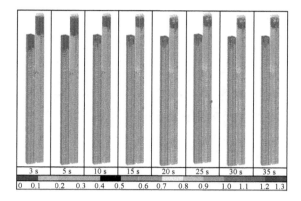

图 10.11 核心筒钢筋应变

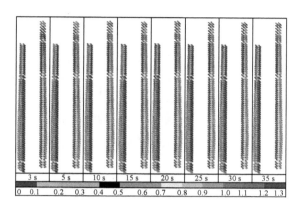

图 10.12 X 向梁塑性铰

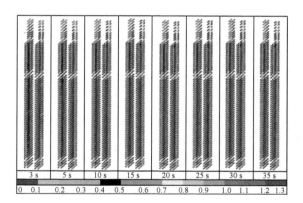

图 10.13 Y 向梁塑性铰

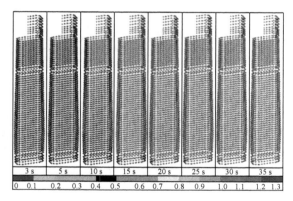

图 10.14 柱间梁塑性铰

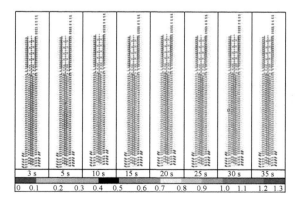

图 10.15 混凝土核心筒连梁塑性铰

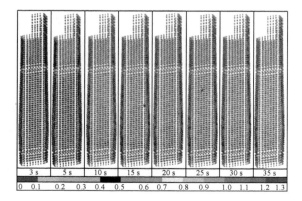

图 10.16 柱弯矩塑性铰

在地震开始 5 s 内,建筑高度中间位置的混凝土核心筒连梁首先进入屈服状态,随后塑性铰分布区域向建筑顶部和底部方向发展,到 20 s 时塑性铰发展趋于稳定。X 向、Y 向框架梁在结构顶部 1/3 区域内出铰较多,梁在 15 s 之后进入屈服状态(局部层高较大位置和结构顶部楼层位置),其他与倾斜柱相连的框架梁基本处于弹性状态。

4.塔 1 转换层承载力验算

表 10.11 为塔 1 转换桁架及支撑钢管混凝土框架柱应力比,在中震弹性和大震不屈服工况下,钢管混凝土框架柱的轴压比均在 0.67 以下,转换桁架的应力比在 0.67 以下,均处于弹性状态。

表 10.11 塔 1 转换桁架及支撑框架柱应力比

构件	1 600 mm×1 600 mm 柱轴压比		桁架应力比	
地震工况	中震弹性	大震不屈服	中震弹性	大震不屈服
楼层 3	0.66	0.67	0.37	0.58
楼层 4	0.54	0.54	0.30	0.49
楼层 5	0.47	0.48	0.40	0.67

图 10.17 为转换桁架及支撑框架柱在罕遇地震作用下塑性铰发展情况,可见所有铰均处于弹性状态,保证了转换桁架较高的安全度。

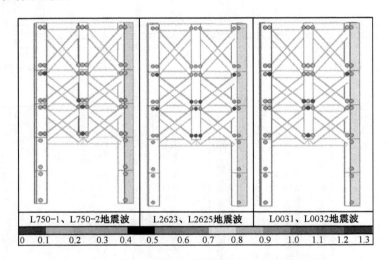

图 10.17 塔 1 三层至五层转换桁架塑性铰发展状态

10.1.4 专家审查意见

2012 年 7 月 9 日在北京市,由江苏省住房和城乡建设厅主持召开该工程结构超限设计抗震设防专项审查会,与会专家审阅了设计文件,听取勘察设计单位的汇报和质询,经认真讨论后认为,送审资料满足审查要求,抗震设防标准正确,抗震性能目标基本合适,审查结论为"通过"。

专家组对结构初步设计提出如下意见,请设计单位在施工图设计中改进:

1. 罕遇地震下结构抗震性能目标宜为底部加强区墙肢满足抗剪截面控制条件,转换桁架不屈服。

2. 承载力验算时,楼层剪力应按最小剪力要求调整。

3. 塔楼各层框架柱承担的剪力宜按 $0.25Q_0$ 调整,框架梁按规范要求调整。

4. 2 号塔楼第 42 层核心筒收进部位上、下各一层的性能目标应适当提高。

5. 采用逆作法施工,钢管柱穿过承台切断筏板内钢筋,节点构造应采取措施,保证筏板钢筋拉力的传递。

6. 应按风洞试验与规范风荷载计算结果进行包络设计,并计入出屋面幕墙的风荷载。

10.2 南京青奥中心(会议中心)

设计单位:中国建筑设计研究院

10.2.1 工程概况与设计标准

南京青奥中心位于建邺区江山大街北侧,金沙江东路南侧,扬子江大道东南侧,燕山路南延段西侧。该项目由办公酒店塔楼及会议中心组成,总建筑面积约 50 万 m²,地上约 37 万 m²,地下约 13 万 m²。其中塔楼地上总建筑面积约 25 万 m²,地下约 4.2 万 m²,分别由 1 号塔楼和 2 号塔楼及裙房构成。1 号塔楼地下 3 层,地上 58 层,建筑总高度 249.50 m,使用功能为会议酒店,客房层总建筑面积约 9.6 万 m²。2 号塔楼地下 3 层,地上 68 层,建筑总高度 314.50 m,自下而上依次由办公、餐饮、空中大堂、五星级酒店、康体、健身、SPA、泳池、俱乐部等功能组成,不含裙房的总建筑面积约 12 万 m²。裙房地上 5 层,地下 3 层,1 层至 5 层为会议酒店配套餐饮、娱乐、康体服务用房,地上建筑面积 3.7 万 m²,屋面高度 27.5 m,裙房与塔楼地上部分通过结构缝分开,自成体系。塔楼裙房与会议中心在 15 m 及 21.12 m 标高处通过独立的空中连廊连接。会议中心建筑效果图如图 10.18 所示。本报告只涉及场地内的会议中心。

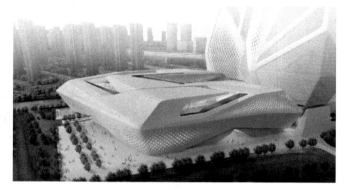

图 10.18 建筑效果图

根据地质勘查报告及《建筑抗震设计规范》(GB 50011—2010),本项目结构分析和设计采用参数如表 10.12。

表 10.12 建筑物设计参数

结构设计基准期(可靠度)	50 年
结构设计使用年限	50 年
建筑结构安全等级	一级($\gamma_0 = 1.1$)
建筑抗震设防分类	乙类
建筑高度类别	A 级
地基基础设计等级	甲级
基础设计安全等级	一级
抗震设防烈度	7 度
抗震措施	8 度
设计基本地震加速度峰值	0.1g
场地类别	III 类
特征周期 T_g	0.45 s, 0.50 s(安评报告)
弹性分析阻尼比	0.04
弹塑性分析阻尼比	0.05
核心筒抗震等级	二级
其他构件抗震等级	三级
周期折减系数	0.85

10.2.2 结构体系及超限情况

1. 结构体系(见图 10.19)

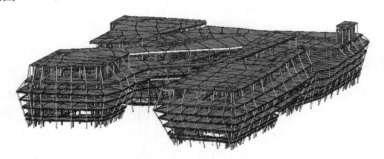

图 10.19 结构三维示意图

本项目为钢结构的框架-中心支撑束筒结构体系,在 15 m 标高以下由四个独立的单体组成,每个独立单体由若干钢结构中心支撑电梯筒作为主要竖向受力构件(见图 10.20),和周边钢柱共同抵抗水平和竖向荷载作用,并和楼面系统一起提供结构的侧向稳定性保障。从 15 m 标高开始连成一体,形成大约160 m×190 m 的一座独立建筑物,内有会议厅、多功能厅和音乐厅组成的无柱大空间,由于各独立单元相互连接时跨度较大,最大达 50 m,局部采用桁架作为连接构件(见图 10.21)。结合建筑功能及平面布置,于多个大空间顶部设置矢高为4.5~6 m 的整体交叉桁架加强层,将底部四个相对独立的结构单元连为一体,同时实现 27 m 标高以上夹层及异形屋顶不规则柱网的转换。周边及入口位置为斜柱。

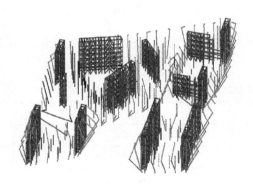

图 10.20 竖向支撑体系

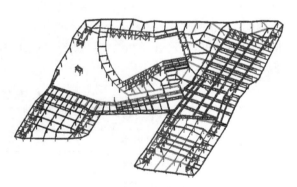

图 10.21 15 m 标高桁架布置图

2. 结构的超限情况

本工程根据《超限高层建筑工程抗震设防管理规定》(建设部令第 111 号)和《超限高层建筑工程抗震设防专项审查技术要点》(建质〔2010〕109 号),对规范涉及结构不规则性条文进行了检查。详见表 10.13 和表 10.14。

由结构超限检查可知,本结构存在扭转不规则、凹凸不规则、楼板不连续等多种超限项,属于体型复杂的建筑结构。

表 10.13 高层建筑一般规则性超限检查

序号	不规则类型	判 断 依 据	判断	备注
1a	扭转不规则	考虑偶然偏心的扭转位移比大于 1.2	有(2.0)	同时有三项及三项以上不规则的高层建筑
1b	偏心布置	偏心率大于 0.15 或相邻层质心相差大于相应边长15%	有	
2a	凹凸不规则	平面凹凸尺寸大于相应边长的30%	有(36%)	
2b	组合平面	细腰形和角部重叠形	无	

序号	不规则类型	判　断　依　据	判断	备注
3	楼板不连续	有效宽度小于50%,开洞面积大于30%,错层大于梁高	有	同时有三项及三项以上不规则的高层建筑
4a	刚度突变	相邻层刚度变化大于70%或连续三层变化大于80%	有	
4b	尺寸突变	竖向构件位置缩进大于25%,或外挑大于10%和4 m,多塔	无	
5	构件间断	上下墙、柱、支撑不连续,含加强层、连体等	柱不连续	
6	承载力突变	相邻层受剪承载力变化大于80%	无	
7	其他不规则	如局部的穿层柱、斜柱、夹层、个别构件错层或转换	有	

注:a、b 不重复计算不规则项。

表 10.14　高层建筑严重规则性超限检查

序号	不规则类型	判　断　依　据	判断	备注
1	扭转偏大	裙房以上的较多楼层,考虑偶然偏心的扭转位移比大于1.4	有(2.0)	
2	扭转刚度弱	扭转周期比大于0.9,混合结构大于0.85	无	
3	层刚度偏小	本层侧向刚度小于相邻上层的50%	无	
4	高位转换	框支墙体的转换构件位置:7度超过5层,8度超过3层	无	
5	厚板转换	7~9度设防的厚板转换结构	无	
6	塔楼偏置	单塔或多塔与大底盘的质心偏心距大于底盘相应边长的20%	无	
7	复杂连接	各部分层数、刚度、布置不同的错层	无	
		连体两端塔楼高度、体型或者沿大底盘某个主轴方向的振动周期显著不同的结构		
8	多重复杂	结构同时具有转换层、加强层、错层、连体和多塔等复杂类型的3种	无	

10.2.3　超限应对措施及分析结论

一、超限应对措施

1. 分析模型及分析软件

在选择分析软件方面,利用软件建立的模型必须能够准确地反映结构的特性。考虑到会议中心项目结构的特殊性(除了垂直构件和水平构件以外,外柱子是倾斜的),用普通建筑类的分析软件模拟该结构,可能结果不准确。同时,普通建筑类的分析软件在建模方面可能也不甚理想。

在初步设计阶段,弹性分析软件使用 MIDAS/GEN V795。该软件的稳定性和可靠性已在众多建筑项目中得到了检验。同时,在初步设计阶段,采用 PMSAP 软件建立独立的模型来检验分析结果。MIDAS/GEN 和 PMSAP 均为空间三维分析程序,计算核心是有限元通用程序,适用于任意空间结构。杆件可以在空间任意放置。结构可分层,但这里的"层"为广义楼层概念,指杆件的集合,分层的目的是为了更方便快捷地取得一些整体指标信息,但分析仍是按空间模型进行的。

对整体模型及大跨度桁架等重点部位采用 SAP2000 V15 进行分析对比,进一步验证结果的可信度。

2. 关键部位性能目标

参考《高层建筑混凝土结构技术规程》(JGJ 3—2010)第3.11节的规定,综合考虑抗震设防类别、设防烈度、场地条件、结构的特殊性、建造费用、震后损失和修复难易程度等各项因素,选定本项目的性能目标为 C 级。C 级是指多遇地震满足性能水准1,设防烈度地震满足性能水准3,预估的罕遇地震满足性能水准4的性能目标要求。具体见表 10.15 和表 10.16。

表 10.15　各性能水准结构预期的震后性能状况

结构抗震性能水准	宏观损伤程度	损伤部位			继续使用的可能性
		关键构件	普通竖向构件	耗能构件	
1	完好、无损伤	无损伤	无损伤	无损伤	不需修理即可继续使用
2	基本完好、轻微损伤	无损伤	无损伤	轻微损伤	稍加修理即可继续使用
3	轻度损伤	轻微损伤	轻微损伤	轻度损伤、部分中度损伤	一般修理后可继续使用
4	中度损伤	轻度损伤	部分构件中度损伤	中度损伤、部分比较严重损伤	修复或加固后可继续使用
5	比较严重损伤	中度损伤	部分构件比较严重损伤	比较严重损伤	需排险大修

表 10.16　各构件详细的性能目标

地震烈度（参考级别）		L_1＝小震（频遇地震）	L_2＝中震（设防烈度地震）	L_3＝大震（罕遇地震）
性能水平定性描述		无破坏	可修复破坏	无倒塌
结构工作特性		弹性	重要构件弹性、其他构件不屈服，允许少数局部次要构件屈服	允许进入塑性，控制薄弱部位位移
层间位移限值		$h/250$	—	$h/50$
构件性能	钢束筒电梯筒	弹性	弹性	不屈服
	转换桁架	弹性	弹性	不屈服
	无转换桁架	弹性	不屈服	允许进入塑性，控制塑性变形
	钢柱	弹性	不屈服	允许进入塑性，控制塑性变形
	主要水平钢梁	弹性	不屈服	允许进入塑性，控制塑性变形
	楼板	弹性	允许开裂,控制裂缝宽度和刚度退化	允许开裂,但不得开裂过度或脱落
	转换桁架节点处	弹性	弹性	允许进入塑性,但不得先于构件屈服
	一般节点	弹性	不屈服	允许进入塑性,但不得先于构件屈服
	悬挑构件	弹性	弹性	不屈服
	其他构件	弹性	不屈服	允许进入塑性，控制塑性变形

3. 针对性抗震措施

楼板体系的确定与建筑物的整体结构体系、建筑平面功能布置、机电要求,尤其是层高净高要求密切相关。考虑到本工程的进度要求和结构体系特性,有三点是决定楼板体系的关键:

（1）本建筑要求楼板质量尽量轻，可以减轻中心支撑束筒和柱子的尺寸和质量。一方面令结构的地震反应减小，另一方面也直接节约成本和缩短施工工期，也使得建筑整体效果更加美观实用。

（2）建筑净高的要求使楼板体系中的结构高度有一定限制，必须与建筑、机电合理协调。

（3）需考虑施工进度要求。

综合考虑以上因素，选用钢梁＋组合楼板方案。

钢梁可以减轻结构的整体重量及便于施工，与钢框筒的连接较好。栓钉可使楼板与钢梁紧密结合，在地震作用下，这些措施可保证外筒与核心筒共同抵抗水平荷载。

二、整体结构主要分析结果

1. 结构弹性分析结果

对主塔建立了 MIDAS 模型进行分析计算，并另外采用 PMSAP 建模进行分析对比。验算发现两者结果比较吻合。结果如表 10.17。

表 10.17　周期对比

周期(s)	MIDAS 计算结果	PMSAP 计算结果	备注
T1	1.23	1.29	平动第一周期
T2	1.09	1.16	平动第二周期
T3	1.02	1.08	扭转第一周期
T4	0.94	1.00	—
T5	0.55	0.60	—
T6	0.54	0.53	—
T7	0.48	0.50	—
T8	0.47	0.47	—
T9	0.46	0.46	—

MIDAS 计算结果：X、Y 方向的振型参与质量为 91.0% 及 92.3%，满足规范 90% 的要求。第一扭转振型周期与第一平动周期的比值为 0.83，小于规范限值 0.85。

PMSAP 计算结果：X、Y 方向的振型参与质量为 91.4% 及 92.0%，满足规范 90% 的要求。第一扭转振型周期与第一平动周期的比值为 0.84，小于规范限值 0.85。

结构在风荷载和地震荷载作用下的作用力如表 10.18 所示，位移角如表 10.19 所示。

表 10.18　风及地震总作用力

项目		MIDAS 计算结果		PMSAP 计算结果	
方向		X	Y	X	Y
地震作用（小震）	基底总剪力(kN)	36 770	44 545	39 212	47 957
	基底剪重比	2.6%	3.1%	2.5%	3.0%
		满足规范要求			
	规范限值	1.6%	1.6%	1.6%	1.6%
	基底总倾覆弯矩(kN·m)	1 050 811	1 251 200	1 055 470	1 271 830
	抗倾覆弯矩(kN·m)	120 017 032	100 218 688	120 017 032	100 218 688
风力（50 年）	基底总剪力(kN)	6 086	7 224	6 011	7 012
	基底总倾覆弯矩(kN·m)	157 662	187 213	164 448	190 189
	抗倾覆弯矩(kN·m)	120 017 032	100 218 688	120 017 032	100 218 688

表 10.19　风及地震作用下的最大层间位移角

项目		MIDAS 计算结果		PMSAP 计算结果	
方向		X	Y	X	Y
50 年风力	最大层间位移角	1/6 000	1/8 000	1/6 381	1/9 582
	所在楼层	L3	L3	L3	L2
	规范限值	1/250			
地震作用(小震)	最大层间位移角	1/769	1/1 000	1/809	1/1 218
	所在楼层	L3	L3	L3	L3
	规范限值	1/250			

同时,对结构进行了弹性时程分析。设计采用两组天然波和一组人工波,考虑了三向地震作用,主方向:次方向:竖向＝1.0:0.85:0.65。时程分析结果如表 10.20、图 10.22~图 10.23 所示。

表 10.20　时程分析结果与反应谱分析结果比较

地震波	X 方向			Y 方向		
	基底剪力(kN)	$\frac{时程基底剪力}{反应谱基底剪力} \geqslant 0.65$	平均值≥0.8	基底剪力(kN)	$\frac{时程基底剪力}{反应谱基底剪力} \geqslant 0.65$	平均值≥0.8
规范反应谱(小震)	39 579	—	—	47 568	—	—
人工波	30 549	77%	93% 满足要求	43 845	92%	99% 满足要求
		满足要求			满足要求	
天然波 1	45 142	114%		46 051	92%	
		满足要求			满足要求	
天然波 2	34 182	86%		51 461	108%	
		满足要求			满足要求	

上述时程剪力平均值大于振型分解反应谱法的 80%,各条波分别作用下的底部剪力值大于振型分解反应谱法的 65%,满足《建筑抗震设计规范》(GB 50011—2010)第 5.1.2 条中的规定。

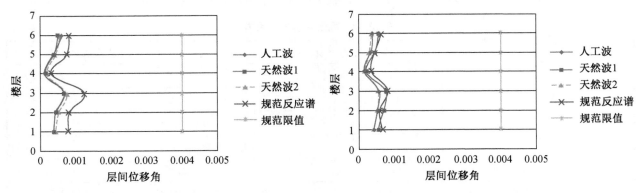

图 10.22　时程分析最大层间位移角(X 向)　　　图 10.23　时程分析最大层间位移角(Y 向)

2. 楼板应力分析

对存在楼板不连续的楼层进行小震和中震下的楼板应力分析,考察了楼板在地震作用下的受力情况。本项目一般区域楼板厚度为 110 mm,局部楼板厚度为 180 mm,材料为 C30。楼板在小震和中震下的应力如图 10.24、图 10.25 所示。

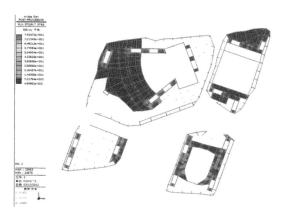

（a）9 m 标高 X 向地震下轴向应力-Sxx   （b）9 m 标高 X 向地震下轴向应力-Syy

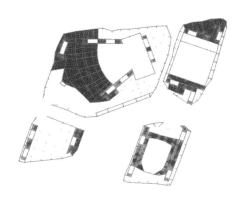
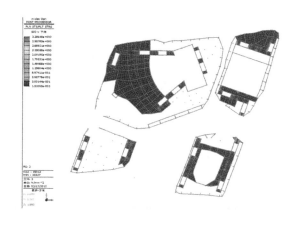

（c）9 m 标高 Y 向地震下轴向应力-Sxx   （d）9 m 标高 Y 向地震下轴向应力-Syy

图 10.24　小震作用下的楼板应力

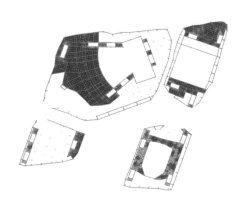
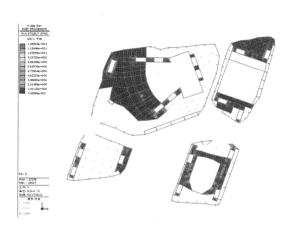

（a）9 m 标高 X 向地震下轴向应力-Sxx   （b）9 m 标高 X 向地震下轴向应力-Syy

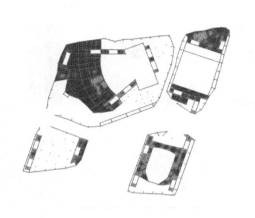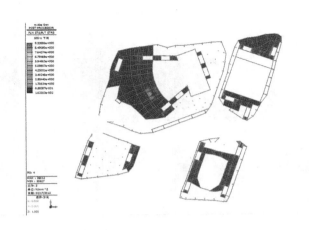

(c) 9 m 标高 Y 向地震下轴向应力-Sxx　　　　　　(d) 9 m 标高 Y 向地震下轴向应力-Syy

图 10.25　中震作用下的楼板应力

从上述楼板应力分布图可以看出在小震和中震作用下只有楼板与电梯筒交界处由于刚度较大产生应力集中现象,造成应力值异常外,各楼层楼板的最大应力基本未超过混凝土的抗拉强度,楼板保持弹性状态,两核心筒间的楼板也没有出现明显的应力异常,可以满足中震弹性的设防目标。在满足中震弹性的情况下,经过构造加强后即可满足大震下不出现贯穿性裂缝的要求。

3. 楼板竖向针对舒适性分析

对于大跨度大悬挑的公共建筑项目,其舒适度的检查是设计中一个不可忽视的环节。楼板振动的影响非常重要,必须进行深入分析。本节对其动力特性及振动舒适度进行了验算检查。

对于低频率结构,其最大振动是由与结构自振频率有关的频繁步行力而引起的共振。为了减少此共振,楼板被设计成自振频率高于典型步行频率。

本报告参考美国 ATC(Applied Technology Council)1999 年发布的《减小楼板振动设计指南》的指标来评价人行走跳跃的楼板舒适度。不同环境、不同振动频率下人们可接受的楼板振动峰值加速度如表 10.21 所示。

表 10.21　楼盖振动加速度限制

人所处环境	办公、住宅、教堂	商场	室内天桥	室外天桥	仅有节奏性运动
楼盖振动加速度限制(g)	$0.005g$	$0.015g$	$0.015g$	$0.05g$	$0.04g \sim 0.07g$

对本工程提出楼板自振频率的标准为:

(1) 自振频率 >3 Hz;

(2) 自振频率 <3Hz,加速度需要满足表 10.21 中商场的标准。

利用 MIDAS/GEN V795 分别对会议中心 9 m 楼座处进行了在重力荷载代表值作用下的楼板舒适度分析。

工况一:步行荷载激励

首先计算竖向振动模态,确定楼板振动的不利区域和不利点。在不利点分别输入不同频率的人行时程荷载,求出加速度的最大响应,此时的振动频率即为楼板的竖向振动频率。本工程取激励频率范围为 1.2~3.6 Hz,间隔 0.4 Hz。

单人行走动力荷载取值 = 激励系数 × 0.6 kN(近似单人重量),激励系数随行走频率增大而增大。单人行走激励时程如图 10.26 和图 10.27 所示。

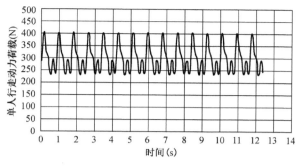

图 10.26　激励时程(1.2 Hz)

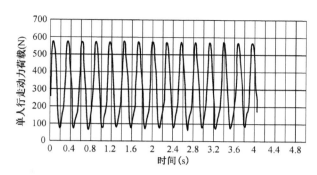

图 10.27　激励时程(3.6 Hz)

楼板振动舒适度分析结果见表 10.22。

表 10.22　楼板加速度响应

区域(9 m 楼座)	点位	频率(Hz)	加速度(m/s²)
A	17 949	1.2	-1.053×10^{-1}
	17 949	1.6	-1.076×10^{-1}
	17 949	2.0	-1.106×10^{-1}
	17 949	2.4	-1.144×10^{-1}
	17 949	2.8	-1.135×10^{-1}
	17 949	3.2	-1.242×10^{-1}
	17 949	3.6	-1.301×10^{-1}

此处楼板竖向振动频率为 1.85 Hz,峰值加速度为 0.13 m/s²<0.15 m/s²,满足规范要求。通过考察竖向振动模态,大致确定了楼板振动位置,对振动位置施加不同频率的人行激励时程荷载,分析结果表明楼板振动舒适满足规范要求。

工况二:考虑到楼座所有人一起起立的工况

假定人起立动作的持续时间为 1 s。人体重心运动的加速度为:$a(t)=(2\pi h/T^2)\cdot\sin(2\pi t/T)$,$T$ 为整个起立过程经历的时间。

人的质量取 70 kg/人。假定站立前后人体重心高差 $h=0.4$ m。楼座悬挑部分座椅数目约为 720 个,分布于楼座楼板 12.5 m×45.5 m 的范围内,冲击力曲线见图 10.28。

在工况二情况下,此处楼板竖向振动频率为 1.86 Hz,结构最大加速度响应为 0.165 m/s²。根据徐培福主编的《复杂高层建筑结构设计》,楼盖振动限制可以为 0.225 m/s²。

工况三:考虑到楼座少量人(60 人)同时快速起立的工况

假定人起立动作的持续时间为 0.5 s,冲击力曲线见图 10.29。

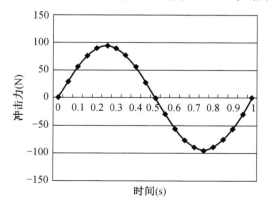

图 10.28　冲击力曲线 1

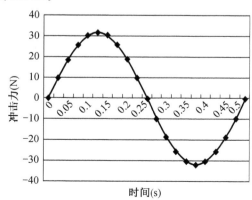

图 10.29　冲击力曲线 2

在工况三情况下,结构最大加速度响应为 9.177×10^{-2} m/s^2,能满足规定。

4. 罕遇地震弹塑性分析

为达到在罕遇地震作用下防倒塌的抗震设计目标,本节采用以抗震性能为基准的设计思想和以位移为基准的抗震设计方法。

基于性能化的抗震设计方法是使抗震设计从宏观定性的目标向具体量化的多重目标过渡,强调实施性能目标的深入分析和论证,具体来说就是通过复杂的非线性分析软件对结构进行分析,通过对各结构构件进行充分的研究以及对结构整体性能的研究,得到结构系统在地震下的反应,以证明结构可以达到预定的性能目标。

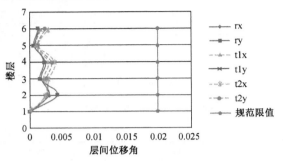

图 10.30　最大层间位移角

大震时程分析采用两条天然波和一条人工波,分析步骤如下:

第一步,施加重力荷载的代表值。在施加重力荷载时,考虑伸臂桁架施工模拟。首先对除伸臂桁架之外的内外筒各构件施加重力荷载,然后再施加伸臂桁架的刚度以及重力荷载。

第二步,施加地震作用。地震加速度时程作用在地面节点上,沿总体坐标系的 X 方向或 Y 方向。

在时程分析中,主方向与次方向的峰值加速度比值为 1.0:0.85。最大层间位移角如图 10.30 所示。

输入沿 X 方向为主的地震波后,结构最大层间位移角分别为 1/340、1/349 和 1/257(人工波、天然波 1、天然波 2),平均值 1/309,均小于 1/50 限值。

输入沿 Y 方向为主的地震波后,结构最大层间位移角分别为 1/236、1/247 和 1/292(人工波、天然波 1、天然波 2),平均值 1/256,均小于 1/50 限值。

结构顶点位移、基地剪力汇总如表 10.23 所示。

表 10.23　顶点位移、基底剪力汇总

地震记录	结构顶点 X 向最大相对位移(m)	结构顶点 Y 向最大相对位移(m)	X 向最大基底剪力及剪重比(kN)	Y 向最大基底剪力及剪重比(kN)
人工波	0.026 4	0.038 2	207 790 剪重比 13.0% 为小震 5.2 倍	273 042 剪重比 17.1% 为小震 5.7 倍
天然波 1	0.022 2	0.036 4	267 390 剪重比 16.8% 为小震 6.7 倍	367 110 剪重比 23.1% 为小震 7.7 倍
天然波 2	0.029 1	0.025 4	351 915 剪重比 22.3% 为小震 8.9 倍	300 199 剪重比 18.9% 为小震 6.3 倍
平均值	0.025 9	0.033 3	275 698 剪重比 17.25% 为小震 6.9 倍	313 450 剪重比 19.7% 为小震 6.6 倍

按照四个单体结构,分别进行大震动力弹塑性时程分析。考察单体结构的抗震性能,按照建筑分区四个单体结构编号如图 10.31 所示。

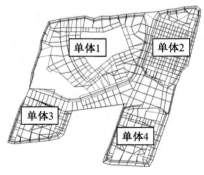

图 10.31　结构单体划分

四个单体结构在 X 向、Y 向地震作用下的塑性铰分布如图 10.32～图 10.35。

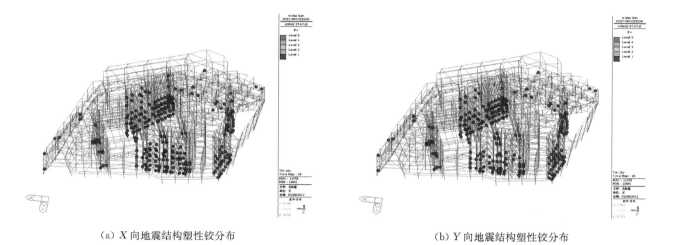

（a）X 向地震结构塑性铰分布　　　　　　　（b）Y 向地震结构塑性铰分布

图 10.32　单体 1 塑性铰分布

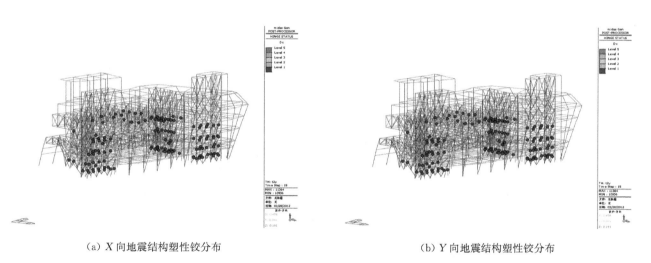

（a）X 向地震结构塑性铰分布　　　　　　　（b）Y 向地震结构塑性铰分布

图 10.33　单体 2 塑性铰分布

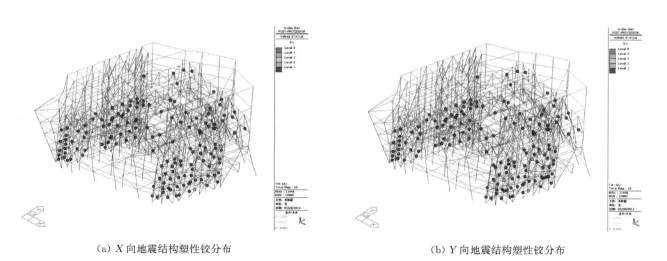

（a）X 向地震结构塑性铰分布　　　　　　　（b）Y 向地震结构塑性铰分布

图 10.34　单体 3 塑性铰分布

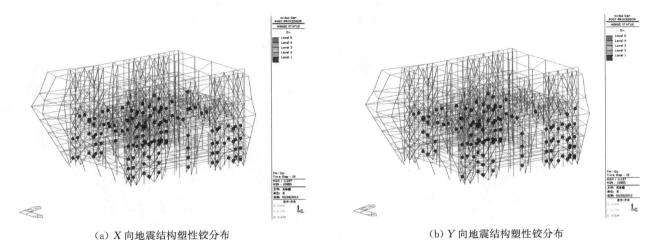

(a) X 向地震结构塑性铰分布　　　　　　　　　(b) Y 向地震结构塑性铰分布

图 10.35　单体 4 塑性铰分布

在大震作用下,梁柱均出现少量塑性铰,绝大多数塑性铰处于第一级别(Level 1),即构件只受到轻微破坏,地震过后不需修复即可继续使用,小部分塑性铰处于第二级别(Level 2),即构件受到一定破坏,地震过后进行一定修复即可继续使用。在大震作用下构件没有出现损伤程度更高的塑性铰,可以满足设定的性能目标。

10.2.4　专家审查意见

2012 年 4 月 18 日在北京市,由江苏省住房和城乡建设厅主持召开该工程结构超限设计抗震设防专项审查会,与会专家审阅了设计文件,听取勘察设计单位的汇报和质询后,经认真讨论后认为,该工程抗震设防标准正确,结构性能目标合理,审查结论为"通过"。

专家组对结构初步设计提出如下意见,请设计单位在施工图设计中改进:

1. 应符合构件应力比,区分不同工况手算复核,关键构件应力比应比规范要求严格,应力比较高的构件应加强。

2. 应补充 15 m 中央区域以竖向为主的组合效应和舒适度分析,宜补充大跨度桁架两端支座桁架的侧向稳定和抗扭分析,以及关键构件失效的防倒塌分析。

3. 一区、三区、四区之间的连接部位结构单薄、受力复杂,应进一步分析研究,给予加强。

4. 各分区结合部位及相邻一跨的楼板宜增设水平支撑。

5. 应加强节点的深化设计,必要时进行模型试验研究。

10.3　启东市体育文化中心

设计单位:同济大学建筑设计研究院(集团)有限公司

10.3.1　工程概况与设计标准

启东市体育文化中心项目位于启东市新城区中部的蝶湖片区,该区东至庙港河,西至江海南路,北至黄浦江路,南至新安江路。拟建场地位于启东市蝶湖片区中部,总体上分为南、北两区,两区隔钱塘江路相望,西临江海南路,东面紧邻蝶湖,北侧与规划中的 CBD 遥相呼应。总建筑面积约 7.46 万 m^2,其中地上 4.89 万 m^2,地下 2.57 万 m^2。北区功能为剧院、文化馆,南

图 10.36　整体效果图

区功能为全民健身中心、博物馆、规划馆、美术馆及版画院。南北两区均各设置单层地下室,其主要功能为设备用房及车库。建筑效果图如图 10.36 所示。

本报告涉及的大剧院和文化馆位于北区,基地面积 50 081 m²,总建筑面积约 33 982 m²,其中地上建筑面积 21 429 m²,容积率 0.43,地下建筑面积 12 552 m²。地下 1 层,地上 3 层,大剧院钢筋混凝土屋面 19.95 m,舞台屋顶 30.5 m,装饰幕墙顶高度 42.30 m,文化馆土建屋顶 20.5 m,装饰幕墙顶 27.25 m。本项目包括两大功能体:大剧院面积 13 158 m²,文化馆面积 8 271 m²。此外还包含小剧场、多功能厅、非物质文化遗产展厅、市民阅览室、排练厅、培训教室等。

本工程设计基准期年限 50 年,主体结构耐久性使用年限 50 年,结构安全等级为二级,结构重要性系数 1.0(竖向构件重要性系数 1.1)。根据抗震设防分类标准,本工程为重点设防类(乙类建筑)。本项目地震作用的主要参数如表 10.24 所示。

表 10.24　地震作用主要参数

抗震设防烈度	水平地震影响系数	场地特征周期 T_g(s)	场地类别	设计地震分组	常遇地震结构阻尼比
7 度	0.08(0.50)	0.75(0.80)	IV	第二组	5%

注:本工程为大型公共建筑,根据《南通市建设工程抗震设防管理办法》(通政发〔2009〕39 号)中第四条的要求,应按 7 度标准抗震设防。表格中括号内的数据用于罕遇地震。

10.3.2　结构体系及超限情况

1. 结构体系

大剧院采用钢筋混凝土框架-剪力墙结构,剪力墙的布置主要结合舞台、侧台、台口等位置进行落位。剪力墙的设置一方面提高整体结构的抗震性能,另一方面也容易满足舞台周边尤其台口面上配套设施的预埋条件。观众席及周边排练厅等则辅助布置了框架结构,使其与建筑功能及空间具有较高的适应性。

剧场重叠形钢屋盖为本项目的设计难点之一,结构布置时,利用叠合屋面间的立面幕墙设置了弧形钢桁架,该桁架以其下混凝土柱作为支承,上下弦分别与高、低片屋面相连,并承担其传来的荷载。此外,结合建筑屋面效果,大小剧场的屋盖间难于设置结构缝,故钢屋盖结构布置时,将两剧场的屋盖进行整合建模,并对中部连接位置进行刚度弱化设置,尽量减少连体钢屋盖对各自混凝土部分的传力影响。结构抗侧力体系如图 10.37 所示。

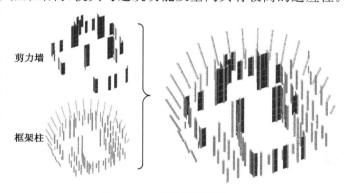

图 10.37　结构抗侧力体系

2. 结构的超限情况

根据建质〔2015〕67 号附件 1 表一、表二、表三,检查本高层建筑的不规则情况,对照情况如表 10.25～表 10.27 所示。不规则情况如下:

(1)扭转不规则:考虑偶然偏心的扭转位移比大于 1.2。本建筑部分楼层考虑偶然偏心的扭转位移比大于 1.2、小于 1.4。

(2)楼板不连续:有效宽度小于 50%,开洞面积大于 30%,错层大于梁高。本建筑二、三层楼板有效宽度小于 50%,楼板开洞面积分别为 52% 和 35%,第四层观众厅屋面、舞台屋面与其余功能区屋面形成错层。

(3)有局部的穿层柱、斜柱以及个别构件转换。本建筑存在局部的穿层柱(如观众厅东西两侧楼梯间框架柱)、外围斜柱以及个别构件转换。

表 10.25　建筑结构高度(m)超限检查

项目	判断依据	超限判断
高度	7 度区(0.10g)框架-剪力墙结构适用的最大高度:120 m;考虑平面和竖向不规则,限值按降低10%选用,即108 m	结构高度 30.5 m(算至局部舞台小屋面顶),高度不超限
高宽比	7 度区(0.10g)框架-剪力墙结构适用的最大高宽比:6	高宽比 0.37,高宽比不超限
屋盖尺度	空间网格结构或索结构的跨度限值120 m 或悬挑长度限值40 m	屋盖最大跨度 30 m,悬挑最大长度约 7 m,均不超限

表 10.26　高层建筑一般规则性超限检查

序号	不规则类型	判 断 依 据	判断	备注
1a	扭转不规则	考虑偶然偏心的扭转位移比大于1.2	有	
1b	偏心布置	偏心率大于 0.15 或相邻层质心相差大于相应边长15%	无	
2a	凹凸不规则	平面凹凸尺寸大于相应边长的30%	无	
2b	组合平面	细腰形和角部重叠形	无	
3	楼板不连续	有效宽度小于50%,开洞面积大于30%,错层大于梁高	有	
4a	刚度突变	相邻层刚度变化大于70%或连续三层变化大于80%	无	
4b	尺寸突变	竖向构件位置缩进大于25%,或外挑大于10%和4 m,多塔	无	
5	构件间断	上下墙、柱、支撑不连续,含加强层、连体等	无	
6	承载力突变	相邻层受剪承载力变化大于80%	无	
7	其他不规则	如局部的穿层柱、斜柱、夹层、个别构件错层或转换	有	

注:a、b 不重复计算不规则项。

表 10.27　高层建筑严重规则性超限检查

序号	不规则类型	判 断 依 据	判断	备注
1	扭转偏大	裙房以上的较多楼层,考虑偶然偏心的扭转位移比大于1.4	无	
2	扭转刚度弱	扭转周期比大于0.9,混合结构大于0.85	无	
3	层刚度偏小	本层侧向刚度小于相邻上层的50%	无	
4	高位转换	框支墙体的转换构件位置:7 度超过 5 层,8 度超过 3 层	无	
5	厚板转换	7~9 度设防的厚板转换结构	无	
6	塔楼偏置	单塔或多塔与大底盘的质心偏心距大于底盘相应边长的20%	无	
7	复杂连接	各部分层数、刚度、布置不同的错层	无	
		连体两端塔楼高度、体型或者沿大底盘某个主轴方向的振动周期显著不同的结构		
8	多重复杂	结构同时具有转换层、加强层、错层、连体和多塔等复杂类型的3种	无	

10.3.3　超限应对措施及分析结论

一、超限应对措施

1. 分析模型及分析软件

多遇地震作用采用 SATWE 和 MIDAS/GEN 这两个不同的空间结构分析程序进行计算分析。计算模型中定义了竖向和水平荷载工况。其中,竖向工况包括结构自重、附加恒荷载以及活荷载。水平荷载工况包括地震作用和风荷载。

2. 关键部位性能目标

本工程结构抗震性能设计目标及震后性能状态如表 10.28 所示。

表 10.28   本工程结构抗震性能设计目标及震后性能状态

地震水准		多遇地震	设防烈度地震	罕遇地震
抗震性能水准		性能 1	性能 3	性能 5
宏观损坏程度		完好、无损坏	轻度损坏	比较严重损坏
继续使用的可能性		不需修理即可继续使用	一般修理后继续使用	需要排检及大修
层间位移角		1/800	1/400	1/100
关键构件	剪力墙加强区	无损坏（弹性）	轻微损坏（抗弯不屈服、抗剪弹性）	中度损坏（剪压比≤0.15）
	转换梁及其承担的框架柱	无损坏（弹性）	无损坏（抗弯、抗剪弹性）	中度损坏（剪压比≤0.15）
	由于错层而形成的短柱	无损坏（弹性）	轻微损坏（抗弯不屈服、抗剪弹性）	中度损坏（剪压比≤0.15）
耗能构件	连梁、普通楼层梁	无损坏（弹性）	轻度损坏、部分中度损坏（抗剪不屈服）	较严重损坏
普通竖向构件	框架柱、剪力墙	无损坏（弹性）	轻微损坏（抗弯不屈服、抗剪弹性）	部分较严重损坏（剪压比≤0.15）

3. 针对性抗震措施

对于该超限高层建筑,主要采取了以下优化布置和加强措施:

(1) 结构布置上,抗侧力构件的布置在满足建筑功能要求的基础上,在两个方向尽可能保持均匀对称,并保证结构刚心和质心尽量一致。

(2) 分别采用两个不同力学模型的空间结构分析软件 SATWE 和 MIDAS 进行计算,振型组合方式采用 CQC,考虑扭转耦联、偶然偏心地震作用,对整体计算结果进行了细致的对比分析,确认结构计算的合理性。

(3) 采用弹性动力时程分析作为加速度反应谱的补充分析手段,地震效应采用包络值进行设计。

(4) 采用抗震性能化设计方式,针对超限情况,选定了合适的性能目标。对关键构件以及普通竖向构件进行了中、大震下的性能化分析计算,保证其在中、大震下性能水准的实现。

(5) 有针对性地对超限情况进行加强:①针对结构扭转不规则:通过加大外围梁、柱截面尺寸,提高抗扭刚度,并将扭平周期比值的限值提高至 0.85(规范是 0.9)。②针对楼板不连续:除了计算整体结构扭转情况时采用刚性楼板外,对构件承载力计算、楼板应力计算均采用弹性楼板模型;对薄弱处楼板,对其在中震、大震作用下进行分析,保证其设防地震作用下不屈服、罕遇地震下不出现贯通裂缝;根据分析结果有针对性地对楼板薄弱位置加大板厚至 150 mm,提高配筋率及板钢筋双层双向拉通,并对大开口周边的梁柱配筋进行加强,同时对其腰筋进行加强。③针对局部错层:采用分块刚性楼板假定计算各错层分区的扭转位移比,控制位移比不超过 1.4;采用等效弹性法分析各错层楼板在中震、大震下的应力,保证其不发生剪切破坏;构造上采用双层双向拉通楼板配筋并适当提高配筋率,保证分块楼板的整体性;对因错层而形成的"短柱"在中震、大震下进行性能化分析,保证其达到相应的性能水准,构造上适当提高纵筋配筋率和体积配箍率,并加密箍筋,来提高其延性。

(6) 用罕遇地震下弹塑性时程分析进行了结构弹塑性变形补充分析验算,从层间位移角及构件损伤情况来判定结构满足"大震不倒"的设计水准。

(7) 针对结构的超长楼板拟采取以下相应措施:①设置后浇带:通过在超长楼板适当位置(每隔30~40 m 左右)处设置后浇带减小混凝土结构的早期自身收缩,浇捣时采用强度高一级的膨胀混凝土。②加强楼板配筋：通过计算确定楼板在温度变化下所产生的板内拉压力，并通过相应的抗裂筋加强避免温差开裂。③加厚部分楼板：对于中间薄弱区域的楼板，加厚至 200 mm。④加强屋面保温：做好混凝土浇捣后的保湿养护工作，通过施工组织措施将超长楼板的浇筑时间安排在气温较低的时候进行；合理控制混凝土水灰比等材料配置参数，减小混凝土自身的材料收缩。

二、整体结构主要分析结果

1. 弹性时程分析

据《建筑抗震设计规范》(GB 50011—2010)及《高层建筑混凝土结构技术规程》(JGJ 3—2010)要求，本工程应采用弹性动力时程分析进行多遇地震下的补充计算。采用 SATWE 程序对本工程进行了多遇地震下的弹性时程分析。按地震波三要素（频谱特性、有效峰值和持续时间），从程序自带的地震波中选取Ⅳ类场地上五组强震记录天然波和两组人工模拟的场地波进行弹性时程分析，确保平均底部剪力不小于反应谱法计算结果的 80%，每条地震波底部剪力不小于反应谱法结果的 65%。图 10.38 给出了地震波与规范反应谱的对比情况。可以看出，地震波的频谱成分与反应谱误差较小，满足规范在统计意义上相符的要求。表 10.29 给出了时程分析与振型分解反应谱法求得的结构底部剪力对比。

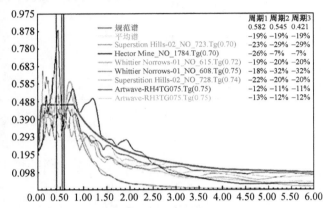

图 10.38　地震波与规范反应谱对比

表 10.29　时程分析与振型分解反应谱法结构底部剪力对比

地震波	底部剪力(kN)及比值(%)	X 向	Y 向
振型分解反应谱法	底部剪力	21 820	21 765
天然波一	底部剪力	21 543	20 193
天然波一	与反应谱的比值	99%	93%
天然波二	底部剪力	22 782	22 439
天然波二	与反应谱的比值	104%	103%
天然波三	底部剪力	19 733	21 753
天然波三	与反应谱的比值	90%	100%
天然波四	底部剪力	21 915	19 391
天然波四	与反应谱的比值	100%	89%
天然波五	底部剪力	18 612	16 734
天然波五	与反应谱的比值	85%	77%
场地人工波一	底部剪力	22 462	20 899
场地人工波一	与反应谱的比值	103%	96%
场地人工波二	底部剪力	18 665	21 244
场地人工波二	与反应谱的比值	86%	98%
七组地震波平均值	底部剪力	20 816	20 379
七组地震波平均值	与反应谱的比值	95%	94%

2. 静力弹塑性分析

由于本工程属于不规则的高层建筑，了解其在罕遇地震作用下结构是否满足《建筑抗震设计规范》(GB

50011—2010)第 1.0.1 条"不致倒塌或发生危及生命的严重破坏"的抗震设防目标非常重要。因此本工程采用弹塑性静力推覆分析法（Pushover）对结构进行水平荷载作用下的弹塑性分析。采用通用计算软件 MIDAS/GEN 进行静力弹塑性分析，以评估此建筑主体结构在罕遇地震作用下的抗震性能。图 10.39～图 10.42 给出了结构中震及大震的推覆结果。

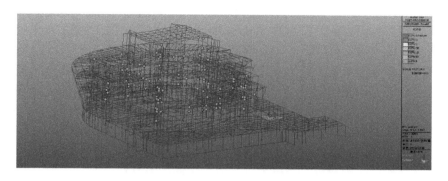

图 10.39 *X* 向推覆-中震结构整体出铰图

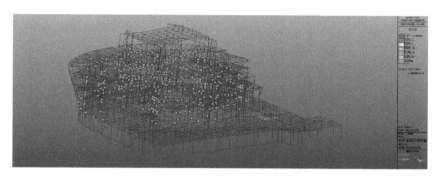

图 10.40 *X* 向推覆-大震结构整体出铰图

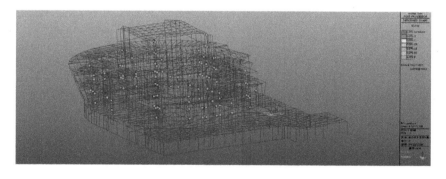

图 10.41 *Y* 向推覆-中震结构整体出铰图

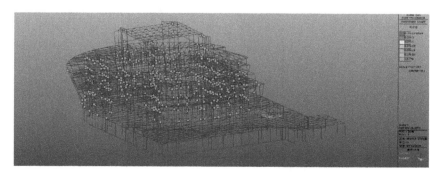

图 10.42 *Y* 向推覆-大震结构整体出铰图

从静力弹塑性计算结果可以看出,在中震下少量框架梁端出现塑性铰,极个别墙肢及框架柱顶部出现塑性铰;在大震下较多框架梁端出现塑性铰,少量剪力墙及框架柱出现塑性铰。从计算结果可以看出,整体结构基本合理,塑性铰主要出现在框架梁及连梁等耗能构件上。同时,框架柱出铰较少,能满足大震下二道防线的作用。对于出铰较多的剪力墙转角小墙肢,拟采用对其增设约束边缘构件及增加其配筋等措施进一步加强。

3. 罕遇地震作用动力弹塑性分析

为进一步考察建筑在罕遇地震作用下的内力、变形及损伤情况,弥补推覆分析的不足,本节采用 YJK 软件对结构进行大震下的弹塑性时程分析。对本工程进行罕遇地震下弹塑性时程分析,以期达到以下目的:(1)研究结构在罕遇地震作用下顶点位移、层间位移角、基底剪力、倾覆弯矩等性能指标,评估结构在罕遇地震作用下的抗震性能;(2)评价结构在罕遇地震作用下的弹塑性行为,根据整体结构变形情况以及主要结构构件的塑性损伤发展情况,确定结构是否满足"大震不倒"的性能要求;(3)检验混凝土短柱、斜柱及转换梁等关键构件在罕遇地震下的塑性发展情况;(4)根据分析结果,针对结构薄弱部位和薄弱构件提出改进措施,用于指导后续的结构设计。

进行罕遇地震下弹塑性时程分析时考虑了每组地震波的三向分量,即各地震分量沿结构抗侧力体系的水平向(X、Y 向)及竖向(Z 向)分别输入。水平主向、水平次向及竖向加速度峰值按照抗震规范 1.0:0.85:0.65 的比例系数进行调幅。

表 10.30 给出了 X 向为主向地震输入下结构 X 向的最大层间位移角。从整体指标来看,结构在遭遇罕遇地震时,层间变形能够满足规范的要求,且有一定余量。

表 10.30 X 向为主向的地震工况下 X 向最大层间位移角

地震工况	X 向	Y 向
RH3TG075-1	1/282	1/400
RH4TG075-1	1/277	1/315
Hector Mine-1	1/254	1/297
Superstition Hills NO_723-1	1/405	1/359
Superstition Hills NO_728-1	1/331	1/325
Whittier Narrows NO_608-1	1/332	1/338
Whittier Narrows NO_615-1	1/312	1/280
平均值	1/312	1/327

图 10.43～图 10.47 给出了结构关键构件的弹塑性时程分析结果。连梁破坏较为严重,剪力墙基本处于轻度至中度破坏等级之间,满足性能 5 对于关键构件不超过中度破坏等级的要求;舞台四角的通高墙肢在四层的根部位置破坏相对严重,说明该区域是薄弱环节,需要进行加强;框架柱中,围绕舞台和观众厅的部分框架柱在二层处破坏较为严重,属于中度至严重破坏等级,也满足性能 5 对普通竖向构件的要求。

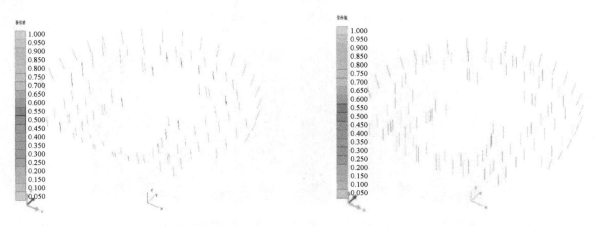

图 10.43　一层框架柱破坏情况　　　　　图 10.44　二层框架柱破坏情况

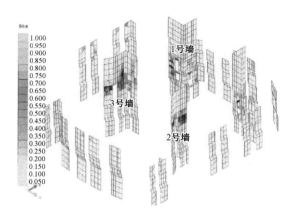

图 10.45　剪力墙(含连梁)整体破坏情况

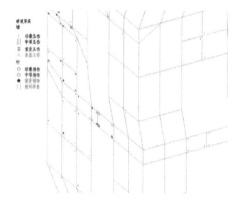

图 10.46　1号剪力墙破坏程度

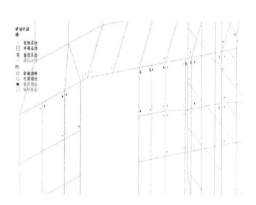

图 10.47　2号剪力墙破坏程度

4. 楼板应力分析

在设防地震下,主要楼层楼板应力分布见图 10.48。从计算结果可以看出,二层至三层楼面除楼板边界凹角处、中间楼板大开洞薄弱处及个别核心筒周边尤其在角部外,楼板应力分布较小,主拉应力均在1.1 MPa以下,该部分楼板中震不屈服的性能目标通过配置少量拉通钢筋即可实现。四层为大屋面层,除楼板边界凹角处及个别核心筒周边尤其在角部外,楼板主拉应力均在2.2 MPa以下,为实现中震不屈服的性能目标,施工图阶段将以中震下楼板应力的计算结果指导配筋。对于楼板边界凹角处、中间楼板大开洞薄弱处及个别核心筒周边尤其在角部外,这几个区域楼板应力普遍较大,设计将采用增加楼板厚度、适当提高楼板配筋率、楼板配筋按双层双向拉通设置等措施,保证实现这些区域楼板的性能目标。

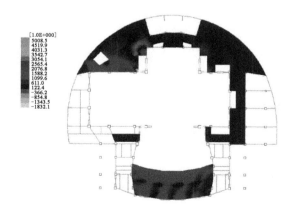

（a）二层楼面 X 向地震下主应力(10^{-3} MPa)

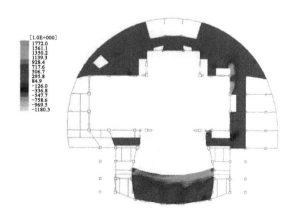

（b）二层楼面 Y 向地震下主应力(10^{-3} MPa)

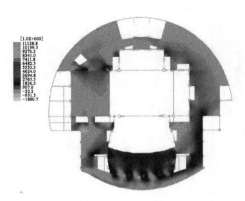
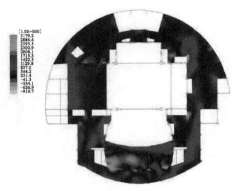

（c）三层楼面 X 向地震下主应力（10^{-3} MPa）　　　　（d）三层楼面 Y 向地震下主应力（10^{-3} MPa）

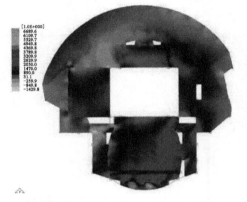
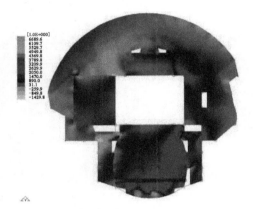

（e）四层楼面 X 向地震下主应力（10^{-3} MPa）　　　　（f）四层楼面 Y 向地震下主应力（10^{-3} MPa）

图 10.48　设防地震烈度下主要楼层应力分布

　　在罕遇地震下，大洞口周边板宽较小的区域，可能早于抗侧力构件发生破坏。一旦剪切破坏，楼板两侧的结构不能共同工作，结构动力特性变化显著，抗震承载力遭到较为严重的破坏。依据《混凝土结构设计规范》（GB 50010—2010），对薄弱区楼板的截面抗剪承载力进行校核。薄弱区楼板剖面索引图见图 10.49，计算结果如表 10.31、表 10.32 所示。

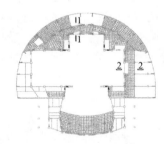
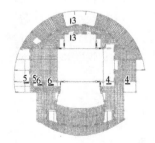
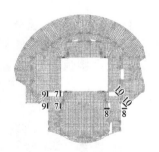

（a）二层计算截面　　　　　　（b）三层计算截面　　　　　　（c）四层计算截面

图 10.49　薄弱区楼板剖面索引图

表 10.31　X 向地震楼板抗剪承载力验算

剖面号	板宽（mm）	板厚（mm）	剪力（kN）	限值（规）（kN）	结果
1-1	3 650	120	164	1 027	符合
2-2	3 600	120	80	1 013	符合
3-3	3 650	120	230	1 027	符合

（续表）

剖面号	板宽(mm)	板厚(mm)	剪力(kN)	限值(规)(kN)	结果
4-4	6 150	120	402	1 730	符合
5-5	2 300	120	379	647	符合
6-6	3 100	120	442	872	符合
7-7	3 000	120	762	844	符合
8-8	6 500	120	833	1 829	符合
9-9	3 950	120	906	1 111	符合
10-10	4 250	120	1 010	1 196	符合

表 10.32　Y 向地震楼板抗剪承载力验算

剖面号	板宽(mm)	板厚(mm)	剪力(kN)	限值(规)(kN)	结果
1-1	3 650	120	333	1 027	符合
2-2	3 600	120	198	1 013	符合
3-3	3 650	120	82	1 027	符合
4-4	6 150	120	130	1 730	符合
5-5	2 300	120	277	647	符合
6-6	3 100	120	205	872	符合
7-7	3 000	120	160	844	符合
8-8	6 500	120	461	1 829	符合
9-9	3 950	120	620	1 111	符合
10-10	4 250	120	776	1 196	符合

5. 屋面钢结构分析

大剧场重叠形钢屋盖为本项目的设计难点之一,结构布置时,利用叠合屋面间的立面幕墙设置了弧形钢桁架,该桁架以其下混凝土柱作为支承,上下弦分别与高、低片屋面相连,并承担其传来的荷载。此外,结合建筑屋面效果,大小剧场的屋盖间难于设置结构缝,故钢屋盖结构布置时,将两剧场的屋盖进行整合建模,并对中部连接位置进行刚度弱化设置,尽量减少连体钢屋盖对各自混凝土部分的传力影响。后期施工图设计时也将对其进行"分""合"两大工况的包络设计,确保整体结构的安全性。

钢屋盖计算分为单独钢屋盖模型和钢屋盖与混凝土拼合模型。单独钢屋盖分析采用 3D3S 软件,单独钢屋盖模型中包含从混凝土屋盖至钢屋盖之间的混凝土柱部分,混凝土柱顶采用固端约束。计算模型如图 10.50。

钢屋盖和混凝土拼合模型分析采用 MIDAS/GEN 软件,计算模型如图 10.51。

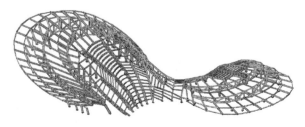

图 10.50　钢屋盖计算模型

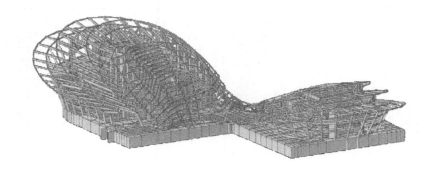

图 10.51　钢屋盖与混凝土拼合计算模型

屋面桁架在竖向荷载作用下挠度均较小,屋盖挑梁在竖向荷载作用下最大挠度见表 10.33。两模型计算结果相差不大。此挑梁长度 L 为 10.6 m,按 $L/125$ 挠度限值为 84.8 mm,恒载+活载作用下挠度约为 116 mm,超过限值,采用悬挑梁起拱来解决此问题,挑端起拱值约为 40 mm。

表 10.33　挑梁在竖向荷载作用下的挠度

工况	最大挠度(mm)	
	单独屋盖模型	拼合模型
恒载	92.9	88.9
活载	22.5	22.3

表 10.34　屋盖结构在水平荷载作用下的侧移

工况	最大侧移(mm)	
	单独屋盖模型	拼合模型
X 向地震	15.8	49.9
Y 向地震	15.4	48.7
X 向风	19.9	23.5
Y 向风	28.9	32.6

屋盖结构在水平荷载作用下侧移见表 10.34。地震作用及风荷载作用下单独屋盖模型的最大侧移均小于拼合模型,这主要是由于单独屋盖模型的混凝土柱底采用刚接,比拼合模型的混凝土柱底刚度大。屋盖高度 H 为 41 m 左右,按 $H/500$ 挠度限值为 82 mm,两模型计算结果均在限值范围内。结果表明钢屋盖的结构体系是可行的,具有足够的强度及刚度,满足变形及整体稳定的要求。

10.3.4　专家审查意见

启东市文化体育中心拟建于江苏南通启东市汇龙镇,属体型特别不规则的高层建筑工程,按照国家《行政许可法》《江苏省防震减灾条例》和《超限高层建筑工程抗震设防管理规定》(建设部令第 111 号)的要求,应在初步设计阶段进行抗震设防专项审查。专家组审阅了初步设计资料,听取了勘察、设计单位汇报,经认真讨论、质询,认为该工程针对超限高层建筑采取的加强措施基本合理,采用框架-剪力墙结构体系可行,审查结论为"通过"。

设计单位应在施工图阶段对下列问题进一步修改完善:

1. 应按整体模型及切分模型分别计算,按不利结果包络设计,复核斜柱根部的力学平衡条件。

2. 与文化馆连接部位钢结构、舞台、观众厅屋盖结构宜作改进。

3. 温度应力计算的温差应适当增加,顶部钢结构部分风、雪荷载应经进一步分析确定;补充完善钢结构节点、支座设计,完善屋面钢结构的设计。

4. 性能设计目标:底部加强部位剪力墙按抗剪中震弹性、抗弯中震不屈服设计;舞台四角通高墙肢宜按中震弹性设计,支承上部钢结构的混凝土构件应按性能化要求设计。

10.4　江苏大剧院

设计单位:华东建筑设计研究院有限公司

10.4.1　工程概况与设计标准

江苏大剧院项目是一个集演艺、会议、展示、娱乐等功能为一体的大型文化综合体,地处长江之滨的南京河西新城核心区,并位于河西中心区东西向文体轴线西端。净用地面积 19 万 m²,总建筑面积 27.14 万 m²,建筑高度 47.3 m。

本工程包括歌剧厅、音乐厅、戏剧厅、综合厅及公共大厅等五个主要部分,其中歌剧厅 2300 座、戏剧厅 1000 座、音乐厅 1500 座,综合厅包括一个 3000 座的会议厅和一个 900 座的国际报告厅,公共大厅包括一个 300 座的多功能厅及其他附属配套设施。建筑效果如图 10.52 所示。地面以上建筑单体的平面关系如图 10.53 所示。

歌剧厅、音乐厅、戏剧厅和综合厅在±0.00 m 以上与公共大厅设抗震缝脱开。其建筑外立面总体呈巨蛋形,屋盖顶盖呈内凹形态。各单体地上均为六层,楼层平面

图 10.52　建筑效果图示意

均呈椭圆形,平面尺寸分别为 146 m×125 m、113 m×89 m、121 m×101 m 和 162 m×134 m,屋盖顶标高分别为 47.3 m、39.1 m、41.9 m 和 46.7 m。歌剧厅、音乐厅、戏剧厅和综合厅均利用建筑垂直交通以及机电设备用房的布置在剧场和舞台周边设置剪力墙、核心筒或框架柱,形成框架-剪力墙结构体系。标高 12.00 m(综合厅为 6.00 m)以上的外立面为钢结构围护与屋盖系统,并由斜柱、摇摆柱、中环梁、顶环桁架及内凹顶盖的钢拉梁与中心刚性环等各部分组成,其受力特点总体类似。公共大厅即位于歌剧厅、音乐

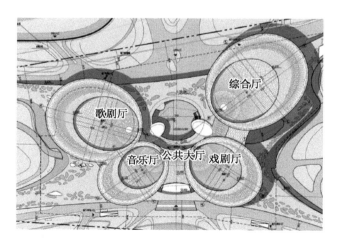

图 10.53　地面以上部分的建筑单体平面关系

厅、戏剧厅和综合厅之间的区域,为地下一层地上二层(局部一层)的室外大平台,主要用于售票服务、交通疏散、配套商业及地下停车等用途。建筑标高 12.00 m,部分区域设坡道从±0.00 m 直至平台区域。公共大厅采用钢筋混凝土框架结构,并在各专业功能厅之间设钢屋盖。

本项目设计使用年限为 50 年。建筑结构安全等级:重要构件(包括剪力墙、框架柱、钢屋盖、钢桁架等)为一级,次要构件(除重要构件外的其他构件,如楼面次梁等)为二级。结构重要性系数:重要构件为 1.1,次要构件为 1.0。依据《建筑抗震设计规范》(GB 50011—2010),本工程结构设计采用的抗震设计参数如表 10.35。

表 10.35 抗震设计参数

抗震设防烈度	7 度
基本地震加速度峰值	0.10g
设计地震分组	第一组
抗震设防类别	乙类(按 8 度采取抗震措施)
场地类别	Ⅲ 类
特征周期 T_g	0.45 s
阻尼比	0.035(弹性分析)
抗震措施	8 度
周期折减系数	0.80

10.4.2 结构体系及超限情况

1. 结构体系

歌剧厅是江苏大剧院项目的独立单体之一。歌剧厅的建筑外立面总体呈巨蛋形,屋盖顶盖呈内凹形态。歌剧厅主要楼层为 6 层,楼层平面均呈椭圆形,典型平面与剖面分别见图 10.54、图 10.55 所示。其中,楼层平面投影的椭圆最大长轴和短轴为 146 m 和 125 m,内凹顶盖的长轴和短轴为 96 m 和 80 m,屋盖顶标高为 47.3 m。

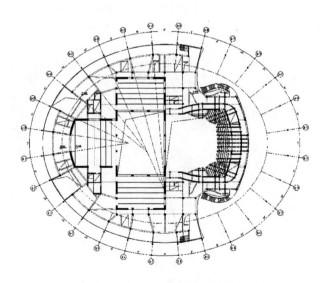

图 10.54 歌剧厅的典型楼层结构平面图

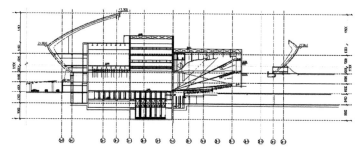

图 10.55 歌剧厅的建筑剖面图

（1）混凝土结构

歌剧厅利用建筑垂直交通及机电设备用房的布局在池座和舞台周边设置剪力墙或框架柱,并沿平面周边设立环向布置的框架柱,形成框架-剪力墙结构,兼做竖向承重及抗侧力体系。为减小剪力墙和楼面偏置的不利影响,通过调整墙厚及墙洞布置以控制平面扭转变形。剧场的池座、楼座、库房以及辅助用房等较小跨度的楼屋面采用现浇钢筋混凝土梁板结构,仅局部大跨梁采用预应力混凝土。观众厅及主舞台的大跨楼面(位于主体钢屋盖以下)采用钢桁架或波纹腹板钢梁。由于建筑功能的布置需要,楼面各区域形成多处大小各异的开洞,通过专项分析及相应的配筋加强措施,确保楼面的整体刚度及抗侧力体系间的变形协调能力。

（2）钢屋盖结构体系

歌剧厅在 ± 0.00 m 以上设变形缝与公共大厅脱开,并在 12 m 标高以上的外立面采用钢结构外围护及屋盖系统。歌剧厅与音乐厅的部分建筑空间在视觉上是重叠的,通过在音乐厅侧形成缺口保留了歌剧厅的结构完整性。

（3）竖向承重体系

歌剧厅钢结构外围护和钢屋盖的竖向承重体系由斜柱、摇摆柱、中环梁、顶环桁架及内凹顶盖的钢拉梁与中心刚性环等各部分组成,见图 10.56。

斜柱共计 28 榀,柱底采用双向铰接,并直接坐落于下方的 28 根框架柱上。斜柱柱底标高 12 m,平面间距约 12 m。斜柱采用变截面的箱形构件,克服较大的平面内弯矩及平面外稳定性。此外,为减小斜柱在标高 27 m 以上部分的跨度,在部分区域设摇摆柱,摇摆柱搁置于剪力墙上,共计 8 根。

为平衡斜柱向外侧倾斜的变形趋势,在标高 27 m 处设中环梁予以拉结,并在内凹顶盖的切口周边设顶环桁架,形成以中环梁为拉、顶环桁架为压的平衡系统。同时,为平衡斜柱柱底向内变形和反力,在 12 m 标高处设置一道大截面的钢筋混凝土环梁,有利于避免楼板开洞带来的不利影响。

内凹顶盖采用中心辐射状的径向钢拉梁,形成以张力为主的单层受拉网壳。顶盖中心设中心刚性环,以便于径向钢拉梁的连接与节点构造,同时采用桁架布置以提高中心刚性环的刚度。径向钢拉梁间以 3 m 间距布置环形钢梁,以协调各钢拉梁间的变形能力,同时可兼作主檩使用。

径向钢拉梁与斜柱的连接采用铰接形式。由于钢拉梁与斜柱在平面上存在较大的角度,无法直接平衡内力,因此顶环桁架的桁架式布置显著改善了两者间的传力,同时也对屋面大开口的薄弱性形成了有效的加强作用。

上述构件构成了歌剧厅完整的竖向承重体系,可独立于内部混凝土墙体或框架而存在。但鉴于建筑布置的需要,标高 12 m 以上部分楼面将搁置于斜柱上,楼面钢梁采用铰接与斜柱连接,同时压型钢板组合楼面向内退出一定的间距。这种空间关系使得钢结构外表皮与室内混凝土结构之间出现了必然的关联性,即斜柱为楼面提供竖向传力,而混凝土结构也为钢结构外表皮提供了一定的侧向支承。

（4）抗侧力体系

歌剧厅的抗侧力体系主要由下部的混凝土框架-剪力墙体系构成,局部楼梯间设置核心筒以调节抗侧刚度并改善抗扭性能。

钢屋盖结构首先作为独立存在的承重体系,需要具有必要和完整的抗侧力系统。歌剧厅在标高 27.00 m 以下将结合建筑幕墙布置交叉斜撑,同时通过调整斜撑截面,协调与混凝土结构间的侧向力分配

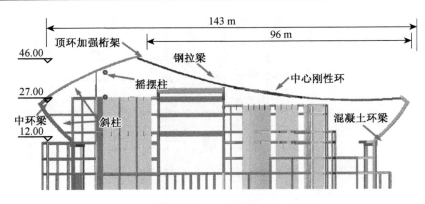

图 10.56　歌剧厅竖向承重体系的传力路径

与侧向变形。钢屋盖在标高 27.00 m 以上及内凹顶盖内则设刚性系杆与屋面支撑,以形成屋盖整体性并保证斜柱等主要构件的平面外稳定性。

2. 超限情况

结构抗震超限情况汇总见表 10.36 和表 10.37。从表中可以看出,本结构有 4 项超限,主要为偏心布置、楼板不连续、竖向刚度突变和竖向尺寸突变。此外,本工程钢屋盖结构的平面最大尺寸为 143 m×122 m,但内部增设摇摆柱以减小跨度,实际最大跨度约 120 m。根据《建筑抗震设计规范》(GB 50011—2010)的规定,本工程整体结构属于特别不规则大跨空间结构。

表 10.36　高层建筑一般规则性超限检查

序号	不规则类型	判　断　依　据	判断	备注
1a	扭转不规则	考虑偶然偏心的扭转位移比大于 1.2	无	
1b	偏心布置	偏心率大于 0.15 或相邻层质心相差大于相应边长 15%	有	
2a	凹凸不规则	平面凹凸尺寸大于相应边长的 30%	无	
2b	组合平面	细腰形和角部重叠形	无	
3	楼板不连续	有效宽度小于 50%,开洞面积大于 30%,错层大于梁高	有	
4a	刚度突变	相邻层刚度变化大于 70% 或连续三层变化大于 80%	有	
4b	尺寸突变	竖向构件位置缩进大于 25%,或外挑大于 10% 和 4 m,多塔	有	
5	构件间断	上下墙、柱、支撑不连续,含加强层、连体等	无	
6	承载力突变	相邻层受剪承载力变化大于 80%	无	
7	其他不规则	如局部的穿层柱、斜柱、夹层、个别构件错层或转换	无	

注:a、b 不重复计算不规则项。

表 10.37　高层建筑严重规则性超限检查

序号	不规则类型	判　断　依　据	判断	备注
1	扭转偏大	裙房以上的较多楼层,考虑偶然偏心的扭转位移比大于 1.4	无	
2	扭转刚度弱	扭转周期比大于 0.9,混合结构大于 0.85	无	
3	层刚度偏小	本层侧向刚度小于相邻上层的 50%	无	
4	高位转换	框支墙体的转换构件位置:7 度超过 5 层,8 度超过 3 层	无	
5	厚板转换	7~9 度设防的厚板转换结构	无	
6	塔楼偏置	单塔或多塔与大底盘的质心偏心距大于底盘相应边长的 20%	无	
7	复杂连接	各部分层数、刚度、布置不同的错层 连体两端塔楼高度、体型或者沿大底盘某个主轴方向的振动周期显著不同的结构	无	
8	多重复杂	结构同时具有转换层、加强层、错层、连体和多塔等复杂类型的 3 种	无	

10.4.3　超限应对措施及分析结论

一、超限应对措施

1.分析模型及分析软件

主体结构按弹性模型进行计算分析。分析模型采用如下假定:(1)考虑地下室部分,并以±0.00 m 地下室顶板作为嵌固层;(2)楼板采用弹性楼板反映其平面内的实际刚度(验算层间位移比时采用刚性楼板假定);(3)顶盖钢结构的平面外刚度相对较弱,容易出现频繁的振型,因此整体计算时抑制顶盖结构的局部振型,仅在顶盖结构专项分析和构件内力验算时考虑实际刚度和振型。计算分析软件采用 ETABS 有限元程序,并采用 MIDAS 有限元程序进行校核。

2.关键部位性能目标

结构关键部位的抗震性能目标如表 10.38 所示。

表 10.38　结构关键部位抗震性能目标

地震烈度			多遇地震	设防烈度地震	罕遇地震
性能水平定性描述			不损坏	轻度损坏	中度损坏
层间位移角限值			$h/800$	—	$h/100$
下部结构	剪力墙	抗弯	按规范要求设计,弹性	允许出现轻微塑性	允许进入塑性,混凝土压应变和钢筋拉应变在极限应变内
		抗剪	按规范要求设计,弹性	按中震弹性验算	允许出现轻微塑性
	连梁		按规范要求设计,弹性	允许进入塑性	最早进入塑性并形成塑性铰
	框架柱 (非斜柱处)		按规范要求设计,弹性	允许进入塑性	允许进入塑性,钢筋应力可超过屈服强度,但不超过极限强度
	框架梁		按规范要求设计,弹性	允许进入塑性	允许进入塑性,钢筋应力可超过屈服强度,但不超过极限强度
	大跨桁架		按规范要求设计,弹性	按中震不屈服验算	允许进入塑性,钢材应力可超过屈服强度,但不超过极限强度
	不落地柱的 转换构件		按规范要求设计,弹性	按中震弹性验算	按大震不屈服验算
	框架柱 (斜柱处)		按规范要求设计,弹性	按中震弹性验算	按大震不屈服验算
	钢筋混凝土 环梁		按规范要求设计,弹性	按中震不屈服验算	允许进入塑性,钢材应力可超过屈服强度,但不超过极限强度
钢屋盖	斜柱		按规范要求设计,弹性	按中震弹性验算	按大震不屈服验算
	摇摆柱		按规范要求设计,弹性	按中震弹性验算	按大震不屈服验算
	中环梁顶环桁架		按规范要求设计,弹性	按中震弹性验算	按大震不屈服验算
	顶盖拉梁 中心刚性环		按规范要求设计,弹性	按中震弹性验算	允许出现轻微屈服强度,钢材应力可超过屈服强度
	斜撑		按规范要求设计,弹性	允许进入塑性	允许进入塑性,钢材应力可超过屈服强度,但不超过极限强度
其他构件			按规范要求设计,弹性	允许进入塑性	允许进入塑性,不倒塌
支座及节点			按规范要求设计,弹性	迟于构件破坏	

3. 针对性抗震措施

针对本工程抗震设防类别为乙类、结构特别不规则的抗震超限情况,除在结构布置方面设置抗震缝(兼温度伸缩缝),在抗侧力体系布置方面尽量均匀对称外,另采用以下加强措施:

(1)采用双重抗侧体系

抗侧力体系主要由下部的混凝土框架-剪力墙体系构成,局部楼梯间设置核心筒以调节抗侧刚度并改善抗扭性能。

(2)控制结构扭转不规则

本工程建筑外轮廓呈椭圆形,但内部功能及结构布置呈现出明显的不对称性,导致结构容易发生扭转。通过合理布置抗侧力构件,确保质心与刚心基本重合,减小偏心影响,同时充分利用外围钢屋盖及斜撑的作用,进一步提高结构抗扭刚度,减小扭转效应。

(3)提高关键部位构件抗震性能目标

对关键构件(斜柱、顶环桁架、中环梁、摇摆柱、顶盖拉梁等),严格控制应力比,在重力和中震组合下以及重力和风荷载组合下,关键构件应力比控制在0.85以下。斜柱柱底的钢筋混凝土环梁及下方外框柱也按中震弹性和大震不屈服设计。提高斜柱柱底铰接支座以及顶盖拉梁与顶环梁铰接支座的安全性能,在设计支座时,支座承载能力及转动角度应满足大震下的安全性与可靠性。

(4)加强结构薄弱部位

歌剧厅的二层框架因上层钢结构外围护系统而表现为薄弱层,结构设计时二层构件内力按放大系数1.15进行设计加强。通过防连续倒塌分析等手段,提高该区域竖向承重构件的多道传力路径与冗余性能。本工程各单体楼板开洞多,池座及楼座部分形成错层,应对楼板在水平地震作用下的应力进行分析,并加强楼板配筋,提高各竖向抗侧力构件的变形协调性,从而提高结构整体性能。

二、整体结构主要分析结果

1. 反应谱分析结果

表10.39、表10.40分别给出了结构在 X、Y 方向及45度、135度方向两种软件计算所得主要结果情况。可以看出结构在多遇地震作用下的最小剪重比为3.83%,最大层间位移角为1/2 143,扭转位移比小于1.2,均满足规范要求。

表10.39 主要计算结果对比(X、Y方向)

		ETABS	MIDAS	备注
重力荷载代表值(1.0恒荷载+0.5活荷载,kN)		1 641 608		嵌固以上部分
基底剪力(kN)	X 向	81 506	76 802	
	Y 向	74 270	69 057	
剪重比	X 向	4.97%	4.68%	>1.6%
	Y 向	4.52%	4.21%	>1.6%
顶点位移(mm)	X 向	7.4	7.3	
	Y 向	9.3	9.4	
最大层间位移角	X 向	1/2 143	1/2 876	<1/800
	Y 向	1/2 222	1/2 183	<1/800
扭转位移比	X 向	1.088	1.010	<1.2
	Y 向	1.171	1.072	<1.2
质量参与系数	X 向	98.48%	98.35%	>95%
	Y 向	98.40%	98.00%	>95%
	扭转	98.63%	97.93%	>95%

表 10.40 主要计算结果对比(45 度方向、135 度方向)

		ETABS	MIDAS	备注
重力荷载代表值(1.0 恒荷载+0.5 活荷载,kN)		1 641 608		嵌固以上部分
基底剪力(kN)	45 度方向	67 707	62 847	
	135 度方向	68 392	63 336	
剪重比	45 度方向	4.12%	3.83%	>1.6%
	135 度方向	4.17%	3.86%	>1.6%
顶点位移(mm)	45 度方向	7.8	8.2	
	135 度方向	8.4	8.7	
最大层间位移角	45 度方向	1/2 692	1/2 388	<1/800
	135 度方向	1/2 692	1/2 352	<1/800
最大扭转比	45 度方向	1.151	1.074	<1.2
	135 度方向	1.135	1.053	<1.2
质量参与系数	45 度方向	98.26%	98.06%	>95%
	135 度方向	98.42%	98.31%	>95%
	扭转	98.62%	97.93%	>95%

2. 弹性时程分析结果

选用三条地震波(两组天然波、一组人工波)进行弹性时程计算。三条地震波分别为 LM007、L0164 和 L750-4,其时程曲线及频谱特性如图 10.57~图 10.59 所示。

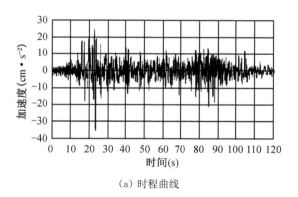

(a) 时程曲线

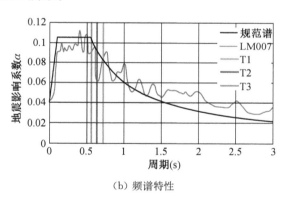

(b) 频谱特性

图 10.57 地震波 LM007

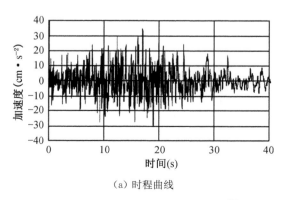

(a) 时程曲线

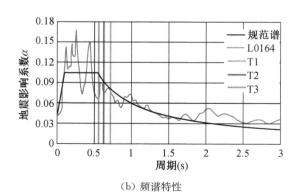

(b) 频谱特性

图 10.58 地震波 L0164

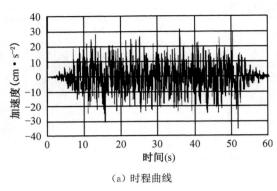

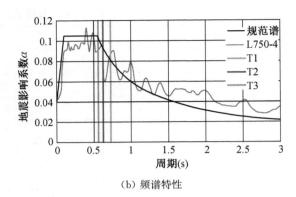

(a) 时程曲线   (b) 频谱特性

图 10.59 地震波 L750-4

时程分析的基底剪力与反应谱结果比较如表 10.41 所示。结果表明,个别地震波下的基底剪力大于反应谱结果,构件设计与变形验算时将取弹性时程结果的包络值与反应谱的比值对反应谱计算效应进行放大。

表 10.41 时程分析与反应谱分析基底剪力的比较

分析方法		X 向		Y 向	
		基底剪力(kN)	与反应谱比值	基底剪力(kN)	与反应谱比值
反应谱		81 506	—	74 270	—
时程	LM007	85 559	104.97%	70 115	94.41%
	L0164	78 405	96.20%	52 398	70.55%
	L750-4	78 105	95.83%	85 252	114.79%
时程分析平均值		80 690	99.00%	69 255	93.25%

时程分析的楼层剪力和层间位移角与反应谱结果的比较见图 10.60～图 10.63。结果表明,个别地震波下的楼层剪力和层间位移角大于反应谱结果,构件设计与变形验算时将取弹性时程结果的包络值与反应谱的比值对反应谱计算效应进行放大。

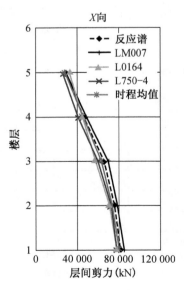

图 10.60 X 向楼层剪力

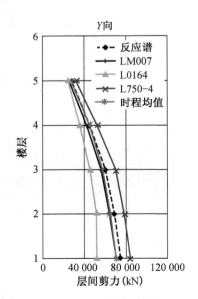

图 10.61 Y 向楼层剪力

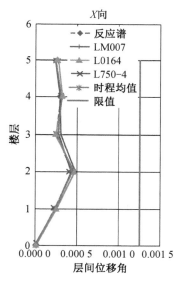

图 10.62 X 向层间位移角

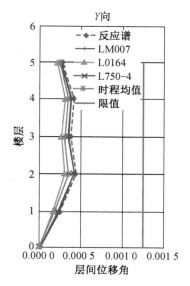

图 10.63 Y 向层间位移角

3. 构件设计

构件设计的基本原则如表 10.42 所示。

表 10.42 构件设计基本原则

设计准则\\分项	非地震组合	多遇地震	中震弹性	中震不屈服	大震不屈服
结构重要性系数 γ_0	★				
P-Δ 效应放大系数	★	★	★		
楼层活荷载折减	★				
荷载分项系数	★	★	★		
材料强度	设计值	设计值	设计值	标准值	标准值
承载力抗震调整系数 γ_{RE}		★	★		
双向地震或偶然偏心		★			
考虑风荷载组合	★	★			
楼层剪力调整	重力二阶效应调整	剪重比调整；重力二阶效应调整；外框剪力调整；薄弱层调整			
构件设计内力调整		★			

钢屋盖斜柱在中震弹性组合下的应力比汇总见图 10.64。其中最大应力比 0.86，且绝大部分斜柱应力比在 0.6 以内。斜柱满足中震弹性设计。

顶环桁架梁在中震弹性组合下的应力比汇总见图 10.65。其中个别构件应力比 0.82，绝大部分构件应力比在 0.5 以内。顶环桁架和中环梁满足中震弹性设计。

顶盖钢拉梁在中震弹性组合下的应力比汇总见图 10.66。其中最大应力比接近 0.85，绝大部分构件应力比在 0.8 以内。顶盖钢拉梁满足中震弹性设计。

钢屋盖斜撑在小震弹性组合下应力比汇总见图 10.67。其中最大应力比接近 0.9，绝大部分构件应力比在 0.8 以内。斜撑满足小震弹性设计。

钢屋盖斜柱、顶环桁架梁在大震不屈服组合下的应力比见图 10.68、图 10.69。其中最大应力比接近 0.98,绝大部分构件应力比在 0.8 以内。上述关键构件满足大震不屈服设计。

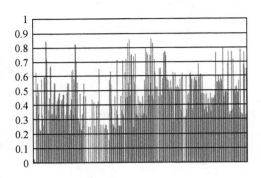

图 10.64　钢屋盖斜柱中震组合下应力比柱形图

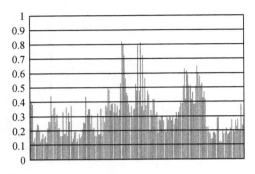

图 10.65　顶环桁架梁中震组合下应力比柱形图

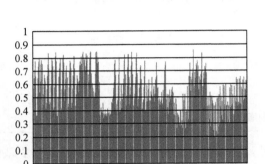

图 10.66　顶盖拉梁在中震组合下应力比柱形图

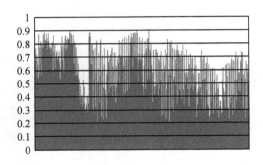

图 10.67　斜撑在多遇地震组合下应力比柱形图

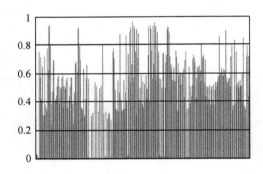

图 10.68　钢屋盖斜柱大震组合下应力比柱形图

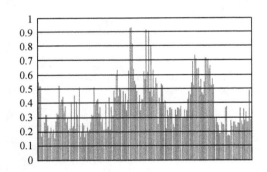

图 10.69　顶环桁架梁大震组合下应力比柱形图

4. 专项分析

(1) 钢筋混凝土环梁的内力与稳定

钢屋盖结构坐落于标高 12 m 楼层的四周,但部分楼面开洞较大,需要采用钢筋混凝土环梁进行内力平衡和加强。混凝土环梁截面为 2 000 mm×2 000 mm,楼面开洞区域的环梁长度为 130 m。钢筋混凝土环梁在设计荷载组合下的轴力和平面内弯矩如图 10.70 所示,其中轴力 9 700 kN,相当于环梁混凝土轴压应力2.5 MPa,弯矩 5 750 kN·m,而其抗弯承载力约 23 000 kN·m。

当不考虑钢筋混凝土环梁长度 130 m 内存在部分楼板的平面内约束作用,而仅以钢筋混凝土环梁自身保证其稳定性,可参照两铰拱计算环梁的平面内稳定承载力,即计算长度取 $l_0 = 130/2 = 65$ m,则稳定承载力 $N_{cr} = \dfrac{\pi^2 EI}{l_0^2} = 98\,000$ kN。可见,设计轴力仅为该稳定承载力的 1/10,混凝土环梁可满足稳定性要求。

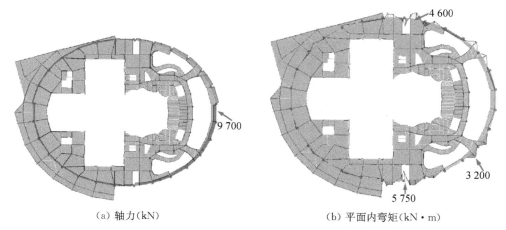

（a）轴力（kN）　　　　　　　　（b）平面内弯矩（kN·m）

图 10.70　钢筋混凝土环梁的内力

（2）屋盖变形分析

钢屋盖在竖向荷载标准组合下的变形如图 10.71 所示。

斜柱在靠近中环梁和顶环桁架处出现竖向变形并伴随不同程度的水平位移。其中，中环梁处的斜柱竖向挠度约 17～63 mm，顶环桁架处的竖向挠度 31～210 mm；中环梁因呈受拉状态，因此总体向外变形，水平变形量 3～50 mm；顶环桁架呈受压状态，总体向内变形，水平变形量 20～40 mm。

内凹顶盖的各钢拉梁竖向变形差异较明显。其中，中心钢拉环处的最大挠度 295 mm（自重、附加恒载、活载下各 93 mm、103 mm、26 mm），其他区域的最大挠度 415 mm（自重、附加恒载、活载下各 180 mm、180 mm、55 mm）。中心钢拉环的水平向最大相对变形差在 0.5 mm 以内。

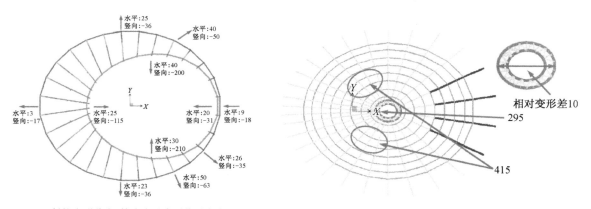

（a）斜柱变形分布（箭头表示水平位移方向）　　　　（b）内凹顶盖变形分布

图 10.71　歌剧厅钢屋盖的变形分布（标准组合，mm）

（3）竖向地震作用下的钢屋盖结构动力响应

采用小震反应谱分析和弹性时程分析，考察内凹顶盖在最不利竖向地震下是否存在受压的可能性，以及顶盖钢拉梁、斜柱与顶环桁架等关键构件的内力情况。采用局部钢屋盖模型进行计算，计算模型包括钢屋盖、顶盖及摇摆柱等组成部分，斜柱和摇摆柱柱脚底部铰接，如图 10.72。

竖向地震输入加速度峰值为 42 gal，不考虑竖向地震与水平地震的 0.65 倍调幅系数；中震和大震下的结构响应结果可分别按加速度峰值 122 gal 和

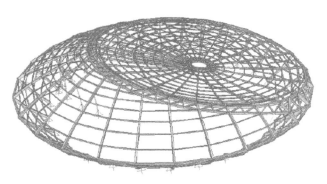

图 10.72　模型示意图

200 gal作比例调整。

小震计算时阻尼比按 0.02。反应谱工况采用规范反应谱曲线,$\alpha_{max}=0.096$,特征周期 $T_g=0.45$ s,周期折减系数 0.8。时程分析采用相邻场地建筑工程抗震超限审查用的 7 组天然波竖向分量,加速度峰值 42 gal。振型取前 1 000 阶,质量参与系数大于 97%。

图 10.73 为内凹顶盖径向钢拉梁在竖向地震(小震)下的轴力与重力荷载代表值下轴力的比较,横坐标为钢拉梁比例(指钢拉梁数量与总数量的比值),纵坐标为地震作用下与重力荷载代表值下的轴力比。

结果表明:(1)时程与重力荷载下的平均轴力比与反应谱结果基本相当,其中 90% 的钢拉梁在小震下的轴力小于重力荷载代表值下的 0.08 倍,仅个别构件达到 0.13 倍左右。(2)关于时程与重力荷载下的最大轴力比,有 95% 的钢拉梁在小震下的轴力小于重力荷载代表值下的 0.12 倍,仅个别构件达到 0.15 倍左右。因此,即使在大震作用下(按地震加速度峰值 200/42=4.76 倍放大)仅个别构件的轴力达到重力荷载代表值下的 72%,绝大多数构件的轴力在重力荷载代表值下的 50% 以内,不致出现顶盖钢拉梁整体性的或者局部性的反向受压状态。

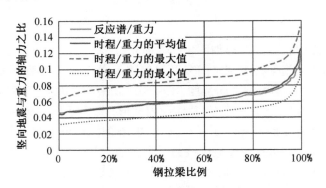

图 10.73　竖向地震与重力荷载代表值的钢拉梁轴力之比

中震下斜柱、顶环桁架和顶盖钢拉梁的内力如图 10.74～图 10.75 所示。顶环最大轴力为 2 800 kN,最大强轴弯矩为 1 500 kN·m;斜柱的最大轴力为 880 kN,最大弯矩为 2 500 kN·m;中环梁的最大轴力为 1 400 kN,最大强轴弯矩为 430 kN·m;顶盖钢拉梁的最大轴力为 900 kN,最大强轴弯矩为 850 kN·m。

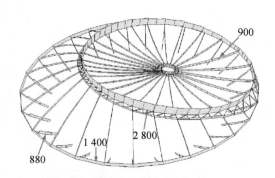

图 10.74　主要构件竖向地震反应谱下轴力(kN)

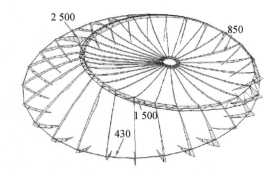

图 10.75　主要构件竖向地震反应谱下弯矩(kN·m)

(4) 防连续性倒塌分析

采用防连续性倒塌设计方法,以提高结构冗余度以及在突发事件下的结构安全性。采用静力法并考虑动力放大系数进行结构的防连续性倒塌分析,动力放大系数取 2.0。荷载组合取恒载和活载的准永久组合,即"1.0×恒载+0.4×活载"。材料强度取标准值,并考虑材料应变强化系数 1.1。未考虑结构构件遭遇突发事件的风险性,仅假定多根主要承重构件分别出现初始失效,以评估结构的抗连续性倒塌能力及冗余性能,如图 10.76 所示。其中,斜柱考虑三种构件去除方案;摇摆柱考虑一种方案,为所有摇摆柱中最边上的一根;顶盖钢拉梁去除方案考虑一种,为竖向荷载下拉力最大的地方;中环梁考虑两种杆件去除方案。

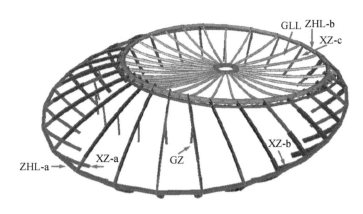

图 10.76　去除构件编号(斜柱、摇摆柱和顶环梁)

斜柱 XZ-a、XZ-b 和 XZ-c 失效的构件应力比如图 10.77～图 10.79 所示。XZ-a 和 XZ-b 失效后,邻近的中环梁应力比分别为 0.971 和 0.986,邻近的斜柱应力比分别为 0.977 和 0.955。XZ-c 失效后,邻近的中环梁应力比不大,邻近的斜柱应力比最大为 0.960。

GZ 失效后的结构应力比如图 10.80,邻近的摇摆柱轴力和应力比有所增加,但未超过 0.5,邻近的斜柱应力比最大为 0.975。

顶盖钢拉梁 GLL 失效后的应力云图如图 10.81 所示,邻近的钢拉梁最大应力比为 0.994。

中环梁 ZHL-a 失效后结构的应力比如图 10.82 所示。ZHL-a 失效后,邻近的斜柱最大应力比为 0.994,和 ZHL-a 紧邻的斜柱最大应力比为 0.727。

上述结果表明:(1)单独一根斜柱失效后,结构不致发生塑性破坏和倒塌。(2)中环梁和顶盖钢拉梁的某一段失效后,结构不致发生塑性破坏和倒塌。

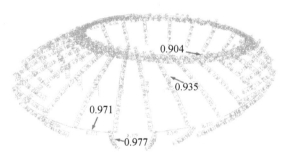

图 10.77　XZ-a 失效后结构应力比

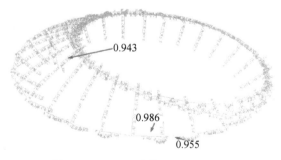

图 10.78　XZ-b 失效后结构应力比

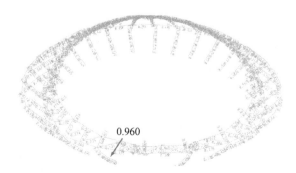

图 10.79　XZ-c 失效后结构应力比

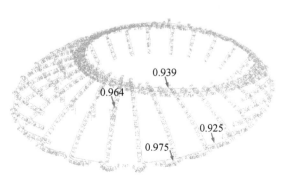

图 10.80　GZ 失效后结构应力比

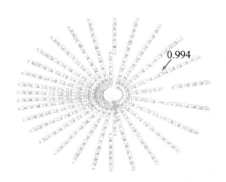 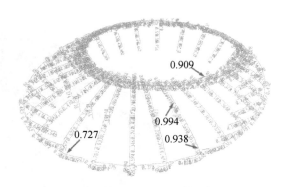

图 10.81　GLL 失效后结构应力比　　　　**图 10.82　ZHL-a 失效后结构应力比**

10.4.4　专家审查意见

2013 年 8 月 8 日在北京,由江苏省住房和城乡建设厅主持召开该工程结构超限抗震设防专家审查会,与会专家审阅了设计文件、听取介绍和质询后认为,结构体系可行,抗震设防标准正确,场地类别划分正确,抗震性能目标基本合理。审查结论为"通过"。

对结构初步设计提出如下意见,请设计单位改进:

1. 计算分析:补充静荷载与堆雪荷载组合工况计算;补充拆除上斜柱的防倒塌分析;风吸力不宜小于 $2 \, kN/m^2$,拉梁出现压力时应采取措施;整体模型与分析模型的包络设计应改进和细化,提供组合后的最不利应力比;竖向地震波需要重新选取和计算。

2. 结构:上斜柱与拉梁的连接方案应进一步比较;混凝土环梁和支承柱应为重要构件,γ_0 取 1.1,环梁拉力全部由梁内钢筋或型钢承担,支承柱宜采用 SRC 柱;下斜柱柱脚宜增加一道钢环梁;应补充主要节点有限元分析和深化设计。

10.5　苏州工业园区体育中心

设计单位:上海建筑设计研究院有限公司

10.5.1　工程概况与设计标准

苏州工业园区体育中心位于苏州工业园区内,基地西距金鸡湖 2.5 km,北部靠近中央文化区和湖东核心区,南部与斜塘河景观相邻。项目占地 47.25 hm²,总建筑面积约 35 万 m²。由 13 000 座体育馆、45 000 座体育场、3 000 座游泳馆和配套服务楼组成。它将成为集竞技、健身、商业、娱乐为一体的多功能、生态型体育中心。基地周围已有居民社区陆续建成,体育中心将成为工业园区市民休闲、运动、赏景的重要设施。体育中心建筑效果图见图 10.83。

总体设计采取自由曲线的布局,提供丰富多样的动线,犹如徜徉在园林之间。建筑裙房如山丘升起,体育场馆犹如坐落在池水山石上的亭榭,轻盈优雅。各项体育、休闲和商业设施如水边的叠石,舒缓工巧。拾级而上,是宽阔的平台和体育场馆。体育公园内曲径通幽,移步易景,将运动场地与景观有机地结合在一起,以现代的手法诠释园林的意韵。

三个场馆通过景观公园相连,与周围自然环境浑然一体,形

图 10.83　体育中心建筑效果图

成一个自然不受约束的步行通道,同时方便安全疏散观众。体育场建筑面积 81 000 m²,为地上五层混凝土结构加钢结构屋面,钢结构除仅在混凝土结构三层设置铰接柱脚和上层看台设置连杆外,自成平衡体系。混凝土看台高度 31.8 m,钢结构屋面高度 52.0 m。体育场无地下室,仅有局部地下通道与车库相连。嵌固端设置在承台顶面,承台顶面高度－2.5 m,则结构高度为 2.5 m＋52.0 m＝54.5 m,按照《高层建筑混凝土结构技术规程》(JGJ 3—2010)规定,属于高层建筑。

根据地质勘查报告及《建筑抗震设计规范》(GB 50011—2010),对于本项目结构分析和设计采用参数如表 10.43。

表 10.43　体育中心设计参数

建筑结构安全等级(GB 50068—2001,1.0.8)	二级(钢屋盖一级)
结构的设计使用年限(GB 50068—2001,1.0.5)	50 年
地基基础设计等级(GB 50007—2011,3.0.1)	甲级
建筑抗震设防类别(GB 50223—2008,6.0.3)	重点设防类(乙类)
抗震设防烈度(GB 50011—2010)	7 度
设计地震分组(GB 50011—2010)	第一组
设计基本地震加速度(GB 50011—2010,附录 A)	0.10g
水平地震影响系数最大值(GB 50011—2010 表 5.1.4-1);安评报告	规范 0.08; 安评报告 0.085; 采用安评小震加速度峰值的 2.25 倍,即 0.077(采用)
建筑场地类别 安评报告	Ⅲ类
特征周期(GB 50011—2010,表 5.1.4-2);勘探报告	规范 0.45 s; 勘探报告 0.53 s(采用)
阻尼比,多遇地震下(GB 50011—2010,10.2.8)	钢屋盖 0.02,混凝土结构 0.045,混合结构 0.035
周期折减系数(JGJ 3—2010,4.3.17)	0.7
结构高度	54.5 m
高宽比	0.18
嵌固层位置	承台顶(相对标高－2.50 m)
建筑结构荷载规范(GB 50009—2010,表 E.5),50 年一遇基本风压	混凝土结构 0.45 kN/m²,钢结构按风洞试验结果
风荷载体型系数	混凝土结构 1.4,钢结构按风洞试验结果
结构体系	混凝土框架＋钢支撑＋钢屋盖
框架抗震等级(JGJ 3—2010,3.9.3)	一级

10.5.2　结构体系及超限情况

1. 结构体系

体育场无地下室,仅有局部地下通道与车库相连。地上为五层混凝土结构加钢结构屋面,钢结构屋面除在混凝土结构三层设置铰接柱和上层看台侧面设置连杆外,自成平衡体系。混凝土看台高度 31.8 m,钢结构屋面高度 52.0 m。嵌固端设置在承台顶面,承台顶面高度－2.5 m,则混凝土结构高度为 2.5 m＋31.8 m＝34.3 m,钢结构高度为 2.5 m＋52.0 m＝54.5 m。

体育场的抗侧力结构体系用以抵抗地震作用和风荷载。主要抗侧力系统为混凝土框架结构,3 层以上为单跨混凝土框架＋钢支撑结构。体育场主要尺寸及抗侧力构件如图 10.84~图 10.87 所示。根据《高层建筑混凝土结构技术规程》(JGJ 3—2010)第 3.3.1 节,6 度区混凝土框架的最大适用高度 60 m,7

度区混凝土框架的最大适用高度 50 m,体育场混凝土结构高度 34.3 m,考虑大平台的高宽比为 34.3 m/300 m＝0.11,不考虑大平台仅考虑核心看台的高宽比为 34.3 m/200 m＝0.17,远小于 6 度、7 度区框架结构最大高宽比 4 的要求。

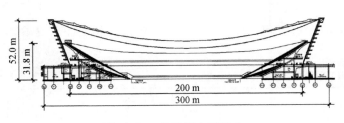

图 10.84 体育场主要尺寸

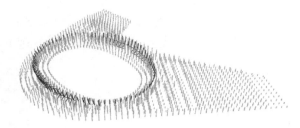

图 10.85 抗侧构件

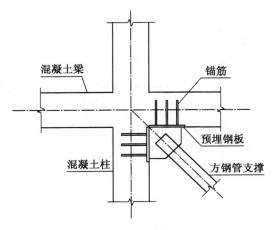

图 10.86 钢支撑与混凝土梁柱节点

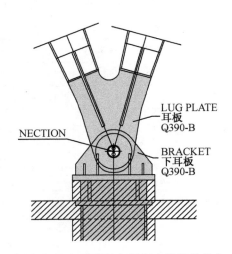

图 10.87 钢屋盖柱与混凝土柱铰接节点

2. 结构的超限情况

本工程根据《超限高层建筑工程抗震设防管理规定》(建设部令第 111 号)和《超限高层建筑工程抗震设防专项审查技术要点》(建质〔2010〕109 号),对规范涉及结构不规则性条文进行了检查。详见表10.44、表10.45。

表 10.44 高层建筑一般规则性超限检查

序号	不规则类型	判 断 依 据	判断	备注
1a	扭转不规则	考虑偶然偏心的扭转位移比大于 1.2	有	
1b	偏心布置	偏心率大于 0.15 或相邻层质心相差大于相应边长 15%	无	
2a	凹凸不规则	平面凹凸尺寸大于相应边长的 30%	有	
2b	组合平面	细腰形和角部重叠形	无	
3	楼板不连续	有效宽度小于 50%,开洞面积大于 30%,错层大于梁高	有	
4a	刚度突变	相邻层刚度变化大于 70% 或连续三层变化大于 80%	无	
4b	尺寸突变	竖向构件位置缩进大于 25%,或外挑大于 10% 和 4 m,多塔	有	
5	构件间断	上下墙、柱、支撑不连续,含加强层、连体等	无	
6	承载力突变	相邻层受剪承载力变化大于 80%	无	
7	其他不规则	如局部的穿层柱、斜柱、夹层、个别构件错层或转换	有	

注:a、b 不重复计算不规则项。

表 10.45　高层建筑严重规则性超限检查

序号	不规则类型	判 断 依 据	判断	备注
1	扭转偏大	裙房以上的较多楼层,考虑偶然偏心的扭转位移比大于 1.4	有	
2	扭转刚度弱	扭转周期比大于 0.9,混合结构大于 0.85	有	
3	层刚度偏小	本层侧向刚度小于相邻上层的 50%	无	
4	高位转换	框支墙体的转换构件位置:7 度超过 5 层,8 度超过 3 层	无	
5	厚板转换	7~9 度设防的厚板转换结构	无	
6	塔楼偏置	单塔或多塔与大底盘的质心偏心距大于底盘相应边长的 20%	无	
7	复杂连接	各部分层数、刚度、布置不同的错层 连体两端塔楼高度、体型或者沿大底盘某个主轴方向的振动周期显著不同的结构	无	
8	多重复杂	结构同时具有转换层、加强层、错层、连体和多塔等复杂类型的 3 种	无	

10.5.3　超限应对措施及分析结论

一、超限应对措施

1. 分析模型及分析软件

混凝土结构单体模型采用如下计算软件进行计算:

(1) ETABS Nonlinear 9.7.4 版本。

(2) SATWE 2010 版。

计算模型中定义了竖向和水平荷载工况。其中竖向工况包括结构自重、附加恒荷载以及活荷载。水平荷载工况为地震荷载。考虑了不同方向的地震作用,地震作用的计算采取振型分解反应谱法,并采用时程分析法进行补充计算。计算中考虑重力二阶效应。小震和中震时结构的阻尼比取值为 0.05。

屋盖钢结构单体模型采用整体三维有限元模型,采用反应谱分析方法进行多遇地震下的有限元分析。弹性分析采用两个标准有限元软件,包括由 SOFISTIK 公司开发的 SOFISTIK2012 以及加利福尼亚的 CSI 公司开发的 SAP2000。

2. 关键部位性能目标

体育场的屋盖外边缘压环几何尺寸,长向为 260 m,短向为 230 m,马鞍形的高差为 25 m,这样体育场的立面高度在 27~52 m 之间变化。体育场坐落在 11.92 m 高的裙房大平台之上。马鞍形的外环相应也形成了起伏变换的马鞍形的内环。由于体育场屋面结构空间几何形状复杂,故抗震设计及控制均参照《超限高层建筑工程抗震设防专项审查技术要点》中关于大跨空间结构的条文进行界定。

体育场屋盖结构高度大于 24 m,屋盖的跨度大于 120 m,且屋盖结构超出《网架结构设计与施工规程》和《网壳结构技术规程》规定的常用形式的大型公共建筑工程。屋盖结构形式超出常用空间结构形式的大型体育场馆属于结构形式与屋盖跨度超限。根据本工程实际情况,拟采用的性能目标如表 10.46 所示。

表 10.46　结构性能目标

地震烈度	多遇地震	设防地震	罕遇地震
性能等级	无损坏	无损坏	无损坏
允许水平位移	$h/250$	—	$h/50$

地震烈度		多遇地震	设防地震	罕遇地震
关键构件	V形立柱和压环梁	弹性	弹性	不屈服
	内环索	弹性	弹性	弹性
重要构件	轮辐式预应力索	弹性	弹性	弹性
柱脚支座	—	弹性	弹性	不屈服

3. 针对性抗震措施

为了提高结构的安全度,拟制定如下控制指标:

(1) 进行体育场单体模型的结构分析,将V形支柱与压环梁作为关键构件,控制其应力比,提出有效控制屋盖构件承载力和稳定的具体措施,详细论证其技术可行性。

(2) 对体育场屋盖结构进行施工安装模拟分析,地震作用及使用阶段的结构内力组合均以施工全过程完成后的静载内力为初始状态进行分析。

(3) 与下部混凝土进行整体建模,从而正确地模拟下部混凝土的刚度和变形对上部结构的影响,并在整体结构计算分析时,考虑支承的下部混凝土结构与屋盖结构不同阻尼比的影响。

(4) 对各项荷载工况,包括风荷载及温度荷载对结构进行分析,风荷载工况采用同济大学提供的基于100年重现期的风洞试验结果进行设计。雪荷载除了屋盖满布以外,尚考虑雪荷载的不均匀布置以及积雪荷载的不利影响。

(5) 温度作用在满足拟建场地根据荷载规定的温差值的同时综合考虑施工、合拢及使用三个不同时期的不利温差,采用最不利温差±30度进行分析。

(6) 用有限元分析软件进行频遇地震作用的反应谱分析及弹性时程分析、罕遇地震作用下的时程分析,并对竖向地震为主的地震作用效应进行组合验算。

(7) 校核结构的稳定承载力系数,并满足《索结构技术规程》(JGJ 257—2012)的相关要求,进行静力荷载作用下的几何非线性的稳定性分析。

(8) 建立屋面膜结构的专项研究,对所选用的膜材进行强度与刚度的相关校核,保证屋面索网与膜材共同作用的可靠性,并满足《膜结构技术规程》(CECS158—2004)的相关要求,进行静力荷载作用下的几何非线性分析。

(9) 对重要支座节点进行罕遇地震作用下的强度校核,并进行相关节点的有限元分析,确保屋盖的地震作用直接传递到下部支承结构。

(10) 构件的长细比满足《钢结构设计规范》(GB 50017—2003)要求:受压柱及桁架杆件的长细比小于150,受拉杆件的长细比小于300。

(11) 采用铰接支座以减小温度对轻型屋盖结构的不利影响,考虑支座的差异沉降及对可能产生的所有工况进行分析验算。

二、整体结构主要分析结果

1. 混凝土结构单体模型弹性分析与结果

(1) 周期(见表10.47)

表 10.47　模态周期表(SATWE 与 ETABS)

振型	周期(s)		振型	周期(s)		振型	周期(s)	
	SATWE	ETABS		SATWE	ETABS		SATWE	ETABS
1	0.538	0.539	4	0.368	0.367	7	0.242	0.244
2	0.491	0.493	5	0.349	0.349	8	0.232	0.234
3	0.449	0.452	6	0.279	0.280	9	0.221	0.226

以上分析数据对比表明,两套计算软件输出的前 9 周期和振型是较为吻合的。

SATWE 计算的振型质量参与系数,在 X 向为 92%、Y 向为 92%,满足规范规定的 90% 的要求。ETABS 计算的振型质量参与系数,在 X 向为 91%、Y 向为 93%,满足规范规定的 90% 的要求。

(2) 层间位移角

两种软件计算的楼层最大层间位移角如表 10.48 所示。

表 10.48　楼层最大层间位移角

	小震	
	X 方向	Y 方向
SATWE	1/1 742 (1/1 742)	1/1 680 (1/1 940)
ETABS	1/1 748 (1/1 748)	1/1 640 (1/1 886)

注:括号内为建筑首层位移角。

从上表可以看出,结构在水平作用下的层间位移角能满足既定的性能目标。建筑首层的层间位移角均远小于 1/650。

(3) 稳定性验算

高层建筑结构稳定设计主要是控制在侧向荷载作用下,重力荷载产生的二阶效应(重力 $P\text{-}\Delta$ 效应)不致过大,以致引起结构的失稳倒塌。结构的刚度和重力荷载之比(刚重比)是影响重力 $P\text{-}\Delta$ 效应的主要参数。

根据《高层建筑混凝土结构技术规程》(JGJ 3—2010),本工程结构整体稳定应符合:

$$D_i \geqslant 10\sum_{i=1}^{n}G_i/h_i$$

由表 10.49 可得出,结构的刚重比远大于 20,因此按照规范要求,在对结构内力和变形的计算中,不考虑重力二阶效应的不利影响。

表 10.49　结构刚重比表

	SATWE		ETABS	
方向	X	Y	X	Y
$D_i \geqslant 10\sum_{i=1}^{n}G_i/h_i$	49	48	53	49

(4) 大悬挑看台舒适度验算

根据《高层建筑混凝土结构技术规程》(JGJ 3—2010)第 3.7.7 条规定,楼盖结构竖向振动频率不宜小于 3 Hz,五层(上层看台层)悬挑最大 8.4 m,按照 ETABS 计算结果,其竖向振动频率为 3.5 Hz,满足规范要求,其竖向振动第一振型如图 10.88 所示。

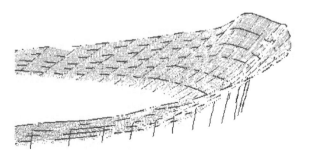

图 10.88　看台竖向振动第一振型

(5) 竖向地震作用

上层看台悬挑 1.5～8.5 m,为考察竖向地震作用可能产生的不利影响,按照反应谱方法,对竖向地震作用进行了计算,典型剖面竖向地震弯矩图如图 10.89 所示。计算发现,悬挑端竖向地震力下的弯矩在 0～400 kN·m 之间,与恒载产生的弯矩相比,比值在 0～8.1% 之间,如图 10.90 所示。竖向地震荷载组合 1.2DL＋0.6LL±1.3Eh±0.5Ev 和 1.0DL＋0.5LL±1.3Eh±1.3Ev 与恒活载组合 1.35DL＋0.7×1.4LL 相比,并不起控制作用,因此,大悬挑梁配筋并未增加。这也印证了规范从 7 度(0.15g)及以上设防烈度才要求考虑竖向地震作用是安全的。

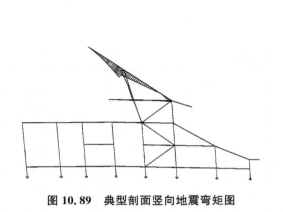

图 10.89　典型剖面竖向地震弯矩图

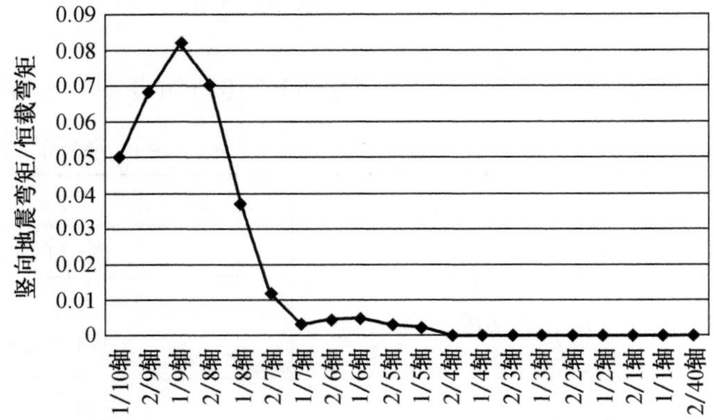

图 10.90　竖向地震弯矩与恒载弯矩之比

2. 屋盖钢结构单体模型弹性分析与结果

为了能正确以及合理地分析结构,采用了如图 10.91、图 10.92 的足尺结构模型进行整体结构分析。

图 10.91　SOFISTIK 体育场钢结构屋盖模型
（带膜结构）

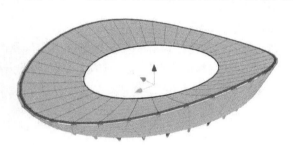

图 10.92　SOFISTIK 体育场钢结构屋盖模型
（不带膜结构）

表 10.50～表 10.52 给出了不同荷载工况下结构的验算结果。

表 10.50　在高点处(高度约 40 m)的最大 X 向水平位移汇总

荷载工况	工况编号 LF	位移 U_x(mm)		高度 H(m)	位移比
		SOFISTIK	SAP2000		
活载	1100	31.4	30.6	40	$H/1\ 274$
满雪荷载	1200	28.5	27.9	40	$H/1\ 403$
不均布雪荷载	1210	13.8	13.4	40	$H/2\ 898$
积雪荷载	1230	33.5	32.0	40	$H/1\ 194$
0°风荷载	1300	33.1	32.2	40	$H/1\ 208$
60°风荷载	1320	51.1	50.9	40	$H/782$
90°风荷载	1340	47.5	44.6	40	$H/842$
135°风荷载	1360	60.1	59.0	40	$H/665$
15°风荷载	1380	44.1	42.1	40	$H/907$
75°风荷载	1400	54.2	53.2	40	$H/738$
罕遇地震作用		76.2	75.0	40	$H/524$

表 10.51 在低点处(高度约 15 m)的最大 Y 向水平位移汇总

荷载工况	工况编号 LF	位移 U_y(mm)		高度 H(m)	位移比
		SOFISTIK	SAP2000		
活载	1100	13.0	12.5	15	$H/1\,153$
满雪荷载	1200	13.0	12.7	15	$H/1\,153$
不均布雪荷载	1210	9.30	8.90	15	$H/1\,612$
积雪荷载	1230	13.0	12.5	15	$H/1\,153$
0°风荷载	1300	8.0	7.6	15	$H/1\,875$
60°风荷载	1320	35.1	32.8	28	$H/797$
90°风荷载	1340	9.55	9.3	15	$H/1\,570$
135°风荷载	1360	43.7	41.6	28	$H/640$
15°风荷载	1380	32.4	31.3	28	$H/463$
75°风荷载	1400	23.5	23.3	28	$H/1\,191$
罕遇地震作用		51.4	50.2	15	$H/292$

表 10.52 竖向最大位移汇总 U_z(跨度为 260 m)

荷载工况	工况编号 LF	位移 U_z(mm)		跨度 L(m)	位移比
		SOFISTIK	SAP2000		
活载	1100	1 521	1 518	260	$L/171$
满雪荷载	1200	1 408	1 400	260	$L/185$
不均布雪荷载	1210	809	803	260	$L/321$
积雪荷载	1230	1 708	1 700	260	$L/152$
0°风荷载	1300	886	867	260	$L/293$
60°风荷载	1320	2 395	2 389	260	$L/109$
90°风荷载	1340	2 869	2 861	260	$L/91$
135°风荷载	1360	1 923	1 912	260	$L/135$
15°风荷载	1380	981	979.8	260	$L/265$
75°风荷载	1400	2 820	2 811	260	$L/92$
罕遇地震作用		777	765	260	$L/334$

由以上的变形分析,可知此体育场屋面索网结构在活荷载与风作用下的水平最大位移为 $H/463$,竖向最大位移为 $L/91$。根据膜结构规范,膜面内的变形可以允许为 1/15,而索网玻璃幕墙设计的面外变形限值为 1/45。

对于膜结构屋面,由于材料是柔性的,不会因为大变形而导致非结构构件的破坏。需要确保的是,在任何荷载作用下保证排水的顺畅,不会形成危及结构安全的水袋和雪袋。

3. 整体模型罕遇地震弹塑性分析

本工程的弹塑性分析将采用基于显式积分的动力弹塑性分析方法,直接模拟结构在地震力作用下的非线性反应,具有如下特点:

(1)完全的动力时程特性:直接将地震波输入计算模型进行弹塑性时程分析,可以较好地反映在不同相位差情况下构件的内力分布,尤其是反复拉压受力状态。

(2)完全的几何非线性:结构的动力平衡方程建立在结构变形后的几何状态上,可以精确地考虑"P-Δ"效应、非线性屈曲效应、大变形效应等非线性影响因素。

(3)完全的材料非线性:直接在材料应力-应变本构关系的水平上进行模拟,真实地反映材料在反复地震作用下的受力与损伤情况。

(4)采用显式积分,可以准确模拟结构的破坏直至倒塌的形态。

以 ABAQUS/STANDARD 和 ABAQUS/EXPLICIT 作为求解器,进行弹塑性计算。地震作用之前结构已经承受了自身重量以及其他恒活载等竖向载荷,因此整个分析分为两步:

第一步:"恒+0.5活"加载计算。根据《建筑抗震设计规范》(GB 50011—2010)第5.1.3条规定,计算地震作用过程中,建筑的重力荷载代表值为恒载加0.5倍活载。在时程计算过程中,竖向静载大小保持为"恒+0.5活"。

第二步:地震波时程计算。采取1组人工波和2组天然波,三向同时输入,主、次、竖向幅值比为1.0∶0.85∶0.65。地震波的峰值按220 cm/s² 选用。

基底剪力汇总如表10.53,X、Y 两个方向的最大基底剪力分别为 559 635 kN 和 611 717 kN,对应的剪重比为 20.36% 和 22.25%。剪力时程曲线见图10.93。

表 10.53 3组波弹塑性分析底部最大剪力汇总

地震波		X 方向		Y 方向	
		底部剪力 V_X(kN)	剪重比	底部剪力 V_Y(kN)	剪重比
天然波	S03	559 635	20.36%	611 717	22.25%
	SC1	463 562	16.86%	610 056	22.19%
人工波	RG2	481 776	17.53%	512 357	18.64%
最大值		559 635	20.36%	611 717	22.25%

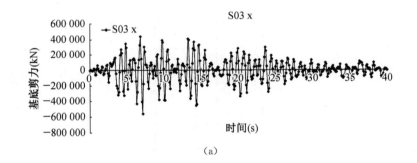

(a)

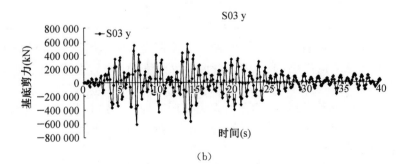

(b)

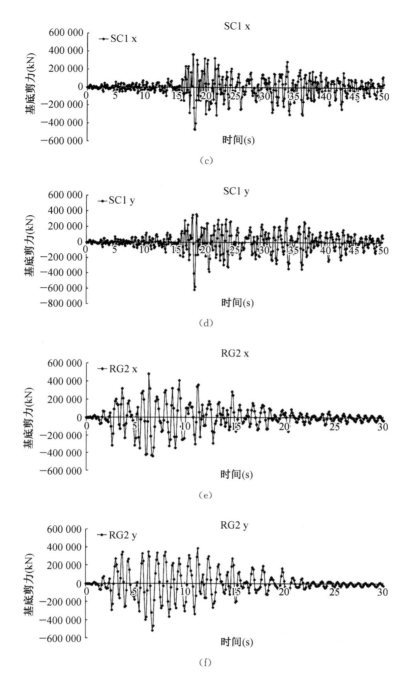

（c）

（d）

（e）

（f）

图 10.93 基底剪力时程曲线汇总

层间位移角汇总如表 10.54 所示，X、Y 两个方向的最大层间位移角分别为 1/139 和 1/105，满足设计要求。

表 10.54 层间位移角汇总

地震波		X 向层间位移角	Y 向层间位移角
天然波	S03	1/139	1/105
	SC1	1/168	1/150
人工波	RG2	1/164	1/110
最大值		1/139	1/105

10.5.4 专家审查意见

专家组审阅了初步设计文件,听取了设计、勘察单位汇报,经认真讨论、质询,认为该工程设防目标正确,审查结论为"通过"。

勘察、设计单位应在施工图阶段对下列问题做进一步修改完善:

1. 抗震设防标准:小震地震影响系数最大值取《地震安全性安评报告》地面加速度峰值的 2.25 倍,中震、大震地震影响系数最大值按 7 度确定,采用规范规定的反应谱及形状参数;场地的特征周期按本工程《岩土工程勘察报告》确定。

2. 体育场风荷载按气弹性模型校核,必要时由风工程专家专门论证确定。

3. 性能设计目标:支承钢结构 V 形柱、摇摆柱的钢筋混凝土柱按中震弹性设计;体育场、体育馆看台上部径向单跨框架柱及转换梁按中震弹性设计,体育馆、游泳馆剪力墙按中震弹性设计并满足大震下截面控制条件;V 形柱、摇摆柱、环梁按中震弹性设计;体育场局部带支撑的框架支撑按中震不屈服设计。

4. 按整体模型、钢结构、混凝土结构切分模型的计算结果包络设计,体育场、体育馆看台径向框架应按单榀复核其承载力。

5. 复核体育场和游泳馆销轴柱脚耳板平面外的承载力,各馆重要节点应进行应力分析。

6. 应进一步完善三馆的施工模拟分析,设计中应明确施工中的监测、控制要求。

7. 体育场、游泳馆压力外环应进行带缺陷的全过程分析。

10.6 南京禄口机场 2 号航站楼

设计单位:华东建筑设计研究院有限公司

10.6.1 工程概况与设计标准

南京禄口国际机场 2 号航站楼工程是南京禄口国际机场二期建设工程的重要组成部分,2 号航站楼区规划范围内用地总面积为 111 400 m²,规划区范围内设计标高 +0.00 m 相当于绝对标高 13.70 m。2 号航站楼项目为集国内旅客、国际旅客需求为一体,包含出发、到达、中转等各类旅客功能流程的综合航站楼。航站楼建筑面积约 23 万 m²,登机长廊总长约 1 200 m,最大宽度约 170 m。局部地下 1 层,地上 3 层。地下一层 −6.00 m 标高为空调机房,−5.20 m 标高为管道共同沟;一层为到达、机坪层的主要部分,位于 +0.00 m 标高,主要功能空间为行李提取大厅和迎客大厅;二层为局部夹层,位于空侧 4.25 m 标高,主要功能为连接登机桥和首层行李提取厅的通道;航站楼三层为出发层,标高 9.00 m,主要功能是让旅客在其中完成由陆侧到空侧的一系列流程。2 号航站楼效果图如图 10.94。

图 10.94 2 号航站楼效果图

根据地质勘查报告及《建筑抗震设计规范》(GB 50011—2010)对本项目结构分析和设计采用参数如表 10.55。

表 10.55　设计参数

设防标准	航站楼
结构设计使用年限	50 年
建筑结构安全等级	一级
结构重要性系数 γ_0	1.0(钢结构 1.1)
基础设计类别	甲级
桩基设计等级	甲级
抗震设防类别	乙类
抗震设防烈度	7 度
设计地震分组	第一组
设计基本地震加速度	0.10g
场地类别	Ⅱ类
最大地震影响系数	0.10
地基土液化类别	不液化土
特征周期	0.35 s
小震阻尼比	0.035(混凝土结构)/0.02(钢结构)
大震阻尼比	0.05
钢混凝土结构大屋面高度/钢屋盖总高	9.00 m/39.25 m
地上/地下层数	3 层/局部 1 层
基础埋深	2.50 m(无地下室区域)/6.00 m(地下室区域)
高宽比	0.2
结构类型	钢筋混凝土框架+空间曲面网格结构
混凝土结构的环境类别	一类(室内) 二类 b
地下一层及以上抗震等级	二级

10.6.2　结构体系及超限情况

1. 结构体系

2 号航站楼下部三层为混凝土框架结构体系,主楼和指廊间通过抗震缝脱开,主楼下部结构在 13 轴和 25 轴再设置两道抗震缝,将下部结构分为三部分,如图 10.95 所示。下部结构构件截面如表 10.56 所示。

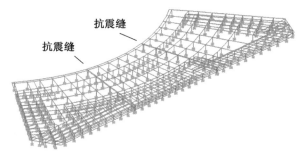

图 10.95　航站楼主楼下部结构

表 10.56　下部结构构件截面

类别	截面	材性	备注
框架柱 (mm×mm)	Φ1 200×30	钢管混凝土 钢材 Q345B 混凝土 C60	支承上部钢结构屋盖
	Φ1 600×60		
	Φ1 800×80		
	Φ800	混凝土 C50	仅用于下部结构
	Φ1 000		
框架梁 (mm×mm)	500×900	混凝土 C40	
	700×1 100		
	900×1 200		

上部屋盖钢结构为悬臂柱支承的大跨度空间曲面网格钢结构体系,如图 10.96 所示。

2. 结构的超限情况

根据建设部第 111 号令《超限高层建筑工程抗震设防管理规定》,2 号航站楼主楼上部钢结构属于大跨度超限建筑,应进行抗震设防专项审查。下部钢筋混凝土结构为多层结构,且其超限情况并未达到进行抗震审查要求的程度。为便于对结构整体情况的了解,现结合大跨度屋盖结构的评审,列出一个分块单元一并进行审查。超限情况如表 10.57 所示。

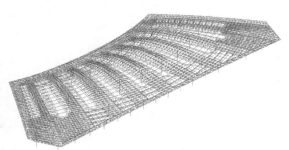

图 10.96　航站楼主楼上部结构轴侧图

表 10.57　超限分析结果汇总表

	结构分析结果	规范要求	超限判断
平面规则性	扭转周期比 0.9	扭转周期比 A 级高度高层建筑不应大于 0.9,B 级高度高层建筑不应大于 0.85	不超限
	扭转位移比 1.29	考虑偶然偏心的扭转位移比大于 1.2	超限
	二层楼板缺失,有效宽度占 28%	有效宽度小于 50%,开洞面积大于 30%,错层大于梁高	超限
超限大跨空间结构	主楼屋盖单向长度 471.5 m	屋盖的跨度大于 120 m 或悬挑长度大于 40 m 或单向长度大于 300 m,屋盖结构形式超出常用空间结构形式的大型列车客运候车室、一级汽车客运候车楼、一级港口客运站、大型航站楼、大型体育场馆等	超限

10.6.3　超限应对措施及分析结论

一、超限应对措施

1. 分析模型及分析软件

考虑本项目的特点,在初步设计阶段,弹性模型分析软件为 3D3S10.0 和 SAP2000 9.1.6。罕遇地震下动力弹塑性分析软件为 ABAQUS。

2. 关键部位的性能目标

结构控制指标及控制参数如表 10.58~表 10.60 所示。

表 10.58　下部钢筋混凝土结构控制指标

混凝土结构抗震等级	二级
在多遇地震作用下弹性层间相对位移	≤h/550
在罕遇地震作用下弹塑性层间相对位移	≤h/50

表 10.59　9 m 以上钢管柱设计控制参数(按悬臂柱要求控制)

在多遇地震作用下弹性层间相对位移	$\leqslant h/200$
在风荷载作用下弹性层间相对位移	$\leqslant h/200$
在罕遇地震作用下弹塑性层间相对位移	$\leqslant h/50$
在非地震组合下结构强度、稳定应力	$\leqslant 0.85$ 材料设计强度
在小震组合下结构强度、稳定应力	$\leqslant 0.8$ 材料设计强度
在中震组合下结构强度、稳定应力	$\leqslant$ 材料设计强度

表 10.60　屋顶结构设计控制参数

桁架挠度	$\leqslant L/250$
杆件应力比	$\leqslant 0.85$
压杆长细比	$\leqslant 0.85$
一般部位拉杆长细比	$\leqslant 300$
支座附件拉杆长细比	$\leqslant 250$

二、整体结构主要分析结果

1. 结构动力特性

(1)下部结构动力特性

如前所述,航站楼主楼下部混凝土结构被抗震缝分为左中右三部分,取右侧结构为例(表 10.61)。

表 10.61　下部结构(右侧部分)动力特性(模型 B)

模型	程序	周期(s)		X 向平动比例(%)	Y 向平动比例(%)	扭转比例(%)	扭转位移比	振型描述
模型 B	SAP2000	T1	0.691	67	19	14	T2/T1=0.87	X 向平动
		T2	0.600	31	29	40		X 向平动+扭转
		T3	0.577	39	52	9		Y 向平动

由于上部钢结构屋盖为整体结构,对下部结构有整体约束作用,所以每块结构的扭转效应并不明显。

(2)上部结构动力特性

上部钢结构动力特性如表 10.62 所示。

表 10.62　上部钢结构动力特性

模型	程序	周期(s)		振型描述
模型 A	SAP2000	T1	1.629	屋盖整体 Y 向平动
		T2	1.610	主桁架竖向振动
		T3	1.500	主桁架竖向振动
		T4	1.420	扭转
		T5	1.307	屋盖整体 X 向平动
		T6	1.282	主桁架竖向振动
	3D3S	T1	1.564	屋盖整体 Y 向平动
		T2	1.514	主桁架竖向振动
		T3	1.409	主桁架竖向振动
		T4	1.375	扭转
		T5	1.262	屋盖整体 X 向平动
		T6	1.203	主桁架竖向振动

(续表)

模型	程序	周期(s)		振型描述
模型 B	SAP2000	T1	1.930	屋盖整体 Y 向平动
		T2	1.728	扭转
		T3	1.636	主桁架竖向振动
		T4	1.536	屋盖整体 X 向平动
		T5	1.506	主桁架竖向振动
		T6	1.323	屋盖整体 Y 向平动
	3D3S	T1	1.937	屋盖整体 Y 向平动
		T2	1.775	扭转
		T3	1.535	屋盖整体 X 向平动
		T4	1.520	主桁架竖向振动
		T5	1.412	主桁架竖向振动
		T6	1.323	屋盖整体 Y 向平动

从两种模型的动力特性分析结果看,模型 A(不带下部结构)侧向刚度大于模型 B(带下部结构),原因为模型 B 上部钢结构柱在 9.00 m 标高约束刚度是弹性的而非理想嵌固,模型 B 更接近实际情况。

模型 B 除第 3 和第 4 振型出现次序颠倒之外,其他振型和周期都吻合较好。以 SAP2000 计算结果为例,结构第 1 振型为 Y 向平动,第 2 振型为扭转,第 3 振型为主桁架的竖向振动,第 4 振型为 X 向平动。

2. 结构弹性地震响应

(1) 地震力

单向地震作用下,按照振型分解反应谱法计算地震力,两个方向的质量参与系数均超过 90%,计算得到的下部混凝土结构柱底剪力如表 10.63 所示。

表 10.63　下部混凝土结构柱底地震力

模型	软件	地震力(kN)			总体结构重力荷载代表值(1.0 恒＋0.5 雪)(kN)	剪重比			地震力/重力荷载代表值
		X 向	Y 向	Z 向		X 向	Y 向	Z 向	
模型 B	SAP2000	74 722	66 689	—	1 362 741	0.054	0.048	—	
	3D3S	73 803	66 892	—		0.054	0.049	—	

计算得到的上部钢结构柱底地震力如表 10.64 所示。

表 10.64　上部钢结构柱底地震力

模型	软件	地震力(kN)			上部结构重力荷载代表值(1.0 恒＋0.5 雪)(kN)	剪重比			地震力/重力荷载代表值
		X 向	Y 向	Z 向		X 向	Y 向	Z 向	
模型 A	SAP2000	7 361	6 267	4 338	275 751	0.026	0.022	0.015	
	3D3S	7 103	6 585	—		0.025	0.023	—	
模型 B	SAP2000	9 396	7 249	7 314		0.034	0.026	0.026	
	3D3S	9 282	7 335	—		0.033	0.026	—	

从以上结果可以看出,两种软件计算结果吻合较好。

模型 B 计算的上部钢结构柱底地震力大于模型 A,以 SAP2000 计算结果为例,X 向地震力模型 B 为模型 A 的 1.276 倍,Y 向为 1.157 倍。可以看出,下部混凝土结构对上部钢结构的地震力有一定的放大作用。

根据《建筑抗震设计规范》(GB 50011—2010)表 5.3.2,8 度区 II 类场地,平板型网架、钢屋架竖向地震作用系数可取 0.08,7 度区没有规定,对于本工程取地震作用系数 0.05(8 度区的一半且考虑安评水平地震影响系数最大值为 0.1),按反应谱法计算的竖向地震作用系数为 0.026,小于规范值,综合考虑按规范值进行调整。

（2）位移角

下部混凝土结构柱顶位移角及层刚度比如表 10.65 所示。

表 10.65　下部混凝土结构位移角及层刚度比

结构响应		SAP2000	
		X 向	Y 向
最大层间位移角	地震作用	1/1 232	1/1 239
	风作用	1/9 999	1/9 999
底部层间位移角	一层	1/1 814	1/1 850
最大层间位移比		1.01	1.10
上、下层刚度比	地震作用	0.69	0.69

上部钢结构柱顶位移角如表 10.66 所示。

表 10.66　上部钢结构柱顶位移角

模型	结构响应	荷载/作用		SAP2000		3D3S	
				X 向	Y 向	X 向	Y 向
模型 A	最大层间位移角	恒载	自重	—	1/582	—	1/598
			附加恒载	—	1/416	—	1/427
		雪载		—	1/1 002	—	1/1 029
		地震作用		1/1 057	1/607	1/929	1/531
		风作用		1/2 113	1/559	1/2 100	1/562
		温度作用		1/221	1/461	1/220	1/451
模型 B	最大层间位移角	恒载	自重		1/490		1/489
			附加恒载	—	1/358	—	1/341
		雪载			1/858		1/843
		地震作用		1/644	1/466	1/660	1/447
		风作用		1/1 559	1/446	1/1 419	1/412
		温度作用		1/211	1/427	1/209	1/403

在风、地震、温度等工况作用下,位移角均小于 1/200,满足控制指标要求。

通过两个模型的动力特性、地震力和柱顶位移指标比较,可以看出:

① 由于 9.00 m 标高柱底弹性约束的缘故,模型 B(带下部混凝土结构)偏柔,基本周期较长,结构位移较大。

② 模型 B 考虑了下部混凝土结构振动产生的鞭梢效应,所以地震力较大。

总之,模型 B 更接近结构实际受力情况,故下文各指标均按模型 B 提取。

（3）主桁架挠度

上部钢结构在竖向荷载下的挠度如表 10.67 及图 10.97～图 10.99 所示。

表 10.67　上部钢结构在竖向荷载下的挠度

结构响应		SAP2000		3D3S	
		室内主桁架	悬挑部分	室内主桁架	悬挑部分
最大挠度	恒＋雪	1/353	1/701	1/349	1/734
	一Y 向风	1/1 124(向上)	1/304(向上)	1/1 110(向上)	1/318(向上)

注：悬挑部分挠跨比为挠度/悬挑长度。

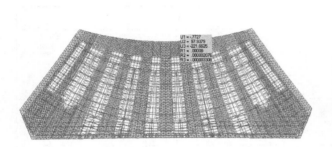

图 10.97　恒＋雪主桁架跨中最大挠度(mm)

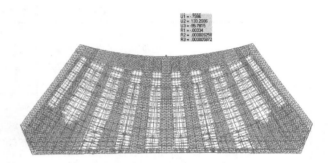

图 10.98　恒＋雪主桁架悬挑端最大挠度(mm)

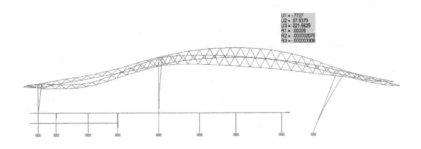

图 10.99　恒＋雪主桁架挠度立面示意图(mm)

主桁架在恒＋雪竖向荷载作用下跨中最大挠跨比为 1/350 左右，悬挑端挠跨比为 1/700 左右，满足控制指标要求。

3. 动力弹塑性分析

弹性模型采用的分析软件为 3D3S 和 SAP2000，通过接口程序将弹性模型转化到 ANSYS 中，进一步进行前处理，重新剖分单元，增加型钢和构件钢筋，最终将完整的弹塑性模型转到 ABAQUS。以 ABAQUS/STANDARD 和 ABAQUS/EXPLICIT 作为求解器，进行弹塑性计算。整体三维模型见图 10.100。

地震波选取：Elcentro 波、Lanzhou 波、安评 50a63-2 波。按《建筑抗震设计规范》(GB 50011—2010)规定，在所采用的这些地震记录中，三个分量峰值加速度的比

图 10.100　整体三维模型

值符合以下比值要求：当 X 向为主方向时，$X : Y : Z = 1.0 : 0.85 : 0.65$；Y 向为主方向时，$X : Y : Z = 0.85 : 1.0 : 0.65$。对每一组地面加速度时程，三个分量用一个修正系数进行放大，以达到所需的地面水平加速度峰值 220 gal，在此基础上，再乘以方向系数使三个方向的分量峰值加速度的比值符合要求。

每组地震波作用下结构的基底剪力最大值见表 10.68。

表 10.68 不同时程工况基底剪力汇总表

地震波	主方向	方向	大震剪力(kN)	大震剪重比	大震/小震剪力
Lanzhou	X	X	277 261	20.2%	3.984
		Y	190 929	13.9%	—
	Y	X	186 008	13.6%	—
		Y	246 920	18.0%	3.927
Elcentro	X	X	415 932	30.4%	3.266
		Y	323 251	23.6%	—
	Y	X	370 153	27.0%	—
		Y	392 681	28.7%	3.698
50a63-2	X	X	319 665	23.3%	4.258
		Y	294 247	21.5%	—
	Y	X	242 101	17.7%	—
		Y	327 899	23.9%	4.389

由上表可以看出,3 组地震波作用下结构在 X、Y 两个方向的基底剪力最大值分别为 415 932 kN 和 392 681 kN,对应的剪重比分别为 30.4% 和 28.7%。

每组地震波作用下结构的最大层间位移角及其对应的楼层号见表 10.69。

表 10.69 每组地震波对应的结构最大层间位移角

		X 向为主输入		Y 向为主输入	
		X 向	Y 向	X 向	Y 向
Lanzhou	1 层	1/621	1/257	1/647	1/179
	2 层	1/358	1/202	1/410	1/150
	3 层	1/176	1/156	1/202	1/153
Elcentro	1 层	1/260	1/126	1/319	1/110
	2 层	1/199	1/108	1/216	1/98
	3 层	1/176	1/127	1/216	1/112
50a63-2	1 层	1/343	1/152	1/396	1/164
	2 层	1/260	1/128	1/303	1/144
	3 层	1/178	1/153	1/198	1/140

结构在 X 向的最大层间位移为 1/176,Y 向的最大层间位移角为 1/98。最大值均满足《建筑抗震设计规范》(GB 50011—2010)小于 1/50 的规定。

结构弹塑性分析整体计算指标评价:(1) 每组地震波都能顺利完成整个时间历程的动力弹塑性计算,数值收敛性良好;(2) 各组地震波计算完成后结构依然处于稳定状态,满足"大震不倒"的抗震设防目标;(3) 3 组地震波作用下结构在 X、Y 两个方向的最大剪重比分别为 30.4% 和 28.7%。(4) 3 组地震波作用下,X、Y 向最大层间位移角分别为 1/176、1/98,均满足《建筑抗震设计规范》(GB 50011—2010)小于 1/50 的规定。

下文以最不利工况 Elcentro 波组 Y 向为主方向输入为例,对构件性能进行评价。

➤ 钢管混凝土柱

钢管混凝土柱的分析结果如图 10.101~图 10.103 所示。

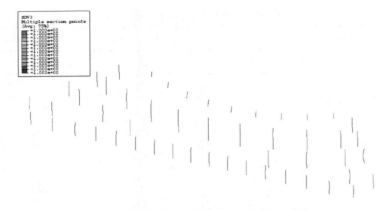

图 10.101　钢管混凝土柱受压刚度退化情况(无退化)

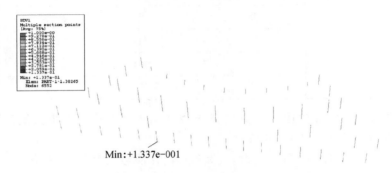

Min:+1.337e-001

图 10.102　钢管混凝土柱受拉刚度退化情况

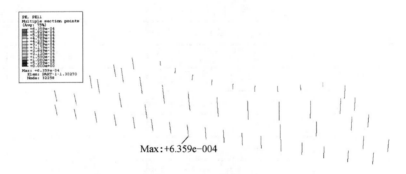

Max:+6.359e-004

图 10.103　钢管塑性应变(max:6×10⁻⁴)

在经历 Elcentro 地震波作用后,钢管混凝土柱混凝土受压未出现刚度退化,受拉出现一定程度退化,个别柱脚处钢筋出现受拉塑性应变,最大值为 $6×10^{-4}$,未超过 0.025 限值,属轻微破坏。

➤ 钢筋混凝土梁

混凝土梁的分析结果如图 10.104～图 10.108 所示。

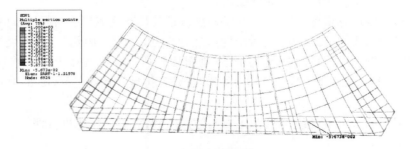

图 10.104　混凝土梁受拉刚度退化情况(蓝色表示较严重,红色较轻)

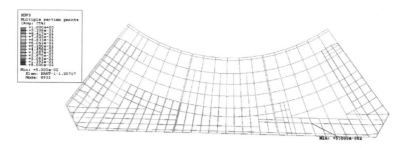

图 10.105　钢筋混凝土梁受压刚度退化情况

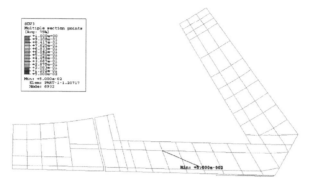

图 10.106　钢筋混凝土梁受压刚度退化的分布区域

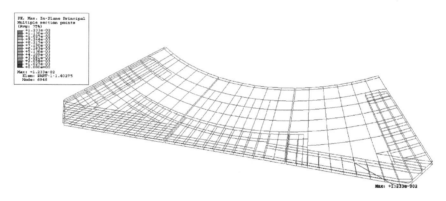

图 10.107　梁中钢筋塑性应变(max:0.012)

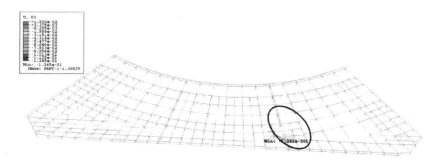

图 10.108　大跨梁竖向变形

　　在经历 Elcentro 地震波作用后,钢筋混凝土梁出现了一定程度的破坏:混凝土受拉损伤有明显发展,左右各 1/3 区域的损伤程度比中间 1/3 区域破坏严重,且由于混凝土抗拉能力较差,地震下受拉刚度退化属正常现象;混凝土受压损伤较轻,产生受压损伤的梁段较少,主要在 4.25 m 层高几根悬挑梁的根部;有 4 根杆件钢筋塑性应变超过 0.01,但未超过 0.025 限值。另外大跨梁段的竖向挠度最大值为 0.124 m。

➤ **屋盖**

屋盖弹塑性分析结果如图 10.109～图 10.113 所示。

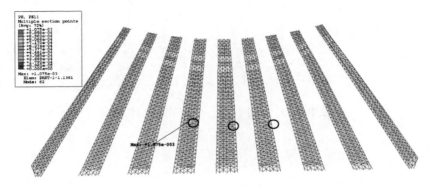

图 10.109　屋盖主桁架塑性应变情况

图 10.110　主桁架中所有发生塑性变形的杆件分布

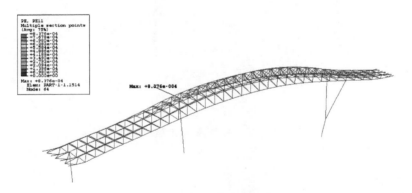

图 10.111　中间一榀主桁架塑性应变情况

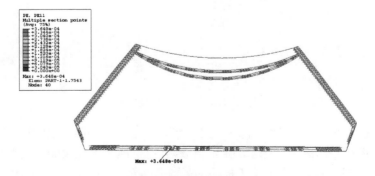

图 10.112　边部桁架塑性应变水平（max：3.6×10⁻⁴）

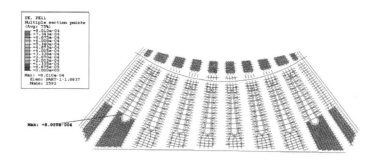

图 10.113　主桁架之外杆件塑性应变水平(共 4 根发生塑性,max:8×10⁻⁴)

主桁架局部杆件有轻微塑性发展,最大塑性应变×10⁻³,发生塑性变形的杆件主要位于中柱支撑位置上方的受拉杆件中。

边部桁架局部杆件出现塑性,最大塑性应变 $3.6×10^{-4}$。

桁架之外的杆件有四根出现塑性,最大值 $8.0×10^{-4}$。

可以认为整体屋盖结构进入塑性的杆件数量较少,且塑性应变水平较低,大震下属轻微塑性破坏。

10.6.4　专家审查意见

2011 年 6 月 9 日在北京市,由江苏省住房和城乡建设厅主持召开该工程的超限专项审查会,专家组审阅了送审资料,听取勘察设计单位的汇报和质询,经认真讨论后,审查结论为"通过"。

对结构初步设计提出如下意见,请设计单位在施工图设计中实施和改进:

1. 抗震设防标准:小震规范和安评参数计算的底部剪力较大者包络,中、大震按规范设计。

2. 航站楼:计算屋盖温度应力时,温度作用宜区别不同工况和重要性取值;边柱温度应力太大,宜采取措施释放,降低屋盖周边支承柱刚度或采用可靠的滑移支座;计算屋盖大悬挑部位的受力和挠度时,应考虑竖向地震为主的工况;柱底构造宜改进;屋盖支座和关键节点设计(计算和构造)应细化。

3. 交通中心:转换层和单跨框架的抗震等级宜提高,性能目标宜为"中震弹性";天桥和人行步道的支座设计应保证大震下不塌落;楼板应力较大时,宜设置水平支撑加强;应采用合理的计算模型和软件对防屈曲支撑在大震下的耗能作用作进一步分析。

10.7　昆山汇金大厦

设计单位:上海建筑设计研究院有限公司

10.7.1　工程概况与设计标准

本项目位于昆山商务园,处在整个商务园商务区与居住区的结合点,地理位置优越,濒临茅港滩,拥有良好的景观资源。项目总用地面积 14 992 m²,地上建筑面积为 59 387 m²,地下建筑面积22 851 m²。本工程由 20 层办公楼、25 层办公楼及 2 层配套商业等组成,设 2 层地下室,地下室部分为六级人防,建筑效果如图 10.114 所示。

本工程主楼结构采用框架-核心筒结构体系,连廊部分采用空间钢桁架结构体系。结构相关参数见表 10.70。

图 10.114　建筑效果图

表 10.70 结构相关参数

塔楼编号		1号楼	2号楼
塔楼高度(m)		77.5	95.4
地下室深度(m)		9.3	9.3
层数	地下	2	2
	地上	20	25
	小塔楼	1	1
结构层高	地下	地下1层5.4 m,地下2层4.2 m	地下1层5.4 m,地下2层4.2 m
	地上	1层4.5 m,2层4.5 m,3层3.6 m,其余标准层均为3.8 m	1层4.5 m,2层4.5 m,3层3.6 m,4~14层3.8 m,其余标准层均为3.7 m
	小塔楼	6.0 m	6.0 m
结构形式		框架-核心筒结构体系	

本项目抗震设防标准根据国家现行的规范、规程如表 10.71 所示。

表 10.71 抗震设防标准表

项　目		标准
结构设计基准期		50 年
建筑结构安全等级		二级
设计地震动参数	地震烈度	7 度
	设计地震分组	第一组
	基本地震加速度	0.10g
特征周期		0.65 s
	多遇地震	0.08
	设防地震	0.23
	罕遇地震	0.50
设防分类		丙类
地震峰值加速度	多遇地震	35 cm/s^2
	罕遇地震	220 cm/s^2

10.7.2 结构体系及超限情况

1. 结构体系

本工程主楼采用框架-核心筒结构体系,连廊部分采用空间钢桁架结构体系,如图 10.115 所示。结构构件设计遵从表 10.72。

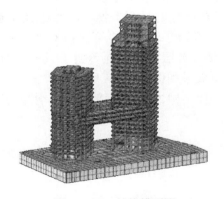

图 10.115 结构模型图

表 10.72 结构构件概述

结构构件	框架柱	塔楼	连接体楼层及上下两层采用型钢混凝土柱,其他楼层采用钢筋混凝土柱
	梁	塔楼	连接体楼层框架梁采用型钢混凝土梁,次梁采用钢筋混凝土梁,其他楼层采用钢筋混凝土梁
		连廊	钢梁
	核心筒	塔楼	现浇钢筋混凝土核心筒(连接体楼层及上下两层在核心筒角部暗柱内设型钢柱)
	楼板	塔楼	采用现浇钢筋混凝土
		连廊	钢筋桁架模板混凝土楼板

2. 超限情况

本项目连体两端塔楼高度、体型或者沿大底盘某个主轴方向的振动周期显著不同,属于复杂连接和扭转不规则结构。结构抗震超限情况汇总见表 10.73、表 10.74。

表 10.73 高层建筑一般规则性超限检查

序号	不规则类型	判 断 依 据	判断	备注
1a	扭转不规则	考虑偶然偏心的扭转位移比大于1.2	有	
1b	偏心布置	偏心率大于0.15或相邻层质心相差大于相应边长15%	无	
2a	凹凸不规则	平面凹凸尺寸大于相应边长的30%	无	
2b	组合平面	细腰形和角部重叠形	无	
3	楼板不连续	有效宽度小于50%,开洞面积大于30%,错层大于梁高	无	
4a	刚度突变	相邻层刚度变化大于70%或连续三层变化大于80%	无	
4b	尺寸突变	竖向构件位置缩进大于25%,或外挑大于10%和4 m,多塔	无	
5	构件间断	上下墙、柱、支撑不连续,含加强层、连体等	无	
6	承载力突变	相邻层受剪承载力变化大于80%	无	
7	其他不规则	如局部的穿层柱、斜柱、夹层、个别构件错层或转换	无	

注:a、b 不重复计算不规则项。

表 10.74 高层建筑严重规则性超限检查

序号	不规则类型	判 断 依 据	判断	备注
1	扭转偏大	裙房以上的较多楼层,考虑偶然偏心的扭转位移比大于1.4	无	
2	扭转刚度弱	扭转周期比大于0.9,混合结构大于0.85	无	
3	层刚度偏小	本层侧向刚度小于相邻上层的50%	无	
4	高位转换	框支墙体的转换构件位置:7度超过5层,8度超过3层	无	
5	厚板转换	7~9度设防的厚板转换结构	无	
6	塔楼偏置	单塔或多塔与大底盘的质心偏心距大于底盘相应边长的20%	无	
7	复杂连接	各部分层数、刚度、布置不同的错层	有	
		连体两端塔楼高度、体型或者沿大底盘某个主轴方向的振动周期显著不同的结构		
8	多重复杂	结构同时具有转换层、加强层、错层、连体和多塔等复杂类型的3种	无	

10.7.3 超限应对措施及分析结论

一、超限应对措施

1. 分析模型及分析软件

采用了 SATWE 和 PMSAP 两种软件进行结构整体分析,通过含地下室模型分析,满足地下室一层楼层侧向刚度大于相邻上部结构楼层侧向刚度的 2 倍,因此采用地下室顶板嵌固。根据规范及安评提供的报告对比,采用偏保守的参数进行结构计算。重力荷载代表值由结构自重、附加恒荷载和 50% 活荷载计算。其中结构自重(楼板除外)根据定义的构件尺寸和材料容重由软件自行计算,楼板自重与附加恒荷载均作为附加恒荷载添加,周边幕墙的荷载通过在边梁上施加线荷载来考虑。

计算分析主要按以下几方面进行:

(1) 整体结构小震性分析

首先进行整体结构小震弹性分析,采用 SATWE 和 PMSAP 进行对比计算,保证整体结构的各项指标满足规范对结构的要求,目的在于确定结构的构件尺寸,保证整体结构的变形满足国家现行规范的要求。

(2) 整体结构的弹性时程分析

根据规范要求,对本工程进行整体的弹性时程分析,与振型分解反应谱法的计算结果比较,以确保结构分析的全面性,保证结构受力安全可靠。

(3) 连接体部分楼板应力分析

(4) 关键连接节点应力分析

2. 关键部位性能目标

主楼的抗震性能目标如表 10.75 所示。

表 10.75 主楼抗震性能目标

抗震烈度(参考级别)	频遇地震	设防烈度地震	罕遇地震
性能水平定性描述	不损坏	可修复损坏	无倒塌
层间位移角限值	1/800	—	1/100
连廊及与主楼相连的柱	弹性	弹性	不屈服(连接体钢桁架与主楼相连柱节点及相关构件)

3. 针对性抗震措施

(1) 为加强连体部分的结构整体性,对于连接体部位及其上下层采用加大楼板厚度的措施,加厚至 160 mm,并在施工图设计时适当提高楼板配筋率。采取双层双向钢筋拉通的方式,以提高楼板传递水平力的性能。同时,采用弹性膜的计算假定,真实地反映楼板的平面内刚度。

(2) 为保证连体足够稳定及有效协调双塔位移,连体采用空间钢桁架体系。

(3) 对连接体部分及主体结构中与连接体梁相连的柱进行中震弹性设计,连接体钢桁架与主楼相连柱节点及相关构件进行大震不屈服设计;连接部位楼层塔楼剪力墙在中震弹性设计下满足规范剪压比设计。本结构设防烈度为 7 度,但考虑到结构复杂且两塔楼振动特性差异较大,从偏于安全考虑,对连体部分作竖向地震验算。

(4) 为加强连接体结构与主体结构的连接,在连接体层主楼内设置型钢混凝土柱和型钢混凝土梁及桁架,连接主楼内桁架及钢梁的剪力墙内设置型钢芯柱,加强连接与固定。

(5) 连接体及与连接体相邻结构构件的抗震等级提高一级,按抗震等级一级设计。

二、整体结构主要分析结果

1. 弹性反应谱分析结果

结构的周期计算结果如表 10.76 所示,主要力、位移的计算结果如表 10.77 所示。可以看出:楼层最大弹性水平位移与层间位移平均值之比满足规范中最大位移与平均位移之比不大于 1.5 的要求,但是大于 1.2,属于平面扭转不规则建筑,X、Y 向最大层间位移满足规范要求。由表中数据可见 SATWE 和 PMSAP 两种软件计算结果基本吻合。

表 10.76 结构周期对比

模态	SATWE(s)	PMSAP(s)
1	2.590(Y 向第一平动周期)	2.783(Y 向第一平动周期)
2	2.162(X 向第一平动周期)	2.349(X 向第一平动周期)
3	1.835(Y 向第二平动周期)	1.970(第一扭转周期)
4	1.398(第一扭转周期)	1.565(第二扭转周期)
T/T1	0.540<0.85	0.708<0.85

表 10.77 主要力、位移输出汇总

项目	SATWE		PMSAP	
	X 向	Y 向	X 向	Y 向
总质量(t)	92 123(不包含地下室)		92 282(不包含地下室)	
地震作用最大层位移角 (楼层)	1/805 (地上 16 层)	1/803 (地上 16 层)	1/801 (地上 16 层)	1/818 (地上 16 层)
地震最大层间位移与平均层间位移比值 (楼层)	1.28 (地上 14 层)	1.36 (地上 19 层)	1.34 (地上 10 层)	1.37 (地上 8 层)
地震作用基底剪力(kN)	22 738	18 216	21 049	16 997
地震作用倾覆弯矩(kN·m)	2 438 064	2 080 877	2 425 711	1 868 028
地震作用基底剪力与总质量比	2.47%	1.98%	2.28%	1.84%
风作用最大层间位移角 (楼层)	1/1 467 (地上 19 层)	1/1 125 (地上 19 层)	1/1 221 (地上 19 层)	1/933 (地上 19 层)
风作用最大层间位移与平均层间位移比值 (楼层)	1.14 (地上 19 层)	1.38 (地上 9 层)	1.17 (地上 20 层)	1.38 (地上 9 层)
风作用基底剪力(kN)	14 102	16 460	14 036	16 621
风作用倾覆弯矩(kN·m)	865 645	973 589	874 613	998 409

2. 结构构件设计验算

图 10.116～图 10.121 给出了连接体部分楼板有限元应力分析,可以看到:

(1) 恒载作用下桁架下弦为中间部分受拉,两端受压,造成中间部分楼板承受较大拉应力,超过 C30 混凝土的抗拉强度设计值(f_t=1 430 kN/m²),考虑连体部分在此建筑中的重要性,在施工图阶段将在桁架中间拉应力较大部分增加加强钢板,以承受恒载作用下楼板拉力,混凝土楼板仅用于承担地震作用下产生的楼板拉应力。

(2) 恒载作用下桁架上弦为两端受拉,中间部分受压,在两端楼板内形成拉应力区,拉应力较小。

(3) 桁架中间层楼板仅局部有少量应力集中,只需按规范要求采用双层双向加强配筋即可解决。

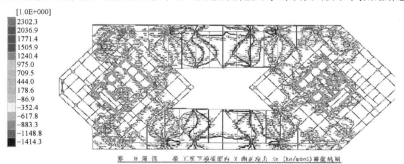

图 10.116 恒载作用下连体桁架下弦楼板 X 向正应力分布图

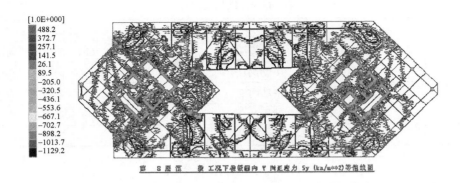

图 10.117　恒载作用下连体桁架下弦楼板 *Y* 向正应力分布图

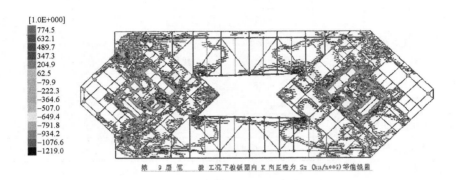

图 10.118　恒载作用下连体桁架中弦楼板 *X* 向正应力分布图

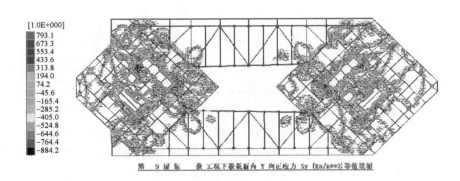

图 10.119　恒载作用下连体桁架中弦楼板 *Y* 向正应力分布图

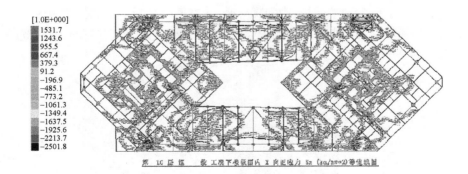

图 10.120　恒载作用下连体桁架上弦楼板 *X* 向正应力分布图

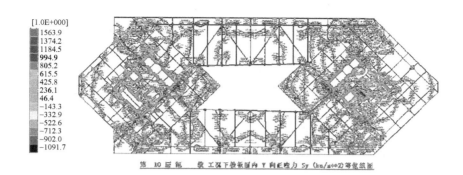

图 10.121　恒载作用下连体桁架上弦楼板 Y 向正应力分布图

3. 大震下结构静力弹塑性分析

结构分析采用中国建筑科学研究院开发的 PKPM 系列中的 PUSH 弹塑性静力分析软件。X 向的能力曲线、需求曲线及抗倒塌验算结果如图 10.122 所示。与需求点相对应的总加载步号为 34.2。本工程 X 向在第 34 加载步所对应的结构塑性状态如图 10.123 所示。

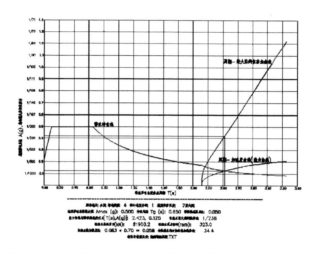

图 10.122　结构的 X 向能力曲线、需求曲线及抗倒塌验算图

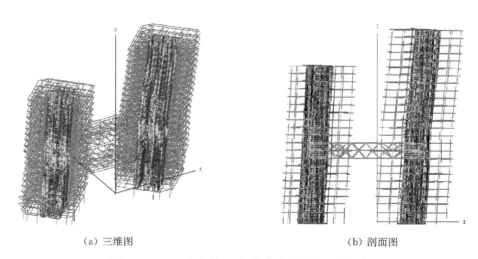

（a）三维图　　　　　　　　　　　　　（b）剖面图

图 10.123　X 向在第 34 加载步全楼构件塑性状态

X 向的能力谱与结构需求谱相交，表明结构的抗倒塌能力足够，能够抵抗罕遇地震作用，保证"大震不倒"。罕遇地震作用下（即平衡点）结构的最大侧向位移满足规范规定的水平位移限值（位移角不大于

1/100)。

塔楼的混凝土筒体刚度大,承担了大部分地震作用,在整个 Pushover 过程,底层的剪力墙始终处于比较薄弱的情况,但由于四周的混凝土柱没有进入塑性,因此仍然能够继续承载。值得注意的是,1、2 号塔楼之间的空中连体部分并没有进入塑性,而且两塔楼的变形也基本能协调一致。X 向 Pushover 时,结构的最终破坏机制为底部两层部分剪力墙以及部分连梁达到塑性极限变形破坏,与较强的剪力墙相连的短连梁最易被破坏,将采取构造措施来增强其延性。经上述分析表明,该结构的抗震性能优于《建筑抗震设计规范》(GB 50011—2010)规定的防倒塌的最低要求。

Y 向的能力曲线、需求曲线及抗倒塌验算结果如图 10.124 所示。与需求点相对应的总加载步号为 34.2。本工程 Y 向在第 34 加载步所对应的结构塑性状态如图 10.125 所示。

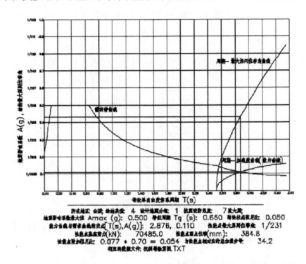

图 10.124　结构的 Y 向能力曲线、需求曲线及抗倒塌验算图

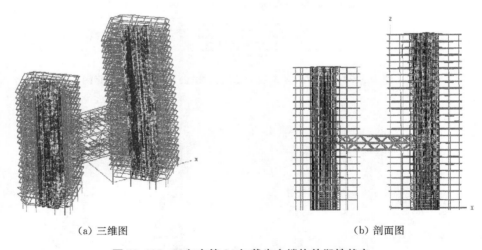

（a）三维图　　　　　　　　　　（b）剖面图

图 10.125　Y 向在第 34 加载步全楼构件塑性状态

从以上各图可见:Y 向的能力谱与结构需求谱相交,表明结构的抗倒塌能力足够,能够抵抗罕遇地震作用,保证"大震不倒",且在罕遇地震作用下(即平衡点)结构的最大侧向位移满足规范规定的水平位移限值(位移角不大于 1/100)。与 X 向推覆结果类似,该结构的抗震性能优于《建筑抗震设计规范》(GB 50011—2010)规定的防倒塌的最低要求。

4. 关键节点分析

采用 ANSYS 软件进行关键节点的应力分析,分析结果如图 10.126 所示。这个模型是近似节点模型,为了说明节点处设计的可行性,用纯钢结构的节点来模拟计算,实际上该结构的柱为型钢混凝土的柱。

这样承载力和变形能力都会比纯钢结构高得多。桁架模型的钢上弦杆固定在型钢混凝土的圆形钢柱上面,在圆形钢柱里面建模时增加 2 块水平加劲板,板厚 40 mm。斜腹杆交于型钢混凝土圆形钢柱的形心。上柱长度 3.8 m,下柱长度 3.8 m。远端约束,全部固接,只看节点区域,这样的假设是合理的。

由图可以看出,主要在斜腹杆与柱的连接处出现了应力集中,最大应力是 430.7 MPa,最大位移为 8.9 mm。实际设计中应力和位移经过优化都能够满足设计要求。

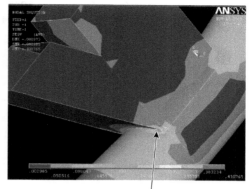

最大应力处430 MPa

图 10.126　关键节点应力分析

10.7.4　专家审查意见

按照国家《行政许可法》《江苏省防震减灾条例》和《超限高层建筑工程抗震设防管理规定》(建设部令第 111 号)的要求,苏州汇金大厦属高位复杂连接的超限高层建筑工程,应在初步设计阶段进行抗震设防专项审查。专家组审阅了送审资料,听取了勘察、设计单位汇报,经认真讨论,认为该项目场地类别、地震动参数均正确,审查结论为"修改"。

设计单位应对下列问题进一步修改:
1. 应按《超限高层建筑工程抗震设防专项审查技术要点》(建质〔2010〕109 号)的要求进行完善。
2. 连体结构连接比较复杂,应有详细应力分析与连接详图。
3. 应采用两个不同力学模型对结构进行建模分析。

10.8　徐州观音机场二期扩建工程

设计单位:中国航空规划建设发展有限公司

10.8.1　工程概况与设计标准

徐州观音机场二期扩建工程旅客航站楼位于江苏省徐州市区东南、睢宁县双沟镇境内,老航站楼西侧。本期建设包括大厅和左、右两侧连廊,新建部分建筑面积 34 036 m²,地上两层(局部有夹层),建筑最高点约 30 m,大厅长 374 m,宽 84 m;连廊地上两层,左、右两侧长度均为 105 m,宽度为 10 m。本次超限设计仅针对航站楼大厅部分。

航站楼出发层(7.8 m 标高)以下采用大柱网现浇钢筋混凝土框架结构,延伸至屋面的屋盖支承柱采用钢管混凝土柱,楼盖结构采用现浇钢筋混凝土梁板结构,对于跨度较大的框架梁采用钢-混凝土组合梁,建筑效果如图 10.127 所示。

航站楼屋面由大厅处扇形双曲屋面和两侧连廊处单曲屋面组成,二者屋面完全脱开,其中大厅长 374 m,为超长结构。

(a) 陆侧鸟瞰图

(b) 人视图

图 10.127　建筑效果图

本项目建筑安全等级：一级（航站楼大厅），二级（连廊）。

抗震设防类别：乙类（航站楼大厅），丙类（连廊）。

地基基础设计等级：乙级。

抗震等级：钢管混凝土柱及与之连接框架梁为一级，其余框架梁柱为二级（新建航站楼中央大厅部分），新建航站楼两侧连廊部分为四级。

混凝土结构耐久性设计年限：50 年。

本工程抗震设防烈度为 7 度，结合《建筑抗震设计规范》（GB 50011—2010）、安评报告以及专家审查意见，抗震设计时选取的参数如表 10.78 所示。

表 10.78　抗震设计参数

超越概率	特征周期		加速度峰值（gal）	α_{max}
	$T_1(s)$	$T_g(s)$		
50 年 63.5％	0.1	0.55	55	0.12
50 年 10％	0.1	0.55	150	0.34
50 年 2％	0.1	0.60	310	0.72

10.8.2　结构体系及超限情况

1. 结构体系

（1）屋盖结构

航站楼屋面由大厅处扇形双曲屋面和连廊处单曲屋面组成，高低错落，构型复杂。根据本工程屋盖结构特点和建筑要求，大厅屋盖比较了主次桁架体系和曲面空间网格体系两种方案，由于屋面曲率变化较多，既有波浪形又有反曲，采用桁架拟合屋面形状困难，代价较大。曲面空间网格体系利于建筑造型，整体刚度大，用钢量省，大厅屋盖确定采用曲面空间网格体系。连廊处单向曲屋面采用弧形钢梁。

大厅屋盖支承柱主要柱网 24（48）m×24（36）m，屋盖外侧最大悬挑约 11.5 m，下弦中心标高从 11.35 m 到 26.78 m。扇形屋盖采用曲面空间网格结构，圆钢管杆件截面，螺栓球和焊接球节点，正交网架，网格尺寸约 3 m，网架厚度大部分为 2～2.5 m。屋盖结构高低相交处设置空腹主桁架，箱形截面。为增加空腹桁架平面外的稳定性，增强屋盖结构 Y 向传力的可靠性，在空腹桁架局部范围（靠近钢管混凝土支承柱附近）增加斜向撑杆，使空腹桁架在柱顶支座区形成一段稳定的三角形空间网格结构。大厅屋盖支座采用球铰支座。屋盖结构及下部支承柱的三维视图如图 10.128 所示。

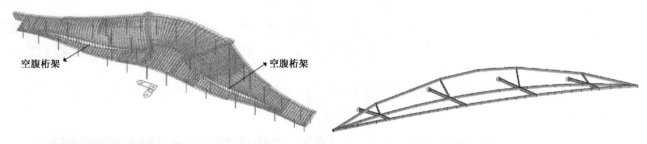

图 10.128　屋盖结构及下部支承柱三维视图　　　**图 10.129　雨篷三维视图**

出发大厅前端为曲面车道边雨篷（如图 10.129），雨篷长度 96 m，中部最大宽度 12 m，采用膜结构，雨篷周边为两条空间曲线圆拱，圆拱两侧与屋盖连接，中部由屋盖支承钢管混凝土柱上悬挑钢梁（共 4 根）支承，并结合建筑造型，在悬挑钢梁与内拱交接处增加斜向压杆（共 4 根）与屋盖连接。两侧连廊采用钢框架结构，主要柱网 6 m×12 m，屋面曲率变化较少且跨度不大，采用弧形钢梁。

（2）混凝土结构

混凝土主体结构为单层现浇钢筋混凝土框架，内侧设标高为 4.2 m 的局部夹层，夹层楼板不连续，一层层高 7.8 m,局部设置二层运控指挥中心和商业用房,层高 5 m。到达大厅主要柱网 12 m×10 m,局部柱网根据建筑平面要求变化,在行李房处柱网为 10 m×12 m,框架最大跨度 24 m。

旅客航站楼框架部分东西向长约 354 m,南北向长 75.6 m,需要设置伸缩缝以减少混凝土的温度应力,分为 3 个独立的结构单元,平面尺寸分别为 120 m×74 m、132 m×75.6 m、116 m×74 m。框架结构分区示意图如图 10.130 所示。伸缩缝同时满足抗震缝的要求。

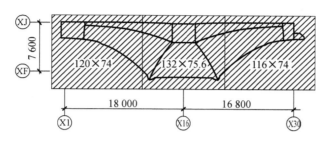

图 10.130　框架结构分区示意图

（3）楼盖结构

本工程一层顶板楼盖面积 1 万多平方米,跨度和荷载均较大,建筑要求控制梁高。在售票大厅两侧和后部,框架梁跨度均不大于 12 m,采用钢筋混凝土梁。售票大厅中部,框架梁跨度 24 m,采用钢-混凝土组合梁以进一步减少梁高。同时在长度超过 100 m 的结构单元,纵向楼板布置后张无黏结预应力钢筋,抵抗混凝土后期收缩和温度变形,防止裂缝发生。

（4）超长混凝土结构设计

结构单体最大长度达 132 m,远超过规范规定的伸缩缝最大间距。为控制混凝土裂缝,减小超长混凝土结构开裂问题,将采取下列措施:

① 在梁、板中施加预应力,抵抗混凝土后期收缩和温度变形。

② 进行温度应力计算,采用有限元分析软件,模拟施工条件和使用条件下的温度应力分析,根据分析结果进行结构构件设计。

③ 在合理位置设置后浇带,根据施工工期的温度情况控制后浇带浇筑时间。

④ 严格控制水灰比、水泥用量、混凝土中含碱量及氯离子含量等。

⑤ 加强构造配筋。在温度敏感部位适当加强构造钢筋,如框架边梁加强构造腰筋,在楼面配置钢筋网片等。

⑥ 增强保温隔热措施,降低靠近室外构件内外表面温差,控制温度应力。

⑦ 施工过程严格按设计条件要求进行控制。施工过程中对施工工艺、结构材料严格控制,尽量减少早期收缩变形。

⑧ 对使用过程进行监控。

（5）支承柱

根据结构受力情况和建筑要求,钢筋混凝土框架主要采用钢筋混凝土柱,圆形或方形截面,屋盖支承采用结构钢管混凝土柱或钢管柱,圆形截面,如图 10.131 所示。

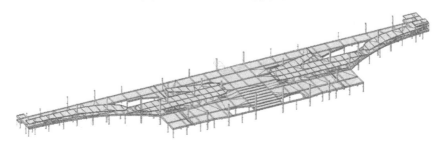

图 10.131　框架结构三维视图（其中突出楼面的为支承屋盖的钢管混凝土柱）

2. 超限情况

徐州观音机场旅客航站楼结构体型复杂,重要性高,屋盖结构大厅部分长 374 m,宽 84 m,单向长度超过 300 m,为超限大跨度空间结构。大厅屋盖结构长 374 m,宽 84 m,而支承屋盖结构的下部结构为三个独立的结构单元。楼板局部不连续,扭转不规则,考虑偶然偏心的扭转位移比大于 1.2。根据建设部《超限高层建筑工程抗震设防专项审查技术要点》(建质〔2010〕109 号)、《建筑抗震设计规范》(GB 50011—2010)以及《高层建筑混凝土结构技术规程》(JGJ 3—2010)的相关内容,本工程属超限结构,需要进行超限抗震设防专项审查。结构抗震超限情况汇总见表 10.79~表 10.80。

表 10.79 高层建筑一般规则性超限检查

序号	不规则类型	判 断 依 据	判断	备注
1a	扭转不规则	考虑偶然偏心的扭转位移比大于 1.2	有	
1b	偏心布置	偏心率大于 0.15 或相邻层质心相差大于相应边长 15%	无	
2a	凹凸不规则	平面凹凸尺寸大于相应边长的 30%	无	
2b	组合平面	细腰形和角部重叠形	无	
3	楼板不连续	有效宽度小于 50%,开洞面积大于 30%,错层大于梁高	有	
4a	刚度突变	相邻层刚度变化大于 70% 或连续三层变化大于 80%	无	
4b	尺寸突变	竖向构件位置缩进大于 25%,或外挑大于 10% 和 4 m,多塔	无	
5	构件间断	上下墙、柱、支撑不连续,含加强层、连体等	无	
6	承载力突变	相邻层受剪承载力变化大于 80%	无	
7	其他不规则	如局部的穿层柱、斜柱、夹层、个别构件错层或转换	无	

注:a、b 不重复计算不规则项。

表 10.80 高层建筑严重规则性超限检查

序号	不规则类型	判 断 依 据	判断	备注
1	扭转偏大	裙房以上的较多楼层,考虑偶然偏心的扭转位移比大于 1.4	无	
2	扭转刚度弱	扭转周期比大于 0.9,混合结构大于 0.85	无	
3	层刚度偏小	本层侧向刚度小于相邻上层的 50%	无	
4	高位转换	框支墙体的转换构件位置:7 度超过 5 层,8 度超过 3 层	无	
5	厚板转换	7~9 度设防的厚板转换结构	无	
6	塔楼偏置	单塔或多塔与大底盘的质心偏心距大于底盘相应边长的 20%	无	
7	复杂连接	各部分层数、刚度、布置不同的错层 连体两端塔楼高度、体型或者沿大底盘某个主轴方向的振动周期显著不同的结构	有	
8	多重复杂	结构同时具有转换层、加强层、错层、连体和多塔等复杂类型的 3 种	无	

10.8.3 超限应对措施及分析结论

一、超限应对措施

1. 分析模型及分析软件

设计计算中采用的主要软件见表 10.81。设计中采用 MST 软件进行屋盖构件的初选,采用 SATWE 软件进行下部钢筋混凝土框架结构(考虑模拟的屋盖结构)的初步配筋计算,然后采用 MIDAS 进行整体计算分析,调整构件截面和配筋,并采用 SAP2000 进行校核。整体计算分析模型中,屋盖网架杆件采用铰接杆单元,空腹桁架采用梁单元,框架梁、柱采用梁单元,楼板均采用壳单元(弹性楼板),屋盖与支承柱之间铰接。其中 MIDAS 有限元模型如图 10.132 所示。

表 10.81　设计计算中采用的主要程序

程序名称	版本	开发单位	功能
MST	2014 版	浙江大学建筑工程学院	屋盖网架计算
MIDAS GEN	V8.30	北京迈达斯技术有限公司	屋盖设计
PKPM-SATWE	2010 版	建研院	下部混凝土
SAP2000	V15.1	美国 CSI/北京金土木公司	整体和屋盖结构校核

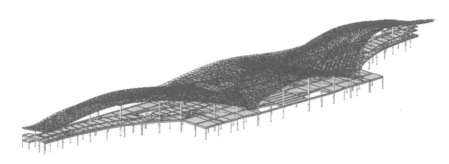

图 10.132　MIDAS 整体计算分析模型

2. 关键部位性能目标

结构的抗震性能目标见表 10.82。表中,构件 1 指钢管混凝土柱和屋盖支座周边构件、悬挑根部构件、空腹桁架。

表 10.82　结构抗震性能化设计目标

地震水准	多遇地震(小震)	设防地震(中震)		罕遇地震(大震)	
针对部位	整个结构	构件 1	其余主体结构	构件 1	其余主体结构
抗震性能	完好	基本完好	轻微~轻级损坏	轻微损坏	中等破坏
α_{max}	0.12	0.34		0.72	
分析方法	反应谱法为主,时程法补充验算	反应谱法		弹塑性时程法	
控制目标	弹性设计,承载力、变形满足现行规范	中震弹性设计	中震刚进入屈服	大震基本不屈服设计,局部刚进入屈服,层间位移角≤1/50	变形满足现行规范,层间位移角≤1/100

3. 针对性抗震措施

根据本工程的特点,给出以下抗震加强措施。

(1)楼板局部不连续、大开洞处采用弹性楼板进行分析,板钢筋双层双向贯通布置,楼板的最小配筋率为 0.25%,加强洞边梁抗扭钢筋以及箍筋。

(2)弹塑性分析下屈服相对严重的少量钢管混凝土柱柱底钢管加厚,达到大震不屈服或刚进入屈服。

(3)所有屋盖支座均采用球铰支座,保证与实际构造计算模型一致。屋盖中支座节点和重要节点按中震弹性设计,并保证大震下不屈服。

(4)屋盖中关键构件予以加强,保证中震弹性。

(5)为增加空腹桁架平面外的稳定性,增强屋盖结构 Y 向传力的可靠性,在空腹桁架局部范围(靠近钢管混凝土支承柱附近)增加斜向撑杆,使空腹桁架在柱顶支座区形成一段稳定的三角形空间网格结构。

二、整体结构主要分析结果

1. 结构静力分析

屋盖结构采用 MST 程序和 MIDAS 通用程序计算分析。设计中主要控制指标见表 10.83。

表 10.83　屋盖结构设计中主要控制指标

应力比	一般杆件	支座处腹杆、悬挑构件	空腹桁架
	$0.85f$	$0.75f$	$0.75f$
长细比	拉杆	一般压杆	关键压杆,压弯构件
	180	150	120
挠度	跨中		悬挑端
	1/250		1/125

经计算杆件应力比均在 0.85 以下,主要工况下屋盖位移计算结果见图 10.133。屋盖中最大计算挠度出现在大厅中部跨中及右侧悬挑处,最大值分别为 139 mm、160 mm,为跨度的 1/345、1/125,满足规范要求的 1/250、1/125(悬挑)要求。

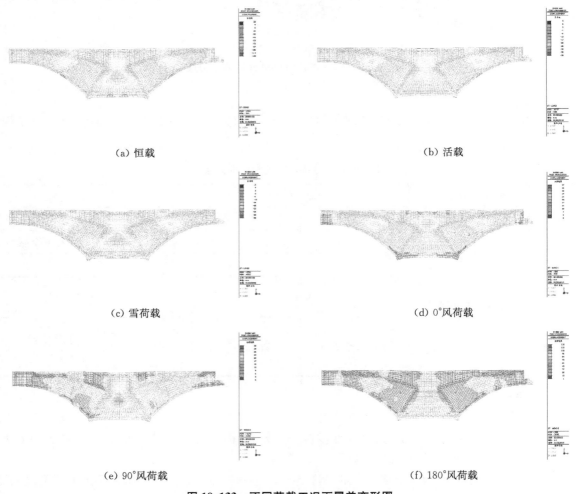

（a）恒载　　　　　　　　　　　（b）活载

（c）雪荷载　　　　　　　　　　（d）0°风荷载

（e）90°风荷载　　　　　　　　（f）180°风荷载

图 10.133　不同荷载工况下屋盖变形图

2. 多遇地震下的抗震分析

整体计算分析得到的结构自振周期见表 10.84。结果表明,本工程频率密集,振型复杂,同一振型中往往同时伴随平动、扭转和竖向振动。结构第一振型表现为 Y 方向为主的平动,第二振型是以扭转为主的振型,第三振型表现为 X 方向为主的平动。

表 10.84 结构自振周期

模态	$T(s)$	振型方向因子		
		水平-X	水平-Y	扭转-Z
1	1.10	0.001	86.869	0.009
2	0.97	2.479	0.006	0.000
3	0.94	99.178	0.055	0.007
4	0.84	0.273	90.459	0.039
5	0.77	42.457	3.270	3.778

安评报告给出的多遇地震设计反应谱及抗震规范中规定的多遇地震设计反应谱曲线见图 10.134,横坐标为周期,纵坐标为地震影响系数。

在屋盖结构的抗震设计中,同时考虑了水平地震和竖向地震作用。在多遇地震($\alpha_{max}=0.12$)下,屋盖构件设计控制应力比为:一般构件≤0.85,关键构件(钢屋盖支座周边构件、悬挑根部构件、转换桁架)≤0.75,其中关键杆件按《建筑抗震设计规范》(GB 50011—2010)10.2.13条要求,内力设计值乘以1.1的增大系数。

为了便于分析,给出 X、Y 向水平和竖向地震作用下屋盖的内力分布(如图 10.135 所示)。由图中可见,地震

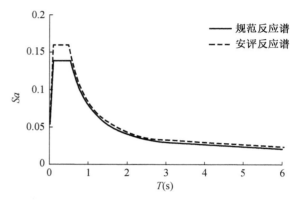

图 10.134 多遇地震设计反应谱

作用下较大内力主要集中柱头支座附近、悬挑根部以及空腹桁架中部与网架相交处。水平地震下的内力大于竖向地震作用,其中 X 向地震作用下局部杆件内力最大,达 508 kN。设计中对这些部位的构件进行了重点加强。多遇地震组合下屋盖杆件应力比为:一般杆件不超过0.85,关键杆件不超过0.75,满足预定的控制目标。

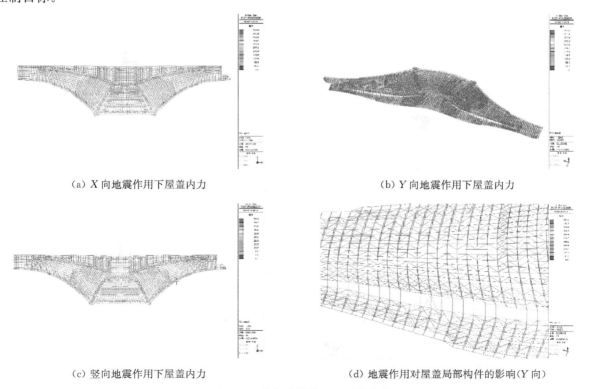

(a) X 向地震作用下屋盖内力　　　　　　　　(b) Y 向地震作用下屋盖内力

(c) 竖向地震作用下屋盖内力　　　　　　(d) 地震作用对屋盖局部构件的影响(Y 向)

图 10.135 单向地震作用下屋盖内力

本工程按照《建筑抗震设计规范》(GB 50011—2010)要求,根据结构重要性等级、场地条件、反应谱分析结果等,选择了 5 条天然波和 2 条场地波共 7 条地震波时程曲线,如表 10.85 所示。以 $X:Y:Z=1:0.85:0.65$ 或 $X:Y:Z=0.85:1:0.65$ 三向输入,即水平主方向地震波不折减,水平次方向折减 0.85,竖向折减 0.65。计算时地震波持续时间不少于 20 s。

表 10.85　地震波详细信息

	震级	发生年份	名称	地震台	到震中距离(km)
GM1	6.9	1989	Loma Prieta	Gilroy Array ♯3	12.8
GM2	7.0	1992	Cape Mendocino	Rio Dell Overpass	14.3
GM3	6.5	1987	Superstition Hills	EI Centro Imp. Co.	18.5
GM4	6.5	1987	Superstition Hills	Poe Road (temp)	11.7
GM5	7.6	1999	Chi-Chi	CHY101	15.5
GM6	由江苏省地震工程研究院提供的场地波 XZA003				
GM7	由江苏省地震工程研究院提供的场地波 XZA005				

表 10.86 为 7 条地震波计算得到的基底总剪力峰值与反应谱基底总剪力的比较。可知,7 条地震记录得到的基底剪力峰值均大于振型分解反应谱法结果的 65%,小于振型分解反应谱法结果的 135%,且 7 条地震波得到的基底剪力的平均值大于振型分解反应谱法结果的 80%,小于振型分解反应谱法结果的 120%。所选地震波符合《建筑抗震设计规范》(GB 50011—2010)的要求。

表 10.87 给出了反应谱分析以及 7 条地震波弹性时程分析得到的钢管混凝土柱最大层间位移角。结果表明,7 条地震波分析结果与反应谱分析结果基本相近,所有结果满足规范要求。

表 10.86　时程分析与反应谱法基底剪力比较

地震作用方向	地震波	时程分析基底剪力峰值(kN)	反应谱法基底剪力(kN)	比值	平均值与反应谱法比值
X 向	GM1	25 665	35 485	72%	108%
	GM2	38 337		108%	
	GM3	38 666		109%	
	GM4	40 906		115%	
	GM5	35 172		99%	
	GM6	41 972		118%	
	GM7	47 000		132%	
Y 向	GM1	34 864	38 087	92%	104%
	GM2	37 136		98%	
	GM3	38 464		101%	
	GM4	42 853		113%	
	GM5	27 238		72%	
	GM6	48 386		127%	
	GM7	48 162		126%	

表 10.87　MIDAS 和 SAP2000 时程分析得到的最大层间位移角

地震作用方向	地震波	MIDAS		SAP2000	
		时程	反应谱	时程	反应谱
X 向	GM1	1/602	1/359	1/611	1/365
	GM2	1/408		1/318	
	GM3	1/354		1/364	
	GM4	1/335		1/303	
	GM5	1/313		1/289	
	GM6	1/323		1/251	
	GM7	1/326		1/251	
Y 向	GM1	1/332	1/281	1/312	1/292
	GM2	1/252		1/345	
	GM3	1/378		1/245	
	GM4	1/365		1/364	
	GM5	1/292		1/303	
	GM6	1/321		1/285	
	GM7	1/234		1/253	

3. 罕遇地震下的弹塑性时程分析

弹塑性分析采用通用有限元分析软件 MIDAS,根据多遇地震下弹性时程分析的计算结果,地震波选用具有典型意义的 3 条地震波,即 GM3、GM4 和 GM6,所有三维地震波输入工况为 $X:Y:Z=1:0.85:0.65$ 和 $X:Y:Z=0.85:1:0.65$。罕遇地震下的 7 度(0.15g)大震地震波最大加速度峰值调整至 310 cm/s^2。

表 10.88 给出了结构在 3 组地震波作用下基底剪力峰值和最大层间位移角。由表可知,在罕遇地震作用下结构最大层间位移角均小于《建筑抗震设计规范》(GB 50011—2010)层间位移角 1/50 的要求,而且小于 4 倍弹性位移限制,满足本工程抗震性能目标要求。

表 10.88　弹塑性时程分析基底剪力及层间位移角

地震作用方向	地震波	时程分析基底剪力峰值(kN)	钢管混凝土柱最大层间位移角	框架柱最大层间位移角
XYZ 向	GM3	145 940	1/84	1/200
	GM4	122 900	1/113	1/284
	GM6	135 736	1/81	1/235
YXZ 向	GM3	139 058	1/71	1/228
	GM4	137 933	1/74	1/312
	GM6	148 364	1/78	1/261

图 10.136 给出了结构在相当于罕遇地震的 3 组地震波作用下损伤分布。由图可见,结构在 GM3 波作用下损伤状态:在罕遇地震作用下,支承屋盖的钢管混凝土柱大部分处于弹性状态或刚进入屈服状态;

框架梁、柱构件大部分进入屈服状态,但损伤并不严重,处于可修复阶段,个别框架梁损伤较为严重,但可保证结构在大震下不发生倒塌现象;屋盖杆件大部分处于轻微损伤状态,个别支座处杆件损伤较为严重。

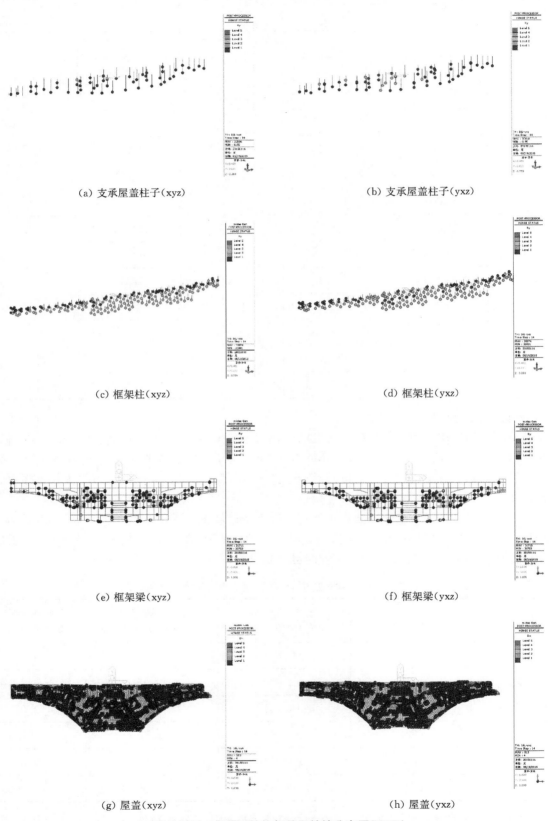

(a) 支承屋盖柱子(xyz)　　　　　　　(b) 支承屋盖柱子(yxz)

(c) 框架柱(xyz)　　　　　　　(d) 框架柱(yxz)

(e) 框架梁(xyz)　　　　　　　(f) 框架梁(yxz)

(g) 屋盖(xyz)　　　　　　　(h) 屋盖(yxz)

图 10.136　大震下结构杆件塑性铰分布图(GM3)

4. 重要节点应力分析

利用 ANSYS11.0 建立了钢屋盖重要节点的精细化有限元分析模型,提取了整体模型中组成关键节点的杆件在罕遇地震作用下的杆件内力,作为对应的节点荷载施加在杆件相应位置上,研究了重要节点在罕遇地震作用下的应力分布,为重要节点的设计提供依据。

(1) 相贯节点应力分布

选取了位于空腹桁架跨中,由桁架下弦杆件(方钢管)、桁架竖向腹杆(方钢管)以及网架杆件(圆钢管)组成的相贯节点,根据圣维南原理,杆件的长度应不小于截面尺寸的 3 倍,据此该相贯节点的相连杆件长度如图 10.137。有限元模型采用 ANSYS11.0 建立,节点板件选用单元为 SOLID45,材料为 Q345B。为方便加载,在加载端设置 20 mm 厚刚性盖板。约束底座节点如图 10.138 所示。

在对应的荷载工况作用下,节点板件的 von Mises 应力云图如图 10.139 所示。节点的最大应力约为 285 MPa<295 MPa,位于左矩形管的根部。因此节点在该工况下处于弹性状态。

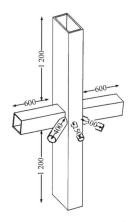

图 10.137　几何尺寸

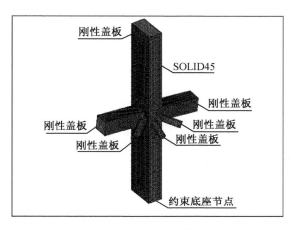

图 10.138　有限元模型

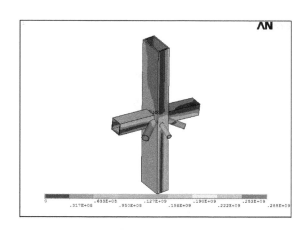

图 10.139　节点的 von Mises 应力云图

(2) 抗震球铰支座应力分布

选取了柱距最大处(48 m)钢管混凝土柱柱顶的抗震球铰支座进行节点应力分析,该节点模型由支座底板、加劲肋、焊接空心球及相交于该焊接球的网架杆件组成,如图 10.140 所示。根据圣维南原理,杆件的长度应不小于截面尺寸的 3 倍,据此每根杆件的长度取为 800 mm。

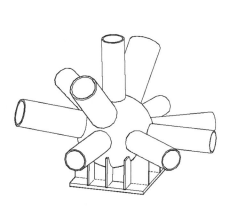

图 10.140　几何模型

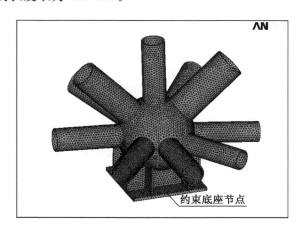

图 10.141　有限元模型

有限元模型采用 ANSYS11.0 建立,节点板件选用单元为 SOLID45,材料为 Q345B。约束底座节点如图 10.141 所示。

在对应的荷载工况作用下,节点板件的 von Mises 应力云图如图 10.142 所示。相连于该焊接球的部分杆件发生屈服,与多遇地震及设防地震作用下杆件弹性应力分析结果类似,支座附近杆件应力较大,施工图中应相应加大杆件截面。

球节点的 von Mises 应力云图如图 10.143 所示。从中可见,在该荷载工况作用下,焊接球节点和加劲肋未发生屈服,最大应力约为 289 MPa,满足大震作用下节点弹性设计的要求。

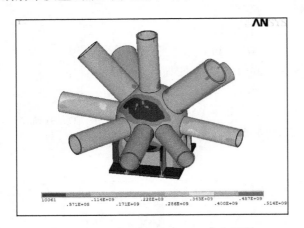

图 10.142　节点的 von Mises 应力云图

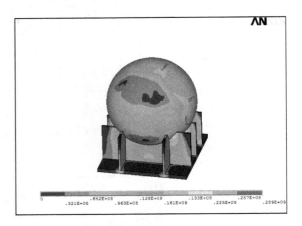

图 10.143　焊接球和加劲肋 von Mises 应力云图

5. 结构防连续倒塌验算

结构的连续倒塌是由于偶然作用(如爆炸、撞击、火灾、罕遇地震及其他偶然出现的自然灾害)造成结构的局部初始破坏,继而引发连锁反应形成与初始破坏不成比例的破坏。偶然作用属于极小概率事件,其量值、作用位置和作用特性都无法估计,并且具有量值大、作用时间短的特点。鉴于偶然作用的不可估计性和其作用特征的复杂性,并结合结构设计经济性考虑,偶然作用下结构应能满足以下要求:容许结构局部发生严重破坏和失效,未破坏的剩余结构能有效承受因局部破坏后发生的荷载和内力重分布,不至于短时间内造成结构的破坏范围迅速扩散而导致大范围甚至整个结构的坍塌。

由于连续倒塌属于结构破坏的极端情况,其安全度可适当降低。防连续倒塌的目标是剩余结构构件不发生断裂破坏而落下,因此构件容许最大限度发挥其承载能力和变形能力,材料强度可采用标准值。

由于空腹桁架为整个屋盖结构的重要部位和抗震薄弱环节,下面对屋盖结构进行防连续倒塌验算。

图 10.144 和图 10.145 分别给出了拆除腹杆 1 和拆除腹杆 2 后结构连续倒塌验算结果。可以看出:拆除空腹桁架竖腹杆 1 后,拆除部分附近竖向最大位移 30 mm,空腹桁架及周边构件最大应力比 0.87,可见屋盖结构仍处于弹性变形阶段,不会发生连续倒塌;拆除空腹桁架竖腹杆 2(斜向支撑处)后,拆除部分附近竖向最大位移 20 mm,空腹桁架及周边构件最大应力比 0.78,可见屋盖结构仍处于弹性变形阶段,不会发生连续倒塌。

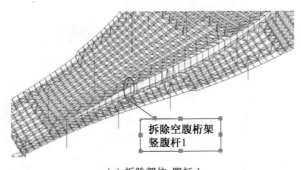

(a) 拆除部位-腹杆 1

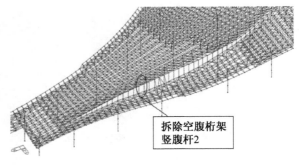

(a) 拆除部位-腹杆 2

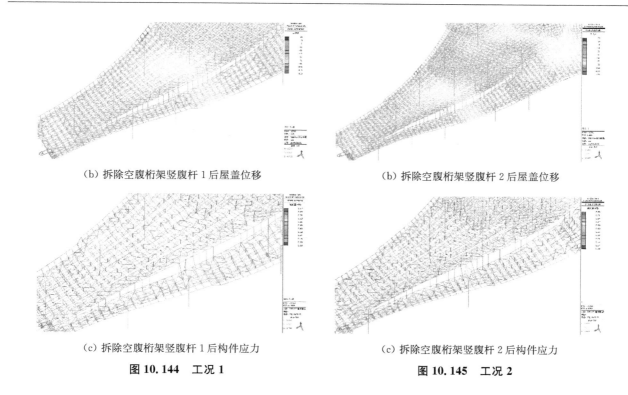

（b）拆除空腹桁架竖腹杆1后屋盖位移　　　　　　　（b）拆除空腹桁架竖腹杆2后屋盖位移

（c）拆除空腹桁架竖腹杆1后构件应力　　　　　　　（c）拆除空腹桁架竖腹杆2后构件应力

图10.144　工况1　　　　　　　　　　　　图10.145　工况2

10.8.4　专家审查意见

徐州市观音机场二期扩建工程拟建于徐州市睢宁县双沟镇附近，其旅客航站楼工程属超限大跨空间结构，按照国家《行政许可法》《江苏省防震减灾条例》和《超限高层建筑工程抗震设防管理规定》（建设部令第111号）的要求，应在初步设计阶段进行抗震设防专项审查。专家组审阅了初步设计资料，听取了勘察、设计单位汇报，经认真讨论、质询，认为该工程结构采用钢管混凝土柱框架可行，审查结论为"修改"。

勘察、设计单位应对下列问题进一步修改完善：

1. 地震动参数取值：小震地震影响系数最大值取安评报告地面加速度峰值的2.25倍，中震、大震地震影响系数最大值按规范确定；场地的特征周期按岩土勘察报告确定。

2. 补充完善可行性论证报告，楼层及钢屋盖结构布置、屋面支座构造及其他重要连接节点等应细化。

3. 补充钢屋盖的连续倒塌分析及重要节点的应力分析。风荷载按100年重现期取值，对屋面风敏感部位应加强。

4. 改进7.8 m标高楼板的结构形式。

5. 性能设计目标：小震作用下屋面结构关键构件的应力比不宜大于0.75；钢管混凝土柱、钢屋盖支座周边构件、悬挑根部构件、转换空腹桁架按中震弹性设计。

6. 补充基础的抗震设计。

7. 补充完善波速测试成果资料。

10.9　苏州第二图书馆

设计单位：东南大学建筑设计研究院有限公司

10.9.1　工程概况与设计标准

苏州第二图书馆项目地处苏州相城区中心城区的核心地带，南侧紧邻活力岛，位于广济北路以西、华元路以北，北侧紧邻规划的公园绿地，南侧享有沈思港及活力岛的壮丽全景。项目用地面积23 400 m²，总建筑面积 45 332 m^2,其中地上建筑面积 35 088 m^2,地下建筑面积 8 907 m^2。建筑效果如图 10.146 所示。

本项目设防烈度 6 度,根据场地地震安全性评价报告,地震动参数参照 7 度取值,抗震等级也按照 7 度相应选取。结构高度为 34.3 m,抗震设防类别为丙类(电影院及大报告厅上下楼层合计座位数 890,远少于 1 200,最大的大厅座位数为 300,远小于 500)。根据《高层建筑混凝土结构技术规程》(JGJ 3—2010)表 3.9.3,剪力墙的抗震等级为二级,框架的抗震等级为三级,连廊等大跨部位框架抗震等级为二级,钢框架的

图 10.146 建筑效果图

抗震等级为四级。地下一层抗震等级:剪力墙抗震等级为二级,框架三级,大跨框架柱二级。

10.9.2 结构体系及超限情况

1. 结构体系

项目性质为公共建筑,主要包含公共图书馆、文献存储集散和配套服务三大功能,设置满堂的地下室一层。采用钢筋混凝土框架-抗震墙结构,地上 6 层,建筑高度 34.3 m,地下室层高 6.0 m。建筑底层为规则的矩形平面,上部楼层逐层外悬,屋面处东北角向北、西南角向西外悬一个柱网的距离,东南角向东南 45 度方向悬出两个柱网的距离,西北角上下垂直。底层矩形部分布置正常的钢筋混凝土框架-剪力墙结构体系,上下楼层对应,形成了垂直的主受力体系。在建筑的角部,布置了 6 组混凝土剪力墙,与框架一起形成完整的抗侧力体系主结构,承担了绝大部分水平作用。主结构布置基本规则对称,对框架和剪力墙均进行了加强,整体抗侧能力强,外悬部分沿立面布置了钢斜柱作为楼盖的支撑,所有斜柱均为上下贯通的直线,斜柱与内部对应位置的混凝土直柱在同一垂直平面内。为减轻外悬部分楼盖的自重,可靠传递斜柱的水平分力,降低外倾部分施工难度,底层矩形平面投影范围以外的楼面基本采用钢梁上铺钢筋桁架楼承板,并在楼面拉力的主传递方向布置面内钢拉杆。经验算加强后,楼承板混凝土可在内部主结构和外悬钢梁柱施工结束后进行二次浇筑,不再设置支架。本项目书库、电影院等均为大空间,三、四两层在入口平台上方完全断开,五～七层连成整体,形成了连体结构。因二、五、七层楼面非常完整,对连体部位进行加强后,结构的整体性仍较强。

2. 超限情况

项目存在连体、大悬挑、平面不规则等多个不规则项,属超限高层建筑,需要进行结构超限设计可行性论证。根据《超限高层建筑工程抗震设防专项审查技术要点》(建质〔2010〕109 号)中附录表二的规定逐项进行结构规则性的判别。超限情况具体汇总如表 10.89、表 10.90 所示。

表 10.89 高层建筑一般规则性超限检查

序号	不规则类型	判 断 依 据	判断	备注
1a	扭转不规则	考虑偶然偏心的扭转位移比大于 1.2	有	
1b	偏心布置	偏心率大于 0.15 或相邻层质心相差大于相应边长 15%	有	
2a	凹凸不规则	平面凹凸尺寸大于相应边长的 30%	无	
2b	组合平面	细腰形和角部重叠形	无	
3	楼板不连续	有效宽度小于 50%,开洞面积大于 30%,错层大于梁高	有	
4a	刚度突变	相邻层刚度变化大于 70% 或连续三层变化大于 80%	无	
4b	尺寸突变	竖向构件位置缩进大于 25%,或外挑大于 10% 和 4 m,多塔	有	
5	构件间断	上下墙、柱、支撑不连续,含加强层、连体等	无	
6	承载力突变	相邻层受剪承载力变化大于 80%	无	
7	其他不规则	如局部的穿层柱、斜柱、夹层、个别构件错层或转换	无	

注:a、b 不重复计算不规则项。

表 10.90　高层建筑严重规则性超限检查

序号	不规则类型	判 断 依 据	判断	备注
1	扭转偏大	裙房以上的较多楼层,考虑偶然偏心的扭转位移比大于1.4	无	
2	扭转刚度弱	扭转周期比大于0.9,混合结构大于0.85	无	
3	层刚度偏小	本层侧向刚度小于相邻上层的50%	无	
4	高位转换	框支墙体的转换构件位置:7度超过5层,8度超过3层	无	
5	厚板转换	7～9度设防的厚板转换结构	无	
6	塔楼偏置	单塔或多塔与大底盘的质心偏心距大于底盘相应边长的20%	无	
7	复杂连接	各部分层数、刚度、布置不同的错层	有	
		连体两端塔楼高度、体型或者沿大底盘某个主轴方向的振动周期显著不同的结构		
8	多重复杂	结构同时具有转换层、加强层、错层、连体和多塔等复杂类型的3种	无	

10.9.3　超限应对措施及分析结论

一、超限应对措施

1. 分析模型及分析软件

本工程采用两套软件进行了水平和竖向荷载作用的分析。

（1）结构在多遇地震作用下的响应,利用 SATWE 和 MIDAS/GEN 两种不同的分析软件,采用反应谱方法分别计算,并对主要分析结果进行了比对;利用 SATWE 软件采用弹性时程分析方法进行补充计算,并与反应谱方法的计算结果进行包络设计。结构有限元模型如图 10.147 所示。

（2）结构在设防烈度地震作用下的响应,采用 SATWE 软件按反应谱方法进行弹性计算,针对具体构件的性能化指标进行设计。

（3）结构在罕遇地震作用下的响应,采用 SAUSAGE 软件进行动力弹塑性时程分析,重点考察整体结构的弹塑性变形。

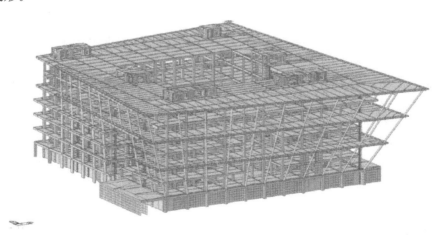

图 10.147　有限元模型

2. 关键部位性能目标

表 10.91 给出了结构的抗震性能水准。

表 10.91 结构的抗震性能水准

	多遇地震	设防地震	罕遇地震
结构状态	完好 变形小于弹性位移限值	轻度损坏 变形小于 2 倍弹性位移限值	中度损坏 变形约 4 倍弹性位移限值
继续使用	无须修理继续使用	一般修理后可继续使用	修复或加固后继续使用
性能水准	1	3	4
承载力要求	承载力按设计值复核	承载力按标准值复核	承载力达到极限值后 能维持稳定,降低少于 5%
变形要求	明显小于弹性位移限值	变形小于 2 倍弹性位移限值	约 4 倍弹性位移限值
位移参考值	1/800(弹性限值)	1/400	1/200
分析方法	线弹性分析	线弹性分析	动力弹塑性计算分析
设计方法	按常规设计	仅耗能构件屈服	关键竖向构件剪切满足截面限制条件,部分 普通竖向构件及大部分耗能构件进入屈服阶段

3. 针对性抗震措施

(1) 结构以±0.00 m 楼板位置作为上部结构的嵌固端,参照《高层建筑混凝土结构技术规程》(JGJ 3—2010)第 3.9.3 条 A 级高度高层建筑结构抗震等级,本工程剪力墙的抗震等级定为二级,框架三级(大跨部位二级),钢框架四级。

(2) 根据《建筑抗震设计规范》(GB 50011—2010)第 6.1.10 条抗震墙底部加强部位范围的相关规定,本工程底部加强区取 1～2 层,标高为−0.010～11.300 m,总高 11.4 m;约束边缘构件设置范围为−1～3 层。

(3) 剪力墙墙肢轴压比控制在 0.6 以内,短肢墙轴压比控制在 0.5 以内,以保证墙肢构件的延性。

(4) 设防烈度地震作用下,截面拉应力超过混凝土抗拉强度标准值的在墙肢内设置型钢,使得墙肢混凝土部分拉应力小于 2.39 MPa。其他出现拉应力的墙肢均加强其边缘构件纵筋和墙肢的竖向钢筋配置。

(5) 设防烈度地震作用下,基础底面与地基之间不出现零应力区,桩基础满足承载力设计要求,不出现上拔力。

(6) 大悬挑部位楼面中产生水平拉力,设置面内支撑,对于传递拉力的关键节点进行构造加强,并验算施工及使用阶段楼面板中的最大水平拉应力,将水平拉应力控制在混凝土的抗拉强度标准值以内,施工图设计阶段根据计算结果配置通长钢筋网,以保证水平力的有效传递。

(7) 连廊部位是联系两个塔楼的关键部位,支承连廊的框架柱采用型钢柱,连廊相邻跨框架梁采用钢骨梁伸入混凝土筒,将连廊部位楼板厚度增加至 150 mm,并对各种工况下的应力分布进行分析。

(8) 连廊和大悬挑部位楼面跨度较大,自振频率控制在 3 Hz 以上,人致振动下楼面振动加速度满足规范限值,保证楼面的舒适度。

二、整体结构主要分析结果

1. 多遇地震下的弹性分析

表 10.92 给出了结构前 6 阶自振周期的相关信息,共计算了 21 阶振型,以保证振型质量参与系数大于 90%。由表可见,两软件的计算结果较接近,前 3 阶周期的误差均小于 5%,各方向的振型质量参与系数也比较接近。其中,激振 X 方向地震力的主要振型为第 1 振型,激振 Y 方向地震力的主要振型为第 2 振型,激振扭转地震力的主要振型为第 3 振型。其中 SATWE 结果中结构扭转为主的第一自振周期与平动为主的第一自振周期比为 1.04/1.16＝0.89,满足《高层建筑混凝土结构技术规程》(JGJ 3—2010)第 3.4.5 条对 A 级高度高层建筑周期比不应大于 0.90 的要求。

表 10.92 结构自振特性

模态	SATWE 计算结果				MIDAS 计算结果			
	$T(s)$	U_X	U_Y	R_Z	$T(s)$	U_X	U_Y	R_Z
1	1.16	0.79	0.10	0.12	1.13	0.83	0.04	0.13
2	1.10	0.20	0.66	0.14	1.06	0.12	0.65	0.22
3	1.04	0.07	0.24	0.69	1.01	0.03	0.31	0.66
4	0.35	0.98	0.01	0.01	0.38	0.12	0.03	0.01
5	0.34	0.11	0.46	0.43	0.35	0.98	0.00	0.02
6	0.32	0.11	0.54	0.36	0.33	0.02	0.42	0.56

楼层在 X 向、Y 向水平地震作用下的层间位移角如表 10.93 所示,同时给出了在各向地震(包括偶然偏心)作用下结构的扭转位移比。

表 10.93 地震作用下层间位移角结果

层号	层间位移角(CQC) SATWE		层间位移角(CQC) MIDAS		规定水平力下楼层最大层间位移与平均层间位移的比值(CQC)			
	X 向地震	Y 向地震	X 向地震	Y 向地震	X 向地震	X 向偏心	Y 向地震	Y 向偏心
塔楼	1/2 312	1/2 165	1/2 204	1/2 349	1.22	1.31	1.10	1.20
屋面	1/1 799	1/1 899	1/1 835	1/2 049	1.11	1.23	1.07	1.17
6	1/1 477	1/1 513	1/1 541	1/1 608	1.10	1.21	1.17	1.19
5	1/1 408	1/1 569	1/1 440	1/1 677	1.11	1.22	1.07	1.18
4-1	1/1 550	1/1 615	1/1 417	1/1 685	1.09	1.16	1.09	1.21
4-2	1/1 393	1/1 593			1.01	1.04	1.04	1.15
3-1	1/1 367	1/1 494	1/1 418	1/1 602	1.14	1.18	1.19	1.28
3-2	1/1 637	1/1 739			1.01	1.03	1.04	1.15
2	1/2 396	1/2 607	1/2 513	1/2 769	1.10	1.16	1.09	1.17

从上表结果可见,X 方向和 Y 方向的层间位移角最大值分别为 1/1 367(F3-1)和 1/1 494(F3-1),满足规范小于 1/800 的要求;各向水平地震作用下结构的最大扭转位移比为 1.31,出现在 X 向偏心塔楼层,大于 1.2 但小于 1.4,属扭转不规则。

《建筑抗震设计规范》(GB 50011—2010)第 5.1.2 条第 3 款规定:当采用时程分析法补充多遇地震下的结构响应时,应按建筑场地类别和设计地震分组选用实际强震记录和人工模拟的加速度时程曲线,其中实际强震记录的数量不应小于总数的 2/3,多组时程曲线的平均地震影响系数曲线应与振型分解反应谱法所采用的地震影响系数曲线在统计意义上相符。地震波的持续时间不小于结构基本自振周期的 5 倍和 15 s。选择的地震波其中五组为天然地震波记录,两组为人工合成地震波。各组地震波谱与规范谱的地震影响系数在主要周期节点上的对比如图 10.148 所示。

图 10.149~图 10.152 给出了结构的弹性时程分析结果。可以看出:每条时程曲线计算所得结构底部剪力均大于振型

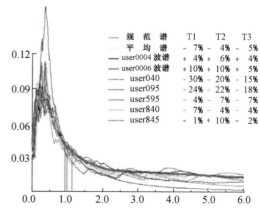

图 10.148 规范谱与地震波谱地震影响系数在主要周期节点上的对比图

分解反应谱法计算结果的 65%，且小于振型分解反应谱法计算结果的 135%，7 条时程曲线计算所得结构底部剪力的平均值大于振型分解反应谱法计算结果的 80%。各条时程曲线分析得出的各层剪力的平均值与反应谱分析的各层剪力相比除了屋面层略有超出，其余各层小于反应谱分析结果。各条地震波工况结构的最大层间位移均小于 1/800，满足《高层建筑混凝土结构技术规程》(JGJ 3—2010)第 3.7.3 条的要求。除结构 2 层和屋面时程分析的层间位移大于反应谱分析的层间位移（超出小于 15%），其余均能够包络于反应谱分析结果。

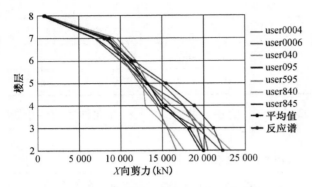

图 10.149　弹性时程分析 X 方向层剪力

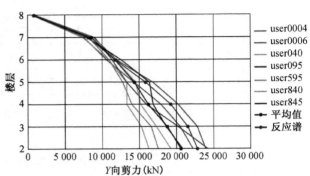

图 10.150　弹性时程分析 Y 方向层剪力

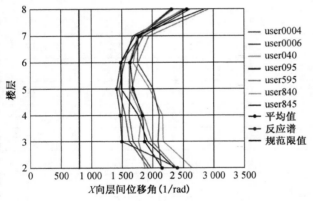

图 10.151　弹性时程分析 X 方向层间位移角

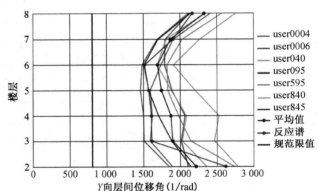

图 10.152　弹性时程分析 Y 方向层间位移角

2. 罕遇地震下的弹塑性时程分析

本工程采用 PKPM-SAUSAGE 进行弹塑性动力计算分析，以便找出结构薄弱部位，控制整体结构的弹塑性变形，确保结构在罕遇地震作用下不发生倒塌破坏。PKPM-SAUSAGE 软件具有以下特点：未作理论上的简化，直接对结构虚功原理导出的动力微分方程求解；一维构件采用非线性纤维梁单元，沿截面和长度方向分别积分。二维壳板单元采用非线性分层单元，沿平面内和厚度方向分别积分，楼板也按二维壳单元模拟；采用 Pardiso 求解器进行竖向施工模拟分析，显式求解器进行大震动力弹塑性分析；动力弹塑性分析中的阻尼计算采用"拟模态阻尼计算方法"。

本工程大震弹塑性分析选用了前述五组天然波和两组人工波，每组波包括 X、Y、Z 三个方向，峰值加速度 220 gal，按照 1.0(主)∶0.85(次)∶0.65(竖)的比例输入。PKPM-SAUSAGE 软件仅计算嵌固端以上的结构，因此模型中没有地下室，标准层数比 SATWE 少一层。输出的楼层数据中，一层数据与上述 SATWE 软件输出的二层数据相对应，以上楼层依次递推。

图 10.153～图 10.154 给出了结构大震作用下的层间位移角，表 10.94 给出了各组地震波大震作用下顶点最大位移和层间位移角。可以看出：主体结构在地震波作用下的最大弹塑性层间位移角 X 向为 1/204、Y 向为 1/210，均满足 1/100 的规范限值要求。在 X 向，地震波 user0006 产生的层间位移响应相对较大；在 Y 向，地震波 user845 产生的层间位移响应相对较大。

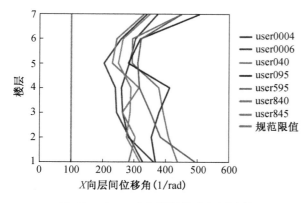

图 10.153 X 方向层间位移角(大震)

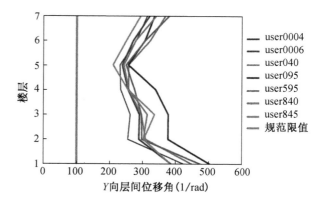

图 10.154 Y 方向层间位移角(大震)

表 10.94 各组地震波大震作用下顶点最大位移和层间位移角表

方向	地震波编号	最大顶点位移 (mm)	最大层间位移 (mm)	最大层间位移角	最大层间位移角 对应的层号
X 向 为 主	user0004	107	22	1/259	4
	user0006	112	28	1/204	5
	user040	74	20	1/292	5
	user095	62	20	1/280	5
	user595	83	18	1/311	5
	user840	94	25	1/230	5
	user845	93	23	1/249	5
Y 向 为 主	user0004	108	24	1/231	5
	user0006	96	23	1/238	5
	user040	94	22	1/257	5
	user095	71	22	1/256	5
	user595	96	22	1/250	5
	user840	99	23	1/243	5
	user845	93	27	1/210	5

对 7 组波分别在地震主方向为 X 向、Y 向下的 14 个工况进行结构损伤分析,地震主方向为 X 向时,分析得到输入号为 user0006 的人工波产生的结构损伤最严重;地震主方向为 Y 向时,分析得到输入号为 user0004 的人工波产生的结构损伤最严重。其中人工波 user0004 和人工波 user0006 的总时间均为 40 s,时间间隔为 0.02 s,总时间步为 201 步。时间步为 201 步时剪力墙的损伤如图 10.155～图 10.156 所示。

通过在剪力墙上合理开洞,将剪力墙分成较短的墙肢,各墙肢间设置跨高比较大的连梁,可显著降低墙肢在地震作用下的拉力,改善剪力墙的抗震性能。分析表明:连梁在大震下损伤明显,少量剪力墙底部出现轻微损伤,损伤因子不大于 0.3,分布宽度小于 50%,其余剪力墙基本完好无损,能够较好地满足预设的性能目标。

3. 关键节点应力分析

节点示意图见图 10.157,构件均为 Q345。根据结构整体计算结果,节点在工况 1.35 恒荷载+0.98 活荷载下综合受力最不利,荷载情况如表 10.95 所示。

图 10.155　地震波 user0006 主振方向
为 X 向时剪力墙损伤

图 10.156　地震波 user0004 主振方向
为 Y 向时剪力墙损伤

图 10.157　节点示意图

表 10.95　节点杆端内力

加载点	剪力(kN)	弯矩(kN・m)	轴力(kN)
梁端 1	−1 135	−5 073	439
梁端 2	−653	−3 904	−18
梁端 3	−256	−581	211
梁端 4	−11.54	−13.9	55

节点在承受设计荷载($K=1$)时的计算结果如图 10.158～图 10.159 所示。

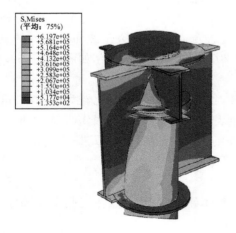

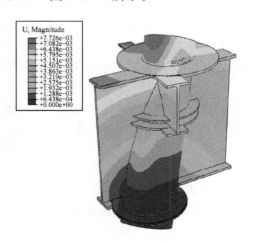

图 10.158　节点应力图

图 10.159　节点变形图

弹性分析结果表明,在设计荷载($K=1$)时,节点在柱与各加劲环板交接处局部存在应力集中,只有很小区域超过屈服应力,绝大部分区域未屈服。有限元分析结果得到的约束反力与 MIDAS 模型提供的相应构件内力相差不大(5%左右),说明节点的受力与整体模型基本一致,分析结果可信。

节点在承受极限荷载($K=2.06$)时的计算结果如图 10.160~图 10.161 所示。

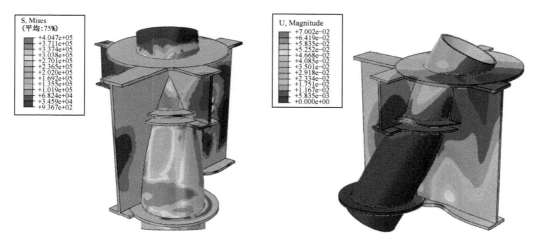

图 10.160　节点在极限荷载时的应力图　　　图 10.161　节点在极限荷载时的变形图

在最不利内力分析基础上,以施加的节点荷载与构件内力设计值的比值倍数 K 为纵坐标,梁端最大位移值为横坐标,得到节点的荷载-位移曲线如图 10.162 所示。

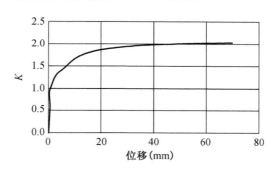

图 10.162　节点的荷载-位移曲线

分析结果表明:在 K 小于 1.0 时,荷载与位移基本呈线性关系,K 大于 1.0 后,荷载与位移的非线性关系比较明显,此时位移增加较快;$K=2.06$ 时,节点达到极限状态,结构大范围进入塑性,位移增长明显加快,结构严重变形,节点整体承载能力达到极限,节点性能失效。综上所述,节点在整个承载过程中,塑性区开展较缓慢,设计极限承载力系数 $K=2.06$,满足要求。

4. 抗连续倒塌分析

分析连续倒塌的方法主要为拉结强度法、特殊局部抗力法、改变荷载路径法等。针对本工程,采用线性静力分析方法对其进行撤柱分析,进一步确保此结构在突发情况下的安全性。在结构设计中采用杆件的强度准则及变形准则来判断构件是否失效。

(1) 强度准则:根据《高层建筑混凝土结构技术规程》(JGJ 3—2010)第 3.12.3 条,采用抗连续倒塌的拆除构件方法,剩余构件的内力应符合 $R_d \geqslant S_d$。其中 R_d 是剩余结构构件承载力设计值,对于钢材强度,正截面承载力验算取标准值的 1.25 倍;S_d 是剩余结构构件效应设计值,本工程 $S_d=1.0$ 恒载+0.5 活载+0.2 风载。

(2) 变形准则:根据《钢结构设计规范》(GB 50017—2003)的具体要求,对于整个结构而言,当其竖向位移达到 $L/50$(对于悬挑为 $L/25$,L 为结构的跨度),认为结构不适合继续承载。

(3) 竖向荷载动力放大系数:根据《高层建筑混凝土结构技术规程》(JGJ 3—2010)第 3.12.4 条,当构件直接与被拆除竖向构件相连时取 2.0,其他构件取 1.0。支承结构大悬挑及连廊大跨部位的钢斜柱若出现局部失效,最有可能导致结构出现连续倒塌,选取关键杆件位置如图 10.163 所示。

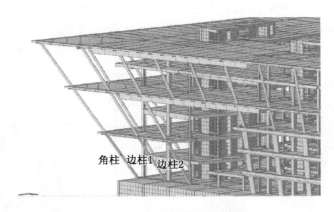

图 10.163　关键杆件位置示意图

角柱　边柱1　边柱2

撤去角柱后,构件的应力比如图 10.164 所示(图中只给出了不利杆件的应力比数值),悬挑端的位移云图见图 10.165。由图可知,撤去角柱后构件的最大应力比为 0.879,未发生失效,二层结构悬挑端最大位移为 133 mm,小于 11 800/25＝472 mm 的限值,结构未发生倒塌。

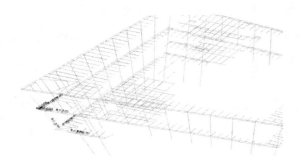

图 10.164　撤去角柱后钢构件的应力比

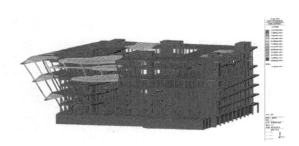

图 10.165　撤去角柱后的位移云图

撤去边柱 1 后,构件的应力比如图 10.166 所示(图中只给出了不利杆件的应力比数值),悬挑端的位移云图如图 10.167 所示。由图可知,撤去边柱 1 后构件的最大应力比为 0.877,未发生失效,二层结构跨中最大位移为 61 mm,远小于 20 850/50＝417 mm 的限值,结构未发生倒塌。

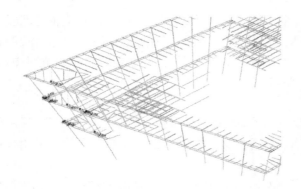

图 10.166　撤去柱 1 后钢构件的应力比

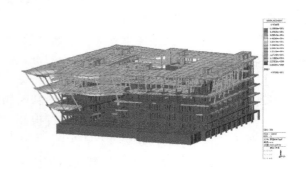

图 10.167　撤去柱 1 后的位移云图

撤去边柱 2 后,构件的应力比如图 10.168 所示(图中只给出了不利杆件的应力比数值),悬挑端和大跨连廊部位的位移云图如图 10.169 所示。由图可知,撤去边柱 2 后构件的最大应力比为 0.916,未发生失效,二层结构悬挑端最大位移为 126 mm,小于 9 700/25＝388 mm 的限值,五层大跨连廊部位的最大位移为 125 mm,小于 39 500/50＝790 mm,结构未发生倒塌。

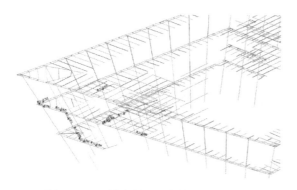

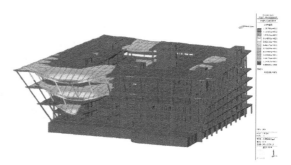

图 10.168　撤去柱 2 后钢构件的应力比　　　**图 10.169　撤去柱 2 后的位移云图**

10.9.4　专家审查意见

苏州第二图书馆工程拟建于苏州市相城区,属体型特别不规则的超限高层建筑工程,按照国家《行政许可法》《江苏省防震减灾条例》和《超限高层建筑工程抗震设防管理规定》(建设部令第 111 号)的要求,应在初步设计阶段进行抗震设防专项审查。专家组审阅了初步设计资料,听取了勘察、设计单位汇报,经认真讨论、质询,认为该工程设防标准正确,针对超限高层建筑采取的加强措施合理,采用框架-剪力墙结构可行,审查结论为"通过"。

设计单位应在施工图阶段对下列问题进一步修改完善:

1. 地震动参数:小震地震影响系数最大值取安评报告中地面加速度峰值的 2.25 倍,中震、大震按规范 7 度确定;场地特征周期按抗震规范插值取用。

2. 性能设计目标:补充与大跨悬挑相连部分竖向构件性能目标(中震弹性)。

3. 完善联体结构的水平刚度并加强抗震措施。

4. 明确施工顺序,并进行相应验算。

10.10　苏州大剧院

设计单位:中衡设计集团股份有限公司

10.10.1　工程概况与设计标准

本项目位于苏州滨湖路和人民路交叉口的西南角,由苏州大剧院和吴江博览中心组成。建筑地上建筑面积约为 100 000 m²,地下建筑面积约为 120 000 m²。建筑群坐落在一个大型的地下室之上,并由一个抬升的位于天然地坪以上近 5 m 的空中平台将两个建筑物组成一个宏伟的建筑群。除此之外,建筑师还根据规划的亲水平台和音乐喷泉布置,设置了两条在空间扭曲和上下交叉的飘带结构将两组建筑物进行了有机的连接,使整个建筑群给人带来一种强烈的视觉冲击,同时还在飘带顶部设有一条宽 3 m 的步道和一个小平台,为市民提供一个可以从高空俯瞰音乐喷泉和太湖的场所。该建筑将会成为该地区的一个地标建筑。建筑效果如图 10.170 所示。本报告针对苏州大剧院进行分析,其结构平面图如图 10.171 所示,结构抗震设计参数如表 10.96 所示。

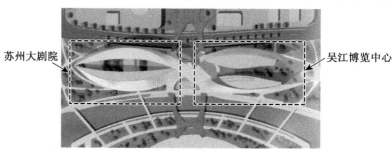

图 10.170　建筑效果图

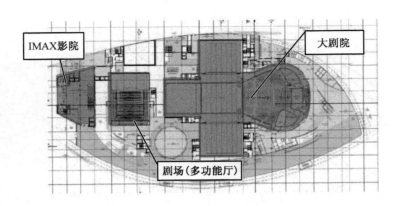

图 10.171 苏州大剧院首层平面图

表 10.96 地震作用参数

	IMAX 影院	大剧院
抗震设防烈度	6 度	6 度
设计基本地震加速度	0.094g	0.094g
建筑场地类别	Ⅲ～Ⅳ类场地,第一组,T_g＝0.6 s	Ⅲ～Ⅳ类场地,第一组,T_g＝0.6 s
地震反应谱	按《建筑抗震设计规范》(GB 50011—2010)α_{max}参考安评报告及专家建议: 小震:0.076 中震:0.229 大震:0.523	按《建筑抗震设计规范》(GB 50011—2010)α_{max}参考安评报告及专家建议: 小震:0.076 中震:0.229 大震:0.523
阻尼比	0.02	0.04(L6 层以上钢结构设计时取 0.02)

10.10.2 结构体系及超限情况

1. 结构体系

（1）IMAX 影院结构体系

IMAX 影院高约 32 m(从嵌固层 5.5 m 标高计算),共 6 层。功能主要为接待和票务中心、影院及相应后勤房间。IMAX 影院剖面如图 10.172 所示。

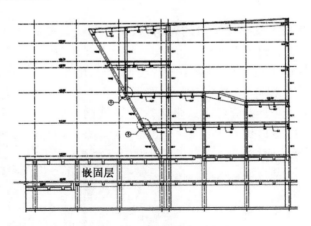

图 10.172 IMAX 影院剖面示意图

IMAX 影院下小上大的建筑外立面(向北倾斜的最大倾斜角为 61 度)导致结构在自重下有向北倾覆的趋势。＋10.6 m 以上采用钢框架-中心支撑结构,限制结构倾覆趋势。＋10.6 m 以下为钢筋混凝土框架-支撑结构,框架抗侧为主,上部支撑延伸至地下室。首层及二层室外部分混凝土楼板厚度为 200 mm,其余板厚取值 150 mm。屋盖最大跨度约 24 m,采用 1 200 mm 高钢梁。

（2）大剧院结构体系

大剧院高约 28 m（从嵌固层＋5.5 m 至 L6 层主屋面）,采用钢框架-剪力墙结构。结合建筑声学功能与造型要求,在大剧院与多功能厅周边布置混凝土剪力墙,如图 10.173 所示。

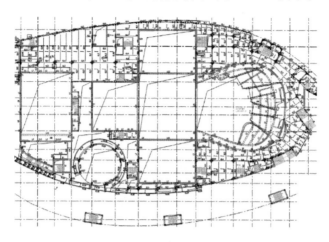

图 10.173　大剧院剪力墙平面位置示意图

（3）飘带结构体系

"飘带"包括高位飘带和低位飘带,结构体系采用由一榀设置于接近飘带平面中心位置的空间扭曲的平面桁架（类似脊梁骨的脊桁架）和多组三角形平面桁架及在三个平面内的十字形支撑组成的一个空间桁架结构,如图 10.174 所示。

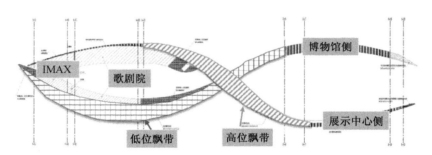

图 10.174　飘带位置示意图

2. 超限情况

根据《超限高层建筑工程抗震设防专项审查技术要点》（建质〔2010〕109 号）中附录中表二的相关规定逐项进行结构规则性的判别。其中 IMAX 影院超限具体情况如表 10.97、表 10.98 所示。

表 10.97　高层建筑一般规则性超限检查

序号	不规则类型	判　断　依　据	判断	备注
1a	扭转不规则	考虑偶然偏心的扭转位移比大于 1.2	有	
1b	偏心布置	偏心率大于 0.15 或相邻层质心相差大于相应边长 15%	无	
2a	凹凸不规则	平面凹凸尺寸大于相应边长的 30%	无	
2b	组合平面	细腰形和角部重叠形	无	
3	楼板不连续	有效宽度小于 50%,开洞面积大于 30%,错层大于梁高	有	
4a	刚度突变	相邻层刚度变化大于 70% 或连续三层变化大于 80%	无	

(续表)

序号	不规则类型	判 断 依 据	判断	备注
4b	尺寸突变	竖向构件位置缩进大于 25%,或外挑大于 10% 和 4 m,多塔	有	
5	构件间断	上下墙、柱、支撑不连续,含加强层、连体等	无	
6	承载力突变	相邻层受剪承载力变化大于 80%	无	
7	其他不规则	如局部的穿层柱、斜柱、夹层、个别构件错层或转换	有	

注:a、b 不重复计算不规则项。

表 10.98　高层建筑严重规则性超限检查

序号	不规则类型	判 断 依 据	判断	备注
1	扭转偏大	裙房以上的较多楼层,考虑偶然偏心的扭转位移比大于 1.4	有	
2	扭转刚度弱	扭转周期比大于 0.9,混合结构大于 0.85	无	
3	层刚度偏小	本层侧向刚度小于相邻上层的 50%	无	
4	高位转换	框支墙体的转换构件位置:7 度超过 5 层,8 度超过 3 层	无	
5	厚板转换	7~9 度设防的厚板转换结构	无	
6	塔楼偏置	单塔或多塔与大底盘的质心偏心距大于底盘相应边长的 20%	有	
7	复杂连接	各部分层数、刚度、布置不同的错层	无	
		连体两端塔楼高度、体型或者沿大底盘某个主轴方向的振动周期显著不同的结构		
8	多重复杂	结构同时具有转换层、加强层、错层、连体和多塔等复杂类型的 3 种	无	

10.10.3　超限应对措施及分析结论

一、超限应对措施

1. 分析模型及分析软件

IMAX 影院结构采用 ETABS 2013 和盈建科 YJK-A(1.5.3.0)两种不同版本内核的有限元计算软件进行计算。有限元模型如图 10.175 和图 10.176 所示。

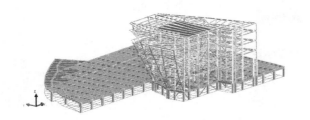

图 10.175　YJK 模型

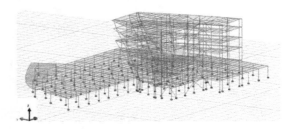

图 10.176　ETABS 模型

2. 关键部位性能目标

IMAX 影院结构抗震性能目标如表 10.99 所示,大剧院结构抗震性能目标如表 10.100 所示。

表 10.99　IMAX 应用结构抗震性能目标

抗震烈度 (参考级别)	多遇地震 (小震)	设防烈度地震 (中震)	罕遇地震 (大震)
性能目标	1	3	4
层间位移角限值	钢框架-支撑:1/250 底层混凝土框架-支撑:1/550	—	—

(续表)

抗震烈度 （参考级别）		多遇地震 （小震）	设防烈度地震 （中震）	罕遇地震 （大震）
耗能构件	框架梁	弹性	允许进入塑性	允许进入塑性
一般构件	其他层框架柱	弹性	中震不屈服不屈曲	允许进入塑性
	底层混凝土框架柱	弹性	中震弹性	允许进入塑性
关键构件	支撑	弹性	中震弹性	大震不屈服
	与支撑相连框架柱	弹性	中震弹性	大震不屈服
	斜柱	弹性	中震弹性	大震不屈服
	与斜柱相连拉梁	弹性	中震弹性	大震不屈服
其他	开洞周围楼板	楼板不开裂$(\sigma_1 < f_{tk})$	钢筋不屈服	—

表 10.100　大剧院结构抗震性能目标

抗震烈度 （参考级别）		多遇地震 （小震）	设防烈度地震 （中震）	罕遇地震 （大震）
性能目标		1	3	4
层间位移角限值		1/1 000	—	—
耗能 构件	钢框架梁	弹性	允许进入塑性	允许进入塑性
	混凝土框架梁	弹性	允许进入塑性 （抗剪不屈服）	允许进入塑性
	连梁	弹性	允许进入塑形 （抗剪不屈服）	允许进入塑性
	斜撑	弹性	允许进入塑形	允许进入塑性
普通 构件	钢框架柱	弹性	中震抗剪弹性 拉弯压弯不屈服	允许进入塑性
	混凝土框架柱	弹性	中震抗剪弹性 拉弯压弯不屈服	允许进入塑形
关键 构件	剪力墙	弹性	中震抗剪弹性 拉弯压弯不屈服	大震下满足 剪压比要求
	大跨梁/大跨桁架	弹性	中震不屈服	允许进入塑性
	大跨梁/大跨桁架 支撑构件	弹性	中震弹性	允许进入塑性 （钢柱大震不屈服不屈曲）
	转换钢桁架	弹性	中震弹性	大震不屈服
	竹状格构柱	弹性	中震弹性	大震不屈服
	转换柱/转换梁	弹性	中震弹性	大震不屈服
	"飘带"支撑构件 （柱、支撑）	弹性	中震弹性	大震不屈服
其他	楼板	楼板不开裂 $(\sigma_1 < f_{tk})$	钢筋不屈服	—
	关键节点	弹性	弹性	弹性

3. 针对性抗震措施

为了减小南北两个建筑群的相互影响,在两组建筑物之间设置了一条贯通场地东西向的抗震缝,抗震缝的设置如图 10.177 所示。

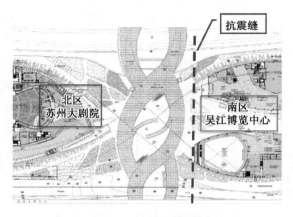

图 10.177 结构抗震缝设置情况

二、整体结构主要分析结果

1. 反应谱分析结果

ETABS 和 YJK 计算得到结构的周期如表 10.101 所示。

表 10.101 模态周期与振型质量参与系数

振型号	YJK 计算结果		ETABS 计算结果	
	周期(s)	振型方向	周期(s)	振型方向
1	1.214	X 平动	1.190	X 平动
2	1.011	Y 平动	0.996	Y 平动
3	0.785	扭转	0.778	扭转
4	0.410	X 平动	0.398	X 平动
5	0.377	Y 平动	0.364	Y 平动
6	0.336	扭转	0.326	扭转
累计质量参与系数	X 向:99.74%		X 向:99.88%	
	Y 向:98.86%		Y 向:98.87%	
$T_{扭}/T_1$	0.65<0.9		0.65<0.9	

结构在风荷载及地震作用下层间位移角如表 10.102 所示,计算结果表明各楼层层间位移角均满足规范要求。

表 10.102 地震作用与风荷载位移角

项目		YJK 计算结果		ETABS 计算结果	
方向		X	Y	X	Y
地震作用 (小震)	最大层间位移角	1/814	1/653	1/874	1/784
	2~6 层(建筑楼层)	4F	4F	5F	5F
	2~6 层规范限值	1/250	1/250	1/250	1/250
	底层	1/2 655	1/1 736	1/3 262	1/1 876
	底层规范限值	1/550	1/550	1/550	1/550

(续表)

项目		YJK 计算结果		ETABS 计算结果	
方向		X	Y	X	Y
风力作用 （50 年）	最大层间位移角	1/1 541	1/2 306	1/1 579	1/2 876
	2～6 层（建筑楼层）	4F	3F	5F	3F
	2～6 层规范限值	1/400	1/400	1/400	1/400
	底层	1/7 887	1/9 999	1/7 887	1/9 999
	底层规范限值	1/550	1/550	1/550	1/550

2. 弹性时程分析

采用 YJK 进行弹性时程分析，时程波由北京震泰工程技术有限公司提供，其包括 5 条天然波和 2 条人工波，分别为 S0152_S0151，S0862_S0863，S0656_S0655，S0754_S0755，S0781_S0782，ACC4_ACC5，ACC17_ACC16。各地震波反应谱与规范反应谱在结构主要周期点上的比较如图 10.178 所示。

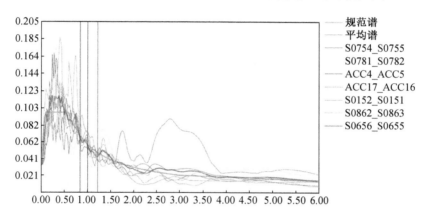

图 10.178　地震波反应谱与规范反应谱对比情况

小震弹性时程与反应谱求得结构基底剪力比较结果如表 10.103 所示。按照安评报告建议，主方向加速度峰值取 34 gal，从时程分析可以得出：每条时程曲线计算所得的结构底部剪力均大于振型分解反应谱法求得的底部剪力的 65%，多条时程曲线计算所得的结构底部剪力的平均值不小于振型分解反应谱法求得的底部剪力的 80%，满足规范的规定。

表 10.103　小震时程反应剪力与反应谱剪力对比

分析方法		X 向		Y 向	
		基底剪力（kN）	与反应谱比值	基底剪力（kN）	与反应谱比值
反应谱		5 010	—	5 704	—
时程	S0152_S0151	5 475	109%	6 352	111%
	S0862_S0863	4 609	92%	5 815	102%
	S0656_S0655	5 019	100%	5 667	99%
	S0754_S0755	5 026	100%	6 680	117%
	S0781_S0782	4 647	93%	4 043	71%
	ACC4_ACC5	5 340	107%	6 347	111%
	ACC17_ACC16	5 809	116%	5 790	102%
时程分析平均值		5 132	102%	5 813	102%

表 10.104 中列出 IMAX 影院弹性时程分析所得最大层间位移角的分析结果,图 10.179 和图10.180 给出了结构各层层间位移角。分析结果表明,7 条地震波的平均值在 X、Y 方向均小于规范限值 1/250,满足规范要求。

表 10.104　结构小震层间位移角

IMAX 影院	X 向	Y 向
	最大位移角	最大位移角
S0152_S0151	1/794	1/606
S0862_S0863	1/872	1/644
S0656_S0655	1/866	1/930
S0754_S0755	1/1 063	1/683
S0781_S0782	1/1 049	1/1 324
ACC4_ACC5	1/927	1/795
ACC17_ACC16	1/846	1/838
时程平均值	1/907	1/782

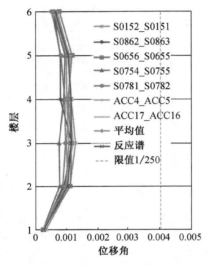

图 10.179　X 向位移角

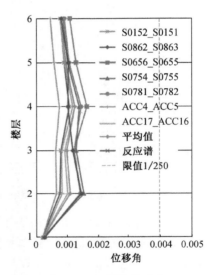

图 10.180　Y 向位移角

3. 关键构件验算

(1)楼板

由于 IMAX 影院在结构周边设置有斜柱,内部设置有抗侧竖向支撑等斜交构件,竖向荷载作用下斜向构件会在楼板内部产生水平应力。考虑竖向荷载基本组合作用下,结构楼板面内核心层主拉应力云图如图 10.181 所示。

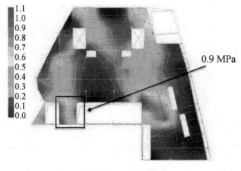

(a) L3 层楼板

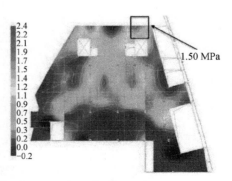

(b) L4 层楼板

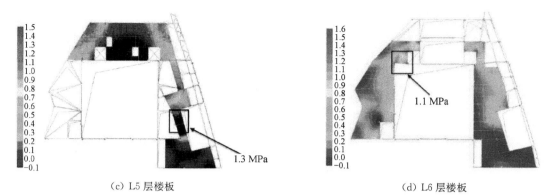

（c）L5 层楼板　　　　　　　　　　　　　　　（d）L6 层楼板

图 10.181　竖向荷载作用下楼板核心层主拉应力云图

从上述楼板主应力图可以发现，竖向荷载作用下楼板核心层最大主拉应力出现在 L4 层侧向端部支撑位置，该位置上部传递的竖向荷载较大，最大主拉应力达到 1.5 MPa。设防烈度地震作用下，楼板各方向轴向内力云图如图 10.182～图 10.189 所示。

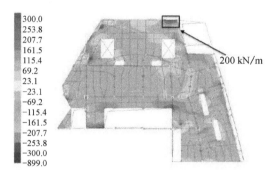

图 10.182　X 方向中震作用下 L3 层楼板拉力

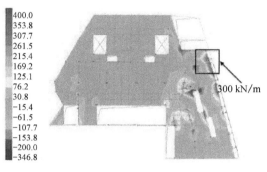

图 10.183　Y 方向中震作用下 L3 层楼板拉力

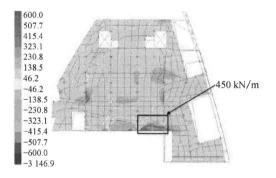

图 10.184　X 方向中震作用下 L4 层楼板拉力

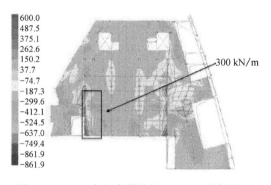

图 10.185　Y 方向中震作用下 L4 层楼板拉力

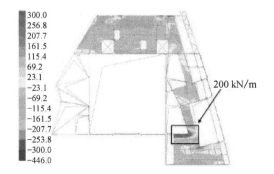

图 10.186　X 方向中震作用下 L5 层楼板拉力

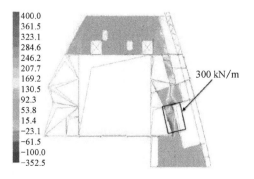

图 10.187　Y 方向中震作用下 L5 层楼板拉力

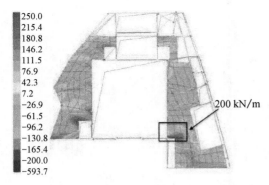

图 10.188　X 方向中震作用下 L6 层楼板拉力

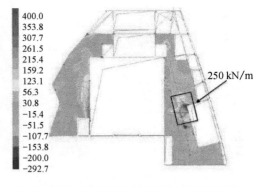

图 10.189　Y 方向中震作用下 L6 层楼板拉力

从以上楼板内力分布图可以看出：除框架节点附近楼板局部应力集中的区域拉应力较大外，大部分区域楼板拉力值均在 100 kN/m 以下。L4 层与斜撑相连平面位置处，楼板最大拉力值为 450 kN/m，结构在施工图阶段采用增加面内钢支撑来增加结构楼板刚度。中震作用下楼板拉力也可通过楼板的受拉钢筋来承担，局部拉应力方向较大区域板配置附加配筋为双层亚 10@200，钢筋采用Ⅲ级钢，按照最大拉力为 300 kN 验算钢筋在中震作用下的拉力。

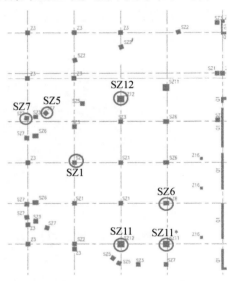

图 10.190　一层型钢混凝土柱位置示意图

$$X \text{ 向地震：} \frac{300 \times 1\,000}{(78.5 \times 1\,000/200) \times 2} = 382 \text{ MPa} < f_{yk} = 400 \text{ MPa}。$$

$$Y \text{ 向地震：} \frac{300 \times 1\,000}{(78.5 \times 1\,000/200) \times 2} = 382 \text{ MPa} < f_{yk} = 400 \text{ MPa}。$$

上述计算结果表明，在中震作用下，除局部地区应力集中会发生楼板钢筋屈服情况，绝大部分楼板中的钢筋都能保持不屈服，能保证楼板在地震作用下可靠传递水平力。

（2）框架柱

根据性能目标，主要验算首层型钢混凝土柱的小震弹性和中震弹性，由于首层柱对结构整体稳定影响较大，其性能目标有所提高。结构一层型钢混凝土柱的布置位置如图 10.190 所示。验算结果如图 10.191～图 10.197 所示。

SZ1
截面800×800

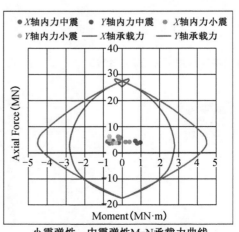

小震弹性，中震弹性M-N承载力曲线

图 10.191　截面 SZ1 验算结果

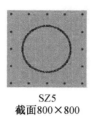

SZ5
截面800×800

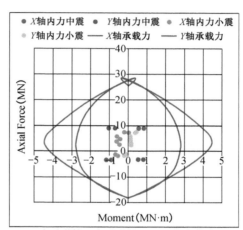

小震弹性，中震弹性M-N承载力曲线

图 10.192 截面 SZ5 验算结果

SZ6
截面800×1 000

小震弹性，中震弹性M-N承载力曲线

图 10.193 截面 SZ6 验算结果

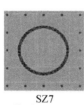

SZ7
截面800×800

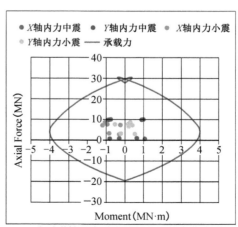

小震弹性，中震弹性M-N承载力曲线

图 10.194 截面 SZ7 验算结果

SZ11
截面1 200×1 200

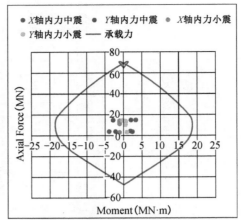

小震弹性，中震弹性M-N承载力曲线

图 10.195 截面 SZ11 验算结果

SZ12
截面1 200×1 200

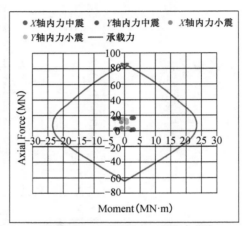

小震弹性，中震弹性M-N承载力曲线

图 10.196 截面 SZ12 验算结果

SZ11*
截面1 200×1 200

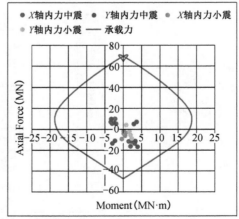

小震弹性，中震弹性M-N承载力曲线

图 10.197 截面 SZ11* 验算结果

由上图可以看出，所有型钢混凝土柱均达到预期的设计结果。

（3）支撑

支撑编号如图 10.198 所示，剖面如图 10.199 所示。根据《建筑抗震设计规范》（GB 50011—2010）第8.2.6-1～2，支撑斜杆受压承载力考虑受循环荷载时强度降低系数，对钢材强度设计值进行折减。中震下，支撑斜杆受压承载力考虑受循环荷载时强度降低系数对钢材屈服强度值进行折减。大震下，不考虑受循环荷载时强度降低系数，保证构件强度不屈服，稳定不屈曲。标高 10.6～17.25 m 处支撑内力最大，验算该层支撑承载力情况。表 10.105 给出了支撑承载力验算情况。

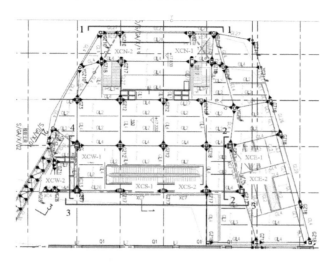

图 10.198　支撑编号示意图

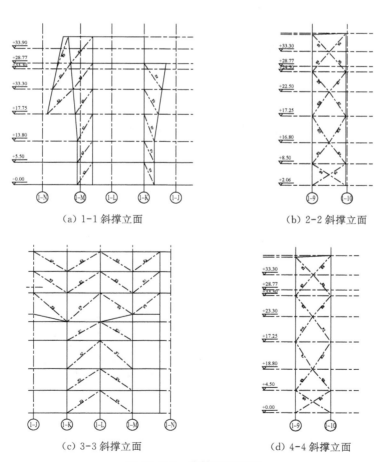

（a）1-1 斜撑立面　　　　　　　　（b）2-2 斜撑立面

（c）3-3 斜撑立面　　　　　　　　（d）4-4 斜撑立面

图 10.199　支撑剖面视图

表 10.105 支撑承载力验算-中震弹性(考虑强度降低系数)和大震不屈服不屈曲

编号	中震弹性			大震不屈服不屈曲		
	强度(MPa)	稳定(MPa)	应力比	强度(MPa)	稳定(MPa)	应力比
XCN-1	164	265	0.55~0.90	274	308	0.67~0.75
XCN-2	137	275	0.44~0.89	237	328	0.54~0.76
XCE-1	230	171	0.78~0.58	364	303	0.89~0.74
XCE-2	167	256	0.57~0.83	292	324	0.71~0.79
XCS-1	150	282	0.51~0.96	266	336	0.65~0.78
XCS-2	142	266	0.48~0.90	284	341	0.69~0.83
XCW-1	248	147	0.84~0.50	364	247	0.89~0.60
XCW-2	176	270	0.60~0.92	273	309	0.66~0.76

根据上表数据可知,支撑在中震下应力比均小于1.0,满足强度及稳定要求。大震下,满足强度及稳定要求,不屈服,不屈曲。

10.10.4 专家审查意见

该工程项目曾于2014年8月25日和2015年4月16日做过两次专项论证,2015年6月29日进行正式审查。专家组审阅了初步设计资料,听取了设计单位汇报,经认真讨论、质询,认为该工程设防标准正确,针对超限设计确定的性能目标可行,该工程审查结论为"通过"。

设计单位应在施工图阶段对下列问题进一步修改补充:

1. 应按大底盘整体模型和分体模型包络设计;5 m标高以上结构堆土处应考虑土压力的影响。

2. 大剧院看台悬挑梁挠度较大,宜手算复核。

3. 飘带桁架:主桁架与支座柱、次桁架关系宜简化明晰,考虑施工安装可行性;应复核二阶效应和防倒塌分析的建模与计算结果。

4. 性能目标:IMAX支撑宜为"大震可屈服但不屈曲"。

10.11 靖江文化中心

设计单位:北京市建筑设计研究院有限公司

10.11.1 工程概况与设计标准

靖江文化中心位于马洲公园东侧,南临新洲路,东至规划道路,西至城东大道,北至阳光大道,用地面积11.2万 m^2,建筑总面积13.8万 m^2。靖江文化中心从建筑功能上分为以下部分:商业区及剧场、高层部分(办公区、博物馆、文化办公楼),东西长约364.2 m,南北宽128.7 m。建筑屋顶标高为47.5 m,地下一层,高度6 m,柱网以8.5 m×8.5 m为主。建筑效果如图10.200所示。

图 10.200 建筑效果图

根据《建筑抗震设计规范》(GB 50011—2010)附录 A"我国主要城镇抗震设防烈度、设计基本地震加速度和设计地震分组",靖江地区抗震设防烈度为6度,设计基本地震加速度值为0.05g,设计地震分组为第二组。按照超限预审论证会专家组意见,地震动参数取值为:小震地震影响系数最大值 α_{max} 可取"地震安全性评价报告"地面峰值加速度的2.25倍,即 $\alpha_{max}=0.36×2.25/g=0.081$;中震、大震按规范7度进行计算;场地特征周期小,中震 $T_g=0.75$ s,大震 $T_g=0.80$ s。

10.11.2 结构体系及超限情况

1. 结构体系

本工程结构缝北侧为三栋连体高层,地上部分三栋高层高度分别为图书馆/报社 47.45 m(10 层)、博物馆/规划馆 39.5 m(6 层)、文化馆 34.5 m(6 层),下部设整体地下室 1 层(建筑层高 6 m),首层为大底盘层(建筑层高 5.5 m),三栋高层在二层分开,在三层位置由一钢桁架连体层连为一体,四层及以上各层三栋高层各自分开,且图书馆/报社、文化馆存在不同程度的偏心收进。结构体系采用现浇混凝土框架-核心筒,局部设置型钢混凝土柱、梁与钢桁架相连。整体模型如图 10.201 所示。

连体桁架层位于建筑三层,分别以两榀钢桁架为主受力构件连接图书馆与文化馆、文化馆与博物馆、图书馆与右侧商业部分以及博物馆与右侧商业部分。主桁架与各塔楼(裙房)边缘部位的钢骨混凝土柱或钢筋混凝土剪力墙刚性连接,最大跨度约 52.4 m,结构高度为 6.2 m。桁架层悬挑部位结构形式分为三种:①以两榀主桁架为支承点在主桁架面外方向设置次桁架进行出挑;②由塔楼边缘部位出挑钢桁架;③由塔楼边缘部位以空腹钢桁架形式出挑。悬挑桁架最大悬挑长度约 13.5 m,结构高度为 6.2 m;悬挑空腹桁架最大悬挑长度约 9.8 m。沿桁架层结构周边设置封边桁架,连体部位桁架间设置水平支撑,加强桁架层结构整体刚度。桁架层结构布置如图 10.202 所示。

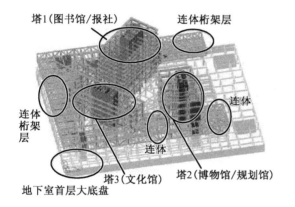

图 10.201　整体模型

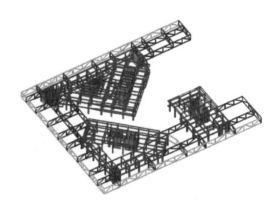

图 10.202　桁架层结构布置

2. 超限情况

根据《超限高层建筑工程抗震设防专项审查技术要点》(建质〔2010〕109 号)附录中表二的相关规定逐项进行结构规则性的判别。超限具体情况如表 10.106、表 10.107 所示。

表 10.106　高层建筑一般规则性超限检查

序号	不规则类型	判　断　依　据	判断	备注
1a	扭转不规则	考虑偶然偏心的扭转位移比大于 1.2	有	
1b	偏心布置	偏心率大于 0.15 或相邻层质心相差大于相应边长 15%	无	
2a	凹凸不规则	平面凹凸尺寸大于相应边长的 30%	无	
2b	组合平面	细腰形和角部重叠形	无	
3	楼板不连续	有效宽度小于 50%,开洞面积大于 30%,错层大于梁高	有	
4a	刚度突变	相邻层刚度变化大于 70% 或连续三层变化大于 80%	无	
4b	尺寸突变	竖向构件位置缩进大于 25%,或外挑大于 10% 和 4 m,多塔	有	
5	构件间断	上下墙、柱、支撑不连续,含加强层、连体等	有	
6	承载力突变	相邻层受剪承载力变化大于 80%	有	
7	其他不规则	如局部的穿层柱、斜柱、夹层、个别构件错层或转换	有	

注:a、b 不重复计算不规则项。

表 10.107 高层建筑严重规则性超限检查

序号	不规则类型	判断依据	判断	备注
1	扭转偏大	裙房以上的较多楼层,考虑偶然偏心的扭转位移比大于 1.4	无	
2	扭转刚度弱	扭转周期比大于 0.9,混合结构大于 0.85	无	
3	层刚度偏小	本层侧向刚度小于相邻上层的 50%	无	
4	高位转换	框支墙体的转换构件位置:7 度超过 5 层,8 度超过 3 层	无	
5	厚板转换	7~9 度设防的厚板转换结构	无	
6	塔楼偏置	单塔或多塔与大底盘的质心偏心距大于底盘相应边长的 20%	无	
7	复杂连接	各部分层数、刚度、布置不同的错层	有	
		连体两端塔楼高度、体型或者沿大底盘某个主轴方向的振动周期显著不同的结构		
8	多重复杂	结构同时具有转换层、加强层、错层、连体和多塔等复杂类型的 3 种	无	

10.11.3 超限应对措施及分析结论

一、超限应对措施

1. 分析模型及分析软件

本项目采用的分析软件有中国建筑科学研究院开发的 PMSAP(2012.06.30 版本),北京迈达斯技术有限公司开发的 MIDAS/Building2013 版和 MIDAS/GEN V8.00 版,达索 SIMULIA 公司开发的 ABAQUS V6.10(弹塑性时程分析),北京市建筑设计研究院有限公司复杂结构研究所开发的 Fecis 测试版(辅助计算)。高层区分析模型如图 10.203 所示。

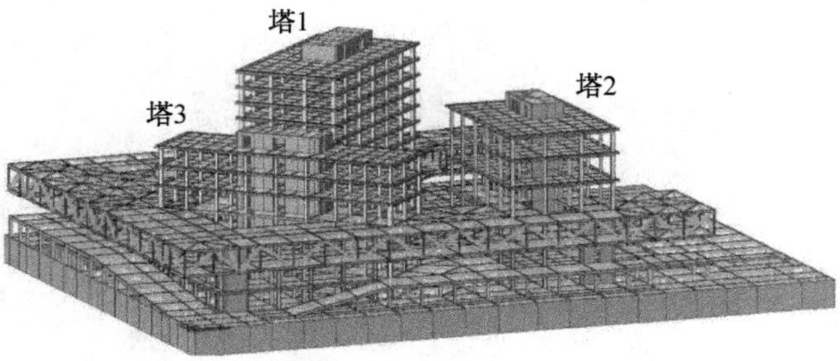

图 10.203 高层区分析模型

2. 关键部位性能目标

本项目属于复杂高层,特别不规则,结构的抗震性能目标和构件的性能指标依据《高层建筑混凝土结构技术规程》(JGJ 3—2010)第 3.11 节和《建筑抗震设计规范》(GB 50011—2010)附录 M 制定,按照关键构件、关键部位、普通竖向构件和耗能构件区分构件的性能指标,抗震性能目标如表 10.108 所示。多遇地震、设防烈度地震计算以反应谱方法为主,弹性时程分析方法为补充,预估的罕遇地震计算采用弹塑性时程分析方法。

表 10.108 抗震性能目标

性能要求		多遇地震(小震)	设防地震(中震)	罕遇地震(大震)
层间位移角限值		1/800	1/400	1/100
性能状态及指标	桁架层主桁架支座	弹性	弹性	不丧失承载能力
	桁架层主桁架	弹性	弹性	不屈服
	型钢混凝土柱(在连接体高度范围及其上、下层)	弹性	弹性	抗剪不屈服
	支承桁架的剪力墙(在连接体高度范围及其上、下层)	弹性	弹性	抗剪不屈服
	连接体上层核心筒	弹性	抗剪不屈服	—
	连接体上层框架柱	弹性	抗剪不屈服	—

3. 针对性抗震措施

高层文化区与商业、剧场区在 23 轴划分结构缝,结构缝的位置既考虑了结构主桁架的连续,也考虑建筑功能的区分,结构缝如图 10.204 所示。高层文化区的桁架层与商业、剧场区的桁架层在结构缝处竖向搭接,搭接处采用双向滑动的球铰支座。搭接处离商业、剧场区支撑核心筒的距离约为 50 m,商业、剧场区悬挑较小的桁架为高层文化区悬挑较大的桁架提供支承点。

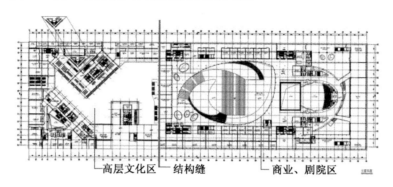

图 10.204　靖江文化中心结构缝

二、整体结构主要分析结果

根据"靖江市文化中心工程场地地震安全性评价报告",人工波由安评单位提供,峰值加速度为 36 gal,所选取地震波单向地震输入的地震剪力与反应谱结果对比如表 10.109 所示。从计算结果看,在结构主方向的平均底部剪力不小于振型分解反应谱法计算结果的 80%,每条地震波输入的计算结果不小于 65%。同时每条地震波输入计算结果不大于 135%,平均不大于 120%。因此,小震所选地震波满足规范要求。

表 10.109　小震下单向输入时程分析与反应谱基底剪力对比

	X 向（kN）	地震波/反应谱	Y 向（kN）	地震波/反应谱
反应谱	70 335	—	76 737	—
XTRB1	83 728	119.04%	83 128	108.33%
XTRB2	79 936	113.65%	90 971	118.55%
RB1	88 371	125.64%	82 156	107.06%
各波平均值	84 012	119.45%	85 418	111.31%

1. 混凝土关键构件分析

为达到设定的性能目标,需对主要构件验算中震及大震作用下的承载能力是否满足性能目标要求。采用 PMSAP 进行主要构件抗震性能验算。

(1) 中震弹性计算条件:抗力及效应均采用设计值,与抗震等级相对应的调整系数均取 1.0,当采用"重力荷载及竖向地震作用"的组合时,各类结构构件承载力抗震调整系数均采用 1.0,其他组合下的承载力抗震调整系数按《高层建筑混凝土结构技术规程》(JGJ 3—2010)第 3.8.2 条采用。周期折减系数取 1.0。特征周期值取 0.75 s,水平地震影响系数最大值取 0.12。

(2) 大震不屈服计算条件:抗力及效应均采用标准值,与抗震等级相对应的调整系数均取 1.0,各类结构构件承载力抗震调整系数均采用 1.0。周期折减系数取 1.0。特征周期值取 0.80 s,水平地震影响系数最大值取 0.28。

对图书馆西北角支撑桁架混凝土墙进行验算,如图 10.205 所示。其性能目标为中震弹性,大震抗剪不屈服。经 PMSAP 大震作用计算,得到西北角支撑桁架混凝土墙的验算结果如表 10.110 所示。

表 10.110　图书馆西北角支撑桁架混凝土墙-大震作用构件验算结果

构件位置	边缘构件最大配筋率（%）[中震弹性/大震不屈服]		边缘构件最大体积配箍率（%）[中震弹性/大震不屈服]	墙身最大水平筋配筋（%）[中震弹性/大震不屈服]	墙身最大竖向筋配筋（%）[中震弹性/大震不屈服]	最大轴压比[中震弹性/大震不屈服]
西北角支撑桁架混凝土墙	配筋率	型钢含量	0.64/0.81	0.37/0.9	0.30/0.30	0.14/0.14
	1.2/2.02	6.84/6.84				

　　对图书馆连体层核心筒进行验算,如图 10.206 所示。其性能目标为中震抗剪不屈服。主要验算结果如表 10.111 所示。

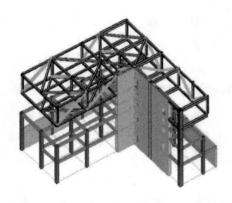

图 10.205　图书馆西北角支撑桁架混凝土墙(粉色部分)

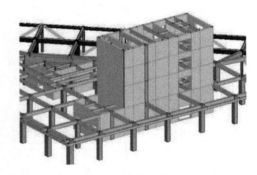

图 10.206　图书馆连体层核心筒

表 10.111　图书馆连体层核心筒剪力墙验算结果

构件位置	边缘构件最大配筋率（%）[中震不屈服]		边缘构件最大体积配箍率（%）[中震不屈服]	墙身最大水平筋配筋（%）[中震不屈服]	墙身最大竖向筋配筋（%）[中震不屈服]	最大轴压比[中震不屈服]
西北角支撑桁架混凝土墙	配筋率	型钢含量	0.81	0.84	0.30	0.11
	3.88	3.10				

　　由对主要构件在中震作用及大震作用下的验算结果可见,在满足前述给定的条件下(达到配筋率、配箍率或混凝土内设置型钢等),主要构件均能满足设定的性能目标。

　　2. 连接体楼层楼板应力分析

　　控制指标:小震作用下,连接体楼层薄弱部位楼板混凝土核心层不开裂。薄弱部位楼板混凝土核心层应满足二级裂缝控制条件。采用通用有限元分析软件 ABAQUS 进行楼板应力分析。连接体楼层顶层、底层楼板细分后的单元网格如图 10.207 所示。

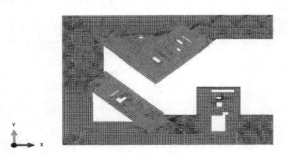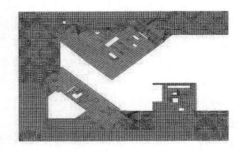

(a) 顶板　　　　　　　　　　　　　　　　　　(b) 底板

图 10.207　连接体楼层楼板单元网格划分

重力荷载代表值＋小震标准组合作用下的连接体楼层楼板应力分析结果如图 10.208～图 10.210 所示。

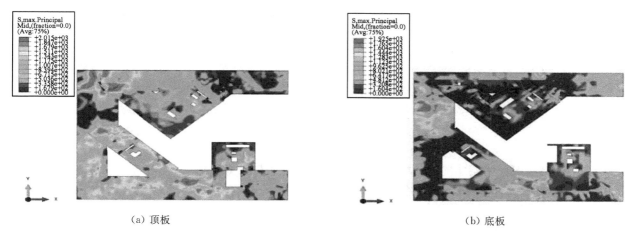

（a）顶板　　　　　　　　　　　　　　　　　（b）底板

图 10.208　重力荷载代表值＋0 度方向地震作用标准组合下的楼板应力云图(kPa)

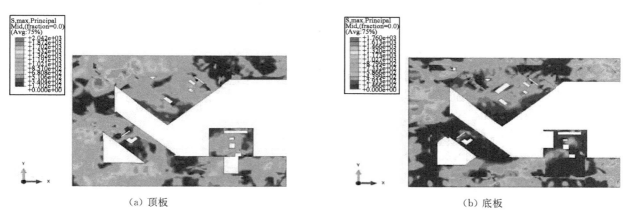

（a）顶板　　　　　　　　　　　　　　　　　（b）底板

图 10.209　重力荷载代表值＋45 度方向地震作用标准组合下的楼板应力云图(kPa)

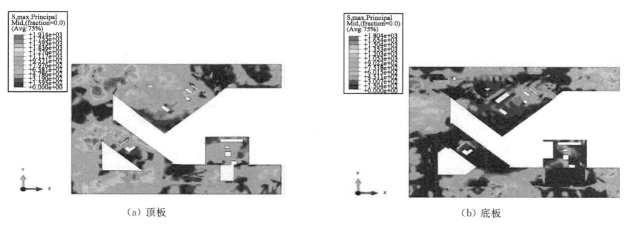

（a）顶板　　　　　　　　　　　　　　　　　（b）底板

图 10.210　重力荷载代表值＋90 度方向地震作用标准组合下的楼板应力云图(kPa)

本工程楼板混凝土采用 C30，$f_{tk}=2.01$ MPa。可以看到，连接体楼层底层楼板主拉应力均低于混凝土轴心抗拉强度标准值；连接体楼层顶层楼板除 45 度方向地震作用下个别部位应力集中、主拉应力略高于 f_{tk} 外，绝大部分楼板主拉应力均不超过 f_{tk}。因此，连接体楼层楼板应力能够满足小震的控制指标。

3. 结构大震动力弹塑性时程分析

计算分析采用大型通用有限元分析软件 ABAQUS。钢筋混凝土梁柱单元采用了建研科技股份有限公司自主开发的混凝土材料用户子程序进行模拟。在本结构的弹塑性分析过程中,考虑以下非线性因素:

(1) 几何非线性:结构的平衡方程建立在结构变形后的几何状态,"P-Δ"效应、非线性屈曲效应、大变形效应等都得到全面考虑。

(2) 材料非线性:直接采用材料非线性应力-应变本构关系模拟钢筋、钢材及混凝土的弹塑性特性,可以有效模拟构件的弹塑性发生、发展以及破坏的全过程。

(3) 施工过程非线性:较为细致的施工模拟与结构的实际受力状态更为接近,分析中按照整个工程的建造及加固过程,总共分为若干个施工阶段,采用"单元生死"技术进行模拟,逐步激活各施工阶段的构件,加载并计算。

此外,除高层部分桁架层楼板考虑材料弹塑性外,其他楼板按弹性进行计算。需要指出的是,上述所有非线性因素在计算分析开始时即被引入,且贯穿整个分析的全过程。

进行结构动力弹塑性分析的基本步骤如下:

(1) 根据弹性设计的 MIDAS 模型,经细分网格并输入配筋信息后导入 ABAQUS。

(2) 考虑结构施工过程,进行结构重力加载分析,形成结构初始内力和变形状态。

(3) 计算结构自振特性以及其他基本信息,并与原始结构设计模型进行对比校核,保证弹塑性分析结构模型与原模型一致。

(4) 输入地震记录,进行结构大震作用下的动力响应分析。

在进行结构 7 度(220 gal)罕遇地震弹塑性分析时,采用符合规范要求的一条人工波和两条天然波,共三条地震记录。地震波的输入方向依次选取结构 X 方向或 Y 方向作为主方向,分别输入三组地震波的两个分量记录进行计算。此外,由于高层部分有斜交抗侧力构件,本工程还依次选取结构 45°方向或 135°方向(参见图 10.211)作为主方向,分别输入三组地震波的两个分量记录进行计算。结构阻尼比取 0.04,加速度峰值取 220 gal。每个工况地震波峰值按水平主方向:水平次方向:竖向=1:0.85:0.65 进行调整。

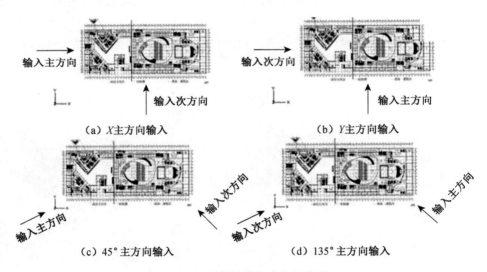

（a）X 主方向输入　　　　　　　　（b）Y 主方向输入

（c）45°主方向输入　　　　　　　　（d）135°主方向输入

图 10.211　地震波输入方向示意图

如图 10.212 所示,提取高层部分三个核心筒(图书/办公 T1、博物馆 T2、文化馆 T3)以及商业区支承主桁架的四个核心筒每层 4 个参考点 A、B、C、D 的位移结果,计算得到其层间位移以及最大层间位移角。篇幅有限,表 10.112～表 10.115 给出了 T1、T2、核心筒 1、核心筒 2 的位移结果。

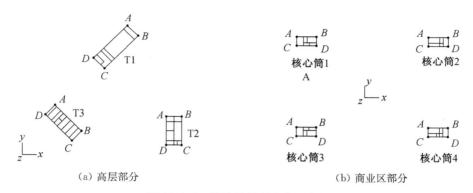

（a）高层部分　　　　　　　　　　（b）商业区部分

图 10.212　结构位移考察点示意图

各工况下,高层部分 T1 最大层间位移角为 1/160(人工波,X 主方向输入),位于第 6 层;T2 最大层间位移角为 1/109(天然波 2,45°主方向输入),位于第 5 层;T3 最大层间位移角为 1/232(人工波,45°主方向输入),位于第 5 层。商业区支承主桁架的四个核心筒的最大层间位移角均位于顶层,其中核心筒 1 的最大层间位移角为 1/934(人工波,135°主方向输入),核心筒 2 的最大层间位移角为 1/230(人工波,X 主方向输入),核心筒 3 的最大层间位移角为 1/868(人工波,135°主方向输入),核心筒 4 的最大层间位移角为 1/508(人工波,X 主方向输入)。综上可知,各筒的层间位移角满足 1/100 限值的要求。

表 10.112　T1 楼层位移结果

输入方向	地震波		楼顶位移(mm)	最大层间位移角	最大层间位移角所在层
X 主方向	人工波		123	1/160	6
	天然波 1		144	1/215	6
	天然波 2		173	1/192	6
Y 主方向	人工波		140	1/163	6
	天然波 1		106	1/277	6
	天然波 2		162	1/216	6
45 度主方向	人工波	X 向	143	1/200	7
		Y 向	173	1/162	6
	天然波 1	X 向	101	1/299	7
		Y 向	104	1/301	6
	天然波 2	X 向	126	1/218	6
		Y 向	109	1/211	6
135 度主方向	人工波	X 向	160	1/184	6
		Y 向	153	1/176	5
	天然波 1	X 向	126	1/226	6
		Y 向	147	1/186	6
	天然波 2	X 向	109	1/242	6
		Y 向	107	1/252	6

表 10.113 T2 楼层位移结果

输入方向	地震波		楼顶位移(mm)	最大层间位移角	最大层间位移角所在层
X 主方向	人工波		177	1/121	5
	天然波1		107	1/177	4
	天然波2		134	1/114	4
Y 主方向	人工波		128	1/218	2
	天然波1		70	1/510	2
	天然波2		101	1/232	4
45 度主方向	人工波	X 向	131	1/146	5
		Y 向	149	1/153	2
	天然波1	X 向	126	1/131	4
		Y 向	50	1/542	4
	天然波2	X 向	160	1/109	5
		Y 向	116	1/267	5
135 度主方向	人工波	X 向	106	1/165	4
		Y 向	415	1/138	2
	天然波1	X 向	78	1/218	4
		Y 向	63	1/468	4
	天然波2	X 向	104	1/157	4
		Y 向	71	1/381	4

表 10.114 核心筒 1 楼层位移结果

输入方向	地震波		楼顶位移(mm)	最大层间位移角	最大层间位移角所在层
X 主方向	人工波		7.00	1/977	
	天然波1		3.51	1/2 112	
	天然波2		3.60	1/2 107	
Y 主方向	人工波		6.54	1/1 431	
	天然波1		5.32	1/2 083	
	天然波2		6.50	1/1 903	
45 度主方向	人工波	X 向	7.43	1/967	
		Y 向	7.82	1/1 429	
	天然波1	X 向	3.34	1/2 117	顶层(第二层)
		Y 向	4.87	1/1 844	
	天然波2	X 向	3.60	1/1 909	
		Y 向	6.63	1/1 547	
135 度主方向	人工波	X 向	7.56	1/934	
		Y 向	7.72	1/1 483	
	天然波1	X 向	2.43	1/3 216	
		Y 向	5.46	1/1 914	
	天然波2	X 向	3.53	1/1 893	
		Y 向	6.86	1/1 574	

表 10.115 核心筒 2 楼层位移结果

输入方向	地震波		楼顶位移(mm)	最大层间位移角	最大层间位移角所在层
X 主方向	人工波		32.00	1/230	
	天然波 1		19.52	1/343	
	天然波 2		30.64	1/263	
Y 主方向	人工波		12.52	1/814	
	天然波 1		9.56	1/1 198	
	天然波 2		8.92	1/1 195	
45 度主方向	人工波	X 向	25.79	1/253	顶层(第二层)
		Y 向	11.65	1/867	
	天然波 1	X 向	20.70	1/330	
		Y 向	10.69	1/1 065	
	天然波 2	X 向	20.47	1/322	
		Y 向	9.45	1/1 128	
135 度主方向	人工波	X 向	26.30	1/253	
		Y 向	11.56	1/893	
	天然波 1	X 向	22.34	1/347	
		Y 向	7.61	1/1 429	
	天然波 2	X 向	22.94	1/294	
		Y 向	10.22	1/246	

图 10.213 给出了剪力墙混凝土的压应力-应变关系和受压损伤因子-应变关系曲线,图中横坐标为混凝土的压应变,对于混凝土压应力-应变关系曲线,纵坐标为混凝土的压应力与峰值的比值,即按照混凝土峰值压力归一化的压力-应变关系曲线。混凝土受压损伤因子-压应变关系曲线,纵坐标为混凝土的受压损伤因子。从图中可以看出,当混凝土达到压应力峰值时,受压损伤因子基本上位于 0.2～0.3 之间。因此,当混凝土的受压损伤因子在 0.3 以下,混凝土未达到承载力峰值,基本可以判断剪力墙混凝土尚未压碎。

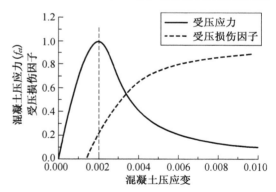

图 10.213 剪力墙混凝土压应力-应变关系和受压损伤因子-应变关系曲线

篇幅有限,图 10.214 给出了人工波 X 向为输入主方向时高层部分剪力墙受压损伤因子分布示意图。从图上可以看出,7 度三向罕遇地震作用下,除高层部分 T1 外,本工程的剪力墙墙肢均只出现了小范围的局部损伤,T1、T2 连梁损伤较重,T1 由于第 5 层开始结构平面在 X 向往里缩进,造成该方向的剪力墙在第 5～6 层范围内损伤较为严重。施工图中应适当提高该区域的配筋指标,对剪力墙局部受力较大处进行构造加强。

10.11.4 专家审查意见

按照国家《行政许可法》《江苏省防震减灾条例》和《超限高层建筑工程抗震设防管理规定》(建设部令第 111 号)的要求,应在初步设计阶段进行抗震设防专项审查。专家组审阅了初步设计资料,听取了设计、勘察单位汇报,经认真讨论、质询,该工程审查结论为"通过"。

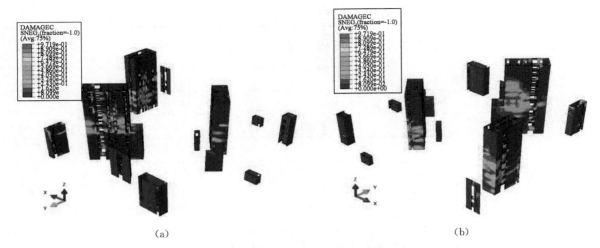

(a)   (b)

图 10.214   人工波,X 向为输入主方向时高层部分剪力墙受压损伤因子分布示意图

勘察、设计单位应在施工图阶段对下列问题进一步修改完善:

1. 地震动参数:小震地震影响系数最大值 α_{max} 可取"地震安全性评价报告"地面峰值加速度的 2.25 倍,中震、大震按规范 7 度计算,场地特征周期按岩土工程勘察报告确定。

2. 商业、剧场部分桁架支座选用成品时应按产品标准进行必要的试验验证,单向弹簧支座应作专项设计研究,大跨桁架支座节点的设计应进一步深化,详细分析 2、4 号筒体剪力墙在设防烈度地震作用下的内力,计算墙内竖向支撑桁架承载力时,不宜考虑墙体的作用。

3. 补充施工模拟分析,考虑施工阶段极值温度对结构的影响。

4. 楼层剪力不应小于时程分析结果的包络值,整体计算时框架剪力可分段调整;计算的振型数量应适当增加。

5. 大跨、大悬挑桁架楼面舒适度应作详细的分析。建议做施工全过程的应力、变形检测,以及使用阶段初期的健康监测。

10.12   太湖试验厅工程

设计单位:上海江欢成建筑设计有限公司

10.12.1   工程概况与设计标准

河湖治理研究基地项目拟建设于江苏省无锡市太湖新城华庄农场内,该地块占地约 7.4 万 m^2,东、南紧靠新建的太湖大堤,西南面与太湖生态博览园相邻,西北面紧临环太湖高速。项目主要建筑为太湖试验厅及其附属的基地科研及管理用房。建筑基地面积 74 062 m^2,总建筑面积 27 969 m^2,其中地上建筑面积 27 663 m^2,地下建筑面积 306 m^2。其中,太湖试验厅为单层科学实验建筑,地上 1 层,无地下室。主体结构为大跨度钢结构,建筑高度 29.64 m。场地基准标高为吴淞高程 7.0 m,首层室内设计标高 ±0.000,相当于绝对标高 7.150 m(室内外高差 150 mm)。建筑效果如图 10.215 所示。

图 10.215   建筑效果图

主楼结构计算和设计采用的参数见表 10.116。

表 10.116 主楼结构计算参数

设计参数名称		设计参数值
建筑结构安全等级		二级
结构设计使用年限		50 年
结构设计基准期		50 年
结构重要性系数		1.0
抗震设防重要性类别		标准设防类(丙类)
地基基础设计等级		甲级
建筑桩基础设计等级		甲级
抗震设防烈度		7 度(0.10g)
设计地震分组		第一组
竖向地震作用		考虑
抗震构造措施		7 度
建筑场地类别		Ⅲ类场地
阻尼比	小震、中震	0.04
	大震	0.05
框架抗震等级		三级
周期折减系数	多遇地震	0.9
	设防烈度	0.9
	罕遇地震	1.0

10.12.2 结构体系及超限情况

1. 结构体系

太湖试验厅为单层大跨试验厅,采用钢结构空间桁架体系,建筑高度约为 29.64 m,平面尺寸约为 150 m×150 m。整体结构由钢拱架、端部钢筋混凝土框架和结构支撑组成。结构整体模型如图 10.216 所示。

(1) 结构共有 8 榀门字形拱架,呈阶梯状倾斜布置,拱顶结构标高分别为(从外向内)22.723 m、26.204 m、28.458 m、24.469 m。拱架自身桁架高度,中间 2 榀为 5 m,其余 6 榀均为 6 m。在拱架肩处设置拱脚拉索,以平衡拱脚的推力,拉索设置非预应力的吊索和水平稳定索以防止振动。拱的倾斜角度分别为(从外向内)18°、18°、18°、28°。垂直拱架方向设置 9 道屋面桁架,中部 4 榀拱架的拱脚之间设置人字形空间桁架,以增强结构整体性。

(2) 结构两端各有一排钢筋混凝土框架结构山墙,由钢筋混凝土柱及顶梁组成。山墙相连的屋面板形状与端部钢拱架下弦一致,采用轻钢结构屋面,一端支撑在混凝土柱上,一端支撑在端部钢拱架下弦,为端拱架下弦提供了侧向支撑。拱形屋面内设置水平交叉支撑,山墙框架柱间也设置交叉柱间支撑,以增强结构的抗侧力性能。

(3) 结构水平向支撑由屋面主梁和屋面水平交叉拉索、墙面交叉支撑组成。屋面主梁采用随形工字钢大梁,两端支撑在两侧拱架的上弦和下弦,保证了拱架的上下弦侧向支撑。中部 4 榀拱架无下弦侧向支撑,由 9 道屋面桁架提供侧向支撑。

(a) 3D 图   (b) 俯视图

图 10.216 结构模型图

由于结构高度不高且自重较轻,因此侧向荷载较小,结构设计主要由自重荷载控制,抗侧力能力有较多富余。在平行于主桁架方向(Y 向),结构侧力主要由与门式刚架类似的主桁架承担,桁架 Y 向刚度较大,有较强抗侧力能力。另外结构两侧端部各有一排混凝土梁柱山墙,刚度较大,也有利于承担 Y 向侧向荷载。在垂直于主桁架方向(X 向),结构侧力主要由屋面主梁+交叉拉索、结构侧墙两部分来传递,相当一部分水平力可由端部拱形屋面的深梁效应传递到两侧,通过刚度较大的结构侧面墙架及交叉支撑传递。抗侧力体系如图 10.217 所示。

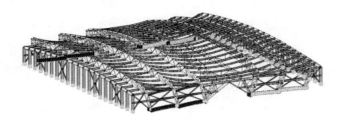

图 10.217 主桁架+端部混凝土屋面+两侧墙面结构和水平桁架

2. 超限情况

屋盖跨度为 150 m,大于 120 m,为超限大跨空间结构。

10.12.3 超限应对措施及分析结论

一、超限应对措施

1. 分析模型及分析软件

本工程结构的整体计算采用通用有限元计算程序 SAP 2000 和 MIDAS/GEN。计算中用杆件单元模拟框架柱、梁和支撑,用壳单元模拟屋面板。随形屋面梁采用折线模拟。计算中不考虑面单元的刚度,仅用于施加荷载。主体结构按弹性计算分析,取柱脚作为嵌固端,钢结构柱脚铰接,混凝土柱柱脚刚接。风荷载施加为面单元局部坐标轴法向面压力。其余荷载均按整体坐标施加。结构计算中不考虑屋面水平交叉拉索支撑,仅作为构造性结构安全储备考虑。为节省工作量,弹性分析采用线弹性计算,由非线性分析得出的预应力采用节点力的形式施加在桁架下弦相应节点上,节点力的取值等于非线性分析得出的恒载+预应力工况下拉索的拉力。MIDAS 模型见图 10.218。

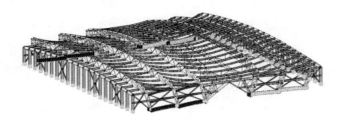

图 10.218 MIDAS 模型

2. 关键部位性能目标

结构抗震性能目标如表 10.117 所示。

表 10.117 结构抗震性能目标

		多遇地震（小震）	设防地震（中震）	罕遇地震（大震）
规范所指的超越概率		50年超越概率63%	50年超越概率10%	50年超越概率2%～3%
性能要求描述		完好,常规设计	轻微损坏	中等破坏,承载力达到极限值后能维持稳定,有一定的塑性变形,变形小于规范限值,梁柱出现塑性铰后不会出现机构
构件性能	主桁架弦杆	应力比小于0.8	弹性	最大塑性应变小于0.025
	主桁架腹杆	应力比小于0.8	弹性	最大塑性应变小于0.025
	屋面钢梁	弹性设计	弹性	最大塑性应变小于0.025
	拱肩拉索	最大内力小于1/2破断拉力	最大内力小于1/2破断拉力	最大内力小于破断拉力
	混凝土框架	弹性设计	允许少量进入塑性	钢筋的最大塑性应变小于0.025
地震输入数据		规范反应谱＋时程地震波	规范反应谱	时程地震波
顶点位移角限值		1/250	—	1/50
构件强度设计		根据规范作构件设计	根据抗震性能目标作构件设计	根据抗震性能目标作构件设计
荷载系数		荷载基本组合	荷载基本/标准组合	荷载标准组合
内力调整系数		按三级调整	按三级调整	不调整
材料强度		设计值	设计值	标准值

3. 针对性抗震措施

（1）单片桁架设计

单片桁架为结构的主要受力构件,其造型为门字形桁架拱,桁架在拱脚处折向下并内收,形成类似门式刚架结构。为使单片桁架受力合理,采用如下措施:

① 合理布置桁架拱腹杆,在桁架拱两端斜腹杆反向,尽量使斜腹杆沿受拉方向布置。

② 桁肩设置拉索(图10.219),拉索施加预应力,平衡竖向荷载造成的拱脚推力,减小拱脚桁架的负担,并可大大减小屋面竖向挠度。

③ 为防止拉索振动,增加竖向吊索和垂直方向的水平稳定索,吊索和稳定索均不施加预应力。

图 10.219 单片桁架及拉索示意图

（2）桁架倾斜布置

8片主桁架均为倾斜布置(图10.220),主要考虑以下两点原因:

① 配合建筑造型效果,并减少建筑造型(如挑檐)所需的附属构件,减小附属构件可能导致的用钢量和过多的连接节点。

② 在自重荷载作用下,倾斜的桁架产生向外侧倒的趋势,由屋面主梁和拉索平衡,在屋面系统中产生"绷紧"的张力,结构两侧的张力对称,自相平衡,使得整个结构有较强整体性。

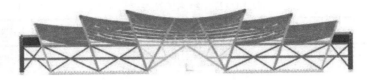

图 10.220　倾斜布置的主桁架

（3）桁架的下弦支撑

桁架的下弦支撑分三种情况处理：

① 屋面主梁两端分别支撑在较矮一侧桁架的上弦和较高一侧桁架的下弦，对较高一侧桁架下弦提供侧向支撑。

② 中央 2 榀桁架下弦无屋面梁作为侧向支撑，由 9 榀垂直方向的屋面桁架为桁架下弦提供侧向支撑。

③ 端部 2 榀桁架下弦与端部拱型屋面直接连接，端部屋面梁为桁架下弦提供侧向支撑（图 10.221）。

图 10.221　屋面钢梁提供侧向支撑

（4）垂直桁架方向的水平力传递

倾斜的主桁架不是竖直放置，而是倾斜放置，本身即有一定的水平刚度。但由于建筑造型的限制，结构在此方向标高不是均匀变化，而是呈阶梯形，对水平力的传递不利，因此采用以下措施来保证水平力的传递：

① 屋面主梁两端分别支撑在较矮一侧桁架的上弦和较高一侧桁架的下弦，屋面平面内设置水平交叉拉索（图 10.222），增强屋面刚度和整体性，有利于水平力的顺畅传递。

② 如前所述，本结构主桁架未设置在竖直立面内，而是倾斜设置，倾斜的桁架在自重荷载作用下产生向外倒的趋势，由屋面主梁和拉索平衡，部分侧向力可以由结构自重荷载产生的张力平衡。

③ 结构两侧各有一排混凝土梁柱及与其相连的拱形屋面，此部分屋面沿垂直于主桁架方向宽度约为 7～10 m，设有屋面水平交叉支撑，在此方向水平荷载作用下相当于一片水平桁架，有较大刚

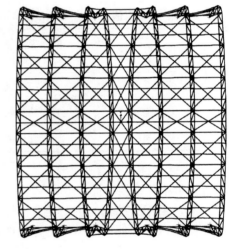

图 10.222　桁架＋屋面主梁＋屋面交叉拉索

度，可将中部的水平力传递到两侧。结构两侧拱肩处设置贯通整个结构的水平桁架，对称轴处结合主入口建筑造型设置人字形空间桁架，结构墙面的墙架系统可将相当一部分水平力由结构侧墙传递，从而减小阶梯形屋面的负担。

二、整体结构主要分析结果

1. 小震分析

由于本结构为大跨屋盖，局部振型太多，质量参与系数难以都达到 90％以上，共计算了结构前 800 阶振型，振型 X 向平动质量参与系数大于 90％，但 Y、Z 向平动质量参与系数分别为 63％和 54％，沿 Z 轴转动质量参与系数为 60％。因此，结构地震作用按振型分解反应谱法和弹性时程分析的包络值采用，其中弹性时程分析采用直接积分法，以充分考虑质量参与系数较小的几个方向的地震作用影响。计算得到的前 6 阶模态的振动周期结果列于表 10.118。结构第 1 阶模态以中央屋面的纯竖向振动为主，第 2 阶模态为局部屋面的竖向＋X 向振动，第 3 阶模态为局部屋面的竖向＋Y 向振动，4～6 阶模态也均为局部屋面的竖向＋水平平动振动，沿 Z 轴扭转的模态最早出现在第 59 阶，其周期值为 0.807 s，比较靠后，说明本结构扭转效应不大。

表 10.118 结构动力特性

程序	周期序号	周期(s)	重力荷载代表值(kN)	有效质量系数
SAP	T1	1.343	14 352+ 0.5×1 312= 15 008	96.0(U_X) 63.0(U_Y) 54.0(U_Z) 48.0(R_X) 32.0(R_Y) 60.0(R_Z)
	T2	1.201		
	T3	1.152		
	T4	1.079		
	T5	0.964		
	T6	0.961		
MIDAS	T1	1.309	14 285+ 0.5×1 299= 14 935	94.0(U_X) 63.3(U_Y) 53.8(U_Z)
	T2	1.159		
	T3	1.129		
	T4	1.065		
	T5	0.949		
	T6	0.938		

采用五组强震加速度记录和两组模拟人工波作为动力时程分析的地震波输入。考虑双向地震动时程输入的影响,同时考虑竖向地震的影响,X 向、Y 向、Z 向加速度时程峰值比为 1∶0.85∶0.65。时程法计算所得结构响应与反应谱法计算结果见表 10.119。每条时程曲线计算所得的结构底部剪力均大于振型分解反应谱法求得的底部剪力的 65%,7 条时程曲线计算所得的结构底部剪力的平均值大于振型分解反应谱法求得的底部剪力的 80%,符合规范要求。结构地震作用效应取多条时程曲线计算结果平均值与振型分解反应谱计算结果的较大值。

表 10.119 弹性时程结构响应与反应谱比较

	最大侧向位移		基底剪力(kN)			基底剪重比	
	X	Y	X	Y	Z	X	Y
反应谱	1/1 764	1/1 176	3 674	2 151	1 135	2.45%	1.43%
人工波 1	1/1 250	1/857	4 590	3 989	1 291	3.06%	2.65%
人工波 2	1/1 531	1/857	4 161	2 594	1 259	2.77%	1.72%
天然波 1	1/2 679	1/1 429	2 420	1 928	1 073	1.61%	1.28%
天然波 2	1/2 256	1/1 429	3 168	2 431	1 212	2.11%	1.62%
天然波 3	1/1 429	1/938	4 989	2 492	2 108	3.33%	1.66%
天然波 4	1/1 948	1/1 071	3 248	2 816	1 809	2.17%	1.87%
天然波 5	1/1 530	1/1 176	3 724	1 966	1 268	2.48%	1.31%
平均值	1/1 692	1/1 050	3 757	2 602	1 432	2.51%	1.73%

由计算结果可见,7 条时程曲线计算所得的结构底部剪力的平均值与反应谱法的计算结果基本吻合,比反应谱法的计算结果略偏大。由于结构地震作用效应取多条时程曲线计算结果平均值与振型分解反应谱计算结果的较大值,进一步设计中对线弹性模型的地震力进行放大,放大系数 X、Y、Z 向分别为 1.02、1.21、1.26,放大后双向水平地震力都能满足规范最小剪重比的要求,最小剪重比为 Y 向 (1.73%)。7 条时程曲线计算所得的顶点侧向位移与反应谱法的计算结果相差略大,但绝对值均较小,

对结构变形不起控制作用。7 条时程曲线计算所得结构竖向位移分别为 24.0 mm、28.0 mm、14.0 mm、15.4 mm、35.0 mm、38.5mm、21.0 mm，平均值为 25.1 mm，挠跨比约 1/5 969，比反应谱法结果略大（19.6 mm），但绝对值较小，对结构变形不起控制作用。

2. 结构屈曲分析

根据《空间网格结构技术规程》(JGJ 7—2010) 的规定，钢网架屋面的稳定性安全系数 K 应不小于 4.2。屋盖整体在1.0 恒载＋1.0 活载工况下的一阶屈曲模态如图 10.223 所示，屈曲因子为 5.26，大于 4.2，满足规范要求。

单独对第二榀桁架进行线性屈曲特征值分析，分析模型如图 10.224 所示。为尽量保持与实际受力一致，将桁架相邻的屋面折线梁也加入计算模型中。桁架曲梁远端节点设置铰支座，屋面梁设置侧向约束近似模拟搁置檩条对曲梁的约束作用。桁架屈曲分析荷载模式为 1.0 恒载＋1.0 活载。第二榀桁架前两阶屈曲形态如图 10.225 所示。由计算结果可知，桁架本身不会发生整体失稳，屈曲形态均发生在曲梁下弦杆和斜撑上，一阶屈曲因子为 5.07，结构稳定性能得到保证。

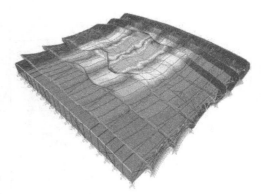

图 10.223　一阶屈曲模态
(1.0 恒载＋1.0 活载工况)

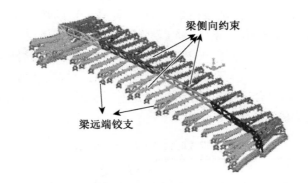

图 10.224　第二榀桁架屈曲分析模型图

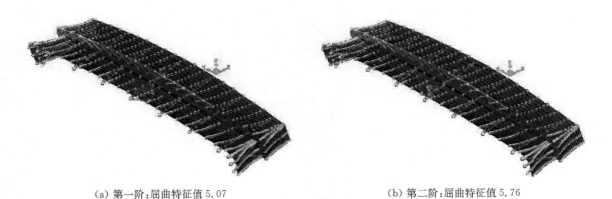

(a) 第一阶：屈曲特征值 5.07　　　　　　(b) 第二阶：屈曲特征值 5.76

图 10.225　第二榀桁架前两阶屈曲形态

随形屋面梁是拱架上下弦的侧向支撑，也是屋面 X 方向水平力传递的重要构件。为了深入研究随形屋面梁的受力性能，研究其在轴力和弯矩共同作用下的稳定性，保证屋面水平力能可靠地传递，采用 ABAQUS 软件对典型随形屋面梁进行了屈曲分析。分析选取三根典型随形屋面梁，梁 1 为边跨曲率最大的梁，梁 3 为屋面中央梁（轴压力最大），梁 2 为与梁 3 相连的邻跨梁（轴压力次大）。梁截面均为工字钢 H 1 000×400×20×25。分别对以上三段梁进行壳单元有限元建模，壳单元采用 ABAQUS 的 S4R 单元，有限元模型见图 10.226。

（a）梁 1

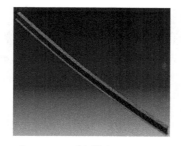
（b）梁 2

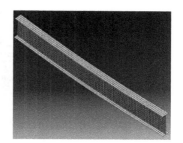
（c）梁 3

图 10.226   随形屋面梁壳单元模型

三段曲梁分析位移约束边界条件相同，以梁 3 为例，梁两端抗弯方向为铰接，檩条间距按 3 m 考虑，在搁置檩条的梁上翼缘设置侧向约束支撑点。梁屈曲分析采用的荷载为弹性计算所得的最不利工况梁内力，如表 10.120 所示。梁屈曲形态如图 10.227 所示。

表 10.120   梁屈曲分析荷载

梁号	轴压力（kN）	主轴弯矩（kN·m）
梁 1	620	143
梁 2	1 677	336
梁 3	2 878	231

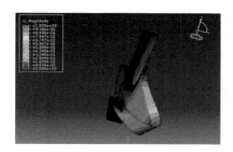
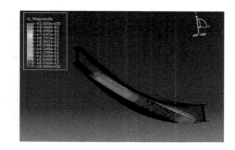

（a）梁 1 第一阶屈曲形态，屈曲特征值 2.897

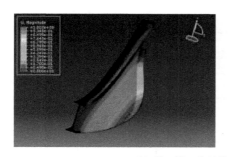
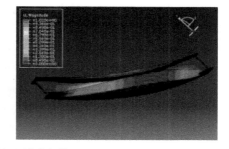

（b）梁 2 第一阶屈曲形态，屈曲特征值 2.281

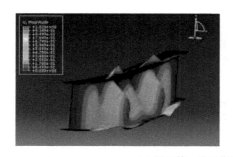
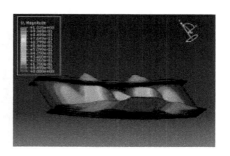

（c）梁 3 第一阶屈曲形态，屈曲特征值 5.620

图 10.227   梁屈曲形态

从第一阶屈曲形态云图可知:

(1) 由于梁腹板及下翼缘侧向刚度和约束较弱,三段梁的第一阶屈曲皆为梁侧向屈曲失稳形态。

(2) 三段梁在各自荷载条件下的稳定因子分别为2.897、2.281和5.620,均大于2.0,在各自设计荷载下不会出现结构失稳现象,曲梁截面设计满足结构稳定性要求。

3. 结构弹塑性分析

为进一步分析结构在罕遇地震下的抗震性能,对主楼结构进行罕遇地震下的动力弹塑性时程分析,以期达到以下分析目的:

(1) 评价结构在罕遇地震下的弹塑性行为,根据主要构件的塑性损伤情况和整体变形情况,确认结构是否满足"大震不倒"的设防水准要求。

(2) 得到结构在罕遇地震下的整体控制指标,包括最大顶点位移、最大柱顶位移及其位移角,以及最大基底剪力。

(3) 评估大跨度拱肩拉索在罕遇地震下是否存在失效可能。

(4) 检查结构中是否存在薄弱构件。

(5) 研究梁、柱、桁架关键受力构件的塑性发展情况。

按照抗震规范要求,动力弹塑性时程分析所选用的单条地震波须满足以下频谱特征:特征周期与场地特征周期接近,最大峰值符合规范要求或安评要求,持续时间为结构第一周期的5～10倍,时程波对应的加速度反应谱在结构各周期点上与规范反应谱相差不超过20%。本次计算中选用两组Ⅲ类场地强震加速度记录和一组模拟人工波共三条地震波。

结构初始模型为SAP2000模型,将该模型直接转换为适用于动力弹塑性时程分析的ABAQUS模型。转换过程中已经对桁架、梁、柱进行单元细分,剖分的尺寸为2m左右,拱肩拉索单元尺寸为1m。由于原始模型屋面板只是用来施加荷载,因此ABAQUS模型不考虑屋面板刚度,将屋面板荷载转换为对应节点上的质量单元施加在结构上。

结构动力弹塑性分析分为三步加载。第一步:同时施加六根刚索初始预应力,每根钢索达到设计初始轴力,计算求解达到平衡状态。第二步:施加结构的恒、活载,整个静力求解过程中考虑结构的材料非线性和几何非线性效应,并贯穿至分析的全过程。第三步:地震波加载。

结构在所有工况下,按三向地震计算的弹塑性分析整体计算结果如表10.121所示。

表10.121 三条波弹塑性分析整体计算结果

	最大基底剪力(kN)		最大剪重比		顶部中心点最大位移(mm)和位移角(Z向为挠跨比)		
	X	Y	X	Y	X	Y	Z
人工波-X	36 434	24 579	23.5%	15.9%	186 1/108	66 1/304	654 1/229
人工波-Y	31 335	29 187	20.2%	18.9%	160 1/125	76 1/263	652 1/230
天然波1-X	18 918	33 936	12.2%	21.9%	74 1/272	39 1/514	611 1/246
天然波1-Y	16 263	40 111	10.5%	25.9%	63 1/318	48 1/417	608 1/247
天然波2-X	31 244	44 311	20.2%	28.6%	154 1/130	74 1/272	706 1/212
天然波2-Y	28 635	50 415	18.5%	32.6%	141 1/141	87 1/229	703 1/213

由计算结果可知：

（1）结构顶部中心点 X 向最大位移为 186 mm，Y 向为 87 mm，Z 向为 706 mm，对应的位移角或挠跨比分别为 1/108，1/229 和 1/212，满足规范要求。在考虑重力二阶效应和大变形的情况下，结构最终仍保持直立，满足"大震不倒"的设防要求。

（2）三条波相比，人工波激发结构 X 向响应最大，天然波 2 激发结构 Y 向响应最大，天然波 1 相对较弱。

（3）所有工况下，X 向最小的最大剪重比为 10.5%，X 向最大的最大剪重比为 23.5%；Y 向最小的最大剪重比为 15.9%，Y 向最大的最大剪重比为 32.6%，均在合理范围内。

为便于表述，将各榀大桁架从左向右命名为一榀、二榀、……、八榀，如图 10.228 所示。

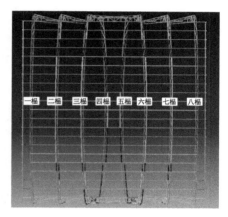

图 10.228 各榀桁架名称示意

篇幅有限，图 10.229 仅给出了人工波-Y 工况下结构塑性损伤发展状况（图中红色表示杆件发生塑性应变，蓝色表示杆件处于弹性状态）。结构首先在二榀和七榀桁架旁的 X 向三角小桁架下弦杆出现屈服，然后逐步是三榀、六榀、一榀、八榀等。但构件塑性应变均较小，杆件最大塑性应变为 0.008，钢筋最大塑性应变为 0.006，均小于 0.025 的极限应变。总的来说，只是少量构件出现了塑性应变损伤，结构大部分构件仍然处于弹性，结构抗大震不倒能力足够。

（a）1.3 s 时刻，在二榀和七榀桁架旁的 X 向三角小桁架下弦杆出现屈服

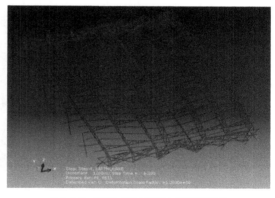

（b）6.3 s 时刻，在二榀和七榀桁架处的更多杆件（主要是竖杆）出现屈服

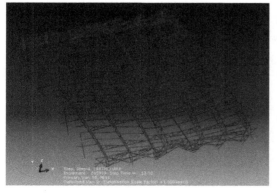

（c）13.3 s 时刻，三榀和六榀桁架部分竖向构件进入屈服

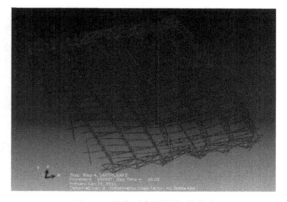

（d）20 s 最终时刻屈服杆件分布

图 10.229 结构塑性损伤发展（人工波-Y）

10.12.4 专家审查意见

按照国家《行政许可法》《江苏省防震减灾条例》和《超限高层建筑工程抗震设防管理规定》(建设部令第111号)的要求,应在初步设计阶段进行抗震设防专项审查。专家组审阅了初步设计资料,听取了设计、勘察单位汇报,经认真讨论、质询,认为该工程抗震设防标准和性能目标基本符合要求,采用钢结构桁架体系可行,审查结论为"通过"。

设计单位应在施工图阶段对下列问题进一步修改完善:

1. 抗震宜按7度设防。

2. 结构计算:增加以竖向地震动为主的输入和内力组合;计算模型应改进,滤去局部振型;时程分析所用地震波应经过检验。

3. 结构设计:屋面纵向桁架形式及屋面随形梁宜改进;拱桁架、索、支座节点设计应深化,应避免节点板平面外失稳;屋面板的连接构造设计应考虑瞬时风作用。

10.13 无锡宜兴文化中心大剧院

设计单位:华东建筑设计研究院有限公司

10.13.1 工程概况与设计标准

宜兴大剧院位于宜兴市东汈新城启动区的核心位置,东邻东汈,西邻东汈大道,南至解放东路,北至规划道路,为拟建的宜兴文化中心的一个单体。剧院总建筑面积75 144 m²,其中地下建筑面积29 540 m²,地上建筑面积45 604 m²。大剧院包括1个大剧场(1 200座)、1个音乐厅(600座)、1个电影院(5厅)及其他公共后勤服务等功能。本工程设一层地下室,地上六层,地下一层,层高6 m。地下室及地上一层的柱距为9.0 m,首层及5.1 m的剧院和音乐厅楼板连成一体,以上为大空间,上部主要由剧院和音乐厅两个单体组成,在11.7 m和17.1 m处由两座人行天桥相连。剧院和音乐厅两个单体还通过与钢屋盖的连接形成整体屋面(不设温度缝)。结构模型见图10.230。

本场地抗震设防烈度为6度,设计基本地震加速度为0.05g,设计地震分组为第一组,场地类别为Ⅲ类。本工程建筑抗震设防类别为乙类,按本地区抗震设防烈度6度确定其地震作用,按高于本地区抗震设防烈度1度,即7度的要求加强其抗震措施。多遇地震作用下的地震动参数取值:水平地震影响系数最大值$\alpha_{max}=0.04$,场地特征周期$T_g=0.4$ s,结构阻尼比0.05,0.035(仅用于计算钢屋盖时),弹性时程分析所用的地震加速度时程曲线的最大值为18 cm/s²。

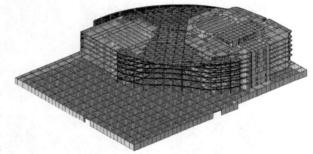

图10.230 结构模型

10.13.2 结构体系及超限情况

1. 结构体系

本工程由音乐厅和剧院两个单体结构通过大跨度屋盖系统连接而成,见图10.231。剧院地上一至五层楼面标高分别为5.1 m、11.7 m、17.1 m、21.6 m、26.1 m,两处斜屋顶标高分别为34.0 m、40.0 m。地下一层,层高6.0 m,局部舞台机械坑深15.0 m。音乐厅地上分5.1 m、10.0 m、17.1 m、21.6 m、26.1 m,屋顶(最低标高30.0 m处斜顶)六层楼面。剧院和音乐厅在0.0 m,5.1 m标高处由楼板相连。结合建筑垂直交通以及机电设备用房的布置在剧场、音乐厅、舞台以及共享空间周边设置剪力墙、核心筒或框架柱,兼做竖向承重结构及抗侧力构件,形成框架-剪力墙结构体系。

扇形钢屋盖两端分别以音乐厅和剧场的框架结构为支座，屋盖跨度中部小、两头大，最大跨度达 95 m。

（1）南侧屋盖及幕墙

为减少屋顶桁架的跨度，节约造价，利用南端幕墙立面内设置间隔 9 m 的钢柱，作为屋盖南端的竖向支撑柱，同时承担幕墙的自重及风荷载。柱高约 30 m，为减小柱子的断面及方便节点连接，将其设计为上下铰接的摇摆柱。

（2）北侧屋盖

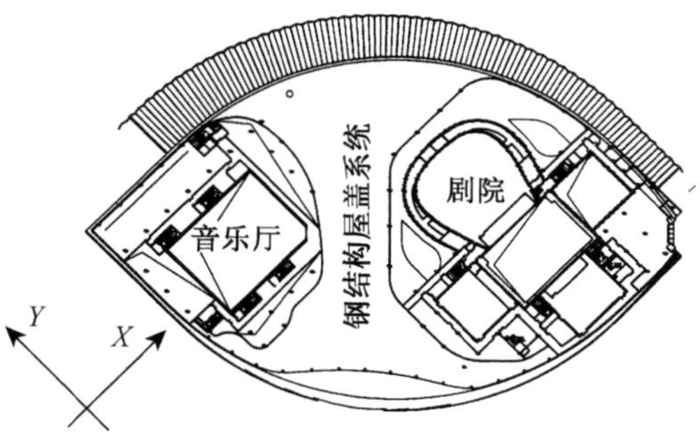

在北侧屋盖靠近中部的位置设置一根钢柱，作为屋盖的支撑，将横向桁架的跨度从 95 m 降为 53 m。柱高约 21 m，为减小柱子的断面及方便节点连接，将其设计为上下铰接的摇摆柱。

图 10.231　大剧院平面图

（3）北侧幕墙

拟将幕墙主受力杆设计为倒 L 形杆，杆截面初步为工字形截面，钢杆一端与 5.1 m 楼板铰接相连，另一端与边桁架下弦铰接相连。屋盖边桁架下弦设置侧向斜支撑，支撑另一端与屋顶楼板连接，以便将幕墙传来的水平力可靠地传给屋盖。桁架弦杆、腹杆以及钢梁均采用工字形截面，屋盖钢桁架通过固定铰支座与混凝土框架柱或框架梁相连。

2. 超限情况

根据住建部《超限高层建筑工程抗震设防专项审查技术要点》（建质〔2010〕109 号）附录中相关规定逐项进行结构规则性判别。超限具体情况汇总如表 10.122、表 10.123 所示。本工程连接音乐厅与大剧院的屋盖平面形状不规则，钢桁架最大跨度为 52.3 m，最大悬挑长度为 10.0 m，根据《建筑结构抗震设计规范》（GB 50011—2010）的规定，本工程整体结构属于特别不规则大跨空间结构。

表 10.122　高层建筑一般规则性超限检查

序号	不规则类型	判 断 依 据	判断	备注
1a	扭转不规则	考虑偶然偏心的扭转位移比大于 1.2	有	
1b	偏心布置	偏心率大于 0.15 或相邻层质心相差大于相应边长 15%	有	
2a	凹凸不规则	平面凹凸尺寸大于相应边长的 30%	无	
2b	组合平面	细腰形和角部重叠形	无	
3	楼板不连续	有效宽度小于 50%，开洞面积大于 30%，错层大于梁高	有	
4a	刚度突变	相邻层刚度变化大于 70% 或连续三层变化大于 80%	无	
4b	尺寸突变	竖向构件位置缩进大于 25%，或外挑大于 10% 和 4 m，多塔	无	
5	构件间断	上下墙、柱、支撑不连续，含加强层、连体等	无	
6	承载力突变	相邻层受剪承载力变化大于 80%	无	
7	其他不规则	如局部的穿层柱、斜柱、夹层、个别构件错层或转换	无	

注：a、b 不重复计算不规则项。

表 10.123　高层建筑严重规则性超限检查

序号	不规则类型	判 断 依 据	判断	备注
1	扭转偏大	裙房以上的较多楼层，考虑偶然偏心的扭转位移比大于 1.4	无	
2	扭转刚度弱	扭转周期比大于 0.9，混合结构大于 0.85	无	
3	层刚度偏小	本层侧向刚度小于相邻上层的 50%	无	

(续表)

序号	不规则类型	判 断 依 据	判断	备注
4	高位转换	框支墙体的转换构件位置:7度超过5层,8度超过3层	无	
5	厚板转换	7~9度设防的厚板转换结构	无	
6	塔楼偏置	单塔或多塔与大底盘的质心偏心距大于底盘相应边长的20%	无	
7	复杂连接	各部分层数、刚度、布置不同的错层	有	
		连体两端塔楼高度、体型或者沿大底盘某个主轴方向的振动周期显著不同的结构		
8	多重复杂	结构同时具有转换层、加强层、错层、连体和多塔等复杂类型的3种	无	

10.13.3 超限应对措施及分析结论

一、超限应对措施

1. 分析模型及分析软件

采用国际通用空间有限元分析软件 ETABS 和 MIDAS/Building 对结构进行建模分析,ETABS 模型如图 10.232 所示。分析过程中考虑了以下因素:(1) 对钢筋混凝土框架-剪力墙主结构(包括地下室)、钢结构大跨屋盖以及幕墙钢结构进行了整体建模,考虑了各部分的共同作用及相互影响;(2) 考虑了剧院和音乐厅楼层开洞的影响,楼板采用弹性板进行计算,与实际情况更加符合;(3) 在振型分解反应谱法中,同时考虑了单向地震+5%偏心和双向地震作用下的扭转耦联效应;(4) 在 ETABS 和 MIDAS 中考虑了足够多的振型,质量参与系数均达到 95% 以上;(5) 选择三条地震波(两条天然波,一条人工波)对结构进行弹性时程分析,作为多遇地震作用下的补充计算。

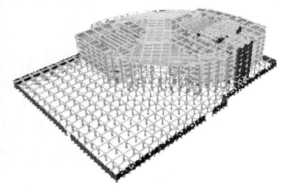

图 10.232 ETABS 三维模型

2. 应对措施

由于本工程地下室长度(单体长度 96~161 m)已远大于混凝土规范中伸缩缝最大间距的要求,为解决温度、混凝土的收缩问题,可选择采取以下措施:

(1) 在适当的部位设置施工后浇带,并采用掺入适量高性能混凝土微膨胀剂或抗裂纤维以补偿混凝土收缩;适当提高基础底板、顶板及部分外侧壁的配筋率,以增强地下室的抗收缩能力。

(2) 在适当位置设置温度诱导缝。

(3) 配置预应力温度钢筋,抵抗温度收缩变形。

(4) 建筑保温措施。

二、整体结构主要分析结果

1. 摇摆柱设计

摇摆柱作为钢屋盖的部分支承构件,除承担上部屋架的重量外,还承担幕墙的自重和风荷载,在整个结构体系中具有重要的作用,为本工程关键构件,如图 10.233 所示。通过图 10.234 的计算简图可以看到,摇摆柱通过钢屋盖与钢筋混凝土框架剪力墙主结构相连,承受的主要作用有幕墙传递的水平风载、钢屋盖传递的竖向重力荷载以及地震作用下的水平位移。钢屋盖上弦平面设有钢筋混凝土屋面且两者可靠连接,因此钢屋盖在平面内能够有效传递水平力。同时,框架剪力墙主结构水平抗侧刚度较大,可以作为摇摆柱的可靠支撑,使整体结构的稳定性能够得到保证。在设计摇摆柱时,偏于安全的假定摇摆柱的水平位移为 $H/100$(罕遇地震下限值,H 为摇摆柱高度),设计考虑的荷载包括竖向重力荷载,竖向活载,水平风载,幕墙节点产生的水平地震作用、罕遇地震作用下的顶点最大水平位移(高度的 1/100),初始缺陷(高度的 1/1 000)。

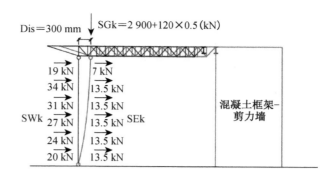

图 10.233　南侧摇摆柱　　　　　　图 10.234　摇摆柱计算简图

其中,考虑地震作用的荷载组合为:

1.2×重力荷载代表值+1.3×地震作用+0.2×1.4×风载+1.0×顶点位移+1.0×初始缺陷

不考虑地震作用的荷载组合为:

1.2×恒载+1.4×风载+0.98×活载+1.0×初始缺陷

通过初步设计,南侧摇摆柱高度约 30 m,平面外计算长度系数为 1.0,平面内利用幕墙的横向构件约束,减小计算长度,构件断面为矩形 1 000 mm×400 mm,北侧摇摆柱高度约 25 m,构件断面为圆形,直径为 1 200 mm。摇摆柱上下铰接,不直接参与承担水平地震作用。在构件设计时,考虑可能产生的最大顶端位移时的附加受力,并严格控制应力比(0.7 以下)和构件长细比(100 以下)。连接摇摆柱与地面的支座采用全向转动的球形。

2. 多遇地震作用下的弹性动力时程分析

对结构进行弹性动力时程分析,根据抗震规范和地质报告,本工程抗震设防烈度为 6 度,设计基本地震加速度值为 0.05g,设计地震分组为第一组,场地土类型介于 II 类和 III 类之间,特征周期为 0.4 s,依照以上条件,选择了两条天然波和一条人工波,峰值加速度为 18 gal,各条波的波形和反应谱见图 10.235～图 10.237,三条波的地震影响系数曲线与振型分解反应谱法的地震影响系数曲线在统计意义上相符。

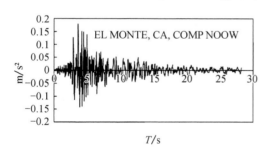

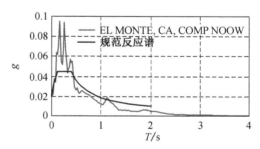

图 10.235　EL MONTE 波

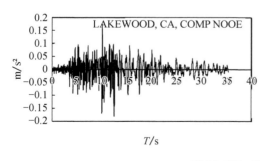

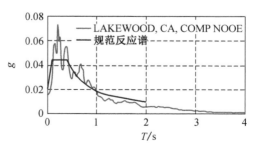

图 10.236　LAKEWOOD 波

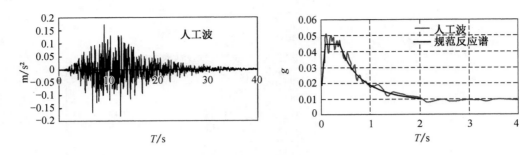

图 10.237　人工波

三条地震波计算得到结构基底剪力如表 10.124 所示,满足抗震规范关于地震波选波的要求。

表 10.124　时程分析基底剪力检验

	X 向基底剪力(kN)	Y 向基底剪力(kN)
反应谱	17 278	13 926
EL MONTE	11 284	10 530
LAKEWOOD	18 293	15 052
人工波	13 158	12 153
地震波均值	14 278	12 578

图 10.238～图 10.239 为时程分析得到的结构层间位移角与反应谱分析结果的对比,从图中可以看到,除 LAKEWOOD 波计算结果略大于反应谱计算结果外,其他两条波的计算结果均小于反应谱,因此反应谱计算结果具有较高的保证率。

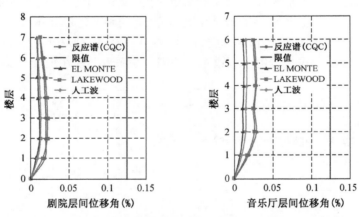

图 10.238　结构 X 向层间位移角(动力时程分析 Vs. 反应谱分析)

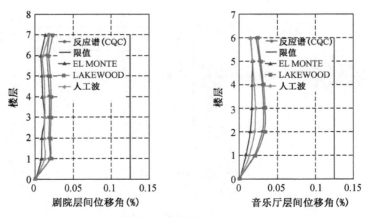

图 10.239　结构 Y 向层间位移角(动力时程分析 Vs. 反应谱分析)

图 10.240～图 10.241 为时程分析得到的结构层间剪力和倾覆力矩与反应谱分析结果的对比,计算结果与层间位移角的规律相似,LAKEWOOD 波得到的计算结果略大于反应谱计算结果。根据《建筑抗震设计规范》(GB 50011—2010),当取三组加速度时程曲线输入时,计算结果宜取时程法的包络值和振型分解反应谱法的较大值。所以在设计时将反应谱计算结果放大 15% 可满足要求。综合反应谱和时程分析结果,本结构刚度适中,层间位移变化均匀,无突变,没有明显的薄弱层。

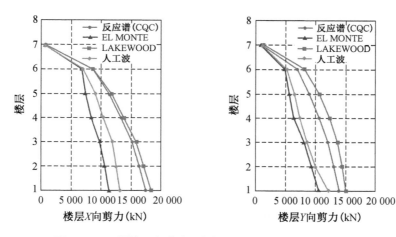

图 10.240 结构层间剪力(动力时程分析 Vs. 反应谱分析)

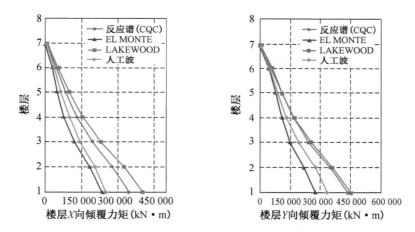

图 10.241 结构楼层倾覆力矩(动力时程分析 Vs. 反应谱分析)

3. 室内连廊舒适度分析

本工程连廊跨度为 20 m,桥面为混凝土组合楼板,厚度为 130 mm,设计荷载包括:

(1) 恒载——钢梁自重、面层(2.0 kN/m²)、组合楼板自重、吊顶(0.5 kN/m²)。

(2) 活载——3.5 kN/m²。

连廊主梁截面为箱形截面,截面尺寸为 1 000 mm×400 mm×20 mm×40 mm,材料为 Q235B,次梁为工字形截面,截面尺寸为 400 mm×200 mm×8 mm×12 mm,材料为 Q235B。经计算分析得到:

(1) 在竖向荷载作用下的跨中挠度值为 35 mm,与跨度之比为 1/571。

(2) 主梁在竖向荷载下的应力比为 0.52。

(3) 第一阶自振周期为 0.321 s(上下振动),频率为 3.11 Hz,大于 3 Hz。

(4) 根据美国 AISC-Ⅱ 发布的《基于人体舒适度的楼板振动》,人行走引起的连廊峰值加速度为:

$$\frac{a_p}{g} = \frac{p_0 e^{-0.35 f_n}}{\xi \omega} = \frac{0.42 \times e^{-0.35 \times 3.11}}{0.02 \times (5.75 + 3.5/2) \times 20 \times 6} = 0.007\ 9 < \left[\frac{a_p}{g}\right] = 0.015$$

由以上分析可知,本工程中的连廊设计满足要求。主梁支座采用高阻尼橡胶支座(HDRB),支座反力设计值为450 kN,在地震作用下,水平最大位移小于20 mm,根据常用高阻尼橡胶支座参数,HDRB(G4)型号支座(竖向设计值为500 kN,水平位移量为150 mm)可满足要求。在设计时,支座将留有足够的位移空间,并采用限位装置防止连廊脱落,保证安全。

4. 温度作用分析

结构考虑温度作用,有两种情况:第一种是季节性温差,第二种是室内外温差。

在计算季节性温差产生的温度应力和变形时,以结构物安装固定时的温度和安装后该结构物可能遇到的最大或最小温差作为计算温差。关于施工时间,设计时往往无法掌握。即使确定了施工日期,也不能作为标准,所以一般偏于安全的假定安装温度为最热月平均温度或最冷月平均温度。参考《工程结构裂缝控制》(王铁梦著)和宜兴当地气象条件,以大气气温年温差而言,30 ℃是安全的,并且对于钢结构,可取25~30 ℃,对于钢筋混凝土结构,可取20~25 ℃。此外,由于真实季节性温差是一个缓慢加载过程,而程序是瞬间降温计算,考虑到混凝土材料的徐变特性后,实际结构产生的温度应力要小得多,在程序中可以通过松弛系数 H 来考虑,根据《工程结构裂缝控制》,对于不允许开裂的情况,$H=0.3\sim0.5$,对于允许开裂的情况,$H=0.5\times(0.3\sim0.5)$,本书在计算时取0.5,计算结果如图10.242。由计算结果可以看到,除个别角点处产生应力集中外,其余屋面板在季节温差作用下的最大拉应力均小于1 MPa。

对于室内外温差,考虑到室内安装空调的情况,此处取10 ℃,且不考虑折减,计算结果如图10.243所示。可以看到,除个别角点处产生应力集中现象外,屋面混凝土板在与剧院部分相连位置有部分区域的最大拉应力为3 MPa左右,考虑到混凝土屋面上部还有满布的金属屋面板,抗裂要求可以适当放松,通过合理的配筋设计,裂缝宽度能够满足规范要求。

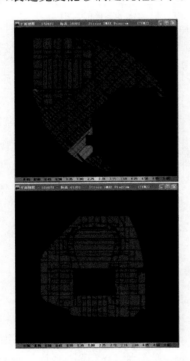

图10.242　季节温差作用下屋面应力图

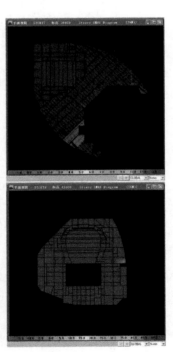

图10.243　室内外温差作用下屋面应力图

此外,对钢桁架在各种工况的内力进行了对比分析,以受力最大的下弦拉杆为例。其在恒载、竖向活载、地震作用、风荷载和温度作用下的拉力和各部分所占比例见表10.125、图10.244。

表10.125　下弦拉杆受力(kN)

工况	恒载	竖向活载	地震作用	风荷载	温度作用
轴拉力	3 545.7	192.2	18.4	34.7	40.1

由计算结果可以看到,恒载对桁架内力贡献占到90%以上,其余荷载的贡献均在10%以下。在桁架设计中,考虑了以下工况参与的组合:

(1) 1.35恒+0.98活+0.84风。

(2) 1.2恒+1.4活+0.84风。

(3) 1.2恒+1.4风+0.98活。

(4) 1.2重力荷载代表值+1.3地震+0.2×1.4×风。

(5) 1.35恒+0.98活+1.0温度。

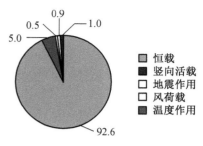

图10.244　下弦拉杆内力比例

10.13.4　专家审查意见

按照国家《行政许可法》《江苏省防震减灾条例》和《超限高层建筑工程抗震设防管理规定》(建设部令第111号)的要求,无锡宜兴文化中心大剧院属体型特别不规则的超限高层建筑工程,应在初步设计阶段进行抗震设防专项审查。专家组审阅了送审资料,听取了勘察、设计单位汇报,经认真讨论、质询,审查结论为"修改"。

设计单位应对下列问题进一步修改完善:

1. 应进一步完善报审资料,计算结果应做必要的分析论证。

2. 应依据楼面楼板的布置,考虑楼板刚度的不同,采用合适的计算模型进行整体分析,计算模型应与结构布置相一致。

3. 应补充室内钢结构连廊的舒适度分析,连廊支座应留有足够的位移空间,并应有限位装置。

4. 应重视施工阶段屋面桁架的稳定及变形控制,完善桁架的支撑系统。

5. 摇摆柱的设计应考虑风荷载及地震作用的影响,按压弯构件验算其承载力。

6. 应补充温度应力计算,温差宜依据当地的气象条件确定,并应考虑室内外温差的影响。

7. 应补充必要的节点大样。

10.14　昆山凤凰广场

设计单位:西北综合勘察设计研究院

10.14.1　工程概况与设计标准

本工程位于江苏省昆山市,为商业办公综合体,地下部分为三层地下室,其中地下一层包括一个自行车库夹层,地上部分为高层办公塔楼和裙楼,其中主体办公楼21层,高度为92.35 m,裙楼主体6层,高度为32.70 m。总建筑面积为149 753.6 m²,其中地上总面积约为92 181.8 m²,地下建筑面积57 571.8 m²。裙楼与办公塔楼通过抗震缝分为两个单体,坐落在地下室顶板上。裙楼结构形式为框架剪力墙结构,抗震设防分类为重点设防(乙类),办公塔楼结构形式为框架剪力墙结构。裙房屋顶标高以上部分为标准设防类(丙类),裙房屋顶标高以下部分为重点设防类(乙类)。建筑模型图见图10.245。

图10.245　建筑模型图

根据《超限高层建筑工程抗震设防专项审查技术要点》(建质〔2010〕109号)进行判断,塔楼部分为非超限高层建筑,裙房部分为超限高层建筑。

10.14.2 结构体系及超限情况

1. 结构体系

结构整体拟采用钢筋混凝土结构,对于悬挑较大、跨度较大以及受拉力较大的区域,拟布置钢骨混凝土构件。

2. 结构的超限情况

本建筑裙房结构高度为 32.7 m,为 A 级高度高层建筑,为高度不超限、平面和竖向都不规则的超限高层建筑,根据《超限高层建筑工程抗震设防管理规定》(建设部令第 111 号)和《超限高层建筑工程抗震设防专项审查技术要点》(建质〔2010〕109 号),应进行抗震设防专项审查。结构超限情况如表 10.126、表 10.127 所示。

表 10.126 高层建筑一般规则性检查

序号	不规则类型	判 断 依 据	判断	备注
1a	扭转不规则	考虑偶然偏心的扭转位移比大于 1.2	有	
1b	偏心布置	偏心率大于 0.15 或相邻层质心相差大于相应边长 15%	无	
2a	凹凸不规则	平面凹凸尺寸大于相应边长的 30%	有	
2b	组合平面	细腰形和角部重叠形	无	
3	楼板不连续	有效宽度小于 50%,开洞面积大于 30%,错层大于梁高	有	
4a	刚度突变	相邻层刚度变化大于 70% 或连续三层变化大于 80%	无	
4b	尺寸突变	竖向构件位置缩进大于 25%,或外挑大于 10% 和 4 m,多塔	有	
5	构件间断	上下墙、柱、支撑不连续,含加强层、连体等	无	
6	承载力突变	相邻层受剪承载力变化大于 80%	无	
7	其他不规则	如局部的穿层柱、斜柱、夹层、个别构件错层或转换	有	

注:a、b 不重复计算不规则项。

表 10.127 高层建筑严重规则性超限检查

序号	不规则类型	判 断 依 据	判断	备注
1	扭转偏大	裙房以上的较多楼层,考虑偶然偏心的扭转位移比大于 1.4	无	
2	扭转刚度弱	扭转周期比大于 0.9,混合结构大于 0.85	无	
3	层刚度偏小	本层侧向刚度小于相邻上层的 50%	无	
4	高位转换	框支墙体的转换构件位置:7 度超过 5 层,8 度超过 3 层	无	
5	厚板转换	7~9 度设防的厚板转换结构	无	
6	塔楼偏置	单塔或多塔与大底盘的质心偏心距大于底盘相应边长的 20%	无	
7	复杂连接	各部分层数、刚度、布置不同的错层	无	
		连体两端塔楼高度、体型或者沿大底盘某个主轴方向的振动周期显著不同的结构		
8	多重复杂	结构同时具有转换层、加强层、错层、连体和多塔等复杂类型的 3 种	无	

10.14.3 超限应对措施及分析结论

一、超限应对措施

1. 分析软件及分析模型

采用了如下几个适合于结构实际受力情况的程序进行结构整体计算分析:

(1) PKPM:建筑结构空间有限元分析设计软件,中国建筑科学研究院编制(2013V2.1 版)。

（2）ETABS：复杂空间结构有限元分析设计软件，CSI 编制（2013V1314 版）。

计算模型中定义了竖向和水平荷载工况。其中，竖向工况包括结构自重、附加恒荷载以及活荷载，水平荷载工况包括地震作用和风荷载。

抗震分析采用 CQC 振型组合方式，考虑扭转耦联效应，对于小震的水平地震分别考虑了双向地震作用以及偶然偏心的影响。地震作用采用振型分解反应谱法，并采用时程分析法进行补充计算。本建筑中存在较多斜柱，软件按照斜柱模拟，可考虑斜柱的抗弯特性。

2. 抗震设防标准、关键部位的性能目标及针对性抗震措施

（1）抗震设防标准

① 结构设计使用年限

结构的设计使用年限为 50 年。

② 建筑安全等级

建筑安全等级为二级，重要性系数为 1.0。

③ 抗震设计参数

按照《建筑抗震设计规范》（GB 50011—2010），工程所在地建筑抗震设防烈度为 7 度，设计基本地震加速度值为 0.10g，设计地震分组为第一组，场地类别为Ⅲ类，特征周期 0.45 s。裙楼抗震设防类别定为乙类，根据安评报告批复（苏震安评〔2015〕20 号），多遇地震影响系数最大值为 0.090，设防地震影响系数最大值为 0.245，罕遇地震影响系数最大值为 0.500。

④ 构件抗震等级

框架的抗震等级为二级，剪力墙抗震等级为一级，斜柱以及与斜柱相连的框架梁及框架柱抗震等级为一级，具体如表 10.128 所示。

表 10.128　钢筋混凝土构件抗震等级

构　件	部　位	等　级
剪力墙	地下一层～屋顶	一级
	地下二层	二级
	地下三层	三级
框架	地下一层～屋顶	二级
	地下二层	三级
	地下三层	四级

注：斜柱以及与斜柱相连的框架梁及框架柱抗震等级为一级。

（2）关键部位的性能目标

本项目结构抗震设计主要按照 D 级抗震性能目标，特别重要的关键构件在此基础上适当提高，具体如表 10.129～表 10.130 所示。

表 10.129　结构抗震性能目标

地震水准	结构抗震性能水准	宏观损坏程度	损坏部位			继续使用的可能性
			关键构件	普通竖向构件	耗能构件	
多遇地震	1	完好、无损坏	无损坏	无损坏	无损坏	不需修理即可继续使用
设防地震	4	中度损坏	轻度损坏	部分构件中度损坏	中度损坏部分比较严重损坏	修复或加固后可继续使用
罕遇地震	5	比较严重损坏	中度损坏	部分构件比较严重损坏	比较严重损坏	需排险大修

表 10.130　结构构件类型

构件类型	构件说明
普通竖向构件	框架柱、剪力墙
柱关键构件	1. 底部加强部位的重要竖向构件 2. 外斜的框架柱及与其相连受拉的框架梁、剪力墙、框架 3. 重要的转换梁及承担转换梁的框架柱 4. 顶层大跨度框架梁、框架柱(轴线 $X16\sim X18$ 交 $Y2\sim Y6$)
耗能构件	框架梁、剪力墙连梁

抗震性能设计指标按构件类型分类如表 10.131～表 10.133 所示。

表 10.131　构件多遇地震抗震设计指标

构件类型	设计控制指标
剪力墙墙肢底部加强区	正截面承载力和抗剪承载力均按弹性设计
剪力墙连梁	正截面承载力和抗剪承载力均按弹性设计
框架柱	正截面承载力和抗剪承载力均按弹性设计
框架梁	正截面承载力和抗剪承载力均按弹性设计

表 10.132　构件设防地震抗震设计指标

构件类型	设计控制指标
剪力墙墙肢底部加强区	墙肢抗剪满足"中震不屈服承载力设计"
剪力墙连梁	允许开裂进入塑性
框架柱	底部框架柱抗剪满足"中震弹性承载力设计" 抗弯满足"中震不屈服承载力设计" 上部框架柱允许进入塑性
框架梁	允许进入塑性
顶层大跨度梁及其相连的框架柱	满足"中震弹性承载力设计"
外斜的框架柱及与其相连 受拉的框架梁、剪力墙	外斜的框架柱及与其相连受拉的框架梁满足 "中震弹性承载力设计" 剪力墙抗弯满足"中震不屈服承载力设计" 抗剪满足"中震弹性承载力设计"
重要的转换梁及承担 转换梁的框架柱	正截面承载力和抗剪承载力均满足"中震弹性承载力设计"

表 10.133　构件罕遇地震抗震设计指标

构件类型	设计控制指标
剪力墙墙肢底部加强区	允许进入塑性,满足大震下抗剪截面控制条件
剪力墙连梁	允许进入塑性,先于墙肢破坏
框架柱	允许进入塑性
框架梁	允许进入塑性
承担重要的转换梁的框架柱	满足大震下抗剪截面控制条件

(3) 针对性抗震措施

对于该超限高层建筑,主要采取了以下优化布置和加强措施:

(1) 结构布置上尽量做到抗侧力构件分布与结构平面、立面布置匹配,使结构刚心和质心尽量一致,并满足刚度要求。为提高结构平面的抗扭转刚度,对结构外围构件进行适当加强,使以扭转为主的第一自振周期与以平动为主的第一自振周期之比小于 0.85。

（2）对底部加强部位剪力墙,加强其截面,严格控制轴压比,拟适当加强约束边缘构件的箍筋配置,加强延性和抗剪强度。

（3）对悬挑较大的部位,适当加强构件设计。

（4）计算方面,初步设计弹性计算主要采用 PKPM 和 ETABS,分析时采用 CQC 振型效应组合方式,考虑扭转耦联效应,同时考虑偶然偏心的影响。采用多种计算程序验算,保证计算结果的准确和完整。针对本高层建筑存在斜交抗侧力构件,计算了不同方向的地震作用。

（5）在振型分解反应谱法计算的基础上进行了多遇地震的弹性时程分析、罕遇地震的弹塑性时程分析,了解结构在地震时程下的响应过程,并寻找结构薄弱部位以便采取针对性加强措施。

（6）对不规则平面楼板、联系薄弱的楼板,提高平面刚度,加强对楼板的应力分析,采用双层双向配筋。对不规则平面楼板、联系薄弱的楼板进行中震分析,满足"中震不屈服"承载力要求,并根据分析结果对应力较大部位(主要集中在洞口角部、折角部位)采取集中配置斜向钢筋,局部连接薄弱处进一步适当加厚和加强配筋。大开洞部位楼板厚度不小于 150 mm,并采用双层双向配筋,单层单向配筋率不小于 0.25%,并对开洞部位最下面和顶层楼面特别加强。

（7）对重要构件进行专门分析(如转换构件、外框斜柱及与其相连的框架、剪力墙),提高其抗震性能目标,对受力较大的构件配置钢骨。

（8）严格按现行国家有关规范的要求进行设计,各类指标均控制在规范允许的范围内。

二、整体结构主要分析结果

1. 多遇地震反应谱分析结果

分析结果如表 10.134 所示。

表 10.134　主要结构计算结果汇总

			SATWE		ETABS	
周期		T_1(s)	1.147	X 向	1.132	X 向
		T_2(s)	1.009	Y 向	0.992	Y 向
		T_t(s)	0.923	扭转	0.894	扭转
		T_t/T_1	0.80(<0.85)		0.79(<0.85)	
剪重比	X 向		4.54%		4.80%	
	Y 向		4.14%		4.20%	
刚重比	X 向		8.18		10.924	
	Y 向		6.49		8.287	
X 向地震	最大层间位移角		1/1 188		1/1 247	
Y 向地震	最大层间位移角		1/1 216		1/1 141	
X 向风载	最大层间位移角		1/9 999		1/35 026	
Y 向风载	最大层间位移角		1/9 999		1/17 777	

两个程序的计算结果基本相符,故而认为计算模型正确有效,在后续的设计阶段中,按照多个程序结果的包络进行设计,能够保证结构的安全。

2. 时程分析与振型分解反应谱法计算的地震作用效应比较

采用 YJK 程序对本工程进行了多遇地震下的弹性时程分析。按地震波三要素(频谱特性、有效峰值和持续时间)从 YJK 程序自带的地震波中选取Ⅲ类场地上两组强震记录天然波一(Chi-Chi,Taiwan—02_NO_2165)、天然波二(San Fernando_NO_59)和人工模拟的场地波(RGB1)进行弹性时程分析,以确保平均底部剪力不小于反应谱法结果的 80%,每条地震波底部剪力不小于反应谱法结果的 65%。在进行弹性时程分析时,考虑了每组地震波两个方向的分量,即各地震波沿结构抗侧力体系的水平向(X、Y 向)分别输入。水平主向、次向的加速度峰值按 1.0:0.85 的比例系数进行调幅。

地震时程分析采用加速度时程的最大值为 36 cm/s²(根据安评报告取值),时程分析法中步长取 0.02 s,阻尼比为 0.05。

根据图 10.246 所示,三组时程波的平均地震影响系数曲线与振型分解反应谱法所用的地震影响系数曲线相比,在对应于结构主要振型的周期点上相差不大于 20%,满足规范"在统计意义上相符"的要求。

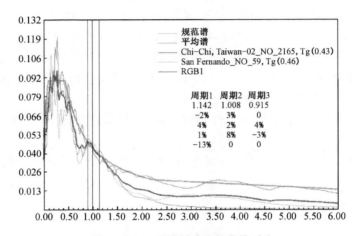

图 10.246 地震影响系数曲线对比

弹性时程分析所得基底剪力、倾覆弯矩、层间位移角等曲线与反应谱分析的相应结果如图 10.247~图 10.250,表 10.135~表 10.136。

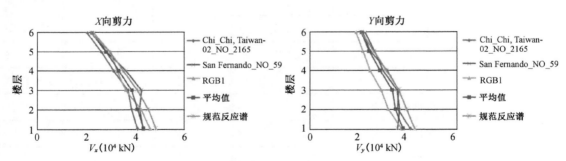

图 10.247 楼层剪力分布图

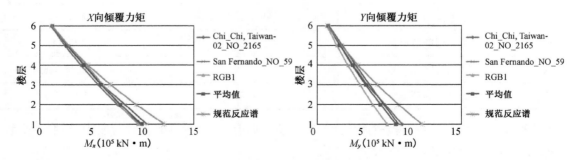

图 10.248 楼层倾覆力矩分布图

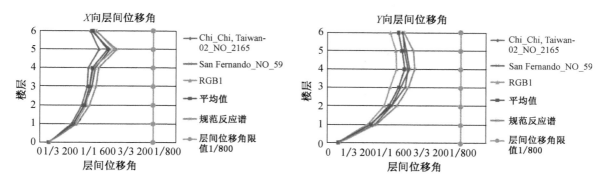

图 10.249 楼层层间位移角分布图

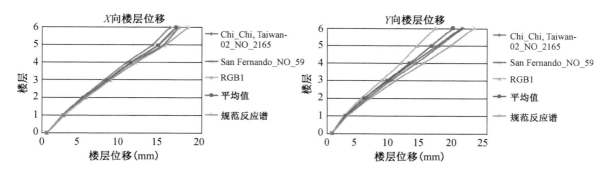

图 10.250 楼层位移分布图

表 10.135 时程分析法与振型分解反应谱法结构底部剪力对比

时程波	底部剪力(kN)及比值(%)	X 向	Y 向
振型分解反应谱法	底部剪力	48 489	44 154
天然波一	底部剪力	40 941	42 250
	与反应谱的比值	84.4%	95.7%
天然波二	底部剪力	43 254	36 896
	与反应谱的比值	89.2%	83.6%
人工波	底部剪力	46 052	38 516
	与反应谱的比值	95.0%	87.2%
三组地震波平均值	底部剪力	43 415	39 221
	与反应谱的比值	89.5%	88.8%

表 10.136 时程分析与反应谱结果比较

	弹性时程分析	振型分解反应谱法
U_X,max/h	1/1 227	1/1 188
U_Y,max/h	1/1 294	1/1 219
X 向最大底部剪力(kN)	46 052	48 489
Y 向最大底部剪力(kN)	42 250	44 154

由分析图表可知,弹性时程分析计算层间位移角平均值满足不大于 1/800 的要求,弹性时程结果与反应谱结果接近,楼层剪力弹性时程包络值结果在局部楼层略大于反应谱结果,在进行施工图设计时考虑将楼层剪力的反应谱结果适当放大。总体而言,时程分析计算结果与反应谱法计算结果基本吻合,满足规范有关规定。

3. 静力弹塑性时程分析

采用 PUSH 程序进行弹塑性静力计算分析,研究结构在中、大震下的性能,探明结构出铰顺序。进行 X、$-X$、Y、$-Y$ 向四个方向推覆计算,PUSH 计算的重要结果之一为倒塌验算图,将能力谱曲线和需求谱曲线画在同一坐标系中,两曲线交点为性能点,性能点所对应的位移即为该地震下的谱位移。倒塌验算图中四条曲线分别为加速度需求谱曲线、位移需求谱曲线、周期-加速度曲线(能力曲线)、周期-最大层间位移角曲线。

X 正向罕遇地震下抗倒塌验算结果曲线如图 10.251 所示,罕遇地震下的性能点最大层间位移角为 1/384,性能点基底剪力为 164 249 kN,性能点顶点位移为 78 mm,性能点附加阻尼比为 0.072。根据计算结果,结构宏观上能保证大震不倒的设计要求。

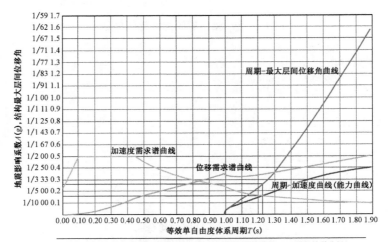

需求谱类型:规范加速度设计谱;所在地区:全国;场地类型:3;设计地震分组:1;
抗震设防烈度:7度大震;地震影响系数最大值 A_{max}(g):0.500;
特征周期 T_g(s):0.150;弹性状态阻尼比:0.050;
能力曲线与需求曲线的交点 $[T(s),A(g)]$:1.225,0.158;性能点最大层间位移角:1/384;
性能点基底剪力(kN):164 249.8;性能点顶点位移(mm):78.7;
性能点附加阻尼比:0.103×0.70=0.072;与性能点相对应的总加载步号:38.4;
相应的数据文件:抗倒塌验算图.TXT

图 10.251　X 正向罕遇地震下抗倒塌验算结果曲线

罕遇地震下与性能点相对应的荷载步号为 38.4,该加载步对应的结构主方向位移、位移角如图 10.252 所示,其中 X 方向最大层间位移角所对应的楼层为第 6 层(图中楼层数包括地下室层数)。该加载步结构杆端塑性铰状态图见图 10.253。

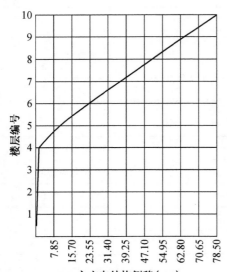

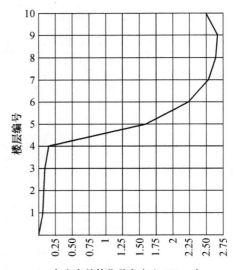

相应的数据文件:第39加载步结构主向位移曲线.TXT　相应的数据文件:第39加载步结构主向位移角曲线.TXT

图 10.252　X 正向罕遇地震下性能点加载步结果曲线

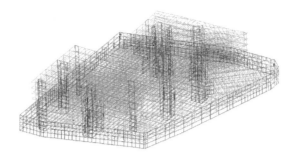

图 10.253 X 正向罕遇地震下性能点加载步结构杆端塑性铰状态图

X 负向罕遇地震下抗倒塌验算结果曲线如图 10.254 所示，罕遇地震下的性能点最大层间位移角为 1/351，性能点基底剪力为 162 118 kN，性能点顶点位移为 82 mm，性能点附加阻尼比为 0.068。根据计算结果，结构宏观上能保证大震不倒的设计要求。

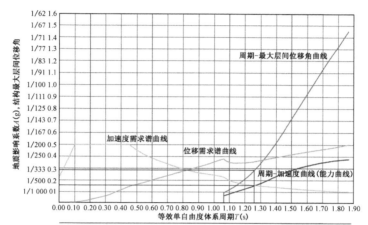

需求谱类型：规范加速度设计谱；所在地区：全国；场地类型：3；设计地震分组：1；
抗震设防烈度：7度大震；地震影响系数最大值 A_{max}(g)：0.500；
特征周期 T_g(s)：0.450；弹性状态阻尼比：0.050；
能力曲线与需求曲线的交点 $[T(s), A(g)]$：1.260，0.156；性能点最大层间位移角：1/351；
性能点基底剪力(kN)：-162 118.2；性能点顶点位移(mm)：82.1；
性能点附加阻尼比：0.097×0.70=0.068；与性能点相对应的总加载步号：27.6；
相应的数据文件：抗倒塌验算.TXT

图 10.254 X 负向罕遇地震下抗倒塌验算结果曲线

罕遇地震下与性能点相对应的荷载步号为 27.6，该加载步对应的结构主方向位移、位移角如图 10.255 所示，其中 X 方向最大层间位移角所对应的楼层为第 9 层。该加载步结构杆端塑性铰状态图如图 10.256 所示。

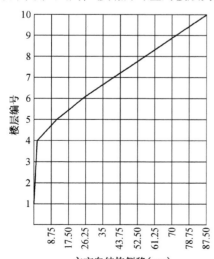

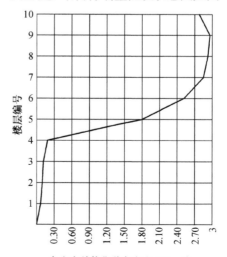

相应的数据文件：第28加载步结构主向位移曲线.TXT　相应的数据文件：第28加载步结构主向位移角曲线.TXT

图 10.255 X 负向罕遇地震下性能点加载步结果曲线

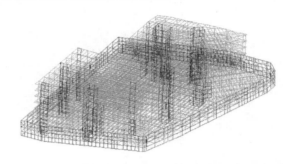

图 10.256　X 负向罕遇地震下性能点加载步结构杆端塑性铰状态图

Y 正向罕遇地震下抗倒塌验算结果曲线如图 10.257 所示，罕遇地震下的性能点最大层间位移角为 1/314，性能点基底剪力为 155 774 kN，性能点顶点位移为 89 mm，性能点附加阻尼比为 0.062。根据计算结果，结构宏观上能保证大震不倒的设计要求。

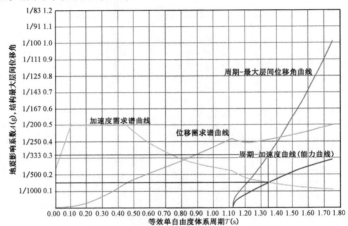

需求谱类型：规范加速度设计谱；所在地区：全国；场地类型：3；设计地震分组：1；
抗震设防烈度：7度大震；地震影响系数最大值 A_{max}(g)：0.500；
特征周期 T_g(s)：0.450；弹性状态阻尼比：0.050；
能力曲线与需求曲线的交点[T(s)，A(g)]：1.349，0.149；性能点最大层间位移角：1/314；
性能点基底剪力(kN)：155 774.8；性能点顶点位移(mm)：89.9；
性能点附加阻尼比：0.088×0.70=0.062；与性能点相对应的总加载步号：37.3；
相应的数据文件：抗倒塌验算图.TXT

图 10.257　Y 正向罕遇地震下抗倒塌验算结果曲线

罕遇地震下与性能点相对应的荷载步号为 37.3，该加载步对应的结构主方向位移、位移角如图 10.258 所示，其中 Y 方向最大层间位移角所对应的楼层为第 8 层。该加载步结构杆端塑性铰状态图如图 10.259 所示。

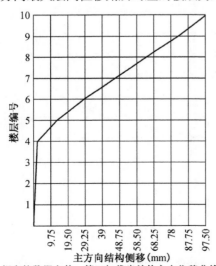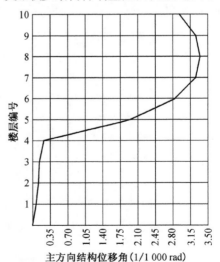

相应的数据文件：第38加载步结构主向位移曲线.TXT　相应的数据文件：第38加载步结构主向位移角曲线.TXT

图 10.258　Y 正向罕遇地震下性能点加载步结果曲线

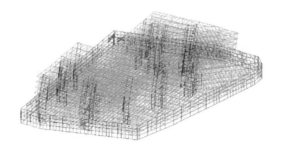

图 10.259 Y 正向罕遇地震下性能点加载步结构杆端塑性铰状态图

Y 负向罕遇地震下抗倒塌验算结果曲线如图 10.260 所示,罕遇地震下的性能点最大层间位移角为 1/341,性能点基底剪力为 156 032 kN,性能点顶点位移为 89 mm,性能点附加阻尼比为 0.063。根据计算结果,结构宏观上能保证大震不倒的设计要求。

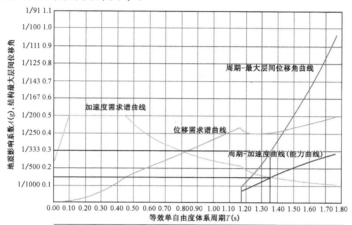

需求谱类型:规范加速度设计谱;所在地区:全国;场地类型:3;设计地震分组:1;
抗震设防烈度:7度大震;地震影响系数最大值,$A_{max}(g)$:0.500;
特征周期,$T_g(s)$:0.450;弹性状态阻尼比:0.050;
能力曲线与需求曲线的交点[$T(s)$,$A(g)$]:1.352,0.149;性能点最大层间位移角:1/341;
性能点基底剪力(kN):−156 032.2;性能点顶点位移(mm):89.9;
性能点附加阻尼比:0.090×0.70=0.063;与性能点相对应的总加载步号:27.9;
相应的数据文件:抗倒塌验算图.TXT

图 10.260 Y 负向罕遇地震下抗倒塌验算结果曲线

罕遇地震下与性能点相对应的荷载步号为 27.9,该加载步对应的结构主方向位移、位移角如图 10.261 所示,其中 Y 方向最大层间位移角所对应的楼层为第 8 层。该加载步结构杆端塑性铰状态图如图 10.262 所示。

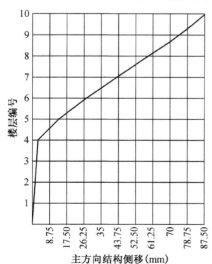

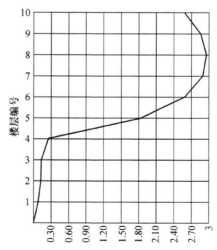

相应的数据文件:第28加载步结构主向位移曲线.TXT　相应的数据文件:第28加载步结构主向位移角曲线.TXT

图 10.261 Y 负向罕遇地震下性能点加载步结果曲线

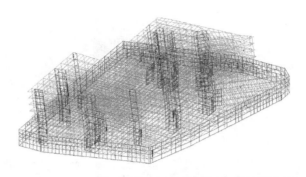

图 10.262　Y 负向罕遇地震下性能点加载步结构杆端塑性铰状态图

从罕遇地震下结构构件塑性铰分布图可以看出:在作用水平方向推覆力时,首先在中间楼层的剪力墙连梁出现梁铰,随着推覆力的不断加大,其他各层剪力墙连梁也出现梁铰,随后局部剪力墙也出现塑性铰,在达到设防烈度地震性能点时,连梁出现大量裂缝,其他结构裂缝相对较少;随着水平力的继续加大,剪力墙裂缝也越来越多,同时部分框架梁和少量框架柱也出现塑性铰,在达到罕遇地震性能点时,几乎全部楼层的连梁都出现塑性铰,大部分框架梁出现塑性铰,底部加强区的墙肢出现较多塑性铰,部分柱也出现塑性铰。在后续结构设计时,将针对结构薄弱部位进行加强,提高底部剪力墙的抗剪破坏能力。

4. 对关键构件的专项分析

本高层建筑对底部(一层、二层)主要竖向构件(剪力墙、框架柱)的性能目标为:剪力墙墙肢抗剪满足"中震不屈服承载力设计"要求,框架柱抗剪满足"中震弹性承载力设计"要求,抗弯满足"中震不屈服承载力设计"要求。重要的转换梁及承担转换梁的框架柱(一层斜柱的框架柱及框架梁)的性能目标为:抗弯及抗剪均按"中震弹性承载力设计",经计算满足要求。

斜柱及与其相连的梁、剪力墙、楼板对于结构安全至关重要,故将其抗震等级提高为一级,且斜柱及与其相连的梁性能目标提高为中震弹性,剪力墙性能目标提高为抗剪中震弹性,抗弯中震不屈服。在计算构件内力时,考虑 $0.2Q_0$ 调整、剪重比、软弱层及薄弱层、内力放大系数以及抗震承载力调整系数等内力调整系数,并进行了与斜柱相连受拉区域的楼板应力分析,根据楼板应力分析结果加强楼板,板筋按照受拉锚固锚入剪力墙内。

综合考虑斜柱的受力状况、重要程度和节点做法,斜柱采用钢骨混凝土柱。在多遇地震下,经计算,各斜柱最大轴压比仅 0.47,计算得到的主筋配筋率低于 1‰,能满足小震弹性的要求。斜柱的中震与大震计算参数与关键框架柱相同。经计算,各斜柱均能满足"中震弹性"及"大震不屈服"的抗震性能化目标。

(1) 斜柱引起梁的轴力

本工程将斜柱及部分与斜柱相连的梁设计为钢骨混凝土梁。表 10.137～表 10.140 列出了不考虑楼板有利作用,与斜柱相连的框架梁在小震组合及中震弹性组合下承担的斜柱的水平分力。由下表结果可知,设计梁的混凝土受压承载能力能满足要求。

表 10.137　小震组合下与斜柱顶相连的框架梁水平分力(拉力)

编号	位置	斜柱轴力(kN)	角度(°)	水平分力(kN)	设计梁截面/(mm)	截面利用率(%)
B1	五层与 C1 相连框架梁	8 196	19	2 672	H600×200×26×26	0.37
B2	五层与 C2 相连框架梁	7 825	19	2 551	H600×200×26×26	0.35
B3	五层与 C3 相连框架梁	4 590	19	1 496	H600×200×26×26	0.21
B4	四层与 C4 相连框架梁	4 767	19	1 554	H600×200×26×26	0.21
B5	四层与 C5 相连框架梁	6 365	42	4 258	H800×400×35×50	0.22

编号	位置	斜柱轴力(kN)	角度(°)	水平分力(kN)	设计梁截面(mm)	截面利用率(%)
B6	四层与C6相连框架梁	6 163	42	4 123	H800×400×35×50	0.22
B7	五层与C7相连框架梁	7 099	6.771	838	600×1 000(10Φ25)	0.47
B8	五层与C8相连框架梁	5 223	6.771	616	600×1 000(10Φ25)	0.35
B9	五层与C9相连框架梁	7 587	6.771	895	600×1 000(10Φ25)	0.51
B10	五层与C10相连框架梁	5 054	6.771	596	600×1 000(10Φ25)	0.34
B11	六层与C11相连框架梁	2 770	32	1 468	H600×200×26×26	0.20

注:表中B7~B10采用混凝土梁,表中10Φ25仅表示承受拉力的钢筋。

表 10.138　中震弹性组合下与斜柱顶相连的框架梁水平分力(拉力)

编号	位置	斜柱轴力(kN)	角度(°)	水平分力(kN)	设计梁截面(mm)	截面利用率(%)
B1	五层与C1相连框架梁	8 214	19	2 678	H600×200×26×26	0.37
B2	五层与C2相连框架梁	7 825	19	2 551	H600×200×26×266	0.35
B3	五层与C3相连框架梁	4 600	19	1 500	H600×200×26×266	0.21
B4	四层与C4相连框架梁	4 783	19	1 559	H600×200×26×266	0.21
B5	四层与C5相连框架梁	9 273	42	6 204	H800×400×35×50	0.33
B6	四层与C6相连框架梁	8 924	42	5 970	H800×400×35×50	0.31
B7	五层与C7相连框架梁	6 998	6.771	826	600×1 000(10Φ25)	0.47
B8	五层与C8相连框架梁	5 684	6.771	671	600×1 000(10Φ25)	0.38
B9	五层与C9相连框架梁	7 596	6.771	896	600×1 000(10Φ25)	0.51
B10	五层与C10相连框架梁	5 216	6.771	615	600×1 000(10Φ25)	0.35
B11	六层与C11相连框架梁	2 939	32	1 558	H600×200×26×266	0.21

注:表中B7~B10采用混凝土梁,表中10Φ25仅表示承受拉力的钢筋。

表 10.139　小震组合下与斜柱底相连的框架梁水平分力(压力)

编号	位置	斜柱轴力(kN)	角度(°)	水平分力(kN)	设计梁截面(mm)	受压承载能力(kN)
B1	一层与C1相连框架梁	11 302	19	3 684	600×800	8 016
B2	一层与C2相连框架梁	13 329	19	4 345	600×800	8 016
B3	一层与C3相连框架梁	8 963	19	2 922	600×800	8 016
B4	一层与C4相连框架梁	6 303	19	2 055	600×800	8 016
B5	一层与C5相连框架梁	7 005	42	4 686	600×1 000	10 020
B6	一层与C6相连框架梁	7 498	42	5 016	600×1 000	10 020
B7	一层与C7相连框架梁	9 393	6.771	1 108	600×800	8 016
B8	一层与C8相连框架梁	8 495	6.771	1 002	600×800	8 016
B9	一层与C9相连框架梁	10 923	6.771	1 289	600×800	8 016
B10	一层与C10相连框架梁	8 495	6.771	1 002	600×800	8 016
B11	三层与C11相连框架梁	4 902	32	2 598	400×1 000	6 680

注:表中设计梁截面受压承载能力时,未考虑梁内钢筋及钢骨的受压承载力。

表 10.140　中震弹性组合下与斜柱底相连的框架梁水平分力(压力)

编号	位置	斜柱轴力(kN)	角度(°)	水平分力(kN)	设计梁截面(mm)	受压承载能力(kN)
B1	一层与 C1 相连框架梁	11 345	19	3 698	600×800	8 016
B2	一层与 C2 相连框架梁	13 314	19	4 340	600×800	8 016
B3	一层与 C3 相连框架梁	9 049	19	2 950	600×800	8 016
B4	一层与 C4 相连框架梁	7 415	19	2 417	600×800	8 016
B5	一层与 C5 相连框架梁	12 081	42	8 082	600×1 000	10 020
B6	一层与 C6 相连框架梁	11 976	42	8 012	600×1 000	10 020
B7	一层与 C7 相连框架梁	9 973	6.771	1 177	600×800	8 016
B8	一层与 C8 相连框架梁	11 119	6.771	1 312	600×800	8 016
B9	一层与 C9 相连框架梁	10 908	6.771	1 287	600×800	8 016
B10	一层与 C10 相连框架梁	9 116	6.771	1 076	600×800	8 016
B11	三层与 C11 相连框架梁	5 213	32	2 763	600×1 000	6 680

注:表中设计梁截面受压承载能力时,未考虑梁内钢筋及钢骨的受压承载力。

(2) 与斜柱相连的剪力墙

表 10.141 列出了不考虑楼板,剪力墙在小震组合下的计算结果,剪力墙编号见图 10.263。在小震组合下,剪力墙均满足规范要求,通过在端柱设置钢骨,可以满足剪力墙抗剪中震弹性、抗弯中震不屈服的要求(限于篇幅,未列出)。

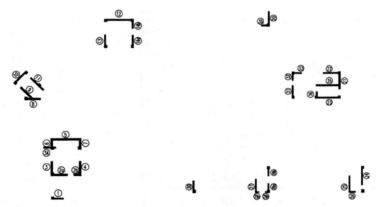

图 10.263　剪力墙编号

表 10.141　小震组合下与斜柱连接的剪力墙内力及计算结果

编号	位置	轴力(kN)	弯矩(kN·m)	单侧暗柱区配筋量 A_s (mm²)	剪力(kN)	水平分布筋面积 A_s (mm²)
1	一层	−6 834	−41	0	2 162	200
2a	一层	−8 976	−1 576	0	7 432	563
3	一层	−12 189	959	0	−5 322	421
5	一层	−18 457	−9 533	0	17 094	812
6	一层	−7 846	1 750	0	−7 028	1 206
34	一层	−5 515	3 045	0	−3 715	367
8	一层	−4 396	−1 597	0	−4 706	369
12	一层	−17 749	−10 202	0	9 061	309
20	一层与 C8 连接的墙	−12 003	2 062	0	3 823	200

注:1. 水平分布筋按间距 100 mm 计算。
　　2. 配筋率为 0 表示按构造配筋。

（3）与斜柱相连的受拉区域楼板

本节着重分析了与斜柱相连的受拉区域的楼板应力，并根据应力分析结果进行楼板加强，板筋按照受拉锚固锚入相邻的剪力墙内。

从图 10.264 可知，此处楼板（五层 X3～X6 轴/Y6～Y10 轴）在竖向荷载和设防地震作用下的楼板应力大部分区域不大于 2.0 MPa，个别区域楼板应力最大约为 3.0 MPa，通过加强配筋，可以实现此处楼板中震不屈服。

从图 10.265 可知，此处楼板（四层 S4～S10 轴/R2～R8 轴）在竖向荷载及设防地震作用下的楼板应力大部分区域不大于 2.0 MPa，个别区域楼板应力最大约为 3.0 MPa，通过加强配筋，可以实现此处楼板中震不屈服。

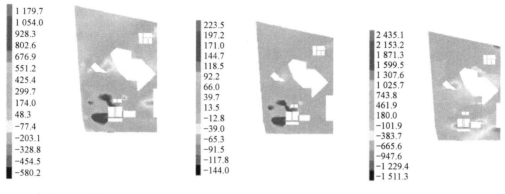

（1）恒载工况 X 向应力　　　　（2）活载工况 X 向应力　　　　（3）地震工况 X 向应力

图 10.264　五层楼板（X3～X6 轴/Y6～Y10 轴）应力（kN/m²）

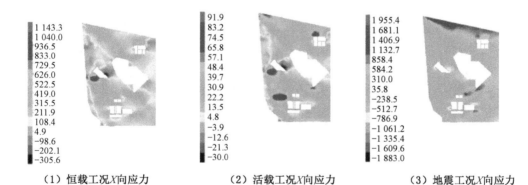

（1）恒载工况 X 向应力　　　　（2）活载工况 X 向应力　　　　（3）地震工况 X 向应力

图 10.265　四层楼板（S4～S10 轴/R2～R8 轴）应力（kN/m²）

（4）罕遇地震作用下关键构件补充计算分析

对剪力墙、承担重要转换梁的框架柱，罕遇地震作用下性能目标为"大震截面安全"。表 10.142 给出了一层墙肢应力验算结果。

表 10.142　一层墙肢应力大震截面安全验算表

墙肢编号	墙长（mm）	墙厚（mm）	$V_{GE}+V_{ek}$（kN）	$0.15f_{ck}bh_0$（kN）	备注	墙肢编号	墙长（mm）	墙厚（mm）	$V_{GE}+V_{ek}$（kN）	$0.15f_{ck}bh_0$（kN）	备注
1	4 050	400	4 891	9 124		5	10 200	600	35 716	34 996	
2a	5 600	600	15 760	19 057		6	7 500	600	16 645	25 641	
2b	2 500	600	4 345	8 316		7	7 500	600	7 166	25 641	
3	5 000	600	10 471	16 978		8	5 300	500	9 663	15 015	
4	5 000	600	10 205	16 978		9	5 800	500	10 404	16 458	

（续表）

墙肢编号	墙长（mm）	墙厚（mm）	$V_{GE}+V_{ek}$（kN）	$0.15f_{ck}bh_0$（kN）	备注	墙肢编号	墙长（mm）	墙厚（mm）	$V_{GE}+V_{ek}$（kN）	$0.15f_{ck}bh_0$（kN）	备注
10	5 900	400	7 669	13 398		24	7 000	400	10 671	15 939	
11	5 964	400	7 821	13 545		25	6 200	400	9 296	14 091	
12	9 800	400	19 880	22 407		26	2 400	400	1 622	5 313	
13	4 500	400	6 243	10 164		27	5 100	400	4 819	11 550	
14a	4 300	400	5 292	9 702		28a	6 600	400	2 295	15 015	
14b	3 200	400	4 721	7 161		28b	7 000	400	2 566	15 939	
15	4 500	400	3 719	10 164		29a	2 700	400	1 391	6 006	
16	4 500	400	4 999	10 164		29b	1 500	400	1 212	3 234	
17	4 450	400	4 556	10 048		30	4 400	400	2 394	9 933	
18	6 450	400	7 219	14 668		31	4 700	400	4 761	10 626	
19	4 500	400	4 733	10 164		32	3 100	400	2 862	6 930	
20	5 450	400	10 251	12 358		33	3 450	400	2 591	7 738	
21	6 400	600	20 161	21 829		34	4 200	400	10 317	9 471	设置型钢边缘构件
22	6 300	400	8 335	14 322		35	8 800	400	14 679	20 097	
23	9 200	400	16 774	21 021		36	2 200	400	3 107	4 851	

经计算，所述构件可达到"大震截面安全"的性能目标。

（5）墙肢应力分析

考虑到本结构部分楼层向外倾斜的趋势，分析了重力荷载代表值与多遇地震组合下（$G_{eq}-1.3Q_f$）的墙肢应力。从表10.143可知，墙肢应力主要以受压为主，仅个别墙肢出现拉应力，小震组合下的最大拉应力为2.38 MPa，局部受拉区域可通过加大配筋或在暗柱区设置钢骨抵抗拉力。

表 10.143　一层墙肢应力

墙肢编号	墙长（mm）	墙厚（mm）	$D+0.5L-1.3Q_f$（MPa）	备注	墙肢编号	墙长（mm）	墙厚（mm）	$D+0.5L-1.3Q_f$（MPa）	备注
1	4 050	400	−1.55		10	5 900	400	−2.64	
2a	5 600	600	0.07		11	5 964	400	−2.25	
2b	2 500	600	−1.51		12	9 800	400	−6.61	
3	5 000	600	0.64		13	4 500	400	−2.80	
4	5 000	600	0.88		14a	4 300	400	−2.82	
5	10 200	600	0.05		14b	3 200	400	1.94	设置型钢边缘构件
6	7 500	600	0.26		15	4 500	400	−0.62	
7	7 500	600	1.69		16	4 500	400	−0.43	
8	5 300	500	1.87		17	4 450	400	−2.15	
9	5 800	500	−0.04		18	6 450	400	−2.89	

墙肢编号	墙长（mm）	墙厚（mm）	$D+0.5L-1.3Q_f$（MPa）	备注	墙肢编号	墙长（mm）	墙厚（mm）	$D+0.5L-1.3Q_f$（MPa）	备注
19	4 500	400	−0.11		28b	7 000	400	−1.49	
20	5 450	400	−2.11		29a	2 700	400	1.39	
21	6 400	600	2.38		29b	1 500	400	0.89	
22	6 300	400	0.28		30	4 400	400	−0.90	
23	9 200	400	−1.81		31	4 700	400	−1.35	
24	7 000	400	−2.19		32	3 100	400	0.30	
25	6 200	400	−1.08		33	3 450	400	0.07	
26	2 400	400	2.08	加大暗柱配筋	34	4 200	400	1.49	
27	5 100	400	−0.43		35	8 800	400	0.55	
28a	6 600	400	−0.89		36	2 200	400	0.77	

注：墙肢应力正号表示受拉，负号表示受压。

（6）结构弹性楼板分析

按照全楼弹性楼板假定进行多遇地震和设防地震作用下的楼板应力分析，分析结果表明，结构中上部楼层楼板应力相对较大。多遇地震作用下，楼板拉应力较小，不大于 1.0 MPa，小于混凝土的轴心抗拉强度设计值。设防地震作用下，大部分楼层的楼板拉应力不大于 1.5 MPa，部分楼层局部区域（主要集中在核心筒周边，尤其在角部处或者平面凹角区域）最大拉应力约为 3.0 MPa，适当加强配筋楼板可满足中震不屈服要求。

10.14.4　专家审查意见

昆山凤凰广场工程拟建于昆山市，属体型特别不规则的超限高层建筑工程，按照国家《行政许可法》《江苏省防震减灾条例》和《超限高层建筑工程抗震设防管理规定》（建设部令第 111 号）的要求，应在初步设计阶段进行抗震设防专项审查。专家组审阅了初步设计资料，听取了勘察、设计单位汇报，经认真讨论、质询，认为工程设防标准正确，针对超限高层建筑采取的加强措施基本合理，该项目的性能设计目标正确：剪力墙的底部加强区抗剪中震弹性，抗弯中震不屈服，外斜的框架柱与其相连的框架梁满足中震弹性。结构采用框架-剪力墙体系可行，审查结论为"通过"。

设计单位应在施工图阶段对下列问题进一步修改完善：

1. 地震动参数：小震地震影响系数最大值按安评报告地面加速度峰值的 2.25 倍，中震、大震按规范确定，场地特征周期按岩土工程勘察报告确定，反应谱及其形状参数按规范。
2. 补充重要构件的抗连续倒塌计算。
3. 复核嵌固端的嵌固条件与范围。

10.15　苏州工业园区凯悦酒店东地块

设计单位：东南大学建筑设计研究院有限公司

10.15.1　工程概况与设计标准

本项目位于江苏省苏州市，项目用地位于苏州工业园区现代大道以南、翠园路以北、华池街以东、星湖街以西的中间地块。本项目总用地面积 22 331 m²，地上总建筑面积为 180 963 m²。塔楼建筑总高度为

309.85 m,结构主屋面标高 299.20 m,集办公、公寓、酒店、餐厅于一体。裙房主要包括零售区及餐饮。4 层地下室,包括零售区、停车场、货物起卸区和机电设备用房。

地上建筑由主塔楼和裙楼组成,主塔楼和裙楼之间设抗震缝脱开。裙楼为四层框架结构。效果图见图 10.266。

图 10.266　本项目效果图

10.15.2　结构体系及超限情况

1. 结构体系

本项目采用钢筋混凝土框架-核心筒结构。避难层与设备层分散为 6 个,并根据建筑方案,在中下部 3 个避难层设有 800 mm×1 400 mm 的外框架梁进行适当加强。外框柱采用 2 100 mm×2 300 mm～1 500 mm× 700 mm 的边柱及 2 100 mm×2 300 mm～1 000 mm×1 000 mm 的角柱。核心筒 X 向外墙范围在 400～1 200 mm,Y 向外墙范围在 400～1 000 mm,内墙范围在 200～400 mm。外框架梁采用 800 mm×1 000 mm,800 mm×800 mm,650 mm× 800 mm,500 mm×930 mm。主楼标准层平面如图 10.267 所示。

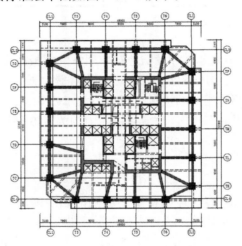

图 10.267　标准层结构布置图

2. 结构的超限情况

按照《建筑抗震设计规范》(GB 50011—2010)第 3.4.3 条对主塔楼不规则性情况进行汇总,如表 10.144、表 10.145 所示。

表 10.144　高层建筑一般规则性检查

序号	不规则类型	判 断 依 据	判断	备注
1a	扭转不规则	考虑偶然偏心的扭转位移比大于 1.2	无	
1b	偏心布置	偏心率大于 0.15 或相邻层质心相差大于相应边长 15%	无	
2a	凹凸不规则	平面凹凸尺寸大于相应边长的 30%	无	
2b	组合平面	细腰形和角部重叠形	无	
3	楼板不连续	有效宽度小于 50%,开洞面积大于 30%,错层大于梁高	无	
4a	刚度突变	相邻层刚度变化大于 70% 或连续三层变化大于 80%	无	
4b	尺寸突变	竖向构件位置缩进大于 25%,或外挑大于 10% 和 4 m,多塔	无	
5	构件间断	上下墙、柱、支撑不连续,含加强层、连体等	有	
6	承载力突变	相邻层受剪承载力变化大于 80%	无	
7	其他不规则	如局部的穿层柱、斜柱、夹层、个别构件错层或转换	有	

注:a、b 不重复计算不规则项。

表 10.145　高层建筑严重规则性超限检查

序号	不规则类型	判　断　依　据	判断	备注
1	扭转偏大	裙房以上的较多楼层,考虑偶然偏心的扭转位移比大于1.4	无	
2	扭转刚度弱	扭转周期比大于0.9,混合结构大于0.85	无	
3	层刚度偏小	本层侧向刚度小于相邻上层的50%	无	
4	高位转换	框支墙体的转换构件位置:7度超过5层,8度超过3层	无	
5	厚板转换	7～9度设防的厚板转换结构	无	
6	塔楼偏置	单塔或多塔与大底盘的质心偏心距大于底盘相应边长的20%	无	
7	复杂连接	各部分层数、刚度、布置不同的错层	无	
		连体两端塔楼高度、体型或者沿大底盘某个主轴方向的振动周期显著不同的结构		
8	多重复杂	结构同时具有转换层、加强层、错层、连体和多塔等复杂类型的3种	无	

10.15.3　超限应对措施及分析结论

一、超限应对措施

1. 分析模型及分析软件

本工程采用 SATWE 及 MIDAS 两套软件进行水平和竖向荷载作用的分析。结构在设防烈度和罕遇烈度地震作用下的性能也通过计算机软件模拟进行了详尽的受力分析。

2. 地震作用及抗震设防标准

根据《建筑抗震设计规范》(GB 50011—2010),苏州地区抗震设防烈度为 6 度,设计基本地震加速度为 0.05g,设计地震分组为第一组。根据《中国地震动参数区划图》(GB 18306—2015),苏州地区抗震设防烈度为 7 度,设计基本地震加速度为 0.1g,设计地震分组为第一组。

本工程场地安评的 50 年超越概率为 63% 的小震设计地震峰值加速度为 36 gal,对应小震反应谱 $\alpha_{max}=0.036\times2.25=0.081$,场地特征周期为 0.46 s,小震所有地震加速度时程的最大值取 36 gal;中震水平地震影响系数最大值取为 0.23,场地特征周期为 0.45 s,中震所有地震加速度时程的最大值取 100 gal;大震水平地震影响系数最大值取 0.50,场地特征周期为 0.50 s,大震所有地震加速度时程的最大值取 220 gal。

对于小震反应谱,本工程拟采用规范反应谱形状曲线,其水平地震影响系数最大值和场地特征周期按安评取值,对于反应谱大于 6 s 的长周期段,按直线下降段斜率,将其由 6 s 延伸至 8 s。调整后所采用的设计反应谱与安评反应谱的对比如图 10.268 所示。可以看出,所采用的设计反应谱明显高于安评反应谱,设计上是偏于安全的。

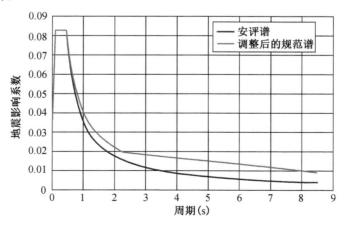

图 10.268　多遇地震下安评报告反应谱与所采用的设计反应谱比较

3. 基于构件的性能化设计

根据本工程情况,确定结构构件的具体性能设计要求如表 10.146 所示。

表 10.146　本工程性能化设计具体要求

	项　目	多遇地震	设防烈度地震	罕遇地震
关键 竖向构件	核心筒底部加强部位墙肢	弹性	抗弯不屈服,抗剪弹性	满足截面限制条件
	底部加强部位楼层外框柱	弹性	弹性	
	支承托墙梁端柱	弹性	弹性	不屈服
其他 竖向构件	核心筒加强部位以外墙肢	弹性	不屈服	
	其他外框架柱	弹性	不屈服	
水平构件	核心筒剪力墙连梁	弹性	允许进入塑性	
	框架梁	弹性	允许进入塑性	
	托墙梁	弹性	弹性	不屈服

注:罕遇地震层间位移角限值 1/100。

抗震加强措施如下:

(1) 控制核心筒剪力墙墙肢的轴压比和剪应力水平,并配置多层钢筋网。在考虑罕遇地震作用组合下对剪力墙墙肢的抗剪截面进行验算,保证所有墙肢在大震下均满足抗剪截面控制条件,确保大震下核心筒墙肢不发生剪切破坏。

(2) 底部加强部位核心筒墙肢按正截面(压弯、拉弯)满足中震不屈服、斜截面满足中震弹性的性能要求进行承载力验算。复核核心筒外围墙肢在水平风荷载和小震作用下不出现受拉状态,或拉应力小于混凝土抗拉强度标准值,并对中震作用下底部墙肢的拉应力进行复核,对拉应力超过混凝土抗拉强度标准值的墙肢采用在墙肢内设置型钢进行加强。

(3) 底部加强部位延伸至七层(标高 35.0 m)。核心筒角部依据规范要求,全高设置约束边缘构件,其余墙肢均按《高规》要求设置 2 层的过渡层。

(4) 框架柱采用型钢加强,严格控制周边框架柱的轴压比,框架柱正截面压弯(拉弯)承载力、斜截面抗剪承载力均按中震弹性的性能要求进行设计,确保外框柱有足够的延性。

(5) 加强周边框架的两道防线作用,保证框架部分按刚度计算分配的最大楼层地震剪力达到结构底部总地震剪力 10% 以上,框架柱中的剪力及相连框架梁端弯矩、剪力均按《高层建筑混凝土结构技术规程》(JGJ 3—2010)第 9.1.11 条进行调整。确保框架分配的地震剪力标准值不小于底部总地震剪力标准值的 20% 和框架部分楼层地震剪力标准值中最大值的 1.5 倍二者的较小值。

二、整体结构主要分析结果

1. 多遇地震反应谱分析

结构多遇地震反应谱分析结果见表 10.147。

表 10.147　主要结构计算结果汇总

		SATWE		MIDAS	
周期	T_1(s)	7.45	X 向	7.42	X 向
	T_2(s)	6.90	Y 向	6.72	Y 向
	T_t(s)	4.92	扭转	4.61	扭转
	T_t/T_1	0.66(<0.85)		0.62(<0.85)	

（续表）

		SATWE	MIDAS
刚度比	X 向	>1.1	
	Y 向	>1.1	
质量参与系数	X 向	>95%	>95%
	Y 向	>95%	>95%
X 向地震	最大层间位移角	1/657(46F)	1/670(46F)
Y 向地震	最大层间位移角	1/742(45F)	1/749(45F)
X 向风载	最大层间位移角	1/722(45F)	1/899(44F)
Y 向风载	最大层间位移角	1/2 127(45F)	1/1 118(69F)

从上表看出，两个程序的结果基本相符，故而认为计算模型正确有效。在后续设计阶段中，按照多个程序结果的包络进行设计，能够保证结构的安全。

2. 弹性时程分析

本工程选用 7 条天然波分别按两个主轴方向进行地震激励的时程分析，并对其取平均，再与反应谱比较。时程分析结果如表 10.148 所示。可以看出，单向时程分析的楼层剪力均值和振型分解反应谱计算结果基本一致，多条时程曲线计算所得的结构底部剪力平均值不小于振型分解反应谱法计算结果的 80%。同时，每条时程曲线计算所得结构底部剪力不小于振型分解反应谱法计算结果的 65%，且不大于 135%。说明地震波用于时程分析是合适的。

表 10.148 弹性时程分析结果

地震波	方向	X 向底部剪力（kN）	Y 向底部剪力（kN）	X 向时程/反应谱	Y 向时程/反应谱	结论
反应谱法		29 228	29 761			
天然波 S031	X	25 899		88.6%		
	Y		24 591		82.6%	
天然波 S398	X	20 569		70.4%		
	Y		22 940		77.1%	
天然波 S472	X	25 952		88.8%		
	Y		38 333		128.8%	
天然波 S787	X	21 095		72.2%		
	Y		28 802		96.8%	满足要求
天然波 SM01	X	24 384		83.4%		
	Y		27 211		91.4%	
天然波 S745-1	X	23 061		78.9%		
	Y		29 445		98.9%	
天然波 S745-2	X	22 707		77.7%		
	Y		26 149		87.9%	
天然波 平均值	X	23 381		80.0%		
	Y		28 210		94.8%	

3. 关键构件的性能化验算

（1）中震底层墙肢拉应力验算

图 10.269 为底层核心筒剪力墙墙肢编号。表 10.149 为底层核心筒在中震情况下墙肢拉应力的验算情况。由表可知，部分墙肢出现拉应力，其中角部墙肢 Q1 的拉应力较大，在施工图设计中，采用在剪力墙内设置型钢的方法，使型钢承受设防烈度下墙肢中的拉应力，保证墙肢在设防烈度下不出现较大的受拉损伤。

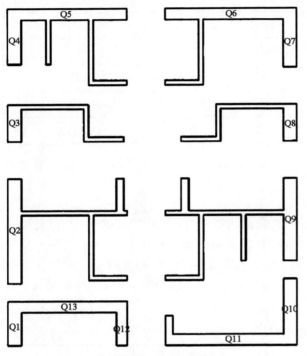

图 10.269　底层墙肢编号

表 10.149　中震下核心筒墙肢拉应力验算结果

墙肢编号	墙肢拉力（kN）	拉应力（MPa）
Q1	24 430	5.09
Q2	6 641	0.62
Q3	0	0.00
Q4	11 863	2.14
Q5	0	0.00
Q6	2 968	0.27
Q7	12 616	2.23
Q8	2 464	0.66
Q9	6 221	0.76
Q10	12 035	1.60
Q11	0	0.00
Q12	8 216	2.22
Q13	0	0.00

（2）中震底层墙肢抗剪弹性验算

中震弹性分析得到的塔楼底层墙肢配筋如图 10.270 所示。

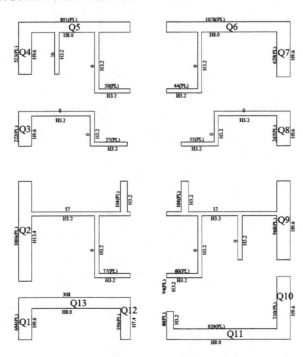

图 10.270　中震底层墙肢抗剪弹性验算

底部加强层墙肢中震弹性设计不考虑与抗震等级有关的增大系数,设计公式采用《高层建筑混凝土结构技术规程》(JGJ 3—2010)第3.11.3-1条。中震弹性的结果表明,角部剪力墙水平分布钢筋略微增大,表明剪力墙抗剪承载力均满足规范要求,即底部墙肢可满足抗剪中震弹性的性能化目标要求。

（3）中震底层墙肢抗弯不屈服验算

中震不屈服分析得到的塔楼墙肢配筋如图10.271所示。

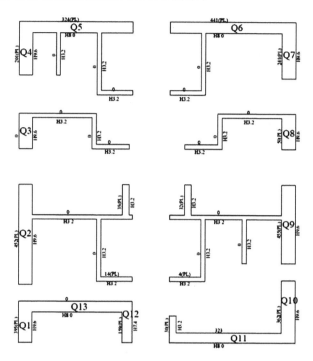

图 10.271　中震底层墙肢抗弯不屈服验算

底部墙肢中震不屈服设计不考虑与抗震等级有关的增大系数,设计公式采用《高层建筑混凝土结构技术规程》(JGJ 3—2010)第3.11.3-2条。分析结果表明,除角部部分受拉墙肢配筋较大,大部分剪力墙墙肢配筋均可满足规范要求。

（4）转换梁及剪力墙端柱中震弹性验算

对个别拖墙转换构件进行中震弹性设计,不考虑与抗震等级有关的增大系数,计算得到的配筋结果如图10.272所示。虚线范围内转换梁的剪力墙端柱均未显示超筋,且大部分构件均为构造配筋,这些构件均满足中震弹性的性能化目标要求。

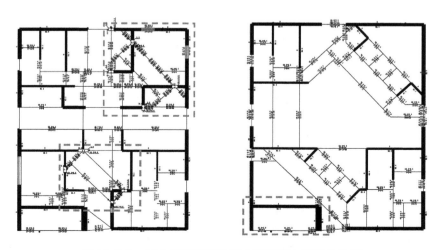

图 10.272　核心筒转换梁及剪力墙端柱中震弹性验算

（5）大震底层墙肢截面抗剪控制条件验算

大震底层墙肢截面抗剪控制条件验算如表 10.150 所示。可见，所有墙肢大震下截面抗剪控制条件均满足要求。

表 10.150　大震底层墙肢截面抗剪控制条件验算

编号	X 向大震剪力（kN）	Y 向大震剪力（kN）	等效截面尺寸（mm）	墙肢截面控制条件（kN）	截面验算
Q1	9 727	9 887	1 200×3 450	23 562	OK
Q2	34 524	40 418	1 200×8 950	61 677	OK
Q3	4 638	4 357	1 200×3 100	21 137	OK
Q4	6 836	7 723	1 200×4 625	31 705	OK
Q5	20 352	17 425	1 000×9 755	56 162	OK
Q6	26 915	23 378	1 000×1 0875	62 514	OK
Q7	6 378	7 265	1 200×4 725	32 398	OK
Q8	5 231	5 783	1 200×3 100	21 137	OK
Q9	15 377	18 005	1 200×6 845	4 7089	OK
Q10	10 278	11 813	1 200×6 285	43 209	OK
Q11	26 611	22 833	1 000×10 475	60 204	OK
Q12	5 200	5 432	850×3 450	16 690	OK
Q13	20 630	17 669	1 000×9 375	53 852	OK

4. 结构弹塑性时程分析

本工程采用 PKPM-SAUSAGE 进行结构罕遇地震下的动力弹塑性计算分析。依据抗震规范要求，选用两组天然地震波（L724/L725/L726，L781/L782/L783）和一组人工波（L750-1/L750-2/L750-3）。本工程进行了三向时程分析，主、次、竖方向地震波强度比按 1∶0.85∶0.65 确定，罕遇地震峰值加速度取 220 gal，X 向为主激励方向。表 10.151 给出了结构在罕遇地震作用下动力弹塑性分析的位移响应汇总。

表 10.151　结构位移响应汇总

	天然波 L724/L725/L726	天然波 L781/L782/L783	人工波 L750-1/L750-2/L750-3	包络值	平均值
X 向最大层间位移角	1/128（43F）	1/179（36F）	1/110（58F）	1/110（58F）	1/137（43F）
X 向顶点最大相对位移	1 422 mm	978 mm	1 671 mm	1 671 mm	1 353 mm
Y 向最大层间位移角	1/135（50F）	1/193（55F）	1/110（51F）	1/110（51F）	1/141（51F）
Y 向顶点最大相对位移	1 230 mm	648mm	1 475 mm	1 475 mm	1 114 mm

从表中可以看出：在罕遇地震作用下，X 向最大层间位移角为 1/110（第 58 层），Y 向最大层间位移角为 1/110（第 51 层）。大震下所有工况层间位移角均小于 1/100，满足抗震设防目标。X 向顶点最大相对位移为 1 671 mm，Y 向顶点最大相对位移为 1 475 mm，分别约为小震反应谱的 3.98 倍和 3.82 倍。

图 10.273～图 10.275 显示了地震波 L724/L725/L726 激励下核心筒剪力墙的损伤分布。

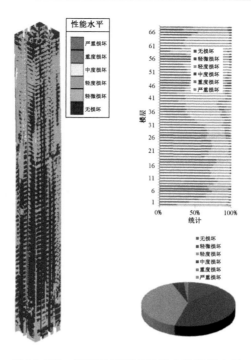

图 10.273　罕遇地震激励时核心筒性能水平

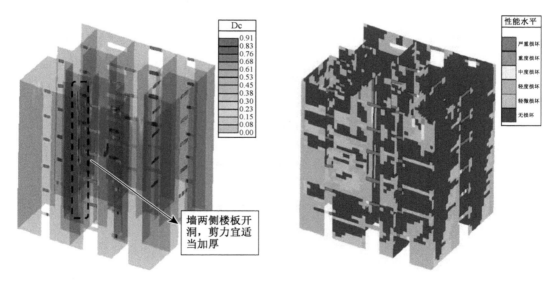

图 10.274　剪力墙底部加强部位混凝土塑性损伤　　　　图 10.275　剪力墙底部加强部位性能水平

可以看出,底部加强部位剪力墙墙肢的混凝土基本无损伤,能够满足罕遇地震下的工作要求。

将大震地震波峰值放大 2 倍,模拟结构地震破坏模式。图 10.276~图 10.278 为结构地震破坏形式的模拟结果。通过模拟发现,核心筒底部已严重损坏,上部墙损坏也较为严重。框架柱底部中度损坏,其他部分框架柱轻微损坏。连梁是耗能主要构件,破坏严重,框架梁出铰较为明显。主体结构经历 35 s 地震后未发生倒塌破坏。

10.15.4　专家审查意见

凯悦酒店东地块工程拟建于苏州市工业园区,属高度超限的高层建筑工程,已在 2010 年 12 月通过抗震设防专项审查。后业主对设计进行了变更,并在 2012 年 5 月再次通过抗震设防专项审查。现业主对设计进行了第二次变更,并将变更文本报送至省住房和城乡建设厅。省住建厅组织专家对设计变更文本进

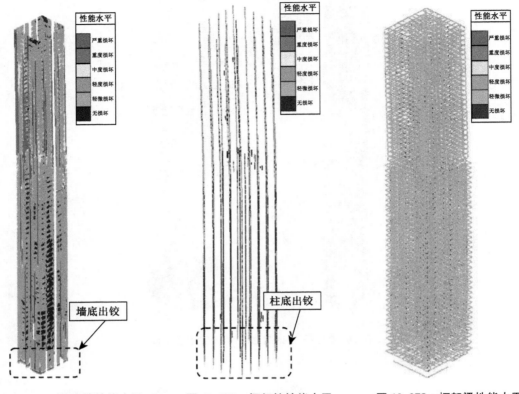

图 10.276　剪力墙性能水平　　图 10.277　框架柱性能水平　　图 10.278　框架梁性能水平

行抗震设防审查,专家组成员审阅了设计变更资料,听取了设计单位汇报,经认真讨论、质询,认为设计变更总体可行,审查结论为"通过"。

勘察、设计单位应在施工图阶段对下列问题进一步修改完善:

1. 抗震设防标准:按 7 度 0.10g,乙类建筑抗震设防。

2. 按新的设计标准复核原有的地质勘察报告。

3. 上部公寓层核心筒内墙肢和楼板缺失较多,使部分外墙悬空且又作为框架梁支座,应考虑墙肢出平面受力,采取加强措施。

4. 公寓层楼面梁的布置宜调整,避免主、次梁多次转换,导致侧向传力路径不明确;作为转换深梁支座的墙肢宜设端柱或扶壁柱。

5. 应增加第三方大震弹塑性时程分析比较,计算应提供结构弹性与弹塑性顶点位移时程的对比,了解结构整体刚度退化及构件破坏程度。

10.16　宿迁雨润广场项目

设计单位:上海联创建筑设计有限公司

10.16.1　工程概况与设计标准

宿迁雨润广场项目地块位于江苏省宿迁市宿城区中心地段,北临黄运中路,西靠幸福南路,东靠马陵河西侧规划路,南至民房。宿迁雨润广场项目建筑用地面积 54 287 m²,总建筑面积 320 154 m²,其中地上建筑面积 209 689 m²,地下建筑面积 110 465 m²,容积率 4.09。

按建筑功能,宿迁雨润广场项目包括商业楼、综合楼、住宅三个部分,其各部分的层高及总高度如表 10.152 所示。

表 10.152   结构各个部分高度

地下室	整个场地满布3层地下室,从上至下层高分别为5.1 m,3.6 m,3.6 m,地下部分连为一体;地下三层主要用作停车库和设备用房,地下二层主要用作停车库,地下一层主要用作商业;地下三层设置人防工程
商业楼	地上7层,一层层高为5.4 m,其他各层层高5.1 m,采用两道伸缩缝分为三块
综合楼	地上33层,1层:5.4 m,2~4层:5.1 m,5层~10层:4 m,11~18层:4 m,19~32层:5.4 m,33层:5.5 m,顶层:3.9 m,出地面建筑高度138.4 m,顶部为一广告牌,高21.6 m;建筑平面形状较规则;采用框架-核心筒,核心筒短边等效宽度16 m,高宽比8.6
住宅	地上27层,层高2.9 m,出地面建筑高度75.4 m,顶部设备用房高2.9 m,建筑短边宽度26.2 m,高宽比5.06,采用剪力墙结构

10.16.2   结构体系及超限情况

1. 结构体系

综合楼采用框架-核心筒结构体系,结构构件设计如表10.153所示。

表 10.153   构件形式

结构构件	构 件 形 式
柱	钢筋混凝土(部分楼层采用型钢混凝土)
梁	钢筋混凝土
核心筒	钢筋混凝土剪力墙(在底部加强区的核心筒角部增加型钢)
楼板	现浇混凝土楼板

结构竖向力由钢筋混凝土框架和钢筋混凝土筒体共同承担,风及地震产生的水平剪力主要由钢筋混凝土筒体承担。核心筒为结构体系抗侧力的第一道防线,承担大部分的基底剪力及倾覆力矩,外框架以承担竖向荷载为主,按《高层建筑混凝土结构技术规程》(JGJ 3—2010)8.1.4条调整满足$0.2V_0$和$1.5V_{f,max}$的较小值,并作为第二道抗震防线。多遇地震下楼层位移角限值为1/800。

(1)柱

为改善框架柱的延性,提高其抗剪承载力,并减小截面,增加有效的使用面积,设计中部分楼层采用型钢混凝土柱(含钢率约5%)。

现场浇筑的混凝土采用自密实混凝土,采用成熟的立式高位抛落自密实混凝土配合局部振捣法施工工艺,以保证管内混凝土达到设计强度和密实度的要求。

主要框架柱的尺度为1 100 mm×1 100 mm~1 000 mm×1 000 mm。

(2)梁

楼层梁采用钢筋混凝土梁,主要框架主梁截面450 mm×700 mm~450 mm×1 200 mm,次梁截面300 mm×550 mm~300 mm×650 mm。

(3)核心筒

核心筒采用现浇钢筋混凝土剪力墙结构,核心筒在承受垂直荷载的同时,将作为整体结构抗水平力的第一道防线。根据建筑功能布局,核心筒近似三角形,等效宽度为16 m,高宽比8.6。

核心筒外围采用较厚的墙体,由底部的850 mm逐渐减薄至顶部的500 mm,确保连续均匀的刚度变化和合适的压应力水平;筒内短向轴线墙体厚度为400~300 mm;核心筒内因设置竖向交通,存在较多的楼板缺失,内墙刚度难于完全有效发挥,设计中尽量减少或采用较薄的墙体。

(4)楼板

楼板采用现浇钢筋混凝土,核心筒内因设置竖向交通存在较多的楼板缺失,楼板厚度为150 mm;核心筒外楼板跨度在2 400~4 200 mm之间,一般楼层楼板厚度为100~120 mm。

2. 结构的超限情况

《建筑抗震设计规范》(GB 50011—2010)第 6.1.1 条及《高层建筑混凝土结构技术规程》(JGJ 3—2010)第3.1.1 条对丙类框架-核心筒结构建筑的最大适用高度规定如表 10.154 和表 10.155 所示。

表 10.154　A 级高度钢筋混凝土高层建筑最大适用高度(m)

结构体系	非抗震设计	抗震设防烈度				
		6 度	7 度	8(0.2g)度	8(0.3g)度	9 度
框架-核心筒	160	150	130	100	90	70

表 10.155　B 级高度钢筋混凝土高层建筑最大适用高度(m)

结构体系	非抗震设计	抗震设防烈度			
		6 度	7 度	8(0.2g)度	8(0.3g)度
框架-核心筒	220	210	180	140	120

此建筑所属地区抗震设防烈度为 8(0.3g)度,抗震设防类别为丙类,出地面建筑高度 138.4 m,超过 A 级高度钢筋混凝土高层建筑最大适用高度 53.8%,超过 B 级高度钢筋混凝土高层建筑最大适用高度 15.3%。

按照《建筑抗震设计规范》(GB 50011—2010)第 3.4.3 条对结构不规则性情况进行汇总,如表 10.156、表 10.157 所示。

表 10.156　高层建筑一般规则性检查

序号	不规则类型	判断依据	判断	备注
1a	扭转不规则	考虑偶然偏心的扭转位移比大于 1.2	有	
1b	偏心布置	偏心率大于 0.15 或相邻层质心相差大于相应边长 15%	无	
2a	凹凸不规则	平面凹凸尺寸大于相应边长的 30%	无	
2b	组合平面	细腰形和角部重叠形	无	
3	楼板不连续	有效宽度小于 50%,开洞面积大于 30%,错层大于梁高	无	
4a	刚度突变	相邻层刚度变化大于 70% 或连续三层变化大于 80%	无	
4b	尺寸突变	竖向构件位置缩进大于 25%,或外挑大于 10% 和 4 m,多塔	无	
5	构件间断	上下墙、柱、支撑不连续,含加强层、连体等	无	
6	承载力突变	相邻层受剪承载力变化大于 80%	无	
7	其他不规则	如局部的穿层柱、斜柱、夹层、个别构件错层或转换	无	

注:a、b 不重复计算不规则项。

表 10.157　高层建筑严重规则性超限检查

序号	不规则类型	判断依据	判断	备注
1	扭转偏大	裙房以上的较多楼层,考虑偶然偏心的扭转位移比大于 1.4	无	
2	扭转刚度弱	扭转周期比大于 0.9,混合结构大于 0.85	无	
3	层刚度偏小	本层侧向刚度小于相邻上层的 50%	无	
4	高位转换	框支墙体的转换构件位置:7 度超过 5 层,8 度超过 3 层	无	
5	厚板转换	7~9 度设防的厚板转换结构	无	
6	塔楼偏置	单塔或多塔与大底盘的质心偏心距大于底盘相应边长的 20%	无	
7	复杂连接	各部分层数、刚度、布置不同的错层	无	
		连体两端塔楼高度、体型或者沿大底盘某个主轴方向的振动周期显著不同的结构		
8	多重复杂	结构同时具有转换层、加强层、错层、连体和多塔等复杂类型的 3 种	无	

10.16.3　超限应对措施及分析结论

本工程设计地震动参数根据《建筑工程抗震设防分类标准》（GB 50223—2008）、《建筑抗震设计规范》（GB 50011—2010）、宿迁中央国际购物广场工程场地地震安全性评价报告及其他现行的规范、规程执行。抗震设防烈度为 8 度（0.3g），设计地震分组为第一组，场地类别为Ⅱ类。在进行小震弹性计算时采用安评报告提供的地震动加速度反应谱参数，中、大震按《建筑抗震设计规范》（GB 50011—2010）取值。《建筑抗震设计规范》（GB 50011—2010）多遇地震下的设计特征周期为 0.35 s，水平地震影响系数最大值为 0.24，地震峰值加速度为 110 cm/s²，安评报告提供的多遇地震下的设计特征周期为 0.42 s，地震影响系数最大值为 0.23，地震峰值加速度为 88 cm/s²。工程所在地区 50 年一遇基本风压 0.40 kN/m²，100 年一遇基本风压 0.45 kN/m²，地面粗糙度类别为 B 类。工程所在地区 50 年一遇基本雪压 0.40 kN/m²，雪荷载准永久值系数分区为Ⅱ区。

一、超限应对措施

1. 分析软件及分析模型

（1）计算分析软件

抗震设计依照"小震不坏、中震可修、大震不倒"的三水准设防原则，根据规范的各项要求，采用 SATWE（2010 版本）、MIDAS Building2011、ABAQUS（罕遇地震弹塑性分析）三个分析程序。

（2）计算分析内容

计算分析主要包括以下几方面：

① 整体结构多遇地震及风荷载作用下弹性分析

首先进行整体结构多遇地震及风荷载作用下弹性分析，并对 SATWE 和 MIDAS Building2011 两种软件的结果进行对比，目的在于确定结构的构件尺寸，保证整体结构具备必要的承载力、合适的刚度、良好的变形能力和消耗地震能量的能力，各项指标满足规范的要求。

② 整体结构的弹性时程分析

根据规范要求，对综合楼进行整体结构的弹性时程分析，与振型分解反应谱法的计算结果对比，以确保结构分析的全面性，保证结构受力安全可靠。

③ 重要结构构件的中、大震复核

对结构关键部位（核心筒底部加强区）的构件进行详细的计算分析，确保相应部位结构构件在设防烈度地震下的受力性能。

④ 罕遇地震作用下弹塑性静力分析和弹塑性动力时程分析

（3）计算分析模型

采用 SATWE 和 MIDAS Building2011 程序进行分析，按照实际结构建立准确的模型（包括顶层小塔楼），详见图 10.279（整体模型）、图 10.280（屋顶钢架）。

图 10.279　整体模型

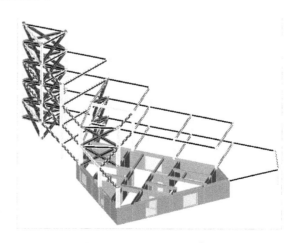

图 10.280　屋顶钢架模型

2. 抗震设防标准

结构抗震设防标准如表 10.158 所示。

表 10.158 抗震设防标准

项 目		综合楼
安全度	安全等级	二级
	设计使用年限	50
	抗震设防类别	标准设防(丙类)
设计地震动参数	设防烈度	8
	基本地震加速度	0.3g
	设计地震分组	第一组
场地	场地类别	II类
	设计特征周期	多遇地震:0.43 s(地安评),0.35(规范) 罕遇地震:0.40 s
地震峰值加速度	多遇地震	88 cm/s²(地安评) 110 cm/s²(规范)
	罕遇地震	510 cm/s²
水平地震影响系数最大值	多遇地震	0.23(地安评) 0.24(规范)
	设防烈度地震	0.68
	罕遇地震	1.2
抗震等级	框架	特一级
	核心筒(剪力墙)	特一级

注:1. 考虑超 B 级高度框架抗震等级提高为特一级。
　　2. 设计特征周期选择安评谱。

3. 关键部位的性能目标

依据《高层建筑混凝土结构技术规程》(JGJ 3—2010)中 3.11.1~3.11.3 条设置此项目各部分的性能目标及其采取的措施,详见表 10.159。

表 10.159 抗震设防性能目标

地震水准		多遇地震(小震)	设防烈度地震(中震)	预估的罕遇地震(大震)
性能目标		C 级		
性能水准		1	3	4
宏观损坏程度		完好、无损坏	轻度损坏	中度损坏
继续使用的可能性		不需修理即可继续使用	一般修理后可继续使用	修复或加固后可继续使用
层间位移角限值		1/800	—	1/100
构件性能	核心筒墙肢	弹性	控制底部加强区抗剪承载力中震弹性,正截面承载力中震不屈服	控制层间位移角限值,底部加强区满足大震抗剪不屈服及截面限制条件
	核心筒连梁	弹性	控制底部加强区受剪承载力中震不屈服	最早进入塑性
	外框架柱	弹性	控制底部加强区抗剪承载力中震弹性,正截面承载力中震不屈服	控制层间位移角限值,底部加强区受剪截面满足大震截面限制条件
	节点	不先于构件破坏		

4. 针对性抗震措施

针对高度超限及平面不规则,考虑了下面 6 方面的措施:

(1) 对高度超限采取如下措施:

① 按照规范要求,采用 SATWE 和 MIDAS Building2011 对此建筑进行整体分析计算。

② 按照规范要求,采用弹性时程分析法进行补充计算。

③ 按照规范要求,采用 PKPM 的 EPDA&PUSH 及大型通用有限元分析软件 ABAQUS 分别进行静力弹塑性和动力弹塑性时程分析。

④ 依据《高层建筑混凝土结构技术规程》(JGJ 3—2010)中 3.11.1~3.11.3 条对关键部位和重要部位设置合理的性能目标。

⑤ 框架的抗震等级由一级提高到特一级,剪力墙已是特一级不再提高。

⑥ 部分楼层柱采用型钢混凝土柱,底部加强区核心筒外墙角部设置型钢。

(2) 跃层柱的抗剪承载力不小于普通柱。

(3) 底部两层局部开大洞的部位,加厚其周边楼板,增加洞口边梁,采用弹性楼板假定进行计算。

(4) 此建筑在 28 层以上部分存在收进,对 28 层的楼板进行加厚,相邻处上下各一层框架柱箍筋全高加密。

(5) 整体计算中考虑了不同阻尼比影响。通过不同阻尼比(0.02 和 0.05)分别计算得出上部钢结构的基底剪力比值为 1.46,并考虑鞭梢效应,整体计算时(阻尼比取 0.05)顶部钢结构的放大系数取 3。

(6) 对短柱和超短柱,将轴压比限值分别降低 0.05 和 0.1。

二、分析结论

1. 多遇地震反应谱分析结果

结构计算分析的过程中,考虑了以下设计假定,以模拟结构的真实受力状态:

(1) 地下一层抗侧刚度大于地上一层抗侧刚度 2 倍,计算时假定结构嵌固在地下室顶板。

(2) 结构整体的施工模拟,依照施工顺序,分层加载。

结构主要计算结果见表 10.160。

表 10.160　结构主要计算结果汇总

		SATWE		MIDAS Building2011	
周期	$T_1(s)$	2.397	X 向	2.354	X 向
	$T_2(s)$	2.104	Y 向	1.869	Y 向
	$T_t(s)$	1.512	扭转	1.337	扭转
	T_t/T_1	0.63(<0.85)		0.57(<0.85)	
剪重比	X 向	5.16%		6.02%	
	Y 向	5.09%		6.02%	
质量参与系数	X 向	>98.12%		>98.12%	
	Y 向	>97.68%		>97.68%	
X 向地震	最大层间位移角	1/833(23F)		1/902(25F)	
	最大扭转位移比	1.33		1.36	
Y 向地震	最大层间位移角	1/987(21F)		1/1 233(23F)	
	最大扭转位移比	1.24		1.331	
X 向风载	最大层间位移角	1/1 926(29F)		1/2 662(23F)	
Y 向风载	最大层间位移角	14 317(29F)		1/1 274(31F)	
底部框架倾覆弯矩百分比	X 向	12%			
	Y 向	21.26%			

两个程序的计算结果基本相符,故而认为计算模型正确有效,在后续的设计阶段中,按照多个程序计算结果的包络进行设计,能够保证结构的安全。

2. 时程分析与振型分解反应谱法计算的地震作用效应比较

根据《建筑抗震设计规范》(GB 50011—2010)第 5.1.2 条及《高层建筑混凝土结构技术规程》(JGJ 3—2010)第 5.1.13 条的要求,应采用弹性时程分析法进行补充计算,计算中峰值按《高层建筑混凝土结构技术规程》(JGJ 3—2010)表 4.3.5 取 110 cm/s²。

时程分析按建筑场地类别和设计地震分组选用两组人工模拟的加速度时程曲线和五组实际强震记录。

所选七条时程波的加速度曲线与地震影响系数曲线吻合程度较好,在主要周期点($T_1=2.39$ s,$T_2=2.10$ s,$T_3=1.51$ s)上的差值都在 35% 以内,平均加速度曲线与振型分解反应谱法所采用的地震影响系数曲线在统计意义上相符。规范谱与地震波谱对比图见图 10.281。

表 10.161 列出了多遇地震各地震波作用下结构在 X 向、Y 向的基底剪力值及平均值,并列出了与反应谱法计算结果的比值。从表中可以看出各时程波与 CQC 基底剪力的比值均在 65%～135% 之间,满足规范要求。

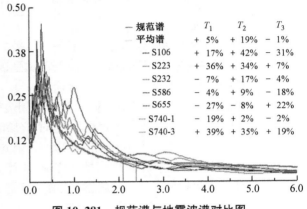

图 10.281 规范谱与地震波谱对比图

表 10.161 时程波与 CQC 基底剪力结果比较

地震波	性质	X 向			Y 向		
		基底剪力 (kN)	CQC (kN)	基底剪力/CQC	基底剪力 (kN)	CQC (kN)	基底剪力/CQC
S106	天然	63 065	53 171	118%	52 959	52 355	101%
S223	天然	60 247	53 171	113%	56 870	52 355	109%
S232	天然	40 468	53 171	76%	39 877	52 355	76%
S586	天然	58 091	53 171	109%	59 835	52 355	114%
S655	天然	44 292	53 171	83%	44 985	52 355	86%
S740-1	人工	50 003	53 171	94%	46 132	52 355	88%
S740-3	人工	67 911	53 171	127%	70 309	52 355	134%
平均	—	54 868	53 171	103%	52 995	52 355	101%

弹性时程分析结果见图 10.282～图 10.285。

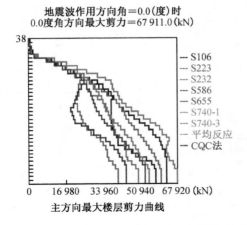

图 10.282 弹性时程分析楼层剪力对比结果

地震波作用方向角＝0.0(度)时
0.0度角方向最大弯矩＝6 091 656.0(kN・m)

地震波作用方向角＝90.0(度)时
90.0度角方向最大弯矩＝6 033 949.0(kN・m)

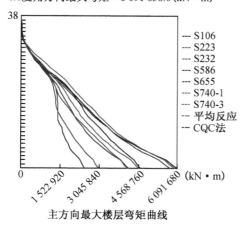

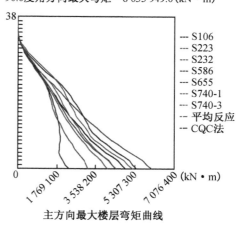

主方向最大楼层弯矩曲线　　　　　　　　主方向最大楼层弯矩曲线

图 10.283　弹性时程分析楼层倾覆弯矩分布对比结果

地震波作用方向角＝0.0(度)时
0.0度角方向最大位移＝242.0(mm)

地震波作用方向角＝90.0(度)时
90.0度角方向最大位移＝163.9(mm)

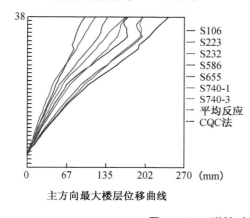

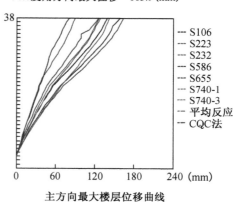

主方向最大楼层位移曲线　　　　　　　　主方向最大楼层位移曲线

图 10.284　弹性时程分析楼层位移对比结果

地震波作用方向角＝0.0(度)时
0.0度角方向最大层间位移角＝1/333

地震波作用方向角＝90.0(度)时
90.0度角方向最大层间位移角＝1/524

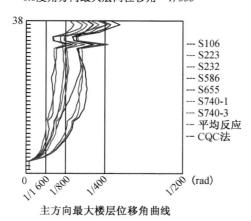

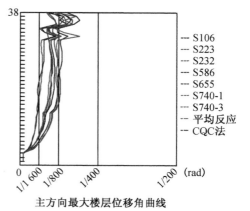

主方向最大楼层位移角曲线　　　　　　　主方向最大楼层位移角曲线

图 10.285　弹性时程分析层间位移角对比结果

弹性时程与 CQC 楼层剪力对比见表 10.162。

表 10.162 时程与 CQC 楼层剪力平均值(kN)结果对比

层号	X			Y		
	时程平均值	CQC	时程/CQC	时程平均值	CQC	时程/CQC
35F	289.3	159.1	1.82	205.8	161.9	1.27
34F	636.4	351.4	1.81	510.4	393.7	1.30
33F	962.8	551.5	1.75	878.8	667.0	1.32
32F	1 278.3	807.2	1.58	1 245.5	975.0	1.28
31F	3 506.4	2 994.4	1.17	3 313.5	2 855.3	1.16
30F	9 575.6	8 331.8	1.15	9 149.7	7 905.9	1.16
29F	13 826.3	12 124	1.14	13 410.0	11 552.7	1.16
28F	17 495.1	15 452.2	1.13	17 095.7	14 808.7	1.15
27F	21 176.9	18 969.4	1.12	21 006.0	18 250.7	1.15
26F	24 482.7	21 824.7	1.12	23 972.4	21 128.3	1.13
25F	27 026.8	24 010.4	1.13	26 424.7	23 446.8	1.13
24F	28 661.3	25 632.3	1.12	28 076.3	25 313.8	1.11
23F	29 761.7	26 819.9	1.11	29 496.8	26 848.2	1.10
22F	31 019.3	27 690.2	1.12	30 874.6	28 141.6	1.10
21F	32 130.3	28 369.1	1.13	32 483.7	29 278.7	1.11
20F	33 162.5	28 951.0	1.15	33 897.2	30 292.9	1.12
19F	33 843.9	29 625.0	1.14	34 987.0	31 369.5	1.12
18F	34 515.2	30 286.9	1.14	35 548.0	32 300.2	1.10
17F	35 317.0	31 072.8	1.14	36 114.8	33 234.5	1.09
16F	36 566.6	32 050.1	1.14	36 918.7	34 243.6	1.08
15F	37 807.4	33 210.4	1.14	37 567.7	35 331.2	1.06
14F	39 154.3	34 528.1	1.13	38 525.5	36 496.0	1.06
13F	40 673.3	35 971.6	1.13	39 681.3	37 728.9	1.05
12F	42 081.1	37 511.7	1.12	40 990.7	39 017.3	1.05
11F	43 614.0	39 128.7	1.11	42 434.0	40 352.1	1.05
10F	45 314.3	40 969.2	1.11	43 983.1	41 864.0	1.05
9F	46 684.3	42 745.3	1.09	45 526.2	43 298.3	1.05
8F	47 579.5	44 412.0	1.07	47 165.8	44 674.0	1.06

层号	X			Y		
	时程平均值	CQC	时程/CQC	时程平均值	CQC	时程/CQC
7F	48 694.7	46 005.2	1.06	48 359.3	46 012.4	1.05
6F	49 807.5	47 502.0	1.05	49 314.7	47 292.0	1.04
5F	50 762.2	48 932.6	1.04	50 166.6	48 533.9	1.03
4F	51 807.2	50 471.0	1.03	51 128.1	49 889.4	1.02
3F	53 129.7	51 760.5	1.03	52 048.1	51 043.3	1.02
2F	54 260.3	52 724.8	1.03	52 876.6	51 931.5	1.02
1F	54 868.6	53 171.0	1.03	53 281.5	52 355.6	1.02
—1F	54 868.6	53 171.0	1.03	53 281.5	52 355.6	1.02
—2F	54 868.6	53 171.0	1.03	53 281.5	52 355.6	1.02
—3F	54 868.6	53 171.0	1.03	53 281.5	52 355.6	1.02

从上表可以看出时程平均值均大于反应谱计算结果的80%,符合规范要求。所有楼层弹性时程分析的平均值超过反应谱计算的楼层剪力(混凝土部分1.03～1.17倍,屋顶钢架1.5～1.8倍),高振型的影响比较明显,在施工图设计阶段拟采用七条波的平均值与反应谱计算值进行包络设计。

3. 中震反应谱分析结果

地震作用下,框架-核心筒首先在墙肢的底部截面屈服,随着变形增加,屈服部位向上发展,形成塑性铰区。为推迟塑性铰区的形成,确保相应部位结构构件在设防烈度地震下的受力性能,初步设计对底部加强区提出中震的性能要求:控制底部加强区核心筒墙肢和柱抗剪承载力中震弹性,控制底部加强区核心筒连梁抗剪承载力中震不屈服,控制底部加强区核心筒墙肢和柱正截面承载力中震不屈服。

(1)中震弹性计算

竖向构件布置示意图见图10.286。

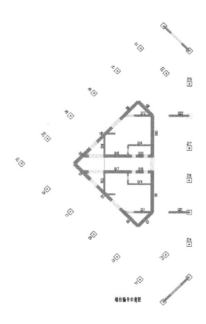

图 10.286　竖向构件布置示意图

墙肢抗剪不满足按《高层建筑钢—混凝土组合结构设计规程》(CECS 230:2008)规定增加型钢,结果如表 10.163。

表 10.163　中震墙肢验算

墙肢编号	墙肢厚度(mm)	墙肢长度(mm)	设计剪力(kN)	$0.15\beta_c f_c b_w h_{W0}/\gamma_{RE}$ (kN)	抗剪是否需要型钢	工型钢截面(mm×mm×mm)	$V_{WU}{}^{SS}=0.12 \times f_{SSY} \sum A_S/\gamma_{RE}$ (kN)	$[V_{WU}{}^{RC}]=0.2 \times \beta_c f_c b_w h_{W0}/\gamma_{RE}$ (kN)	$0.25x$ $[V_{WU}{}^{RC}]$	$V_{WU}{}^{SS}+$ $[V_{WU}{}^{RC}]$	抗剪是否满足要求
Q1	850	5 700	19 432	20 308	不需要			27 077		27 077	满足
Q2	850	5 700	18 996	20 308	不需要			27 077		27 077	满足
Q3	750	5 100	16 027	16 051	不需要			21 401		21 401	满足
Q4	750	5 100	14 663	16 051	不需要			21 401		21 401	满足
Q5	750	6 500	20 929	20 806	需要	I400×200×20	579	27 742	6 935	28 321	满足
Q6	750	6 500	17 863	20 806	不需要			27 742		27 742	满足
Q7	800	5 180	17 550	17 320	需要	I400×200×20	579	23 093	5 773	23 673	满足
Q8	800	5 180	17 180	17 320	不需要			23 093		23 093	满足
Q9	850	10 850	47 371	40 135	需要	I600×350×50	2 287	53 513	13 378	55 800	满足
Q10	850	10 850	47 509	40 135	需要	I600×350×50	2 287	53 513	13 378	55 800	满足
Q11	500	4 700	3 967	10 078	不需要			13 437		13 437	满足
Q12	500	4 700	3 777	10 078	不需要			13 437		13 437	满足
Q13	400	5 570	8 589	9 729	不需要			12 972		12 972	满足
Q14	400	5 570	9 119	9 729	不需要			12 972		12 972	满足
Q15	400	6 250	10 680	10 961	不需要			14 614		14 614	满足
Q16	400	6 250	10 604	10 961	不需要			14 614		14 614	满足
Q17	700	7 150	25 054	21 559	需要	I400×200×40	1 098	28 746	7 186	29 843	满足
Q18	700	7 150	25 104	21 559	需要	I400×200×40	1 098	28 746	7 186	29 843	满足
Q19	700	2 000	4 463	5 231	不需要			6 975		6 975	满足
Q20	700	2 000	4 747	5 231	不需要			6 975		6 975	满足
Q21	500	5 200	5 302	11 210	不需要			14 947		14 947	满足
Q22	500	5 200	5 072	11 210	不需要			14 947		14 947	满足

由上表可以看出中震弹性计算下,柱抗剪均满足中震弹性要求,墙肢抗剪大部分满足中震弹性要求,个别墙肢在端部加型钢以满足抗剪中震弹性要求。

（2）中震不屈服计算

按性能目标要求,底部加强区核心筒连梁抗剪应满足中震不屈服,核心筒墙肢和柱正截面承载力应满足中震不屈服。由表 10.164～表 10.165 可知,在中震计算下,核心筒连梁抗剪承载力满足中震不屈服,框架柱正截面承载力均满足中震不屈服,墙体暗柱配筋率大于 5% 时通过加大墙体竖向分布筋配筋率,并按《高层建筑钢—混凝土组合结构设计规程》(CECS 230:2008)增加端部型钢满足正截面承载力中震不屈服要求。

表 10.164 正截面承载力暗柱,墙体配筋率,$G±E_h$ 荷载作用下纯拉力作用下墙体配筋率(一)

| 墙肢编号 | 墙肢厚度(mm) | 墙肢长度(mm) | 墙体竖向分布筋配筋率(%) | 暗柱配筋面积(cm²) | 暗柱配筋率(%) | 暗柱与竖向分布筋总值占全截面配筋率(%) | 轴力 | | | | 判断拉压力 | 拉力作用下单位面积应力比(MPa) | 按三级钢根据拉力验算全截面配筋率(%) |
			PKPM计算墙体配筋				恒载(kN)	活载(kN)	地震作用力(X向)(kN)	$G±E_h$(kN)	X向地震		
Q1	850	5 700	2	868	12.01	4.99	−28 376.3	−3 549.7	95 249.5	65 098.4	拉力	13.44	3.36
Q2	850	5 700	2	879	12.16	5.03	−28 129.3	−3 466.1	96 877.8	67 015.5	拉力	13.83	3.46
Q3	800	5 100	1.5	401	7.12	3.16	−25 513.6	−3 049.3	52 138.1	25 099.9	拉力	6.56	1.64
Q4	800	5 100	1.5	422	7.49	3.26	−24 852.0	−2 812.7	53 512.1	27 253.8	拉力	7.13	1.78
Q5	750	6 500	1.5	709	12.6	4.06	−33 109.7	−3 798.0	71 533.3	36 524.6	拉力	7.49	1.87
Q6	750	6 500	1.5	725	12.89	4.13	−31 526.0	−3 304.4	71 051.4	37 873.2	拉力	7.77	1.94
Q7	750	5 180	1.5	740	11.55	4.61	−27 166.5	−2 966.5	−72 732.8	−101 382.6	压力		
Q8	750	5 180	1.5	750	11.71	4.66	−25 845.8	−2 558.9	−72 542.1	−99 667.4	压力		
Q9	850	10 550	2	640	8.85	3.07	−57 307.2	−5 988.8	−121 867.5	−182 169.1	压力		
Q10	850	10 550	2	593	8.2	2.97	−56 381.1	−5 640.8	−117 573.1	−176 774.6	压力		
Q11	500	4 700	0.8	226	9.02	2.55	−13 433.8	−1 467.6	−23 531.4	−37 699.0	压力		
Q12	500	4 700	0.8	226	9.02	2.55	−12 854.5	−1 292.9	−23 496.6	−36 997.6	压力		
Q13	400	5 570	0.8	143	8.92	1.97	−14 229.8	−1 731.1	30 037.6	14 942.3	拉力	6.71	1.68
Q14	400	5 570	0.8	150	9.32	2.03	−14 012.9	−1 650.6	30 356.6	15 518.4	拉力	6.97	1.74
Q15	400	6 250	0.8		<5%		−16 029.2	−1 715.9	−9 786.9	−26 674.1	压力		
Q16	400	6 250	0.8		<5%		−15 728.9	−1 642.1	−8 758.5	−25 308.5	压力		
Q17	700	7 150	0.8		<5%		−32 171.4	−3 684.2	31 152.1	−2 861.4	压力		
Q18	700	7150	0.8		<5%		−31 972.1	−3 613.6	31 083.2	−2 695.7	压力		
Q19	700	2 000	0.8		<5%		−9 636.4	−1 030.4	−12 291.9	−22 443.5	压力		
Q20	700	2 000	0.8		<5%		−9 628.2	−1 016.1	−11 745.7	−21 882.0	压力		
Q21	500	5 200	0.8		<5%		−19 755.2	−2 173.9	−22 383.2	−43 225.4	压力		
Q22	500	5 200	0.8		<5%		−19 299.6	−2 035.7	−21 778.0	−42 095.5	压力		

表 10.165　正截面承载力暗柱、墙体配筋率，$G\pm E_h$ 荷载作用下纯拉力作用下墙体配筋率(二)

墙肢编号	−X 向地震								Y 向地震					
	轴力			$G\pm E_h$ (kN)	判断拉压力	拉力作用下单位面积应力比(MPa)	按三级钢根据拉力验算全截面配筋率(%)	轴力			$G\pm E_h$ (kN)	判断拉压力	拉力作用下单位面积应力比(MPa)	按三级钢根据拉力验算全截面配筋率(%)
	恒载(kN)	活载(kN)	地震作用力(−X向)(kN)					恒载(kN)	活载(kN)	地震作用力(Y向)(kN)				
Q1	−28 376.3	−3 549.7	−95 315.5	−125 466.7	压力			−28 376.3	−3 549.7	81 838.6	51 687.5	拉力	10.67	2.96
Q2	−28 129.3	−3 466.1	−96 858.8	−126 721.2	压力			−28 129.3	−3 466.1	−83 568.9	−113 431.3	压力		
Q3	−25 513.6	−3 049.3	−43 777.3	−70 815.6	压力			−25 513.6	−3 049.3	50 247.0	23 208.8	拉力	6.07	1.69
Q4	−24 852.0	−2 812.7	−44 502.4	−70 760.8	压力			−24 852.0	−2 812.7	−51 879.1	−78 137.5	压力		
Q5	−33 109.7	−3 798.0	−71 638.7	−106 647.4	压力			−33 109.7	−3 798.0	82 044.7	47 036.0	拉力	9.65	2.68
Q6	−31 526.0	−33 04.4	−71 063.2	−104 241.4	压力			−31 526.0	−33 04.4	−82 271.7	−115 449.9	压力		
Q7	−27 166.5	−2 966.5	72 976.4	44 326.7	拉力	10.70	2.97	−27 166.5	−2 966.5	81 086.0	52 436.3	拉力	12.65	3.51
Q8	−25 845.8	−2 558.9	72 643.3	45 518.1	拉力	10.98	3.05	−25 845.8	−2 558.9	−80 525.8	−107 651.1	压力		
Q9	−57 307.2	−5 988.8	121 636.4	61 334.8	拉力	6.65	1.85	−57 307.2	−5 988.8	106 166.4	45 864.8	拉力	4.97	1.38
Q10	−56 381.1	−5 640.8	116 387.9	57 186.4	拉力	6.20	1.72	−56 381.1	−5 640.8	−102 264.2	−161 465.7	压力		
Q11	−13 433.8	−1 467.6	23 479.4	9 311.8	拉力	3.96	1.10	−13 433.8	−1 467.6	26 679.4	12 511.8	拉力	5.32	1.48
Q12	−12 854.5	−1 292.9	23 529.7	10 028.8	拉力	4.27	1.19	−12 854.5	−1 292.9	−26 496.6	−39 997.6	压力		
Q13	−14 229.8	−1 731.1	−30 130.4	−45 225.8	压力			−14 229.8	−1 731.1	25 764.4	10 669.1	拉力	4.79	1.33
Q14	−14 012.9	−1 650.6	−30 328.4	−45 166.6	压力			−14 012.9	−1 650.6	−26 156.6	−40 994.8	压力		
Q15	−16 029.2	−1 715.9	9 719.5	−7 167.7	压力			−16 029.2	−1 715.9	8 925.8	−7 961.4	压力		
Q16	−15 728.9	−1 642.1	8 870.5	−7 679.5	压力			−15 728.9	−1 642.1	7 965.0	−8 585.0	压力		
Q17	−32171.4	−3 684.2	−43 559.0	−77 572.5	压力			−32 171.4	−3 684.2	−30 619.4	−64 632.9	压力		
Q18	−31 972.1	−3 613.6	−44 216.1	−77 995.0	压力			−31 972.1	−3 613.6	30 116.8	−3 662.1	压力		
Q19	−9 636.4	−1 030.4	14 047.6	3 896.0	拉力	2.78	0.77	−9 636.4	−1 030.4	−11 800.5	−21 952.1	压力		
Q20	−9 628.2	−1 016.1	13 675.0	3 538.8	拉力	2.53	0.70	−9 628.2	−1 016.1	11 488.1	1 351.9	拉力	0.97	0.27
Q21	−19 755.2	−2 173.9	22 327.3	1 485.2	拉力	0.57	0.16	−19 755.2	−2 173.9	20 757.6	−84.6	压力		
Q22	−19 299.6	−2 035.7	21 751.1	1 433.7	拉力	0.55	0.15	−19 299.6	−2 035.7	−20 073.2	−40 390.7	压力		

（3）大震不屈服计算

为确保核心筒剪力墙与框架柱在罕遇地震下的受力性能，初步设计严格控制核心筒的剪应力水平，核心筒剪力墙与框架柱满足抗剪承载力大震不屈服，满足受剪截面控制条件：$V_{GE}+V_{Ek} \leqslant 0.15\beta_c f_{ck} b_w h_{w0}$。

墙肢抗剪不满足要求，需按《高层建筑混凝土结构技术规程》（JGJ 3—2010）规定增加型钢，结果如表 10.166。

表 10.166　大震墙肢验算

墙肢编号	墙肢厚度（mm）	墙肢长度（mm）	大震作用下的剪力 $V_{GE}+V_{Ek}$（kN）	$0.15f_{ck}bh_0$（kN）	抗剪是否需要型钢	工型钢截面（mm）	抗剪承载能力[V] $0.15f_{ck}bh_0+0.25f_{ak}A_a$（kN）	$(V_{GE}+V_{EK})$/[V]	抗剪是否满足要求
Q1	850	5 700	26 745	25 894	需要	I400×200×40	30 718	0.87	满足
Q2	850	5 700	26 360	25 894	需要	I400×200×40	30 718	0.86	满足
Q3	800	5 100	18 753	21 714	不需要		21 714	0.86	满足
Q4	800	5 100	15 322	21 714	不需要		21 714	0.71	满足
Q5	750	6 500	25 742	26 529	不需要		26 529	0.97	满足
Q6	750	6 500	20 694	26 529	不需要		26 529	0.78	满足
Q7	750	5 180	20 471	20 812	不需要		20 812	0.98	满足
Q8	750	5 180	19 730	20 812	不需要		20 812	0.95	满足
Q9	850	10 550	58 361	49 701	需要	I600×300×50	58 914	0.99	满足
Q10	850	10 550	58 397	49 701	需要	I600×300×50	58 914	0.99	满足
Q11	500	4 700	4 337	12 849	不需要		12 849	0.34	满足
Q12	500	4 700	3 978	12 849	不需要		12 849	0.31	满足
Q13	400	5 570	11 018	12 405	不需要		12 405	0.89	满足
Q14	400	5 570	11 865	12 405	不需要		12 405	0.96	满足
Q15	400	6 250	14 596	13 976	需要	I400×200×40	18 800	0.78	满足
Q16	400	6 250	14 257	13 976	需要	I400×200×40	18 800	0.76	满足
Q17	700	7 150	30 997	27 489	需要	I400×200×40	32 313	0.96	满足
Q18	700	7 150	31 435	27 489	需要	I400×200×40	32 313	0.97	满足
Q19	700	2 000	5 415	6 670	不需要		6 670	0.81	满足
Q20	700	2 000	5 841	6 670	不需要		6 670	0.88	满足
Q21	500	5 200	6 169	14 293	不需要		14 293	0.43	满足
Q22	500	5 200	5 765	14 293	不需要		14 293	0.40	满足

4. 罕遇地震静力弹塑性分析结果

综合楼采用中国建筑科学研究院 PKPMCAD 工程部编制的"PUSH&EPDA"进行静力弹塑性分析。X 向 Pushover 性能曲线如图 10.287 所示，Y 向 Pushover 性能曲线如图 10.288 所示。

结构塑性发展过程如表 10.167 和表 10.168 所示。

表 10.167　X 向塑性发展过程（括号内为相对小震底层剪力的倍数）

加载步	底层剪力（kN）	塑性发展状况	刚度系数
14	50 235(0.92)	Q9、Q10 部分连梁出铰	0.76
16	54 852(1.00)	底部加强区的 Q1、Q2 剪切破坏	0.70
38	136 414(2.50)	Q7 剪切破坏，Q6 框架梁出铰	0.24
45.6	148 434(2.72)	对应为罕遇地震	0.17

表 10.168　Y 向塑性发展过程(括号内为相对小震底层剪力的倍数)

加载步	底层剪力(kN)	塑性发展状况	刚度系数
11	23 242(0.46)	Q9 部分连梁出铰	0.98
22	68 232(1.31)	底部加强区的 Q1、Q2 剪切破坏	0.68
36	128 617(2.48)	上部的 Q1、Q2 剪切破坏,Q4 连梁出铰	0.34
60	144 902(2.79)	Q1、Q2 端部节点出铰	0.23
130.3	150 772(2.90)	对应为罕遇地震	0.21

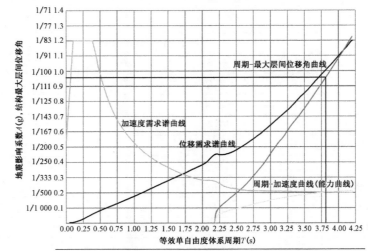

需求谱类型:规范加速度设计谱;所在地区:全国;场地类型:2;设计地震分组:1;
抗震设防烈度:8.5度大震;地震影响系数最大值 A_{max}(g):1.200;
特征周期 T_g(s):0.400;弹性状态阻尼比:0.050;
能力曲线与需求曲线的交点[T(s),A(g)]:3.820,0.202;性能点最大层间位移角:1/104;
性能点基底剪力(kN):148 939.1;性能点顶点位移(mm):1 236.4;
性能点附加阻尼比:0.253×0.70=0.177;与性能点相对应的总加载步号:45.6;
相应的数据文件:抗倒塌验算图.TXT

图 10.287　X 向 Pushover 性能曲线

由图 10.287,地震作用下结构的能力曲线和弹塑性需求谱的交点坐标为(3.820,0.202)。

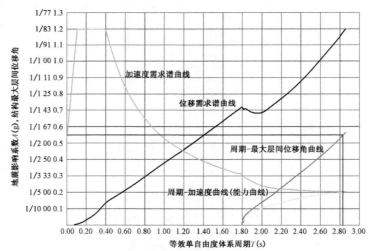

需求谱类型:规范加速度设计谱;所在地区:全国;场地类型:2;设计地震分组:1;
抗震设防烈度:8.5度大震;地震影响系数最大值 A_{max}(g):1.200;
特征周期 T_g(s):0.400;弹性状态阻尼比:0.050
能力曲线与需求曲线的交点[T(s),A(g)]:2.832,0.205;性能点最大层间位移角:1/181;
性能点基底剪力(kN):152 720.1;性能点顶点位移(mm):673.6;
性能点附加阻尼比:0.222×0.70=0.156 与性能点相对应的总加载步号:130.3;
相应的数据文件:抗倒塌验算图.TXT

图 10.288　Y 向 Pushover 性能曲线

由图 10.288,地震作用下结构的能力曲线和弹塑性需求谱的交点坐标为(2.820,0.202)。

对应为罕遇地震需求步结构顶点位移及层间位移角如图 10.289 和图 10.290 所示。

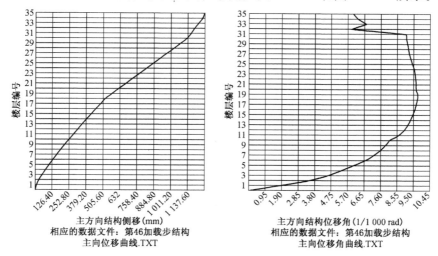

图 10.289 第 46 加载步结构 *X* 向顶点位移为 1 236.4 mm,最大层间位移角为 1/104(19 层)

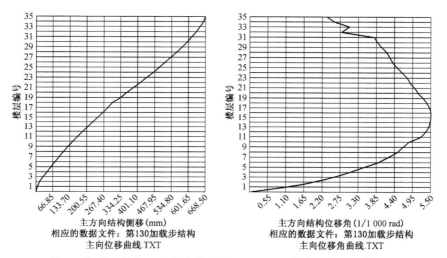

图 10.290 第 130 加载步结构 *Y* 向顶点位移为 673.6 mm,最大层间位移角为 1/181(16 层)

对应为罕遇地震需求步结构底层剪力如图 10.291 和图 10.292 所示。

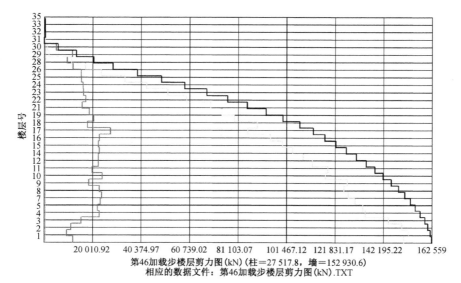

图 10.291 第 46 加载步结构 *X* 向底层剪力

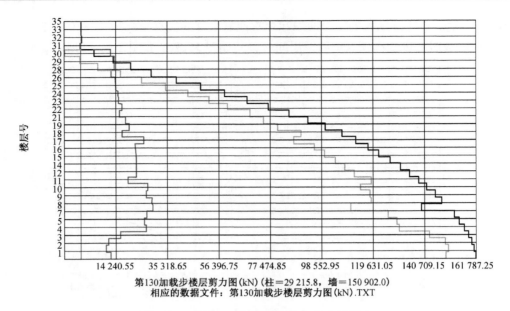

第130加载步楼层剪力图(kN)(柱=29 215.8,墙=150 902.0)
相应的数据文件:第130加载步楼层剪力图(kN).TXT

图 10.292　第 130 加载步结构 Y 向底层剪力

10.16.4　专家审查意见

2012 年 4 月 21 日由江苏省住房和城乡建设厅主持,委托全国专家委员会组成专家组在北京进行专项审查,专家组经审阅有关勘察设计文件、听取设计单位汇报和会议质询后认为勘察设计文件满足专项审查要求,抗震设防标准正确。审查结论为"通过"。具体审查意见如下:

1. 同意采用下列抗震性能设计目标:

(1)本工程中震、大震的设计地震动的参数按抗震规范采用,设计特征周期按内插取值。

(2)底部加强部位、加强层相关部位主要墙肢偏压、偏拉承载力中震不屈服,受剪中震弹性,并满足大震截面控制条件。框架柱计入多道防线后按中震弹性控制,腰桁架腹杆承载力中震不屈服,转换构件大震不屈服。

(3)过渡区的高度取至墙体轴压比 0.30 处及与底部加强部位相等二者的较大值,其墙、柱承载力均满足中震受剪不屈服。

(4)穿层柱按普通柱的剪力考虑计算长度设计。

2. 结构设计应在施工图设计阶段按下列要求补充和改进:

(1)宜取消底部外框的转换构件,最大层间位移角不应超过 1/950。

(2)外框柱适当增加多道防线的要求(如按减少连梁刚度后外框计算剪力的增大比例确定)。

(3)进一步复合墙肢中震下拉应力大于混凝土抗拉强度标准值的部位,由型钢承担全部拉应力。

(4)顶部缩进处和出屋面构架应适当加强:减轻结构自重;内筒延伸部位的结构选型应改进,提高稳定性;构架应形成空间结构。

10.17　苏宁总部易购研发办公楼

设计单位:南京长江都市建筑设计股份有限公司

10.17.1　工程概况与设计标准

本工程为苏宁总部易购研发办公楼,±0.00 标高为 34.5 m,地上层数 6～9 层,建筑高度 46.3 m,建筑环形长度约 540 m,如图 10.293 所示。

本工程总建筑面积 228 258 m²，其中地上部分 109 062 m²，地下部分 119 196 m²。地下 2 层，局部有夹层，地下室深度 9.3 m，地下室长度约 305 m，宽度约 260 m。

地上主楼部分因结构超长，设四道抗震缝，分为 A～E 区五个结构单位，本次论证单元为左下角 A 区结构单元，如图 10.294 所示。

图 10.293　建筑效果图

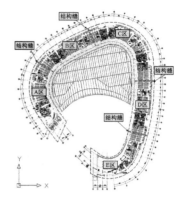

图 10.294　建筑平面图

10.17.2　结构体系及超限情况

1. 结构体系

结构主体采用框架-剪力墙结构体系，端部三层悬挑，悬挑最大处 18.2 m，采用钢拉杆斜拉体系，悬挑部分采用钢梁、压型钢板组合楼面承重以减轻结构自重。悬挑端部与混凝土核心筒之间的框架梁、柱均为型钢混凝土构件，平面布置如图 10.295～图 10.296 所示。图 10.297 给出结构端部悬挑系统三维图。

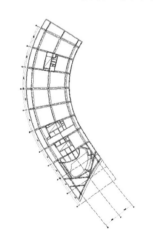
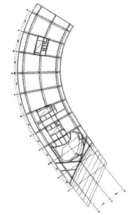

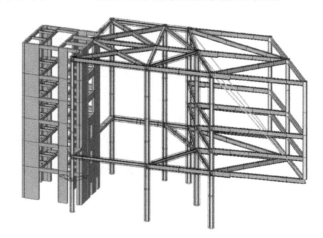

图 10.295　二层平面布置　　图 10.296　四、五层平面布置　　图 10.297　悬挑系统三维图

2. 结构的超限情况

根据《超限高层建筑工程抗震设防专项审查技术要点》（建质〔2010〕109 号）的规定，超限情况汇总如表 10.169、表 10.170 所示。

表 10.169　高层建筑一般规则性检查

序号	不规则类型	判 断 依 据	判断	备注
1a	扭转不规则	考虑偶然偏心的扭转位移比大于 1.2	有	
1b	偏心布置	偏心率大于 0.15 或相邻层质心相差大于相应边长 15%	有	
2a	凹凸不规则	平面凹凸尺寸大于相应边长的 30%	无	

(续表)

序号	不规则类型	判 断 依 据	判断	备注
2b	组合平面	细腰形和角部重叠形	无	
3	楼板不连续	有效宽度小于50%,开洞面积大于30%,错层大于梁高	有	
4a	刚度突变	相邻层刚度变化大于70%或连续三层变化大于80%	无	
4b	尺寸突变	竖向构件位置缩进大于25%,或外挑大于10%和4 m,多塔	有	
5	构件间断	上下墙、柱、支撑不连续,含加强层、连体等	有	
6	承载力突变	相邻层受剪承载力变化大于80%	无	
7	其他不规则	如局部的穿层柱、斜柱、夹层、个别构件错层或转换	有	

注:a、b不重复计算不规则项。

结论:有5项不规则,其中第1a项为扭转不规则;第1b项为五层楼层偏心率过大;第3项为开大洞导致楼板局部不连续;第4b项为大跨度悬挑结构;第5项为悬挑端钢柱不落地;第7项为结构中存在部分穿层柱。

表 10.170　高层建筑严重规则性超限检查

序号	不规则类型	判 断 依 据	判断	备注
1	扭转偏大	裙房以上的较多楼层,考虑偶然偏心的扭转位移比大于1.4	有	
2	扭转刚度弱	扭转周期比大于0.9,混合结构大于0.85	无	
3	层刚度偏小	本层侧向刚度小于相邻上层的50%	无	
4	高位转换	框支墙体的转换构件位置:7度超过5层,8度超过3层	无	
5	厚板转换	7～9度设防的厚板转换结构	无	
6	塔楼偏置	单塔或多塔与大底盘的质心偏心距大于底盘相应边长的20%	无	
7	复杂连接	各部分层数、刚度、布置不同的错层	无	
		连体两端塔楼高度、体型或者沿大底盘某个主轴方向的振动周期显著不同的结构		
8	多重复杂	结构同时具有转换层、加强层、错层、连体和多塔等复杂类型的3种	无	

结论:有1项特别不规则。

综上,该结构有5项一般不规则,1项特别不规则,属于特别不规则的超限高层建筑。

10.17.3　超限应对措施及分析结论

本工程设计地震动参数根据《建筑工程抗震设防分类标准》(GB 50223—2008)、《建筑抗震设计规范》(GB 50011—2010)及其他现行的规范、规程执行。南京地区抗震设防烈度为7度(0.10g),设计地震分组为第一组,场地类别为Ⅱ类。按《建筑抗震设计规范》(GB 50011—2010)多遇地震下的设计特征周期为0.35 s。工程所在地区50年一遇基本风压0.40 kN/m²,100年一遇基本风压0.45 kN/m²,地面粗糙度类别为B类。工程所在地区50年一遇基本雪压0.65 kN/m²。

一、超限应对措施

1. 分析软件及分析模型

(1) 计算分析软件

主要计算软件采用由中国建筑科学研究院PKPMCAD工程部编制的"多层及高层建筑结构空间有限元分析与设计软件SATWE"(版本号:2011.9)进行整体分析,并采用北京迈达斯技术有限公司开发的"基于三维的结构分析和系统MIDAS Building"(版本号:2012.2)进行对比校核。

(2) 计算分析模型

计算模型采用地下室顶板为嵌固端,未带地下室计算模型如图10.298所示。

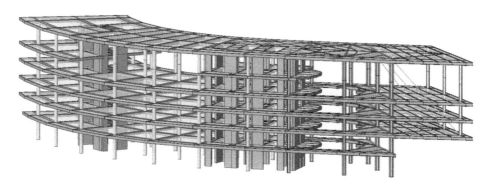

图 10.298　计算模型简图

2. 抗震设防标准

结构抗震设防标准如表 10.171 所示。

表 10.171　抗震设防标准

项　目		数　值
抗震设防类别		标准设防类
抗震设防烈度		7 度
基本地震加速度		0.10g
设计地震分组		第一组
建筑场地类别		Ⅱ类
场地土特征周期 T_g		0.35 s(罕遇地震时为 0.40 s)
水平地震影响系数最大值 $\alpha_{\max}$	多遇地震(小震)	0.08
	抗震设防地震(中震)	0.23
	罕遇地震(大震)	0.50
结构阻尼比	多遇地震(小震)	0.05
	抗震设防地震(中震)	0.05
	罕遇地震(大震)	0.05
时程分析时输入地震加速度的最大值(cm/s²)	多遇地震(小震)	35
	罕遇地震(大震)	220

3. 关键部位的性能目标

关键部位性能目标如表 10.172 所示。

表 10.172　关键部位的性能化目标

地震作用			多遇地震(小震)	设防地震(中震)	罕遇地震(大震)
整体结构抗震性能			完好	可修复	不倒塌
允许层间位移角			1/800	—	1/100
悬挑系统构件性能	核心筒剪力墙	抗剪	弹性	弹性	满足截面抗剪的控制条件
		正截面		不屈服	

地震作用			多遇地震（小震）	设防地震（中震）	罕遇地震（大震）
悬挑系统构件性能	悬挑部分	框架梁	弹性	弹性	不屈服
		框架柱	弹性	弹性	不屈服
		钢拉杆	弹性	弹性	不屈服
	附着部分的纵向边框	框架梁	弹性	弹性	—
		框架柱	弹性	弹性	—

4. 针对性抗震措施

（1）结构按抗震设防烈度 7 度，丙类建筑要求采取抗震构造措施，剪力墙按二级，框架按三级采取抗震构造措施；底部加强区范围内墙体的竖向分布筋配筋率适当提高；核心筒角部的约束边缘构件延伸至墙体顶部。

（2）严格按规范要求控制剪力墙、框架柱的轴压比（剪压比），保证剪力墙、框架柱的延性，从而提高整个结构的变形能力。

（3）钢拉杆及两端节点在各工况标准值组合下的应力比小于 0.4，并满足大震下的性能目标。

（4）悬挑系统钢拉杆上下端楼层设置水平桁架，并将下端楼层开洞处板厚加厚为 180 mm，以更有效地传递水平力。

（5）对开大洞的楼板适当加厚，采用双层双向配筋并提高配筋率。

（6）内隔墙采用轻质填充墙，尽量减轻结构的自重，减小地震作用。

二、分析结论

1. 小震反应谱分析结果

结构小震反应谱的主要计算结果如表 10.173 所示。

表 10.173　结构主要计算结果汇总

		SATWE		MIDAS Building2012	
周期	T_1(s)	1.157	Y 向平动	1.192	Y 向平动
	T_2(s)	0.942	扭转	0.935	扭转
	T_t(s)	0.877	X 向平动	0.867	X 向平动
	T_t/T_1	0.81（<0.85）		0.78（<0.85）	
剪重比	X 向	3.5%		—	
	Y 向	2.6%		—	
质量参与系数	X 向	99.72%		—	
	Y 向	99.96%		—	
X 向地震	最大层间位移角	1/1 604		1/1 500	
	最大扭转位移比	1.50		1.33	
Y 向地震	最大层间位移角	1/1 579		1/1 515	
	最大扭转位移比	1.21		1.19	
X 向风载	最大层间位移角	1/5 377		1/3 904	
Y 向风载	最大层间位移角	1/9 999		1/9 712	
底部框架倾覆弯矩百分比	X 向	17.73%		—	
	Y 向	33.30%		—	

两个程序的结果基本相符,故而认为计算模型正确有效,在后续的设计阶段中,按照多个程序结果的包络进行设计,能够保证结构的安全。

2. 小震弹性时程分析

按建筑场地类别和设计地震分组,选用与设计反应谱影响系数曲线统计意义相符的三组地震波,并以最大加速度来评价地震动的输入水平。

依照抗震规范要求,在多遇地震时程分析中选用了两组天然地震动记录(VAH-235 波和 TH4TG035 波)和一组人工波(RH3TG035 波)。按照规范要求,对结构进行了三向时程分析,并与弹性反应谱分析进行对比,如图 10.299~图 10.302 所示。

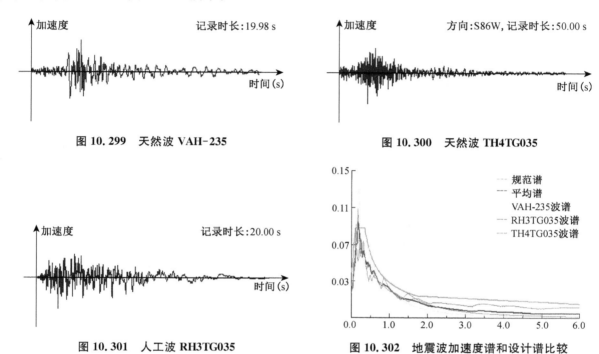

图 10.299 天然波 VAH-235

图 10.300 天然波 TH4TG035

图 10.301 人工波 RH3TG035

图 10.302 地震波加速度谱和设计谱比较

计算结果表明,每条时程曲线计算所得结构底部剪力均超过振型分解反应谱法计算结果的 65%,多条时程曲线计算所得结构底部剪力的平均值均大于振型分解反应谱法计算结果的 80%。

各楼层剪力对比如图 10.303、图 10.304 所示。由图可以看出,结构上部的部分楼层时程分析结果略大于反应谱分析结果,设计按包络值取用。

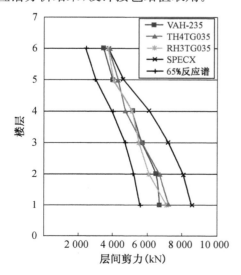

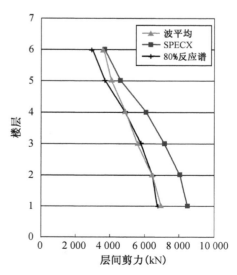

图 10.303 X 向层间剪力对比(kN)

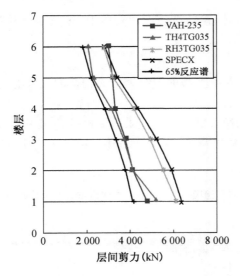 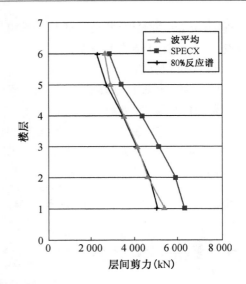

图 10.304 Y 向层间剪力对比(kN)

各楼层位移角对比如图 10.305、图 10.306 所示,时程分析所得层间位移角满足规范要求。

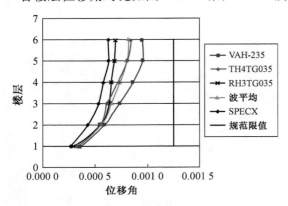

图 10.305 X 向层间位移角对比   图 10.306 Y 向层间位移角对比

3. 核心筒抗震性能化设计

(1) 底部加强部位正截面承载力验算(中震不屈服)

中震不屈服即在中震作用下,结构的抗震承载力满足弹性设计要求,计算时不考虑地震组合内力调整,荷载作用分项系数取 1.0,材料强度取标准值,抗震承载力调整系数取 1.0。核心筒墙体尺寸见图10.307,底层剪力墙轴压比分布图见图 10.308。

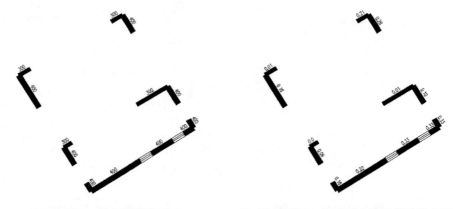

图 10.307 核心筒墙体尺寸   图 10.308 底层剪力墙轴压比分布图

底部加强部位悬挑端核心筒墙正截面配筋如图 10.309、图 10.310 所示。楼层 1 墙肢最大计算配筋为 47 cm²,楼层 2 墙肢最大计算配筋为 37 cm²。

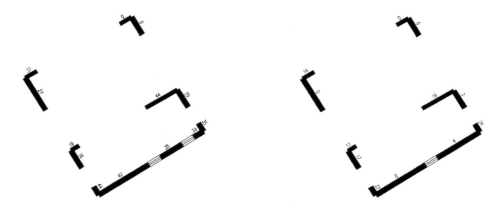

图 10.309　中震不屈服时楼层 1 墙配筋图　　图 10.310　中震不屈服时楼层 2 墙配筋图

（2）底部加强部位受剪承载力验算（中震弹性）

中震弹性计算时不考虑地震组合内力调整,采用与小震相同的荷载分项系数、材料分项系数和抗震承载力调整系数,材料强度取设计值。

底部加强区悬挑端核心筒墙受剪配筋如图 10.311～图 10.312 所示。最大配筋为 6.2 cm²,配筋率为 0.78%。

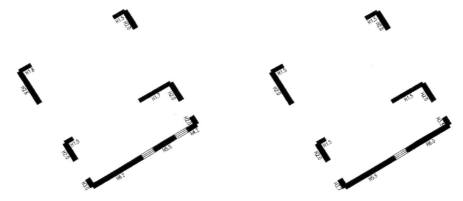

图 10.311　楼层 1 墙肢水平分布面积　　图 10.312　楼层 2 墙肢水平分布面积

（3）底部加强部位受剪截面限制条件验算（大震不屈服）

图 10.313～图 10.314 给出了底部二层各墙肢在大震不屈服下的剪压比。

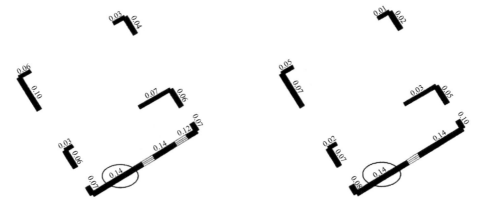

图 10.313　楼层 1 各墙肢剪压比分布图　　图 10.314　楼层 2 各墙肢剪压比分布图

由上图可知,各墙肢的剪压比均小于 0.15,满足剪力墙截面抗剪的要求。其中核心筒下侧端部剪力墙(圆圈部分)为考虑加入 10 mm 厚钢板(楼层 1～2：$A_{sp}=436$ cm^2)的结果。

4. 悬挑部分及附着部分抗震性能化设计

型钢柱混凝土强度为 C50～C40，钢材采用 Q345B，型钢混凝土柱型钢含钢率 4%～6.5%，钢板厚 20～60 mm。型钢混凝土柱按规范规定，轴压比采用 0.9 的限值要求。

(1) 悬挑部分(大震不屈服)

① 型钢混凝土柱

型钢混凝土柱在大震不屈服时各层的配筋均在构造配筋范围之内，以楼层 1 为例，如图 10.315 所示。

② 三层型钢混凝土梁、钢梁

三层型钢混凝土梁钢材、钢梁均采用 Q345B。在大震不屈服时，型钢混凝土梁大部分为构造配筋，钢梁最大应力比为 0.89，如图 10.316 所示。

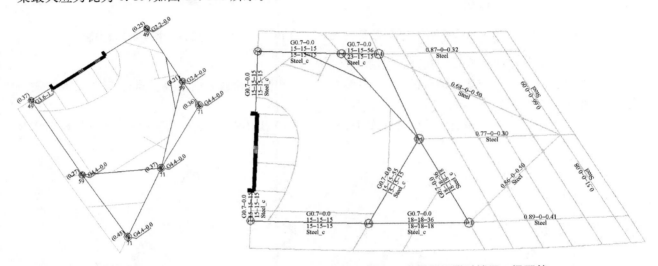

图 10.315 大震不屈服时楼层 1 柱配筋　　　　图 10.316 大震不屈服时楼层 3 梁配筋

③ 屋面型钢混凝土梁、水平钢桁架

屋面型钢混凝土梁、水平钢桁架均采用 Q345B。在大震不屈服时，型钢混凝土梁大部分为构造配筋，钢梁最大应力比为 1.03，如图 10.317 所示。

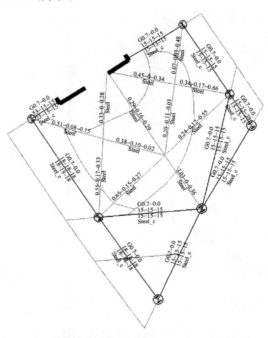

图 10.317 大震不屈服时屋面梁配筋

（2）附着部分的纵向边框（中震弹性）

① 钢柱

钢柱在中震弹性时各层的应力比均小于1.0，以楼层3为例（应力比最大），如图10.318所示。

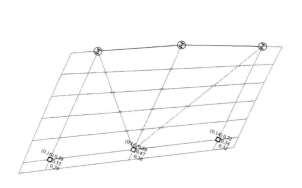

图10.318 中震弹性时楼层3柱应力比

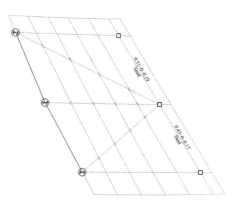

图10.319 中震弹性时屋面钢梁应力比

② 纵向钢梁

屋面纵向钢梁在中震弹性时应力比最大，为0.51，如图10.319所示。

5. 结构静力弹塑性分析

静力弹塑性分析采用中国建筑科学研究院的程序 PKPM 系列 EPDA&PUSH 进行。该程序是三维有限元空间弹塑性静力分析程序，程序单元库包括梁（柱）元和剪力墙元两种非线性单元。

采用倒三角荷载、均布矩形荷载及 CQC 分布荷载在四个主要方向（0度、90度、180度和270度）上进行推覆，得到小震和大震性能点指标，得出以下结论：

（1）不管是小震还是大震性能点，三种荷载分布形式下的基底剪力和最大层间位移角基本相当。

（2）倒三角形荷载分布、CQC 分布形式下结构反应较一致，而矩形荷载分布下基底剪力较大，出于偏安全的考虑，优先采用矩形荷载分布形式。

综上所述，本工程的静力弹塑性分析的侧向荷载分布形式采用矩形荷载分布形式是合理可靠的，后续的静力弹塑性分析结果将仅给出该荷载分布形式的结果。图10.320～图10.323给出了不同推覆方向的推覆曲线。

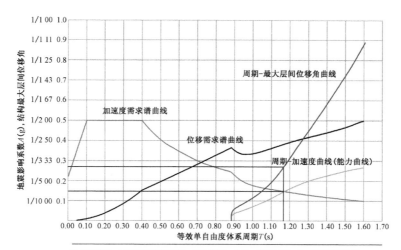

需求谱类型：规范加速度设计谱；所在地区：全国；场地类型：2；设计地震分组：1；
抗震设防烈度：8.5度大震；地震影响系数最大值 $A_{max}(g)$：0.500；
特征周期 $T_g(s)$：0.400；弹性状态阻尼比：0.050；
能力曲线与需求曲线的交点[$T(s),A(g)$]：1.166,0.147；性能点最大层间位移角：1/369；
性能点基底剪力（kN）：35 202.3；性能点顶点位移（mm）：68.4；
性能点附加阻尼比：0.2222×0.70=0.079；与性能点相对应的总加载步号：35.7；
相应的数据文件：抗倒塌验算图.TXT

图10.320 推覆曲线（推覆方向：0度）

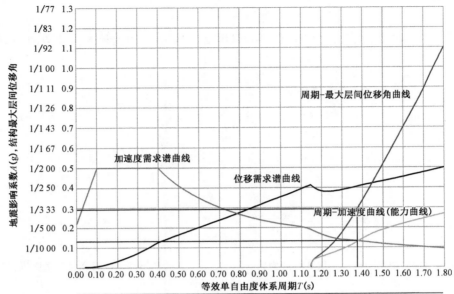

需求谱类型：规范加速度设计谱；所在地区：全国；场地类型：2；设计地震分组：1；
抗震设防烈度：8.5度大震；地震影响系数最大值 A_{max}(g)：0.500；
特征周期T_g(s)：0.400；弹性状态阻尼比：0.050；
能力曲线与需求曲线的交点[T(s)，A(g)]：1.374，0.133；性能点最大层间位移角：1/342；
性能点基底剪力(kN)：31 681.8；性能点顶点位移(mm)：80.6；
性能点附加阻尼比：0.092×0.70＝0.064；与性能点相对应的总加载步号：30.4；
相应的数据文件：抗倒塌验算图.TXT

图 10. 321　推覆曲线(推覆方向：90 度)

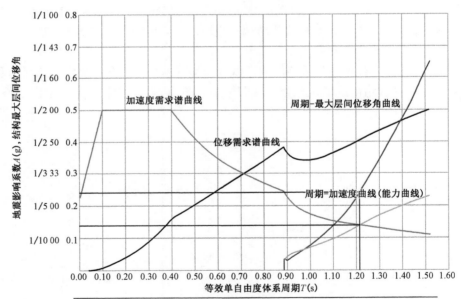

需求谱类型：规范加速度设计谱；所在地区：全国；场地类型：2；设计地震分组：1；
抗震设防烈度：8.5度大震；地震影响系数最大值 A_{max}(g)：0.500；
特征周期T_g(s)：0.400；弹性状态阻尼比：0.050；
能力曲线与需求曲线的交点[T(s)，A(g)]：1.212，0.138；性能点最大层间位移角：1/416；
性能点基底剪力(kN)：-32 961.1；性能点顶点位移(mm)：68.9；
性能点附加阻尼比：0.141×0.70＝0.099；与性能点相对应的总加载步号：39.3；
相应的数据文件：抗倒塌验算图.TXT

图 10. 322　推覆曲线(推覆方向：180 度)

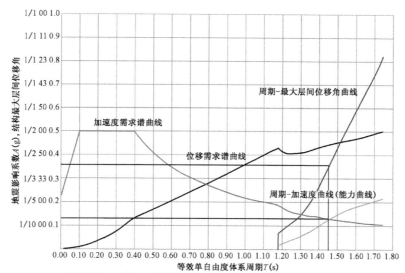

需求谱类型：规范加速度设计谱；所在地区：全国；场地类型：2；设计地震分组：1；
抗震设防烈度：8.5度大震；地震影响系数最大值 A_{max}(g)：0.500；
特征周期 T_g(s)：0.400；弹性状态阻尼比：0.050；
能力曲线与需求曲线的交点[T(s), A(g)]：1.452, 0.128；性能点最大层间位移角：1/279；
性能点基底剪力(kN)：-30 660.5；性能点顶点位移(mm)：86.9；
性能点附加阻尼比：0.083×0.70＝0.058；与性能点相对应的总加载步号：26.9；
相应的数据文件：抗倒塌验算图．TXT

图 10.323　推覆曲线(推覆方向：270 度)

表 10.174～表 10.176 给出了静力弹塑性分析结果。分析表明，大震性能点时，90 度和 270 度的最大层间位移角较大，但均小于规范限值 1/100 要求。

表 10.174　静力弹塑性分析结果

大震性能点指标	Pushover 方向			
	0 度	90 度	180 度	270 度
基底剪力(kN)	35 202.3	31 681.8	32 961.1	30 660.5
最大层间位移角	1/369	1/342	1/416	1/279

表 10.175　各方向 Pushover 作用下结构位移分布(mm)

层号 ＼ 推覆方向	0 度	90 度	180 度	270 度
1	9.64	12.66	10.32	13.05
2	71.33	85.94	70.36	95.02
3	34.03	41.52	34.49	45.08
4	45.70	53.24	45.13	59.53
5	57.60	65.76	57.13	76.17
6	72.50	76.83	68.54	91.35

表 10.176　各方向 Pushover 作用下结构层间位移角分布(mm)

层号 ＼ 推覆方向	0 度	90 度	180 度	270 度
1	1/622	1/473	1/581	1/459
2	1/376	1/319	1/391	1/282

层号 \ 推覆方向	0度	90度	180度	270度
3	1/361	1/321	1/381	1/277
4	1/360	1/358	1/394	1/290
5	1/361	1/389	1/391	1/294
6	1/378	1/444	1/438	1/323

通过以上分析,可以得出结论:

(1) 能力谱曲线较为平滑,位移与基底剪力基本呈线性递增;曲线在设定位移范围内未出现下降段,表明在抗倒塌能力上有较大余地。

(2) 在各工况下能力谱曲线均能与需求谱相交得到性能点,大震下的最大层间位移角为1/277,小于规范限值1/100。

(3) 对应多遇地震结构保持弹性,没有出现塑性铰。第一批塑性铰接近设防烈度时出现在框架梁端部;达到设防烈度后,框架梁上塑性铰进一步增多,同时顶部和底部少量柱子进入塑性。

(4) 小震下结构基本处于弹性,中震下部分框架梁出现塑性铰,大震下部分柱进入塑性铰状态的比例很小,塑性铰都出现在梁上,关键构件钢拉杆、型钢梁和型钢柱处于弹性工作状态,满足预期性能目标,符合结构概念设计的要求。

10.17.4 专家审查意见

苏宁南京易购总部(A区)工程属体型特别不规则的超限高层建筑工程,按国家行政许可和建设部第111号令的要求,应在初步设计阶段进行抗震设防专项审查。

该工程初步设计达到设计深度的要求,所提交的设计文件满足专项审查的要求。专家组经过审阅资料、听取汇报、认真讨论,审查结论为"通过"。

设计单位应对下列问题作进一步改进完善:

1. 悬挑部分应独立分析模型:根部三根立柱的性能目标应提高为"大震不屈服"(阻尼比可取0.06),并作防连续倒塌分析;悬臂端的横梁和底层、顶层的边梁(向内延伸两跨)截面应加高;开洞两侧楼板加厚;空腹桁架应适当加强;考虑斜拉杆张拉不均匀时的相互影响;应补充以斜向框架为主轴的计算分析;应补充施工模拟分析。

2. 温度应力计算时,温差宜适当加大。

10.18 苏州绿地中心超高层 B1 地块项目

设计单位:华东建筑设计研究院有限公司

10.18.1 工程概况与设计标准

江苏苏州绿地中心超高层B1地块项目包括一栋高层建筑(结构高度约334 m,建筑高度约358 m)和一栋零售裙楼(约24 m高)。两栋楼的整个场地均有三层地下室。结构概况如表10.177所示。

表 10.177 结构概况

	总面积	建筑高度	结构高度	总层数
办公塔楼	217 947 m²	358.0 m	333.6 m	77
裙楼	61 475 m²	23.5 m	23.5 m	5

混合使用塔楼结构高度为 333.6 m(77 层),建筑高度为 358 m。随着高度不断地上升,建筑在顶部逐渐收进变小,这使得塔楼的宽度随高度变化。塔楼在下部办公楼层平面形状近似椭圆形,在上部酒店楼层,核心筒从中间一分为二,形成两个弧线包围的中堂(见图 10.324)。

图 10.324　塔楼效果图

10.18.2　结构体系及超限情况

1. 结构体系

塔楼的抗侧力体系为一个带有钢伸臂桁架和腰桁架的"框架-剪力墙"结构。它由以下部分组成:围绕竖向流通及楼面中心的设备服务区的钢筋混凝土墙和抗弯框架,其中抗弯框架的柱子位于楼板周边。塔楼核心筒在上部被酒店中庭一分为二。两部分核心筒由钢斜撑桁架联系在一起,使得两部分可以如同一个长方形截面协同工作。

抗弯框架一部分由位于酒店层的钢外框梁以及 SRC 柱子组成,另一部分由位于办公层的钢筋混凝土外框梁及 SRC 柱子组成。楼层框架一部分由位于酒店层的结构钢梁和压型钢板组成,另一部分由办公层的传统钢筋混凝土梁板组成。在建筑每个长边的两个柱子通过布置在设备层的伸臂钢桁架连接到钢筋混凝土核心筒以加强建筑在弱轴方向的抗侧力。通过设置腰桁架以提高周边柱子的刚度贡献。核心筒墙的厚度从在底部的 1 800 mm 变化至在顶部的 350 mm,柱的直径从 2 100 mm 变化至 800 mm。塔楼结构系统图示见图 10.325。

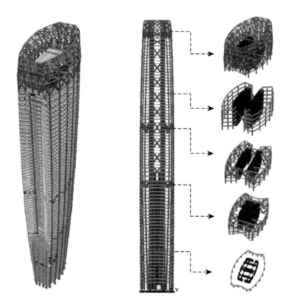

图 10.325　塔楼结构系统图示

2. 结构的超限情况

(1) 高度超限分析

《建筑抗震设计规范》(GB 50011—2010)第 6.1.1 条及《高层建筑混凝土结构技术规程》(JGJ 3—2010)第3.3.1条对丙类框架-核心筒结构建筑的最大适用高度规定如表 10.178 所示。

表 10.178　A 级高度钢筋混凝土高层建筑最大适用高度(m)

结构体系	非抗震设计	抗震设防烈度				
		6 度	7 度	8(0.2g)度	8(0.3g)度	9 度
框架-核心筒	160	150	130	100	90	70

表 10.179　B 级高度钢筋混凝土高层建筑最大适用高度(m)

结构体系	非抗震设计	抗震设防烈度			
		6 度	7 度	8(0.2g)度	8(0.3g)度
框架-核心筒	220	210	180	140	120

此建筑所属地区抗震设防烈度为 7 度,抗震设防类别为乙类,出地面建筑高度 333.6 m,超过 B 级高层建筑最大适用高度 153.6 m,超高 85%。

(2) 不规则情况分析

按照《建筑抗震设计规范》(GB 50011—2010)第 3.4.3 条对不规则性情况进行汇总如表 10.180～表 10.181 所示。

表 10.180　高层建筑一般规则性检查

序号	不规则类型	判 断 依 据	判断	备注
1a	扭转不规则	考虑偶然偏心的扭转位移比大于 1.2	无	
1b	偏心布置	偏心率大于 0.15 或相邻层质心相差大于相应边长 15%	无	
2a	凹凸不规则	平面凹凸尺寸大于相应边长的 30%	无	
2b	组合平面	细腰形和角部重叠形	无	
3	楼板不连续	有效宽度小于 50%,开洞面积大于 30%,错层大于梁高	有	
4a	刚度突变	相邻层刚度变化大于 70% 或连续三层变化大于 80%	无	
4b	尺寸突变	竖向构件位置缩进大于 25%,或外挑大于 10% 和 4 m,多塔	无	
5	构件间断	上下墙、柱、支撑不连续,含加强层、连体等	无	
6	承载力突变	相邻层受剪承载力变化大于 80%	无	
7	其他不规则	如局部的穿层柱、斜柱、夹层、个别构件错层或转换	无	

注:a、b 不重复计算不规则项。

表 10.181　高层建筑严重规则性超限检查

序号	不规则类型	判 断 依 据	判断	备注
1	扭转偏大	裙房以上的较多楼层,考虑偶然偏心的扭转位移比大于 1.4	有	
2	扭转刚度弱	扭转周期比大于 0.9,混合结构大于 0.85	无	
3	层刚度偏小	本层侧向刚度小于相邻上层的 50%	无	
4	高位转换	框支墙体的转换构件位置:7 度超过 5 层,8 度超过 3 层	无	
5	厚板转换	7～9 度设防的厚板转换结构	无	
6	塔楼偏置	单塔或多塔与大底盘的质心偏心距大于底盘相应边长的 20%	无	
7	复杂连接	各部分层数、刚度、布置不同的错层	无	
		连体两端塔楼高度、体型或者沿大底盘某个主轴方向的振动周期显著不同的结构		
8	多重复杂	结构同时具有转换层、加强层、错层、连体和多塔等复杂类型的 3 种	无	

从上表得出此建筑属于平面不规则建筑。

10.18.3 超限应对措施及分析结论

本工程设计地震动参数根据《建筑工程抗震设防分类标准》(GB 50223—2008)、《建筑抗震设计规范》(GB 50011—2010)、由江苏省地震工程研究院提供的场地地震安全性评价报告及其他现行的规范、规程执行。抗震设防烈度为7度,设计地震分组为第一组,场地类别为Ⅲ类。在进行小震弹性计算时采用安评报告提供的地震动加速度反应谱参数,中、大震按《建筑抗震设计规范》(GB 50011—2010)取值。安评报告提供的小震情况下的设计特征周期为0.45 s,地震影响系数最大值为0.081;按《建筑抗震设计规范》(GB 50011—2010)中震情况下的设计特征周期为0.45 s,水平地震影响系数最大值为0.228;大震情况下的设计特征周期为0.50 s,水平地震影响系数最大值为0.5。工程所在地区50年一遇基本风压为0.40 kN/m²,100年一遇基本风压为0.50 kN/m²,地面粗糙度类别为B类。工程所在地区50年一遇基本雪压为0.40 kN/m²。

一、超限应对措施

1. 分析软件及分析模型

根据塔楼的超高及复杂程度,抗震设计依照"小震不坏、中震可修、大震不倒"的三水准设防原则,根据规范的各项要求,应用YJK及CSI的ETABS两个结构分析程序,进行了详细的计算分析工作。

分析模型由带有墙、板和梁的钢筋混凝土核心筒,SRC柱子,酒店客房/住宅层的钢梁,以及办公层的钢筋混凝土梁组成。

2. 抗震设防标准

抗震设防标准如表10.182所示。

表 10.182 抗震设防标准

项　目		塔　楼
安全度	安全等级	二级
	设计使用年限	50
	抗震设防类别	重点设防(乙类)
设计地震动参数	设防烈度	7
	基本地震加速度	$0.05g$
	设计地震分组	第一组
场地	场地类别	Ⅲ类
	设计特征周期	多遇地震:0.45 s(安评),0.45 s(规范) 罕遇地震:0.50 s
水平地震影响系数最大值	多遇地震	0.081(安评)
	设防烈度地震	0.228
	罕遇地震	0.5
抗震等级	框架	SCR柱一级、框架梁二级
	核心筒(剪力墙)	特一级

注:1. 抗震措施根据抗震设防烈度8度选用。

2. 顶部钢结构设计时按阻尼比0.02考虑。

3. 关键部位的性能目标

依据《高层建筑混凝土结构技术规程》(JGJ 3—2010)中第3.11.1～3.11.3条设置此项目各部分的性能目标及其采取的措施,详见表10.183。

表 10.183 抗震性能目标

抗震烈度			频遇地震（小震）	设防烈度地震（中震）	罕遇地震（大震）
性能水平定性描述			不损坏	可修复损坏	结构不倒塌
层间位移角限值			$h/500$	—	$h/100$
构件性能	核心筒底部加强区（从塔楼底部到两瓣核心筒底部）	压弯	弹性,特一级（性能水准1）	弹性（性能水准2）	底部加强区可形成塑性角,破坏程度轻微,可入住:$\theta<IO$（性能水准3）
		拉弯			
		抗剪	弹性,特一级（性能水准1）	弹性（性能水准2）	通过截面校核
	核心筒普通楼层	压弯	弹性,特一级（性能水准1）	不屈服（性能水准3）	破坏程度可修复并保证生命安全:$\theta<LS$（性能水准4）
		拉弯		轴拉不屈服（性能水准3）	
		抗剪	弹性,特一级（性能水准1）	弹性（性能水准2）	满足截面验算
	连梁		弹性,两瓣核心筒楼层以下为一级,两瓣核心筒楼层以下为二级（性能水准1）	不屈服	可形成塑性铰,破坏程度保证不倒塌:$\theta<CP$
	酒店/公寓层的钢外框梁		弹性,二级（性能水准1）	不屈服（性能水准3）	可形成塑性铰,破坏程度可修复并保证生命安全:$\theta<LS$（性能水准4）
	办公层的钢筋混凝土外框梁		弹性,一级（性能水准1）	不屈服（性能水准3）	可形成塑性铰,破坏程度可修复并保证生命安全:$\theta<LS$（性能水准4）
	外框柱（位于塔楼底部与两瓣核心筒底部之间的柱子）		弹性,一级（性能水准1）	弹性（性能水准2）	可形成塑性铰,破坏程度可修复并保证生命安全:$\theta<IO$（性能水准3）
	外框柱（位于两瓣核心筒底部以上的柱子）		弹性,一级（性能水准1）	不屈服（性能水准3）	可形成塑性铰,破坏程度可修复并保证生命安全:$\theta<LS$（性能水准4）
	核心筒支撑		弹性,特一级（性能水准1）	弹性（性能水准2）*	不屈服（性能水准3）*
	伸臂桁架支撑		弹性,特一级（性能水准1）	弹性（性能水准2）*	不屈服（性能水准3）*
	腰桁架		弹性,特一级（性能水准1）	弹性（性能水准2）*	不屈服（性能水准3）*
楼板受剪	中庭上部及下部楼板		弹性（性能水准1）	弹性（性能水准2）*	不屈服（性能水准3）*
	酒店公寓/客房层的连桥				

（续表）

抗震烈度		频遇地震（小震）	设防烈度地震（中震）	罕遇地震（大震）
构件性能	其他结构构件	弹性（性能水准 1）	允许进入塑性（性能水准 3）	可形成塑性铰,破坏较严重但防止倒塌:$\theta<CP$（性能水准 4）对于内核心筒转换墙大震下不屈服
	节点	不先于构件破坏		

注:1. "＊"代表重要构件的性能目标已由 C 提高到 B。

2. θ 为构件杆端塑性转角值。

3. 大震作用下,验算每一种构件的塑性变形程度,与 FEMA356 的防倒塌对应的构件变形最大可接受限制(CP)、生命安全值(LS)和结构可立即使用限值(IO)进行比较。

4. 性能水准 x 的具体定义参见《高层建筑混凝土结构技术规程》(JGJ 3—2010)-3.11。

二、分析结论

1. 多遇地震反应谱分析结果

塔楼的主要计算结果如表 10.184 所示。

表 10.184 主要结构计算结果汇总

ETABS 计算结果		
周期	$T_1(s)$	7.35 s(Y 向)
	$T_2(s)$	4.77 s(X 向)
	$T_t(s)$	2.91 s(扭转)
	T_t/T_1	0.39
剪重比	X 向	1.4%(>1.04%)
	Y 向	1.13%(>1.04%)
质量参与系数	X 向	>95%
	Y 向	>95%
X 向地震	最大层间位移角	1/1 520
	最大层间位移	0.15 mm
Y 向地震	最大层间位移角	1/758
	最大层间位移	0.29 mm
X 向风载	最大层间位移角	1/2 558
Y 向风载	最大层间位移角	1/502
底部框架倾覆弯矩百分比	X 向	36.5%
	Y 向	42.1%

2. 中震弹性时程分析

中震分析采用中国建筑科学研究院提供的 7 组(5 组天然＋2 组人工)地震波时程。将规范小震反应谱与相应的时程反应谱进行了比较,如图 10.326 所示。每个时程的地面加速度峰值调整为 36 cm/s²。

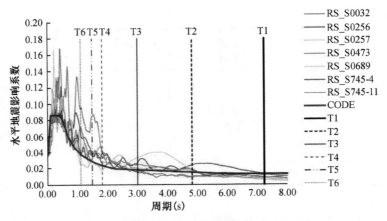

图 10.326　规范谱与反应波谱对比图

表 10.185 列出了多遇地震各地震波作用下，结构在 X 向、Y 向的基底剪力值及平均值，并列出了与反应谱法计算结果的比值。

表 10.185　时程波与 CQC 基底剪力结果比较

地震波	性质	X 向			Y 向		
		基底剪力（kN）	CQC（kN）	基底剪力/CQC	基底剪力（kN）	CQC（kN）	基底剪力/CQC
S0032	天然	35 746	37 396	96%	30 480	32 181	95%
S0256	天然	37 152	37 396	99%	39 134	32 181	122%
S0257	天然	33 495	37 396	90%	34 846	32 181	108%
S0689	天然	38 292	37 396	112%	25 668	32 181	80%
S0473	天然	40 135	37 396	107%	28 368	32 181	88%
S745-4	人工	38 232	37 396	102%	32 580	32 181	101%
S745-11	人工	36 012	37 396	96%	39 168	32 181	122%
平均	—	37 009	37 396	99%	32 892	32 181	102%

弹性时程分析结果如图 10.327～图 10.329 所示。

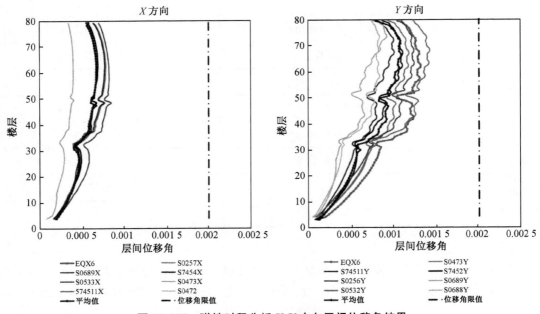

图 10.327　弹性时程分析 X、Y 方向层间位移角结果

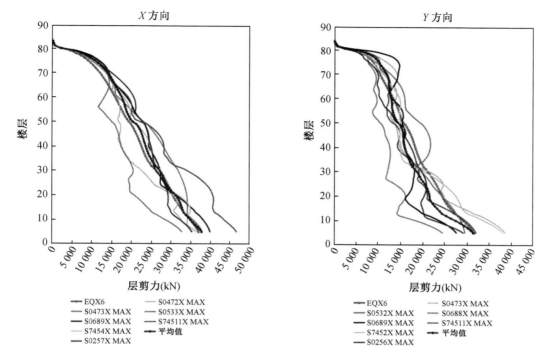

图 10.328 弹性时程分析 X、Y 方向楼层剪力对比结果

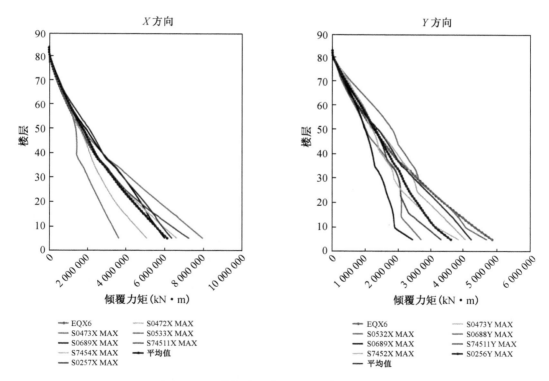

图 10.329 弹性时程分析层倾覆弯矩对比结果

在弹性时程分析中,每条时程曲线计算所得的结构底部剪力不小于振型分解反应谱法求得的底部剪力的 65%,7 条时程曲线计算所得的结构底部剪力的平均值大于反应谱法求得的底部剪力的 80%,满足《建筑抗震设计规范》(GB 50011—2010)第 5.1.2 条。

3. 中震反应谱分析结果

（1）中震弹性计算

根据《建筑抗震设计规范》（GB 50011—2010）第 6.3.6 条,在常遇地震荷载组合值作用下进行了抗弯框架柱轴力比验算,抗弯框架柱编号见图 10.330。C60 混凝土柱子的轴向应力比为 0.7,每层柱子的最大应力比总结如表 10.186～表 10.187。可以看到所有楼层的柱子都满足规范限值的要求。

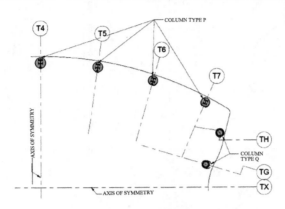

图 10.330　抗弯框架柱编号平面索引

表 10.186　1～39 层型钢混凝土最大应力比

	T4	T5	T6	T7	TH	TG
LEVEL 39	0.42	0.44	0.41	0.48	0.46	0.45
LEVEL 38	0.43	0.45	0.42	0.49	0.47	0.46
LEVEL 37	0.44	0.46	0.43	0.51	0.49	0.46
LEVEL 36	0.46	0.48	0.45	0.53	0.51	0.47
LEVEL 35	0.47	0.50	0.46	0.55	0.53	0.48
LEVEL 34	0.39	0.45	0.41	0.46	0.48	0.46
LEVEL 33	0.41	0.47	0.45	0.46	0.49	0.47
LEVEL 32	0.41	0.47	0.46	0.46	0.50	0.47
LEVEL 31	0.50	0.51	0.54	0.49	0.52	0.56
LEVEL 30	0.51	0.53	0.55	0.50	0.55	0.57
LEVEL 29	0.52	0.54	0.56	0.52	0.56	0.58
LEVEL 28	0.48	0.46	0.51	0.47	0.47	0.52
LEVEL 27	0.49	0.47	0.53	0.48	0.48	0.54
LEVEL 26	0.51	0.49	0.54	0.50	0.49	0.55
LEVEL 25	0.52	0.50	0.55	0.51	0.51	0.57
LEVEL 24	0.53	0.51	0.57	0.53	0.53	0.58
LEVEL 23	0.48	0.47	0.47	0.48	0.46	0.48
LEVEL 22	0.49	0.49	0.49	0.49	0.48	0.49
LEVEL 21	0.50	0.50	0.50	0.51	0.50	0.50
LEVEL 20	0.51	0.51	0.51	0.52	0.51	0.52
LEVEL 19	0.52	0.52	0.52	0.53	0.53	0.53
LEVEL 18	0.53	0.53	0.53	0.54	0.54	0.54
LEVEL 17	0.49	0.48	0.49	0.46	0.50	0.47
LEVEL 16	0.50	0.49	0.50	0.47	0.51	0.49
LEVEL 15	0.51	0.50	0.51	0.48	0.52	0.50
LEVEL 14	0.52	0.51	0.52	0.49	0.54	0.51
LEVEL 13	0.53	0.52	0.53	0.50	0.54	0.52
LEVEL 12	0.54	0.53	0.54	0.51	0.56	0.54
LEVEL 11	0.50	0.50	0.49	0.47	0.47	0.49
LEVEL 10	0.51	0.51	0.50	0.48	0.49	0.50
LEVEL 9	0.52	0.52	0.51	0.49	0.50	0.51
LEVEL 8	0.53	0.53	0.52	0.50	0.51	0.52
LEVEL 7	0.49	0.48	0.48	0.45	0.47	0.44
LEVEL 6	0.50	0.49	0.49	0.46	0.48	0.45
LEVEL 5	0.50	0.50	0.50	0.47	0.50	0.46
LEVEL 4	0.51	0.51	0.51	0.48	0.51	0.47
LEVEL 3	0.53	0.53	0.52	0.49	0.52	0.48
LEVEL 2	0.54	0.54	0.53	0.50	0.51	0.49
LEVEL 1	0.54	0.53	0.52	0.50	0.52	0.50

表 10.187　40～79 层型钢混凝土柱最大应力比

	T4	T5	T6	T7	TH	TG
LEVEL 79	0.01	0.03	0.03	0.01	0.02	0.09
LEVEL 78	0.03	0.00	0.01	0.02	0.04	0.10
LEVEL 77	0.05	0.02	0.01	0.04	0.06	0.11
LEVEL 76	0.07	0.04	0.03	0.06	0.08	0.12
LEVEL 75	0.09	0.06	0.05	0.07	0.09	0.12
LEVEL 74	0.11	0.18	0.07	0.09	0.11	0.13
LEVEL 73	0.14	0.10	0.08	0.11	0.13	0.14
LEVEL 72	0.17	0.13	0.11	0.13	0.14	0.15
LEVEL 71	0.20	0.16	0.14	0.15	0.16	0.17
LEVEL 70	0.23	0.19	0.17	0.16	0.18	0.18
LEVEL 69	0.26	0.22	0.19	0.18	0.20	0.20
LEVEL 68	0.29	0.25	0.22	0.20	0.22	0.21
LEVEL 67	0.24	0.21	0.19	0.16	0.18	0.17
LEVEL 66	0.26	0.23	0.21	0.18	0.19	0.18
LEVEL 65	0.29	0.25	0.23	0.19	0.21	0.20
LEVEL 64	0.31	0.28	0.25	0.21	0.23	0.21
LEVEL 63	0.34	0.30	0.27	0.22	0.24	0.23
LEVEL 62	0.36	0.32	0.30	0.24	0.26	0.24
LEVEL 61	0.33	0.29	0.32	0.25	0.28	0.25
LEVEL 60	0.35	0.31	0.34	0.27	0.30	0.26
LEVEL 59	0.37	0.33	0.37	0.28	0.33	0.27
LEVEL 58	0.39	0.35	0.39	0.30	0.33	0.29
LEVEL 57	0.35	0.31	0.35	0.31	0.35	0.30
LEVEL 56	0.37	0.33	0.37	0.33	0.37	0.31
LEVEL 55	0.39	0.35	0.39	0.34	0.40	0.32
LEVEL 54	0.42	0.37	0.41	0.36	0.42	0.33
LEVEL 53	0.44	0.38	0.44	0.37	0.44	0.33
LEVEL 52	0.41	0.40	0.45	0.38	0.47	0.34
LEVEL 51	0.41	0.40	0.40	0.40	0.36	0.35
LEVEL 50	0.44	0.43	0.43	0.40	0.40	0.34
LEVEL 49	0.47	0.53	0.46	0.54	0.43	0.46
LEVEL 48	0.40	0.48	0.41	0.47	0.46	0.47
LEVEL 47	0.41	0.50	0.43	0.49	0.48	0.47
LEVEL 46	0.43	0.51	0.45	0.50	0.50	0.48
LEVEL 45	0.45	0.53	0.47	0.52	0.53	0.49
LEVEL 44	0.46	0.55	0.49	0.54	0.55	0.49
LEVEL 43	0.41	0.45	0.44	0.47	0.47	0.50
LEVEL 42	0.43	0.47	0.46	0.49	0.49	0.51
LEVEL 41	0.44	0.48	0.48	0.51	0.51	0.52
LEVEL 40	0.45	0.50	0.49	0.53	0.52	0.53

（2）中震不屈服计算

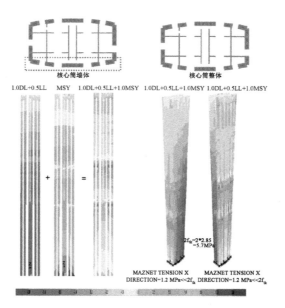

图 10.331　墙净拉应力校核

按性能目标要求,底部加强区核心筒连梁抗剪应满足中震不屈服,核心筒墙肢和柱正截面承载力应满足中震不屈服,即在中震荷载下墙、柱的净拉应力小于 $2f_{tk}=5.7$ MPa。如图 10.331 所示,墙的最大拉应力为 1.5 MPa,满足规范要求。

10.18.4 专家审查意见

2014 年 5 月 8 日由江苏省住房和城乡建设厅主持和组织专家在北京进行专项审查,专家组经审阅有关勘察设计文件、会议质疑及研讨后认为勘察、设计所提交的勘察设计文件满足抗震设防专项审查要求,结构体系合理,场地分类和抗震设防标准正确,针对超限设计确定的性能目标合理、可行。抗震设防专项审查结论为"通过"。

专家组提出如下建议,请设计单位在施工图阶段完善改进,并由施工图审查单位检查落实情况:

1. 结构计算:宜复合北侧电梯井开口处作为转换深梁支座的墙肢内剪力传递以及墙肢底部的应力集中情况,并采取必要的构造措施。

2. 结构设计:32~37 层东、西两侧斜柱角度约为 1/5,产生的水平力应由水平构件平衡;柱内型钢放置角度宜考虑与框架梁连接构造的有效性;核心筒上部 Y 向墙肢较短,包含许多型钢、钢筋和节点板,应进一步验证节点构造的可行性。

3. 风荷载下舒适度指标达到临界状态,宜考虑预留采用消能减震装置的空间。

4. 裙房:宜考虑 D 和 D2 之间天桥采用滑移支座的必要性;C 座底层东侧斜柱顶部悬臂应有侧向梁,顶层开口处宜设置水平支撑。

10.19　苏州中南中心

设计单位:华东建筑设计研究院有限公司

10.19.1　工程概况与设计标准

苏州中南中心项目位于苏州市工业园区金鸡湖畔湖西 CBD 商务区 F 地块,东面正对金鸡湖,毗邻东方之门和苏州中心。场地北侧为苏州市轨道交通一号线区间隧道,南侧为苏惠路,西侧为星阳街,东侧为苏州中心。苏州中南中心项目占地约 1.7 万 m²,地上总建筑面积约 37.3 万 m²,其中塔楼建筑面积约为 34.2 万 m²,裙楼建筑面积约为 3.1 万 m²,地下室建筑面积约为 12.2 万 m²。由一幢 137 层塔楼(主体建筑上人高度 598 m)及 8 层裙房组成,下设五层地下室,北侧为二层地下室。塔楼与裙房在地面以上用抗震缝分开,形成独立的抗震单元。项目建成后将成为苏州城市地标。图 10.332 为苏州中南中心建筑效果图。

地震作用按《建筑抗震设计规范》(GB 50011—2010)取值。结构设计参数如表 10.188 所示。

图 10.332　建筑效果图

表 10.188　结构设计参数

抗震设防烈度	7 度
基本地震加速度峰值	0.10g
设计地震分组	第一组
抗震设防类别	塔楼:重点设防类(乙类) 裙房:重点设防类(乙类)

（续表）

场地类别	Ⅲ 类
特征周期 T_g	0.65 s
阻尼比	0.04（弹性分析）、0.05（弹塑性分析）
周期折减系数	0.85

10.19.2　结构体系及超限情况

1. 结构体系

本项目主楼结构高度达到 598 m，高宽比为 8.7，需要高效的抗侧力体系以保证主楼在风荷载和地震荷载下安全性以及达到预期的性能水平。

抗侧力体系的选择考虑以下几个方面：①抵抗侧向力的垂直构件在平面上的分布应尽可能地采用高效的几何形状；②满足建筑功能上的要求；③施工的可行性及安全性；④根据结构构件受力特点选用恰当的建筑材料。

本项目的抗侧力体系由主要抗侧力体系和次要抗侧力体系组成。

（1）主要抗侧力体系：

① 核心筒（图 10.333a）。

② 巨型框架体系——巨柱（图 10.333b）、环带桁架（图 10.333c）。

③ 外伸臂桁架（图 10.333d）。

（2）次要抗侧力体系：周边钢框架（图 10.333e）。

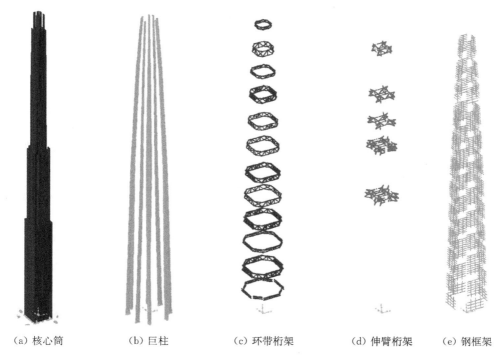

（a）核心筒　　（b）巨柱　　（c）环带桁架　　（d）伸臂桁架　　（e）钢框架

图 10.333　结构抗侧力体系

主要抗侧力体系具体如下：

（1）劲性钢筋混凝土核心筒

高层建筑需要大量电梯以满足使用功能需要。出于建筑需要，办公、公寓和酒店均匀分布在建筑外周边，所以众多电梯井通常布置于平面的中央。利用电梯井设置核心筒成为自然而合理的选择。核心筒在平面上呈正方形，为典型 4×4 核心筒，在 4 区以上翼墙切角，7 区以上翼墙消去，核心筒变为 2×2 核心筒。核心筒内翼墙最大厚度在 1 区底层为 1.05 m,沿高度方向逐渐减至 0.45 m;外翼墙最大厚度在 1 区底层为 1.05 m,沿高度方向逐渐减至 0.45 m;腹墙厚度在 1 区底层为 0.7 m,在高区减为 0.3 m。

在底部加强区的墙体采用组合钢板剪力墙和钢筋混凝土剪力墙内埋型钢的形式,既增加了剪力墙的承载力并减小轴压比,又能提高墙体抗弯及抗剪承载力,同时提高了核心筒在底区的延性。

(2) 巨柱(型钢混凝土柱)

主楼在平面上近似正方形,四个角部有一定凹角,沿高度方向塔楼平面逐渐收缩。正方形从结构效率方面看是一个高效的平面形状。在建筑四边靠近角部的位置布置面积大的巨型竖向构件,以最大限度地发挥其对结构整体刚度的贡献。

在正方形四边(靠近角部)分别布置一对(共八根)巨型钢骨混凝土巨柱,综合考虑结构强度、延性和经济性,含钢率控制在 6.0% 左右。巨柱外形呈长方形,底层尺寸为 3.75 m×5.20 m,随着高度方向逐渐减小至 1.80 m×1.80 m。

(3) 外伸臂桁架

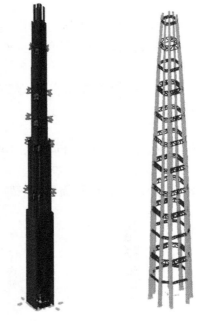

(a) 核心筒与伸臂桁架　　(b) 巨柱与环带桁架

图 10.334　主抗侧力体系关系

位于塔楼远端的巨柱必须与核心筒相连才能发挥其提高整体刚度的作用。利用机电层和避难层布置外伸臂桁架把巨柱与核心筒相连是一种在当今超高层建筑中广泛应用并被证明是高效且经济合理的解决方案。沿塔楼高度方向,现阶段利用机电层布置五个外伸臂桁架加强区,分别位于第 52~54 层(5 区顶),第 76~78 层(7 区顶),第 88~90 层(8 区顶),第 101~103 层(9 区顶),第 123~125 层(11 区顶),见图 10.334a。在平面上每个外伸臂区拥有 8 榀两层高的外伸臂钢桁架,每榀桁架的两端分别连接于巨柱和核心筒墙体,外伸臂桁架伸入核心筒墙体以保持传力途径的连续性。外伸臂桁架在侧向力作用下承受很大的拉力和压力,采用质量较好的 Q390GJ 钢材(图 10.334)。

2. 结构的超限情况

结构高度 598 m,高度超限。本工程根据《超限高层建筑工程抗震设防管理规定》(建设部令第 111 号)和《超限高层建筑工程抗震设防专项审查技术要点》(建质〔2010〕109 号),对规范涉及结构不规则性条文进行了检查。详见表 10.189~表 10.190。

表 10.189　高层建筑一般规则性超限检查

序号	不规则类型	判　断　依　据	判断	备注
1a	扭转不规则	考虑偶然偏心的扭转位移比大于 1.2	无	
1b	偏心布置	偏心率大于 0.15 或相邻层质心相差大于相应边长 15%	无	
2a	凹凸不规则	平面凹凸尺寸大于相应边长的 30%	无	
2b	组合平面	细腰形和角部重叠形	无	
3	楼板不连续	有效宽度小于 50%,开洞面积大于 30%,错层大于梁高	有	
4a	刚度突变	相邻层刚度变化大于 70% 或连续三层变化大于 80%	有	
4b	尺寸突变	竖向构件位置缩进大于 25%,或外挑大于 10% 和 4 m,多塔	无	
5	构件间断	上下墙、柱、支撑不连续,含加强层、连体等	有	
6	承载力突变	相邻层受剪承载力变化大于 80%	无	
7	其他不规则	如局部的穿层柱、斜柱、夹层、个别构件错层或转换	有	

注:a、b 不重复计算不规则项。

表 10.190 高层建筑严重规则性超限检查

序号	不规则类型	判断依据	判断	备注
1	扭转偏大	裙房以上的较多楼层,考虑偶然偏心的扭转位移比大于1.4	无	
2	扭转刚度弱	扭转周期比大于0.9,混合结构大于0.85	无	
3	层刚度偏小	本层侧向刚度小于相邻上层的50%	无	
4	高位转换	框支墙体的转换构件位置:7度超过5层,8度超过3层	无	
5	厚板转换	7~9度设防的厚板转换结构	无	
6	塔楼偏置	单塔或多塔与大底盘的质心偏心距大于底盘相应边长的20%	无	
7	复杂连接	各部分层数、刚度、布置不同的错层 连体两端塔楼高度、体型或者沿大底盘某个主轴方向的振动周期显著不同的结构	无	
8	多重复杂	结构同时具有转换层、加强层、错层、连体和多塔等复杂类型的3种	无	

10.19.3 超限应对措施及分析结论

一、超限应对措施

1. 分析模型及分析软件

主塔楼弹性计算分析和构件设计软件采用 ETABS、ANSYS 和 SAP 2000,其中 ETABS 为主计算程序,采用 ANSYS 进行校核,结构的整体稳定性计算采用 SAP 2000 计算。计算假定如下:(1)地下室顶板作为上部结构的嵌固端;(2)普通楼层采用刚性楼板,加强层采用弹性楼板,公寓区楼板采用分块刚性楼板;(3)地震作用计算采用振型分解反应谱法,计算振型数为 60 阶;(4)小震周期折减为 0.85,连梁刚度折减系数为 0.55,小震结构阻尼比为 0.04。

2. 关键部位性能目标

综合分析后,本项目结构在多遇地震、设防烈度地震、预估罕遇地震作用下对应的性能目标详见表 10.191。

表 10.191 主要构件性能指标

地震烈度			多遇地震 (小震)	设防烈度地震 (中震)	罕遇地震 (大震)
抗震性能目标			不损坏	轻度损坏	不倒塌,可出现严重破坏
层间位移角限值			$h/500$ $h/2\,000$(底部)	—	$h/100$
构件性能	核心筒	底部加强区、加强层及其上下相邻层 正截面	按规范要求设计,弹性	中震弹性	允许进入塑性但程度轻微($\theta < IO$),满足大震下抗剪截面控制条件
		抗剪		中震弹性	
		一般部位 正截面		中震不屈服	允许进入塑性($\theta \leqslant LS$)
		抗剪		中震弹性	抗剪截面不屈服,允许少量进入塑性
	连梁		规范要求设计,弹性	允许进入塑性	允许进入塑性($\theta \leqslant CP$)
	巨柱	底部加强区、加强层及其上下相邻层	规范要求设计,弹性	中震弹性	允许进入塑性但程度轻微($\theta < IO$),钢筋应力可超过屈服强度,但不能超过极限强度。满足抗剪截面控制条件
		一般部位		中震弹性	允许进入塑性($\theta < LS$)钢筋应力可超过屈服强度,但不能超过极限强度。满足抗剪截面控制条件

（续表）

地震烈度		多遇地震 （小震）	设防烈度地震 （中震）	罕遇地震 （大震）
构件性能	伸臂桁架	规范要求设计，弹性	中震弹性	允许进入塑性，钢材应力可超过屈服强度，但不能超过极限强度（$\varepsilon \leqslant LS$）
	环带桁架	规范要求设计，弹性	中震弹性	转换部分不进入塑性（$\varepsilon < IO$），钢材应力不可超过屈服强度；非转换部分允许进入塑性（$\varepsilon < LS$），钢材应力可超过屈服强度，但不能超过极限强度
	加强层拉梁	规范要求设计，弹性	中震弹性	不进入塑性（$\varepsilon < IO$），钢材应力不可超过屈服强度
	核心筒中庭加强桁架	规范要求设计，弹性	中震弹性	允许进入塑性（$\varepsilon < LS$），不倒塌（$\varepsilon < CP$）
	塔冠钢结构	规范要求设计，弹性	中震弹性	允许进入塑性（$\varepsilon < LS$），不倒塌（$\varepsilon < CP$）
	塔冠与主体结构连接节点	规范要求设计，弹性	中震弹性	允许进入塑性（$\varepsilon < LS$），钢材应力可超过屈服强度，但不超过极限强度
	周边钢节点	规范要求设计，弹性	中震不屈服	允许进入塑性（$\varepsilon < LS$），不倒塌（$\varepsilon < CP$）
	节点	中震弹性，大震不屈服		

3. 针对性抗震措施

本塔楼结构存在加强层、中庭开洞等超限内容，但结构整体布置对称。针对这些特点，设计将从整体结构体系优化，关键构件设计内力调整，增加主要抗侧力构件延性等方面进行有针对性的加强及优化。本结构在设计中采用由劲性型钢混凝土巨柱、外围周边桁架、劲性钢筋混凝土核心筒、钢外伸臂组成的"巨型框架-核心筒-外伸臂"体系，它的传力途径简洁、明确。在设计以及与建筑协调的过程中，以下主要设计原则始终贯穿整个设计过程，使之得到的设计为最优设计。

（1）建立多道抗震防线

① 以由核心筒、外伸臂等组成多道、多种传力途径来确保结构体系有多道抗震防线。

② 由巨柱和周边环带桁架构成外围巨型框架，结构抗侧力体系增加一道抗震防线。

（2）力求结构平面对称布置

① 使核心筒的质心和刚心尽量接近，偏心处于最小状态，调整及优化结构侧向刚度。

② 本结构核心筒呈正方形，周边布置 8 根巨柱。整体结构近似轴对称，呈正方形。巨柱沿高度方向向核心筒方向倾斜，结构平面也是对称地缩小。

③ 混凝土核心筒扭转刚度大，因而扭转较小。

（3）力求结构竖向布置规则

① 在外围与巨柱相连的周边桁架沿高度均匀布置，形成一个相对规则的巨型劲性框架。

② 外伸臂分别位于第 52～54 层、第 76～78 层、第 88～90 层、第 101～103 层、第 123～125 层。

③ 在平面上，每个外伸臂区拥有 8 榀两层高的外伸臂钢桁架，抗侧力体系沿塔楼竖向分布相对均匀。

二、整体结构主要分析结果

1. 主塔楼主要弹性分析结果

表 10.192 结构模态信息为两种程序计算得到的结构模态信息，两者的计算结果基本吻合，前两阶分别为 Y、X 向平动，第三阶为扭转。结构的扭转周期比为 0.43。计算模态数为 60，两个主向的质量参与系数均超过 95%，满足设计要求。

表 10.192 结构模态信息

振型	周期	$U_X(\%)$	$U_Y(\%)$	SumU$_X$(%)	SumU$_Y$(%)	$R_Z(\%)$	SumR$_Z$(%)
1	9.36	0.1	52.3	0.1	52.3	0.0	0.0
2	9.18	52.5	0.1	52.5	52.3	0.0	0.0
3	3.89	0.5	1.9	53.1	54.2	48.0	48.0
4	3.7	1.4	18.8	54.5	73.0	3.4	51.4
⋮	⋮	⋮	⋮	⋮	⋮	⋮	⋮
60	0.2	0.0	0.2	97.8	97.4	0.0	97.3

图 10.335、图 10.336 分别为结构在水平地震和风载作用下的楼层剪力和倾覆弯矩分布。计算结果显示,在 X、Y 两个方向,小震作用下的楼层剪力和倾覆弯矩均大于 50 年重现期的风载作用,也表明在结构变形方面,小震起控制作用。

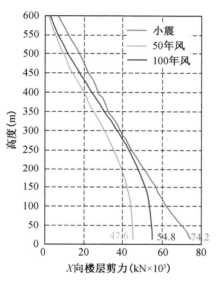
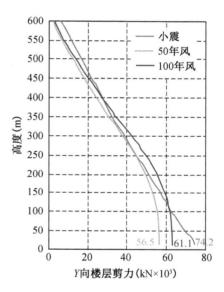

图 10.335 楼层剪力分布图

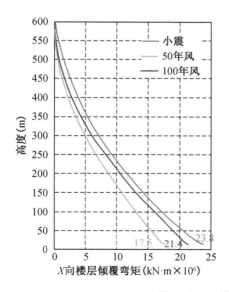
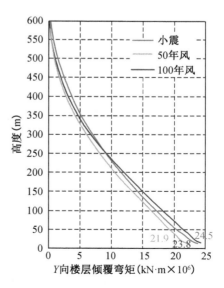

图 10.336 楼层倾覆弯矩分布图

根据《高层建筑混凝土结构技术规程》(JGJ 3—2010)中第 3.7.3 条的要求,高度等于或大于 250 m 的高层建筑,其楼层层间最大位移与层高之比 $\Delta u/h$ 不宜大于 1/500。图 10.337 给出了在小震与风荷载作用下的最大层间位移角,其中小震作用下的曲线考虑了最小剪重比的调整,各楼层位移角均小于规范限值 1/500,满足规范要求。小震位移角显示,结构 X、Y 向刚度接近。X 向的风载小于小震作用;Y 向风载作用和小震作用相当,结构高区小震作用略大于风载作用。

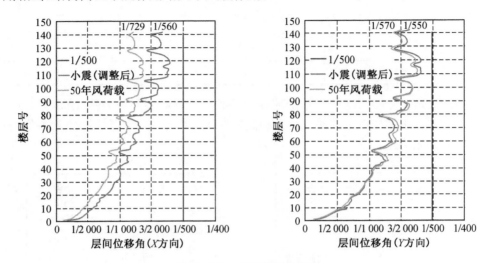

图 10.337 结构楼层位移角

2. 罕遇地震下的时程分析

依照《建筑抗震设计规范》(GB 50011—2010)、《高层建筑混凝土结构技术规程》(JGJ 3—2010)及《超限高层建筑工程抗震设防专项审查技术要点》(建设部建质〔2015〕67 号)的相关规定,本工程地上主体结构总高度 598 m,超过《高规》中 B 级高度 7 度设防最大适用高度 190 m,属于高度超限。本项目高度超限 315%。本结构还设有加强层。

对此工程进行罕遇地震作用下的弹塑性时程分析,以期达到以下目的:

(1) 得到结构在罕遇地震作用下的塑性开展过程与开展程度,根据主要构件的塑性损伤和整体变形情况,确定结构是否满足"大震不倒"的设防水准要求。

(2) 根据结构在罕遇地震作用下的基底剪力、剪重比、层间位移角等综合指标,评价结构在罕遇地震作用下的力学性能。

(3) 分析核心筒、巨型框架和伸臂桁架的受力情况、塑性开展和损伤情况,判断是否满足预定的性能目标。

(4) 根据以上分析结果评价结构的总体抗震性能,针对结构薄弱部位和薄弱构件提出相应的调整建议,以指导结构设计。

本工程的弹塑性分析将采用基于显式积分的动力弹塑性分析方法,直接模拟结构在地震力作用下的非线性反应,具有如下特点:

(1) 动力时程特性:直接将地震波输入计算模型进行弹塑性时程分析,可以较好地反映在不同相位差情况下构件的内力分布,尤其是楼板的反复拉压受力状态。

(2) 几何非线性:结构的动力平衡方程建立在结构变形后的几何状态上,可以较准确地考虑"$P\text{-}\Delta$"效应、非线性屈曲效应、大变形效应等非线性影响因素。

(3) 材料非线性:直接在材料应力-应变本构关系的水平上进行模拟,准确地反映材料在反复地震作用下的受力与损伤情况。

(4) 采用显式积分,可以准确模拟结构的破坏情况直至倒塌。

表 10.193 为大震分析采用的 5 组天然波和 2 组人工地震波。

表 10.193　地震波分组

类型	地震波组	方向	对应地震波	峰值(cm/s²)
人工波	L7701	主	L7701. ACC	
		次	L7702. ACC	
		竖	L7703. ACC	
	L7704	主	L7704. ACC	
		次	L7705. ACC	
		竖	L7706. ACC	
天然波	L0055	主	L0055. ACC	220
		次	L0056. ACC	
		竖	L0057(UP). ACC	
	L0257	主	L0257. ACC	
		次	L0256. ACC	
		竖	L0258(UP). ACC	
	US2574	主	US2574. ACC	
		次	US2572. ACC	
		竖	US2573(UP). ACC	
	L0355	主	L0355. ACC	
		次	L0356. ACC	
		竖	L0357(UP). ACC	
	L952	主	L952. ACC	
		次	L953. ACC	
		竖	L954(UP). ACC	

各组地震波作用下结构的基底剪力最大值见表 10.194,相对弹性分析结果,考虑弹塑性刚度退化后,每组波地震剪力均有一定程度的降低,弹塑性总地震力与弹性的比值在 X、Y 两个方向分别为 78% 和 80%,各条波在 X、Y 两个方向的平均剪重比均为 3.88%。此处还将 7 组地震波按照小震参数调整后对结构进行了弹性分析,计算结果表明,大震弹塑性计算得到的基底剪力为对应小震基底剪力的 3.66～5.41 倍,平均值为 4.47 倍。

表 10.194　大震作用下基底剪力分析

主方向	地震波组	大震弹塑性剪力(kN)	大震弹塑性剪重比	大震弹性剪力(kN)	弹塑性剪力/弹性剪力	小震弹性剪力(kN)	大震弹塑性剪力/小震弹性剪力
X	L7701	272 506	0.043 6	314 227	0.87	56 190	4.85
	L7704	249 898	0.04	392 462	0.64	66 620	3.75
	L0055	219 742	0.035 2	231 242	0.95	41 150	5.34
	L0257	222 101	0.035 6	348 710	0.64	58 930	3.77
	US2574	336 766	0.053 9	426 260	0.79	73 160	4.6
	L0355	196 311	0.031 4	241 480	0.81	42 090	4.66
	L952	197 119	0.031 6	249 376	0.79	41 180	4.79
	平均值	242 063	0.038 8	314 822	0.78	54 189	4.47

（续表）

主方向	地震波组	大震弹塑性剪力(kN)	大震弹塑性剪重比	大震弹性剪力(kN)	弹塑性剪力/弹性剪力	小震弹性剪力(kN)	大震弹塑性剪力/小震弹性剪力
Y	L7701	278 565	0.044 6	324 466	0.86	60 990	4.57
	L7704	254 434	0.040 8	370 533	0.69	69 460	3.66
	L0055	218 617	0.035 0	232 962	0.94	40 420	5.41
	L0257	217 734	0.034 9	357 047	0.61	59 290	3.67
	US2574	313 751	0.050 3	365 829	0.86	67 410	4.65
	L0355	218 121	0.034 9	230 839	0.94	40 720	5.36
	L952	194 330	0.031 1	264 759	0.73	41 290	4.71
	平均值	242 222	0.038 8	306 634	0.8	54 226	4.47

不同地震波组对应的结构层间位移角曲线如图 10.338 所示。可以看到,L7701 地震波作用下,结构层间位移角最大,在 X 方向和 Y 方向分别为 1/102 和 1/108,均出现在 111 层;7 条波平均值在 X 方向和 Y 方向分别为 1/136 和 1/145,均满足规范要求。

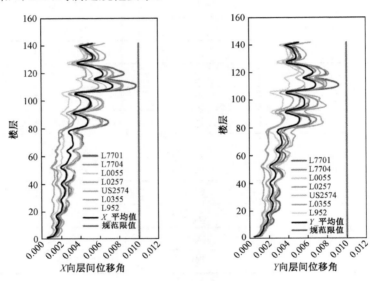

图 10.338　不同波组对应的层间位移角曲线

核心筒损伤较重的两条波计算结果如图 10.339 所示,核心筒收进部位上部墙体损伤较明显。连梁中钢筋进入塑性,最大塑性应变为 5.93×10^{-3},连梁混凝土出现刚度退化后,形成耗能机制,保护了主体墙肢,见图 10.340、图 10.341。

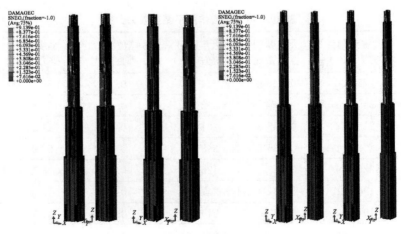

(a) L7701 波组作用下核心筒受压损伤情况

（b）US2574 波组作用下核心筒受压损伤情况

图 10.339　核心筒受压损伤情况

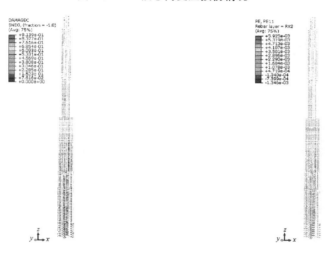

图 10.340　连梁混凝土损伤发展情况　　**图 10.341　连梁钢筋塑性发展情况**

在罕遇地震作用下,巨柱内钢筋与钢骨进入轻微塑性,最大塑性应变为 3.7×10^{-4},构件性能保持良好,如图 10.342 所示。

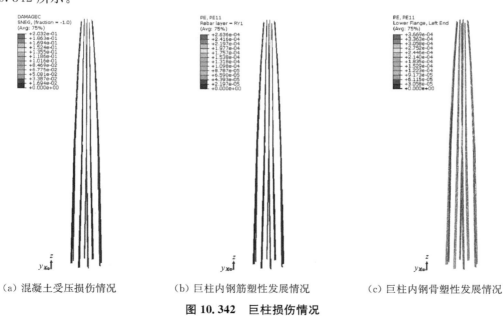

（a）混凝土受压损伤情况　　　（b）巨柱内钢筋塑性发展情况　　　（c）巨柱内钢骨塑性发展情况

图 10.342　巨柱损伤情况

楼板发生明显的混凝土受拉开裂损伤,受压损伤相对较轻,板内钢筋最大塑性应变为 8.9×10^{-3},如图 10.343 所示,损伤较大的部位发生在面内洞口边缘处。

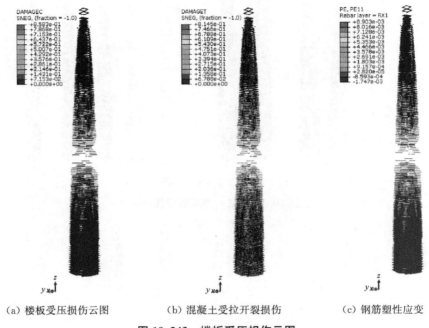

(a) 楼板受压损伤云图　　(b) 混凝土受拉开裂损伤　　(c) 钢筋塑性应变

图 10.343　楼板受压损伤云图

在罕遇地震作用下,楼板负责分配与协调框架和剪力墙间的地震力,因此楼板将不可避免地出现拉裂现象。楼板受拉开裂后,其抗拉刚度大幅削弱,地震力将随即从楼板上卸载,不会造成裂缝扩展。而开裂楼板的抗压承载力并未受到影响,因此在竖向荷载作用下,楼板依然以钢筋受拉、混凝土受压的方式来承担板上的竖向荷载,不会出现垮塌现象。

10.19.4　专家审查意见

应建设单位要求,对该工程建筑功能作了调整,建筑和结构设计相应进行了修改。按超限抗震设防审查要求,应对修改后的结构再次进行专项审查。2017 年 6 月 20 日由江苏省住房和城乡建设厅主持并委托全国超限审查专家委员会组织原审查组专家在北京进行专项审查,审查组专家审阅了有关设计文件,听取设计单位汇报,经会议质询、研讨后认为,勘察、设计单位所提交的勘察、设计文件满足抗震设防专项审查要求,调整后的结构体系可行,抗震设防标准正确,针对超限设计确定的性能目标基本合理。抗震设防专项审查结论为"通过"。

专家组提出如下意见,请设计单位在施工图阶段完善改进,并由施工图审查单位检查落实情况:

1. 抗震设防标准:按 7 度一组 0.10g,乙类建筑抗震设防,场地类别Ⅲ类,$T_g = 0.65$ s。

2. 性能目标:基本同意设定的性能水准,但塔楼核心筒墙肢应全高中震弹性、抗震等级特一级;裙房框架柱为大震不屈服。

3. 结构体系:塔楼 79～100 层电梯洞口处,核心筒外墙宜向外延伸,洞口周边的楼板应加强;10～11 区核心筒应适当加强,连梁宜按中震不屈服设计。

4. 塔楼结构计算:宜按巨型框架概念建立分段模型进行简化计算,校核整体模型计算结果。

5. 裙房结构计算:核心筒应承担全部水平地震剪力,主桁架柱的最小地震剪力应按受荷面积单独计算。

6. 同意振动台模型试验方案。

10.20 南京金鹰天地广场

设计单位:华东建筑设计研究院有限公司

10.20.1 工程概况与设计标准

南京金鹰天地广场位于河西新商业中心南端,是集高端百货、五星级酒店、智能化办公、国际影院、文化教育、大中型餐饮、特色休闲区、娱乐、健身及高档公寓为一体的城市高端大型综合体。占地面积约 5 万 m²,总建筑面积约 90.1 万 m²。其中:地上建筑面积约 68 万 m²,由 9～11 层裙楼及三栋超高层塔楼组成;地下四层,地下建筑面积约 22.1 万 m²。塔楼 A 共计76 层,总高约 368 m;塔楼 B 共计 67 层,总高约 328 m;塔楼 C 共计 60 层,总高约 300 m。三栋塔楼在约 192 m 高空通过 6 层高的空中平台连为整体。建筑效果图见图 10.344。

依据《建筑抗震设计规范》(GB 50011—2010),主塔楼结构分析和设计采用的建筑物分类参数如表 10.195 所示。

图 10.344 建筑效果图

表 10.195 结构设计参数

抗震设防烈度	7 度
基本地震加速度峰值	0.10g
设计地震分组	第一组
抗震设防类别	乙类(需按 8 度采取抗震措施)
场地类别	Ⅲ 类
特征周期 T_g	0.45 s
阻尼比	0.04(弹性分析)、0.05(弹塑性分析)
抗震措施	8 度
周期折减系数	0.85

10.20.2 结构体系及超限情况

1. 结构体系

采用多重抗侧力结构体系混凝土核心筒＋伸臂桁架＋型钢混凝土框架＋连接体桁架,以承担风和地震产生的水平作用。结合建筑设备层与避难层的布置,沿塔楼高度方向均匀布置环形桁架。于空中平台除顶层以外的五层周边设置整层楼高的钢桁架,钢桁架贯穿至相连的三栋塔楼核心筒或与塔楼环形桁架相连,以承担空中平台的竖向荷载,并协调三栋塔楼在侧向荷载作用下的内力及变形。结构体系详见图 10.345。

塔楼核心筒从承台面向上伸延至大厦顶层,贯通建筑物全高,容纳了主要的垂直交通和机电设备管道,并承担竖向及水平荷载。核心筒平面呈矩形,位置居中,质心与刚心基本一致。核心筒的混凝土等级主要采用 C60,提高构件抗压、抗剪承载力的同时,可有效降低结构自重。核心筒墙体厚度从下至上逐步减薄,在高区核心筒墙体根据建筑功能有所减少。塔楼核心筒采用内含钢骨(钢板)的型钢混凝土剪力墙结构。底部加强区高度取至建筑第 7 层,高度约 39 m。在剪力墙重点部位埋设实腹式型钢暗柱,形成带有钢边框的型钢混凝土剪力墙。为了减小底部墙体轴压比,提高钢筋混凝土墙的延性,降低墙体厚度和结构自重,塔楼 A 在 22 层以下,塔楼 B、C 在 8 层以下,于核心筒周边墙体内埋入钢板,形成组合钢板剪力墙结构。混凝土核心筒墙体布置示意图见图 10.346。

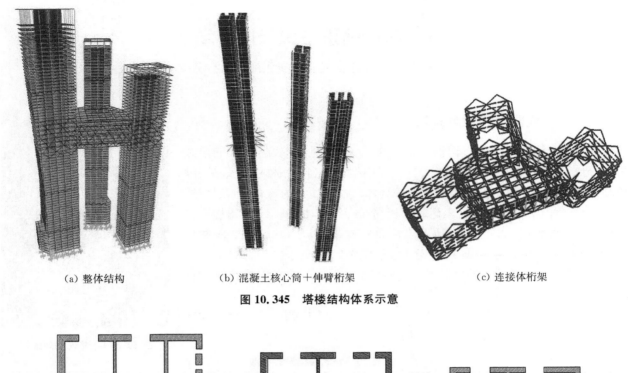

| （a）整体结构 | （b）混凝土核心筒＋伸臂桁架 | （c）连接体桁架 |

图 10.345　塔楼结构体系示意

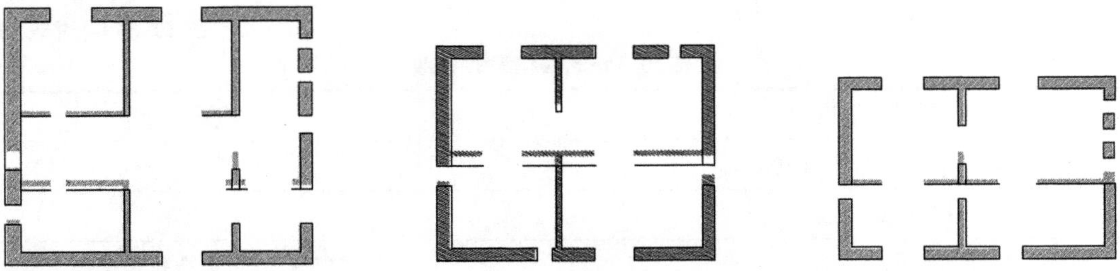

| （a）塔 A 核心筒 | （b）塔 B 核心筒 | （c）塔 C 核心筒 |

图 10.346　混凝土核心筒墙体布置示意图（底部）

2. 结构的超限情况

塔楼 A 结构高度 352 m，高度超限。本工程根据《超限高层建筑工程抗震设防管理规定》（建设部令第 111 号）和《超限高层建筑工程抗震设防专项审查技术要点》（建质〔2010〕109 号），对规范涉及结构不规则性条文进行了检查。详见表 10.196～表 10.197。

表 10.196　高层建筑一般规则性超限检查

序号	不规则类型	判　断　依　据	判断	备注
1a	扭转不规则	考虑偶然偏心的扭转位移比大于 1.2	有	
1b	偏心布置	偏心率大于 0.15 或相邻层质心相差大于相应边长 15%	无	
2a	凹凸不规则	平面凹凸尺寸大于相应边长的 30%	无	
2b	组合平面	细腰形和角部重叠形	无	
3	楼板不连续	有效宽度小于 50%，开洞面积大于 30%，错层大于梁高	无	
4a	刚度突变	相邻层刚度变化大于 70% 或连续三层变化大于 80%	有	
4b	尺寸突变	竖向构件位置缩进大于 25%，或外挑大于 10% 和 4 m，多塔	有	
5	构件间断	上下墙、柱、支撑不连续，含加强层、连体等	有	
6	承载力突变	相邻层受剪承载力变化大于 80%	无	
7	其他不规则	如局部的穿层柱、斜柱、夹层、个别构件错层或转换	无	

注：a、b 不重复计算不规则项。

表 10.197　高层建筑严重规则性超限检查

序号	不规则类型	判　断　依　据	判断	备注
1	扭转偏大	裙房以上的较多楼层,考虑偶然偏心的扭转位移比大于1.4	无	
2	扭转刚度弱	扭转周期比大于0.9,混合结构大于0.85	有	
3	层刚度偏小	本层侧向刚度小于相邻上层的50%	无	
4	高位转换	框支墙体的转换构件位置:7度超过5层,8度超过3层	无	
5	厚板转换	7~9度设防的厚板转换结构	无	
6	塔楼偏置	单塔或多塔与大底盘的质心偏心距大于底盘相应边长的20%	无	
7	复杂连接	各部分层数、刚度、布置不同的错层 连体两端塔楼高度、体型或者沿大底盘某个主轴方向的振动周期显著不同的结构	有	
8	多重复杂	结构同时具有转换层、加强层、错层、连体和多塔等复杂类型的3种	无	

10.20.3　超限应对措施及分析结论

一、超限应对措施

1. 分析模型及分析软件

采用 ETABS V9.7.0 对整体结构进行了建模分析,同时采用 ANSYS 11.0 软件进行校核计算。主体结构按弹性计算分析,取地下室顶板作为上部结构的嵌固端。为了准确反映框架与核心筒间的内力分配关系,所有楼层仅核心筒内采用刚性楼板假定,核心筒外均为弹性楼板。伸臂桁架与环形桁架、连接体主桁架杆件设计时不考虑楼板的作用。

2. 关键部位性能目标

结合上述超限分析,根据《高层建筑混凝土结构技术规程》(JGJ 3—2010)第 3.11.1 条,本工程的抗震设计性能指标参考"C"级确定,多遇地震、设防烈度地震、预估罕遇地震作用下对应的性能水准分别为"1""3""4"级,详见表 10.198。

表 10.198　主要构件性能指标

地震烈度			多遇地震 (小震)	设防烈度地震 (中震)	罕遇地震 (大震)
性能水平定性描述			不损坏	轻度损坏	中度损坏
层间位移角限值			$h/500$ $h/2\,000$(底部)	—	$h/100$
构件性能	核心筒墙肢(底部加强区、连接体楼层与加强层及其上下各一层主要墙肢)	正截面	按规范要求设计,弹性	按中震不屈服验算	允许进入塑性,控制混凝土压应变和钢筋拉应变在极限应变内
		抗剪	按规范要求设计,弹性	按中震不屈服验算	抗剪截面不屈服
	核心筒墙肢(除上述以外的一般部位)	正截面	按规范要求设计,弹性	按中震不屈服验算	允许进入塑性,控制混凝土压应变和钢筋拉应变在极限应变内
		抗剪	按规范要求设计,弹性	按中震不屈服验算	抗剪截面不屈服,允许少量进入塑性
	连梁		按规范要求设计,弹性	允许进入塑性	允许进入塑性,钢筋应力可超过屈服强度,但不能超过极限强度
	连接体楼层框架柱		按规范要求设计,弹性	按中震弹性验算	允许进入塑性,钢筋应力可超过屈服强度,但不能超过极限强度
	伸臂桁架		按规范要求设计,弹性	按中震不屈服验算	允许进入塑性,钢材应力可超过屈服强度,但不能超过极限强度

（续表）

地震烈度	多遇地震 （小震）	设防烈度地震 （中震）	罕遇地震 （大震）	
构件性能	环形桁架	按规范要求设计，弹性	按中震弹性验算	允许进入塑性，钢材应力可超过屈服强度，但不能超过极限强度
	连接体主桁架	按规范要求设计，弹性	按中震弹性验算	允许进入塑性，钢材应力可超过屈服强度，但不能超过极限强度
	连接体转换桁架	按规范要求设计，弹性	按中震弹性验算	按大震不屈服验算
	其他抗侧力构件	按规范要求设计，弹性	按中震弹性验算	允许进入塑性，不倒塌
	节点	迟于构件破坏		

3. 针对性抗震措施

针对上述超限情况，结构设计采用了成熟可靠的框架＋核心筒＋伸臂桁架＋连接体桁架的抗侧力体系，具有多道抗震防线，满足了结构抗震及抗风的多道设防要求。结构设计制定了合理可靠的性能化设计目标，采取多项加强措施以提高重要构件及节点的设计标准。

（1）针对核心筒的加强措施

采取如下多种措施增强核心筒的受力性能，改善核心筒的延性：

① 核心筒墙体的抗震等级为特一级，适当提高底部加强区高度，按规范要求控制墙体的轴压比在 0.5 以下。

② 底部加强区域内，在墙体的边缘约束构件内设置钢骨，沿墙体设置通长钢板，以形成组合钢板剪力墙，提高加强区墙体的承载力与延性。

③ 非加强区域内的墙体，采用约束边缘构件，在各片墙体埋设实腹式钢柱。

④ 严格控制核心筒截面的剪应力水平。

⑤ 对筒体内配筋较大的连梁采用型钢混凝土梁。

（2）针对连体结构及加强层的加强措施

连体结构对应楼层受力复杂，加强层的设置将引起局部抗侧刚度突变和应力集中，形成潜在的薄弱层。在强震作用下，该区域的受力机理将相当复杂，难以分析精确。

① 设计中按薄弱层将刚度突变层地震内力进行放大，严格控制钢构件应力比，留有一定的安全赘余度。

② 伸臂桁架贯通墙体布置，以保证伸臂桁架杆件内力在核心筒墙体内的传递；连接体钢桁架贯穿至相连的三栋塔楼核心筒或与塔楼环形桁架相连，贯通塔楼外圈。

③ 在连接体桁架与外伸臂加强层及上下层的核心筒墙体内增加配筋，核心筒内的预埋型钢也适当加强。

④ 在设计连接体桁架及伸臂桁架时不考虑加强层楼板的刚度贡献。

⑤ 加强连接体桁架及伸臂桁架上下弦所在的楼板厚度（取为 200 mm）与配筋。

⑥ 伸臂桁架与框架柱及墙体的连接将在塔楼封顶以后安装，以减少由恒载在外伸臂桁架中引起的附加内力。

⑦ 三塔在连接体主桁架上下各两层的范围内增设腰桁架。

（3）针对框架柱的加强措施

① 采用抗震性能较好、技术成熟可靠的型钢混凝土柱，并适当提高型钢的含钢率。

② 对连接体楼层与加强层及其上下各一层的框架柱的抗震等级提高至特一级。

③ 为了保证框架柱的延性，严格控制柱的地震作用下的轴压比，控制框架柱截面的剪应力水平。

④ 严格按规范要求调整框架承担的地震剪力。

（4）其他相关措施

① 采用多种计算程序验算，保证计算结果的准确和完整。

② 进行弹性及弹塑性时程计算，了解结构在地震时程下的响应过程，并寻找结构薄弱部位以进行针对性加强。

③ 对重要构件及节点进行论证及研究。

④ 减轻整体结构的重量。

二、整体结构主要分析结果

1. 反应谱分析结果

结构模态信息如表 10.199 所示。

表 10.199　连体结构模态信息

振型	周期	$U_X(\%)$	$U_Y(\%)$	$SumU_X(\%)$	$SumU_Y(\%)$	$R_Z(\%)$	$SumR_Z(\%)$
1（Y 向平动）	6.84	6.46	54.15	6.46	54.15	6.34	6.34
2（X 向平动）	6.52	62.33	7.15	68.79	61.30	0.08	6.42
3（扭转）	5.84	1.16	6.99	69.95	68.29	59.99	66.41
4	2.90	4.67	0.09	74.62	68.38	0.00	66.41
5	2.50	0.43	5.26	75.05	73.64	5.28	71.69

结构第一阶模态为斜向平动，以整体坐标 Y 向为主，含 6.3% 的转动分量；第二阶模态以 X 向平动为主；第三阶模态以转动为主。第一扭转周期与第一平动周期的比值为 0.853。从模态分析结果可以看到，连体结构的扭转效应较单塔结果更显著，但是连体结构的扭转是由各单塔的相对变形引起，对于各单塔结构仍然是平动。

表 10.200、表 10.201 为小震和水平风载作用下的基底剪力和倾覆弯矩。可以看到，除 A 塔 X 向外，风载作用下的各塔楼基底剪力均大于剪重比调整后的地震基底剪力，但在连体以上风荷载产生的楼层剪力小于地震作用效应。

表 10.200　小震与风荷载下基底剪力

楼层剪力	A 塔小震		B 塔小震		C 塔小震		风荷载		
	调整前	调整后	调整前	调整后	调整前	调整后	A 塔	B 塔	C 塔
V_X(kN)	40 893	50 754	31 462	31 462	24 425	28 040	41 856	35 486	29 297
V_Y(kN)	45 438	50 754	22 965	31 298	23 116	28 040	59 869	37 463	29 575

表 10.201　小震与风荷载下基底倾覆弯矩

倾覆弯矩	小震			风荷载		
	A 塔	B 塔	C 塔	A 塔	B 塔	C 塔
M_X(kN·m)	9 120 820	3 833 014	3 138 343	11 520 000	5 484 480	4 495 903
M_Y(kN·m)	7 043 821	4 521 702	3 444 339	7 231 506	5 039 123	4 024 187

根据《高规》(JGJ 3—2010)中 3.7.3 条的要求，高度等于或大于 250 m 的高层建筑，其楼层层间最大位移与层高之比 $\Delta u/h$ 不宜大于 1/500。表 10.202 给出了在小震与风荷载下的最大层间位移角，结果均小于规范限值 1/500，满足规范要求。图 10.347～图 10.349 给出了结构在小震与风荷载下的最大层间位移角曲线，由于连体的相对位置对于三个塔楼是不同的，因此 A 塔的最大层间位移出现在连接体以上楼层，C 塔出现在连体部位以下，而 B 塔则连体上下部分最大位移角相当。结构位移图还表明，三个塔楼的 Y 向刚度相对 X 向较弱，但均能满足规范要求。对于各塔楼的不同方向，水平风载和地震作用均有可能起到控制作用。

表 10.202　小震与风荷载(50 年)作用下的结构位移

		顶点位移(mm)		最大层间位移角	
		调整前	调整后	调整前	调整后
X 向地震	A 塔	314	358	1/745	1/678
	B 塔	264	264	1/799	1/799
	C 塔	195	215	1/945	1/856
Y 向地震	A 塔	373	397	1/611	1/581
	B 塔	220	260	1/1 006	1/836
	C 塔	201	229	1/973	1/837
X 向风载	A 塔	293		1/768	
	B 塔	242		1/880	
	C 塔	185		1/1 045	
X 向风载	A 塔	331		1/697	
	B 塔	274		1/849	
	C 塔	241		1/782	

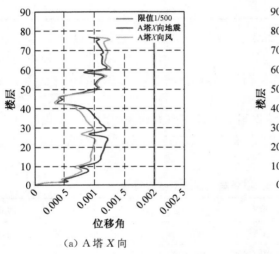 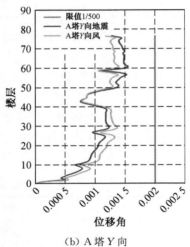

(a) A 塔 X 向　　　　　　　　　　　　(b) A 塔 Y 向

图 10.347　水平荷载作用下 A 塔层间位移角

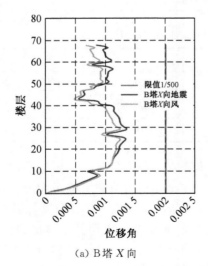 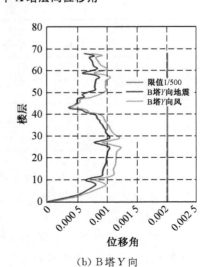

(a) B 塔 X 向　　　　　　　　　　　　(b) B 塔 Y 向

图 10.348　水平荷载作用下 B 塔层间位移角

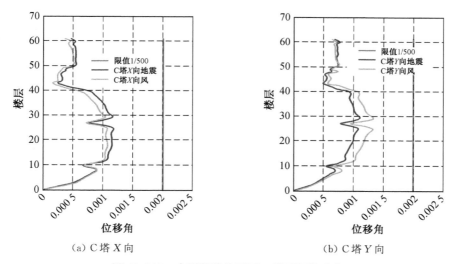

(a) C塔 X 向　　　　　　　　　　(b) C塔 Y 向

图 10.349　水平荷载作用下 C 塔层间位移角

2. 弹性时程分析结果

时程分析采用了 5 组天然波和 2 组人工波，最大地震动加速度根据安评结果调整至 42 gal,各地震波的频谱分析见图 10.350 所示。经统计分析，在结构第一周期点处各地震波反应谱与规范反应谱(已按安评结果调整)的差值在 30% 以内。各条波对应的结构基底剪力见表 10.203。篇幅有限,图 10.351 给出了 C 塔各条地震波下的层间位移角。

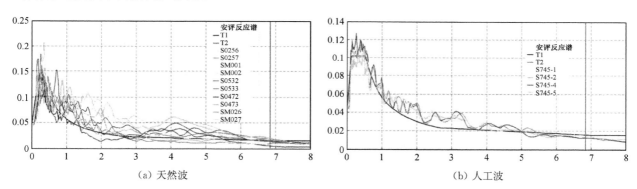

(a) 天然波　　　　　　　　　　(b) 人工波

图 10.350　地震波反应谱

表 10.203　各地震波对应的结构基底剪力

地震波	方向	动力时程(kN)	反应谱(kN)	差值
SM00	Y	90 958	86 228	5.5%
	X	107 416	93 252	15.2%
S047	Y	71 867	86 228	−16.7%
	X	64 037	93 252	−31.3%
S025	Y	89 943	86 228	4.3%
	X	105 259	93 252	12.9%
S053	Y	85 019	86 228	−1.4%
	X	72 331	93 252	−22.4%

（续表）

地震波	方向	动力时程(kN)	反应谱(kN)	差值
SM02	Y	71 853	86 228	6.1%
	X	96 660	93 252	3.7%
S7453	Y	94 362	86 228	9.4%
	X	86 772	93 252	−6.9%
S7454	Y	85 066	86 228	−1.3%
	X	87 037	93 252	−6.7%

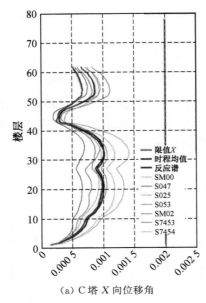

(a) C 塔 X 向位移角

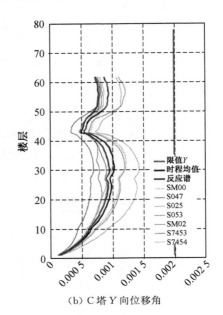

(b) C 塔 Y 向位移角

图 10.351　C 塔位移角

3. 动力弹塑性分析结果

采用大型通用显式动力分析程序 LS-DYNA 进行结构在大震作用下的弹塑性时程计算。对钢结构、钢筋混凝土、钢管混凝土梁柱构件采用纤维单元模拟，对中心钢支撑采用恢复力模型模拟，对普通或内插钢板的钢筋混凝土剪力墙采用壳单元模拟。

计算模型的嵌固层为地面首层，三栋连体结构在各地震工况下的最大基底剪力与剪重比如表 10.204 所示。其中，作为主向输入时的上部结构最大基底剪力分别为 461 120 kN（X 向）和 462 960 kN（Y 向），相应的剪重比分别为 5.9%（X 向）和 5.9%（Y 向）；平均基底剪力分别为 342 484 kN（X 向）和 347 429 kN（Y 向），相应的剪重比分别为 4.4%（X 向）和 4.4%（Y 向）。

A 塔楼的最大基底剪力与剪重比见表 10.205 所示。其中，最大基底剪力分别为 182 670 kN（X 向）和 212 090 kN（Y 向），相应的剪重比分别为 5.0%（X 向）和 5.8%（Y 向）；平均基底剪力分别为 145 389 kN（X 向）和 170 849 kN（Y 向），相应的剪重比分别为 4.0%（X 向）和 4.7%（Y 向）。

表 10.204　各地震工况下的最大基底剪力与剪重比（连体结构）

地震工况	弹塑性基底剪力(kN)		弹塑性剪重比	
	X 方向	Y 方向	X 方向	Y 方向
L0284X	345 260	205 240	4.4%	2.6%
L0284Y	202 690	341 830	2.6%	4.3%

地震工况	弹塑性基底剪力(kN)		弹塑性剪重比	
	X 方向	Y 方向	X 方向	Y 方向
L0781X	294 370	203 520	3.7%	2.6%
L0781Y	230 520	295 590	2.9%	3.8%
L2624X	298 830	279 990	3.8%	3.6%
L2624Y	253 050	329 140	3.2%	4.2%
USA224X	261 590	258 620	3.3%	3.3%
USA224Y	251 300	289 750	3.2%	3.7%
L0056X	461 120	268 290	5.9%	3.4%
L0056Y	255 420	462 960	3.2%	5.9%
L750-1X	356 780	387 900	4.5%	4.9%
L750-1Y	354 330	332 910	4.5%	4.2%
L750-5X	379 440	287 970	4.8%	3.7%
L750-5Y	243 270	379 820	3.1%	4.8%
最大值	461 120	462 960	5.9%	5.9%
平均值	342 484	347 429	4.4%	4.4%

表 10.205　各地震工况下的最大基底剪力与剪重比(A 塔)

地震工况	弹塑性基底剪力(kN)		弹塑性剪重比	
	X 方向	Y 方向	X 方向	Y 方向
L0284X	145 020	108 750	4.0%	4.0%
L0284Y	71 144	180 770	1.9%	1.9%
L0781X	122 950	114 700	3.4%	3.4%
L0781Y	109 330	138 190	3.0%	3.8%
L2624X	141 580	155 350	3.9%	4.3%
L2624Y	120 120	151 870	3.3%	4.2%
USA224X	132 660	121 640	3.6%	3.3%
USA224Y	141 370	141 410	3.9%	3.9%
L0056X	182 670	141 490	5.0%	3.9%
L0056Y	109 520	212 090	3.0%	5.8%
L750-1X	144 090	193 040	3.9%	5.3%
L750-1Y	154 660	179 470	4.2%	4.9%
L750-5X	148 750	132 610	4.1%	3.6%
L750-5Y	129 250	192 140	3.5%	5.3%
最大值	182 670	212 090	5.0%	5.8%
平均值	145 389	170 849	4.0%	4.7%

同样,B塔楼最大基底剪力分别为 154 010 kN(X 向)和 116 660 kN(Y 向),相应的剪重比分别为 7.0%(X 向)和 5.3%(Y 向);平均基底剪力分别为 131 554 kN(X 向)和 97 189 kN(Y 向),相应的剪重比分别为 6.0%(X 向)和 4.4%(Y 向)。

C塔楼的最大基底剪力分别为 125 380 kN(X 向)和 134 570 kN(Y 向),相应的剪重比分别为 6.2%(X 向)和 6.7%(Y 向);平均基底剪力分别为 92 126 kN(X 向)和 108 875 kN(Y 向),相应的剪重比分别为 4.6%(X 向)和 5.4%(Y 向)。

本报告对各塔楼四根角柱的层间位移角进行统计,并取其最大值。

A塔楼在各地震工况下,X 向和 Y 向的最大层间位移角平均值分别为 1/145 和 1/130,最大值分别为 1/117 和 1/98。

B塔楼在各地震工况下,X 向和 Y 向的最大层间位移角平均值分别为 1/140 和 1/148,最大值分别为 1/106 和 1/115。其中 L0056 波输入下的层间位移角分布见图 10.352 和图 10.353 所示。

C塔楼在各地震工况下,X 向和 Y 向的最大层间位移角平均值分别为 1/177 和 1/157,最大值分别为 1/109 和 1/97。

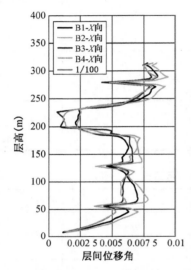

图 10.352　B塔楼 L0056X 的 X 向层间位移角

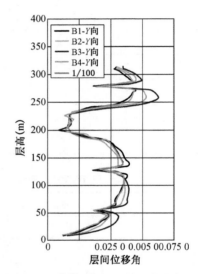

图 10.353　B塔楼 L0056X 的 Y 向层间位移角

以下给出结构各主要构件的塑性变形和抗震性能评价结果。结构在各地震工况下的塑性响应规律总体类似,以最不利地震工况 L0056X 和 L0056Y 予以说明。

除核心筒墙肢外,参考 ASCE41-06 建立构件的塑性评价方法,并以"立即入住 IO""生命安全 LS"和"倒塌防止 CP"等术语描述构件的塑性开展程度与可接受状态。另外,采用最大瞬时轴压比 NCR 和最大瞬时轴拉比 NTR 等参数对部分以轴力为主的构件予以综合评价。这里,最大瞬时轴压比 NCR 是指构件在时程过程中最大轴压力与其轴向抗压承载力标准值的比值,最大瞬时轴拉比 NTR 是指构件在时程过程中最大轴拉力与其轴向抗拉承载力标准值的比值(含混凝土的构件不考虑混凝土部分的抗拉承载力)。核心筒剪力墙抗震性能评价如表 10.206 所示。

表 10.206　核心筒剪力墙的抗震性能评价

受力指标	抗震性能评价
钢筋和钢骨的屈服情况	各塔楼的核心筒钢筋/钢骨总体处于弹性,以下区域出现不同程度的塑性变形: ① 底层嵌固位置:各塔楼的底层嵌固位置出现轻微的塑性应变,最大塑性应变在 800 $\mu\varepsilon$,约为钢筋屈服应变的 0.4 倍。地震工况 L0056X 和 L0056Y 下的底部加强区核心筒塑性应变如图 10.354 所示。 ② 连体及相邻楼层区域:连体区域内的楼层范围,核心筒均未出现钢筋/钢骨塑性应变,但靠近连体的上下部分楼层出现不同程度的塑性变形,其中 B塔楼和 C塔楼在连体以上的剪力墙墙厚变化区域出现较明显的塑性应变。C塔楼的最大塑性应变约 7 200 $\mu\varepsilon$,约为钢筋屈服应变的 3.6 倍。地震工况 L0056X 和 L0056Y 下的底部加强区核心筒塑性应变如图 10.355 所示。

（续表）

受力指标	抗震性能评价
混凝土的受压情况	① 本工程核心筒混凝土强度等级为 C60～C40。当墙肢混凝土出现较大的压应变时,钢筋保护层容易剥落,在过高的压应力下将导致混凝土压溃。对于一般情况,混凝土压应变低于 2 000 $\mu\varepsilon$ 是有利的,当超出 3 500～4 500 $\mu\varepsilon$ 时混凝土即被压溃而剥落。 ② 本工程核心筒的混凝土未出现明显的不利受压状态,等效单轴压应变一般在 1 200 $\mu\varepsilon$ 以下。底部加强区和连体以上部分楼层的混凝土出现相对较大的等效单轴压应变,但总体上在 2 000 $\mu\varepsilon$ 内,仅个别应力集中区域的单轴压应变接近 2 500 $\mu\varepsilon$。 地震工况 L0056X 和 L0056Y 下的核心筒等效单轴压应变如图 10.356～图 10.357 所示。
混凝土的受拉情况	① 混凝土的开裂通常不作为构件抗震性能评价的直接依据,但开裂过于严重时将导致震后修复的困难和修复成本的增加,也会显著降低结构的刚度。一般情况下,混凝土在拉应变 100～150 $\mu\varepsilon$ 时出现开裂,在总体拉应变达到 1 000 $\mu\varepsilon$ 时,对应的混凝土裂缝约 0.2～0.3 mm。 ② 本工程的核心筒混凝土开裂程度总体不高,底部加强区的开裂应变一般在 800 $\mu\varepsilon$ 以内,而连体以上的部分楼层,A 塔楼开裂应变不高,但 B 塔楼和 C 塔楼出现相对较明显的开裂,其中开裂应变达到 2 000～5 000 $\mu\varepsilon$。 地震工况 L0056X 和 L0056Y 下的核心筒开裂应变分布如图 10.358～图 10.359 所示。
抗震性能总体评价	① 三栋塔楼核心筒总体处于弹性范围,在最不利地震下,底部加强区仅出现轻微的塑性应变,连体以上部分楼层出现较明显的塑性变形,但塑性程度总体不高,塑性范围较小。 ② 各塔楼核心筒均未出现不利的混凝土受压状态,不致出现混凝土保护层剥落或压溃现象;墙体混凝土仅连体以上部分楼层出现较明显的开裂。 ③ 从 FEMA 性能评价角度看,各塔楼核心筒的底部加强区塑性程度轻微,基本满足"立即入住 IO"水平;非底部加强区总体满足"立即入住 IO"水平,仅连体以上部分楼层出现一定程度的塑性变形。

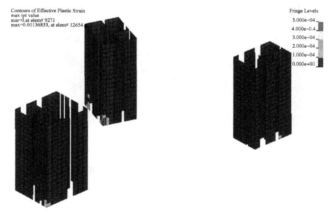

（a）地震工程 L0056X

（b）地震工况 L0056Y

图 10.354　核心筒的钢筋/钢骨塑性应变(底部加强区)

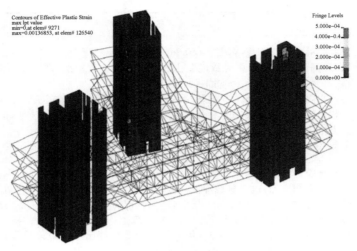

（a）地震工况 L0056X

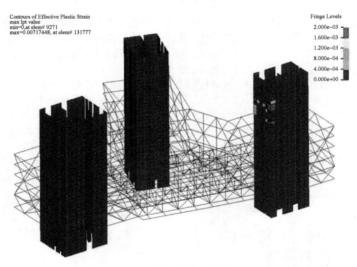

（b）地震工况 L0056Y

图 10.355　核心筒的钢筋/钢骨塑性应变(连体区域)

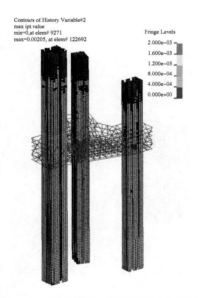

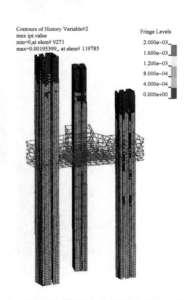

图 10.356　核心筒的等效单轴压应变(工况 L0056X)　　　图 10.357　核心筒的等效单轴压应变(工况 L0056Y)

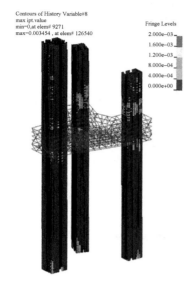

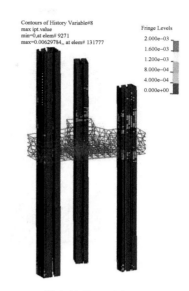

图 10.358　核心筒的开裂应变(工况 L0056X)　　图 10.359　核心筒的开裂应变(工况 L0056Y)

10.20.4　专家审查意见

2013 年 5 月 9 日在北京,由江苏省住房和城乡建设厅主持召开该工程结构超限抗震设防专家审查会,与会专家审阅了设计文件并听取介绍和质询后认为,结构体系可行,抗震设防标准正确,场地类别划分正确,抗震性能目标基本合理,同意振动台试验方案。审查结论为"通过"。

对结构初步设计提出如下意见,请设计单位改进:

1. 宜补充如下计算分析:弹性计算分析的振型数增加,达到质量参与系数 99%;增加针对 B 塔的两向输入计算,包络设计。

2. 施工模拟:宜增加上部后加结构荷载对结构侧移和边、角柱轴力的影响分析及连体安装过程的初始内力分析。

3. 塔楼角柱应作双向偏压和扭转计算,连体上部结构柱应做拉、扭验算,连体楼板受力较大部位应加强,连体以上结构外框架梁宜加高,性能目标宜为"中震弹性",楼层剪力按 CQC 计算结果的 1.4 倍放大,外框架剪力再按 $0.25Q_0$ 调整。结构底部加强部位取到裙房屋面以上一层。

4. 裙房:补充裙房分块模型的承载力验算,短柱与长柱的剪力进行比较。

5. 下沉广场一侧宜采取加强措施,以满足嵌固条件。

10.21　苏州工业园区 271 号地块超高层项目

设计单位:华东建筑设计研究院有限公司

10.21.1　工程概况与设计标准

本工程位于苏州工业园区 271 号地块内,是由一座耸立塔楼、两座板式建筑组成的混合功能建筑,主塔楼主要包含办公层,在顶层部分设有酒店及酒店式公寓,地上 90 层,地下室 4 层,总高度约为 450 m,设计地上建筑面积 310 208 m²,地下建筑面积 83 000 m²,总建筑面积 393 208 m²。塔楼西侧的高层板式建筑为酒店式公寓,裙房为零售用途,板式酒店式公寓的西侧及北侧的建筑为零售。建筑效果图如图 10.360 所示。

地震作用按《建筑抗震设计规范》(GB 50011—2010)取值。结构设计参数如表 10.207 所示。

图 10.360　建筑效果图

表 10.207　结构设计参数

抗震设防烈度	6 度
基本地震加速度峰值	0.05g
设计地震分组	第一组
场地类别	Ⅲ类
特征周期 T_g	0.45 s
结构安全等级	塔楼重要构件为一级,次要构件为二级
阻尼比	0.035(弹性分析),0.05(弹塑性分析)
周期折减系数	0.9

10.21.2　结构体系及超限情况

1. 结构体系

本工程采用两重抗侧力结构体系(混凝土核心筒＋伸臂桁架＋巨型框架)以承担风和地震产生的水平作用。结合建筑设备层与避难层的布置,沿塔楼高度方向均匀布置环形桁架。巨柱与环形桁架间设置次框架。主楼与裙房之间设置抗震缝,如图 10.361 所示。风荷载与地震作用所产生的剪力及倾覆弯矩,由核心筒、伸臂桁架及巨型框架组成的整体抗侧体系共同承担。伸臂桁架连接巨柱与钢筋混凝土核心筒,协调内外筒变形,可有效提高结构抵抗倾覆弯矩的能力及结构的刚度。

塔楼核心筒采用内含钢骨的型钢混凝土剪力墙结构。塔楼核心筒从承台面向上伸延至大厦顶层,贯通建筑物全高,容纳了主要的垂直交通和机电设备管道,并承担竖向及水平荷载。核心筒平面基本呈六边形,位置居中,质心与刚心基本一致。核心筒的混凝土等级主要采用C60,提高构件抗压、抗剪承载力的同时,可有效降低结构自重及地震质量。由于建筑顶部造型的需要,在高区建筑平面逐渐收进,如图 10.362 所示。

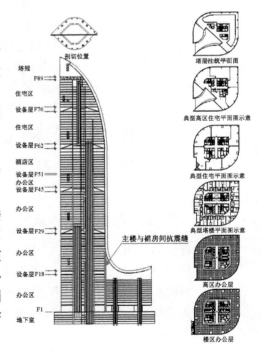

图 10.361　结构剖面图

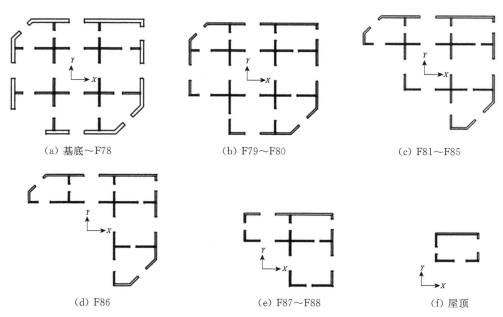

| (a) 基底～F78 | (b) F79～F80 | (c) F81～F85 |

| (d) F86 | (e) F87～F88 | (f) 屋顶 |

图 10.362　混凝土核心筒墙体布置示意图

伸臂桁架连接巨柱与钢筋混凝土核心筒,协调内外筒变形,有效提高了结构整体刚度。伸臂桁架的刚度是协调核心筒与外框柱变形的关键。伸臂桁架的高度增加,其刚度也随之显著提高,外框柱与核心筒将进一步协同变形,可显著提高结构的刚度。伸臂桁架的使用增加了巨型框架在总体抗倾覆力矩中所占的比例,降低了结构整体变形中的弯曲变形。伸臂桁架按中震不屈服设计,在大震下可以屈服耗能,故可作为抗震设防的另一道防线。

本工程采用四道伸臂桁架(见图 10.363),沿塔楼高度均匀分布,桁架高度约为 8.2 m,接近两层楼高,并在核心筒的墙体内贯通设置钢框架,形成整体传力体系,优化结构效能。

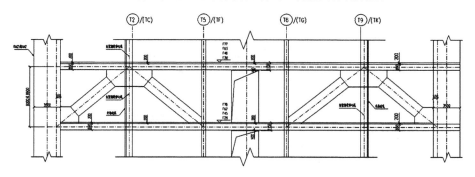

图 10.363　伸臂桁架剖面示意图

本结构中的巨型框架主要由 8 根巨柱、8～9 根框架柱(低区为 9 根)、环形桁架及框架梁组成(图10.364)。巨型框架在风荷载、地震作用下承担了较大比例的荷载,是多道设防抗侧力体系中的一道重要防线。

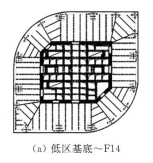
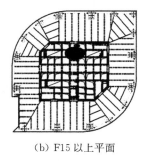
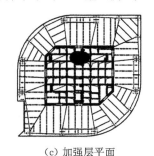

| (a) 低区基底～F14 | (b) F15 以上平面 | (c) 加强层平面 |

图 10.364　典型结构平面

巨柱与框架柱均采用应用范围较广且可靠性高的 SRC 截面,含钢率为 4%～6%,柱截面形式见图 10.365。本工程平面轮廓为圆弧与直线的组合,部分巨柱截面位于圆弧范围内。由于建筑功能的要求,巨柱边需与楼板轮廓线平行,故导致部分巨柱截面异形。

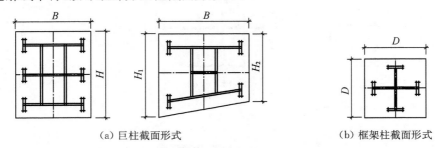

(a)巨柱截面形式　　　　　　　　　　　(b)框架柱截面形式

图 10.365　巨柱与框架柱截面形式示意图

2. 结构的超限情况

本项目结构高度 414.9 m,高度超限。本工程根据《超限高层建筑工程抗震设防管理规定》(建设部令第 111 号)和《超限高层建筑工程抗震设防专项审查技术要点》(建质〔2010〕109 号),对规范涉及结构不规则性条文进行了检查。详见表 10.208～表 10.209。

表 10.208　高层建筑一般规则性超限检查

序号	不规则类型	判 断 依 据	判断	备注
1a	扭转不规则	考虑偶然偏心的扭转位移比大于 1.2	有	
1b	偏心布置	偏心率大于 0.15 或相邻层质心相差大于相应边长 15%	无	
2a	凹凸不规则	平面凹凸尺寸大于相应边长的 30%	无	
2b	组合平面	细腰形和角部重叠形	无	
3	楼板不连续	有效宽度小于 50%,开洞面积大于 30%,错层大于梁高	无	
4a	刚度突变	相邻层刚度变化大于 70% 或连续三层变化大于 80%	有	
4b	尺寸突变	竖向构件位置缩进大于 25%,或外挑大于 10% 和 4 m,多塔	无	
5	构件间断	上下墙、柱、支撑不连续,含加强层、连体等	有	
6	承载力突变	相邻层受剪承载力变化大于 80%	无	
7	其他不规则	如局部的穿层柱、斜柱、夹层、个别构件错层或转换	无	

注:a、b 不重复计算不规则项。

表 10.209　高层建筑严重规则性超限检查

序号	不规则类型	判 断 依 据	判断	备注
1	扭转偏大	裙房以上的较多楼层,考虑偶然偏心的扭转位移比大于 1.4	无	
2	扭转刚度弱	扭转周期比大于 0.9,混合结构大于 0.85	无	
3	层刚度偏小	本层侧向刚度小于相邻上层的 50%	无	
4	高位转换	框支墙体的转换构件位置:7 度超过 5 层,8 度超过 3 层	无	
5	厚板转换	7～9 度设防的厚板转换结构	无	
6	塔楼偏置	单塔或多塔与大底盘的质心偏心距大于底盘相应边长的 20%	无	
7	复杂连接	各部分层数、刚度、布置不同的错层 连体两端塔楼高度、体型或者沿大底盘某个主轴方向的振动周期显著不同的结构	无	
8	多重复杂	结构同时具有转换层、加强层、错层、连体和多塔等复杂类型的 3 种	无	

10.21.3 超限应对措施及分析结论

一、超限应对措施

1. 分析模型及分析软件

分析软件采用 ETABS V9.2.0 与 MIDAS GEN V730。取基础顶板作为上部结构的嵌固端;核心筒内采用刚性楼板假定,核心筒外为弹性楼板;计算模型中包含塔冠的部分;伸臂桁架与环形桁架杆件设计时不考虑楼板的作用。

2. 关键部位性能目标

综合分析后,本项目结构在多遇地震、设防烈度地震、预估罕遇地震作用下对应的性能目标详见表 10.210。

表 10.210　主要构件性能指标

地震烈度		频遇地震 (小震)	设防烈度地震 (中震)	罕遇地震 (大震)
性能水平定性描述		不损坏	中等破坏,可修复损坏	严重破坏
层间位移角限值		$h/500$ $h/2\,000$(底部)	$h/200$	$h/100$ 塑性角 $1/50$
结构工作 特性		结构完好, 处于弹性	结构基本完好,基本处于弹性状态。地震作用后的结构动力特性与弹性状态的动力特性基本一致	结构严重破坏但主要节点不发生断裂,结构不发生局部或整体倒塌,主要抗侧力构件(超级柱、核心筒墙体)不发生剪切破坏
构件 性能	核心筒墙	按规范要求设计,弹性	剪力墙加强层及加强层上下各一层主要剪力墙墙肢偏压、偏拉承载力按中震弹性,其他区域按中震不屈服设计	满足大震下抗剪截面控制条件,允许进入塑性($\theta<LS$),底部加强区不进入塑性($\theta<IO$)
	连梁	按规范要求设计,弹性	允许进入塑性,可轻微开裂,钢筋应力不超过屈服强度(80%以下)	允许进入塑性($\theta<LS$),不得脱落,最大塑性角小于 $1/50$,允许破坏
	巨柱	按规范要求设计,弹性	按中震弹性验算,基本处于弹性状态	允许进入塑性($\theta<LS$),底部加强区不进入塑性($\theta<IO$),钢筋应力可超过屈服强度,但不能超过极限强度
	伸臂桁架	按规范要求设计,弹性	按中震不屈服验算	允许进入塑性($\varepsilon<LS$),钢材应力可超过屈服强度,但不能超过极限强度
	环形桁架	按规范要求设计,弹性	按中震弹性验算	按大震不屈服验算
	其他构件	按规范要求设计,弹性	按中震不屈服验算	允许进入塑性,不倒($\varepsilon<CP$)
	节点		中震保持弹性,大震不屈服	

3. 针对性抗震措施

针对上述超限情况,结构设计采用了成熟可靠的巨型框架＋核心筒＋伸臂桁架的抗侧力体系,满足了结构抗震及抗风的多道设防要求。结构设计制定了合理可靠的性能化设计目标,采取多项加强措施以提高重要构件及节点的设计标准。

4. 针对核心筒的加强措施

采取如下多种措施增强核心筒的受力性能,改善核心筒的延性:

(1) 将核心筒关键区域的墙体抗震等级提高至特一级,适当提高底部加强区高度,按规范要求控制加强区墙体的轴压比在 0.5 以下。关键区域包括底部加强区、加强层及上下各一层的筒体。

(2) 底部加强区域在墙体的边缘约束构件内设置钢骨,沿墙体设置通长钢板,以形成组合钢板剪力墙,提高加强区墙体的承载力与延性。

（3）非加强区域内的墙体，采用约束边缘构件，在各片墙体埋设实腹式钢柱。

（4）严格控制核心筒截面的剪应力水平。

（5）对剪力墙筒体内配筋较大的连梁采用型钢混凝土梁。

5. 针对加强层的加强措施

加强层的设置将引起局部抗侧刚度突变和应力集中，形成潜在的薄弱层。在强震作用下，该区域的受力机理将相当复杂，难以分析精确。

（1）设计中按薄弱层将刚度突变层地震内力进行放大，严格控制钢构件应力比，留有一定的安全赘余度。

（2）伸臂桁架贯通墙体布置，以保证伸臂桁架杆件内力在核心筒墙体内的传递。

（3）在外伸臂加强层及上下层的核心筒墙体内增加配筋，核心筒内的预埋型钢也适当加强。

（4）在设计伸臂桁架时不考虑加强层楼板的刚度贡献。

（5）加强伸臂桁架上下弦所在的楼板厚度（取为 200 mm）与配筋。

（6）伸臂桁架与巨柱及墙体的连接将在塔楼封顶以后安装，以减少由恒载在外伸臂桁架中引起的附加内力。

6. 针对巨柱的加强措施

（1）采用抗震性能较好、技术成熟可靠的型钢混凝土柱，并适当提高含钢率。

（2）对底部加强区与加强层及上下各一层的巨柱按特一级抗震进行设计。

（3）为了保证巨柱的延性，严格控制柱在地震作用下的轴压比，控制柱截面的剪应力水平。

（4）提高巨型框架在抗侧力体系中的刚度贡献，并按规范要求调整框架承担的地震剪力。

二、整体结构主要分析结果

1. 弹性分析结果

（1）反应谱分析

结构的周期如表 10.211 所示。

表 10.211　结构周期

振型	周期（s）		X 向平动质量（%）		Y 向平动质量（%）		Z 向转动质量（%）	
	ETABS	MIDAS	ETABS	MIDAS	ETABS	MIDAS	ETABS	MIDAS
1	8.37	8.30	16.4	19.4	48.4	45.5	0.2	0.2
2	7.49	7.35	47.9	44.9	16.6	19.6	0.0	0.0
3	5.42	5.26	0.0	0.0	0.2	0.1	72.1	68.5
4	2.67	2.65	3.5	4.3	14.1	13.4	0.2	0.2
5	2.36	2.33	14.4	13.6	3.6	4.5	0.0	0.0
6	2.05	1.99	0.0	0.0	0.3	0.1	12.4	11.8
7	1.41	1.40	0.8	1.2	3.9	3.7	0.2	0.2
8	1.24	1.23	2.4	2.9	0.1	0.7	2.3	2.2

从上表中数据可看出，ETABS 与 MIDAS 的计算结果基本一致，计算程序的可靠性可以保证。前三阶振型依次是约 120°方向平动、约 30°方向平动和转动。第一扭转周期与第一平动周期的比值分别为 0.647(ETABS)与 0.634(MIDAS)，小于规范限值 0.85。

图 10.366 给出了结构小震、中震与风荷载下的楼层水平剪力分布，图 10.367 给出了结构小震、中震与风荷载下倾覆弯矩分布。

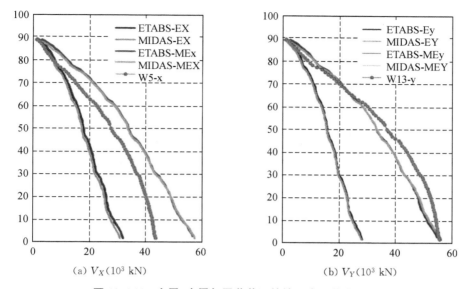

(a) $V_X(10^3 \text{ kN})$ (b) $V_Y(10^3 \text{ kN})$

图 10.366 小震、中震与风荷载下的楼层水平剪力分布

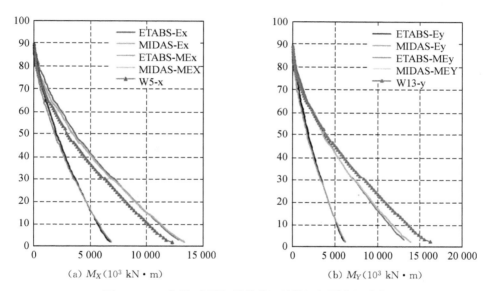

(a) $M_X(10^3 \text{ kN} \cdot \text{m})$ (b) $M_Y(10^3 \text{ kN} \cdot \text{m})$

图 10.367 小震、中震与风荷载下的楼层倾覆弯矩分布

表 10.212 列出了底部楼层在小震、中震与风荷载下的楼层剪力与倾覆弯矩。风荷载与中震作用下的楼层力比较接近。

表 10.212 底部楼层剪力与倾覆弯矩

楼层内力	小震		规范中震		风荷载
	ETABS	MIDAS	ETABS	MIDAS	
$V_X(\text{kN})$	31 907	30 918	56 540	57 105	43 752
$M_Y(10^3 \text{ kN} \cdot \text{m})$	6 887	6 922	12 925	13 445	11 513
$V_Y(\text{kN})$	28 546	28 272	55 052	56 240	55 514
$M_X(10^3 \text{ kN} \cdot \text{m})$	6 225	6 216	13 710	13 876	15 539

根据《高层建筑混凝土结构技术规程》(JGJ 3—2010)中 3.7.3 条的要求,高度等于或大于 250 m 的高层建筑,其楼层层间最大位移与层高之比 $\Delta u/h$ 不宜大于 1/500。

表 10.213 给出了在小震与风荷载下的最大层间位移角,结果均小于规范限值 1/500,满足规范要求。

表 10.213　结构最大层间位移角

层间位移角	X 向		Y 向	
	ETABS	MIDAS	ETABS	MIDAS
小震	1/1 253	1/1 356	1/1 171	1/1 330
风荷载	1/770	1/778	1/544	1/561

图 10.368 和图 10.369 分别给出了结构在地震荷载和风荷载作用下的层间位移角分布。

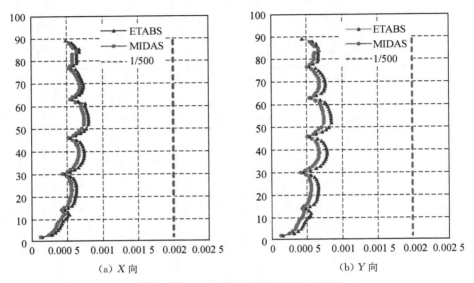

(a) X 向　　　　　　(b) Y 向

图 10.368　水平地震下楼层层间位移角

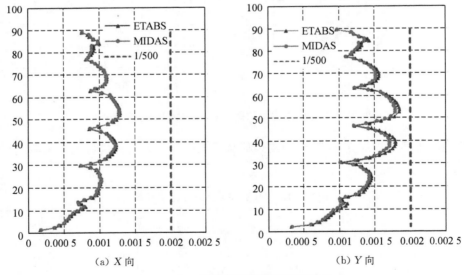

(a) X 向　　　　　　(b) Y 向

图 10.369　风荷载下楼层层间位移角

(2) 弹性时程分析

时程分析选用 7 组地震波,其中包括 5 组天然波(S031 组、S397 组、S472 组、S787 组、S2572 组)与 2 组人工波(S7451 组与 S7454 组),每组包含 3 个方向的分量。在波形的选择上,除符合有效峰值、持续时间、频谱特性等方面的要求外,还应满足规范对底部剪力方面的相关要求。

弹性时程分析所得的基底剪力如表 10.214 所示,上述 7 组时程曲线主方向作用下的基底剪力基本处于 66%～113% 之间,且平均值为反应谱的 84%（X 向）与 88%（Y 向）,满足《建筑抗震设计规范》（GB 50010—2010）的规定:每条时程曲线计算所得结构底部剪力不应小于振型分解反应谱法计算结果的 65%,多条时程曲线计算所得结构底部剪力的平均值不应小于振型分解反应谱法计算结果的 80%。

表 10.214　时程分析基地剪力

	V_X(kN)	时程内力/反应谱	V_Y(kN)	时程内力/反应谱
反应谱 E_{xy}	36 098	—	33 311	—
S031	26 494	73%	25 348	76%
S397	26 248	73%	29 891	90%
S472	37 677	104%	29 490	89%
S7451	33 850	94%	37 560	113%
S7454	33 553	93%	32 527	98%
S787	23 885	66%	23 013	69%
S2572	31 067	86%	26 332	79%
时程平均值	30 396	84%	29 166	88%

表 10.215 与图 10.370 分别给出了时程分析得到的 X 方向和 Y 方向各楼层层间位移角分布。分析结果表明,7 组波中最大层间位移角 X 向为 1/1 000,Y 向为 1/1 110,均小于规范值的 1/500,满足规范要求。

表 10.215　时程分析层间位移角最大值

地震波	S031 X	S397 X	S472 X	S7451 X	S7454 X	S787 X	S2572 X
X 向最大层间位移角	1/1 647	1/1 761	1/1 000	1/1 372	1/1 449	1/1 957	1/1 305
地震波	S031 Y	S397 Y	S472 Y	S7451 Y	S7454 Y	S787 Y	S2572 Y
Y 向最大层间位移角	1/1 449	1/1 403	1/1 140	1/1 110	1/1 314	1/1 473	1/1 195

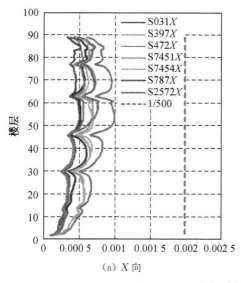
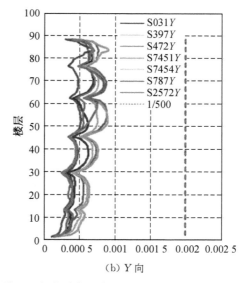

(a) X 向　　　　　　　　　　　　　　(b) Y 向

图 10.370　各组地震波下的楼层层间位移角分布

2. 弹塑性分析结果

根据《高层建筑混凝土结构技术规程》（JGJ 3—2010）,乙类建筑框架-核心筒结构在 6 度区的 B 级最大适用高度为 210 m,高宽比限值为 7。本工程塔楼建筑高度 414.9 m,高宽比 7.9,系高度超限的超 B 类高层建筑,并存在局部薄弱层等多项超限内容,需进行大震作用下的动力弹塑性分析并评价其抗震性能。

通过大震作用下的动力弹塑性分析,拟达到以下目的:

(1) 计算结构总体响应情况,通过基底或层间剪力及剪重比等参数,评价结构总体地震力响应以及结构的塑性开展程度。

(2) 计算结构总体变形情况,评价结构是否存在显著的侧向变形和重力二阶效应。

(3) 计算结构层间变形情况,评价结构是否存在严重的薄弱层或柔弱层,以及对非结构构件的变形和破坏影响。

(4) 评价巨柱等竖向抗侧力构件在倾覆力矩下是否存在受拉状态,以及对桩基础工程的抗震设计要求。

(5) 评价核心筒、巨柱及伸臂桁架等主要抗侧力构件的受力情况、塑性开展程度以及最终破坏情况,并评价是否满足预期的抗震性能设计目标。

(6) 评价结构总体抗震性能,并针对分析结果中揭示的设计问题提出适当的改进或加强建议。

采用 LS-DYNA 程序进行结构弹塑性时程分析。LS-DYNA 弹塑性分析模型参照 ETABS 弹性分析模型建立。不同于 ETABS 弹性分析模型,LS-DYNA 弹塑性模型不仅考虑了构件的混凝土、钢骨和钢筋等各部分,同时细分了梁、柱、桁架构件及墙肢与连梁的单元网格。此外,伸臂桁架及环带桁架部分的弹性楼板不考虑其平面内刚度。

本工程地震波由北京震泰工程技术有限公司提供,为 5 组天然波和 2 组人工波,各含三向分量,如表10.216 所示。

表 10.216　罕遇地震波

	地震记录编号	分量	分量峰值(mm/s²)	记录间隔	记录持时
1-1	L781	主向	585		
1-2	L782	次向	465	0.02 s	71.3 s
1-3	L783(UP)	竖向	252		
2-1	L952	主向	215		
2-2	L953	次向	281	0.02 s	84.6 s
2-3	L954(UP)	竖向	215		
3-1	L472	次向	120		
3-2	L473	主向	159	0.02 s	52.4 s
3-3	L474(UP)	竖向	103		
4-1	L724	次向	555		
4-2	L725	主向	615	0.02 s	48.7 s
4-3	L726(UP)	竖向	255		
5-1	L2623	主向	13 622		
5-2	L2624	次向	4 251	0.02 s	79.1 s
5-3	L2625(UP)	竖向	11 463		
6-1	L750-1	主向	232		
6-2	L750-2	次向	239	0.02 s	50.0 s
6-3	L750-3	竖向	192		
7-1	L750-4	主向	200		
7-2	L750-5	次向	199	0.02 s	60.0 s
7-3	L750-6	竖向	200		

弹塑性动力分析时考虑每组地震波的三向分量,鉴于结构水平向主振型与结构抗侧力体系的 X 向主轴近似呈 45 度角,因此地震波输入时分别以与 X 主轴呈 45 度和 135 度为水平主向,并标记为 $X45$ 和 $X135$。水平主向、水平次向及竖向加速度峰值按抗震规范 1.0 : 0.85 : 0.65 的比例要求进行调幅。本次弹塑性分析共 7 组地震波共计 14 个地震工况,如表 10.217 所示。

表 10.217　地震工况

地震工况	地震波组	结构方向	地震波分量与峰值比例	水平主向加速度峰值	阻尼比	计算时间
1a	第 1 组	$X45$: $X135$: Z 向	L781 : L782 : L783UP=1.00 : 0.85 : 0.65	120 gal	0.05	60 s
1b	第 1 组	$X135$: $X225$: Z 向	L781 : L782 : L783UP=1.00 : 0.85 : 0.65	120 gal	0.05	60 s
2a	第 2 组	$X45$: $X135$: Z 向	L952 : L953 : L954UP=1.00 : 0.85 : 0.65	120 gal	0.05	60 s
2b	第 2 组	$X135$: $X225$: Z 向	L952 : L953 : L954UP=1.00 : 0.85 : 0.65	120 gal	0.05	60 s
3a	第 3 组	$X45$: $X135$: Z 向	L472 : L473 : L474UP=1.00 : 0.85 : 0.65	120 gal	0.05	50 s
3b	第 3 组	$X135$: $X225$: Z 向	L472 : L473 : L474UP=1.00 : 0.85 : 0.65	120 gal	0.05	50 s
4a	第 4 组	$X45$: $X135$: Z 向	L724 : L725 : L726UP=1.00 : 0.85 : 0.65	120 gal	0.05	50 s
4b	第 4 组	$X135$: $X225$: Z 向	L724 : L725 : L726UP=1.00 : 0.85 : 0.65	120 gal	0.05	50 s
5a	第 5 组	$X45$: $X135$: Z 向	L2623 : L2624 : L2625UP=1.00 : 0.85 : 0.65	120 gal	0.05	60 s
5b	第 5 组	$X135$: $X225$: Z 向	L2623 : L2624 : L2625UP=1.00 : 0.85 : 0.65	120 gal	0.05	60 s
6a	第 6 组	$X45$: $X135$: Z 向	L705-1 : L750-2 : L750-3=1.00 : 0.85 : 0.65	120 gal	0.05	50 s
6b	第 6 组	$X135$: $X225$: Z 向	L705-1 : L750-2 : L750-3=1.00 : 0.85 : 0.65	120 gal	0.05	50 s
7a	第 7 组	$X45$: $X135$: Z 向	L705-4 : L750-5 : L750-6=1.00 : 0.85 : 0.65	120 gal	0.05	60 s
7b	第 7 组	$X135$: $X225$: Z 向	L705-4 : L750-5 : L750-6=1.00 : 0.85 : 0.65	120 gal	0.05	60 s

各地震工况下的最大基底剪力和剪重比见表 10.218。各工况下的结构最大剪重比为 3.5%($X45$ 向)和 4.3%($X135$ 向),平均剪重比为 2.9%($X45$ 向)和 2.7%($X135$ 向)。

表 10.218　各工况下最大基底剪力和剪重比

地震工况	基底剪力(kN)		剪重比	
	$X45$ 方向	$X135$ 方向	$X45$ 方向	$X135$ 方向
1a	88 118	64 564	2.1%	
1b	64 037	58 788		1.4%
2a	148 043	56 997	3.5%	
2b	65 218	133 987		3.1%
3a	135 332	90 922	3.2%	
3b	118 683	102 572		2.4%
4a	107 919	80 415	2.5%	
4b	103 919	103 343		2.4%
5a	137 633	98 854	3.2%	
5b	133 853	109 951		2.6%
6a	123 767	152 833	2.9%	
6b	143 913	182 893		4.3%
7a	125 643	138 455	2.8%	
7b	108 544	115 646		2.5%

最大层间位移角统计结果见表 10.219,结构在各地震工况下的最大层间位移角为 1/164,平均最大层间位移角为 1/258,满足抗震规范关于层间位移角 1/100 的限值要求。

表 10.219　各工况下最大层间位移角

地震工况	45 度方向		135 度方向		双向组合	
	层间位移角	所在楼层	层间位移角	所在楼层	层间位移角	所在楼层
1a	1/340	F88	1/464	F80	1/339	F88
1b	1/371	F88	1/459	F69	1/330	F88
2a	1/285	F88	1/490	F89	1/285	F88
2b	1/441	F88	1/294	F69	1/294	F69
3a	1/284	F88	1/321	F82	1/284	F88
3b	1/323	F88	1/360	F87	1/272	F88
4a	1/274	F88	1/384	F83	1/274	F88
4b	1/310	F88	1/386	F69	1/251	F88
5a	1/269	F88	1/389	F62	1/250	F54
5b	1/315	F88	1/336	F54	1/309	F88
6a	1/242	F88	1/249	F80	1/201	F88
6b	1/273	F54	1/165	F54	1/164	F54
7a	1/265	F88	1/298	F80	1/227	F87
7b	1/317	F88	1/281	F83	1/264	F88
最大值	1/242	—	1/165	—	1/164	—
平均值	1/277	—	1/297	—	1/258	—

以下给出结构各主要构件的塑性变形和抗震性能评价情况。鉴于各地震工况下的结构塑性分布总体上接近,因此主要以最不利的第 6 组波(工况 6a、6b)予以说明。

表 10.220 给出了主要抗侧力构件和主要承重构件在大震作用下的性能评价情况,核心筒剪力墙的抗震性能评价见表 10.221。

表 10.220　各类构件抗震性能评价汇总

构件	抗震性能评价
核心筒剪力墙	1) 核心筒内钢筋、内置型钢及底部加强区的钢板均未出现屈服现象,墙体总体上处于弹性范围。 2) 核心筒混凝土的受压应变较大的部位为底部加强区、墙体厚度变化处的较小厚度墙体及伸臂桁架连接处的墙体,但混凝土受压程度不高,不致出现保护层剥落现象。 3) 核心筒混凝土开裂程度较低,且开裂范围小,外筒开裂部位主要为顶部楼层轴压比相对较小的区域,内筒主要为与伸臂构件的连接位置。 4) 核心筒满足"立即入住 IO"的抗震性能目标
核心筒连梁	1) 核心筒连梁是本结构的主要耗能构件,因连梁内配置钢骨,纵筋配筋率高,且混凝土开裂后容易引起刚度折减和内力需求降低,连梁塑性程度总体上较轻微。 2) 连梁的塑性铰分布区域和变形程度对地震波的动力特性较敏感,在不利工况下,最大 FEMA 性能参数约 1.1,即轻微超出"立即入住 IO"的性能水平,形成塑性铰的构件约占 10%～30%
框架柱	1) 在各地震工况下,框架柱内纵筋和钢骨都处于弹性范围,未出现明显的塑性变形,瞬时最大轴压比约 0.66,无明显的不利受压现象,满足预期的抗震性能目标。 2) 在个别不利工况下,框架柱内将出现轻微的轴拉力,最大瞬时轴拉比为 0.16,此时混凝土将出现一定的开裂
框架梁	钢框架梁总体上处于弹性范围内,仅顶层立面收进处的个别区域梁端出现塑性铰,最大 FEMA 性能参数在 1.2 以内,满足预期的性能目标

(续表)

构件	抗震性能评价
伸臂桁架	1) 伸臂构件总体上处于弹性范围内,仅 F30 和 F46 的个别斜杆出现轻微的塑性变形,最大 FEMA 性能参数 1.05,可满足"立即入住 IO"的性能目标。 2) 伸臂构件的最大瞬时轴压比为 0.65,最大瞬时轴拉比为 0.5,构件承载力总体上保留较大的富余
环带桁架	1) 环带构件总体上处于弹性范围内,仅 F14 的个别杆端出现轻微的塑性变形,最大 FEMA 性能参数仅1.01,可满足"立即入住 IO"的性能要求。 2) 伸臂构件的最大瞬时轴压比为 0.6,最大瞬时轴拉比为 0.65,构件承载力总体上保留较大的富余
塔冠部分	1) 塔冠构件总体上处于弹性范围,仅靠近底部与塔楼连接处的部分主体桁架构件杆端出现塑性铰,最大FEMA 性能参数达到 1.35,即介于"立即入住 IO"与"生命安全 LS"之间,满足预期的抗震性能目标。 2) 塔冠构件的最大瞬时轴压比为 0.5,最大瞬时轴拉比为 0.64,构件承载力总体上保留较大的富余

表 10.221　核心筒剪力墙的抗震性能评价

受力指标	构件抗震性能评价
设计说明	1) 采用 C60 混凝土,顶部数层为 C50 混凝土。 2) 核心筒外筒的墙厚从底部 1.3 m 至顶部 0.4 m 逐渐减薄,内筒的墙厚从底部的 0.65 m 至顶部的 0.3 m 逐渐减薄,伸臂及上下一层处为 0.8 m 厚,F78 开始部分剪力墙向一侧开始收进。 3) 核心筒内置型钢,底部加强层设钢板,钢板含钢率 3%
钢筋、钢骨及钢板屈服情况	1) 外筒和内筒均以受压为主,各地震工况下未出现明显的钢筋屈服和钢板、钢骨屈服现象,见图 10.371; 2) 从 FEMA 性能评价角度看,核心筒墙体满足"立即入住 IO"水平
混凝土的受压情况	1) 核心筒混凝土受压总体均匀,最大等效单轴压应变在 1 300 $\mu\varepsilon$ 以内;而混凝土峰值压应力所对应的压应变通常为 2 000 $\mu\varepsilon$ 左右,说明核心筒混凝土仍处于弹性范围,不致出现混凝土压溃和剥落等现象。 2) 混凝土的最大受压区主要为底部加强区域,墙体厚度变化区域及伸臂桁架连接处墙体也容易出现较大的受压状态,见图 10.372
混凝土受拉与开裂	1) 核心筒总体上处于受压状态,未出现严重的混凝土开裂现象,最大开裂应变 450 $\mu\varepsilon$,相当于初始开裂时应变的 5 倍左右,远低于钢筋或型钢的屈服应变。 2) 外筒的主要开裂区域为靠近楼层底层的局部区域(不超过底部半个楼层,与模型支座约束条件有关)和顶部轴压比相对较小的区域;内筒的开裂区域主要位于伸臂桁架层的局部区域,开裂范围小,且开裂程度较低。见图 10.373~图 10.374

图 10.371　核心筒剪力墙的钢筋塑性应变(地震工况 6a)

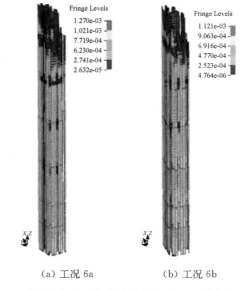

(a) 工况 6a　　　　(b) 工况 6b

图 10.372　核心筒剪力墙的等效压应变

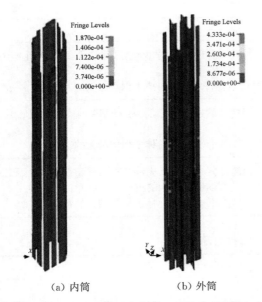

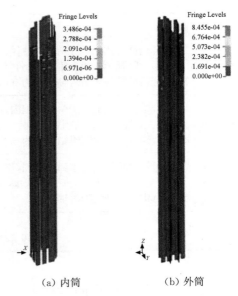

(a) 内筒　　　　　　(b) 外筒

图 10.373　核心筒剪力墙的开裂应变(地震工况 6a)　　**图 10.374　核心筒剪力墙的开裂应变(地震工况 6b)**

10.21.4　专家审查意见

受江苏省住房和城乡建设厅的委托,由全国专家委员会组织专家组于 2011 年 1 月 7 日在北京召开该工程超限设计抗震设防审查会。专家组在审阅送审资料、听取设计单位汇报和质询后,经认真讨论,审查结果为"通过"。

对结构初步设计提出如下意见,设计单位在施工图设计中改进:

1. 地震影响系数最大值取安评报告加速度峰值乘以放大系数 2.25,最小剪力系数可取最大值的 0.15 倍。

2. 性能目标:中震和大震的加速度峰值比规范 6 度所对应的峰值适当提高,据此验算各项性能目标要求。

3. 塔冠角部增设柱间支撑和水平支撑,墙上立柱宜向下延伸二层,巨柱之间宜增设一道框架梁。

4. 建议进行适当比例结构模型的模拟地震振动台试验。

10.22　南通如东县体育中心体育场

设计单位:同济大学建筑设计研究院(集团)有限公司

10.22.1　工程概况与设计标准

如东县体育场项目位于如东县掘港镇,是如东县体育中心二期工程(一期工程为如东县体育馆全民健身中心部分)。基地东至解放路,南至长江路,西临绿荫路,北临龙腾路。地块面积 142 802 m²,建筑面积 33 899.3 m²,容纳观众 21 832 人,建筑总高度 41.572 m,通过大平台与东侧地块的如东县体育馆相连。如东县体育场用于承接地区级体育赛事,为乙级体育建筑。建筑配备一个 400 m 标准田径场、一个标准天然草坪的足球场及田径比赛场地。此外还在室外配备一个 400 m 的标准训练场及若干室外体育健身场地。建筑效果图见图 10.375。

地震作用按《建筑抗震设计规范》(GB 50011—2010)取值。考虑三个水准的地震效应。规范主要参数如表 10.222 所示。

图 10.375　建筑效果图

表 10.222　结构设计参数

抗震设防烈度	7 度
基本地震加速度峰值	0.10g
设计地震分组	第二组
场地类别	II 类
特征周期 T_g	0.40 s(小震和中震)、0.45 s(大震)
建筑抗震设防类别	重点设防类
阻尼比	0.035（小震和中震）、0.05(大震)

10.22.2　结构体系及超限情况

1. 结构体系

（1）体育场看台结构体系

体育场看台平面布置整体呈椭圆形,柱网由一系列径向和环向轴线交织而成。南北方向长度为230 m,东西方向宽200 m。体育场东西南北看台呈双轴对称布置,大跨度月牙形钢结构挑篷对称覆盖于东西看台上方。支撑上方挑篷的东西两侧看台主体结构混凝土立柱顶部标高最高约为30 m,最低约为20 m。

东西看台主体结构地上3层,沿径向轴线,依高低看台走向,形成一榀榀异形混凝土框架结构。该框架顶部形成梯形框架及三角形框架,斜向框架的轴向刚度形成支撑作用可大幅度提高其平面内抗侧刚度,从而有能力为上方大跨度钢结构顶篷提供稳定的支座与边界约束条件。直接支承上部钢结构顶篷的混凝土立柱是否能保证上部大跨度钢结构与下部主体结构的协同工作是设计的关键所在,设计时除满足受力与刚度要求外尚需满足上部钢结构支座的构造尺寸要求,最终确定该柱截面为 1 000 mm×1 200 mm。尽管该柱柱顶标高高低不一(20～30 m),但鉴于东西看台主体结构的重要性,统一按高层建筑(按结构高度大于24 m计)确定东西看台主体混凝土结构抗震等级为一级。

东西看台柱网尺寸径向以 8.0 m 为主,环向在 8.0～10.0 m 之间。框架柱截面尺寸以 600 mm×800 mm 的矩形截面为主,框架梁截面尺寸以 400 mm×900 mm 为主,次梁截面以 250 mm×800 mm为主。看台次梁采用单向布置方案,沿看台台阶方向利用台阶高差布置次梁。此外本工程看台观众席不仅是观众观看体育比赛的座席,还是下层建筑的屋顶和外围护结构,也是建筑的外装饰,同时具有承重、防水、围护、装饰的作用,在外观和抗裂方面有很高的要求。设计时可采用预制纤维混凝土看台板的方案,看台板与看台框架梁以锚栓连接,周边用建筑密封胶密封,既牢固美观,又起到防水的作用,同时也能减少结构的温度应力。

（2）体育场钢屋盖结构

根据建筑形态,屋盖结构体系(见图 10.376～图 10.380)构成如下:

① 沿建筑前端结合建筑边界布置主受力拱桁架,两端落于混凝土墩台上。此拱最大跨度为 270 m,矢高为 40.3 m,为主桁架提供竖向弹性支撑。拱截面宽度 4 m,高度 4 m,呈倒三角形布置,在落地处收为一点,用万向球铰支座与墩台连接。

② 沿看台柱顶布置倒三角的后封边桁架,桁架高度为 2 m,宽度为 2 m,该桁架起到柱顶联系作用,在边柱和前拱落地间,该桁架也为竖向承重组成部分。

③ 沿径向布置 30 道平面主桁架,桁架高度 2 m,头部与拱桁架相连,尾部与里面幕墙柱相连。主桁架承担竖向荷载并将荷载传递向前端拱桁架和看台柱。

④ 立面位置布置竖向的幕墙柱,与主桁架对应,并结合建筑造型沿开口处布置拱形箱形梁。为抵抗立面的水平荷载,幕墙柱与内部混凝土看台结构通过 V 形支撑连接。

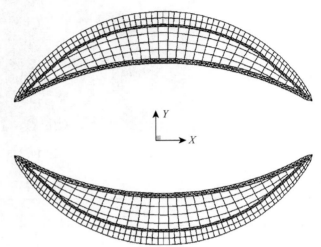

图 10.376　结构剖面图

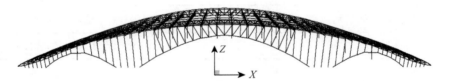

图 10.377　体育场钢结构立面布置图

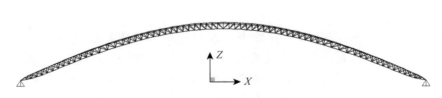

图 10.378　伸臂桁架剖面

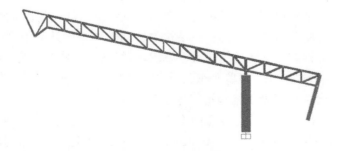

图 10.379　主桁架立面布置图

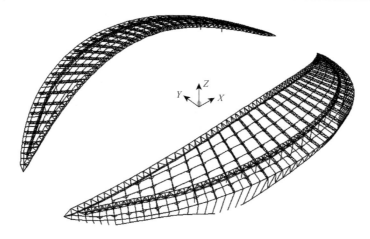

图 10.380　体育场钢结构三维模型

2. 结构的超限情况

本工程位于 7 度区,屋面钢梁最高点 40 m,高度不超限。根据《超限高层建筑工程抗震设防管理规定》(建设部令第 111 号)和《超限高层建筑工程抗震设防专项审查技术要点》(建质〔2010〕109 号),对规范涉及结构不规则性条文进行了检查。详见表 10.223～表 10.224。

表 10.223　高层建筑一般规则性超限检查

序号	不规则类型	判　断　依　据	判断	备注
1a	扭转不规则	考虑偶然偏心的扭转位移比大于 1.2	有	
1b	偏心布置	偏心率大于 0.15 或相邻层质心相差大于相应边长 15%	无	
2a	凹凸不规则	平面凹凸尺寸大于相应边长的 30%	无	
2b	组合平面	细腰形和角部重叠形	无	
3	楼板不连续	有效宽度小于 50%,开洞面积大于 30%,错层大于梁高	无	
4a	刚度突变	相邻层刚度变化大于 70% 或连续三层变化大于 80%	无	
4b	尺寸突变	竖向构件位置缩进大于 25%,或外挑大于 10% 和 4 m,多塔	无	
5	构件间断	上下墙、柱、支撑不连续,含加强层、连体等	无	
6	承载力突变	相邻层受剪承载力变化大于 80%	无	
7	其他不规则	如局部的穿层柱、斜柱、夹层、个别构件错层或转换	无	

注:a、b 不重复计算不规则项。

表 10.224　高层建筑严重规则性超限检查

序号	不规则类型	判　断　依　据	判断	备注
1	扭转偏大	裙房以上的较多楼层,考虑偶然偏心的扭转位移比大于 1.4	无	
2	扭转刚度弱	扭转周期比大于 0.9,混合结构大于 0.85	无	
3	层刚度偏小	本层侧向刚度小于相邻上层的 50%	无	
4	高位转换	框支墙体的转换构件位置:7 度超过 5 层,8 度超过 3 层	无	
5	厚板转换	7～9 度设防的厚板转换结构	无	
6	塔楼偏置	单塔或多塔与大底盘的质心偏心距大于底盘相应边长的 20%	无	
7	复杂连接	各部分层数、刚度、布置不同的错层	无	
		连体两端塔楼高度、体型或者沿大底盘某个主轴方向的振动周期显著不同的结构		
8	多重复杂	结构同时具有转换层、加强层、错层、连体和多塔等复杂类型的 3 种	无	

10.22.3 超限应对措施及分析结论

一、超限应对措施

1. 分析模型及分析软件

采用北京盈建科软件有限责任公司编制的盈建科建筑结构设计软件进行计算,计算模型采用空间杆单元模拟梁、柱及支撑等杆系构件,采用弹性膜模拟楼板。分析计算软件及主要分析工况见表10.225。

表10.225 分析软件及主要分析工况

软件	分析与计算内容
YJK1.4.03	看台主体结构分析与构件设计
SAP2000 Advanced C15.1.1	大跨度钢结构顶篷分析与设计

2. 关键部位性能目标

综合分析后,本项目结构在多遇地震、设防烈度地震、预估罕遇地震作用下对应的性能目标详见表10.226。

表10.226 主要构件性能指标

地震烈度		多遇地震	设防烈度地震	罕遇地震
结构抗震性能目标		C		
抗震目标		没有破坏	轻度损坏	中度损坏
允许层间位移		$h/550$	—	—
框架柱	屋盖支承柱	弹性	弹性	控制塑性水平(LS)
	一般柱	弹性	不屈服	控制塑性水平(LS)
框架梁		弹性	不屈服	控制塑性水平(CP)
屋盖前端拱桁架		弹性	弹性	控制塑性水平(LS)
屋盖主桁架、封边桁架		弹性	弹性	控制塑性水平(LS)
柱顶支座和拱脚支座		性能满足大震下的变形及承载力要求		
楼板		弹性	中震不屈服	—

3. 针对性抗震措施

(1) 结构分析

多程序独立建模进行对比分析,确保计算的准确性。采用弹性时程分析与规范反应谱分析,进行包络设计。对钢屋盖进行了风荷载专项分析,保证体育场屋盖在风吸荷载作用下不发生向上变形。对关键节点进行有限元分析,保证关键节点的受力性能。对钢屋盖整体进行弹塑性极限承载力分析,发现结构的薄弱部位,全面了解结构在各工况下的工作特性。

(2) 关键构件和节点

严格控制支撑体育场屋盖的框架柱的轴压比。主桁架之间布置次梁+隔撑,保证主桁架的平面外稳定。拱脚支座采用万向球铰支座,保证体育场拱桁架落地端的转动性能,同时考虑该支座的变形对钢屋盖整体的影响,对墩台刚度进行模拟,保证结构计算的准确性。

二、整体结构主要分析结果

1. 静力荷载分析

图10.381~图10.388给出了1.2D+1.4L工况下结构典型构件的内力情况,由图可知:

(1) 经由下部钢柱传至地基,结构传力路径简单明确。

（2）在张弦梁拉索中施加的预拉力在上弦杆中产生压应力，而由于上弦杆的下凹形状，在竖向荷载作用下，上弦杆内会产生拉应力，使得上弦杆中应力减小，同时充分发挥了张弦梁拉索高强材料的性能。

（3）在竖向荷载下，张弦梁刚性上弦杆整体受压弯作用。由于边缘双柱支承形成较大力偶，使得张弦梁上弦在荷载作用下整体接近两端固定梁。张弦梁拉索的拉力与上弦的压力大致相当，故能相互抵消，使得两端梁段的轴力降低，减小了对屋盖支撑柱的横向拉力。

（4）次梁传到张弦梁上的竖向作用较为均匀，故张弦梁上弦的弯矩图中不产生大的转折。

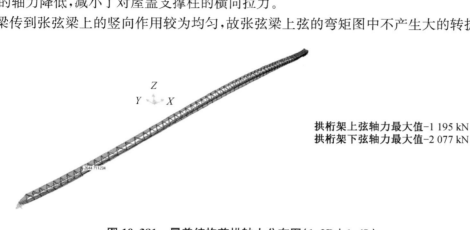

拱桁架上弦轴力最大值-1 195 kN
拱桁架下弦轴力最大值-2 077 kN

图 10.381　屋盖结构前拱轴力分布图(1.2D+1.4L)

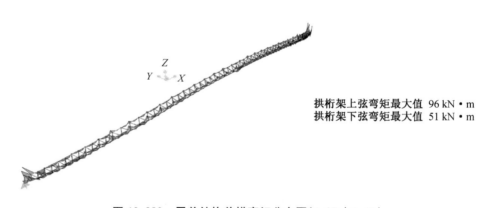

拱桁架上弦弯矩最大值 96 kN·m
拱桁架下弦弯矩最大值 51 kN·m

图 10.382　屋盖结构前拱弯矩分布图(1.2D+1.4L)

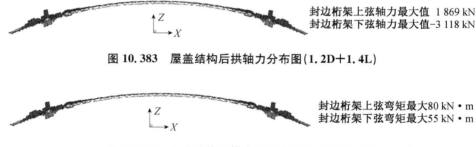

封边桁架上弦轴力最大值 1 869 kN
封边桁架下弦轴力最大值-3 118 kN

图 10.383　屋盖结构后拱轴力分布图(1.2D+1.4L)

封边桁架上弦弯矩最大80 kN·m
封边桁架下弦弯矩最大55 kN·m

图 10.384　屋盖结构后拱弯矩分布图(1.2D+1.4L)

主桁架上弦弯矩最大值151 kN·m
主桁架下弦弯矩最大值-324 kN·m

图 10.385　主桁架轴力分布图(1.2D+1.4L)

主桁架上弦轴力最大值 3 078kN
主桁架下弦轴力最大值-2 516 kN

图 10.386 主桁架弯矩分布图(1.2D+1.4L)

幕墙梁拉力最大值 701 kN,
压力最大值-184 kN
幕墙柱轴力最大值-505 kN

图 10.387 立面结构轴力分布图(1.2D+1.4L)

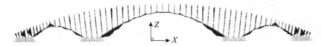

幕墙梁弯矩最大值 627 kN·m
幕墙柱弯矩最大值 1 853 kN·m

图 10.388 立面结构弯矩分布图(1.2D+1.4L)

2. 小震反应谱分析

多向地震输入,三个方向地震波峰值比例为水平主向:水平次向:竖向=1.00:0.85:0.65。表 10.227 给出了小震反应谱工况下屋盖支座反力,表 10.228 给出了大震反应谱工况下屋盖单个支座最大剪力。

表 10.227 小震反应谱工况下屋盖支座总反力(单位:kN)

工况	Geq	GlobalFX	GlobalFY	GlobalFZ	剪重比/竖向作用系数
EQ1D	23 718	553	1 397	—	2.33%
EQ1V	23 718	—	—	490	2.06%

注:EQ1D 表示双向水平地震作用(小震),EQ1V 表示竖向地震作用(小震)。

表 10.228 大震反应谱工况下屋盖单个支座最大剪力(单位:kN)

工况	F_X	F_Y
1.2G+1.3EQ3D+0.5 EQ3V	1 706	777

注:EQ3D 表示双向水平地震作用(大震),EQ3V 表示竖向地震作用(大震)。

上表说明,在大震作用下,X 方向的边跨柱顶所受剪力较大。故在受力较大的位置需选用抗剪承载力较大的抗震球形钢支座,并预留冗余度,即可达到柱顶支座的抗震目标。

表 10.229 小震反应谱分析变形结果(单位:mm)

工况	立面两侧幕墙梁水平变形(mm)(拱高 10 m)		前拱最大挠度(mm)(跨度 270 m)	拱落地端与摇摆柱间桁架挠度(mm)(跨度 54 m)	立面中央幕墙梁竖向挠度(mm)(不利点高度 12 m)
	U1(X 向)	U2(Y 向)	U3(Z 向)	U3(Z 向)	U1(Y 向)
EQ1D	10(1/1 000)	11(1/909)	—	—	22(1/545)
1.0G+1.0EQ1V	—	—	-110(1/2 455)	-52(1/1 038)	—

注:G 表示重力荷载代表值,EQ1D 表示双向水平地震作用(小震),EQ1V 表示竖向地震作用(小震)。

表 10.229 说明:

(1)重力和地震组合下的屋盖最大挠跨比为 1/1 038,满足抗震规范关于大跨结构变形限值的要求。

(2)地震作用下的水平变形满足规范要求。

3. 结构稳定性分析与弹塑性极限承载力分析

(1) 分析软件:采用 ANSYS12.0 软件对结构进行整体稳定承载力计算分析。

(2) 分析模型:如东体育场的前立面大拱杆件采用 beam189 单元进行模拟,为考虑下部结构对屋盖结构的协同影响,有限元模型同时建立与屋盖连接的最上面一层的抗侧力构件,并于这些混凝土立柱下端设置固定支座,以此来准确模拟下部结构对上部结构的影响。屋盖的荷载选择通过点荷载的方式施加,荷载因子定义为施加荷载与 1.0D+1.0L 荷载组合的比例。

由于体育场为对称结构,故均取一半结构进行计算。

表 10.230 给出了 SAP2000 与 ANSYS 的静力分析结果对比情况。

表 10.230 SAP2000 与 ANSYS 的静力分析结果对比(钢屋盖单独模型)

对比项	ANSYS	SAP2000
模型		
基底总反力(D+L) (单位:kN)	34 222	33 762
变形(S+D+L) (单位:mm)	−120(前拱跨中两侧)	−123(前拱跨中两侧)

以上静力计算结果表明,结构的基底总反力和主要变形均一致,说明结构模型与荷载施加均较准确,可进一步进行稳定性分析和弹塑性极限承载力分析。

屈曲分析有助于发现屈曲对结构尤其是构件的影响,通过采用特征值屈曲分析得到各屈曲模态的荷载系数以及对应的屈曲形态。屈曲分析结果如图 10.389~图 10.394 所示。

分析表明,结构前 4 阶屈曲模态为拱受压区域的平面外局部失稳,结构第 5 阶和第 6 阶为径向主桁架平面外失稳。第 1 阶至第 6 阶屈曲荷载因子分别为 11.44、11.45、14.35、14.36、14.92、15.06。可见结构未出现整体屈曲失稳,屈曲性能较好。

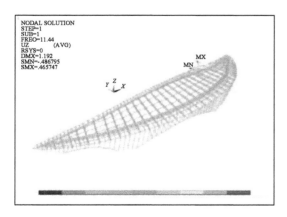

图 10.389 第 1 阶屈曲模态

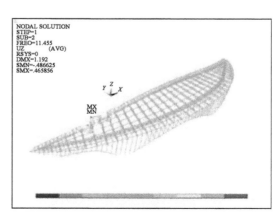

图 10.390 第 2 阶屈曲模态

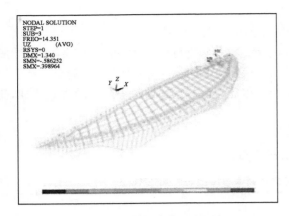

图 10.391　第 3 阶屈曲模态

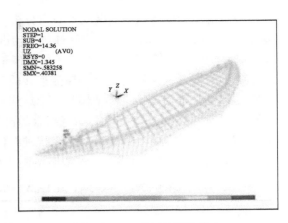

图 10.392　第 4 阶屈曲模态

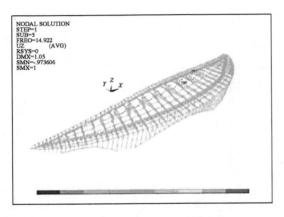

图 10.393　第 5 阶屈曲模态

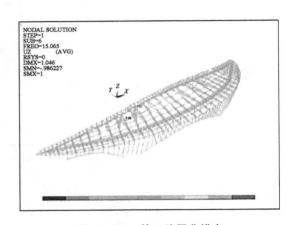

图 10.394　第 6 阶屈曲模态

采用 ANSYS 软件对结构进行弹塑性极限承载力计算分析。材料采用双线性随动强化模型，稳定分析采用牛顿-拉普森法（选取拱的跨中节点进行荷载-位移曲线绘制）。

本结构体系进行弹塑性极限承载力分析时考虑初始缺陷（$L/300$）的影响，荷载位移曲线同时考虑竖向位移和拱平面外位移。分析结果如图 10.395 所示。

由以上荷载-位移曲线可以看出：

（1）考虑材料非线性后，临界荷载因子为 3.51，说明当结构的荷载在施加到 3.51 倍时结构无法继续承载而发生破坏，结构弹塑性承载力因子满足要求。

（2）对该工程而言，结构最终是由于杆件较多进入塑性而无法继续承载，属于强度破坏，此时，结构并未发生整体失稳，表明结构整体稳定性较好。

（3）结构的竖向荷载位移曲线均较接近直线，说明结构受到非线性影响并不明显，结构的刚度并未发生显著折减。

以考虑几何非线性和材料非线性情况的结构为考察对象，对其塑性发展机制进行分析和描述。结构的塑性发展机制如表 10.231 所示。

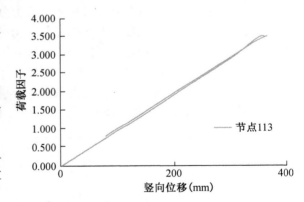

图 10.395　结构弹塑性分析荷载位移曲线

表 10.231 分析类型表

次序	荷载因子	进入塑性的杆件	备注
1	2.18	摇摆柱顶位置的桁架上弦与斜腹杆开始进入塑性	图 10.396
2	3.23	前拱桁架落地端附近桁架上弦和部分腹杆开始进入塑性	图 10.397
3	3.51	进入塑性的杆件范围继续扩大,前拱桁架落地端附近部分桁架上弦全截面进入塑性,部分径向主桁架上弦由于轴压较大进入塑性,结构无法继续承载	图 10.398

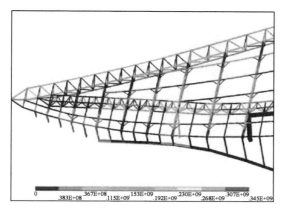
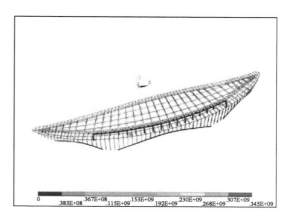

图 10.396 荷载因子为 2.18

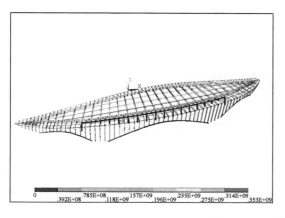
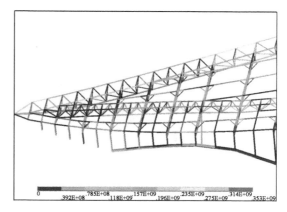

图 10.397 荷载因子为 3.23

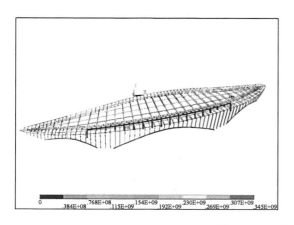
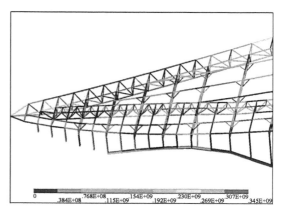

图 10.398 荷载因子为 3.51

4. 主体结构温度作用分析

图 10.399~图 10.406 分别列出了东西看台结构 1 层和 2 层在升温工况和降温工况下楼板最大主应力和最小主应力值。

分析图中计算结果可知,1 层、2 层楼板的大部分区域在升温工况和降温工况下楼板最大主应力和最小主应力值均在 C30 混凝土的抗拉、抗压强度设计允许值范围内。结构 1 层楼板升温工况下最大主应力大部分区域在-4.3~-6.0 MPa 左右,看台前缘两排柱周边区域出现较大的应力,但分布范围极小,一方面可能存在有限元数值模拟时的应力集中现象,另一方面设计配筋时将对该区域纵横向框架梁端的纵筋配置予以针对性的加强,周边楼板增加补强钢筋。其余工况下均存在类似现象。另外局部开洞处角部边缘位置应力较大,该区域周围楼板同样加强钢筋配置。

结构 2 层楼板在楼板凹口位置,局部外伸楼板位置出现较大应力,施工图配筋时将针对上述区域进行针对性的补强。此外温度工况对所有框架梁柱受力的影响也将考虑用于构件配筋的荷载组合工况内。上述分析结果表明本结构能够承受使用过程中温度变化作用带来的各种不利影响。

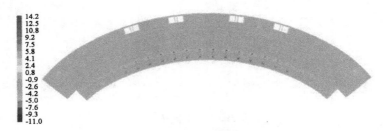

图 10.399　体育场东西看台结构 1 层楼板升温工况最大主应力(MPa)

图 10.400　体育场东西看台结构 1 层楼板升温工况最小主应力(MPa)

图 10.401　体育场东西看台结构 1 层楼板降温工况最大主应力(MPa)

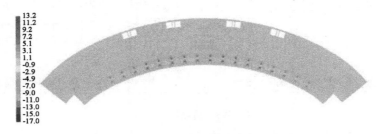

图 10.402　体育场东西看台结构 1 层楼板降温工况最小主应力(MPa)

图 10.403　体育场东西看台结构 2 层楼板升温工况最大主应力（MPa）

图 10.404　体育场东西看台结构 2 层楼板升温工况最小主应力（MPa）

图 10.405　体育场东西看台结构 2 层楼板降温工况最大主应力（MPa）

图 10.406　体育场东西看台结构 2 层楼板降温工况最小主应力（MPa）

10.22.4　专家审查意见

南通如东县体育中心体育场属屋盖跨度超限的超限高层建筑工程,按照国家《行政许可法》和《超限高层建筑工程抗震设防管理规定》（建设部令第 111 号）的要求,应在初步设计阶段进行抗震设防专项审查。专家组审阅了初步设计资料,听取了勘察、设计单位汇报,经认真讨论、质询,认为该工程设防标准正确,采用框架＋拱支式结构体系可行,该工程审查结论为“修改”。

设计单位应对下列问题进一步修改补充:

1.补充数值风洞模拟,模型应包含屋面天窗等构件,进一步确认体型系数、风压变化等重要参数;屋盖应考虑马道、灯具荷载。

2.补充重要节点的构造设计,如主拱拱脚节点、边桁架与混凝土柱连接节点、幕墙立柱与主桁架连接节点等,主拱桁架与边桁架连接部位应进一步细化。

3. 屋盖应完善支撑系统,必要时可设置环向支撑桁架。

4. 幕墙立柱的计算应考虑与主桁架的相互影响。

5. 应补充两个不同软件的计算分析比较,并按整体模型与切分模型的不利结果包络设计。

6. 补充弹性时程分析,地震波应符合规范要求,按三向地震动输入计算。

7. 明确结构的关键部位、关键构件,应力比不宜大于 0.80。

8. 主拱拱脚的水平推力应予详细分析,不宜采用预应力管桩作为主拱的基础。

10.23 康力电梯试验塔项目

设计单位:苏州工业园区设计研究院股份有限公司

10.23.1 工程概况与设计标准

康力电梯试验塔项目位于江苏吴江汾湖经济开发区康力大道以北、江苏路以西,近沪苏浙高速公路,主要超限建筑为电梯测试塔,建筑效果图见图 10.407。项目概况见表 10.232。

表 10.232 项目概况

项目	测试塔
结构形式	筒中筒
X 轴线距	22.1 m
Y 轴线距	23.0 m
结构高度	268 m
结构高宽比	11.4
地下层数	2 层
地上层数	37 层
基础形式	桩基础
地下室深	14 m
筏板厚度	3.0 m
桩长	73 m

图 10.407 建筑效果图

地震作用按《建筑抗震设计规范》(GB 50011—2010)取值,考虑三个水准的地震效应。规范主要参数如表10.233所示。

表10.233 结构设计参数

抗震设防烈度	6度
基本地震加速度峰值	0.05g
设计地震分组	第一组
场地类别	Ⅳ类
建筑抗震设防类别	标准设防类
建筑结构安全等级	二级
建筑高度级别	B级

10.23.2 结构体系及超限情况

1. 结构体系

(1)基础及地下室

测试塔区域采用桩基础,筏板拟采用现浇防水混凝土底板,抗渗等级暂定为P8。测试塔地下二层结构筏板顶面标高约为−14.000 m,钢筋混凝土筏形基础厚约3.0 m,基础埋深约为17.0 m,基础埋深约为建筑总高度的1/15.8,大于1/18,满足《高层建筑混凝土结构技术规程》(JGJ 3—2010)第12.1.8条规定。

测试塔计算嵌固端为地下一层顶板,由计算分析可知地下一层与首层的剪切刚度比满足《建筑抗震设计规范》(GB 50011—2010)第6.1.14条及《高层建筑混凝土结构技术规程》(JGJ 3—2010)5.3.7条对地下一层顶板作为嵌固端上下层刚度比的要求。工程桩采用钻孔灌注桩,桩顶标高−13.000 m(1985国家高程基准,工程0.000相当于1985国家高程基准3.900 m),桩长73 m,桩端后注浆。在设计时,对桩基验算其在大震下受力情况。对大震下受拉的桩,按承压兼抗拔桩设计。

(2)上部结构

测试塔地上结构总高度268 m,高宽比约11.4。由于结构高宽比超过规范对于钢筋混凝土结构的高宽比限值,结构较柔。为了有效提高结构抗侧刚度,利用电梯井形成剪力墙,同时在建筑外围布置外筒,形成了钢筋混凝土多束筒体+剪力墙结构,作为筒中筒结构体系进行设计。上部结构示意图见图10.408。

2. 结构的超限情况

结构总高度268 m,超A级高度范围,未超B级高度范围。高宽比为11.4,超过规范限值。根据《超限高层建筑工程抗震设防管理规定》(建设部令第111号)和《超限高层建筑工程抗震设防专项审查技术要点》(建质〔2010〕109号),对规范涉及结构不规则性条文进行了检查。详见表10.234、表10.235。

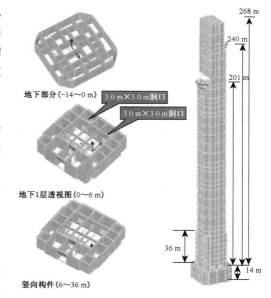

图10.408 上部结构示意图

表10.234 高层建筑一般规则性超限检查

序号	不规则类型	判 断 依 据	判断	备注
1a	扭转不规则	考虑偶然偏心的扭转位移比大于1.2	有	
1b	偏心布置	偏心率大于0.15或相邻层质心相差大于相应边长15%	无	
2a	凹凸不规则	平面凹凸尺寸大于相应边长的30%	无	

序号	不规则类型	判 断 依 据	判断	备注
2b	组合平面	细腰形和角部重叠形	无	
3	楼板不连续	有效宽度小于50%，开洞面积大于30%，错层大于梁高	有	
4a	刚度突变	相邻层刚度变化大于70%或连续三层变化大于80%	有	
4b	尺寸突变	竖向构件位置缩进大于25%，或外挑大于10%和4 m，多塔	有	
5	构件间断	上下墙、柱、支撑不连续，含加强层、连体等	无	
6	承载力突变	相邻层受剪承载力变化大于80%	无	
7	其他不规则	如局部的穿层柱、斜柱、夹层、个别构件错层或转换	无	

注：a、b不重复计算不规则项。

表 10.235　高层建筑严重规则性超限检查

序号	不规则类型	判 断 依 据	判断	备注
1	扭转偏大	裙房以上的较多楼层，考虑偶然偏心的扭转位移比大于1.4	无	
2	扭转刚度弱	扭转周期比大于0.9，混合结构大于0.85	无	
3	层刚度偏小	本层侧向刚度小于相邻上层的50%	无	
4	高位转换	框支墙体的转换构件位置：7度超过5层，8度超过3层	无	
5	厚板转换	7～9度设防的厚板转换结构	无	
6	塔楼偏置	单塔或多塔与大底盘的质心偏心距大于底盘相应边长的20%	无	
7	复杂连接	各部分层数、刚度、布置不同的错层 连体两端塔楼高度、体型或者沿大底盘某个主轴方向的振动周期显著不同的结构	无	
8	多重复杂	结构同时具有转换层、加强层、错层、连体和多塔等复杂类型的3种	无	

10.23.3　超限应对措施及分析结论

一、超限应对措施

1. 分析模型及分析软件

本工程弹性分析选用北京盈建科软件有限责任公司开发的 YJK-A 以及 SATWE 进行计算，考虑偶然偏心地震作用、双向地震作用、扭转耦联。大震采用 ABAQUS 和 PERFORM-3d 进行动力弹塑性分析。

2. 关键部位的性能目标

综合分析后，本项目结构在多遇地震、设防烈度地震、预估罕遇地震作用下对应的性能目标详见表 10.236。

表 10.236　主要构件性能指标

地震烈度水准		小震/风载	中震	大震
层间位移指标		1/550	1/300	1/150
		（规范1/500）		（规范1/120）
构件性能	剪力墙	保持弹性 满足规范小震设计要求	抗剪弹性	少量可抗剪屈服
			抗弯弹性	部分可弯曲屈服
	混凝土梁	保持弹性 满足规范小震设计要求	抗剪弹性	抗剪不屈服
			抗弯弹性	抗弯可屈服

地震烈度水准		小震/风载	中震	大震
构件性能	连梁	保持弹性 满足规范小震设计要求	抗剪弹性	少量抗剪屈服
			抗弯不屈服	可弯曲屈服
	钢构件	弹性 满足规范小震设计要求	抗剪弹性	抗剪弹性
			抗弯弹性	抗弯可屈服
整体结构性能目标	小震	结构在地震后完好、无损伤，一般不需修理即可继续使用。人员不会因为结构损伤造成伤害，可安全出入和使用		
	风载	结构在50年一遇风载作用下，筒体剪力墙墙肢拉应力小于设计值		
	中震	地震后结构的薄弱部位和重要部位的构件完好、无损伤，其他部位有部分选定的具有一定延性的构件出现开裂或梁端屈服。结构修理后可继续安全使用，不影响建筑的正常使用功能		
	大震	地震后结构的薄弱部位和重要部位的构件不损坏。其他部位有部分选定的具有一定延性的构件发生中等程度损坏。结构可整体保持稳定，不致倒塌，人们可有足够的时间安全避难		

二、整体结构主要分析结果

1. 弹性分析结果

结构弹性主要计算结果如表10.237所示。

表10.237　计算结果

工况	分项	YJK	SATWE
周期	X向(s)	4.99	4.98
	Y向(s)	4.76	4.77
	扭转(s)	0.75	0.76
总质量(t)		72 360	72 370
风荷载	X向位移角	1/725	1/732
	Y向位移角	1/745	1/748
	最大位移(mm)	272/265	271/269
地震作用	X向位移角	1/1 154	1/1 158
	Y向位移角	1/1 264	1/1 253
	最大位移(mm)	163/154	163/156
	X向位移比	1.02	1.06
	Y向位移比	1.06	1.07
	X向剪重比	1.73%	1.73%
	Y向剪重比	1.58%	1.57%
整体稳定	X向刚重比	3.81(>2.7)	3.80(>2.7)
	Y向刚重比	3.75(>2.7)	3.71(>2.7)
整体抗倾覆	X向风	4.56(无零应力区)	4.66(无零应力区)
	Y向风	4.61(无零应力区)	4.69(无零应力区)
	X向地震	5.30(无零应力区)	5.30(无零应力区)
	Y向地震	6.01(无零应力区)	6.02(无零应力区)

(续表)

工况	分项	YJK	SATWE
剪切刚度比	X向(地下一层)	2.22	2.15
	Y向(地下一层)	2.37	2.29
受剪承载力比	X向	0.91	0.96
	Y向	0.96	0.97

根据上述计算结果,结合规范规定的要求及结构抗震概念设计理论,可以认为测试塔结构体系成立,受力合理,除局部指标超限外,基本可以满足规范要求。

初步结论如下:

(1) 第一扭转周期与第一平动周期之比小于0.85,满足《高规》第3.4.5条要求。

(2) 有效质量系数大于90%,所取振型数满足《高规》第5.1.13条要求。

(3) 水平力作用下的层间位移角小于1/500,满足《高规》第3.7.3条要求。

(4) X、Y方向剪重比均满足《高规》第4.3.12条要求。

(5) 结构刚重比大于2.7,满足规范对结构稳定的要求,可不考虑重力二阶效应的影响。

(6) 底部剪力墙轴压比小于0.5,满足《高规》第7.2.13条对轴压比的规定。

(7) 楼层最大扭转位移比满足《高规》第3.4.5条要求。

(8) 楼层受剪承载力满足《高规》第3.5.3条要求。

图10.409和图10.410为50年一遇风载作用下和多遇地震作用下的楼层剪力和倾覆弯矩曲线。

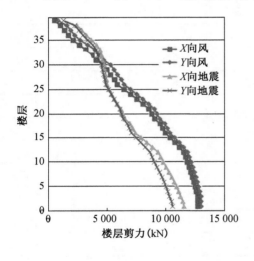

图10.409 楼层剪力分布

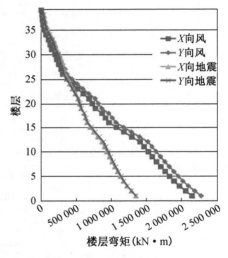

图10.410 楼层弯矩分布

由以上楼层剪力及弯矩分布图可知,本工程主要高度的X方向及Y方向风荷载作用大于地震作用;结构顶部部分楼层的风载小于地震作用。在设计时参考规范取包络,且考虑风载组合效应。

采用YJK程序对项目进行了多遇地震弹性时程分析。按场地安评报告所给出的,地震波时程主方向峰值取值为34 gal,次方向为28.9 gal,共选取了5组天然波以及2组人工波。主要分析结果见表10.238、图10.411~图10.414。

表10.238 地震波产生基底(地上首层)剪力与CQC法基底剪力比较 (单位:kN)

波名称	X方向		Y方向	
	基底剪力	比值	基底剪力	比值
CQC法剪力	10 784		9 848	
Double Springs_NO_1099,Tg(0.64)	9 151	84%	10 125	102%

(续表)

波名称	X方向		Y方向	
	基底剪力	比值	基底剪力	比值
Hector Mine_NO_1776,T_g(0.69)	11 573	107%	10 328	104%
Landers_NO_836,T_g(0.68)	8 300	76%	8 542	86%
Livermore-01_NO_215,T_g(0.61)	10 633	98%	11 122	112%
Northridge-01_NO_951,T_g(0.61)	13 786	127%	11 163	113%
0050Y6302	11 223	104%	9 910	100%
0050Y6305	13 500	125%	10 530	106%
平均剪力	11 167	103%	10 246	103%

各组时程曲线计算所得的结构底部基底剪力均大于振型分解反应谱法的65%,且7条时程曲线计算所得的结构底部剪力的平均值约为振型分解反应谱法的1.03倍。考虑到规范要求,当取7组及7组以上时程曲线进行计算时,结构地震作用效应可取时程法计算结果的平均值与振型分解反应谱法计算结果的较大值,本工程在设计时将对地震力放大到1.03倍。

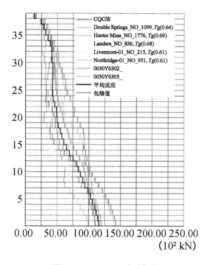

图 10.411　X 向剪力

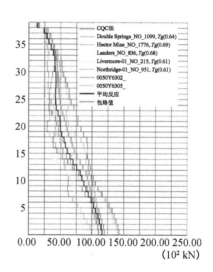

图 10.412　Y 向剪力

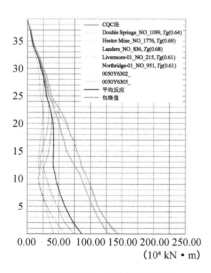

图 10.413　X 向楼层弯矩

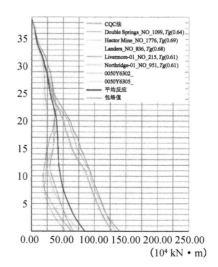

图 10.414　Y 向楼层弯矩

2. 动力弹塑性时程分析

现行的地震作用计算方法主要基于地震反应谱进行,利用设计反应谱对结构进行弹性静力分析,从而求得多遇地震作用下结构的弹性内力和变形。对罕遇地震作用下结构的变形是通过弹性变形乘以考虑结构弹塑性变形性质的增大系数来求得相应的变形值。此分析方法较简单,也可以保证多数建筑结构的抗震强度和变形,但不能确切地了解建筑物在地震过程中结构的内力与位移随时间的反应,有时也难以确定建筑结构在地震作用下可能存在的薄弱部位和可能发生的震害。由于计算简化,不能完全计入结构高阶振型的影响,抗震强度和变形的安全度也有待考虑。

针对本项目特点(高度超过 150 m),本报告通过对结构进行动力弹塑性时程分析计算,以达到以下目的:

(1) 对罕遇地震作用下结构反应进行计算与分析,在此基础上对结构在罕遇地震作用下的抗震性能进行评价,以论证结构是否能达到"大震不倒"这一抗震性能目标。

(2) 对结构在地震作用下的弹塑性行为性能进行分析,包括罕遇地震作用下的最大顶点位移、最大层间位移(角)以及最大基底剪力等。

(3) 研究结构在地震作用下梁、柱、墙、板等结构构件的塑性损伤情况。

(4) 通过罕遇地震下结构的受力和变形特性评价结构体系的工作方式。

(5) 根据以上分析结果,针对结构薄弱部位和构件提出相应的加强措施,以指导施工图设计。

各组地震波 X 方向的波形及对应加速度谱曲线如图 10.415 所示,本工程采用三向地震波输入,地震波峰值比为 $X:Y:Z=1:0.85:0.65$,持续时间为 30 s,主方向地震波峰值为 187.5 gal。

分析步骤如下:

(1) 计算结构自振特性,并与 YJK 模型计算得到的模态结果进行对比,保证弹塑性分析模型与原模型的统一性和正确性;

(2) 进行结构重力加载分析,形成结构初始应力,在加载分析中考虑结构的材料非线性和几何非线性效应;

(3) 输入地震动记录,进行结构罕遇地震作用下的动力响应分析;

(4) 计算结束后进行结果分析,得出结论和建议。

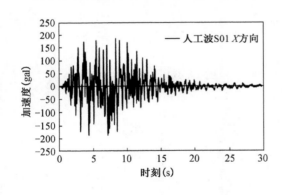
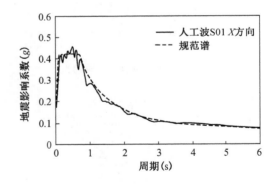
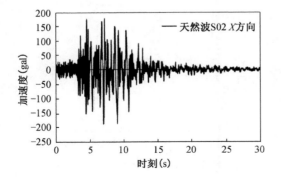
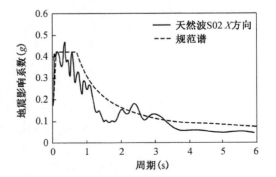

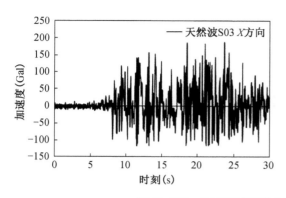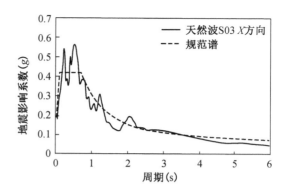

图 10.415 地震波波形及加速度反应谱与规范反应谱对比图

采用 ABAQUS 软件进行了罕遇地震作用下的弹塑性时程分析,表 10.239 为结构在各组地震波作用下得到的整体计算结果汇总。

弹塑性计算整体指标的综合评价如下:(1)在结构总重和周期等整体指标上,ABAQUS 和 YJK 的分析结果基本一致;(2)在考虑重力二阶效应及大变形的条件下,结构在地震作用下的最大顶点位移为 0.951 m,满足"大震不倒"的设防要求;(3)主体结构在各组地震波作用下的最大弹塑性层间位移角为 1/197,满足规范限值及预定性能目标要求;(4)在各组地震波下,结构的层间位移角曲线没有明显的突变,表明结构无明显的薄弱层,性能较好。

表 10.239 地震作用下结构整体计算结果汇总

作用地震波	人工波 S01		天然波 S02		天然波 S03	
	X 主方向	Y 主方向	X 主方向	Y 主方向	X 主方向	Y 主方向
YJK 结构总质量(t)	59 622					
ABAQUS 结构总质量(t)	63 926					
YJK 前 6 周期(s)	4.65,4.43,0.95,0.87,0.73,0.42					
ABAQUS 前 6 周期(s)	4.70,4.46,0.94,0.90,0.71,0.42					
X 向最大基底剪力(kN)	61 724	56 313	55 789	50 900	53 600	45 776
X 向最大剪重比	9.8%	9.0%	8.9%	8.1%	8.6%	7.3%
Y 向最大基底剪力(kN)	49 136	57 967	34 680	36 970	41 216	49 319
Y 向最大剪重比	7.8%	9.3%	5.5%	5.9%	6.6%	7.9%
X 向最大顶点位移(m)	0.837	0.692	0.217	0.193	0.836	0.718
Y 向最大顶点位移(m)	0.807	0.951	0.101	0.107	0.231	0.248
X 向最大层间位移角(所在层标高)	1/197(208)	1/244(208)	1/450(268)	1/435(268)	1/216(268)	1/225(268)
Y 向最大层间位移角(所在层标高)	1/246(228)	1/212(208)	1/781(256)	1/790(256)	1/520(228)	1/440(245)

图 10.416~图 10.418 给出了混凝土梁在不同工况下受压损伤分布,从图中可以看出,在 201 m 高度处即观光悬挑所在层,混凝土梁出现较大的损伤,损伤因子最大值超过 0.8,破坏严重,建议在设计中对该区域进行加强。另外,在平面中部位置的部分主梁,损伤因子在 0.2 左右,存在轻度损坏。除此,混凝土梁在大震作用下未见明显的受压损伤。

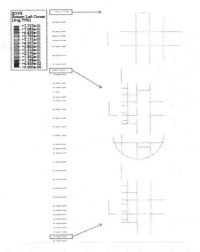

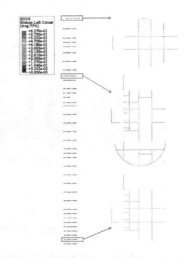

图 10. 416　S01 *X* 主方向作用下框架梁混凝土受压损伤分布图

图 10. 417　S02 *X* 主方向作用下框架梁混凝土受压损伤分布图

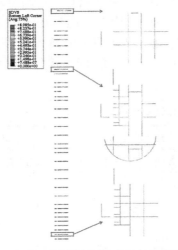

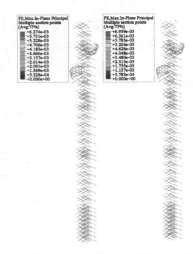

图 10. 418　S03 *X* 主方向作用下框架梁混凝土受压损伤分布图

图 10. 419　S01 *X* 主方向和 *Y* 主方向作用下框架梁钢筋塑性应变分布图

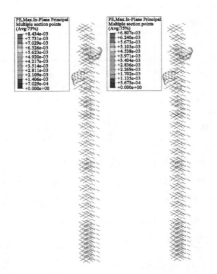

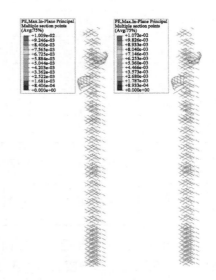

图 10. 420　S02 *X* 主方向和 *Y* 主方向作用下框架梁钢筋塑性应变分布图

图 10. 421　S03 *X* 主方向和 *Y* 主方向作用下框架梁钢筋塑性应变分布图

图 10.419～图 10.421 为混凝土梁中钢筋和结构中钢构件在不同工况下的塑性应变分布图,从图中可以看出,除结构上部几层和观光悬挑所在层有少量的钢筋(材)出现塑性应变外,结构中未出现明显的塑性应变。

结构在 36 m 高度处采用了凹角形式,从而在平面位置四个角上形成了四块屋面楼板,选取该部分楼板(36 m 高度处)、结构顶部屋面(268 m 高度处)、观光悬挑所在层(201 m 高度处)以及损伤较大楼层(176 m 高度处)四个典型楼面来研究楼面板混凝土在不同地震工况下的受压损伤,分析结果如图 10.422～图 10.429 所示。

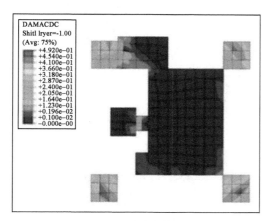

(a) S01 X 主方向作用下

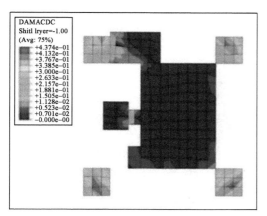

(b) S02 X 主方向作用下

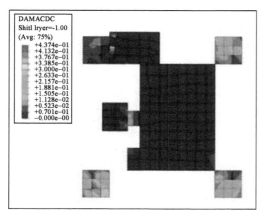

(c) S03 X 主方向作用下

图 10.422　36 m 处楼板混凝土受压损伤

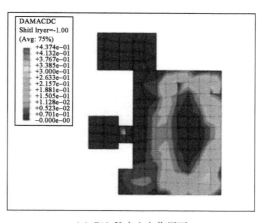

(a) S01 X 主方向作用下

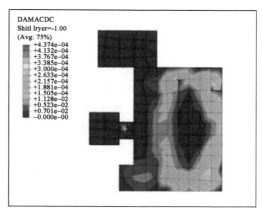

(b) S02 X 主方向作用下

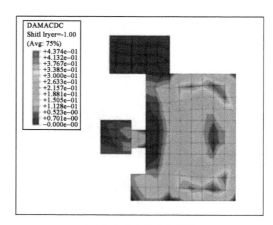

(c) S03 X 主方向作用下

图 10.423　176 m 处楼板混凝土受压损伤

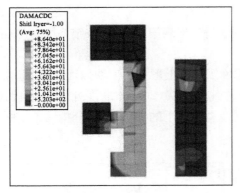

（a）S01 X 主方向作用下

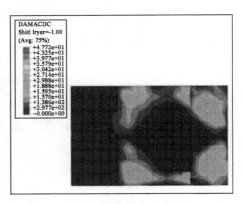

（a）S01 X 主方向作用下

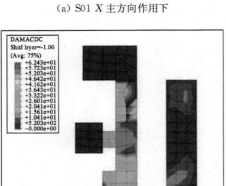

（b）S02 X 主方向作用下

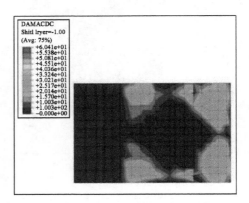

（b）S02 X 主方向作用下

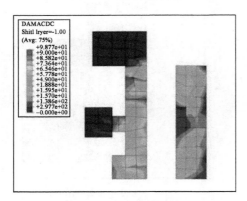

（c）S03 X 主方向作用下

图 10.424　201 m 处楼板混凝土受压损伤

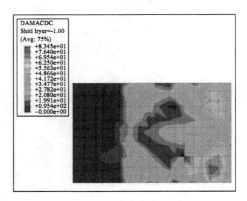

（c）S03 X 主方向作用下

图 10.425　268 m 处楼板混凝土受压损伤

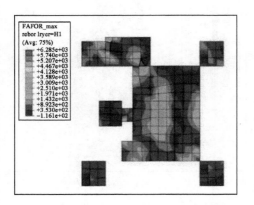

图 10.426　36 m 处楼板钢筋最大内力分布

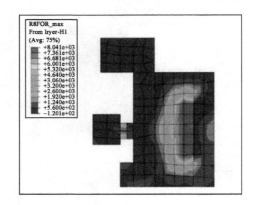

图 10.427　176 m 处楼板钢筋最大内力分布

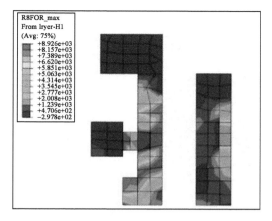

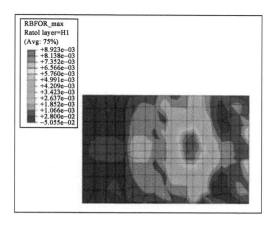

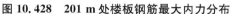

图 10.428 201 m 处楼板钢筋最大内力分布　　　　图 10.429 268 m 处楼板钢筋最大内力分布

由图可见:由于混凝土筒刚度较大,部分楼板混凝土在混凝土筒周边出现中度损坏;由楼板钢筋应力分布可以看出,虽然混凝土损伤较大,但是对应的钢筋仅出现(或完全没出现)轻微的塑性应变,故不会造成楼板的突然垮塌;个别位置(201 m 处部分楼板)钢筋塑性应变超过 0.012,已经严重破坏,故该区域在设计中需要特别进行加强,但总体来说由于损伤面积较小,不影响楼板的整体性。

10.23.4　专家审查意见

按照国家《行政许可法》《江苏省防震减灾条例》和《超限高层建筑工程抗震设防管理规定》(建设部令第 111 号)的要求,苏州康力电梯试验塔属 B 级高度的超限高层建筑工程,应在初步设计阶段进行抗震设防专项审查。专家组审阅了初步设计资料,听取了设计、勘察单位汇报,经认真讨论、质询,该工程审查结论为"通过"。

勘察、设计单位应在施工图阶段对下列问题进一步修改完善:

1. 补充完善场地的波速测试报告,场地的特征周期值按规范 Ⅳ 类场地取值。

2. 地震动参数:小震、中震地震影响系数最大值可取安评报告地面加速度峰值的 2.25 倍,大震的参数按规范取值。

3. 性能设计目标:剪力墙应按中震弹性设计,并满足大震下截面控制条件。

4. 平面和竖向的重要和薄弱部位应采取特别加强措施,过长的剪力墙应设置消能构件。

5. 应验算中震条件下剪力墙的拉应力、温度应力,根据结果采取必要的控制措施。

10.24　台积电(南京)有限公司 30.48 cm(12 英寸) 晶圆厂与设计服务中心一期项目生管中心

设计单位:信息产业电子第十一设计研究院科技工程股份有限公司

10.24.1　工程概况与设计标准

本工程基地位于南京市浦口区浦口经济开发区中心位置。基地北临秋韵路,南临步月路,东、西以紫峰路、丁香路为界。项目用地总面积约为 950 000 m²。土地被云杉路及玉莲河分为左右两块地,右侧(一期)地块约 450 000 m²,左侧(二期)地块约为 500 000 m²。

设计规模:本次设计为项目一期,拟建总建筑面积约为 511 241.19 m²。部分厂房楼层层高超过 8 m,容积时面积加倍,一期计容面积为 533 566.00 m²,容积率约 1.19。

本期设计范围:一期总体规划及各单体设计,单体包括厂房、生管及设计服务中心、厂区安全控制中心、宿舍、地下车库及门卫等。生管中心结构分区见图 10.430。

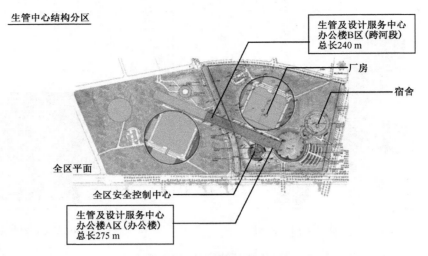

图 10.430　生管中心结构分区

地震作用按《建筑抗震设计规范》(GB 50011—2010)取值。结构设计参数如表 10.240 所示。

表 10.240　结构设计参数

抗震设防烈度	7 度
基本地震加速度峰值	0.10g
设计地震分组	第一组
抗震设防类别	丙类
场地类别	Ⅱ类
特征周期 T_g	0.35 s
阻尼比	0.04

10.24.2　结构体系及超限情况

1. 结构体系

办公楼 A 区结构中钢结构框架系统可分为两个部分,如图 10.431 所示。一为主体结构,由一双向桁架层(2F 及 3F)与下方 V 形柱构成基座,基座上方由内部四排钢柱与两侧交叉圆弧斜撑所支撑屋顶结构。另一为内部次要结构,由 4F 及 5F 局部框架结构支撑楼板,V 形柱由四支钢管柱所组成,四支钢柱至地面锚入一巨大 RC 墩柱内,RC 墩柱再由下方承台及基桩支撑,由于 RC 墩柱层刚度远大于 1F,嵌固层可设定于地面。V 形柱双向标准间距为 30 m,层高 1F 为 9.6 m,2F 为 3.6 m,3F 为 5.25 m,4F 为 4.2 m,5F 为 4.2 m,楼板采用 3W 钢承板内灌 150 mm 混凝土,屋顶、2F 底部及圆弧墙面采用金属披覆。

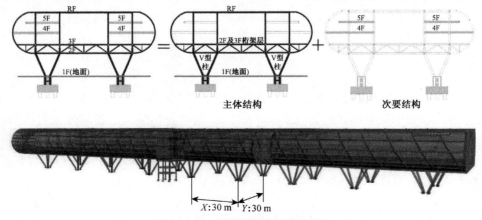

图 10.431　整体模型及柱示意图

主体结构桁架层高度为 3.6 m,于长向有五道桁架,间距 10 m,短向每 30 m 间距设置两道桁架,桁架间距为 10 m、20 m、10 m 等,下方 V 形柱的四支钢柱柱底间距为 2 m,V 形柱顶间距为 10 m,并与双向桁架交点结合,V 形柱与桁架构件端部均为刚接接合。2F、3F 结构平面图见图 10.432、图 10.433。

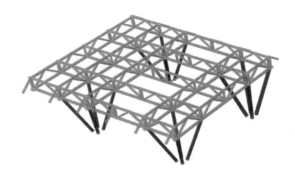

图 10.432　2F 结构平面图

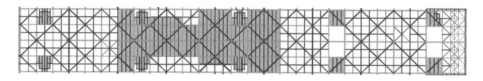

图 10.433　3F 结构平面图(钢桁架为橘色线位置)

长向端部因建筑设计需求,设计了 15 m 悬臂的筒形桁架系统,如图 10.434 所示。

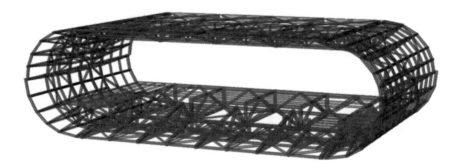

图 10.434　悬臂筒形桁架系统

2. 结构的超限情况

本工程根据《超限高层建筑工程抗震设防管理规定》(建设部令第 111 号)和《超限高层建筑工程抗震设防专项审查技术要点》(建质〔2010〕109 号),对规范涉及结构不规则性条文进行了检查。详见表 10.241～表 10.242。

表 10.241　高层建筑一般规则性超限检查

序号	不规则类型	判 断 依 据	判断	备注
1a	扭转不规则	考虑偶然偏心的扭转位移比大于 1.2	有	
1b	偏心布置	偏心率大于 0.15 或相邻层质心相差大于相应边长 15%	无	
2a	凹凸不规则	平面凹凸尺寸大于相应边长的 30%	无	
2b	组合平面	细腰形和角部重叠形	无	
3	楼板不连续	有效宽度小于 50%,开洞面积大于 30%,错层大于梁高	无	
4a	刚度突变	相邻层刚度变化大于 70% 或连续三层变化大于 80%	有	

序号	不规则类型	判　断　依　据	判断	备注
4b	尺寸突变	竖向构件位置缩进大于25%，或外挑大于10%和4 m，多塔	无	
5	构件间断	上下墙、柱、支撑不连续，含加强层、连体等	无	
6	承载力突变	相邻层受剪承载力变化大于80%	无	
7	其他不规则	如局部的穿层柱、斜柱、夹层、个别构件错层或转换	无	

注：a、b不重复计算不规则项。

表 10.242　高层建筑严重规则性超限检查

序号	不规则类型	判　断　依　据	判断	备注
1	扭转偏大	裙房以上的较多楼层，考虑偶然偏心的扭转位移比大于1.4	无	
2	扭转刚度弱	扭转周期比大于0.9，混合结构大于0.85	有	
3	层刚度偏小	本层侧向刚度小于相邻上层的50%	无	
4	高位转换	框支墙体的转换构件位置：7度超过5层，8度超过3层	无	
5	厚板转换	7～9度设防的厚板转换结构	无	
6	塔楼偏置	单塔或多塔与大底盘的质心偏心距大于底盘相应边长的20%	无	
7	复杂连接	各部分层数、刚度、布置不同的错层 连体两端塔楼高度、体型或者沿大底盘某个主轴方向的振动周期显著不同的结构	无	
8	多重复杂	结构同时具有转换层、加强层、错层、连体和多塔等复杂类型的3种	无	

10.24.3　性能目标及分析结论

一、性能目标

1. 分析模型及分析软件

分析设计软件：(1)ETABS；(2)SAP2000；(3)MIDAS GEN 2014。

分析时考虑 P-Δ 效应及5%的偶然偏心。

2. 关键部位的性能目标

地震水平划分与结构抗震性能要求如表10.243～表10.245所示，本工程性能设计属于B级。

表 10.243　地震水平划分

地震等级	重现期(年)	超越概率
多遇地震	50	50年内63%
设防地震	475	50年内10%
罕遇地震	2 475	50年内2%

表 10.244　结构抗震性能目标

性能目标 地震水平	A	B	C	D
多遇地震	1	1	1	1
设防烈度地震	1	2	3	4
预估的罕遇地震	2	3	4	5

表 10.245　主要构件性能指标

结构抗震性能水平	宏观损坏程度	损坏部位			继续使用的可能性
		关键构件	普通竖向构件	耗能构件	
1	完好、无损坏	无损坏	无损坏	轻微损坏	不需修理即可继续使用
2	基本完好、轻微损坏	轻微损坏	轻微损坏	轻度损坏、部分中度损坏	稍加修理即可继续使用
3	轻度损坏	轻微损坏	轻度损坏	轻度损坏、部分中度损坏	一般修理后可继续使用
4	中度损害	轻微损坏	部分构件中度损坏	中度损坏、部分比较严重损坏	修复或加固后可继续使用
5	比较严重损坏	中度损坏	部分构件比较严重损坏	比较严重损坏	须排险大修

二、整体结构主要分析结果

1. 弹性分析结果

ETABS 计算振型数为 10 个,MIDAS 计算振型数为 20 个,表 10.246 中列出了前十阶振型的周期。ETABS 和 MIDAS 计算的前十阶模态基本一致,累计有效质量参与系数均达到 90% 以上。结构的第一振型以 Y 向平动为主,第二振型为扭转振型。

表 10.246　结构振型

振型	ETABS	MIDAS	ETABS/MIDAS	备注
	周期(s)	周期(s)		
1	1.138	1.078	1.055	Y 向平动
2	1.090	1.051	1.038	扭转
3	0.780	0.757	1.031	
4	0.726	0.713	1.019	X 向平动
5	0.582	0.678	0.861	
6	0.527	0.622	0.847	
7	0.416	0.579	0.719	
8	0.407	0.571	0.713	
9	0.375	0.514	0.730	
10	0.369	0.499	0.740	
T_t/T_1	0.958	0.974	$\geqslant 0.9$	
有效质量参与系数	X 向　90.50%	92.19%	满足规范"$\geqslant 90\%$ 的要求"	
	Y 向　97.44%	97.26%		

扭转振型与平动振型周期比值大于 0.9,属扭转超限结构。

MIDAS 与 ETABS 中质量与周期比例接近,模型动力特性大致相同。

地震作用下结构位移如图 10.435~图 10.438 和表 10.247~表 10.248 所示。《高层民用建筑钢结构技术规程》(JGJ 99—2015)对高层钢结构的要求:常遇地震荷载作用下层间位移角不得大于 1/250。本结构最大层间位移角为 1/324,满足规范规定。

表 10.247　结构常遇地震作用下位移

位移	U_X(mm)		U_Y(mm)	
软件	ETABS	MIDAS	ETABS	MIDAS
屋顶	9.537	9.200	19.260	16.800
5F	8.587	9.220	16.620	14.800
4F	6.775	6.840	12.499	11.300
3F	4.760	5.620	7.366	7.200

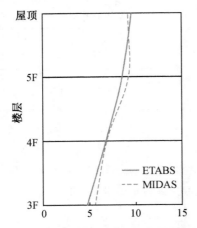

图 10.435　X 向地震作用下楼层最大位移(mm)

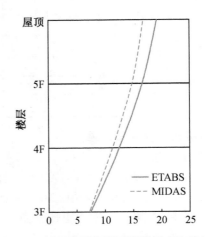

图 10.436　Y 向地震作用下楼层最大位移(mm)

表 10.248　结构常遇地震作用位移角

位移	X 向		Y 向	
软件	ETABS	MIDAS	ETABS	MIDAS
屋顶	1/3 026	1/3 500	1/897	1/1 076
5F	1/697	1/763	1/924	1/1 135
4F	1/324	1/330	1/934	1/1 141
3F	1/2 486	1/1 882	1/1 560	1/1 371

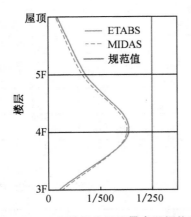

图 10.437　X 向地震作用下最大层间位移角

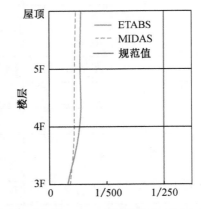

图 10.438　Y 向地震作用下最大层间位移角

2. 楼板抗剪承载力校核

采用 ETABS 软件对 4F、5F 楼板及连接桥区域进行中震作用下的楼板内力分析,因楼板长度较长,本模型板单元采用柔性楼板分析,仅考虑平面内楼板刚度,厚度为 75 mm。图 10.439 为楼板内力图,其最大值均小于每延米 301.5 kN,满足截面要求。

$$v_f \leqslant \frac{1}{\gamma_{RE}}(0.15\beta_c f_{ck} b_f t_f)$$

式中：v_f ——剪力设计值；

b_f ——楼板的验算截面宽度，取 $b_f = 1\ 000$ mm；

t_f ——楼板的验算截面厚度，由于最大应力都发生在核心筒内部，取 $t_f = 75$ mm；

β_c ——混凝土的强度影响系数，取 1.0；

γ_{RE} ——承载力抗震调整系数，取 1.0；

f_{ck} ——混凝土抗压强度标准值，按混凝土强度等级 C40 考虑，取 $f_{ck} = 26.8\ \text{N/mm}^2$。

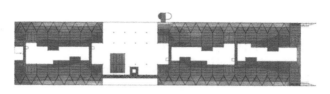

(a) 4F X 向

地震最大楼板剪力 $= 85.80$ kN/m

(b) 4F Y 向

地震最大楼板剪力 $= 134.21$ kN/m

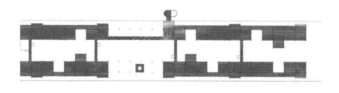

(c) 5F X 向

地震最大楼板剪力 $= 130.76$ kN/m

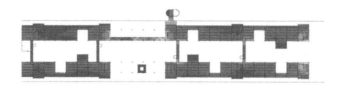

(d) 5F Y 向

地震最大楼板剪力 $= 197.66$ kN/m

图 10.439 楼板内力图

3. 关键构件截面设计

关键构件:在此工程中定义连接基础的 V 形柱及二、三楼主要构架为关键构件,普通构件为三楼以上的柱。其性能要求如表 10.249 所示。截面应力比如图 10.440~图 10.443 所示。

表 10.249　关键构件性能要求

	关键构件		普通竖向构件
模型位置	底层 V 形柱及二、三楼主要构架		三楼以上的柱
中震下校核公式	$\gamma_G S_{GE} + \gamma_{Eh} S^*_{Ehk} + \gamma_{Ev} S^*_{Evk} \leqslant \dfrac{R_d}{\gamma_{RE}}$		同关键构件
容许应力比	$<1.25(1/0.8)$		$<1.25(1/0.8)$
大震下校核公式	$S_{GE} + S^*_{Ehk} + 0.4 S^*_{Evk} \leqslant R_k$ $S_{GE} + 0.4 S^*_{Ehk} + S^*_{Evk} \leqslant R_k$		同关键构件
容许应力比	$<1.136(335/295)$		$<1.136(335/295)$

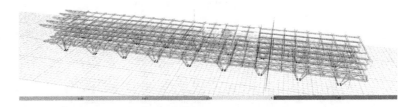

图 10.440　关键构件中震应力比(所有杆件应力比<1.25)

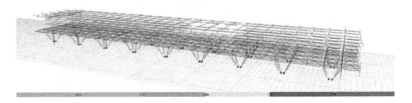

图 10.441　关键构件大震应力比(所有杆件应力比<1.136)

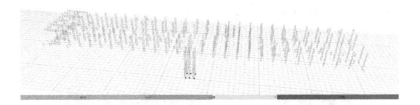

图 10.442　普通构件大震应力比(所有杆件应力比<1.25)

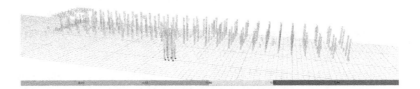

图 10.443　普通构件大震应力比(所有杆件应力比<1.136)

4. 推覆分析

将完整模型及简化主体模型均进行推覆分析。推覆分析设定如下：

(1) 塑性铰采用 ETABS 默认 FEMA-237 定义属性。

(2) 主要构件受轴力及弯矩作用定义 PMM 铰，仅受弯矩作用构件定义 M3 铰。

(3) 竖向载重考虑 1.0 恒载＋0.5 活载。

(4) 考虑±X、±Y 4 个方向作用。

推覆结果如图 10.444～图 10.447 所示。

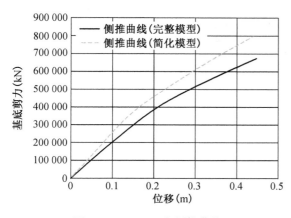

图 10.444 正 X 向侧推曲线

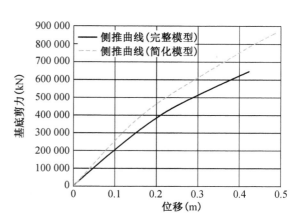

图 10.445 负 X 向侧推曲线

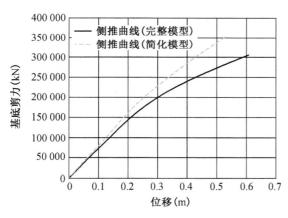

图 10.446 正 Y 向侧推曲线

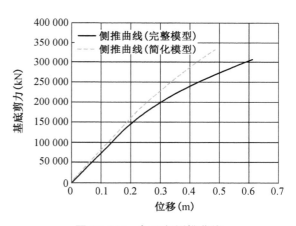

图 10.447 负 Y 向侧推曲线

四个推覆方向在罕遇地震下都保持弹性，如表 10.250 所示。

表 10.250 推覆结果

正 X 向	基底剪力(kN)	负 X 向	基底剪力(kN)	正 Y 向	基地剪力(kN)	负 Y 向	基地剪力(kN)
罕遇地震	116 255	罕遇地震	116 255	罕遇地震	76 381	罕遇地震	76 381
屈服点	222 638	屈服点	212 520	屈服点	102 789	屈服点	107 940
罕遇/屈服	0.522	罕遇/屈服	0.547	罕遇/屈服	0.743	罕遇/屈服	0.708

10.24.4 专家审查意见

台积电(南京)有限公司 12 英寸晶圆厂与设计服务中心一期项目生管中心工程拟建于南京市浦口区，属体型特别不规则的超限高层建筑工程，按照国家《行政许可法》《江苏省防震减灾条例》和《超限高层建筑工程抗震设防管理规定》（建设部令第111号）的要求，应在初步设计阶段进行抗震设防专项审查。专家组受江苏省住房和城乡建设厅委托，审阅了超限报告，听取了勘察、设计单位汇报，经认真讨论、质询，认为该工程针对超限高层建筑采取的加强措施基本合理，采用钢框架可行，审查结论为"通过"。

设计单位应在施工图阶段对下列问题进一步修改完善：

1. 结构分析计算应按国内规范执行，其性能目标按中震弹性、大震不屈服控制。
2. 所有 V 形柱的上下端（含基础）及断面变化处连接构造应进一步优化。
3. 温度应力作用按合拢时温差考虑，应补充防连续倒塌计算分析。

10.25　宿迁市苏豪银座项目

设计单位：南京市建筑设计研究院有限责任公司
南京工业大学工程抗震研究中心

10.25.1　工程概况与设计标准

宿迁市苏豪银座项目位于江苏省宿迁市中心城区幸福路与渔市口街商业繁华核心地段，是宿迁市中心重要的商业、居住综合楼之一。本工程由两层地下室、四层商业裙房和坐落在裙房之上的两栋十六层塔楼组成，总建筑面积约 67 027 m^2。地下二层为甲类防空地下室，战时作为人员掩蔽工程，防护等级为 6 级，平时兼做地下汽车库；地下一层为商场，局部为两层地下自行车库。裙房为商场和超市，建筑高度 23.9 m。A 栋塔楼为高层住宅，B 栋塔楼为高层住宅式公寓，建筑总高度 73.7 m。建筑效果图如图 10.448 所示，图 10.449 和图 10.450 分别为裙房建筑一层及两栋塔楼标准层建筑平面图。

图 10.448　宿迁市苏豪银座建筑效果图

根据《建筑抗震设计规范》（GB 50011—2010）规定，宿迁市抗震设防烈度为 8 度，设计基本地震加速度值为 0.30g，设计地震分组为第一组。本建筑场地土为 Ⅱ 类，场地特征周期值为 0.35 s。

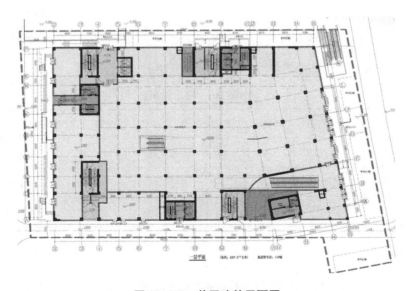

图 10.449　首层建筑平面图

图 10.450　标准层建筑平面图

10.25.2　结构层间隔震设计

1. 层间隔震方案必要性分析

由于宿迁市位于地震高烈度区,如采用传统抗震设计方法,将会导致两种不利后果:(1)结构主要构件截面过大,配筋过多,材料花费较多,工程造价提高;(2)结构构件截面、配筋增大后,结构刚度将大幅度增加,结构在地震中吸收的地震能量也将大幅度增加,这些地震能量主要由结构构件的弹塑性变形来耗散,导致结构在罕遇地震中严重损坏。本项目适宜采用隔震技术,隔震前自振周期接近一般地震的卓越周期,结构地震响应大。采用隔震技术,通过设置柔性隔震支座以延长结构周期,避开地震卓越周期,隔绝地震力的输入路径,大大减少结构承受的地震力,使其在强震中得以安然无恙。

隔震结构根据隔震系统所处位置的不同可分为基础隔震和层间隔震。基础隔震是在结构的基础(或地下室顶板)和主体结构之间设置隔震层,主要应用于主体结构体系比较规则、场地约束条件较少的建筑,而对一些建筑结构,采用基础隔震是不太适宜的,这些建筑结构主要可分为以下三类:

(1) 大底盘或大平台多塔楼结构,设置结构转换层的复杂高层建筑等。

(2) 地理位置特殊的建筑。如在山坡上建造的建筑、为了防止海水侵蚀而提高隔震层位置的近海建筑等。

(3) 需要保持建筑物原貌的旧有结构的加层和抗震加固等建筑。

对于上述结构就可采用层间隔震技术,将隔震层设置在结构的特定楼层,如设置在大底盘之上、旧有建筑楼层之上等。本项目为大底盘多塔结构,采用层间隔震技术能够有效减小地震作用,隔震层设于多塔与大底盘间,隔震建筑剖面如图 10.451 所示。

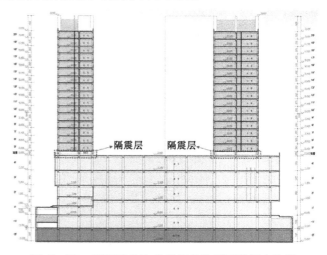

图 10.451　隔震结构和非隔震结构承受地震力比较

综合分析,本工程采用层间隔震技术有以下优越性:

(1) 隔震层可充分利用建筑的空间。隔震层兼作设备转换层,可供上部住宅及公寓的设备管道、下部商场超市的设备管道使用。

(2) 地下室施工难度降低。层间隔震减少基础的开挖深度,降低地下室施工难度,同时地下室外墙设计变得更为简单。

（3）上部结构设计变得简单。上部塔楼平面均为 L 形，属平面不规则结构，采用层间隔震后，可以显著改善上部塔楼的抗震性能。

（4）工程进度容易控制。采用层间隔震技术后，裙房部分的施工可正常进行，在此过程中，建设方可以完成隔震产品的招标及采购等事宜。

（5）经济效益显著。结构构件断面尺寸、抗震墙的数量以及配筋量较传统抗震方案有大幅度下降，并且建筑的使用功能得到很大提升。

2. 抗震性能目标

宿迁苏豪银座隔震系统使用了铅芯橡胶支座（以下简称 LRB）和天然橡胶支座（以下简称 RB），从中小震到大震，隔震装置都能发挥良好的隔震效果。根据上部结构的抗震性能，并针对地震动发生的频度和大小，将上部结构、下部结构以及隔震装置的抗震性能目标设置如表 10.251 所示，通过地震响应分析确认响应值在设定的目标值以内。

表 10.251　苏豪银座层间隔震结构抗震性能目标

水准 部位	多遇地震	罕遇地震
隔震层上部塔楼结构	最大层间位移角 1/1 000 以内	最大层间位移角 1/300 以内 塔楼位移比<1.4
隔震层下部裙房结构	最大层间位移角 1/1 000 以内	最大层间位移角 1/500 以内
隔震装置	稳定变形，剪切变形在 100% 以内	稳定变形，剪切变形在 300% 以内
地下室和墩柱	短期允许应力以内	短期允许应力以内
地基	长期允许应力以内	长期允许应力以内
结构抗风	100 年一遇风荷载作用下隔震层不屈服	

10.25.3　结构动力分析

1. 结构分析模型

本项目采用大型商业有限元软件 ETABS 建立隔震结构和非隔震结构的三维有限元模型。

美国 CSI 公司开发的 ETABS 有限元软件具有很高的计算可靠度，并提供了丰富的有限元结构分析的单元库。软件采用三维框架单元模拟梁柱构件，采用三维壳体单元模拟剪力墙构件。ETABS 除了可以对一般高层结构进行计算分析之外，还可以对含有隔震支座、滑板支座、阻尼器、间隙、弹簧、斜板、变截面梁等特殊构件的结构进行计算分析。

首先建立了宿迁苏豪银座非隔震的有限元模型，梁、柱构件均采用空间梁柱单元，抗震墙采用壳体单元，建成后模型的三维视图如图 10.452 所示。

了解非隔震结构的动力特性可以对其隔震方案提供重要信息，也可以对模型的准确性进行初步判断。采用 Ritz 向量法计算出了非隔震结构前 60 阶动力特性，前 6 阶结果详见表 10.252。

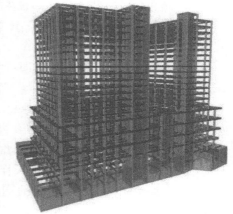

图 10.452　非隔震结构有限元模型三维视图

表 10.252 非隔震结构动力特性分析结果

振型	周期(s)	振型质量参与系数(%)	
		X 向	Y 向
1	1.642	2	39
2	1.614	47	39
3	1.440	48	52
4	1.275	51	52
5	1.114	51	52
6	0.985	51	52

计算表明,结构前 60 阶振型总的质量参与系数 X 向达到了 99%,Y 向达到了 99%;非隔震结构前两阶周期比为 1.017,一阶扭转周期和平动周期比为 0.877,结构布置满足抗震的基本要求。

2. 隔震层设计

结构隔震体系由上部结构、隔震层和下部结构三部分组成,为了达到隔震效果,隔震层必须具备四项基本特征:①具备较大的竖向承载能量,安全支撑上部结构;②具备可变的水平刚度,屈服前的刚度可以满足风荷载和微振动的要求,当中强震发生时,其较小的屈服后刚度使隔震体系变成柔性体系,将地面振动有效地隔开,降低上部结构的地震响应;③具备水平弹性恢复力,使隔震体系在地震中具有瞬时复位功能;④具备足够的阻尼,有较大的消能能力。

通过在宿迁苏豪银座的裙楼屋面设置隔震层,并合理配置铅芯橡胶支座和叠层橡胶支座,可以使隔震层具备上述的四项基本特征,并达到预期的隔震目标和抗风性能目标。

通过大量计算分析,最终确定在原结构隔震层分别设置 24 个直径 900 mm 的铅芯橡胶支座(LRB900),21 个直径 1 000 mm 的铅芯橡胶支座(LRB1000),8 个直径 1 100 mm 的铅芯橡胶支座(LRB1100),3 个直径 1300 mm 的铅芯橡胶支座(LRB1300),8 个直径 1 000 mm 的天然橡胶支座(RB1000),5 个直径 1 200 mm 的天然橡胶支座(RB1200),16 个非线性黏滞阻尼器。隔震支座及黏滞阻尼器的性能参数列于表 10.253～表 10.254,隔震支座配置图如图 10.453～图 10.454 所示。

表 10.253 隔震支座性能参数

型号	LRB900	LRB1000	LRB1100	LRB1300	RB1000	RB1200
有效面积(cm²)	6 107	7 540	9 157	12 821	7 815	11 271
铅芯直径(mm)	180	200	210	240	—	—
中心孔径(mm)	—	—	—	—	70	70
橡胶层数	30	33	32	37	29	29
橡胶总厚(mm)	180	198	224	259	203	203
钢板层厚(mm)	4.4	4.4	4.4	4.4	4.3	4.3
支座总高度(mm)	393.6	434.8	560.4	617.4	419.4	523.4
第一形状系数	37.5	41.7	39.3	46.4	33.2	40.4
第二形状系数	5.0	5.1	4.9	5.0	4.9	5.9
竖向刚度(kN/mm)	4 415	5 321	5 476	7 325	4 003	6 803
水平刚度(kN/mm)	2.52	2.83	2.90	3.41	1.489	2.147
屈服前刚度(kN/mm)	18.12	20.34	21.72	26.20	—	—
屈服后刚度(kN/mm)	1.394	1.565	1.671	2.016	—	—
屈服力(kN)	202.9	250.4	276.1	360.6	—	—
配置数量(个)	24	21	8	3	8	5

注:橡胶剪切弹性模量 0.392 N/mm²。

表 10.254 黏滞阻尼器性能参数

布置方向	阻尼系数[kN/(m/s)^0.4]	阻尼指数	个数
X 向	800	0.4	8
Y 向	800	0.4	8

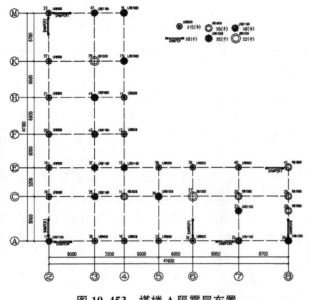

图 10.453 塔楼 A 隔震层布置

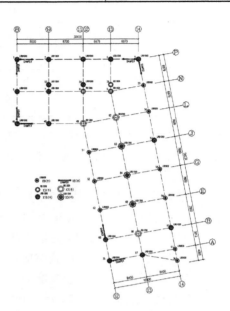

图 10.454 塔楼 B 隔震层布置

隔震结构的偏心率也是隔震层设计中的一个重要指标,日本和我国台湾地区规范明确规定隔震系统的偏心率不得大于 3%,在进行宿迁苏豪银座层间隔震层设计时也对隔震系统的偏心率进行了计算,表 10.255～表 10.256 分别给出了塔楼 A 和塔楼 B 的偏心率计算结果。

表 10.255 塔楼 A 隔震层偏心率计算

重心位置	$X=24.628$ m $Y=19.769$ m	扭转刚度	$K_t=2.88E11$
刚心位置	$X=24.624$ m $Y=19.895$ m	回转半径	$R_x=18.201$ $R_y=18.201$
偏心距	$X=0.004$ m $Y=-0.127$ m	偏心率	$Re_x=-0.007$ $Re_y=0.000$

表 10.256 塔楼 B 隔震层偏心率计算

重心位置	$X=73.576$ m $Y=34.699$ m	扭转刚度	$K_t=3.96E11$
刚心位置	$X=73.428$ m $Y=34.679$ m	回转半径	$R_x=21.075$ $R_y=21.075$
偏心距	$X=0.149$ m $Y=0.020$ m	偏心率	$Re_x=0.001$ $Re_y=0.007$

可以看出偏心率均满足要求,隔震支座布置合理。根据最终确定的隔震方案建立了宿迁苏豪银座楼隔震结构的有限元模型,图 10.455 为隔震结构有限元模型的三维视图。

隔震结构的动力特性会随隔震支座剪应变的变化而不断发生变化,同样采用 Ritz 向量法计算出隔震体系 100% 剪应变时前 60 阶动力特性的结果,其中前 6 阶周期结果列于表 10.257。从表中可以看出,隔震体系的周期较原结构增大了很多,基本周期由原来的 1.642 s 延长至 3.735 s,已经远离了建筑场地的卓越周期。

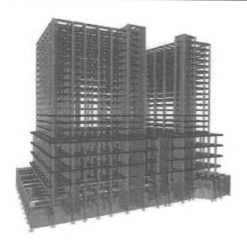

图 10.455 隔震结构有限元模型三维视图

表 10.257 隔震结构前 6 阶周期

振型	非隔震结构周期(s)	隔震结构周期(s)
1	1.642	3.735
2	1.614	3.721
3	1.440	3.389
4	1.275	3.378
5	1.114	3.220
6	0.985	3.095

3. 多遇地震响应分析

依照抗震规范要求,本报告选用了四组地震动记录[两组天然地震动记录和两组人工波,依次为天然波 1(两方向)、天然波 2(两方向)、人工波 1(两方向)和人工波 2(两方向)]。各分析工况均采用反应谱较大的分量作为主方向输入,主、次方向地震波强度比按 1:0.85 确定。

利用 ETABS 非线性有限元软件对非隔震的原结构和隔震结构进行了整体非线性时程分析,计算出了非隔震结构和隔震结构在 8 度多遇地震($\alpha_{max}=110$ gal)作用下的最大层间剪力和层间位移角。图 10.456~图 10.457 给出了非隔震结构和隔震结构在 8 度多遇地震($\alpha_{max}=110$ gal)作用下的层间剪力及对比结果。图 10.458~图 10.459 给出了位移的对比结果。

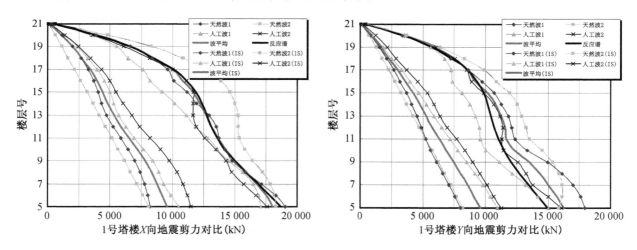

图 10.456 塔楼 A 隔震结构和非隔震结构在多遇地震作用下的楼层剪力比较

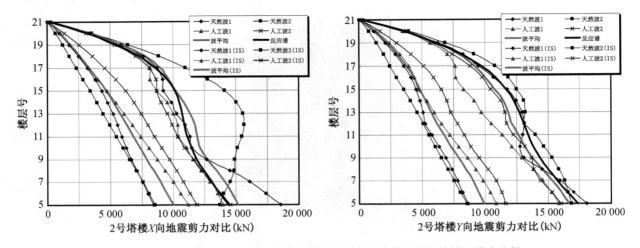

图 10.457　塔楼 B 隔震结构和非隔震结构在多遇地震作用下的楼层剪力比较

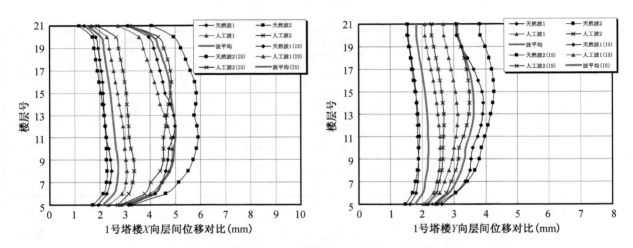

图 10.458　塔楼 A 隔震结构和非隔震结构在多遇地震作用下的楼层位移比较

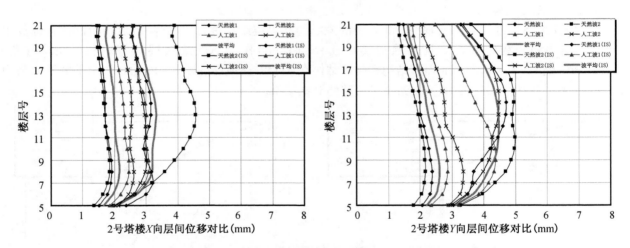

图 10.459　塔楼 B 隔震结构和非隔震结构在多遇地震作用下的楼层位移比较

从图中可以看出，隔震体系的地震响应大为减小，隔震结构的抗震性能得到显著提高。

4. 罕遇地震响应分析

利用 ETABS 非线性有限元软件对层间隔震结构进行了整体非线性时程分析，计算出了 1 号塔楼和 2 号塔楼层间隔震结构在 8 度罕遇地震加速度峰值取 510 gal 作用下的最大层间剪力和层间位移，计算结果详见表 10.258～表 10.261。

表 10.258 隔震结构在双向罕遇地震作用下的 X 向楼层地震剪力(kN)(X∶Y＝1∶0.85)

楼层	1号塔楼							2号塔楼					
	累计重量(kN)	天然波1	天然波2	人工波1	人工波2	波平均	剪重比	累计重量(kN)	天然波1	天然波2	人工波1	人工波2	波平均	剪重比
21	1 837	286	234	237	234	248	13.5%	1 311	204	167	169	167	177	13.5%
20	16 522	2 581	2 117	2 136	2 113	2 237	13.5%	16 824	2 635	2 161	2 181	2 157	2 284	13.6%
19	31 390	4 910	4 026	4 064	4 020	4 255	13.6%	31 966	5 009	4 107	4 146	4 101	4 341	13.6%
18	45 166	7 064	5 792	5 847	5 783	6 121	13.6%	47 087	7 379	6 051	6 108	6 041	6 395	13.6%
17	60 034	9 392	7 702	7 775	7 689	8 140	13.6%	62 229	9 752	7 997	8 073	7 984	8 452	13.6%
16	73 809	11 546	9 468	9 558	9 453	10 006	13.6%	77 379	12 127	9 945	10 039	9 928	10 510	13.6%
15	88 677	13 875	11 378	11 485	11 359	12 024	13.6%	92 521	14 500	11 891	12 003	11 871	12 567	13.6%
14	102 452	16 029	13 144	13 268	13 122	13 891	13.6%	107 678	16 876	13 839	13 970	13 816	14 625	13.6%
13	117 320	18 357	15 054	15 196	15 029	15 909	13.6%	122 835	19 252	15 788	15 937	15 761	16 685	13.6%
12	131 096	20 511	16 820	16 979	16 792	17 776	13.6%	138 001	21 629	17 737	17 904	17 708	18 745	13.6%
11	145 964	22 840	18 730	18 907	18 699	19 794	13.6%	153 158	24 005	19 685	19 871	19 653	20 804	13.6%
10	159 776	25 000	20 501	20 694	20 467	21 665	13.6%	168 332	26 384	21 636	21 840	21 600	22 865	13.6%
9	174 722	27 340	22 421	22 632	22 383	23 694	13.6%	183 510	28 762	23 587	23 809	23 548	24 926	13.6%
8	188 576	29 506	24 197	24 425	24 157	25 571	13.6%	198 695	31 143	25 539	25 780	25 496	26 989	13.6%
7	203 522	31 847	26 117	26 363	26 073	27 600	13.6%	213 872	33 522	27 489	27 749	27 444	29 051	13.6%
6	217 375	34 013	27 893	28 156	27 846	29 477	13.6%	229 057	35 902	29 441	29 719	29 392	31 114	13.6%
5	231 929	36 354	29 812	30 094	29 763	31 506	13.6%	244 338	38 297	31 405	31 702	31 353	33 189	13.6%
隔震层		36 826	30 200	33 632	30 157	32 704			38 091	32 423	35 594	31 837	34 486	

裙房	累计重量(kN)	天然波1	天然波2	人工波1	人工波2	波平均	剪重比
4	556 316	92 094	75 522	76 235	75 397	79 812	14.4%
3	639 270	105 037	86 136	86 949	85 993	91 029	14.2%
2	722 988	118 099	96 848	97 761	96 687	102 349	14.2%
1	807 427	131 293	107 667	108 683	107 488	113 783	14.1%

表 10.259 隔震结构在双向罕遇地震作用下的 Y 向楼层地震剪力(kN)(X∶Y＝0.85∶1)

楼层	1号塔楼							2号塔楼					
	累计重量(kN)	天然波1	天然波2	人工波1	人工波2	波平均	剪重比	累计重量(kN)	天然波1	天然波2	人工波1	人工波2	波平均	剪重比
21	1 837	263	234	235	233	241	13.1%	1 311	188	167	168	166	172	13.1%
20	16 522	2 374	2 116	2 120	2 102	2 178	13.2%	16 824	2 424	2 160	2 164	2 146	2 224	13.2%
19	31 390	4 515	4 024	4 032	3 999	4 143	13.2%	31 966	4 606	4 105	4 114	4 080	4 226	13.2%
18	45 166	6 496	5 790	5 801	5 753	5 960	13.2%	47 087	6 786	6 048	6 060	6 010	6 226	13.2%
17	60 034	8 638	7 699	7 714	7 650	7 925	13.2%	62 229	8 969	7 994	8 009	7 943	8 229	13.2%
16	73 809	10 619	9 464	9 483	9 404	9 742	13.2%	77 379	11 153	9 940	9 960	9 877	10 233	13.2%
15	88 677	12 760	11 373	11 395	11 301	11 707	13.2%	92 521	13 336	11 885	11 909	11 811	12 235	13.2%
14	102 452	14 741	13 138	13 164	13 055	13 525	13.2%	107 678	15 521	13 833	13 860	13 746	14 240	13.2%
13	117 320	16 883	15 047	15 077	14 952	15 490	13.2%	122 835	17 706	15 780	15 812	15 681	16 245	13.2%

楼层	1号塔楼							2号塔楼					
	累计重量(kN)	天然波1	天然波2	人工波1	人工波2	波平均	剪重比	累计重量(kN)	天然波1	天然波2	人工波1	人工波2	波平均	剪重比
12	131 096	18 863	16 812	16 846	16 706	17 307	13.2%	13 8001	19 892	17 729	17 764	17 617	18 250	13.2%
11	145 964	21 005	18 721	18 758	18 603	19 272	13.2%	153 158	22 077	19 676	19 715	19 552	20 255	13.2%
10	159 776	22 991	20 491	20 532	20 362	21 094	13.2%	168 332	24 264	21 626	21 669	21 490	22 262	13.2%
9	174 722	25 144	22 410	22 454	22 269	23 069	13.2%	183 510	26 452	23 576	23 622	23 427	24 269	13.2%
8	188 576	27 136	24 185	24 233	24 033	24 897	13.2%	198 695	28 641	25 526	25 577	25 366	26 278	13.2%
7	203 522	29 289	26 104	26 156	25 940	26 872	13.2%	213 872	30 829	27 476	27 531	27 303	28 285	13.2%
6	217 375	31 281	27 879	27 935	27 704	28 700	13.2%	229 057	33 018	29 427	29 486	29 242	30 293	13.2%
5	231 929	31 935	29 798	29 857	29 611	30 675	13.2%	244 338	35 220	31 390	31 453	31 193	32 314	13.2%
隔震层		31 935	30 461	33 123	30 090	31 402			35 374	31 461	35 348	32 959	33 786	

裙房	累计重量	天然波1	天然波2	人工波1	人工波2	波平均	剪重比
4	556 316	84 696	75 486	75 636	75 011	77 708	14.0%
3	639 270	96 599	86 095	86 266	85 553	88 629	13.9%
2	722 988	108 612	96 801	96 994	96 192	99 650	13.8%
1	807 427	120 746	107 616	107 830	106 939	110 783	13.7%

表10.260　隔震结构在双向罕遇地震作用下的 X 向层间位移角 $(X：Y＝1：0.85)$

楼层	1号塔楼					2号塔楼				
	天然波1	天然波2	人工波1	人工波2	波平均	天然波1	天然波2	人工波1	人工波2	波平均
21	1/537	1/625	1/637	1/569	1/589	1/371	1/436	1/433	1/562	1/441
20	1/315	1/405	1/384	1/317	1/351	1/376	1/440	1/438	1/566	1/445
19	1/308	1/396	1/375	1/311	1/343	1/367	1/430	1/427	1/556	1/435
18	1/302	1/390	1/368	1/306	1/337	1/360	1/422	1/419	1/548	1/427
17	1/295	1/382	1/360	1/300	1/330	1/352	1/414	1/409	1/539	1/418
16	1/289	1/374	1/352	1/295	1/323	1/344	1/405	1/400	1/531	1/410
15	1/284	1/367	1/345	1/290	1/317	1/337	1/397	1/391	1/524	1/402
14	1/279	1/360	1/339	1/286	1/313	1/332	1/391	1/384	1/519	1/396
13	1/275	1/353	1/335	1/283	1/308	1/327	1/386	1/379	1/510	1/391
12	1/273	1/348	1/332	1/282	1/305	1/323	1/382	1/374	1/476	1/387
11	1/272	1/345	1/331	1/282	1/304	1/322	1/380	1/372	1/448	1/386
10	1/275	1/347	1/334	1/285	1/307	1/323	1/382	1/373	1/429	1/387
9	1/278	1/350	1/339	1/289	1/311	1/326	1/385	1/376	1/415	1/391
8	1/286	1/351	1/345	1/297	1/319	1/332	1/393	1/383	1/410	1/398
7	1/291	1/356	1/350	1/310	1/333	1/343	1/406	1/396	1/418	1/412
6	1/308	1/377	1/370	1/330	1/353	1/360	1/426	1/416	1/448	1/432
5	1/373	1/459	1/451	1/387	1/419	1/407	1/482	1/473	1/559	1/489

（续表）

楼层	1号塔楼					2号塔楼				
	天然波1	天然波2	人工波1	人工波2	波平均	天然波1	天然波2	人工波1	人工波2	波平均
隔震层（mm）	340	372	386	390	372	359	388	392	401	385

裙房	天然波1	天然波2	人工波1	人工波2	波平均
4	1/640	1/767	1/739	1/693	1/741
3	1/703	1/841	1/810	1/753	1/806
2	1/847	1/1 010	1/978	1/891	1/966
1	1/1 238	1/1 460	1/1 429	1/1 282	1/1 387

表 10.261 隔震结构在双向罕遇地震作用下的 Y 向层间位移角（$X:Y=0.85:1$）

楼层	1号塔楼					2号塔楼				
	天然波1	天然波2	人工波1	人工波2	波平均	天然波1	天然波2	人工波1	人工波2	波平均
21	1/372	1/405	1/426	1/481	1/417	1/548	1/637	1/623	1/543	1/585
20	1/377	1/393	1/438	1/481	1/419	1/465	1/590	1/543	1/444	1/504
19	1/368	1/391	1/426	1/474	1/411	1/452	1/573	1/527	1/433	1/490
18	1/360	1/391	1/415	1/469	1/405	1/442	1/551	1/514	1/424	1/479
17	1/352	1/387	1/403	1/463	1/397	1/430	1/522	1/499	1/414	1/466
16	1/344	1/379	1/392	1/458	1/389	1/418	1/494	1/485	1/404	1/454
15	1/337	1/371	1/382	1/454	1/382	1/407	1/468	1/461	1/395	1/442
14	1/332	1/366	1/374	1/452	1/376	1/398	1/446	1/441	1/387	1/430
13	1/327	1/360	1/367	1/451	1/371	1/379	1/425	1/422	1/380	1/410
12	1/324	1/357	1/361	1/452	1/368	1/363	1/407	1/407	1/375	1/392
11	1/322	1/356	1/358	1/456	1/367	1/350	1/393	1/394	1/372	1/378
10	1/325	1/359	1/359	1/445	1/370	1/341	1/384	1/386	1/368	1/369
9	1/329	1/363	1/362	1/438	1/375	1/335	1/377	1/381	1/360	1/362
8	1/337	1/372	1/370	1/439	1/385	1/333	1/375	1/380	1/358	1/360
7	1/351	1/388	1/385	1/451	1/402	1/338	1/381	1/386	1/364	1/366
6	1/375	1/416	1/413	1/476	1/425	1/350	1/394	1/398	1/380	1/380
5	1/430	1/478	1/479	1/556	1/487	1/398	1/447	1/448	1/446	1/433
隔震层（mm）	323	367	378	382	363	356	382	388	391	379

裙房	天然波1	天然波2	人工波1	人工波2	波平均
4	1/515	1/581	1/585	1/557	1/558
3	1/561	1/633	1/638	1/599	1/606
2	1/656	1/740	1/747	1/707	1/711
1	1/956	1/1 079	1/1 098	1/1 027	1/1 036

从表中的数据可以看出，层间隔震结构的上部层间位移角都小于 1/304，下部楼层的层间位移角都小于 1/500，基本处在弹性阶段。

图 10.460～图 10.461 给出了苏豪银座隔震层铅芯橡胶支座（支座编号为 46）和角部黏滞阻尼器在 8 度罕遇地震作用下的滞回历程图。铅芯隔震支座和黏滞阻尼器的耗能能力可以从滞回曲线中反映出来，滞回环包围的面积即铅芯隔震支座和黏滞阻尼器的耗能水平。

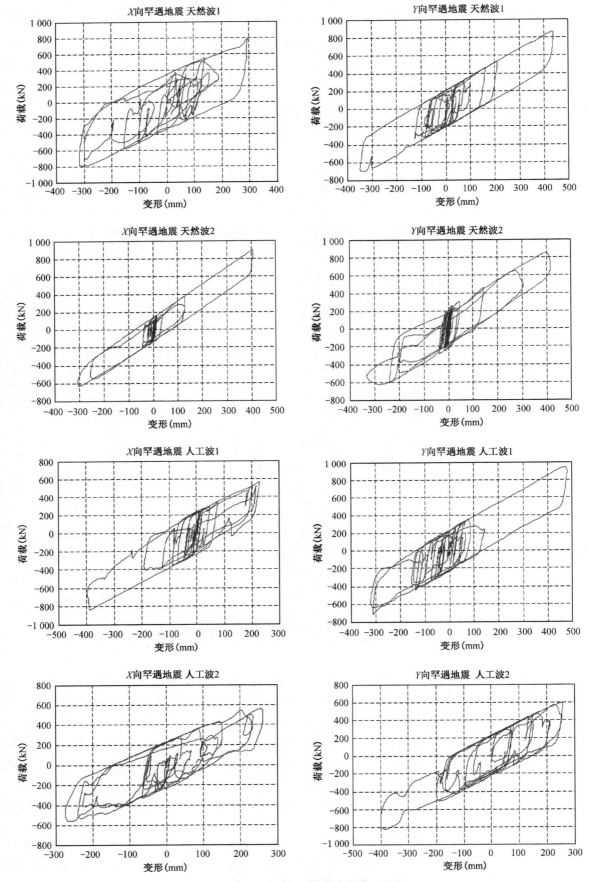

图 10.460　46 号铅芯橡胶支座滞回历程

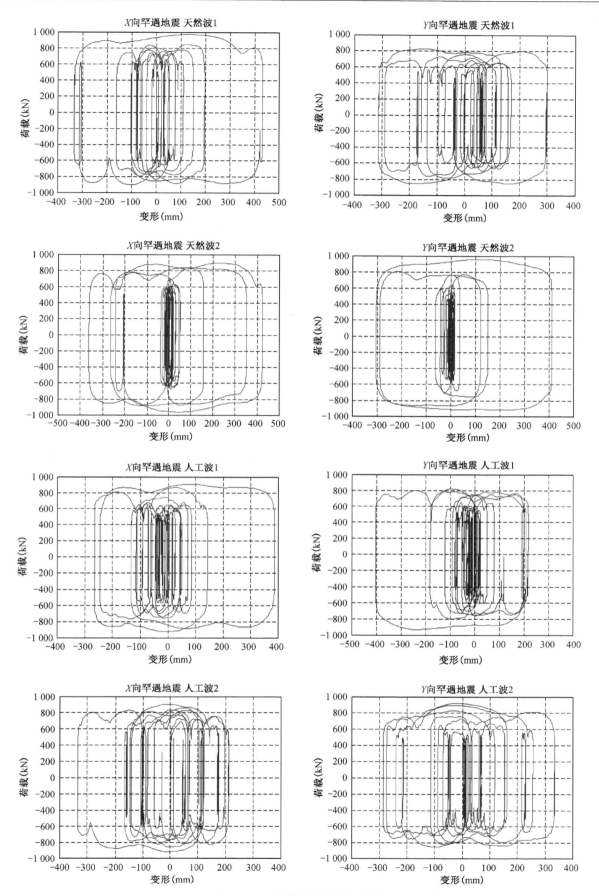

图 10.461 黏滞阻尼器滞回历程

采用隔震技术以后,结构断面尺寸、抗震墙的数量以及配筋量较传统抗震方案有大幅度下降,并且建筑的使用功能得到很大提升。隔震层以上结构在多遇地震作用下接近平动状态,不影响人们的工作和生活。不论是从建设初期的费用评价还是从地震对应的使用期间总费用评价,隔震方案都具有较明显的经济效益。

10.25.4 专家审查意见

宿迁苏豪银座工程为多项不规则且采用隔震的超限高层建筑工程,按《超限高层建筑工程抗震设防管理规定》(建设部令第 111 号)的要求,应在初步设计阶段进行抗震设防专项审查。

专家组经审阅有关勘察设计文件、会议质疑和认真讨论,认为该工程设防标准正确,初步设计抗震设防专项审查的结论为"通过"。

建议设计单位对下列问题作必要的修改和补充:

1. 该工程大底盘以上隔震后的双塔,应进一步考虑底盘不隔震的地震放大效应,注意双塔平面不规则和隔震后竖向地震作用加大的不利影响。其抗震构造措施不宜降低。

2. 整个结构设计的阻尼比不应大于 0.30。不隔震的大底盘,其地震剪力应进一步复核;支承上部塔楼的墙肢和框架柱,应按阻尼比 0.05 的不隔震结构不低于 8 度(0.20g)的中震弹性性能目标复核其承载力,相应墙肢尚应满足大震的受剪截面控制要求。

3. 时程分析的计算结果宜取多条波的包络。

4. 隔震层的上下楼板应适当加厚。顶板支承上部墙体的楼面梁应按框支梁设计,并满足隔震后大震受剪不屈服的要求。穿越隔震层的设备和管线,宜根据隔震层计入阻尼影响的大震位移,留有足够的移动间隙。

5. 严格控制基础底板的整体沉降和差异。

10.26 徐州杏山子车辆段上盖项目

设计单位:中衡设计集团股份有限公司

中铁工程设计咨询集团有限公司

10.26.1 工程概况及设计标准

拟建徐州杏山子车辆段上盖住宅建筑地块位于徐州三环西路以西,老徐萧公路南侧,华山以北,龟山以东,隶属于泉山区。拟建项目总占地面积为 66 914 m²,规划总建筑面积 189 920 m²。拟建项目建筑平面上为 15 幢 18 层的住宅、4 幢 4 层的住宅。住宅下方为杏山子车辆段的检修库及运用库。检修库及运用库顶盖长 346 m,宽 270 m,根据上盖住宅的分布设置 4 条抗震缝将顶盖划分为 A～G 共 7 个抗震单元,抗震缝宽 300 mm,如图 10.462 所示。

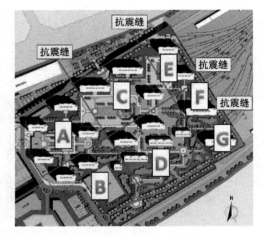

图 10.462 拟建项目抗震缝设置及平面分区图

拟建住宅采用剪力墙结构体系,检修库及运用库拟采用框架结构体系。住宅上盖于车辆段上方,检修库、运用库层高约 8.7 m,车库层高为 5 m,上部剪力墙从车库层上采用隔震技术转换,拟在车库上方设置隔震层,隔震层高度拟定为 2.0 m,如图 10.463 所示。

根据《建筑抗震设计规范》(GB 50011—2010),本工程所在地区抗震设防烈度为 7 度(第三组)。根据地质勘察初探报告,场地类别为 Ⅱ 类,特征周期为 0.45 s。

本项目下部结构形式为框架结构,而上部结构为剪力墙,结构体系有较大变化,两者在水平地震作用

下的结构动力响应也有较大不同,如直接"硬"连接,存在如下缺点:

(1)地震激励从地表传递到框架结构顶部时,会存在一定的放大效应,表现为框架顶部的地震加速度响应峰值会高于输入地震加速度时程峰值。

(2)上部结构在水平地震作用下的倾覆力矩会增加下部框架结构的负担。

(3)下部结构质量大,上部结构质量小,可能会产生不利的鞭梢效应。

如采用层间减、隔震技术是较好的解决方案,其主要优点在于:

(1)地震作用由下部框架结构向上部剪力墙结构传递时,被隔震系统阻断。在理想情况下,如采用滚轴支座(假如没有风载的情况下),会出现下部结构在地震作用下往复运动,而上部结构表现为在空中静止。

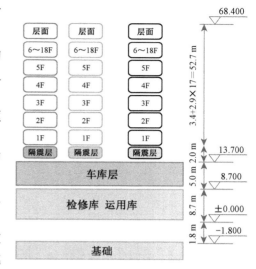

图 10.463　拟建项目剖面示意图

(2)带有屈服耗能作用的支座能够吸收地震作用,减小上部结构的加速度响应。

(3)上部结构传递给下部结构的地震力主要以水平剪力为主,弯矩成分较少。

"硬"连接与层间隔震的设计理念见图 10.464。

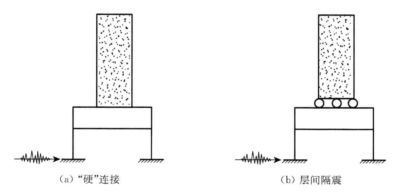

(a)"硬"连接　　　　　(b)层间隔震

图 10.464　结构隔震设计理念

在隔震层设计时还需要考虑以下方面:

(1)在水平力方向,由于结构除了承受地震作用外,还要承受风荷载,即隔震层需要有一定的水平刚度,水平刚度越大则风载变形越小。

(2)结构在承受中、大震时,隔震层刚度越小,则隔震效果越好。

(3)隔震层应具有足够的耗能能力,能够起到保护上、下部主体结构的作用。

(4)结构在经历地震后,隔震层应具有一定的自复位能力。

综上所述,隔震层支座可以选择橡胶支座、摩擦摆支座等形式。在本项目设计中,参考了已有的工程经验及相关已实施工程,选择了铅芯橡胶支座(LRB)和橡胶支座(RB)。铅芯橡胶支座的初始水平刚度大,能够保证结构在微震、风载作用下仅产生较小的变形,同时在中、大震作用下具有较好的耗能能力。两种支座均有一定的自复位能力。

10.26.2　超限情况

根据《超限高层建筑工程抗震设防管理规定》(建设部令第 111 号)和《超限高层建筑工程抗震设防专项审查技术要点》(建质〔2010〕109 号),对规范涉及结构不规则性条文进行了检查。详见表 10.262～表 10.263。

表 10.262 高层建筑一般规则性超限检查

序号	不规则类型	判断依据	判断	备注
1a	扭转不规则	考虑偶然偏心的扭转位移比大于 1.2	有	
1b	偏心布置	偏心率大于 0.15 或相邻层质心相差大于相应边长 15%	无	
2a	凹凸不规则	平面凹凸尺寸大于相应边长的 30%	无	
2b	组合平面	细腰形和角部重叠形	无	
3	楼板不连续	有效宽度小于 50%,开洞面积大于 30%,错层大于梁高	无	
4a	刚度突变	相邻层刚度变化大于 70% 或连续三层变化大于 80%	无	
4b	尺寸突变	竖向构件位置缩进大于 25%,或外挑大于 10% 和 4 m,多塔	有	
5	构件间断	上下墙、柱、支撑不连续,含加强层、连体等	无	
6	承载力突变	相邻层受剪承载力变化大于 80%	无	
7	其他不规则	如局部的穿层柱、斜柱、夹层、个别构件错层或转换	有	

注:a、b 不重复计算不规则项。

表 10.263 高层建筑严重规则性超限检查

序号	不规则类型	判断依据	判断	备注
1	扭转偏大	裙房以上的较多楼层,考虑偶然偏心的扭转位移比大于 1.4	无	
2	扭转刚度弱	扭转周期比大于 0.9,混合结构大于 0.85	无	
3	层刚度偏小	本层侧向刚度小于相邻上层的 50%	无	
4	高位转换	框支墙体的转换构件位置:7 度超过 5 层,8 度超过 3 层	无	
5	厚板转换	7~9 度设防的厚板转换结构	有	
6	塔楼偏置	单塔或多塔与大底盘的质心偏心距大于底盘相应边长的 20%	有	
7	复杂连接	各部分层数、刚度、布置不同的错层 连体两端塔楼高度、体型或者沿大底盘某个主轴方向的振动周期显著不同的结构	无	
8	多重复杂	结构同时具有转换层、加强层、错层、连体和多塔等复杂类型的 3 种	无	

10.26.3 超限应对措施及分析结论

一、超限应对措施

1. 分析模型及分析软件

由于本项目体系复杂,构件类型多,荷载工况多,在分析与设计中有针对性地应用了多种计算软件,保证计算的有效性与针对性。

涉及软件包括有配筋设计软件、非线性分析软件、校核软件等,各软件功能统计如表 10.264 所示。A 区结构整体分析模型如图 10.465 所示。

表 10.264 软件用途归类与说明

软件	用途	备注
YJK	① 各工况下的配筋设计、验算与校核 ② 结构指标的计算	弹性及非线性计算
PMSAP	结构指标的计算	弹性计算
ETABS	① 对 YJK 的宏观分析(周期、剪力)结果进行校核 ② 中震下的隔震与非隔震结构非线性时程分析	弹性及非线性计算
ABAQUS	厚板的实体有限元分析,其中大震采用时程分析方法	弹性计算

（续表）

软件	用　　途	备注
MIDAS GEN	厚板的实体有限元分析,其中大震采用反应谱分析方法	弹性计算
SAP2000	① 罕遇地震作用下的非线性时程分析(FNA) ② 厚板的抗弯性能验算	弹性及非线性计算
PERFORM-3D	① 静力弹塑性与动力弹塑性地震性能评估 ② 隔震层整体剪切性能分析	非线性计算

注:1) ETABS 软件能够在非线性时程分析后较为便捷地输出楼层指标、响应,且能够便捷输出结构能量时程曲线。

2) SAP2000 与 ETABS 软件计算过程基本一致,但是 SAP2000 的壳单元输出结果较为丰富,能够便于利用内力结果进行配筋校核。

3) MIDAS GEN 与 ABAQUS 软件进行实体有限元分析结果可互相校核。

4) YJK、ETABS 及 SAP2000 非线性分析均采用了 FNA 方法,其中 SAP2000 与 YJK 进行了大震下的时程计算。

图 10.465　A 区整体计算模型

2. 关键部位的性能目标

综合分析后,本项目结构在多遇地震、设防烈度地震、预估罕遇地震作用下对应的性能目标详见表 10.265。

表 10.265　结构性能目标

抗震烈度水准		多遇地震	设防烈度地震	罕遇地震
层间位移角	隔震层以上主楼	1/1 000	—	1/240
	隔震层以下底盖	1/1 500	—	1/250
隔震支座最大位移		—	—	385 mm
隔震层以上	剪力墙	弹性	部分可屈服	大部分可屈服
	框架梁	弹性	部分可屈服	大部分可屈服
	连梁	弹性	可屈服	大部分可屈服
隔震层以下（按设防烈度设计,且考虑抗震等级等调整系数）	支承上部主楼的框架柱	弹性	弹性	上部结构隔震后大震抗剪弹性
	支承上部主楼的框架梁	弹性	弹性	上部结构隔震后大震抗剪弹性
	其他框架柱	弹性	弹性	部分可屈服
	其他框架梁	弹性	弹性	部分可屈服
	转换厚板	弹性	弹性	上部结构隔震后大震抗剪弹性,抗弯不屈服
隔震层	梁	弹性 按转换梁设计	上部结构隔震后中震弹性	上部结构隔震后大震抗剪弹性

（续表）

抗震烈度水准		多遇地震	设防烈度地震	罕遇地震
隔震层	板	弹性	上部结构隔震后 中震弹性	可屈服
	隔震支墩	弹性	上部结构隔震后 中震弹性	上部结构隔震后，大震抗剪 弹性，抗弯不屈服

3. 隔震层设计

各单体隔震层平面布置如图 10.466～图 10.467 所示。在建筑外围设置较多的铅芯橡胶支座控制结构的扭转（图中涂黑的圈为铅芯橡胶支座），在结构内部设置少量的普通橡胶支座（图中未涂黑的圈为普通橡胶支座）控制结构整体变形。

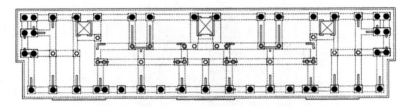

图 10.466　1♯、7♯、18♯、19♯楼隔震层结构布置图

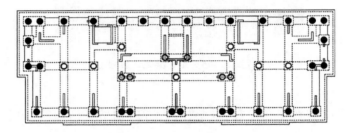

图 10.467　10♯～17♯、21♯楼隔震层结构布置图

在本项目中应用了铅芯橡胶支座和橡胶支座。对于橡胶支座，其水平刚度为线弹性，且不考虑阻尼（产品检测等效阻尼比一般小于 5%）。对于铅芯橡胶支座，其水平刚度为非线性，其等效阻尼比一般为 20%左右。

二、整体结构主要分析结果

1. 多遇地震分析

多遇地震作用下，对多塔整体模型及单塔模型分别进行计算，计算软件为 YJK 及 PMSAP。

A 区多塔模型见图 10.468。单塔模型按主楼投影范围外扩 2 跨且不大于 20 m 的相关范围建模，且不同单体之间不共用框架柱。A 区 4 栋塔楼单塔模型见图 10.469～图 10.470。多遇地震计算按单塔模型与多塔模型包络设计。

图 10.468　A 区多塔整体计算模型（YJK）

图 10.469　A 区 15♯楼单塔计算模型（YJK）

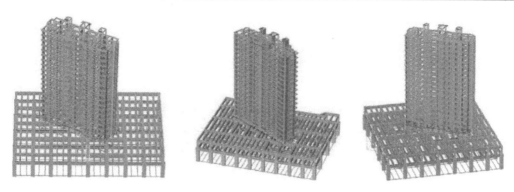

图 10.470 A 区 16♯、20♯、21♯楼单塔计算模型(YJK)

篇幅有限,表 10.266 仅给出 1♯～8♯单塔计算结果。

表 10.266 1♯～8♯单塔计算结果

楼号			1♯	2♯	3♯	5♯	6♯	7♯	8♯
第 1、2 平动周期(s)			$T_1=2.33$	$T_1=1.03$	$T_1=1.02$	$T_1=1.03$	$T_1=0.86$	$T_1=2.32$	$T_1=2.37$
			(Y)	(Y)	(Y)	(Y)	(Y)	(Y)	(Y)
			$T_2=2.21$	$T_2=0.97$	$T_2=0.97$	$T_2=0.98$	$T_2=0.81$	$T_2=2.21$	$T_2=2.19$
			(X)	(X)	(X)	(X)	(X)	(X)	(X)
第 1 扭转周期(s)			1.94	0.78	0.84	0.84	0.62	1.94	1.96
第 1 扭转周期/第 1 平动周期			0.83	0.76	0.82	0.82	0.72	0.84	0.83
地震下基底剪力(kN)		X	16 394	4 615	8 739	6 455	3 401	16 396	15 584
		Y	17 037	4 843	9 005	6 782	3 766	17 038	16 078
上部主楼基底剪力(kN)即隔震层顶		X	3 177	1 087	1 658	1 576	551	3 176	2 298
		Y	3 244	1 205	1 838	1 734	605	3 244	2 391
有效质量系数		X	96.71%	96.77%	97.31%	96.99%	97.01%	96.71%	96.62%
		Y	97.10%	96.47%	97.12%	96.47%	97.21%	97.10%	95.64%
上部主楼最大层间位移角(所在楼层)	风荷载	X	1/4 527(9)	1/7 088(8)	1/9 999	1/9 999	1/2 320(7)	1/5 199(9)	1/3 312(7)
		Y	1/1 091(11)	1/3 915(8)	1/3 431(8)	1/3 444(8)	1/8 930(7)	1/1 091(11)	1/1 013(11)
	地震作用	X	1/1 209(10)	1/1 207(5)	1/1 236(5)	1/1 269(5)	1/1 397(7)	1/1 209(10)	1/1 312(7)
		Y	1/1 120(15)	1/2 003(6)	1/1 905(6)	1/1 972(6)	1/2 954(6)	1/1 120(15)	1/1 132(16)
底盖最大层间位移角(所在楼层)	风荷载	X	1/9 999	1/9 999	1/9 999	1/9 999	1/9 999	1/9 999	1/9 999
		Y	1/9 999	1/9 999	1/9 999	1/9 999	1/9 999	1/9 999	1/9 999
	地震作用	X	1/3 138(2)	1/3 677(2)	1/3 292(2)	1/3 725(2)	1/2 932(2)	1/3 137(2)	1/3 138(2)
		Y	1/3 343(2)	1/3 308(2)	1/3 280(2)	1/3 353(2)	1/3 577(2)	1/3 343(2)	1/3 356(2)
上部主楼位移比		X	1.14	1.04	1.02	1.02	1.19	1.02	1.04
		Y	1.23	1.17	1.22	1.22	1.18	1.23	1.26
底盖位移比		X	1.23	1.38	1.32	1.30	1.36	1.23	1.34
		Y	1.21	1.35	1.26	1.36	1.28	1.21	1.30
刚度比		X	1.0	1.0	1.0	1.0	1.0	1.0	1.0
		Y	1.0	1.0	1.0	1.0	1.0	1.0	1.0

（续表）

楼号		1#	2#	3#	5#	6#	7#	8#
受剪承载力比	X	1.0	1.04	0.86	1.0	0.96	1.0	0.86
	Y	0.97	0.98	0.81	0.94	0.92	0.97	0.81
刚重比 E_{Jd}/GH^2	X	9.03	10.11	10.50	9.98	13.46	9.04	10.89
	Y	8.25	11.31	11.30	11.09	16.27	8.26	9.12

单塔模型计算结果表明,各单体结构的各项整体指标如周期比、有效质量系数、层间位移角、剪重比、轴压比、刚度比、受剪承载力比、位移比等均满足规范要求。

2. 设防地震分析

设防地震作用下对结构性能目标的验算主要基于反应谱分析方法(YJK 计算),并采用 ETABS 软件对宏观指标进行了校核。同时也采用非线性时程分析方法对结构减震性能进行了评估。设防地震下构件验算计算参数取值如表 10.267 所示。

表 10.267　设防地震构件验算参数

计算参数	中震弹性	中震不屈服
地震作用影响系数 α_{max}	0.23	0.23
地震组合内力调整系数	0.85	1.0
作用分项系数	和小震弹性分析相同	1.0
材料分项系数	和小震弹性分析相同	1.0
抗震承载力调整系数	和小震弹性分析相同	1.0
材料强度	和小震弹性分析相同	采用标准值
活荷载最不利布置	不考虑	不考虑
风荷载计算	不计算	不计算
周期折减系数	1.0	1.0
构件地震力调整	不调整	不调整
双向地震作用	考虑	考虑
偶然偏心	不考虑	不考虑
按中震(或大震)不屈服作结构设计	否	是
中梁刚度放大系数	1.0	1.0
连梁刚度折减系数	0.5	0.5
计算方法	弹性计算	弹性计算

ETABS 软件提供了非线性时程分析方法,在支座定义中需要输入支座参数。《建筑抗震设计规范》(GB 50011—2010)第 12.2.5 条规定了在时程分析法时按设计基本地震加速度输入并进行计算。

在计算中输入水平地震加速度峰值为 100 gal,两个水平方向的峰值加速度比值为 1∶0.85。在人工波作用下,结构的能量时程如图 10.471~图 10.472 所示。

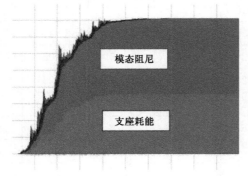

图 10.471　能量时程(X 主方向)

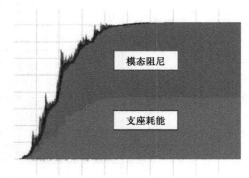

图 10.472　能量时程(Y 主方向)

由能量时程可知,在中震作用下,支座耗能占到了整个地震能量输入的40%。考虑到结构模态阻尼比输入值为5%,因此隔震层相对于整体结构的等效阻尼比约为4%。在实际反应谱中震分析中偏保守,未考虑此4%的等效阻尼比,仍按5%固有阻尼比进行结构设计。

各地震波作用下,按楼层剪力比值和倾覆力矩比值计算的水平减震系数汇总统计如表10.268～表10.271所示。

表 10.268　隔震与非隔震结构的 X 方向剪力比值统计

楼层	非隔震反应谱(kN)	非隔震时程(kN)	隔震时程(kN)	隔震/非隔震(时程)
屋顶楼梯间	303	337	227	0.68
21	2 597	2 720	1 986	0.73
20	4 778	4 984	3 491	0.70
19	6 486	6 771	4 541	0.67
18	7 692	8 060	5 223	0.65
17	8 395	8 819	5 554	0.63
16	8 637	9 063	5 461	0.60
15	8 513	8 825	5 893	0.67
14	8 175	8 225	6 261	0.76
13	7 829	7 613	6 374	0.84
12	7 698	7 782	6 185	0.79
11	7 936	9 670	5 767	0.60
10	8 546	11 324	6 016	0.53
9	9 391	12 645	6 634	0.52
8	10 296	13 563	7 006	0.52
7	11 113	14 037	7 280	0.52
6	11 754	14 063	7 361	0.52
5	12 199	13 680	6 909	0.51
4	12 498	13 184	5 760	0.44
隔震层	13 070	14 478	7 575	0.52
2	46 940	49 098	50 074	1.02
1	55 788	61 738	65 727	1.06

表 10.269　隔震与非隔震结构的 Y 方向剪力比值统计

楼层	非隔震反应谱(kN)	非隔震时程(kN)	隔震时程(kN)	隔震/非隔震(时程)
屋顶楼梯间	329	334	183	0.55
21	2 688	2 767	1 555	0.56
20	4 852	5 101	2 818	0.55
19	6 478	6 959	3 806	0.55
18	7 568	8 310	4 611	0.55
17	8 144	9 137	5 287	0.58
16	8 262	9 449	5 792	0.61
15	8 027	9 295	6 019	0.65
14	7 598	8 751	5 899	0.67

楼层	非隔震反应谱（kN）	非隔震时程（kN）	隔震时程（kN）	隔震/非隔震（时程）
13	7 193	7 919	5 483	0.69
12	7 055	7 062	5 160	0.73
11	7 353	8 549	4 894	0.57
10	8 078	10 228	5 393	0.53
9	9 078	11 580	5 809	0.50
8	10 164	12 536	6 050	0.48
7	11 190	13 066	6 113	0.47
6	12 070	13 186	6 488	0.49
5	12 777	12 952	6 688	0.52
4	13 357	12 492	6 231	0.50
隔震层	14 400	13 487	7 339	0.54
2	48 319	45 470	49 758	1.09
1	57 124	54 583	64 790	1.19

表 10.270　隔震与非隔震结构的 *X* 方向倾覆力矩比值统计

楼层	非隔震反应谱（kN·m）	非隔震时程（kN·m）	隔震时程（kN·m）	隔震/非隔震（时程）
屋顶楼梯间	1 032	1 137	621	0.55
21	8 051	8 578	4 758	0.55
20	21 495	22 936	12 700	0.55
19	39 981	42 784	23 555	0.55
18	62 030	66 658	36 774	0.55
17	86 129	93 038	51 982	0.56
16	110 827	120 428	68 701	0.57
15	134 840	147 458	86 144	0.58
14	157 158	172 982	103 310	0.60
13	177 137	196 140	119 317	0.61
12	194 558	216 388	133 701	0.62
11	209 654	233 484	146 398	0.63
10	223 075	247 462	157 386	0.64
9	235 785	258 598	166 294	0.64
8	248 881	267 380	172 374	0.64
7	263 373	274 465	174 953	0.64
6	279 981	280 622	175 813	0.63
5	299 037	286 631	177 576	0.62
4	323 679	312 616	178 471	0.57
隔震层	339 846	327 564	178 759	0.55
2	434 972	395 264	311 439	0.79
1	823 780	834 623	763 298	0.91

表 10.271　隔震与非隔震结构的 Y 方向倾覆力矩比值统计

楼层	非隔震反应谱(kN·m)	非隔震时程(kN·m)	隔震时程(kN·m)	隔震/非隔震(时程)
屋顶楼梯间	1 118	1 145	773	0.68
21	8 394	8 520	6 168	0.72
20	22 062	22 556	16 031	0.71
19	40 547	41 820	29 022	0.69
18	62 264	64 676	44 062	0.68
17	85 663	90 086	60 142	0.67
16	109 304	116 371	76 049	0.65
15	131 938	142 062	90 447	0.64
14	152 596	165 883	102 348	0.62
13	170 670	186 757	112 209	0.60
12	185 967	203 871	130 212	0.64
11	198 747	216 762	147 037	0.68
10	209 706	228 339	162 354	0.71
9	219 896	241 168	175 945	0.73
8	230 562	252 189	187 341	0.74
7	242 917	262 006	195 859	0.75
6	257 904	283 726	201 173	0.71
5	276 044	311 594	203 907	0.65
4	300 668	342 256	205 786	0.60
隔震层	317 488	361 390	206 866	0.57
2	428 302	474 128	337 785	0.71
1	842 153	1 011 249	761 066	0.75

由上述统计可知,上部结构底部减震系数最大值约为 0.60,但是在中上部个别楼层减震系数与底部减震系数相差较大。所选的人工波在下部结构存在地震剪力放大现象,但是倾覆力矩仍然有折减。在下部结构基于隔震模型的中震性能目标验算中需要考虑此放大系数,取值约为 1.2。

3. 罕遇地震分析

选用了两组实际地震记录和一组人工波进行分析,基底剪力统计如表 10.272。

表 10.272　基底剪力统计

	X 向		Y 向	
	基底剪力(kN)	与 CQC 比值	基底剪力(kN)	与 CQC 比值
CQC	65 071		58 227	
Manjil,Iran_NO_1639,T_g(0.42)	55 311	85%	47 163	81%
Chi-Chi,Taiwan-04_NO_2743,T_g(0.39)	54 009	83%	50 657	87%
ArtWave-RH4TG040,T_g(0.40)	51 406	79%	47 163	81%
时程波平均值	53 575	82%	48 328	83%

每条时程曲线计算所得底部剪力均大于振型分解反应谱法(CQC)计算结果的 65%,多条时程曲线计算所得底部剪力平均值大于 CQC 法计算结果的 80%。

罕遇地震作用下,结构最大层间位移角如图 10.473～图 10.474 所示。

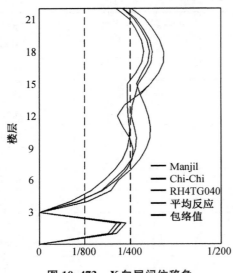

图 10.473 X 向层间位移角

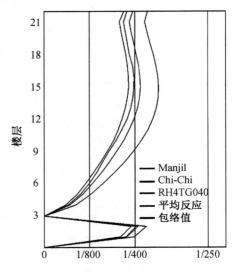

图 10.474 Y 向层间位移角

底盖罕遇地震作用下层间位移角最大值约为 1/350，小于 1/250，上部结构最大层间位移角最大值约1/300，小于 1/240，均满足既定的性能目标。

验算隔震支座最大拉应力的荷载组合为：1.0 恒载±1.0 水平地震±0.65 竖向地震。

A 区上部共 4 栋楼，其中 15♯、16♯、21♯楼完全一致，现选取 20♯列出其在 3 条地震波下隔震支座的拉应力，见图 10.475～图 10.477。

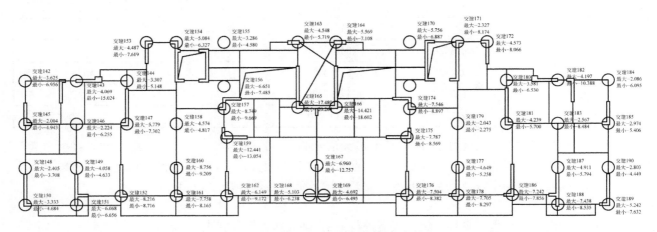

图 10.475 Manjil 波 20♯楼隔震支座应力图

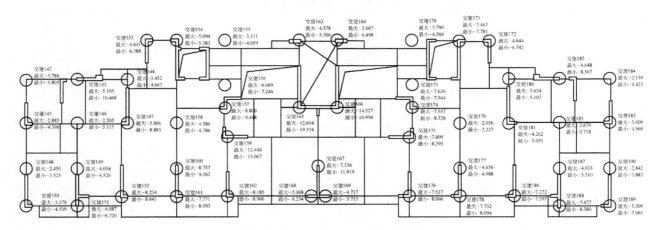

图 10.476 Chi-Chi 波 20♯楼隔震支座应力图

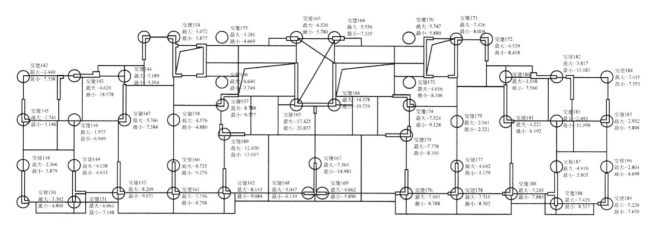

图 10.477　RH4TG040 波 20♯楼隔震支座应力图

由图可知,隔震支座在 1.0 恒载±1.0 水平地震作用下基本处于受压状态,最大拉应力为 0.190 MPa,小于 1 MPa,罕遇地震下隔震支座拉应力满足规范要求。

10.26.4　专家审查意见

该工程设计单位中衡设计集团股份有限公司和中铁工程设计咨询集团有限公司根据 2016 年 9 月 23 日专家组的抗震设防审查意见,对徐州市城市轨道交通 1 号线一期工程杏山子车辆段上盖项目初步设计抗震审查文件进行了修改和补充,并将回复资料报送到省住房和城乡建设厅。专家组受省住房和城乡建设厅委托,审阅了初步设计抗震审查回复资料,听取了汇报,经过认真质询、讨论,认为回复资料对原审查意见进行的修改补充可行,审查结论为"通过"。

勘察、设计单位应在施工图阶段对下列问题进一步修改完善:

1. 宜按单孔进行液化判别,并按单孔计算液化等级,补充岩体的完整性描述。

2. 本工程应按不同计算模型的结果包络设计,不同软件计算的结果应作进一步的分析说明;底盖楼层剪力不应小于时程分析的结果;转换厚板应按有限元分析的结果校核承载力;局部"秃头柱"及短柱应作验算加强;隔震层的设计参数可做适当改进。

3. 抗震性能设计目标:支承上部塔楼的相关构件、转换厚板按设防烈度设计,并满足大震作用下抗剪承载力要求;隔震层转换梁及转换支墩按隔震后的中震弹性设计。

10.27　南京博物院老大殿隔震加固工程

设计单位:南京工业大学工程抗震研究中心

10.27.1　工程概况与设计标准

南京博物院老大殿有着八十多年的悠久历史(见图10.478)。作为 20 世纪 30 年代的重大工程,其设计方案是经过认真推敲、反复论证和仔细优化的,所选择的建筑材料是高品质的,施工也是极其负责任的。但是,由于其施工过程的特殊性,加上八十多年的历史,结构的耐久性受到了很大的影响。同时,受当年的设计方法、对地震作用的认识程度以及经济因素等限制,结构的抗震能力存在先天的不足。而作为江苏省省级文物保护单位,南京博物院老大殿本身的加固与改造,与一般建筑的加固与

图 10.478　南京博物院老大殿

改造相比,在许多方面要受到更多的限制。抬升 3 m 后,建筑物的底层层高将很大,采用"硬抗"的抗震加固将会严重影响到梁、柱等主要构件的尺寸,从而影响到古建筑的外观。

2008 年 6 月 17 日上午,南京博物院邀请相关专家就南京博物院老大殿整体提升与抗震加固方案进行了研讨。与会专家经研讨形成一致意见:在南京博物院老大殿首层切柱,提升 3.0 m,基底设置隔震支座进行抗震加固,一方面不影响老大殿的外观与功能,另一方面大幅度提升了老大殿的抗震性能,减少了上部结构的加固量,方案可行。

综合考虑上述因素,结合国内外历史性建筑抗震加固的成功经验,对老大殿结构采用基础隔震方法进行加固,减轻建筑物的地震作用响应,最大限度地保证上部结构的完整性。

本工程结构隔震分析、设计采用的主要计算软件有:①中国建筑科学院开发的商业软件 PKPM/SATWE,本项目利用该软件进行结构的常规分析和加固设计。②美国 CSI 公司开发的商业有限元软件 ETABS,本项目利用该软件的非线性版本进行结构的常规抗震分析和隔震结构的非线性时程分析。

本工程基本设计指标见表 10.273。

表 10.273　基本设计指标

地基基础设计等级	乙级
100 年重现期基本风压	0.40 kN/m²
地面粗糙度	B 类
风荷载体型系数	1.3
基本雪压	0.35 kN/m²
抗震设防烈度	7 度
基本地震加速度	0.1g
设计地震分组	第一组
水平地震影响系数最大值	多遇地震:0.08;罕遇地震:0.50
时程分析加速度最大值	多遇地震:35 gal;罕遇地震:220 gal
场地类别	Ⅱ 类
场地特征周期	0.45 s

10.27.2　基于隔震原理的加固设计

1. 隔震加固原理及特点

结合国内外历史性建筑抗震加固的成功经验,拟对老大殿结构采用基础隔震方法进行加固。该加固方法是在建筑基础与地基之间,设置橡胶隔震支座,阻隔地震能量向上部结构传递,从而达到保护上部结构的目的。

具体方法为:首先在建筑外围设置防震沟,其次在建筑基础底部按设计要求增设新的基础,然后在新的基础与上部结构之间设置橡胶隔震支座。切除原基础与新基础之间的连接,上部结构的竖向荷载将通过隔震支座传给新的基础,而地基的振动对上部结构的影响将显著降低。

基础隔震加固法的特点是:上部结构不需要加固或进行局部处理,真正保持了建筑的原貌;可以增加建筑首层的层高,且有利于底层楼面的防潮;加固主要集中在建筑底部,不影响博物院的正常开放;不但保护主体结构在大震下免遭破坏,而且也避免文物在地震中损坏。其缺点是技术难度大,工程造价较贵,施工较为复杂。

2. 隔震加固设计性能目标

良好的抗震体系是进行隔震设计的基础,南京市博物院老大殿上部结构的主要抗侧力构件如图 10.479 所示。为了提升上部结构的整体性刚度从而更好地发挥隔震设计的优越性,对上部结构一、二层适当位置增加钢支撑。

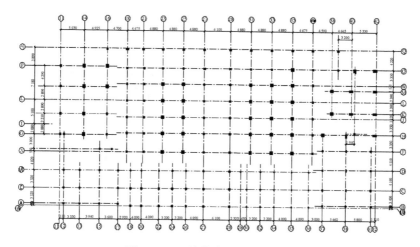

图 10.479 结构主要抗侧力构件

南京博物院老大殿结构基础隔震系统使用了铅芯橡胶支座和天然橡胶支座,从中小震到大震,隔震装置都能发挥良好的隔震效果,根据上部结构的抗震性能,并针对地震动发生的频度和大小,将上部结构、下部结构以及隔震装置的抗震性能目标设置如表 10.274 所示,通过地震响应分析确认响应值在设定的目标值以内。

表 10.274　南京博物院老大殿结构抗震性能目标

	多遇地震	罕遇地震
上部结构	最大层间位移角 1/800 以内,地震响应比常规结构降 1 度	最大层间位移角 1/500 以内
隔震装置	稳定变形,剪切变形在 50% 以内	稳定变形,剪切变形在 100% 以内
地下室和墩柱	短期允许应力以内	短期允许应力以内
地基	长期允许应力以内	长期允许应力以内

10.27.3　结构动力分析

1. 设计地震动

选用 7 条天然地震动记录和一条人工波(南京波),利用 ETABS 非线性有限元软件对老大殿隔震结构进行整体非线性时程分析,并与传统抗震加固结构进行对比,重点分析传统抗震结构和隔震结构在 7 度多遇地震作用下的楼层层间剪力响应、层间位移响应和隔震层响应等问题。所选用地震波的详细参数如表 10.275 所示。

表 10.275　输入地震动参数

序号	地震动名称	地震动分量名称	加速度峰值(gal)
1	1952,Taft Kern County	S69E	175.9
2	1940,El-centro County	S00E	341.7
3	Kobe 19950116　0 KJMA	KOBEKJM000	821
4	1979,Imperial Valley Parachute Test Site	IMPVALLH-PTS315	204
5	1994,Northridge LA-N Westmoreland	NORTHRWST000	401
6	1971,San Fernando LA-Hollywood Stor Lot	SFERNPEL090	210
7	1968,HACHINOHE	EW	180.2
8	南京波		

2. 分析模型的建立

建立可靠的分析模型是进行结构静、动力分析的基础,可靠的分析模型首先能够真实地反映出结构的动力特性,并且能够比较准确地分析结构在弹性和弹塑性阶段的动力响应。为了对老大殿结构进行准确的基础隔震分析,在传统非隔震 ETABS 模型的基础上建立了老大殿基础隔震结构的三维空间有限元模型。图10.480 为老大殿隔震结构有限元模型的三维视图。

3. 隔震层设计

结构隔震体系由上部结构、隔震层和下部结构三部分组成,为了达到预期的隔震效果,隔震层必须具备

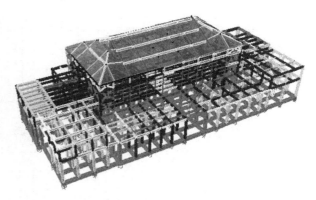

图 10.480　老大殿隔震结构有限元模型三维视图

四项基本特征:(1)具备较大的竖向承载能力,安全支撑上部结构;(2)具备可变的水平刚度,屈服前的刚度可以满足风荷载和微振动的要求,当中强震发生时,其较小的屈服后刚度使隔震体系变成柔性体系,将地面振动有效地隔开,降低上部结构的地震响应;(3)具备水平弹性恢复力,使隔震体系在地震中具有瞬时复位功能;(4)具备足够的阻尼,有较大的消能能力。

通过大量计算分析,最终确定在南京博物院老大殿原结构基础顶面分别设置 37 个直径 500 mm 的铅芯橡胶支座(产品型号为 LRB500)、26 个直径 500 mm 的天然橡胶支座(产品型号为 RB500)、98 个直径 400 mm 的天然橡胶支座(产品型号为 RB400),可以使隔震结构具备上述四项基本特征,并达到预期的隔震目标。各隔震支座的参数列于表 10.276,隔震支座配置如图 10.481 所示。

表 10.276　老大殿隔震支座参数

型号	LRB500	RB500	RB400
有效面积（cm²）	1 885	1 925	1 237
铅芯直径（mm）	100	—	—
橡胶层数（层）	20	20	20
橡胶总厚（mm）	96	100	100
第一形状系数	25.5	21.50	17.50
第二形状系数	5.1	5.0	4.0
竖向刚度（kN/mm）	1 728	1 237	592
等效刚度（kN/mm）	1.428	0.755	0.485
屈服前刚度（kN/mm）	10.075	—	—
屈服后刚度（kN/mm）	0.775	—	—
屈服力（kN）	62.6	—	—
橡胶剪切模量（N/mm²）	0.392	0.392	0.392
配置数量（个）	37	26	98

隔震结构的偏心率也是隔震层设计中的一个重要指标,日本和我国台湾地区规范明确规定隔震系统的偏心率不得大于 3%,在进行南京博物院老大殿基础隔震层设计时也对隔震系统的偏心率进行了计算,计算结果如图 10.482。

考虑了重力荷载代表值、罕遇地震动沿 X 和 Y 轴输入、竖向地震作用(根据我国台湾地区规范取 0.2 倍的重力荷载代表值),对隔震支座短期极值面压进行了分析。其中短期极大面压的轴力计算为:1.2×恒载+0.5×活载+1.0×罕遇水平地震力产生的最大轴力+0.3×竖向地震力产生的轴力;短期极小面压的轴力计算为:0.8×恒载+0.5×活载−1.0×罕遇水平地震力产生的最大轴力−0.3×竖向地震力产生的轴力。经详细计算分析,得到老大殿隔震支座最大长期面压为 6.62 MPa,长期面压平均为 3.79 MPa,满足我国《建筑抗震设计规范》(GB 50011—2001)的相关规定。经计算分析,在罕遇地震作用下,隔震支座水平位移最大响应,各条波平均为 73 mm,单条波最大响应为 120 mm[HACHINOHE(EW)],远小于规范限

值 0.55D 和 350% 的规定。以上分析充分说明南京博物院老大殿隔震层具有足够的安全性和稳定性。

隔震结构的动力特性会随隔震支座剪应变的变化而不断发生变化,表 10.277 给出了采用 Ritz 向量法计算出隔震体系 100% 剪应变时前 6 阶周期的结果。从表中可以看出,隔震体系的周期较原结构增大了很多,基本周期由原来的 0.598 s 延长至 1.801 s,已经远离了建筑场地的卓越周期。

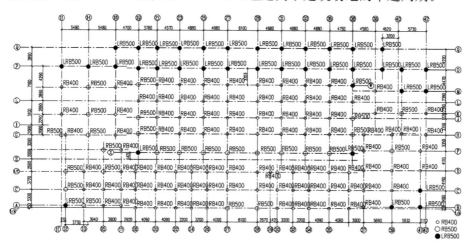

图 10.481　隔震支座布置图

重心位置	$x=$	60.693	m	扭转刚度	$K_t=$	7.39E+07	
	$y=$	24.865	m	回转半径	$R_x=$	24.853	
刚心位置	$x=$	60.718	m		$R_y=$	24.853	
	$y=$	24.900	m	偏心率	$Re_x=$	−0.001	OK
偏心距	$x=$	−0.025	m		$Re_y=$	−0.001	OK
	$y=$	−0.035	m				

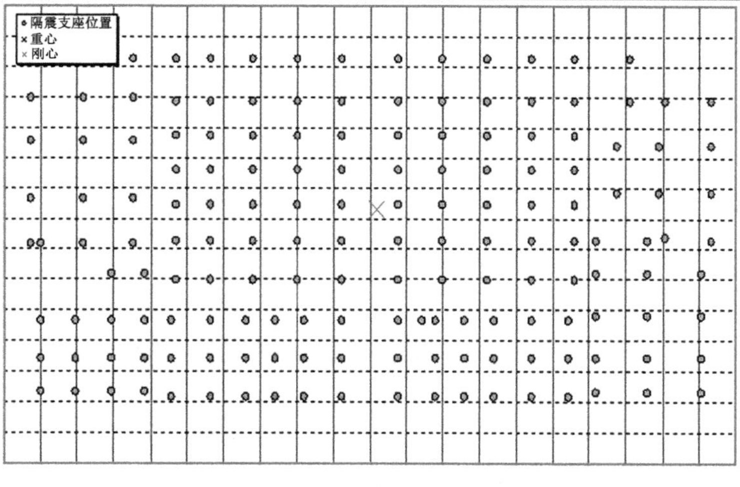

图 10.482　隔震层偏心率计算结果

表 10.277　老大殿隔震结构前 6 阶振型的周期(s)

振型	非隔震结构(基础固定)	隔震结构(隔震支座 100% 剪应变时)
1	0.598	1.801
2	0.558	1.782
3	0.468	1.722
4	0.292	0.513
5	0.276	0.495
6	0.234	0.412

4. 结构的地震响应分析

为简便起见,老大殿结构地震响应仅给出各条波输入下结构响应的平均值。表10.278给出了南京博物院老大殿按传统抗震加固和隔震加固的层间剪力对比。

表 10.278　老大殿隔震和非隔震结构地震剪力对比　　　　　　　　(单位:kN)

楼层	X 向隔震效果			Y 向隔震效果		
	非隔震结构	隔震结构	隔震/非隔震	非隔震结构	隔震结构	隔震/非隔震
3	1 139	284	0.249	1 185	296	0.250
2	1 399	482	0.345	1 408	487	0.346
1	2 996	942	0.314	2 857	947	0.332

比较隔震结构和传统抗震结构在多遇地震作用下的响应结果,可以很清楚地看出老大殿隔震系统的隔震效果。采用隔震加固后,老大殿结构隔震前后层间剪力最大比值为0.346。按我国《建筑抗震设计规范》(GB 50011—2001)第12.2.5条的规定,当隔震结构与非隔震结构的层间剪力最大比值为0.35时,隔震层以上结构可按设防烈度降1度设计。南京地区抗震设防烈度为7度,南京博物院老大殿采用隔震加固方案后,设计设防烈度可降为6度,按《建筑抗震设计规范》(GB 50011—2001)第3.1.2条的规定,可不进行地震作用的计算。

表10.279给出了老大殿隔震结构在7度多遇地震(35 gal)作用下X向和Y向的层间位移角。从表中可以看出,老大殿隔震结构在7度多遇地震作用下楼层层间位移角X向最大为1/2 882,Y向最大为1/3 185。可以认为老大殿隔震结构在7度多遇地震作用下保持弹性工作状态。

表 10.279　多遇地震输入下老大殿隔震结构层间位移角

楼层	X 向层间位移角	Y 向层间位移角
3	1/2 882	1/3 185
2	1/4 878	1/3 802
1	1/13 514	1/7 752

表10.280给出了老大殿隔震结构在7度罕遇地震(220 gal)作用下X向和Y向的层间位移角。从表中可以看出,老大殿隔震结构在7度罕遇地震作用下楼层层间位移角X向最大为1/459,Y向最大为1/507。可以认为老大殿隔震结构在7度罕遇地震作用下基本保持弹性工作状态。

表 10.280　罕遇地震输入下老大殿隔震结构层间位移角

楼层	X 向层间位移角	Y 向层间位移角
3	1/459	1/507
2	1/778	1/604
1	1/2 141	1/1 238

5. 老大殿隔震构造设计

隔震施工图部分的设计主要涉及隔震支座连接构造、隔震层上下梁板体系、隔震上下墩配筋以及边缘隔震支座构造(主要指隔震沟与挡土墙)四部分的设计。本工程是在已有建筑的基础上增加隔震加固措施并且采用筏板基础加强,故隔震层下部的梁板体系可以与筏板基础归并。隔震支座如图10.483所示,橡胶隔震支座上、下预埋板组件如图10.484所示,其中预埋件锚固长度要满足《混凝土结构设计规范》(GB 50010—2002)10.9节的相关要求。隔震层上下梁板体系分别如图10.485、图10.486所示,其中下梁板体系即为新增加基础部分。图中各构造尺寸应同时满足《建筑结构隔震构造详图》(03SG610-1)的要求。

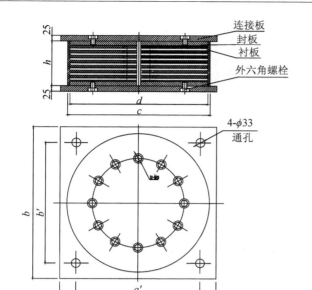

橡胶支座尺寸					
尺寸参数 编号	a,b	a',b'	c	d	h
RB500	580	450	520	500	153
LRB500	580	450	520	500	194
RB400	480	360	420	400	153

图 10.483 隔震支座详图

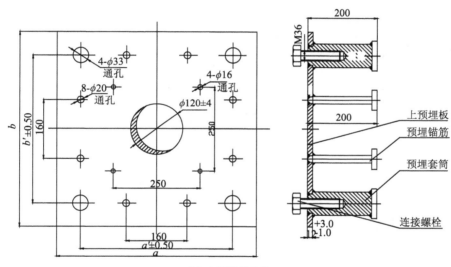

（a）上预埋板组件

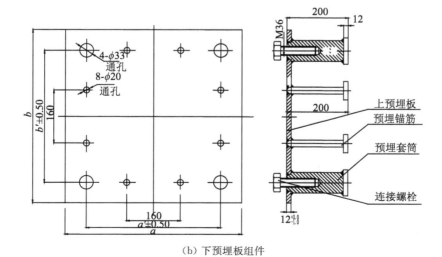

（b）下预埋板组件

图 10.484 橡胶隔震支座上、下预埋板组件

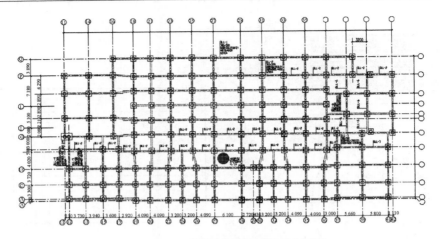

图 10.485　隔震层上层梁板体系布置图

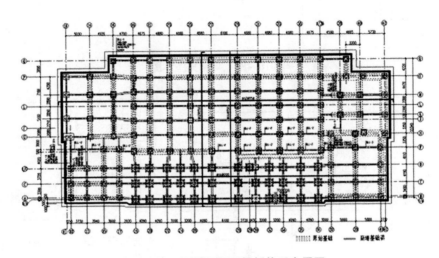

图 10.486　隔震层下层梁板体系布置图

10.27.4　专家审查意见

南京博物院老大殿隔震加固工程应进行抗震设防审查。专家组经过两次审阅送审资料、听取设计单位汇报、认真讨论,认为设计单位根据 2009 年 7 月 27 日专家组的抗震设防审查意见修改完善后的方案可行,审查结论为"通过"。设计单位应在施工图阶段对下列问题进一步完善:

1. 落实老大殿原基础持力层并提供相应参数。
2. 明确老大殿工程作为重点设防类建筑采用隔震加固后的性能目标。
3. 在增加钢支撑的部位(小于 300 mm)柱断面应满足构造要求。
4. 基于本工程施工的复杂性,建议充分论证施工的安全保证措施。

10.28　宿迁佳宝儿童医院隔震设计

设计单位:南京市建筑设计研究院有限责任公司
南京工业大学工程抗震研究中心

10.28.1　工程概况及设计依据

拟建宿迁佳宝儿童医院地上总建筑面积 29 110 m²。病房楼地上 17 层,采用现浇钢筋混凝土框架-剪力墙结构体系,一层至四层层高均为 4.5 m,标准层层高为 3.6 m,底层及标准层平面图分别见图 10.487 和图 10.488。本项目位于高烈度区且安全等级要求高,抗震设计参数见表 10.281。本项目如果采用传统抗震设计,将会导致三种不利后果:(1)结构主要构件截面过大,配筋过多,材料花费较多,工程造价提高。(2)结构构件截面、配筋增大后,结构刚度将大幅度增加,结构在地震中吸收的地震能量也将大幅度增加,这些地震能量主要由结构构件的弹塑性变形来耗散,导致结构在罕遇地震中严重损坏。(3)大震作用下,较大的楼层加速度及层间变形会导致很多医疗设备损坏,使医院成为"站立的废墟"。

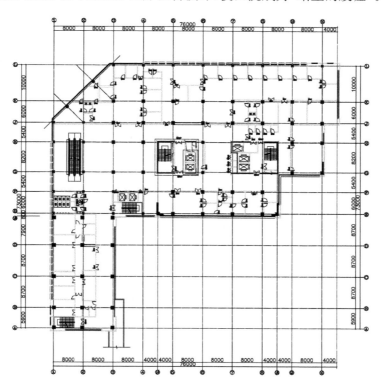

图 10.487　儿童医院底层平面图

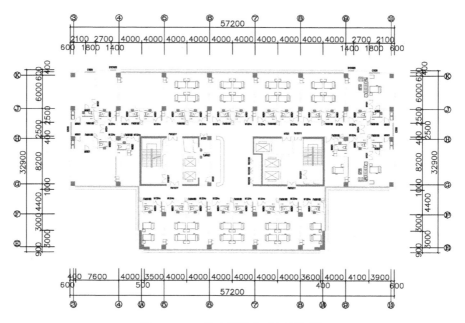

图 10.488　儿童医院标准层平面图

鉴于以上考虑,本项目采用基础隔震方案,设定的隔震目标为:上部结构可按烈度降低1度进行设计。为便于施工及后期检修,隔震层层高1.8 m,其余医技楼、门诊楼等多层建筑采用框架结构体系,除地下室外,与病房楼用隔震缝分开。建筑剖面图见图10.489。

表 10.281 抗震设计参数

抗震设防烈度	8度
基本地震加速度	0.3g
设计地震分组	第一组
水平地震影响系数最大值	多遇地震:0.24;罕遇地震:1.20
时程分析加速度最大值	多遇地震:110 gal;罕遇地震:510 gal
场地类别	Ⅲ类
场地特征周期	0.45 s

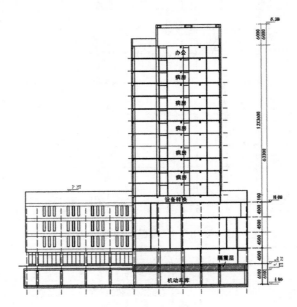

图 10.489 儿童医院剖面图

本工程利用中国建筑科学院开发的商业软件 PKPM/SATWE 进行结构的常规分析和设计,并利用美国 CSI 公司开发的商业有限元软件 ETABS 的非线性版本进行常规结构分析和隔震结构的非线性时程分析。

10.28.2 结构分析模型的建立

1. 非隔震结构分析模型的建立

本工程采用 ETABS 结构分析软件,首先建立了不包含地下室的上部结构非隔震的有限元模型,梁、柱构件均采用空间梁柱单元,抗震墙采用壳体单元,模型的三维视图如图 10.490 所示。

了解非隔震结构的动力特性可以对其隔震方案提供重要信息,也可以对模型的准确性进行初步判断。本工程计算出了非隔震结构前 60 阶动力特性,其中前 3 阶结果详见表 10.282。

图 10.490 非隔震结构有限元
模型三维视图

表 10.282 非隔震结构动力特性分析结果

振型	周期(s)	振型描述	累积质量参与系数(%)	
			X 向	Y 向
1	1.919	Y 向一阶弯曲	4	68
2	1.843	X 向一阶弯曲	62	70
3	1.645	一阶扭转	68	70

通过计算表明,结构前 12 阶振型总的质量参与系数 X 向达到了 94%,Y 向达到了 95%。非隔震结构前两阶周期比为 1.04,一阶扭转周期和弯曲周期比为 0.85,结构布置满足抗震基本要求。

为了验证所建模型的准确性,并检验结构抗震性能,采用 ETABS 软件计算了非隔震结构规范设计反应谱 7 度(0.15g)多遇地震下的动力响应,并将结果与设计院提供的 PKPM/SATWE 计算结果进行了对比,各楼层质量对比结果见图 10.491,各楼层 X 向和 Y 向地震剪力的计算结果见图 10.492 和图 10.493。利用 ETABS 建立的模型与设计院提供的 PKPM/SATWE 模型对儿童医院的结构质量分布模拟是十分吻合的,最大误差只有 3.6%,总质量的误差仅有 0.1%,两种软件模型地震剪力分布是十分吻合的,各层误差均在 5% 以内,满足工程要求。

分析结果表明所建立的模型能够准确地反映实际结构的质量分布和刚度分布,可以为以后的动力响应分析提供可靠的计算结果。

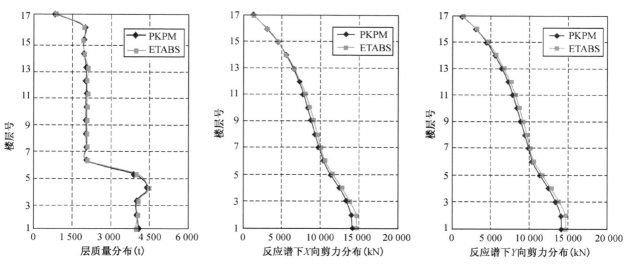

图 10.491 儿童医院模型层质量分布   图 10.492 反应谱下 X 向剪力分布   图 10.493 反应谱下 Y 向剪力分布

2. 隔震结构分析模型的建立

本工程在非隔震结构有限元分析模型的基础上建立隔震结构的有限元分析模型,ETABS 软件提供了天然橡胶隔震支座、铅芯橡胶隔震支座的模拟单元,可以根据产品的试验结果提供各类隔震单元的计算参数。

根据最终确定的隔震方案建立了儿童医院隔震结构的有限元模型,图 10.494 为隔震结构有限元模型的立面视图。

10.28.3 隔震层设计

根据隔震前结构特点并考虑造价等因素进行综合评估,确定本项目采用隔震方案后的目标为:水平向减震系数应在 0.38 以下,满足《建筑抗震设计规范》(GB 50011—2010)要求,上部结构可按烈度降低 1 度进行设计。

1. 隔震层布置

结构隔震体系由上部结构、隔震层和下部结构三部分组成,为了达到预期的隔震效果,隔震层必须具备四项基本特征：

（1）具备较大的竖向承载能力，安全支撑上部结构。

（2）具备可变的水平刚度，屈服前的刚度可以满足风荷载和微振动的要求；当中强震发生时，其较小的屈服后刚度使隔震体系变成柔性体系，将地面振动有效隔离，降低上部结构的地震响应。

（3）具备水平弹性恢复力，使隔震体系在地震中具有即时复位功能。

（4）具备足够的阻尼，有较大的消能能力。

2. 隔震支座应力分析

隔震支座的面压分长期面压和短期面压分别控制，长期面压考虑了结构重力荷载代表值的作用。本工程隔震支座平面布置及长期面压值分别见图 10.495 和图 10.496。

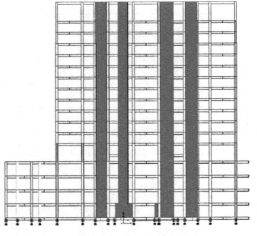

图 10.494　隔震结构有限元模型立面视图

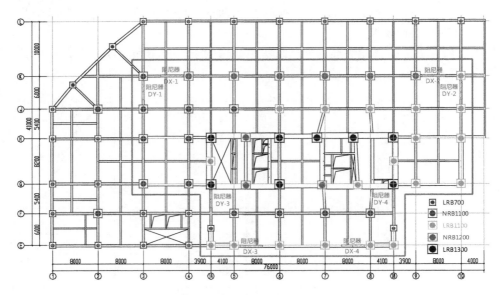

图 10.495　隔震支座配置图

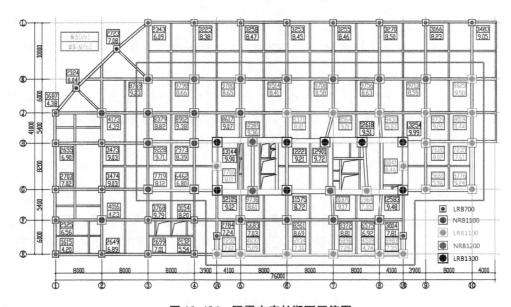

图 10.496　隔震支座长期面压值图

隔震支座在罕遇地震作用下的短期极值面压是隔震层设计中的重要指标,极值面压考虑了重力荷载代表值、罕遇地震动沿 X 和 Y 轴输入、竖向地震作用(根据我国台湾地区规范取 0.3 倍的重力荷载代表值)。

其中短期极大面压的轴力计算方法为:$1.2 \times$ 恒载 $+0.5 \times$ 活载 $+1.0 \times$ 罕遇水平地震力产生的最大轴力 $+0.3 \times$ 竖向地震力产生的轴力。

短期极小面压的轴力计算方法为:$0.8 \times$ 恒载 $+0.5 \times$ 活载 $-1.0 \times$ 罕遇水平地震力产生的最大轴力 $-0.3 \times$ 竖向地震力产生的轴力。

图 10.497~图 10.498 给出了各隔震支座的短期极值面压,最大的极大面压为 29.60 MPa,最小的极小面压为 1.60 MPa,隔震支座未出现受拉的现象。

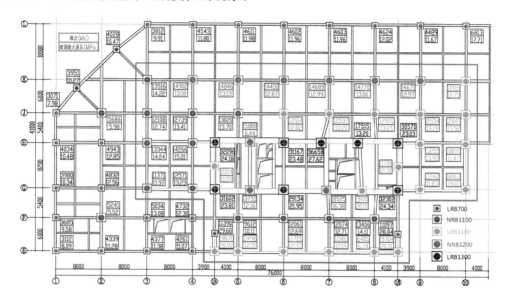

图 10.497 隔震支座短期极大面压图

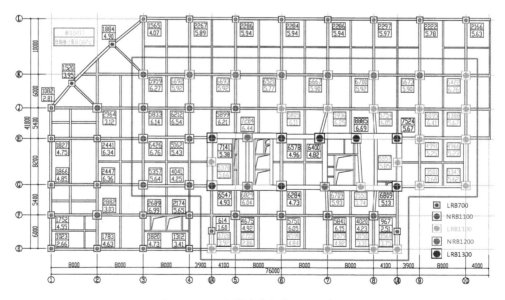

图 10.498 隔震支座短期极小面压图

可以看出,本项目各个隔震支座最大长期面压和短期极值面压都满足《建筑抗震设计规范》(GB 50011—2010)的相关规定。隔震支座的极限承压能力是和其水平变形能力相关的,对短期极值面压最大的一个隔震支座进行剪压极限性能分析,图 10.499 给出了该支座极限承载能力和罕遇地震下的压剪响应值。由图可以看出,隔震支座在罕遇地震下的性能没有超过其极限性能,隔震层具有足够的稳定性和安全性。

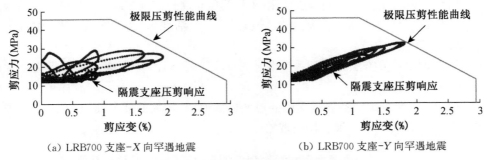

(a) LRB700 支座-X 向罕遇地震 　　　　　　(b) LRB700 支座-Y 向罕遇地震

图 10.499　隔震支座极限压剪性能分析

3. 隔震层水平恢复力特性

根据前文所述,隔震层必须具备足够的屈服前刚度,以满足风荷载和微振动的要求,将铅芯橡胶支座水平刚度简化为二线性,天然橡胶支座的水平刚度简化为线性,隔震层的水平恢复力特性由铅芯橡胶支座和天然橡胶支座共同组成。图 10.500 给出了隔震层的水平恢复力特性。

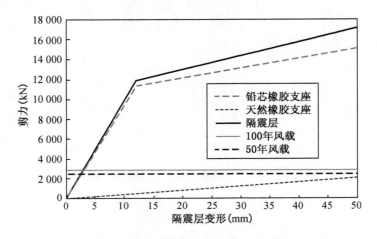

图 10.500　隔震层水平恢复力特性

隔震层屈服前的刚度为:

$$K_1 = 24 \times 14.44 + 18 \times 22.46 + 15 \times 1.689 + 9 \times 1.977 + 8 \times 26.28 = 1\,004.208\ (\text{kN/mm})$$

隔震层屈服后的刚度为:

$$K_2 = 24 \times 1.111 + 18 \times 1.727 + 15 \times 1.689 + 9 \times 1.977 + 8 \times 2.021 = 117.046\ (\text{kN/mm})$$

4. 偏心率计算

隔震结构的偏心率也是隔震层设计中的一个重要指标,日本和我国台湾地区规范明确规定隔震系统的偏心率不得大于 3%,在进行儿童医院项目的隔震层设计时也对隔震系统的偏心率进行了计算,隔震层偏心率计算步骤为:

(1) 重心

$$X_g = \frac{\sum N_{l,i} \cdot X_i}{\sum N_{l,i}}, \quad Y_g = \frac{\sum N_{l,i} \cdot Y_i}{\sum N_{l,i}}$$

(2) 刚心

$$X_k = \frac{\sum K_{ey,i} \cdot X_i}{\sum K_{ey,i}}, \quad Y_k = \frac{\sum K_{ex,i} \cdot Y_i}{\sum K_{ex,i}}$$

（3）偏心距

$$e_x = |Y_g - Y_k|, \quad e_y = |X_g - X_k|$$

（4）扭转刚度

$$K_t = \sum \left[K_{ex,i}(Y_i - Y_k)^2 + K_{ey,i}(X_i - X_k)^2 \right]$$

（5）弹力半径

$$R_x = \sqrt{\frac{K_t}{\sum K_{ex,i}}}, \quad R_y = \sqrt{\frac{K_t}{\sum K_{ey,i}}}$$

（6）偏心率

$$\rho_x = \frac{e_y}{R_x}, \quad \rho_y = \frac{e_x}{R_y}$$

式中：$N_{l,i}$——第 i 个隔震支座承受的长期轴压荷载；

X_i, Y_i——第 i 个隔震支座中心位置 X 方向和 Y 方向坐标；

$K_{ex,i}, K_{ey,i}$——第 i 个隔震支座在隔震层发生位移 δ 时，X 方向和 Y 方向的等效刚度。

图 10.501 给出了偏心率计算结果。

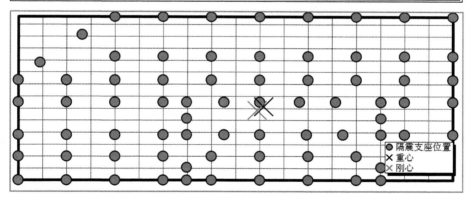

图 10.501 隔震系统偏心率计算结果

从以上分析可以看出，该工程隔震体系隔震支座配置合理，隔震层具有足够的初始刚度保证结构在风荷载、较小地震或其他非地震水平荷载作用下的稳定性，而且隔震层屈服后比屈服前提供了较低的水平刚度，保证结构在较大地震下能很好地减小地震反应。

通过隔震层偏心率计算，结果显示两方向的偏心率均小于 3%，说明隔震层布置规则，重心和刚心比较重合。隔震支座最大长期面压满足相关规范要求，隔震支座具有足够的稳定性和安全性。

10.28.4 输入地震动评价

我国建筑抗震设计地震动的选用标准主要按建筑场地类别和设计地震分组，选用和设计反应谱影响系数曲线具有统计意义的不少于两组的实际强震记录和一组人工模拟的加速度时程曲线，并且以最大加速度来评价地震动的输入水平。本次设计共采用了 6 条天然地震动和 2 条人工地震动。

从结构动力响应的角度分析所选用的地震动,我国《建筑抗震设计规范》(GB 50011—2010)明确规定,在弹性时程分析时,每条时程曲线计算所得结构底部剪力均超过振型分解反应谱法计算结果的 65%,多条时程曲线计算所得结构底部剪力的平均值均大于振型分解反应谱法计算结果的 80%。图 10.502 给出了时程和反应谱分析的对比。

通过计算可以看出,从结构动力响应的角度来分析,所选用的地震动满足规范的要求,而且时程计算的楼层剪力平均值和振型分解反应谱法计算结果基本一致。采用 8 条时程曲线作用下各自最大地震响应值的平均值作为时程分析的最终计算值,结果可靠,可以用于基础隔震设计。

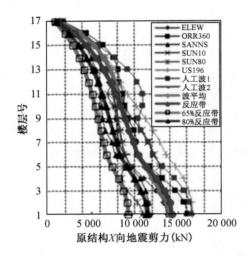
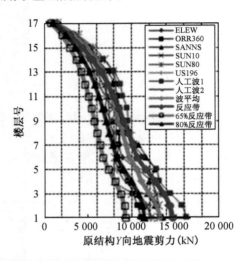

图 10.502　非隔震结构 7 度(0.15g)时程和反应谱分析楼层地震剪力对比(单位:kN)

10.28.5　8 度多遇地震作用下的地震响应分析

利用 ETABS 非线性有限元软件对非隔震的原结构和隔震结构进行了整体非线性时程分析,重点分析了非隔震结构和隔震结构在 8 度多遇地震作用下地震剪力、位移响应、滞回历程和耗能等问题。

1. 地震剪力分析

表 10.283~表 10.284 给出非隔震结构在 8 度多遇地震作用下的最大层间剪力,图 10.503 给出非隔震结构在 8 度多遇地震作用下的最大层间剪力分布。

表 10.283　非隔震结构在 8 度多遇地震作用下 X 向各楼层剪力　　　　　(单位:kN)

楼层	ELEW	ORR360	SANNS	SUN10	SUN80	US196	人工波 1	人工波 2	波平均	反应谱
17	3 268	3 596	2 514	3 538	2 869	3 255	2 893	2 770	3 088	2 549
……										
02	26 649	31 317	23 067	27 490	20 663	33 020	32 623	22 652	27 185	28 021
01	27 307	32 154	23 239	27 786	21 869	33 265	33 061	23 359	27 755	28 454

表 10.284　非隔震结构在 8 度多遇地震作用下 Y 向各楼层剪力　　　　　(单位:kN)

楼层	ELEW	ORR360	SANNS	SUN10	SUN80	US196	人工波 1	人工波 2	波平均	反应谱
17	3 089	2 693	3 015	2 403	3 200	3 257	2 388	2 178	2 778	2 327
……										
02	28 236	21 221	25 260	26 106	23 156	25 701	31 309	23 386	25 547	28 678
01	28 792	22 150	27 080	26 334	24 414	25 866	32 472	24 155	26 408	29 258

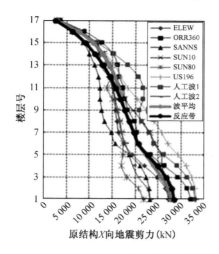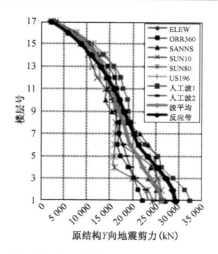

图 10.503　非隔震结构 8 度多遇地震下楼层剪力

对于隔震体系,楼层地震剪力的分布与传统结构不同,表 10.285～表 10.286 给出隔震结构在 8 度多遇地震作用下的最大层间剪力,图 10.504 给出隔震结构在 8 度多遇地震作用下的最大层间剪力分布。

表 10.285　隔震结构在 8 度多遇地震作用下 X 向各楼层剪力　　　　（单位:kN）

楼层	ELEW	ORR360	SANNS	SUN10	SUN80	US196	人工波 1	人工波 2	波平均
17	1 290	1 434	1 287	1 072	1 186	1 561	1 243	1 118	1 274
				......					
02	12 696	9 917	11 933	10 851	11 604	15 376	12 202	11 311	11 986
01	9 270	7 511	8 921	8 319	9 144	13 415	10 445	8 087	9 389

表 10.286　隔震结构在 8 度多遇地震作用下 Y 向各楼层剪力　　　　（单位:kN）

楼层	ELEW	ORR360	SANNS	SUN10	SUN80	US196	人工波 1	人工波 2	波平均
17	1 382	1 400	1 366	1 170	1 166	1 579	1 263	1 151	1 310
				......					
02	10 818	10 137	11 614	10 568	11 638	15 752	12 665	11 735	11 866
01	8 053	7 572	8 006	8 125	8 860	13 421	11 440	8 510	9 248

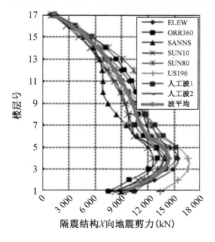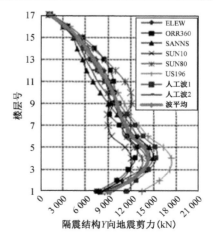

图 10.504　隔震结构 8 度多遇地震下楼层剪力

比较隔震结构和非隔震结构在多遇地震作用下的响应结果,可以很清楚地看出隔震系统的隔震效果。

2. 层间位移角分析

非隔震结构和隔震结构在8度多遇地震作用下的最大层间位移角分布图如图10.505~图10.506所示。

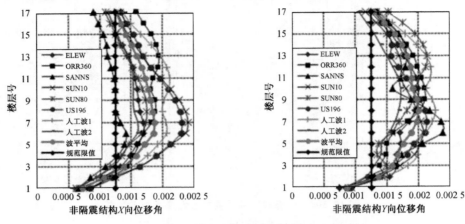

图 10.505　非隔震结构 8 度多遇地震下层间位移角

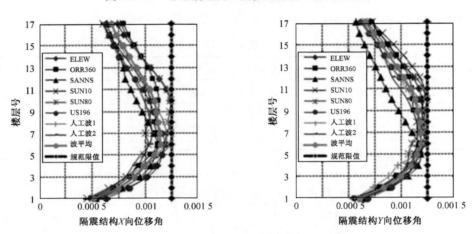

图 10.506　隔震结构 8 度多遇地震下层间位移角

10.28.6　8 度基本烈度作用下的地震响应分析

利用 ETABS 非线性有限元软件对 8 度基本烈度地震作用下的非隔震结构和隔震结构进行了整体非线性时程分析,重点分析了地震剪力、位移响应、滞回历程和耗能等问题。

1. 地震剪力分析

图 10.507~图 10.508 分别给出非隔震结构与隔震结构在 X、Y 方向各楼层剪力。

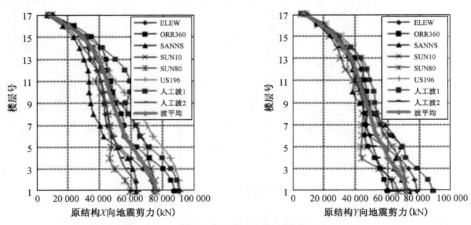

图 10.507　非隔震结构 8 度基本烈度地震下层剪力

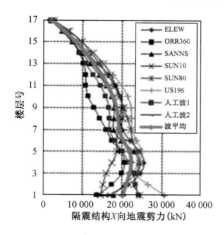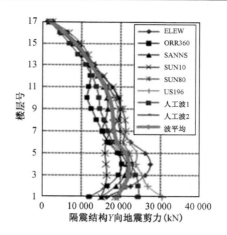

图 10.508　隔震结构 8 度基本烈度地震下层剪力

比较隔震结构和非隔震结构在基本烈度地震作用下的响应结果,可以很清楚地看出隔震系统的隔震效果。

从表 10.287~表 10.288 可以看出,在基本烈度地震下,隔震结构 X 向层剪力最大为非隔震结构的 0.38 倍,Y 向层剪力最大为非隔震结构的 0.38 倍。在增加隔震层后,上部结构可按设防烈度降低 1 度计算。

表 10.287　结构 X 向隔震效果

楼层	ELEW	ORR360	SANNS	SUN10	SUN80	US196	人工波 1	人工波 2	波平均
17	0.22	0.21	0.34	0.19	0.29	0.30	0.25	0.24	0.25
......									
02	0.28	0.25	0.28	0.27	0.27	0.26	0.30	0.38	0.29
01	0.26	0.19	0.22	0.23	0.24	0.27	0.34	0.38	0.27

表 10.288　结构 Y 向隔震效果

楼层	ELEW	ORR360	SANNS	SUN10	SUN80	US196	人工波 1	人工波 2	波平均
17	0.27	0.28	0.30	0.29	0.23	0.31	0.33	0.32	0.29
......									
02	0.26	0.39	0.24	0.26	0.26	0.29	0.31	0.38	0.30
01	0.24	0.27	0.17	0.21	0.23	0.27	0.35	0.37	0.26

2. 地震弯矩分析

图 10.509~图 10.510 分别为 8 度基本烈度地震下儿童医院各楼层最大弯矩,对比分析可见采用隔震方案后,各楼层弯矩均明显减小,表明隔震效果良好。

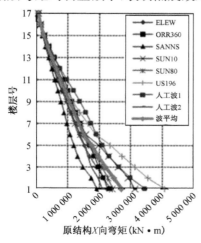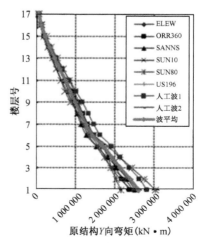

图 10.509　非隔震结构 8 度基本烈度地震下层弯矩

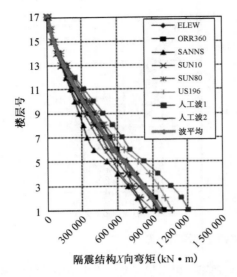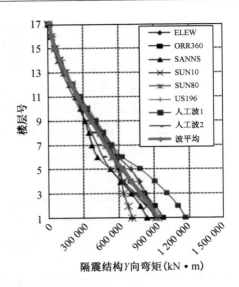

图 10.510　隔震结构 8 度基本烈度地震下层弯矩

3. 层间位移角分析

图 10.511～图 10.512 给出了隔震结构在 8 度基本烈度地震作用下的最大层间位移角。

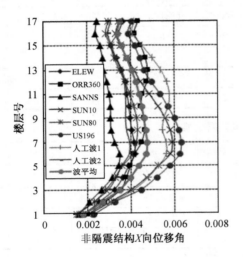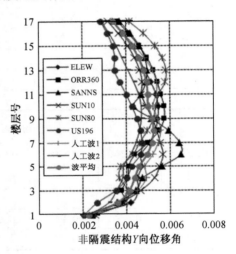

图 10.511　非隔震结构 8 度基本烈度地震下层位移角

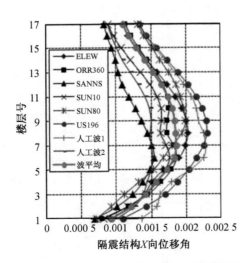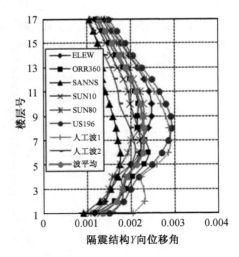

图 10.512　隔震结构 8 度基本烈度地震下层位移角

4. 隔震结构在8度基本烈度作用下滞回过程

隔震支座和阻尼器均采用非线性单元模拟,其滞回曲线可以表征其主要的力学性能和耗能能力,在数值分析中,可以通过非线性单元的滞回曲线判断其工作状态。图10.513~图10.514给出了儿童医院主楼隔震层LRB1200铅芯橡胶支座在8度基本烈度地震下的滞回历程图。

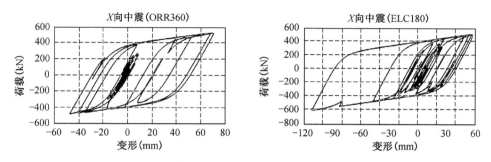

图 10.513　LRB1200 铅芯隔震支座 X 向滞回历程

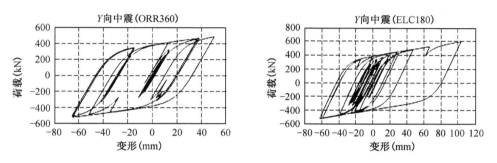

图 10.514　LRB1200 铅芯隔震支座 Y 向滞回历程

5. 隔震结构在8度基本烈度地震作用下的能量时程分析

隔震体系的能量耗散特征是隔震结构的主要特征之一,从隔震结构能量时程曲线图可以直观地反映出隔震层耗能和结构耗能随时间变化的情况,通过能量时程图可以看出,输入给隔震结构的地震能量大部分由隔震支座和阻尼器耗散,从而大大减小了输入到上部结构中的地震能量(见图10.515)。

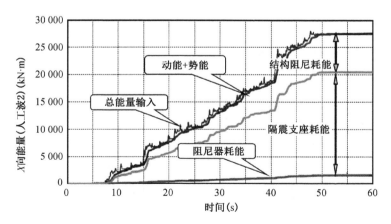

图 10.515　隔震结构体系各条波作用下的 X 向能量时程图

10.28.7　8 度罕遇地震作用下的地震响应分析

1. 地震剪力分析

图10.516~图10.517分别为8度罕遇地震烈度地震下儿童医院各楼层最大层剪力,对比分析可得隔震结构 X 向层剪力最大为非隔震结构的0.32;Y 向层剪力最大为非隔震结构的0.32,隔震效果良好。

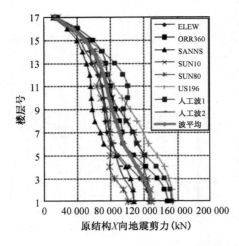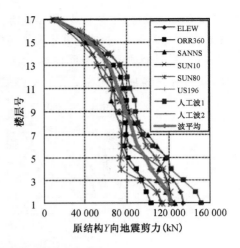

图 10.516　非隔震结构 8 度罕遇地震下层剪力

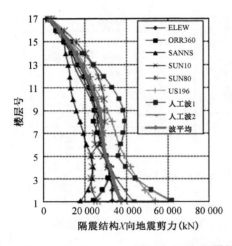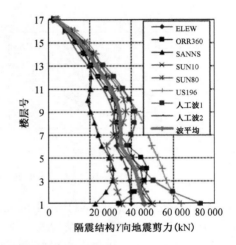

图 10.517　隔震结构 8 度罕遇地震下层剪力

2. 层间位移角分析

图 10.518～图 10.519 给出了非隔震结构和隔震结构在 8 度罕遇地震作用下的最大层间位移角。隔震前、后,X 向最大层间位移角平均值出现在第 7 层,分别为 1/117、1/406;Y 向最大层间位移角均值出现在第 8 层,分别为 1/98、1/316。可见不采用隔震技术,结构楼层层间位移角不满足规范 1/100 的限值要求;采用隔震技术后,上部结构层间变形大大减小。

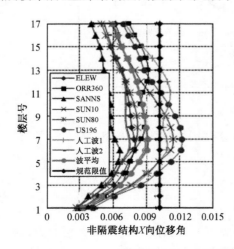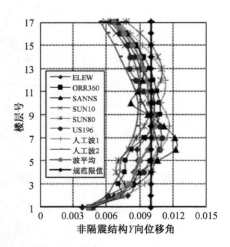

图 10.518　非隔震结构 8 度罕遇地震下层位移角

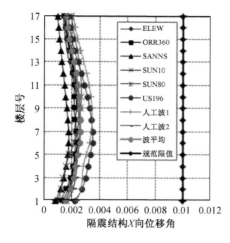
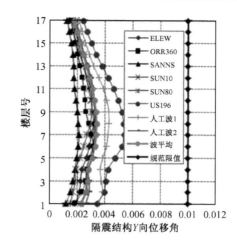

图 10.519　隔震结构 8 度罕遇地震下层位移角

3. 与隔震支座连接构件的地震作用

我国《建筑抗震设计规范》(GB 50011—2010) 第 12.2.9 条规定,与隔震层连接的下部构件(如地下室、下墩柱)的地震作用和抗震验算,应采用罕遇地震下隔震支座的竖向力、水平力和力矩进行计算。如图 10.520 所示,隔震支座传给下部结构的竖向力包括了重力荷载代表值产生的轴力 P_1 和地震作用下产生的轴力 $P_{2x}(P_{2y})$。水平力即地震作用下隔震支座传给下部结构的剪力 $V_x(V_y)$。力矩包含三部分:第一部分为轴向力 P_1 在隔震支座最

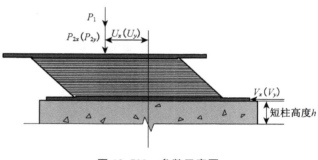

图 10.520　参数示意图

大位移下产生的弯矩 $M_{dx}(M_{dy})$,等于 P_1 与隔震支座的最大位移的乘积($M_{dx}=P_1\times U_x$,$M_{dy}=P_1\times U_y$),第二部分为地震作用下的轴力在隔震支座最大位移下产生的弯矩 $M_{ex}(M_{ey})$,等于 P_{2x} 或 P_{2y} 与隔震支座的最大位移的乘积($M_{ex}=P_{2x}\times U_x$,$M_{ey}=P_{2y}\times U_y$),第三部分为地震剪力 V_x 和 V_y 对下部结构产生的弯矩,等于地震剪力乘以短柱高度。

4. 隔震结构抗倾覆验算

高层隔震结构的抗倾覆问题在我国大陆规范中尚没有明确的规定,本报告参考《台湾建筑物耐震设计基准及解说》中的相关内容进行了儿童医院基础隔震结构的抗倾覆验算,该设计基准明确规定建筑物隔震系统的抗倾覆力矩不得小于倾倒力矩,倾倒力矩应该以设计地震力的 1.2 倍进行计算,抗倾覆力矩则依照隔震系统上部结构总重量的 0.9 倍进行计算。

5. 隔震支座行程分析

分别将 EL-Centro 地震波按照 $X+0.85Y$ 和 $0.85X+Y$ 进行组合,考察地震动双向输入下时隔层在罕遇地震下的位移,分析结果如图 10.521 所示。从图中可以看出隔震层在罕遇地震作用下的变形轨迹。

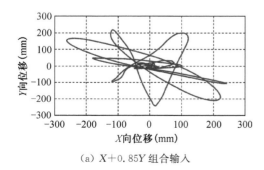
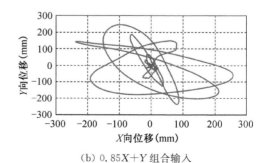

(a) $X+0.85Y$ 组合输入　　　　　　(b) $0.85X+Y$ 组合输入

图 10.521　隔震支座行程

10.28.8 构造要求与施工维护

1. 基础构造要求

根据《建筑抗震设计规范》(GB 50011—2010)中第 12.2.9 条和《叠层橡胶支座隔震技术规程》(CECS126:2001)中第 4.5.1、4.5.3 条的规定,隔震层以下的结构(包括支墩、柱、地下室等)的地震作用和抗震验算应按照罕遇地震作用下隔震支座底部的水平剪力竖向力及其偏心距进行计算,而基础仍按照规定设防烈度进行验算。

2. 隔震层构造要求

(1) 隔震支座应与上部结构、下部结构有可靠的连接,隔震支座的轴线应与柱、墙轴线重合,隔震支座安装流程如图 10.522、图 10.523 所示。

图 10.522 隔震支座吊装就位

图 10.523 隔震支座的上部楼板施工完毕

(2) 与隔震支座连接的梁、柱、墩等应具有足够的水平抗剪和竖向局部抗压承载力,并采取可靠的构造措施,如加密箍筋或配置网状钢筋,抗震墙下托墙梁需设计及构造加强。

(3) 穿过隔震层的竖向管线(含上下水管、通风管道、避雷线)直径较小时在隔震层处应预留足够的伸展长度,其值不应小于 400 mm;直径较大的管道在隔震层处应采用柔性接头,并能保证发生 400 mm 以上的水平变形。图 10.524 给出了一种柔性导线连接方法。

(4) 隔震层所形成的缝隙可根据使用功能的要求,采用柔性材料封堵、填塞,以保证隔震层可以在地震下水平移动。

(5) 上部结构及隔震层部件应与周围固定物脱开。与水平方向固定物的脱开距离不宜小于 400 mm,与竖直方向固定物的脱开距离应取为 20 mm。

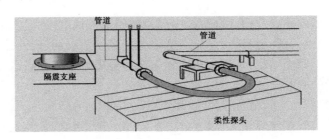

图 10.524 隔震层柔性导线连接图

3. 上部结构构造要求

(1) 隔震层顶部采用现浇钢筋混凝土梁板结构;隔震支座附近梁、柱应考虑冲切和局部承压,加密箍筋并根据需要配置网状钢筋。

(2) 隔震层顶部的纵、横梁和楼板体系应作为上部结构的一部分进行计算和设计。

施工安装:

(1) 支承隔震支座的支墩(或柱)其顶面水平度误差不宜大于 5‰,在隔震支座安装后隔震支座顶面的水平度误差不宜大于 8‰。

(2) 隔震支座中心的平面位置与设计位置的偏差不应大于 3.0 mm,单个支座的倾斜度不大于

1/300。

（3）隔震支座中心标高与设计标高的偏差不应大于 5.0 mm。

（4）同一支墩上多个隔震支座之间的顶面高差不宜大于 2.0 mm。

（5）隔震支座连接板和外露连接螺栓应采取防锈保护措施。

（6）在隔震支座安装阶段应对支墩（或柱）顶面、隔震支座顶面的水平度、隔震支座中心的平面位置和标高进行观测并记录。

（7）在工程施工阶段对隔震支座宜有临时覆盖保护措施，隔震房屋宜设置必要的临时支撑或连接，避免隔震层发生水平位移。

10.28.9 结论

该儿童医院位于地震高烈度区，为了提高该建筑物的抗震安全性，提升其抗震性能，降低工程造价和使用期间的总费用，对该建筑采用了基础隔震技术。

通过对儿童医院隔震体系进行系统的计算和分析，得到了以下主要结论：

（1）分析软件可靠，计算模型合理

利用大型商业有限元软件 ETABS 建立了该项目非隔震结构和隔震结构的三维有限元模型，并对其分别进行了结构动力特性分析，结果表明所建立的模型能够准确地反映实际结构的动力特性，可以为以后的动力响应分析提供可靠的基准模型。

（2）时程分析选用地震波合适

所选用的天然地震动是对强震观测记录进行综合调整的天然地震动，基于设计反应谱进行了拟合，该天然地震动不但能包含强震观测记录的未知成分，而且能准确地和目标谱在统计意义上相符。所选用的人工地震动为根据工程附近场地的地貌和地质特性制成。每条时程曲线计算所得弹性非隔震结构的底部地震剪力均大于反应谱法计算结果的 65%，8 条时程曲线计算所得结构底部地震剪力的平均值大于反应谱法计算结果的 80%。采用 8 条时程曲线作用下各自最大地震响应值的平均值作为时程分析的最终计算值，结果可靠，可以用于工程设计。

（3）隔震层设计合理，各隔震支座工作状态良好

隔震支座配置合理，隔震层具有足够的初始刚度保证结构在风荷载、较小地震或其他非地震水平荷载作用下的稳定性，而且隔震层屈服后比屈服前提供了较低的水平刚度，保证结构在较大地震下能很好地减小地震反应。隔震层在大震下的偏心率计算结果显示两方向的偏心率均小于 3%，说明隔震层布置规则，重心和刚心比较重合。隔震支座最大长期面压、短期最大面压和短期最小面压均满足相关规范要求，隔震支座具有足够的稳定性和安全性。

（4）隔震层以上结构可按 7 度（0.15g）设防烈度设计

隔震层以上的结构在 8 度基本烈度地震作用下各楼层地震剪力及弯矩均小于非隔震结构在 8 度基本烈度地震作用下楼层地震剪力和弯矩的 0.38 倍。根据《建筑抗震设计规范》（GB 50011—2010）的规定，本工程隔震层以上结构的水平向减震系数取为 0.5 是合理可靠的，即隔震层以上结构设防烈度可按降低 1 度设计。

（5）隔震结构在罕遇地震作用下工作正常

对隔震结构在罕遇地震作用下的响应进行了计算分析，结果表明，在罕遇地震作用下，隔震结构满足抗震性能目标，隔震层各支座的压-剪地震响应均未超过其极限性能，隔震支座均未出现受拉现象，最小极值面压为 1.6 MPa。隔震层在罕遇地震下的位移未超过规范规定的限值。

（6）隔震方案技术可行，经济效益显著

采用隔震技术以后，结构断面尺寸、抗震墙的数量以及配筋量较传统抗震方案有大幅度下降，并且建筑的使用功能得到很大提升。隔震层以上结构在多遇地震作用下接近平动状态，不影响人们的工作和生活，在罕遇地震作用下也基本处于弹性工作状态。不论是从建设初期的费用评价还是从使用期间总费用评价，隔震方案都具有较明显的经济效益。

10.28.10 专家审查意见

宿迁佳宝儿童医院综合楼为框架-剪力墙结构,采用基础隔震技术,按照《江苏省建筑工程抗震设防审查管理暂行办法》(苏建抗〔2002〕253号)的要求,本工程应在初步设计阶段进行抗震设防专项审查。专家组审阅了初步设计资料,听取了设计、勘察单位汇报,经认真讨论、质询,认为该工程设计文件内容和深度、抗震设计措施和设防标准基本符合要求,采用基础隔震技术可行,该工程审查结论为"通过"。

勘察、设计单位应在施工图阶段对下列问题进一步修改完善:

1. 应进一步深化桩基础的抗震设计,勘察孔深应满足设计要求。
2. 隔震层顶板支承上部剪力墙的楼面梁应按框支梁设计,并满足大震受剪承载力不屈服的要求。
3. 支承阻尼器的楼面梁应按阻尼器设计阻尼力复核承载力。

10.29 宿迁淮海技师学院综合楼减震设计

设计单位:江苏省建筑设计研究院有限公司
南京工业大学工程抗震研究中心

10.29.1 工程概况及设计依据

淮海技师学院综合楼地总建筑面积15 020.39 m²,主体建筑高度50.20 m,主要功能为教室、标准化机房、办公室等。局部1层地下室,地上12层,1层层高5.2 m,2至11层层高均为3.9 m,12层层高6 m,采用钢筋混凝土框架-剪力墙结构。图10.525~图10.526分别为本项目的2~4层平面图及建筑立面图。

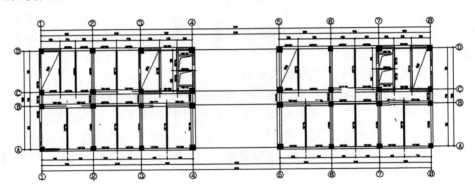

图 10.525 综合楼 2~4 层平面图

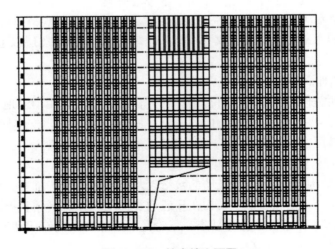

图 10.526 综合楼立面图

本工程利用中国建筑科学院开发的商业软件 PKPM/SATWE 进行结构的常规分析和设计,并利用美国 CSI 公司开发的商业有限元软件 ETABS 的非线性版本进行常规结构分析和隔震结构的非线性时程分析。抗震设计参数如下:

① 抗震设防烈度:8 度。

② 基本地震加速度:0.30g。

③ 设计地震分组:第一组。

④ 水平地震影响系数最大值(多遇地震):0.24。

⑤ 时程分析加速度最大值(多遇地震):110 gal。

⑥ 场地类别:Ⅲ类。

⑦ 场地特征周期(多遇地震):0.5 s。

10.29.2　结构方案选择

本工程所在地抗震设防烈度为 8 度(0.3g),水平地震作用很大,采用框架结构体系则高度超限,且柱截面巨大,只能采用框架-剪力墙结构方案。因建筑功能需要,横向(X 向)开门较多,可布置的墙体较少,因此利用楼、电梯间形成两个筒体,以抵抗水平地震作用。虽然整体计算层间位移能控制下来,但两个筒体吸收了较多的地震作用,导致墙体以及与墙体连接的框架柱构件截面很大,为了控制柱截面不超筋,采用了型钢混凝土柱。根据建筑布置,计算了两个框架-剪力墙结构方案,如图 10.527～图 10.528(底部 3 层及上部标准层结构模板图)所示。

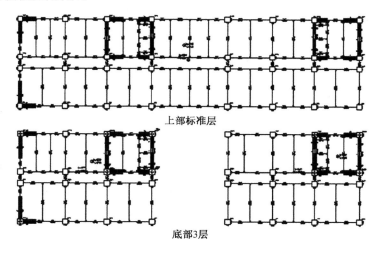

上部标准层

底部3层

图 10.527　结构方案一

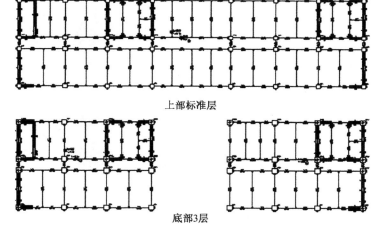

上部标准层

底部3层

图 10.528　结构方案二

由图可知:方案一,墙体数量适中,但为了满足层间位移角要求,墙、柱截面尺寸较大,底层墙厚 X 向 800 mm,Y 向 700 mm,框架柱 1 100 mm×1 100 mm,建筑无法接受。方案二,为了减小墙柱尺寸,设置了较多的墙体分担水平地震作用,形成四个小筒体,整体位移指标得到了很好的控制,但为了墙、柱配筋不超筋,截面尺寸无法大幅度减小,底层墙体厚仍达 600 mm,且较多的墙体仍是建筑难以接受的。

以上两个常规方案均属于"硬抗"的方法,较多的竖向构件造成建筑布置困难。若在常规结构体系基础上,通过设置阻尼构件以提高结构的阻尼比(由 5% 提高到 12%),即采用减震方案,通过阻尼构件来抵消地震能量,达到"软抗"目的,从结构概念上讲则更为经济。设置阻尼墙后的结构减震方案如图 10.529 所示。

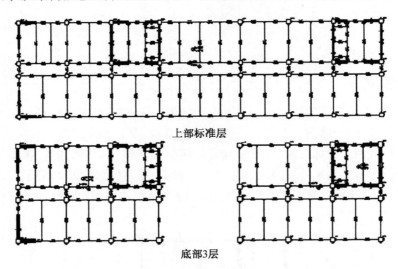

上部标准层

底部3层

图 10.529 减震结构方案

10.29.3 结构减震必要性分析

1. 消能减震结构的设防目标

本工程消能减震设计拟达到抗震设防目标 C 的要求。

由于不同原因导致结构在多遇地震下尚不能满足规范要求,或需采取明显不合理的过分加强措施才能满足规范要求,或需采取减震措施才能满足实际工程和建筑要求时,可采用阻尼器减震。此时,其抗震设防目标可与《建筑抗震设计规范》(GB 50011—2010)相同。

2. 软钢阻尼墙消能性能及分析模型

本工程拟采用软钢阻尼墙作为消能减震元件,考虑建筑使用功能,使用中间柱型软钢阻尼墙,如图 10.530 所示,其代表实例如图 10.531 所示。

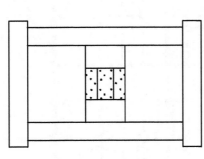

图 10.530 中间柱型

图 10.531 中间柱型构造实例

如图 10.532 所示,软钢在不发生屈曲或破坏时描绘出纺锤形的稳定滞回环,具有良好的能量吸收能力。其恢复力主要与位移的大小相关。

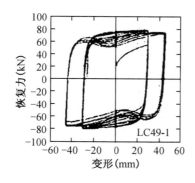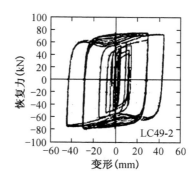

图 10.532　软钢阻尼墙滞回曲线图

本工程使用的中间柱型软钢阻尼墙要得到稳定的滞回环,需要注意的适用条件有:(1)构件不能屈曲;(2)阻尼墙产生的应变不能过大;(3)低周疲劳的影响小;(4)应变速度的影响小。

软钢阻尼墙的基本阻尼特性可以用双线性模型模拟其静力或动力荷载下的荷载-变形关系,如图10.533 所示。本工程在 ETABS 软件使用 Wen 滞回模型模拟软钢阻尼墙的基本阻尼特性,Wen 滞回模型如图 10.534 所示。

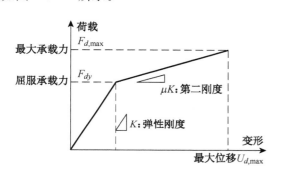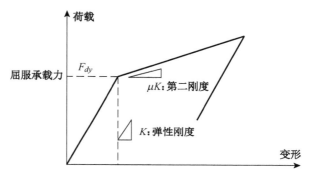

图 10.533　软钢阻尼墙的基本性能基准值　　　　图 10.534　Wen 滞回模型

10.29.4　分析模型的建立

用大型商业有限元软件 ETABS 建立了综合楼的减震结构和非减震结构的三维有限元模型。建成后模型的三维视图如图 10.535 所示,主楼模型的平面图如图 10.536 所示,立面图模型如图 10.537 所示。

图 10.535　综合楼非减震结构有限元模型三维视图

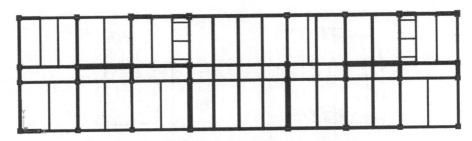

图 10.536　综合楼非减震结构有限元模型主楼平面视图

图 10.537　综合楼非减震结构有限元模型主楼立面视图

采用 Ritz 向量法计算出了非减震结构前 15 阶动力特性，ETABS 和 SATWE 前 6 阶结果见表 10.289。对两种软件分析模型质量进行统计，ETABS 模型的总质量为 23 508 t，SATWE 模型总质量为 23 498 t，误差率只有 0.04%，图 10.538 给出了 ETABS 模型和 SATWE 模型的质量对比。为了验证所建模型的准确性，并检验结构抗震性能，采用 EATBS 软件计算了非减震结构规范设计反应谱 8 度多遇地震下的动力响应，并将结果与 SATWE 计算结果进行了对比，各楼层 X 向和 Y 向地震剪力的计算结果对比如图 10.539 所示。

表 10.289　非减震结构动力特性分析结果

振型	周期			振型描述	ETABS 累计质量参与系数(%)	
	SATWE	ETABS	误差		X 向	Y 向
1	1.170	1.152	1.5%	X 向一阶平动	71	0
2	0.954	0.931	2.4%	Y 向一阶平动	71	64
3	0.795	0.773	2.8%	一阶扭转	80	78
4	0.360	0.355	1.2%	X 向二阶平动	88	78
5	0.262	0.251	4.2%	Y 向二阶平动	88	86
6	0.221	0.211	4.6%	二阶扭转	93	92

10.29.5　输入地震动评价

本次设计共采用了 6 条天然地震动和 2 条人工地震动，分别为 NGA1164FP、NGA1838FP、NGA185FP、NGA336FP、NGA2952FN、US169、L7502ZHU、L7452ZHU。

以 NGA1164FP、NGA1838FP 为例，图 10.540 给出了淮海技师学院综合楼 8 度多遇(110 gal)设计地震动加速度时程。图 10.541 给出了淮海技师学院综合楼 8 度罕遇(510 gal)设计地震动加速度时程。

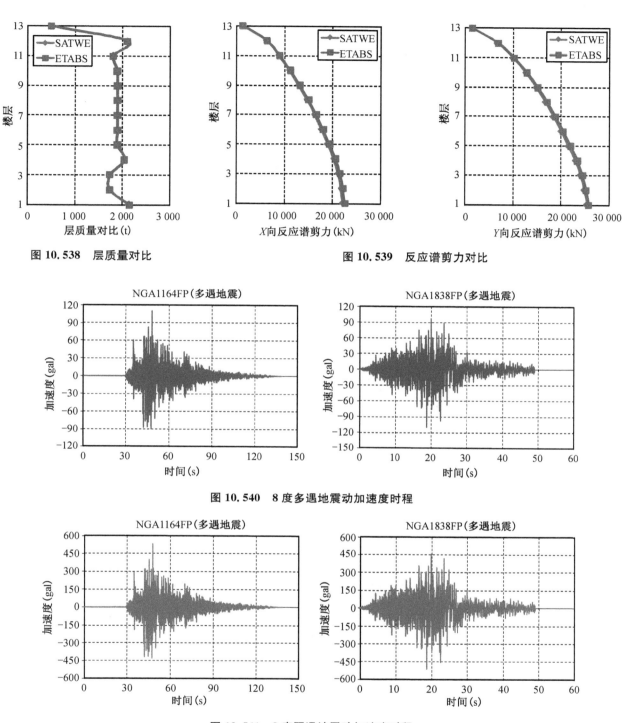

图 10.538　层质量对比

图 10.539　反应谱剪力对比

图 10.540　8 度多遇地震动加速度时程

图 10.541　8 度罕遇地震动加速度时程

　　《建筑抗震设计规范》(GB 50011—2010)规定,弹性时程分析时每条时程曲线计算所得结构底部剪力均超过振型分解反应谱法计算结果的 65%,多条时程曲线计算所得结构底部剪力的平均值均大于振型分解反应谱法计算结果的 80%。图 10.542～图 10.545 给出了结构 X、Y 向非隔震结构时程和反应谱楼层地震剪力及位移角分布情况。

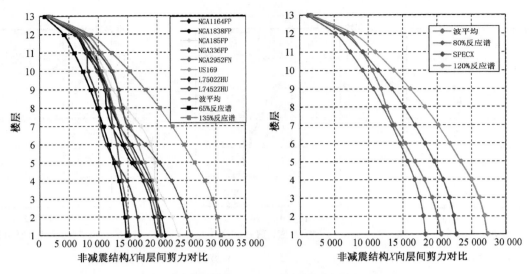

图 10.542　X 向非减震结构时程和反应谱分析楼层地震剪力对比（单位：kN）

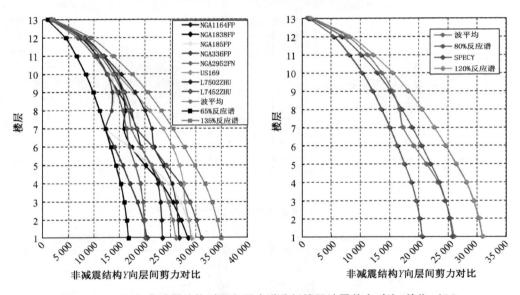

图 10.543　Y 向非减震结构时程和反应谱分析楼层地震剪力对比（单位：kN）

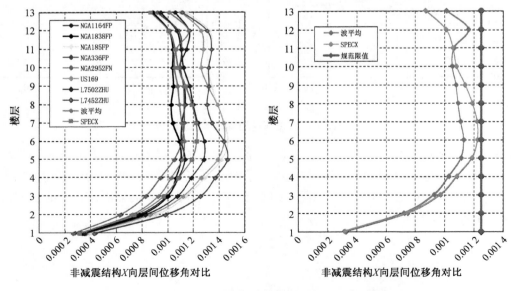

图 10.544　X 向非减震结构时程和反应谱分析楼层位移角对比

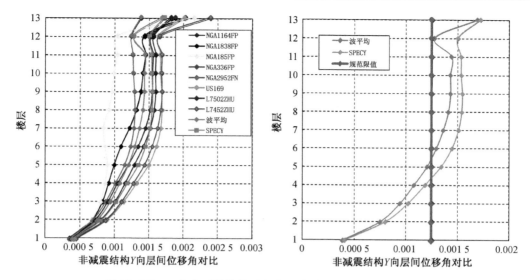

图 10.545 Y 向非减震结构时程和反应谱分析楼层位移角对比

从结构时程分析结果可以看出,每条地震动时程曲线计算所得结构底部剪力(包括其他各层层间剪力)均不小于振型分解反应谱法计算结果的 65%,均不大于振型分解反应谱法计算结果的 135%。8 条地震动时程曲线计算所得结构底部剪力(包括其他各层层间剪力)的平均值和振型分解反应谱法计算结果的平均误差约为 0%~5%。时程分析所采用的地震动满足《建筑抗震设计规范》(GB 50011—2010)要求。

10.29.6 多遇地震作用下结构消能减震分析

整个减震分析的流程如图 10.546 所示,根据对减震前结构初步分析和评估,本项目确定采用减震方案后的目标为附加阻尼比为 7%,即结构总阻尼比达到 12%,并依此目标进行方案的制定与优化。

1. 减震方案的选取

本工程阻尼墙布置方案具体各层分布数量见表 10.290,阻尼墙参数设计值见表 10.291。具体立面布置如图 10.547 所示,以 2~5 层为例平面布置位置如图 10.548 所示。

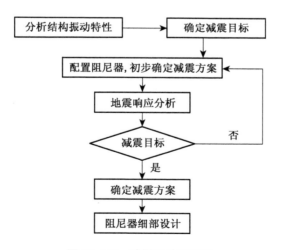

图 10.546 减震设计流程图

表 10.290 软钢阻尼墙分布数量(12%阻尼比)

层数	1	2	3	4	5	6	7	8	9	10	11	12	13	合计
X 向		6	6	6	6	4	4	4	2	2	2			42
Y 向		3	3	3	3	2	2	2	2	2	2			24

表 10.291　软钢阻尼墙设计参数

方向	刚度(kN/m)	屈服力(kN)	屈服指数	数量(个)
X 向	500 000	500	20	42
Y 向	500 000	500	20	24

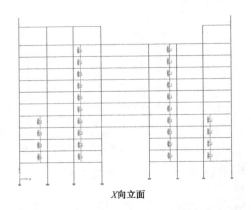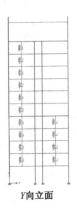

图 10.547　综合楼阻尼墙立面布置图

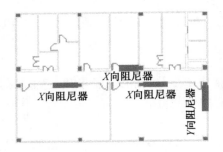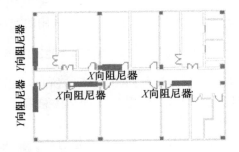

图 10.548　综合楼阻尼墙平面布置图

2. 多遇地震作用非线性时程分析

以 X 向为例,表 10.292 和图 10.549 给出了综合楼消能减震结构在 8 度多遇地震作用下 X 向的楼层最大地震剪力。表 10.293 和图 10.550 给出了消能减震结构在 8 度多遇地震作用下 X 向的楼层层间位移。从表中可以看出,消能减震结构在 8 度多遇地震作用下 X 方向的最大层间位移角均小于 1/800,满足规范要求。

表 10.292　消能减震结构多遇地震下 X 向楼层最大地震剪力　　　　　(单位:kN)

层号	NGA1164FP	NGA1838FP	NGA185FP	NGA336FP	NGA2952FN	US169	L7502ZHU	L7452ZHU	波平均
13	1 082	1 191	1 128	844	1 208	1 243	1 058	1 197	1 124
12	4 779	5 234	4 913	3 677	5 429	6 042	4 724	5 552	5 082
11	6 146	6 756	6 106	5 019	7 275	9 251	6 182	7 840	6 918
				......					
3	12 242	15 612	14 994	9 991	13 034	14 879	14 097	17 479	14 298
2	13 193	16 823	16 239	10 675	13 606	15 411	14 743	18 315	15 116
1	13 771	17 529	16 993	11 081	13 937	15 719	15 123	18 748	15 590

表 10.293 消能减震结构多遇地震下 X 向楼层层间位移角

层号	NGA1164FP	NGA1838FP	NGA185FP	NGA336FP	NGA2952FN	US169	L7502ZHU	L7452ZHU	波平均
13	1/1 261	1/1 190	1/1 321	1/1 241	1/1 241	1/1 129	1/1 346	1/1 036	1/1 213
12	1/1 215	1/1 129	1/1 217	1/1 131	1/1 131	1/994	1/1 319	1/913	1/1 242
11	1/1 196	1/1 168	1/1 230	1/1 164	1/1 164	1/977	1/1 269	1/920	1/1 248
......									
3	1/1 585	1/1 309	1/1 305	1/1 427	1/1 427	1/1 508	1/1 312	1/1 142	1/1 516
2	1/2 016	1/1 582	1/1 587	1/1 825	1/1 825	1/1 926	1/1 672	1/1 441	1/1 905
1	1/4 425	1/3 460	1/3 460	1/4 132	1/4 132	1/4 401	1/3 774	1/3 135	1/4 234

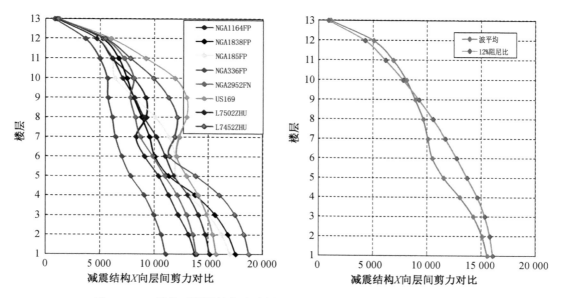

图 10.549 消能减震结构多遇地震下 X 向楼层最大地震剪力(单位:kN)

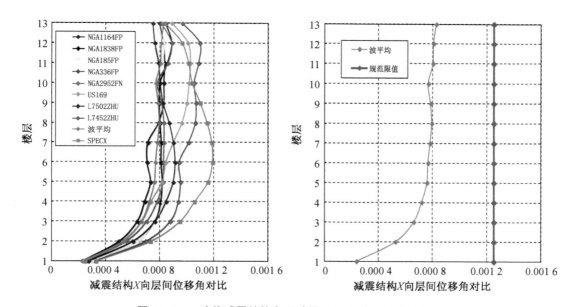

图 10.550 消能减震结构多遇地震下 X 向楼层层间位移角

表10.294 给出了 SATWE 计算的12%阻尼比结构与5%阻尼比结构的层间剪力对比。

表10.294 **X 向附加阻尼比后层剪力(kN)对比**

层号	SATWE		
	5%阻尼比	12%阻尼比	12%阻尼比/5%阻尼比
13	1 381	1 017	0.736
12	6 356	4 728	0.744
11	8 974	6 789	0.757
……			
3	21 268	16 739	0.787
2	21 881	17 236	0.788
1	22 237	17 525	0.788

表10.295～表10.296 给出了 ETABS 计算的加阻尼墙减震结构与5%阻尼比结构的层间剪力对比,以 XNGA1164FP 与 XNGA1838FP 为例。

表10.295 **XNGA1164FP 地震波作用下层剪力(kN)对比**

层号	XNGA1164FP		
	5%阻尼比	5%阻尼比+阻尼墙	剪力比值
13	1 682	1 082	0.643
12	7 433	4 779	0.643
11	9 513	6 146	0.646
……			
3	18 681	12 242	0.655
2	19 391	13 193	0.680
1	19 943	13 771	0.691

表10.296 **XNGA1838FP 地震波作用下层剪力(kN)对比**

层号	XNGA1838FP		
	5%阻尼比	5%阻尼比+阻尼墙	剪力比值
13	1 416	1 191	0.841
12	6 079	5 234	0.861
11	7 897	6 756	0.855
……			
3	19 685	15 612	0.793
2	20 676	16 823	0.814
1	21 235	17 529	0.825

为了确定结构设置软钢阻尼墙以后结构总等效阻尼比的数值,本工程采用 ETABS 软件进行了结构在8条地震波(6条天然波、2条人工波)作用下的减震分析。对每条波、X 和 Y 方向、各个楼层的层间剪力进行了减震前后的对比,得到了每条波、每个方向、每个楼层的层间剪力减震系数,在其基础上采用8条地震波在每个方向、每个楼层的层间剪力减震系数平均值作为结构设置软钢阻尼墙以后的实际层间剪力

减震系数。

另外,对结构设计软件 SATWE 模型在 5％阻尼比和 12％阻尼比作用下的每个方向、每个楼层的层间剪力减震系数进行了计算。结果表明,采用 ETABS 模型计算得到的实际层间剪力减震系数均优于 SATWE 模型的折算层间剪力减震系数,见表 10.297。结构可以采用 12％的总等效阻尼比进行设计,且偏于安全。

表 10.297　X 向 ETABS 模型各层层间剪力实际减震系数和 SATWE 模型折算减震系数对比

层号	SATWE	ETABS									ETABS/SATWE
	12％阻尼	NGA143FN	NGA1056FN	NGA1164FN	NGA2952FP	US169	NGA336FP	L7502ZHU	S7453ZHU	波平均	
13	0.736	0.643	0.841	0.688	0.563	0.894	0.683	0.809	0.745	0.733	0.996
12	0.744	0.643	0.861	0.673	0.564	0.891	0.744	0.780	0.771	0.741	0.996
11	0.757	0.646	0.855	0.639	0.623	0.878	0.876	0.733	0.774	0.753	0.995
					......						
3	0.787	0.655	0.793	0.716	0.626	0.893	0.748	0.717	0.733	0.735	0.934
2	0.788	0.680	0.814	0.722	0.643	0.908	0.756	0.729	0.735	0.748	0.950
1	0.788	0.691	0.825	0.721	0.654	0.914	0.760	0.735	0.730	0.754	0.957

10.29.7　罕遇地震作用下结构的弹塑性时程分析

用大型商业有限元软件 PERFORM-3D 建立了淮海技师学院综合楼减震分析的三维有限元模型。

1. 建立有限元模型

(1) 材料和构件本构模型

钢材本构采用非屈曲钢材本构。本结构钢材采用双线性随动硬化模型,在循环过程中,无刚度退化。设定钢材的强屈比为 1.2,屈服后弹性模量比 $E_2/E_1 = 0.01$,极限应变为 0.025。图 10.551 给出了 HRB335 钢筋的本构取值。

混凝土材料采用弹塑性损伤模型,可考虑材料拉压强度的差异、刚度的退化和拉压循环的刚度恢复。目前在宏观模型中最为常用的约束混凝土的单轴受压应力应变关系是 Mander 应力应变关系。图 10.552 给出了根据 Mander 模型公式 C60 混凝土在 1.5％体积配箍率情况下的应力应变关系。

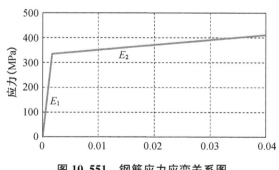

图 10.551　钢筋应力应变关系图

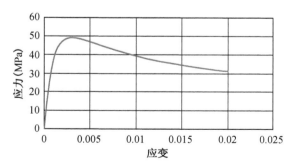

图 10.552　约束混凝土应力应变关系图

对不同结构构件根据其受力和弹塑性发展特点采用如下构件单元模型。框架梁:M-φ 弯矩曲率铰模型;框架柱:P-M-M 轴力-双向弯矩铰模型;连梁:同时考虑 M-C 弯矩曲率铰和 V_2 剪力铰。

(2) 弹塑性变形限值确定原则

结构构件相应的破坏状态描述和可接受弹塑性变形限值的确定原则如表 10.298 所述。

表 10.298 结构构件破坏状态描述和可接受弹塑性变形限值的确定原则

破坏程度	可运行(OP)	立即入住(IO)	生命安全(LS)	临近倒塌(CP)
破坏极限状态描述	构件达到强度极限状态	有轻微结构性破坏	结构性破坏显著但可以修复,但不一定经济合算。可确保生命安全,人员可从建筑中安全撤离	严重结构性破坏,不可修复,临近倒塌
弹塑性变形限值确定原则	尚无塑性变形	有轻微塑性变形	距离临近倒塌状态还有至少25%的变形能力储备	位移控制逐级循环加载。每级位移荷载循环三次,构件抗力-变形骨架曲线开始出现强度退化

（3）有限元模型的建立

建立综合楼非减震分析的有限元模型,梁、柱构件均采用空间梁柱单元,建成后模型的三维视图如图 10.553 所示,模型的立面图如图 10.554 所示,模型的平面图如图 10.555 所示。

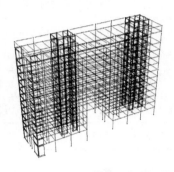

图 10.553 PERFORM-3D 模型三维视图

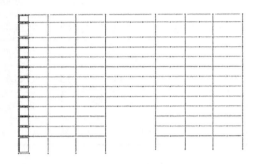

图 10.554 PERFORM-3D 模型立面图

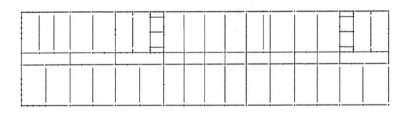

图 10.555 PERFORM-3D 5 层平面图

采用 Ritz 向量法计算出了结构前 27 阶动力特性,并将前 6 阶结果与 SATWE 模型计算结果进行对比,如表 10.299 所示。由此可见,两者的动力特性比较吻合。

表 10.299 结构周期和振型

阶数	SATWE			PERFORM-3D	周期误差
	周期	平动系数(X+Y)	扭转系数	周期	
1	1.152	0.99+0.00	0.01	1.102	−4.34%
2	0.931	0.00+0.92	0.08	0.8894	−4.47%
3	0.773	0.00+0.09	0.91	0.7591	−1.80%
4	0.355	0.99+0.00	0.01	0.341	−3.94%
5	0.251	0.00+0.92	0.07	0.2449	−2.43%
6	0.211	0.00+0.19	0.81	0.2079	−1.47%

2. 结构的弹塑性位移响应

以 X 向为例,图 10.556 给出了分别沿 X 向为主向输入时结构在各主方向的最大楼层位移角曲线。

表10.300给出了各组地震波输入时各主方向减震结构最大层间位移角及非减震结构最大层间位移角的具体数值及包络,均小于1/100限值,Y方向也如此。由此可见,减震结构在罕遇地震下的层间位移角小于非减震结构。

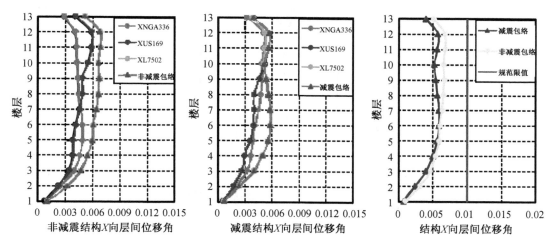

图10.556 结构弹塑性 X 向最大层间位移角

表10.300 结构 X 向弹塑性最大层间位移角

楼层	非减震结构				减震结构				减震效果
	XNGA336	XUS169	XL7502	包络	XNGA336	XUS169	XL7502	包络	
13	1/351	1/246	1/196	1/196	1/306	1/250	1/257	1/250	21.46%
12	1/249	1/171	1/148	1/148	1/193	1/174	1/189	1/174	14.97%
11	1/237	1/171	1/147	1/147	1/194	1/177	1/188	1/177	16.88%
				……					
3	1/255	1/295	1/215	1/215	1/303	1/364	1/245	1/245	12.17%
2	1/412	1/444	1/318	1/318	1/465	1/537	1/403	1/403	21.11%
1	1/1 433	1/1 387	1/1 000	1/1 000	1/1 465	1/1 548	1/1 277	1/1 277	21.71%

3. 结构的层间剪力响应

以 X 向为例,罕遇地震下各组地震波以 X 为主向输入时减震结构与非减震结构在各主方向上的最大层间剪力的具体数值及包络对比如表10.301所示。图10.557给出了减震结构与非减震结构最大层间剪力的对比图。

表10.301 结构 X 向弹塑性最大层间剪力　　　　　　　　　　（单位:kN）

楼层	非减震结构				减震结构				包络比值
	XNGA336	XUS169	XL7502	包络	XNGA336	XUS169	XL7502	包络	
13	9 586	10 781	12 744	11 037	7 759	10 001	8 230	8 664	0.78
12	23 688	25 171	23 343	24 067	21 056	22 957	20 087	21 367	0.89
11	25 314	29 934	30 639	28 629	24 294	27 273	25 054	25 540	0.89
				……					
3	43 846	47 773	52 699	48 106	39 053	39 770	42 897	40 573	0.84
2	47 569	53 179	60 621	53 790	41 924	44 847	46 046	44 272	0.82
1	51 400	58 863	71 276	60 513	47 541	49 384	55 187	50 704	0.84

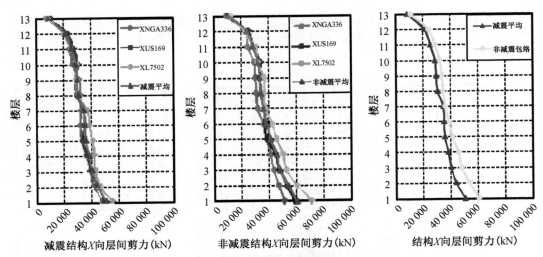

图 10.557　结构弹塑性 X 向最大层间剪力

4. 与软钢阻尼墙相连构件的设计

（1）罕遇地震作用下软钢阻尼墙的输出阻尼力

阻尼墙在罕遇地震作用下最大输出阻尼力应该作为与其连接的混凝土梁的验算荷载。表 10.302 给出了综合楼减震结构在多遇地震作用下阻尼墙的最大输出阻尼力。

表 10.302　综合楼减震结构多遇地震作用下的最大输出阻尼力　　　　（单位：kN）

层数	X 向输出最大阻尼力	Y 向输出最大阻尼力
13	—	—
12	—	—
11	521	518
......		
3	515	511
2	510	509
1	—	—

罕遇地震作用下 X 向阻尼器最大位移为 24 mm，Y 向为 30 mm。因此要求厂商提供的阻尼墙的极限位移必须大于最大位移。

（2）与阻尼墙相连钢筋混凝土柱、墙的性能评估

表 10.303 给出了减震结构在罕遇地震作用下阻尼墙的最大输出阻尼力。

表 10.303　罕遇地震作用下的最大输出阻尼力　　　　（单位：kN）

层数	X 向输出最大阻尼力	Y 向输出最大阻尼力
13	—	—
12	—	—
11	581	573
......		
3	560	544
2	530	542
1	—	—

上表中罕遇地震作用下阻尼墙的最大输出阻尼力用于与阻尼墙连接的混凝土梁的强度验算。通过对各组波输入下减震结构变形和塑性损伤的对比，发现 L7502 波输入下结构破坏程度相对最大，以下只给

出该地震波输入下减震结构的变形和塑性损伤情况。

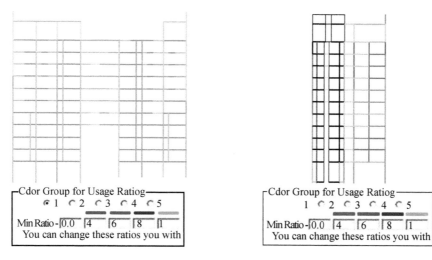

图 10.558 X 向框柱 1 的性能图   图 10.559 Y 向框柱 1 的性能图

图 10.558~图 10.559 分别给出了与阻尼墙相连的柱、墙（X 向两榀，Y 向两榀）在罕遇地震作用下的性能水准。可以看出，罕遇地震输入下，所有与阻尼墙相连的构件对应第一目标性能水准总体利用率在 0.8 以下。

（3）与阻尼墙相连的钢筋混凝土梁承载力验算

与阻尼墙相连构件设计分析主要验算与阻尼墙相连的梁是否能承受阻尼墙给其带来的附加效应。

其弯矩设计值

$$M_b = M_G + M_s + M_d$$

式中：$M_G + M_s$——梁在重力荷载代表值和地震荷载作用组合下产生的弯矩设计值，为初始弯矩，可从软件导出；

M_d——阻尼墙给梁的附加弯矩值设计值，为附加弯矩。

剪力设计值

$$V_b = V_G + V_s + V_d$$

式中：$V_G + V_s$——梁在重力荷载代表值和地震荷载作用组合下产生的剪力设计值，为初始剪力，可从软件导出；

V_d——阻尼墙给梁的附加剪力设计值，为附加剪力。

本工程结合软钢阻尼墙的特点和实际情况，采用并联 DAMPER 单元并将与阻尼墙相接触的宽度范围内的梁设为刚域来模拟软钢阻尼墙，示意图如图 10.560 所示。

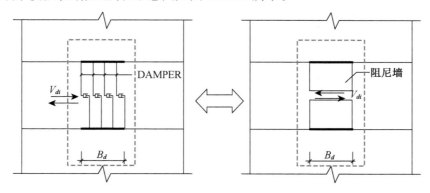

图 10.560 阻尼墙模拟示意图

计算阻尼产生的附加效应时,根据实际情况提出如下假设:第 i 层阻尼墙的阻尼力只对与其相连的梁产生附加效应。因此,第 i 层梁在阻尼力作用下的附加效应的计算简图如图 10.561 所示。

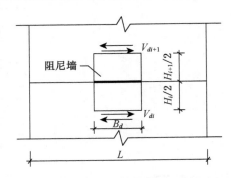

图 10.561　阻尼力附加弯矩计算简图

实际梁的附加内力可按如下公式计算:

第 i 层梁的上下楼层均设置阻尼墙时,

$$M_i = V_{di+1} \cdot M_{k+1} + V_{di} \cdot M_k, \quad V_i = V_{di+1} \cdot V_{k+1} + V_{di} \cdot V_k$$

第 i 层梁的上层设置阻尼墙时,

$$M_i = V_{di+1} \cdot M_{k+1}, \quad V_i = V_{di+1} \cdot V_{k+1}$$

第 i 层梁的下层设置阻尼墙时,

$$M_i = V_{di} \cdot M_k, \quad V_i = V_{di} \cdot V_k$$

以 2~5 层为例,需要验算的混凝土梁位置如图 10.562 所示,表 10.304 给出其中 2 根典型框架梁验算结果。

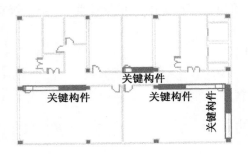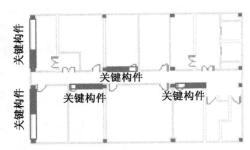

图 10.562　与阻尼墙相连混凝土梁的位置示意图

表 10.304　罕遇地震作用下关键构件验算

梁编号	弯矩(kN・m)			剪力(kN)		
	承载力	组合值	利用率	承载力	组合值	利用率
B1	4 317	2 636	61%	1 991	945	47%
B2	4 317	2 757	64%	1 991	961	48%

5. 小结

(1) 计算了减震结构在罕遇地震作用下非线性动力响应,并对结构整体抗震性能进行了评价。结果表明,添加阻尼墙后结构层间位移角明显小于未添加阻尼墙时的结构;结构整体抗震性能满足大震不倒的要求,罕遇地震下减震结构相应于非减震结构而言,拥有更大的弹塑性变形和强度储备。

(2) 对与阻尼墙相连的墙、柱的抗震性能进行了评价。结果表明,在罕遇地震作用下,与阻尼墙相连接的墙、柱均处于弹性状态,满足大震弹性的性能目标。

（3）在罕遇地震作用下,结构构件非线性情况演变顺序为:阻尼墙先进入塑性,耗散地震能量,之后是连梁进入塑性,满足结构设计的基本概念要求。

通过添加阻尼墙等减震措施,在罕遇地震作用下,结构整体和各类构件还有较大的弹塑性变形能力储备,震害较轻,满足抗震性能设计目标要求,且结构在罕遇地震作用下的抗震性能达到"大震不倒"的抗震性能目标,主要构件如与阻尼墙相连接的墙、柱在大震作用下均保持弹性。

10.29.8 减震分析结论

本工程综合楼位于地震高烈度区,如果采用常规设计方法,将会导致结构主要构件截面过大、配筋过多。而结构构件截面和配筋增大后,结构在地震中吸收的地震能量也将大幅度增加,导致结构在中震或大震中损坏严重。因此,在本工程中采用消能减震措施是十分必要的。通过对该综合楼进行系统的减震设计和计算分析,可以得到以下主要结论:

（1）分析软件可靠,计算模型合理,时程分析选用地震波合适

利用商业有限元软件 ETABS 建立了淮海技师学院综合楼三维有限元模型,以用于结构弹性阶段多遇地震响应分析。

每条时程曲线计算所得未减震结构的底部地震剪力均大于反应谱法计算结果的 65%,8 条时程曲线计算所得结构底部地震剪力的平均值大于反应谱法计算结果的 80%。采用 8 条时程曲线作用下各自最大地震响应值的平均值作为时程分析的最终计算值,结果可靠,可用于工程设计。

（2）在多遇地震下,采用软钢阻尼墙的减震结构性能符合规范要求

本工程在 X 向布置 42 个软钢阻尼墙,Y 向布置 24 个软钢阻尼墙。在配置软钢阻尼墙后,消能减震结构在 8 度多遇地震作用下最大楼层地震剪力分布合理,两个方向的最大层间位移角均小于 1/800,满足我国《建筑抗震设计规范》(GB 50011—2010)要求,减震结构具有较好的抗震性能。

本项目提供了在 SATWE 中实现减震结构的常规设计依据,通过结构层间剪力与位移角的响应对比,表明多遇地震作用下,减震结构可以按照 12% 的总阻尼比进行常规结构设计。

（3）在罕遇地震下,采用软钢阻尼墙后的减震结构满足抗震性能设计目标要求

配置阻尼墙后,消能减震结构在罕遇地震作用下楼层地震剪力小于非减震结构,层间位移角也明显小于非减震结构。结构在罕遇地震作用下的抗震性能达到"大震不倒"的抗震性能目标。与软钢阻尼墙直接相连接的钢筋混凝土梁在大震作用下保持抗弯、抗剪弹性。

10.29.9 专家审查意见

江苏省淮海技师学校综合楼为框架-剪力墙结构,使用黏滞流体阻尼墙。按照《江苏省建筑工程抗震设防审查管理暂行办法》(苏建抗〔2002〕253 号)的要求,应在初步设计阶段进行抗震设防专项审查。专家组审阅了初步设计资料,听取了设计、勘察单位汇报,经认真讨论、质询,采用减震技术可行,该工程审查结论为"修改"。

勘察、设计单位应对下列问题进一步修改完善:

1. 建议特征周期应综合考虑场地覆盖层厚度、剪切波速并按内插法确定,取 $T_g = 0.5$ s;层土为震陷性土,应考虑负摩阻的影响,进一步核实桩基承载力计算;核实 9 号孔深是否满足桩长要求。

2. 宜设置整体地下室。如按现设计,应提供可靠的数据和技术论证资料。

3. 立面开洞部位应提供相应的技术论证资料和可靠的技术措施。

4. 应补充抗震与减震技术的经济对比分析,建议采用更为合理的减隔震技术方案。

参 考 文 献

［1］徐培福,傅学怡,王翠坤,等.复杂高层建筑结构设计[M].北京:中国建筑工业出版社,2005.

［2］韩小雷,季静.基于性能的超限高层建筑结构抗震设计——理论研究与工程应用[M].北京:中国建筑工业出版社,2013.

［3］建筑抗震设计规范　GB 50011—2010(2016年版)[S].北京:中国建筑工业出版社,2016.

［4］高层建筑混凝土结构技术规程　JGJ 3—2010[S].北京:中国建筑工业出版社,2010.

［5］混凝土结构设计规范　GB 50010—2010(2015年版)[S].北京:中国建筑工业出版社,2015.

［6］高层民用建筑钢结构技术规程　JGJ 99—2015[S].北京:中国建筑工业出版社,2016.

［7］建筑工程抗震性态设计通则　CECS 160:2004[S].北京:中国计划出版社,2004.

［8］阎东东,李文峰,张俊兵,等.长周期地震波作用下超高层结构连续倒塌数值模拟[J].建筑结构,2014,44(18):54-58.

［9］张谨,杨律磊,等.动力弹塑性分析在结构设计中的理解与应用[M].北京:中国建筑工业出版社,2016.

［10］焦柯,赖鸿立,等.复杂建筑结构计算分析方法及工程应用[M].北京:中国城市出版社,2013.

［11］陆新征,叶列平,缪志伟,等.建筑抗震弹塑性分析——原理、模型与在ABAQUS,MSC.MARC和SAP2000上的实践[M].北京:中国建筑工业出版社,2009.

［12］周云.防屈曲耗能支撑结构设计与应用[M].北京:中国建筑工业出版社,2007.

［13］陈肇元,钱稼茹.建筑与工程结构抗倒塌分析与设计[M].北京:中国建筑工业出版社,2010.

［14］李国胜.多高层建筑转换结构设计要点与实例[M].北京:中国建筑工业出版社,2010.

［15］石少卿,汪敏,等.建筑结构有限元分析及ANSYS范例详解[M].北京:中国建筑工业出版社,2008.

［16］韩林海,杨有福.现代钢管混凝土结构技术[M].北京:中国建筑工业出版社,2004.

［17］江苏省建筑工程抗震设防审查专家委员会.江苏省超限高层建筑抗震设防审查工程实录[M].南京:江苏科学技术出版社,2010.

［18］超限高层建筑工程抗震设防专项审查技术要点[S].北京:建质2015(67号).

［19］张有佳,李小军,等.钢板混凝土组合墙体局部稳定性轴压试验研究[J].土木工程学报,2016,49(1):62-68.

［20］陆道渊,黄良,等.长悬挑结构楼盖振动舒适度分析与控制[J].建筑结构,2015,45(19):13-17.

［21］徐自国,徐培福,肖从真.框架-核心筒结构振动台试验全过程动力弹塑性仿真[J].建筑结构,2015,45(23):1-8.

［22］焦柯,吴桂广,等.特大地震下超限高层结构破坏特点分析[J].建筑结构,2015,45(23):21-27.

［23］沈蒲生,等.我国高层及超高层建筑的剪重比[J].建筑结构,2015,45(17):1-4.

［24］王明,等.某7度区超限高层结构方案比选[J].建筑结构,2015,45(17):10-13.

［25］孙军浩,赵秋红,等.钢板剪力墙的工程应用[J].建筑结构,2015,45(16):63-70.

［26］纪晓东,等.钢板混凝土剪力墙抗剪性能试验研究[J].建筑结构学报,2015,36(11):46-55.

［27］张峥,丁洁民.双塔连体复杂高层结构的超限分析及抗震性能评价[J].建筑结构,2008,38(9):52-57.

［28］柯长华,张青,薛慧立.抗震设计中一些具体问题的分析和讨论[J].建筑结构,2006,36(6):6-10.

［29］刘明全,赵剑利,等.大剧院结构设计的特点[J].建筑结构,2006,36(5):26-30.

［30］甘明,张胜.空间结构抗震、抗风设计审查要点介绍[J].建筑结构,2009,39(12):106-108.

［31］中国地震动参数区划图　GB 18306—2015[S].北京:中国建筑工业出版社,2015.

［32］李钱,吴轶,等.基于能量及损伤的主余震地震动对超限高层结构抗震性能影响研究[J].建筑结构,2016,49(9):42-47.

［33］刘斌,杨蔚彪,陆新征,等.剪力墙内支撑布置方案对超高层建筑结构抗震性能的影响[J].建筑结构,2016,46(3):1-5.

［34］马凯.中震作用下超高层结构核心筒墙肢拉应力分析与设计[J].建筑结构,2016,46(17):84-87.

［35］王鹏,许平,胡振杰.某高位转换超限高层办公楼结构设计与分析[J].建筑结构,2016,46(8):23-27.

［36］北京市建筑设计研究院有限公司.BIAD超限高层建筑工程抗震设计汇编［M］.北京:中国建筑工业出版社,2016.

［37］马强,韩建强,等.转换层设置高度对超高层框架-核心筒结构力学性能的影响［J］.建筑结构,2016,46(12):18-21.

［38］莫庸,杨忠平.超高层建筑裙楼复杂结构抗震设计问题探讨［C］.高层建筑抗震技术交流会论文集(第十四届),2013.

［39］张剑.关于结构超限设计与超限审查若干问题的思考与建议［C］.第22届全国高层建筑结构学术交流会论文集,2012.

［40］上海市建设和交通委员会科学技术委员会.上海市超限高层建筑工程抗震设防专项审查选编(内部资料)［Z］,2006.

［41］刘成,王耀龙.平面不规则结构中薄弱连接楼板的抗震设计［J］.建筑结构,2009,9(S1):562-565.

［42］安来,孙龙海.用符合抗震概念设计要求的方法解决高层建筑扭转周期比超限问题［J］.建筑结构,2009,39(S1):591-594.

［43］王徽,肖从真,徐自国,等.体型收进对框架结构抗震性能的影响和控制方法研究［J］.建筑结构,2014,44(S1):242-248.

［44］徐刚,李英民,孙加华.剪力墙结构抗震措施的有效性校验［J］.建筑结构,2016,46(S1):353-358.

［45］龚兵.跨层钢支撑在超限高层结构中的应用及超限结构性能分析［J］.建筑结构,2015,45(S1):86-89.

［46］姚建峰,等.天津某体型收进超高层项目结构设计［J］.建筑结构,2014,44(24):25-30.

［47］庄磊.大型商业综合体超限高层抗震性能分析［J］.建筑结构,技术通讯,2014,55:132-135.

［48］黄志华,吕西林.上海市超限高层建筑工程的若干问题研究［J］.结构工程师,2007,23(5):1-4.

［49］廖耘,容柏生,李盛勇.对200 m以上超高层建筑剪力墙轴压比计算方法和限值的改进建议［J］.建筑结构,2015,45(7):8-11.

［50］扶长生,张小勇,周立浪.框架-核心筒结构体系及其地震剪力分担比［J］.建筑结构,2015,45(4):1-8.

［51］余先锋,谢壮宁,顾明.群体高层建筑风致干扰效应研究进展［J］.建筑结构学报,2015,36(3):1-11.

［52］杨学林.新版结构规范和超限审查若干问题探讨［J］.建筑结构,2012,42(8):157-161.

［53］郝际平,等.钢框架-钢板剪力墙基于中震的性能化设计方法［J］.建筑结构,2015,45(3):1-7.

［54］汪大绥,周建龙,等.超高层结构地震剪力系数限值研究［J］.建筑结构,2012,42(5):24-27.

［55］方小丹,魏琏.关于建筑结构抗震设计若干问题的讨论［J］.建筑结构学报,2011,32(12):46-51.

［56］汪大绥,周建龙,包联进.超高层建筑结构经济性探讨［J］.建筑结构,2012,42(5):1-7.

［57］罗小龙,等.超长钢屋盖多维多点输入的地震响应分析［J］.建筑结构,2014,44(21):51-56.

［58］王钦华,等.典型截面超高层建筑风洞试验与荷载规范计算的等效静力风荷载比较分析［J］.建筑结构,2015,45(2):70-74.

［59］丁永君,杨洁,贾莉.少剪力墙框架结构在多遇地震下的抗震性能计算分析［J］.建筑结构,2012,42(4):75-78.

［60］崔鸿超.日本超高层建筑结构抗震新技术的发展现状及思考［J］.建筑结构,2013,43(16):1-7.

［61］沈金,干钢,童根树.钢板剪力墙设计与施工的工程实例［J］.建筑结构,2013,43(15):19-22.

［62］陈彬磊,等.超高超限工程的规范条文及建议［J］.建筑结构,2014,44(2):8-12.

［63］罗永成.复杂空间钢结构分析与设计探讨［Z］.建筑结构(微信公众号),2016-12-21.

［64］肖从真.体型收进结构抗震性能及复杂高层抗震设计方法［R］.第五届建筑结构抗震技术国际会议主题报告,2016.

［65］柯长华.复杂高层建筑结构设计若干问题讨论［Z］.建筑结构(微信公众号),2016-01-25.

［66］王亚勇.我国高层建筑发展概况和超限审查技术要点的若干问题［Z］.建筑结构(微信公众号),2015-04-28.

［67］肖从真,徐培福,任重翠.高层建筑底部剪力墙受拉控制方法的探讨［Z］.

［68］《江苏省房屋建筑工程抗震设防审查细则》编写组.江苏省房屋建筑工程抗震设防审查细则［M］.2版.北京:中国建筑工业出版社,2016.

［69］王世村.搭接柱转换结构设计研究［J］.建筑结构,2014,44(5):71-73.

［70］伍云天,等.新规范下钢筋砼超限高层建筑性能化抗震设计方法研究［J］.建筑结构,2014,44(18):48-53.

附录　超限高层建筑工程抗震
设防专项审查报告模板

附 录 目 录

附1　概述 ··· 442
　　附1.1　工程概况 ··· 442
　　附1.2　报告内容 ··· 442
附2　设计依据 ··· 443
　　附2.1　设计规范 ··· 443
　　附2.2　工程地质概况 ··· 443
附3　结构设计依据 ··· 444
　　附3.1　结构设计及分类参数 ··· 444
　　附3.2　结构耐火等级 ··· 445
附4　材料 ··· 445
　　附4.1　混凝土 ··· 445
　　附4.2　钢筋 ··· 446
　　附4.3　钢材 ··· 446
附5　荷载和作用 ··· 446
　　附5.1　楼面荷载 ··· 446
　　附5.2　荷载效应组合 ··· 448
　　附5.3　验算要求 ··· 449
附6　基础设计概况 ··· 450
　　附6.1　桩基础设计 ··· 450
　　附6.2　地下室设计 ··· 450
　　附6.3　沉降计算 ··· 450
附7　结构体系及超限情况 ··· 451
　　附7.1　概述 ··· 451
　　附7.2　主体结构体系 ··· 451
　　附7.3　楼面体系 ··· 452
　　附7.4　嵌固端的判定 ··· 452
　　附7.5　结构超限情况及措施 ··· 453
附8　结构性能化抗震目标及设计要求 ······································· 454
　　附8.1　结构性能化抗震目标 ··· 454
　　附8.2　结构竖向变形限值 ··· 454
　　附8.3　结构舒适度控制 ··· 455
附9　结构弹性分析 ··· 455

　　附 9.1　计算软件和计算模型 ……………………………………………… 455

　　附 9.2　结构质量分布 ……………………………………………………… 456

　　附 9.3　结构周期和振型 …………………………………………………… 456

　　附 9.4　结构位移和位移比指标 …………………………………………… 457

　　附 9.5　地震剪力及弯矩分析 ……………………………………………… 458

　　附 9.6　结构层间刚度比分析 ……………………………………………… 459

　　附 9.7　楼层结构偏心率 …………………………………………………… 459

　　附 9.8　结构剪重比分析 …………………………………………………… 460

　　附 9.9　楼层抗剪承载力 …………………………………………………… 460

　　附 9.10　刚重比 …………………………………………………………… 460

　　附 9.11　框架柱的剪力调整 ……………………………………………… 461

　　附 9.12　结构弹性分析结论 ……………………………………………… 461

附 10　结构弹性时程分析 …………………………………………………… 461

　　天然波及人工波的选取 …………………………………………………… 461

附 11　构件验算 ……………………………………………………………… 462

　　附 11.1　构件验算流程 …………………………………………………… 462

　　附 11.2　核心墙 …………………………………………………………… 462

　　附 11.3　外框架柱 ………………………………………………………… 464

　　附 11.4　伸臂桁架及腰桁架 ……………………………………………… 466

　　附 11.5　局部楼层的楼板应力分析 ……………………………………… 468

　　附 11.6　人行荷载作用下楼板的振动分析 ……………………………… 469

附 12　结构抗震超限设计的措施 …………………………………………… 471

　　附 12.1　针对高度超限的抗震措施 ……………………………………… 471

　　附 12.2　针对结构具有加强层复杂性的抗震措施 ……………………… 471

附 13　结论 …………………………………………………………………… 471

附件 ………………………………………………………………………… 471

附1　概述

附1.1　工程概况

　　××工程位于_____，占地面积为_____ m²，总建筑面积为_____ m²，高度_____ m，建筑总层数为_____层，结构体系为_____。

　　（必要时应配置建筑效果图、建筑平面图及剖面图）。

附图1.1　建筑效果图

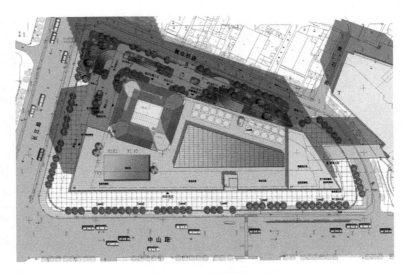

附图1.2　建筑平面布置图

　　本节填写说明：拟建工程的地点、周围环境、建筑用途和功能描述、占地面积、总建筑面积、高度、层数（包括地下室埋深、层数）、结构体系和特点、主楼与裙房的关系（抗震缝等）、设计单位及分工，必要时应配以总平面图（鸟瞰图）、建筑效果图及剖面示意图。

附1.2　报告内容

　　本报告针对××工程塔楼的超限总结了该项目现所采用的结构体系和主要设计参数，提出了针对抗震的性能化设计目标，阐述和整理了现阶段已完成的结构分析的思路和计算结果，并在最后给出目前结构方案的结论。

本节填写说明:主要描述本次提交报告的主要内容,如此项目之前经过审查或咨询,也可描述历次审查会(或咨询会)的时间节点等,并将历次审查专家意见及回复附后。

历次抗震专项审查专家会议意见及落实情况如下:

会议时间	专家意见	回复
2016 年 9 月 8 日方案咨询专家会	1.	
	2.	
	⋮	
2016 年 12 月 12 日抗震专项审查专家预备会议		

附 2　设计依据

附 2.1　设计规范

本项目按国家现行之各规范及地方规范进行设计,这些规范包括如下:

《建筑结构可靠度设计统一标准》　　　　　　GB 50068—2001
《建筑工程抗震设防分类标准》　　　　　　　GB 50223—2008
《建筑结构荷载规范》　　　　　　　　　　　GB 50009—2012
《建筑抗震设计规范》及 2016 年局部修订　　 GB 50011—2010
《混凝土结构设计规范》(2015 年版)　　　　 GB 50010—2010
《高层建筑混凝土结构技术规程》　　　　　　JGJ 3—2010
……

本节填写说明:设计采用的主要国家规范、规程及地方性标准。

附 2.2　工程地质概况

本项目已进行了场地的岩土工程详细勘察,工程地质条件依据下述勘察报告:××××项目二期工程岩土工程勘察报告。

附 2.2.1　场地地理位置及地形地貌

本节填写说明:介绍项目所在地理位置及地形地貌。

附 2.2.2　场地地层构成与特征

附表 2.1　地层分布情况表

层序	土层名称	层厚	顶板埋深	颜色	状态	密实度	压缩性	土层描述
①～1	杂填土	0.5～5.0 m		褐灰色	松散			粉质黏土混较多碎砖、瓦块等填积
①～2	素填土	0.4～3.8 m	0.6～2.8 m	灰黄、绿灰～灰色	软～可塑			粉质黏土夹少量碎砖、瓦块填积
⋮	⋮	⋮	⋮	⋮	⋮	⋮	⋮	⋮

注:本工程相对标高±0.00 相当于绝对标高 11.30 m。

<u>本节填写说明:填写该项目地层分布情况。</u>

附2.2.3 地基承载力

拟建场地地面标高约为 10.40～11.05 m。

表层为厚 3.00～5.00 m 左右的杂填土、素填土及淤泥质填土。

地表以下 5.00～8.00 m 的第 2 大层主要土层为粉质黏土层。其地基承载力特征值约为 65～120 kPa。

……

<u>本节填写说明:地基承载力表述。</u>

附2.2.4 水文地质条件

拟建场区地下水位较高,第 1 层承压地下水水头埋深约在地面以下 3.0～3.6 m;第 2 层承压地下水水头埋深约在地面以下 4.42～4.45 m,两层承压含水层之间无水力联系。

(1)场地潜水对混凝土无腐蚀性,对钢结构有弱腐蚀性,在干湿交替作用下,对钢筋混凝土结构中钢筋有弱腐蚀性。

(2)场地承压水对混凝土无腐蚀性,对钢结构有弱腐蚀性,对钢筋混凝土结构中钢筋无腐蚀性。

附2.2.5 场地稳定性及地震效应

(1)场地稳定性

场区无新活动断裂通过,在地质构造上属相对稳定,场区地貌形态单一,无不良地质作用,场地适宜拟建项目的建设。

(2)场地地震效应

建设场地位于市中心中山路、长江路与糖坊桥汇成的三角地带,处于古河道漫滩与阶地的过渡地带。根据《建筑抗震设计规范》(GB 50011—2010)附录 A 确定南京地区的抗震设防烈度为 7 度,设计基本地震加速度值为 $0.10g$,设计地震分组第一组,特征周期值为 0.38 s。根据钻探资料,判定建筑场地类别为 Ⅱ 类,勘察结果表明场内地面以下 20 m 范围内无液化土层。根据《建筑抗震设计规范》(GB 50011—2010) 4.1.1条,该地段处于抗震不利地段。

<u>本节填写说明:介绍本项目的土层构成、水文地质条件、场地稳定性及地震效应,必要时提供地基处理措施、地质灾害防治措施等。</u>

附3 结构设计依据

附3.1 结构设计及分类参数

根据《建筑抗震设计规范》(GB 50011—2010)相关的条文要求,对于主塔楼结构分析和设计采用的建筑物分类参数如附表 3.1 所示。

附表 3.1 建筑物分类参数

结构设计基准期(可靠度)	50 年
结构设计使用年限	50 年
结构设计耐久性	50 年
建筑结构安全等级	二级
结构重要性系数	1.00
建筑抗震设防分类	重点设防(乙类)
建筑高度类别	超 B 级高度
地基基础设计等级	甲级

(续表)

桩基设计安全等级	甲级
抗震设防烈度	7 度
抗震措施	8 度
场地类别	Ⅱ类(根据岩土工程勘察报告确定)
特征周期 T_g	0.38 s
弹性分析,阻尼比	4%
剪力墙抗震等级	特一级
框架柱抗震等级	一级;加强层及其相邻层的抗震等级为特一级
周期折减系数	0.8

注:(1) 建筑结构的刚度将会由于非结构构件的存在而增加,此项目的周期折减系数假定为0.8。
(2) 根据《建筑工程抗震设防分类标准》(GB 50223—2008),本工程地面以上塔楼的建筑面积约为142 000 m²,大于80 000 m²,抗震设防分类标准应为重点设防(乙类)。

附 3.2　结构耐火等级

附表 3.2　不同构件耐火极限

构件名称		燃烧性能和耐火极限(h)
墙	防火墙	3.00
	楼梯间墙、电梯井墙及单元之间的墙	3.00
其他	柱	3.00
	梁	2.00
	楼板、疏散楼梯及屋顶承重构件	1.50

附 4　材料

附 4.1　混凝土

混凝土等级的选用见附表 4.1～附表 4.2。

附表 4.1　混凝土等级(结构构件选用混凝土将不低于 C30)

楼层位置	核心筒	型钢混凝土柱	梁、板
L1～L34	C60	C60	C30
L35～L52	C50	C50	C30
L53 以上	C40	C40	C30

附表 4.2　混凝土的材料参数(按 GB 50010—2010)

强度等级	标准值(N/mm²)		设计值(N/mm²)		弹性模量 E_c(N/mm²)
	抗压强度(f_{ck})	抗拉强度(f_{tk})	抗压强度(f_c)	抗拉强度(f_t)	
C40	26.8	2.39	19.1	1.71	3.25×10^4
C50	32.4	2.64	23.1	1.89	3.45×10^4
C60	38.5	2.85	27.5	2.04	3.60×10^4

◆ 钢筋混凝土密度 24～25 kN/m³。

◆ 混凝土中最大氯离子含量为 0.06%。

◆ 使用碱性活性骨料时,混凝土的最大碱性含量为 3.0 kg/m³。

附 4.2 钢筋

钢筋(国产)材料应符合国家规范《钢筋混凝土用钢第 1 部分:热轧光圆钢筋》(GB 1499.1—2008)及《混凝土结构设计规范》(GB 50010—2010)的规定。

附表 4.3 钢筋(国产)的材料参数

钢筋种类	符号	直径 (mm)	标准值 f_{yk}(N/mm²)	设计值 f_y(N/mm²)	弹性模量 Es(N/mm²)
HPB235	Φ	8～12	235	210	2.1×10⁵
HRB335	Φ	14～32	335	300	2.1×10⁵
HRB400	Φ	14～32	400	360	2.1×10⁵

附 4.3 钢材

结构钢选用国产 Q345 B 和 Q345 CJ 级或材性相当的进口钢板,其质量标准应符合《低合金高强度结构钢》(GB/T 1591—2008)。焊接材料、焊条质量应分别符合国家现行标准《熔化焊用钢丝》(GB/T 14957—1994)、《热强钢焊条》(GB/T 5118—2012)。在进一步设计中,将考虑采用高强 Q345 GJ 钢材。

结构用钢材将采用国家标准钢材,其设计值见附表 4.4～附表 4.5。

附表 4.4 钢材的物理性能参数

弹性模量 E(N/mm²)	剪变模量 G(N/mm²)	线膨胀系数 α(以每℃计)	质量密度 ρ(kg/m³)
206×10³	79×10³	12×10⁻⁶	7 850

附表 4.5 钢材强度设计值

钢材		抗拉、抗压和抗弯 f_y/f(N/mm²)	抗剪 f_v(N/mm²)	端面承压 (刨平顶紧) f_{ce}(N/mm²)
牌号	厚度或直径(mm)			
Q235 钢	≤16	235/215	125	325
	>16～40	225/205	120	
	>40～60	215/200	115	
	>60～100	205/190	110	
Q345 钢	≤16	345/310	180	400
	>16～35	325/295	170	
	>35～50	275/265	155	
	>50～100	250	145	

型钢钢号:所有热轧型钢按《热轧 H 型钢和部分 T 型钢》(GB/T 11263—2010)设计选取。

附 5 荷载和作用

附 5.1 楼面荷载

按照国家规范《建筑结构荷载规范》(GB 50009—2012)及业主的使用要求,商业、办公、酒店楼面恒荷载及活荷载标准值的取值如下表所示。

附 5.1.1　恒载

楼板、梁、柱和剪力墙等结构构件的自重在计算中由计算程序根据构件截面和材料直接计算,以下荷载不包括这一部分荷载。

附 5.1.2　活载

附表 5.1　荷载标准值取值

项　目	荷载标准值(kN/m²)
办公	2.0
会议室	2.0
……	……

附 5.1.3　雪荷载

附表 5.2　雪荷载数值

项　目	数　值
基本雪压(50 年一遇)	0.65 kN/m²

附 5.1.4　风荷载

附表 5.3　风荷载参数

项　目	数　值
基本风压(100 年一遇)	0.45 kN/m²
地面粗糙度	C 类
体型系数	1.4

风压高度系数和风振系数是根据《建筑结构荷载规范》(GB 50009—2012),由程序自动计算。

本次修改设计未做风洞试验,原设计在 209 m 时做过风洞试验,计算风作用时做过对比。

本节填写说明:如该项目采用风洞试验,宜按如下方式予以明确。

本工程风洞试验_____委托_____进行。要求通过风洞测压试验、测力试验及风环境试验确定_____平均风压分布与峰值风压分布,_____各楼层和基础的平均风荷载与等效静力风荷载,以及楼顶加速度响应,评估居住者舒适性以及建筑周围行人高度风环境。风荷载计算时结构阻尼比取_____,风洞试验中以_____°为间隔,通过测压、测力试验及风环境试验获得_____个风向角下建筑物的风压、风荷载及风速特性,所得到_____各楼层和基础的平均风荷载、等效静力风荷载以及顶部峰值加速度。

附 5.1.5　地震作用

附表 5.4

项　目		数　值
抗震设防类别		重点设防
抗震设防烈度		7 度
基本地震加速度		0.1g
水平地震影响系数最大值	常遇地震	0.08
	罕遇地震	0.50

(续表)

项 目	数 值
设计地震分组	第一组
场地类别	Ⅱ类
场地特征周期	0.38 s

多遇地震作用下结构阻尼比取 0.04(《高层建筑混凝土结构技术规程》(JGJ 3—2010)第 11.3.5 条)。

(1) 计算地震作用时采用重力荷载包括 100%恒荷载、50%楼面活荷载。

(2) 多遇地震作用下抗震计算采用考虑扭转耦联的振型分解反应谱法,考虑多个振型,总振型参与质量不低于地面以上总动力反应参与质量的 90%,按 CQC 方法计算振型组合。

(3) 多遇地震作用下还采用弹性动力时程分析方法进行补充抗震计算。

(4) 设防地震作用下的验算采用考虑扭转耦联的振型分解反应谱法。

附 5.2 荷载效应组合

附 5.2.1 双向水平地震效应

双向水平地震作用的扭转效应按下列公式确定:

$$S_{Ek} = \max(\sqrt{S_x^2 + (0.85S_y)^2}, \sqrt{(0.85S_x)^2 + S_y^2})$$

附 5.2.2 荷载分项系数

在进行构件承载力验算时,其荷载或作用的分项系数按下表选取,并取各构件可能出现的最不利组合进行截面设计。

附表 5.5 设计荷载分项系数

组合		恒载		活载		风	地震(水平)
		不利	有利	不利	有利		
1	恒载+活载	1.35	1.0	0.7×1.4	0.0	—	—
2	恒载+活载	1.20	1.0	1.4	0.0	—	—
3	恒载+活载+风	1.20	1.0	0.7×1.4	0.0	1.0×1.4	—
4	恒载+活载+风	1.20	1.0	1.0×1.4	0.0	0.6×1.4	—
5	恒载+活载+水平地震	1.20	1.0	0.5×1.2	0.5	—	1.3
6	恒载+活载+风+水平地震	1.20	1.0	0.5×1.2	0.5	0.2×1.4	1.3

附 5.2.3 各层楼盖的活荷载折减系数

在设计墙、柱及基础时,办公楼的活荷载按附表 5.6 折减。有关资料请参见《建筑结构荷载规范》(GB 50009—2012)第 5.1 节。

附表 5.6 活荷载折减系数

墙、柱、基础计算截面以上的层数	1	2~3	4~5	6~8	9~20	>20
计算截面以上各楼层活荷载总和的折减系数	1.00(0.90)*	0.85	0.70	0.65	0.60	0.55

注:* 当楼面梁的受荷面积超过 25 m² 时,采用括号内的系数。

附 5.2.4 中震弹性

中震弹性即结构在设防地震作用下,结构的抗震承载力满足弹性设计要求,计算时不考虑地震组合内力调整,采用与小震时相同的作用分项系数、材料分项系数和抗震承载力调整系数,材料强度取设计值。

附5.2.5　中震不屈服

中震不屈服即在设防地震作用下,结构的抗震承载力满足弹性设计要求,计算时不考虑地震组合内力调整,荷载作用分项系数取1.0,材料强度取标准值,抗震承载力调整系数取1.0。

附5.3　验算要求

附5.3.1　结构验算

结构在承载力极限状态和正常使用极限状态下应符合下列要求:

$$S \leqslant R$$

式中:S——荷载或作用效应;

　　　R——结构抗力。

附5.3.2　构件验算

(1)正常使用极限状态

结构构件在正常使用极限状态下应满足下列公式的要求:

$$S_d \leqslant C$$

式中:S_d——荷载效应设计值(如变形、裂缝);

　　　C——设计对该效应的相应限值。

(2)承载能力极限状态

① 验算构件承载力极限状态时,对于非地震组合应满足:

$$\gamma_0 S \leqslant R$$

式中:γ_0——结构重要性系数;

　　　S——荷载或作用效应组合设计值;

　　　R——结构构件承载力设计值。

② 在第一阶段抗震设计,构件的承载力应满足下列要求:

$$S \leqslant R/\gamma_{RE}$$

式中:γ_{RE}——承载力抗震调整系数(见附表5.7);

　　　S——结构构件内力组合的设计值;

　　　R——结构构件承载力设计值。

γ_{RE}取值详见附表5.7。

附表5.7　各类构件承载力抗震调整系数

材料	结构构件	受力状态	γ_{RE}
钢	柱,梁,支撑,节点板件,螺栓,焊缝柱,支撑	强度 稳定	0.75 0.80
混凝土	梁 轴压比小于0.15的柱 轴压比不小于0.15的柱 抗震墙 各类构件	受弯 偏压 偏压 偏压 受剪、偏拉	0.75 0.75 0.80 0.85 0.85
型钢混凝土	型钢混凝土梁 型钢混凝土柱及钢管混凝土柱 支撑 抗震墙 各类构件及节点	受弯 偏压 压 偏压 受剪	0.75 0.80 0.80 0.85 0.85

附 6 基础设计概况

附 6.1 桩基础设计

本工程为超高层结构,考虑荷载、沉降等结构敏感性因素的影响,设计拟采用桩底后注浆技术,此工艺能够提高单桩承载力,同时改善其变形性能。塔楼、裙楼采用的钻孔灌注桩桩径 1 500 mm,以⑤-2s2 中风化泥质粉砂岩、细砂岩为桩端持力层,有效桩长约 35 m,桩身混凝土强度等级 C45,单桩竖向承载力特征值约 23 000 kN。塔楼桩距约为 4.5 m;局部地下 5 层采用钻孔灌注桩作为抗拔桩,桩径 1 000 mm,以⑤-2s 中风化泥质粉砂岩为持力层。

附 6.2 地下室设计

本工程地下 5 层,采用桩基础,其中塔楼为钢筋混凝土承台筏板+钢筋混凝土钻孔灌注桩,筏板兼作地下室底板,厚度约为 3.5 m。裙房地下室基础采用柱下集中布置+承台底板局部加厚的形式,底板厚度约 1.5 m。裙房部分地下室柱网尺寸为 8.7 m×9.1 m,考虑层高的因素,地下 2~4 层采用无梁楼盖,板厚 400 mm,其余楼层采用现浇钢筋混凝土梁板结构。

根据《高层建筑混凝土结构技术规程》(JGJ 3—2010)第 12.1.7 条的规定,高宽比大于 4 的建筑基础底面不宜出现零应力区。

验算公式:
$$M_R/M_{OV} \geqslant 3$$

式中:M_R——抗倾覆力矩标准值,$M_R=GB/2$;

G——上部及地下室部分总重力荷载代表值;

B——基础地下室地面宽度;

M_{OV}——倾覆力矩,由 SATWE 中计算结果 wmass. out 中得到。

附表 6.1 各类构件承载力抗震调整系数

荷载	抗倾覆力矩 M_R(kN·m)	倾覆力矩 M_{OV}(kN·m)	M_R/M_{OV}
X 向风荷载	55 842 912.0	5 625 872.0	9.93
Y 向风荷载	53 381 536.0	5 821 745.5	9.17
X 向地震作用	55 842 912.0	6 420 561.5	8.70
Y 向地震作用	53 381 536.0	6 441 933.0	8.29

结论:M_R/M_{OV}>3,基础底面无零应力区,满足《高层建筑混凝土结构技术规程》(JGJ 3—2010)和《建筑抗震设计规范》(GB 50011—2010)中对于高宽比大于 4 的高层建筑的整体抗倾覆的要求。

附 6.3 沉降计算

由于塔楼和裙房的桩基均以中风化泥质粉砂岩、细砂岩为桩端持力层,只在入岩深度上存在区别,桩基的绝大部分沉降仅为桩本身的轴向变形。设计过程中,拟在塔楼和裙房之间设置后浇带,其封闭时间将根据沉降报告确定,从而解决两者之间的沉降差异。

另外,由于本工程地下室面积较大,为解决温度应力和混凝土收缩徐变问题,拟采用以下措施:设置施工后浇带,掺入微膨胀剂(或建筑纤维)补偿混凝土收缩,提高地下室底板、楼板及框架梁的钢筋配筋率。

<u>本节填写说明:提供抗倾覆验算、地基变形验算等。</u>

附7 结构体系及超限情况

附7.1 概述

由于地面以上建筑物的高度及层数差别很大,通过设置抗震缝将上部结构划分成两个不同的结构单元。

塔楼60层,高320.5 m,平面尺寸约为43.3 m×43.3 m,建筑的高宽比约为7.4。塔楼按竖向分为商场、办公、酒店几个部分,结构由周边梁、柱形成外框架,利用建筑的服务区域,围绕客梯、货梯、楼梯及设备用房设置周边剪力墙组成内筒,形成框架-筒体结构。为增强承载力和延性,周边框架柱拟采用型钢混凝土组合结构,在内筒的适当位置也采用型钢。塔楼核心筒外楼面采用钢梁和混凝土楼板的组合楼板系统,核心筒内采用混凝土梁板体系。

<u>本节填写说明:应当重点阐明本项目结构体系的特点,并配以必要的平面图、抗侧力体系简图(三维)、复杂部位传力路径分析图,以及采用本结构体系的理由,必要时应进行多方案的比选及经济分析。</u>

附7.2 主体结构体系

本工程结构主要采用以下两个抗侧力结构体系:

(1)钢筋混凝土核心筒和十字形剪力墙(部分配有型钢)。

(2)型钢混凝土外框架。

两个体系共同承担风荷载和地震作用引起的结构倾覆力矩和剪力。

(1)核心筒与十字形剪力墙

在塔楼结构中设置核心筒,核心筒尺寸为21.9 m×21.9 m,承担主要的地震剪力。为了最有效发挥筒体的作用,在筒内设置十字形剪力墙,如附图7.1所示。

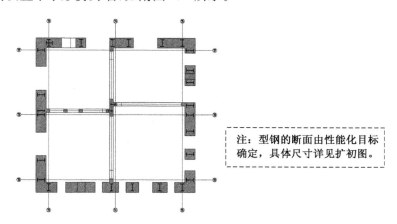

注:型钢的断面由性能化目标确定,具体尺寸详见扩初图。

附图7.1 底部加强区筒体型钢布置

(2)型钢混凝土外框架

为了提高外框架的延性,减小框架柱的截面尺寸,框架柱采用方形型钢混凝土柱,型钢配骨率按照轴压比的要求控制在7%~15%,底层框架柱截面尺寸为1 700 mm×1 700 mm,四根角柱为1 900 mm×1 900 mm,逐步收减截面尺寸至900 mm×900 mm,角柱截面尺寸收减至1 000 mm×1 000 mm。框架梁采用钢梁。为了使混合结构体系更好地发挥作用,钢筋混凝土核心筒的四个角部以及底部核心筒轴压比不够的地方设型钢混凝土暗柱。

(3)楼层L1

塔楼的L1层有较大开洞,其中L1层洞口面积超过楼面面积30%,如附图7.2所示。结构分析模型中,已考虑了这几层的开洞情况,并采用弹性膜模拟余下的楼板部分。对这几层的楼板,将进行更深入的分析,采取措施以避免出现过大的集中应力。

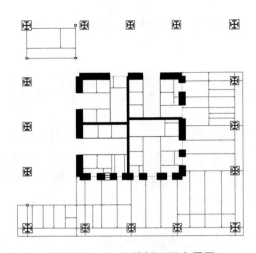

附图 7.2　L1 层楼板开洞布置图

（4）屋顶玻璃幕墙

从 320.5 m 屋顶以上至 360 m（玻璃幕墙的最高点）是高 39.5 m 的空间钢结构建筑屋顶装饰。<u>现阶段将屋顶玻璃幕墙的重量以及风荷载在主体结构里输入，以考虑此部分对主体结构的影响。</u>

附 7.3　楼面体系

本工程塔楼核心筒外楼面采用钢梁和混凝土楼板的组合楼板系统（见附图 7.3），核心筒内采用混凝土梁板体系。

附图 7.3　组合楼面系统

附 7.4　嵌固端的判定

《建筑抗震设计规范》（GB 50011—2010）第 6.1.14 条规定，当地下室顶板作为上部结构的嵌固部位时，结构地上一层的侧向刚度不宜大于相关范围地下一层侧向刚度的 0.5 倍，其侧向刚度的计算方法按照条文说明的要求采用剪切刚度。

附表 7.1　嵌固端验算

楼层	剪切刚度（X 向）	剪切刚度（Y 向）
地下一层	0.335 8E+07	0.296 6E+07
地上一层	0.330 6E+06	0.329 7E+06
比值	10.09	8.99

满足嵌固端的要求。

注：地下室范围取塔楼周边向外扩出与地下室高度相等的水平长度。

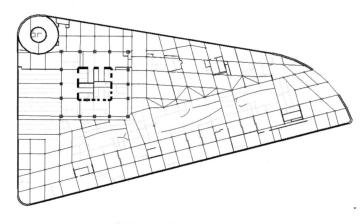

附图 7.4 地下一层平面布置

本节填写说明：应阐明本项目嵌固端所在的部位，并提供满足嵌固所需的计算资料。

附 7.5 结构超限情况及措施

附 7.5.1 结构超限情况

根据《建筑抗震设计规范》(GB 50011—2010)和《高层建筑混凝土结构技术规程》(JGJ 3—2010)，本工程存在以下超限情况，属多项特别不规则的超限高层建筑。

1. 高度：塔楼总高度为 221.5 m，根据《高层建筑混凝土结构技术规程》(JGJ 3—2010)第 11.1.2 条，在 7 度区混合结构高层建筑中，型钢混凝土框架-钢筋混凝土筒体结构体系的最大高度为 190 m，高度超限 16.6%。

2. 扭转不规则：根据《高层建筑混凝土结构技术规程》(JGJ 3—2010)第 3.4.5 条的要求，在考虑偶然偏心影响的地震作用下楼层竖向构件的最大水平位移和层间位移，B 级高度混合结构高层建筑不宜大于该楼层平均值的 1.2 倍，不应大于该楼层平均位移的 1.4 倍。本工程部分楼层层间位移最大值与层间位移平均值比值超过 1.2，在一、二层个别位置最大比值达到 1.34。

3. 楼板局部不连续：根据《高层建筑混凝土结构技术规程》(JGJ 3—2010)第 3.4.6 条和《建筑抗震设计规范》(GB 50011—2001)第 3.4.3 条对于"有效楼板宽度小于该楼层楼板典型宽度的 50%，或开洞面积大于该层楼面面积的 30%"的视为楼板局部不连续的平面不规则。塔楼中为配合中庭做出的小凹进、商场的自动扶梯以及酒店层部分筒体按建筑要求形成的内天井都造成楼板的不连续。

4. 楼层承载力突变：在 16 层、38 层由于层高的加大，不满足《高层建筑混凝土结构技术规程》(JGJ 3—2010)第 3.5.3 条"B 级高度高层建筑的楼层层间抗侧力结构的受剪承载力不应小于其上一层受剪承载力的 75%"的要求。

5. 侧向刚度不规则：由于机电层和避难层的设置对建筑层高的特殊要求，在 16 层、37 层、38 层存在《建筑抗震设计规范》(GB 50011—2010)第 3.4.3 条"该层的侧向刚度小于相邻上一层 70% 或小于其上相邻三个楼层侧向刚度平均值 80%"的情况。

本节填写说明：对照超限高层建筑工程抗震设防专项审查技术要点，确认项目的不规则项。

附 7.5.2 超限解决措施

针对上述超限情况，拟采取以下措施：

1. 设计中采用两种不同力学模型的三维空间分析软件进行整体内力和位移计算，同时进行整体模型振动台试验、弹塑性时程分析、风洞试验(振动台试验、弹塑性时程分析、风洞试验的结果将在正式抗震审查时提供)，以保证结构有足够的整体刚度和抗震性能，从而达到"小震不坏，中震可修，大震不倒"的要求。

2. 对于局部楼板缺失的楼层，将相应楼层楼板的厚度适当加厚，配筋率适当加大。

3. 提高外框架梁的配筋设计，加强和协调结构的整体作用。

4. 对于层高加高的楼层,拟加大框架梁的高度,增厚钢骨混凝土框架梁、柱内型钢的厚度,以尽量减少由于层高变化对结构刚度的影响,提高结构薄弱层的强度和延性。

5. 在设计基准周期内超越概率10%水平地震作用下,控制筒体剪力墙保持弹性,即"中震下弹性设计"(性能水准2:结构薄弱部位或重要部位构件的抗震承载力满足弹性设计要求)。

…………

本节填写说明:针对不规则项所采取的措施。

附 8　结构性能化抗震目标及设计要求

附 8.1　结构性能化抗震目标

附 8.1.1　结构整体变形控制目标

结构整体变形控制目标见附表8.1。

附表 8.1　整体变形控制目标

工况	层间位移角
风	1/500(规范要求)
小震	1/500(规范要求)

附 8.1.2　构件抗震设计性能目标

构件抗震设计性能目标见附表8.2。

附表 8.2　抗震设计性能目标

结构构件类别	中震	
	抗剪	抗弯
核心筒钢筋混凝土剪力墙	弹性	弹性
型钢混凝土柱	弹性	弹性
伸臂桁架和腰桁架	不屈服	不屈服
核心筒连梁	不屈服	不屈服

本节填写说明:明确本项目的性能化目标。

附 8.2　结构竖向变形限值

附 8.2.1　钢筋混凝土梁(《抗规》GB 50010—2010 3.4.3 条)

楼面梁:

$$l_0 < 7 \text{ m 时,} \qquad \leqslant l_0/200$$
$$7 \text{ m} \leqslant l_0 \leqslant 9 \text{ m 时,} \leqslant l_0/250$$
$$l_0 > 9 \text{ m 时,} \qquad \leqslant l_0/300$$

其中,l_0为梁的计算长度。

附 8.2.2　钢梁或桁架(GB 50017—2003 A.1.1 条)

楼面梁:

可变荷载作用下:≤1/500

永久和可变荷载作用下:≤1/400

附8.3　结构舒适度控制

为确保高层建筑内使用者的舒适,需考虑风振建筑加速度。按《高层建筑混凝土结构技术规程》(JGJ 3—2010)3.7.6 节表 3.7.6,办公、酒店顶部的十年一遇加速度限值为 0.25 m/s²。

附9　结构弹性分析

附9.1　计算软件和计算模型

采用 PKPM(版本号:2007.7)作为主要计算分析软件,ETABS(版本号:9.0.9)作为辅助软件进行分析校核。分析时,均采用振型分解反应谱法计算地震作用,并考虑了偶然偏心以及双向地震作用,采用 CQC(完全平方根组合)进行振型组合,以及《建筑抗震设计规范》(GB 50011—2010)的方法计算双向地震作用。分析时,将首层作为结构嵌固端,模型中的楼层与建筑楼层关系如附表 9.1 所示。

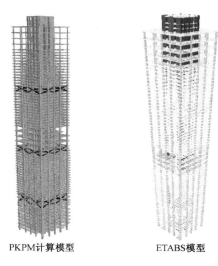

PKPM计算模型　　　　ETABS模型

附图 9.1　计算模型

附表 9.1　模型中的楼层与建筑楼层关系

建筑楼层	模型中的结构楼层	标高(m)	说明
第 1 层～第 10 层	标准层 1～标准层 10	±0.00～58.00	商业
第 11 层～第 17 层	标准层 11～标准层 17	64.00～88.00	办公
	标准层 18	92.00	管道转换、检修层
第 18 层～第 26 层	标准层 19～标准层 27	96.00～128.00	酒店
	标准层 28	132.00	管道转换、检修层
第 27 层～第 28 层	标准层 29～标准层 30	136.00～140.00	加强层
第 29 层～第 32 层	标准层 31～标准层 34	144.00～168.00	酒店
	标准层 35	176.00	管道转换、检修层
第 33 层～第 43 层	标准层 36～标准层 46	180.00～220.00	酒店
	标准层 47	224.00	管道转换、检修层
第 44 层	标准层 48～标准层 49	228.00～232.00	加强层
第 45 层～第 56 层	标准层 50～标准层 61	236.00～280.00	酒店
	标准层 62	284.00	管道转换、检修层
第 57 层～第 60 层	标准层 63～标准层 66	288.00～312.00	酒店

SATWE分析模型主要输入参数参见附表9.2。

附表9.2　SATWE分析模型主要输入参数

结构类别	复杂高层结构	小震影响系数最大值	0.08
地震力、风力夹角	0	框架柱抗震等级	一级
基本风压	0.45 kPa	核心墙抗震等级	特一级
地面粗糙程度	C类	活荷质量折减系数	0.5
计算振型数	18	周期折减系数	0.8
设防烈度	7度	多遇地震结构阻尼比	0.04
场地土类别	Ⅱ类	考虑扭转不规则性时考虑偶然偏心	是
设计地震分组	第一组	考虑双向地震作用	是
特征周期	0.38 s	连梁刚度折减系数	0.85
中梁刚度放大系数	1.5		
是否考虑 $0.2Q_0$ 调整	考虑	是否考虑 $P\text{-}\Delta$ 效应	考虑

注：在本工程中框架柱考虑 $0.25V_0$ 和 $1.8V_{max}$ 的较大值。

附9.2　结构质量分布

结构总建筑面积约为14.2万 m^2，总荷载24.80万 t，活载2.47万 t，平均每平方米恒载1.572 t，每平方米活载0.174 t。结构恒载、活载分布均匀，在加强层位置由于结构自重及建筑功能的影响，恒载、活载较标准层有所增大，但变化幅度不大，平均恒载分布如图××所示。总之，结构楼层质量分布均匀，无异常突变。

<u>本节填写说明</u>：不同软件楼层质量的对比，验证不同软件计算结果的相似性。

附表9.3　SATWE与ETABS结构荷载对比

	SATWE	ETABS	SATWE/ETABS
恒载(t)＋活载(t)	2.480×10^5	2.525×10^5	0.98

附9.3　结构周期和振型

SATWE与ETABS计算的前10阶模态基本一致，具体信息如附表9.4所示。由表可知，结构前3阶振型分别为 Y 向平动、X 向平动及扭转，具体振型如图××所示，结构第一扭转周期与第一平动周期之比为0.62(ETABS为0.61)，结构扭转效应小，满足《高层建筑混凝土结构技术规程》(JGJ 3—2010)第3.4.5条中关于周期比的要求。同时结构前10阶振型中未出现扭转与平动耦连振型，表明结构整体的扭转效应小。

附表9.4　SATWE与ETABS结构周期对比

振型	SATWE		ETABS	SATWE/ETABS	备注
	周期(s)	振型($X:Y:Z$扭转)	周期(s)		
1	7.274	0.35：0.65：0.00	7.023	1.035	Y 向平动
2	7.267	0.65：0.35：0.00	6.978	1.041	X 向平动
3	4.516	0.00：0.00：1.00	4.305	1.048	扭转
4	2.142	0.02：0.98：0.00	2.012	1.064	Y 向平动
5	2.114	0.96：0.02：0.02	1.978	1.068	X 向平动
6	1.817	0.02：0.00：0.98	1.628	1.116	扭转

本节填写说明:不同软件的主要周期及其对应的主振动方向(X、Y、T)的比较分析(列表),说明振型的特点,必要时给出振型图;扭转周期比分析;验证不同软件计算结果的相似性。

附 9.4　结构位移和位移比指标

风荷载作用下的结构顶点位移如附表 9.5 所示。

附表 9.5　风荷载作用下顶点位移

程序名称	X 向顶点位移(mm)	Y 向顶点位移(mm)
SATWE	318.4	321.3
ETABS	243.6	254.1

附表 9.6 是风和地震力作用下层间位移计算结果。结构在风荷载和地震荷载作用下的位移曲线如附图 9.2～附图 9.7。

附表 9.6　结构主要位移指标

项目		X 向风荷载	Y 向风荷载	X 向地震	Y 向地震
结构顶层最大位移(mm)	SATWE	318.4	321.3	349.1	347.8
	ETABS	243.6	254.1	278.5	280.8
结构整体位移角＝顶层最大位移/总高度(嵌固层为±0.00 处)	SATWE	1/1 048	1/1 040	1/956	1/960
	ETABS	1/1 371	1/1 314	1/1 199	1/1 189
最大层间位移角	SATWE	1/769	1/760	1/644	1/643
	ETABS	1/1 019	1/984	1/786	1/780
最大层间位移角发生位置(结构楼层)	SATWE	65	65	65	66
	ETABS	65	62	65	65

从表中可见,两种软件的计算结果基本一致;楼层层间最大位移与层高之比的比值为 1/643(Y 向地震),1/760(Y 向风),满足《高层建筑混凝土结构技术规程》(JGJ 3—2010)第 3.7.3 的要求(1/500)。因此可以认为,塔楼结构体系所提供的抗侧刚度能保证结构正常工作并满足正常使用的要求。

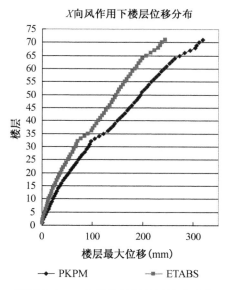

附图 9.2　X 向风作用下楼层位移分布

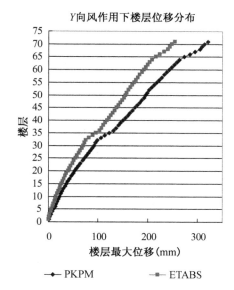

附图 9.3　Y 向风作用下楼层位移分布

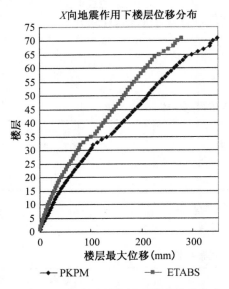

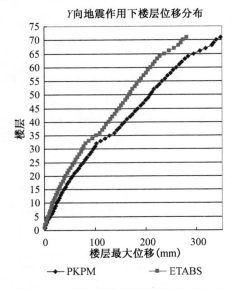

附图 9.4 **X** 向地震作用下楼层位移分布　　附图 9.5 **Y** 向地震作用下楼层位移分布

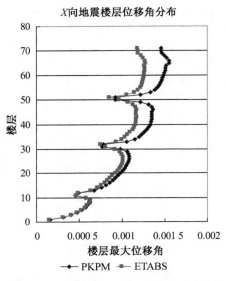

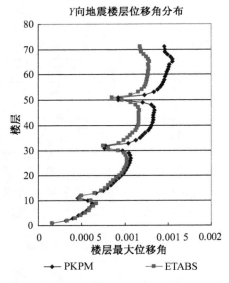

附图 9.6 **X** 向地震作用下楼层位移角分布　　附图 9.7 **Y** 向地震作用下楼层位移角分布

在刚性楼板假定下,结构楼层竖向构件的最大水平位移和层间位移与该楼层平均值的比值详见图××所示。从图中可看出,结构在 $X+5\%$ 工况下底部位移比大于 1.2,最大值为 1.27,小于 1.4。

本节填写说明:提供不同软件楼层位移和考虑偶然偏心的位移角沿房屋高度分布图并标注规定限值。对于弹性楼板、分块刚性板和错层的层间位移、扭转位移比,应根据楼板四角在两个方向的电算数据手动复核;必要时采用楼层平面示意图标出扭转较大位置及其层间位移,论证其可行性。

附 9.5　地震剪力及弯矩分析

底部楼层竖向荷载及水平荷载作用下轴力、剪力及弯矩见附表 9.7,底部 6 层倾覆弯矩见附表 9.8。可以看出 SATWE 和 ETABS 的结果很接近。

附表 9.7　结构底层内力

	竖向荷载	X 向地震作用		Y 向地震作用		X 向风荷载		Y 向风荷载	
	重力荷载标准值（×10^6 kN）	剪力（kN）	弯矩（kN·m）	剪力（kN）	弯矩（kN·m）	剪力（kN）	弯矩（kN·m）	剪力（kN）	弯矩（kN·m）
SATWE	2.43	28 835	5 284 883	28 931	5 294 636	25 266	5 027 308	26 145	5 124 535
ETABS	2.47	26 310	4 905 000	26 250	5 061 000	21 290	4 458 000	22 450	4 635 000
比值	0.98	1.10	1.08	1.10	1.05	1.19	1.13	1.16	1.11

水平作用下结构各楼层的反应力及楼层剪力、弯矩分布见图××所示。

附表 9.8　结构底部 6 层倾覆弯矩

楼层	柱承担 X 向倾覆弯矩(kN·m)	墙承担 X 向倾覆弯矩(kN·m)	柱倾覆弯矩百分比(%)	柱承担 Y 向倾覆弯矩(kN·m)	墙承担 Y 向倾覆弯矩(kN·m)	柱倾覆弯矩百分比(%)
1	861 157	5 546 032	13.44	881 631	5 641 411	13.52
2	829 452	5 405 990	13.30	848 850	5 499 310	13.37
3	822 368	5 237 245	13.57	840 664	5 327 989	13.63
4	814 362	5 069 425	13.84	832 544	5 156 876	13.90
5	806 223	4 903 218	14.12	824 194	4 987 623	14.18
6	797 373	4 739 595	14.40	815 229	4 821 190	14.46

本节填写说明:提供不同软件楼层剪力与弯矩的分布,如不满足规范要求时,应详细列出有关楼层及整体结构的调整方法。

附 9.6　结构层间刚度比分析

结构各层侧移刚度与上一层侧移刚度 70% 或上三层侧移刚度平均值 80% 的比值中较小值如×× 所示。

本节填写说明:提供刚度比沿房屋高度分布图并标注规定限值。

附 9.7　楼层结构偏心率

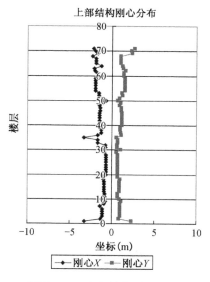

附图 9.8　上部结构刚心分布

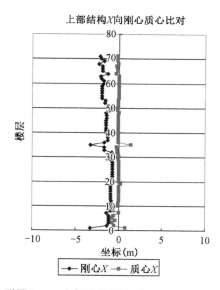

附图 9.9　上部结构刚心质心 X 坐标对比

由于1层结构楼板缺失,造成 X 向偏心率达到0.25, Y 向偏心率达到0.26。同样35层因为楼板缺失, X 向偏心率达到0.31。另外68层 X 向达到0.21,其余各层两个方向的偏心率均小于0.2。

附9.8 结构剪重比分析

楼层抗剪承载力分布见附图9.11。结构各层剪重比如附图9.10所示。从图中可知,结构 X 向、 Y 向剪重比相差不大。结构 X 向、 Y 向剪重比除地上一、二层以外的所有楼层均能满足规范对于7度的要求,仅有地上一、二层略小于规范7度要求,设计时已通过放大地震力的方法,使其满足要求。

<u>本节填写说明:提供各楼层剪重比分析,不满足规范最小值要求时,应详细列出有关楼层及整体结构的调整方法,不应只调整不满足的楼层。</u>

附9.9 楼层抗剪承载力

楼层抗剪承载力分布见附图9.11。除第10层、第30层和第49层外,其余各层满足《建筑抗震设计规范》(GB 50011—2010)第3.4.3条"抗侧力结构的层间受剪承载力不小于相邻上一楼层的80%"的要求,这主要是由于支撑的设置,使得与支撑相邻的楼层的层间抗侧力结构的受剪承载力比值不满足规范的要求。咨询《高层建筑混凝土结构技术规程》的编制单位,相关人员指出,对于设置较多斜向支撑构件的结构,程序在统计楼层抗剪承载力上存在误差。

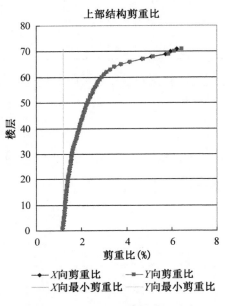

附图9.10 上部结构剪重比分布

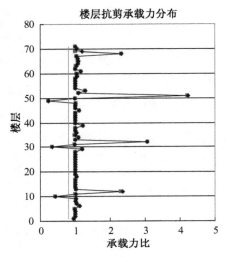

附图9.11 上部结构楼层抗剪承载力分布

附9.10 刚重比

附表9.9 结构刚重比

程序名称	X 向刚重比	Y 向刚重比
SATWE	1.69	1.70
ETABS	1.85	1.83

本工程的埋深约20 m,满足《高层建筑混凝土结构技术规程》(JGJ 3—2010)第12.1.8条埋深应满足总高的1/18的要求。楼层刚重比 X 、 Y 向均大于1.4,能够通过《高层建筑混凝土结构技术规程》(JGJ 3—2010)第5.4.4的整体稳定验算,同时根据5.4.1的要求,SATWE 程序计算得到的刚重比小于2.7,需要考虑重力二阶效应,两种程序计算时均考虑了 $P-\Delta$ 效应。

附 9.11 框架柱的剪力调整

《高层建筑混凝土结构技术规程》(JGJ 3—2010)第 8.1.4 条要求对框架-剪力墙结构中的各层框架进行剪力调整,以提高结构二道防线的抗震性能。

$$0.25Q_{0x} = 7\ 208.65\ \text{kN} \quad 1.8V_{x\,\text{max}} = 12\ 949.4\ \text{kN}$$

$$0.25Q_{0y} = 7\ 198.45\ \text{kN} \quad 1.8V_{y\,\text{max}} = 12\ 672.0\ \text{kN}$$

本工程框架柱取 $0.25Q_0$ 和 $1.8V_{f,\,\text{max}}$ 的大值调整,具体的各层剪力放大系数详见附表 9.10:

附表 9.10 各层框架柱剪力放大系数

楼层	X 向剪力放大系数	Y 向剪力放大系数
1	3.117	2.883
2	6.350	5.735
⋮	⋮	⋮

附 9.12 结构弹性分析结论

(1)结构楼层质量分布均匀,扭转效应小。

(2)结构刚度分布合理,变化均匀,由于第 6、35、36 层层高变化,造成刚度比不满足规范要求,存在竖向刚度不规则的情况。

(3)结构剪重比在局部楼层略小于规范要求,但已通过放大楼层底部地震力的方法进行调整。

(4)按规范《高层建筑混凝土结构技术》JGJ 3—2010 中所要求的不小于结构底部总剪力 25% 和框架部分地震剪力最大值 1.8 倍两者的较大值的要求进行内力调整后,所有框架柱能满足承载力要求。

(5)结构在规范风荷载及地震作用下的位移指标满足规范要求,并有一定富余。

(6)SATWE 和 ETABS 两种软件分析结果基本一致。

本节填写说明:对于房屋高度不小于 150 m 的高层建筑应按规范要求提供风振舒适度计算资料。

附 10 结构弹性时程分析

天然波及人工波的选取

本项目采用 SATWE 进行了时程分析,进一步验证了弹性分析结果的正确性,保证项目的结构安全、可行。地震波采用的两组天然波及一组人工波由中国建筑科学研究院抗震所提供,波形如图××所示。按照《建筑抗震设计规范》(GB 50011—2010)的要求进行了地震时程分析,并与附录第 9 章的弹性反应谱分析进行了对比,具体结果如图××所示。

为了研究本项目选用的时程波与《建筑抗震设计规范》(GB 50011—2010)中反应谱的吻合情况,这里通过 SeismoSignal 软件拟合出了三条地震波相应的反应谱曲线,如图××所示。可以看出,人工波的拟合曲线与反应谱曲线最为吻合,两条天然波的反应谱曲线峰值均明显大于规范给出的地震作用影响系数最大值。

结论:计算结果表明,结构体系无明显薄弱层,且每条时程曲线计算所得结构底部剪力均大于 CQC 法的 65%,三条时程曲线计算所得的底部剪力平均值大于由 CQC 法计算的底部剪力的 80%,弹性时程分析计算满足规范要求。

由于本工程为超高层建筑,弹性动力时程反应较大,建筑物的上部由 USER-2 地震波产生的部分楼层剪力略大于由 CQC 法计算的层间剪力,在施工图设计过程中,计算分析应参考动力分析的结果,按比例调整放大楼层剪力。

本节填写说明:给出波形名称和图形、峰值加速度值;给出不同波形及反应谱法的底部剪力和最大层间位移比较;给出楼层剪力、层间位移沿高度分布图(各波形应利用线形或彩色线条予以区分)。

附 11　构件验算

附 11.1　构件验算流程

所有主要构件,所有工况通算。其中包括外框型钢混凝土柱、剪力墙核心筒、连梁、外框梁。验算流程如附图 11.1 所示。

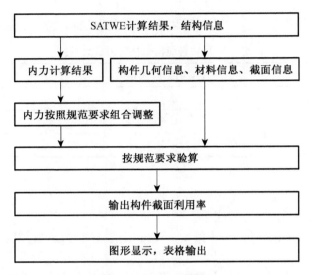

附图 11.1　构件验算流程图

附 11.2　核心墙

附 11.2.1　主要墙体尺寸及配钢率

为提高核心筒的承载力和延性,核心筒部分墙体加设了型钢端柱。主要的墙体尺寸及配筋率见附图 11.2 及附表 11.1、附表 11.2。

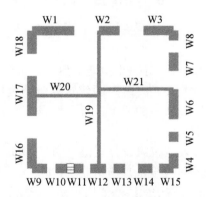

附图 11.2　核心筒主要墙体编号

附表 11.1　核心筒墙体尺寸

楼层		L7 以下	L8～L18	L19～L36	L37～L45	L46～L51	L52～L59
墙厚（mm）	W1～W18	1 400	1 200	1 000	800	600	500
	W19～W21	500	500	400	400	300	300

附表 11.2　底部加强区剪力墙配钢率

墙体编号	墙长（mm）	墙宽（mm）	型钢面积（mm²）	含钢率（%）
1	1 400	6 450	169 200	1.965
2	1 400	3 000	116 400	2.771
⋮	⋮	⋮	⋮	⋮

剪力墙结构的一个结构单元中，当仅有少量长度大于 8 m 的大墙肢时，计算中楼层剪力主要由这些大墙肢承受，其他小的墙肢承受的剪力很小，一旦地震尤其超烈度地震时，大墙肢容易首先遭受破坏，而小墙肢又无足够配筋，使整个结构可能形成各个击破，这是《高层建筑混凝土结构技术规程》(JGJ 3—2010)规定墙长控制在 8 m 以内的原因。本工程 X 向刚度较弱，在 X 向布置了多道长度大于 8 m 的剪力墙，每道墙体所承受的地震剪力均小于 40%，可以不受规范大于 8 m 长度剪力墙开洞的约束。

附 11.2.2　轴压比

实际计算的墙体的轴压比，采用 N/f_cA，其中：

N——重力荷载代表值作用下墙体轴力设计值；

f_c——混凝土的轴心抗压强度设计值；

A——墙体混凝土截面面积。

设置型钢前后底部加强区的各组墙体轴压比见图××所示，从结果看，考虑了型钢后各墙体的轴压比值基本满足规范要求控制于 0.5 的限值内。

本节填写说明：底层、底部加强区部位相邻上一楼层墙轴压比的平面分布图及对应的混凝土构件所需约束措施分析。

附 11.2.3　受剪截面验算（大震不屈服）

根据《高层建筑混凝土结构技术规程》(JGJ 3—2010)第 7.2.7 条，按以下公式进行大震下各主要墙体的受剪截面验算。

剪跨比 λ 大于 2.5 时，

$$V_w \leqslant \frac{1}{\gamma_{RE}}(0.20\beta_c f_{ck} b_w h_{w0})$$

剪跨比 λ 不大于 2.5 时，

$$V_w \leqslant \frac{1}{\gamma_{RE}}(0.15\beta_c f_{ck} b_w h_{w0})$$

式中，V_w——剪力墙截面剪力设计值；

h_{w0}——剪力墙截面有效高度；

β_c——混凝土强度影响系数；

λ——计算截面处的剪跨比。

图×× 给出底部三层各墙肢在大震不屈服下的剪压比，均小于 0.15，满足剪力墙截面抗剪的要求。

本节填写说明：给出底部区域剪力墙大震不屈服下的剪压比图形。

附 11.2.4　底部加强区剪力墙正截面中震弹性验证

附 11.2.5　中震弹性正截面验算

附表 11.3　中震弹性作用下底层墙体轴力

墙体编号	重力荷载代表值下轴力（1.0D+0.5L）	中震弹性作用产生的 N_{max}	中震弹性作用产生的 N_{min}	中震墙体拉应力（MPa）	型钢承担的拉应力（MPa）	混凝土承担的拉应力（MPa）
W1(6 150×1 400)	−115 126.9	18 691.9	−271 971.0	2.170 952	2.170 952	0
W2(3 000×1 400)	−57 301.8	40 306.8	−166 370.7	9.596 857	8.591 428	1.005 429
W3(4 000×1 400)	−84 392.2	19 937.7	−205 600.5	3.560 304	3.560 304	0
⋮	⋮	⋮	⋮	⋮	⋮	⋮

附 11.3 外框架柱

附 11.3.1 型钢混凝土柱

塔楼框架柱使用方形型钢混凝土柱,共 16 根柱。混凝土强度一般为 C60～C40,钢材采用 Q345GJ,配钢率 7％～15％,板厚 30～80 mm,附图 11.3 是柱的平面分布:

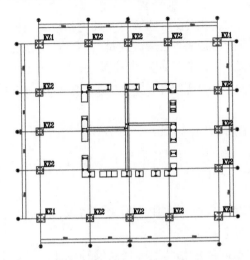

附图 11.3　方形型钢混凝土柱平面布置图

各区型钢混凝土柱尺寸及配钢率见附表 11.4～附表 11.5。

附表 11.4　型钢混凝土柱 KZ1 的尺寸及配钢率

分区	楼层	柱 KZ1(mm)					混凝土强度等级
		尺寸	b_f	h_w	板厚	配钢率(％)	
A1	L6 以下	1 900	800	1 500	90	14.33	C60
A2	L7～L29	1 800	750	1 400	80	13.33	C60
⋮	⋮	⋮	⋮	⋮	⋮	⋮	⋮

附表 11.5　型钢混凝土柱 KZ2 的尺寸及配钢率

分区	楼层	柱 KZ2(mm)					混凝土强度等级
		尺寸	b_f	h_w	板厚	配钢率(％)	
A1	L6 以下	1 700	800	1 300	80	14.94	C60
A2	L7～L29	1 600	700	1 200	80	15.00	C60
⋮	⋮	⋮	⋮	⋮	⋮	⋮	⋮

附 11.3.2 型钢混凝土框架柱的设计方法

型钢混凝土框架柱验算依据为《组合结构设计规范》(JGJ 138—2016)和《混凝土结构设计规范》(GB 50010—2010)。

(1) 轴压比

考虑地震作用组合下的框架柱,根据《高层建筑混凝土结构技术规程》(JGJ 3—2010)表 11.4.4 的限值,其轴压比 $N/(f_a A_a + f_c A_c)$ 不宜大于 0.7(抗震等级为一级)。

$$N/(f_aA_a + f_cA_c)$$

式中：N——考虑地震组合的柱轴向力设计值；

　　　A_c——扣除型钢后的混凝土截面面积；

　　　f_c——混凝土的轴心抗压强度设计值；

　　　f_a——型钢的抗压强度设计值；

　　　A_a——型钢的截面面积。

附表 11.6　型钢混凝土柱轴压比限值

抗震等级	一	二	三
轴压比限值	0.70	0.80	0.90

注：① 框支柱的轴压比限值应比表中数值减少 0.1 采用。

　　② 剪跨比不大于 2 的柱，其轴压比限值应比表中数值减少 0.05 采用。

　　③ 当混凝土强度等级大于 C60 时，表中数值应减少 0.05。

所有框架柱均采用 C60 或以下的混凝土，所有柱子在底部区域的剪跨比均不大于 2，因此轴压比限值为 0.65。

（2）剪应力

根据《组合结构设计规范》（JGJ 138—2016），框架柱的受剪截面应符合下列条件：

（a）

$$\frac{f_a t_w h_w}{f_c b h_0} \geqslant 0.1$$

（b）非抗震设计

$$V_c \leqslant 0.45\beta_c f_c b h_0$$

抗震设计

$$V_c \leqslant \frac{1}{\gamma_{RE}}(0.36\beta_c f_c b h_0)$$

式中：V_c——框架柱的剪力设计值；

　　　b——混凝土截面宽度；

　　　h_0——截面有效高度；

　　　γ_{RE}——承载力抗震调整系数，根据《高层建筑混凝土结构技术规程》（JGJ 3—2016）表 4.3.3，型钢混凝土柱为 0.8。

附 11.3.3　剪压比和轴压比的检查结果

根据上一节所述的构件设计方法，计算所得的轴压比和剪压比详见附表 11.7～附表 11.9，均能满足规范要求。

（1）剪压比

① 小震荷载组合

附表 11.7　小震荷载组合交叉工字型钢混凝土柱最大剪压比

楼层	分区		
	A1	A2	A3
KZ1	0.062	0.025	0.067
KZ2	0.062	0.048	0.080

② 中震弹性荷载组合

附表 11.8　中震弹性荷载组合交叉工字型钢混凝土柱最大剪压比

楼层	分区		
	A1	A2	A3
KZ1	0.103	0.039	0.100
KZ2	0.128	0.079	0.125

(2) 轴压比

下表列出小震荷载组合下的轴压比值,所有柱子轴压比均不大于 0.65,满足规范要求。

小震荷载组合:

附表 11.9　小震荷载组合交叉工字型钢混凝土柱最大轴压比

楼层	分区					
	A1	A2	A3	A4	A5	A6
KZ1	0.61	0.64	0.53	0.58	0.39	0.33
KZ2	0.62	0.63	0.62	0.59	0.51	0.36

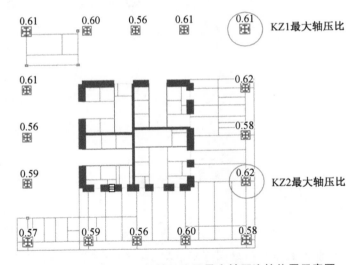

附图 11.4　A1 区底层柱轴压比及最大轴压比柱位置示意图

　　本节填写说明:底层以及典型楼层的框架柱轴压比的平面分布图及对应的混凝土构件所需约束措施分析。

附 11.3.4　中震弹性承载力验算结果

　　本节填写说明:给出中震弹性计算结果。

附 11.4　伸臂桁架及腰桁架

　　伸臂桁架和腰桁架斜撑均采用箱形截面,对它们进行风和小震下的拉弯、压弯及稳定性的验算及中震不屈服验算。拉弯、压弯验算时采用《钢结构设计规范》(GB 50017—2017)相应计算公式。

　　伸臂桁架支撑平面布置及编号见附图 11.5 所示。

　　伸臂桁架上、下弦杆与核心筒贯通,使力传递更为直接,用以提升力的传递效果及降低对混凝土核心筒所产生的应力,如果墙内不设置贯通型钢,则一旦墙体发生破坏,核心筒产生的拉力就不会很好地传递给伸臂桁架,设置贯通型钢可以很好地解决这个问题。另一方面,此布置亦能有效地提升加强层的延性,

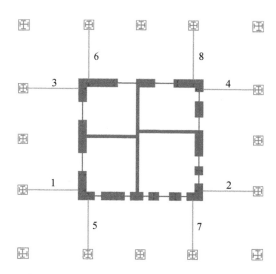

附图 11.5　伸臂桁架支撑平面布置图

避免混凝土核心筒的开裂式脆性破坏,进而保证节点能满足抗震性能目标的要求。

　　腰桁架与伸臂桁架的支撑截面均采用箱形钢梁截面,尺寸见附表 11.10 与附表 11.11。风、小震及中震作用下伸臂桁架斜撑应力比见附表 11.12~附表 11.13,腰桁架斜撑的利用率见附表 11.14。

附表 11.10　腰桁架箱形支撑截面尺寸

加强层部位	箱形支撑截面高(mm)	箱形支撑截面宽(mm)	顶端板厚(mm)	侧板厚(mm)
第一道	800	600	40	40
第二道	800	600	40	40
⋮	⋮	⋮	⋮	⋮

附表 11.11　伸臂桁架箱形支撑截面尺寸

加强层部位	箱形支撑截面高(mm)	箱形支撑截面宽(mm)	顶端板厚(mm)	侧板厚(mm)
第一道	800	600	40	40
第二道	800	600	40	40
⋮	⋮	⋮	⋮	⋮

附表 11.12　风、小震下伸臂斜撑应力比

加强层	伸臂斜撑编号	1	2	3	4	5	6	7	8
第一道	11 层伸臂斜撑	0.40	0.43	0.41	0.40	0.27	0.38	0.26	0.42
	12 层伸臂斜撑	0.40	0.43	0.42	0.40	0.30	0.39	0.28	0.42
第二道	31 层伸臂斜撑	0.36	0.39	0.35	0.38	0.36	0.35	0.37	0.36
	32 层伸臂斜撑	0.35	0.38	0.34	0.36	0.34	0.34	0.36	0.36
⋮	⋮	⋮	⋮	⋮	⋮	⋮	⋮	⋮	⋮

注:伸臂斜撑的编号按结构平面图从左到右、从下到上的顺序排列。

附表 11.13　中震不屈服下伸臂斜撑应力比

加强层	伸臂斜撑编号	1	2	3	4	5	6	7	8
第一道	11 层伸臂斜撑	0.87	0.92	0.82	0.87	0.66	0.85	0.66	0.89
	12 层伸臂斜撑	0.91	0.97	0.85	0.91	0.71	0.89	0.71	0.93

（续表）

加强层	伸臂斜撑编号	1	2	3	4	5	6	7	8
第二道	31 层伸臂斜撑	0.94	0.98	0.90	0.96	0.93	0.92	0.95	0.94
	32 层伸臂斜撑	0.93	0.97	0.89	0.95	0.91	0.91	0.94	0.93
第三道	50 层伸臂斜撑	0.83	0.81	0.81	0.81	0.83	0.83	0.82	0.82
	51 层伸臂斜撑	0.83	0.81	0.80	0.80	0.83	0.83	0.82	0.82

附表 11.14　腰桁架斜撑利用率

加强层	风、小震弹性验算结果	中震不屈服验算结果
第一道（最大值）	0.44	0.96
第二道（最大值）	0.38	0.88
第三道（最大值）	0.36	0.80

<u>本节填写说明</u>：应对结构主要典型构件，如穿层柱、转换构件、框支柱、底部加强区部位墙体、加强层伸臂桁架等做出详细分析，必要时给出桁架的三维图纸。

附 11.5　局部楼层的楼板应力分析

采用 ETABS 软件对 1 层、35 层洞口边缘的楼板进行了应力分析，附图 11.6～附图 11.9 给出这些位置典型楼板平面内最大应力分布情况。从结果看，在地震力单工况下，各楼板的应力很小，最大的应力值不足 0.5 MPa，远小于 C30 混凝土抗拉强度设计值。

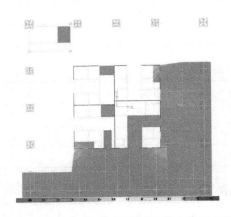

附图 11.6　X 向地震 1 层楼板平面内剪应力分布

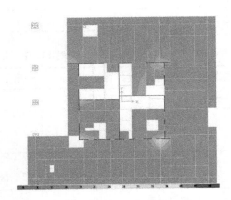

附图 11.7　X 向地震 35 层楼板平面内剪应力分布

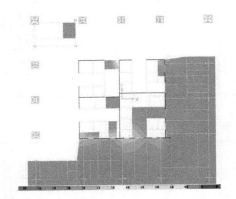

附图 11.8　Y 向地震 1 层楼板平面内剪应力分布

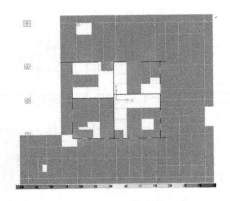

附图 11.9　Y 向地震 35 层楼板平面内剪应力分布

附 11.6　人行荷载作用下楼板的振动分析

随着施工技术的变革、计算方法的进步、轻质高强材料的使用等,楼板逐渐向大跨、轻质方向发展,而阻尼越来越小,同时楼板尤其是大跨度楼板具有较低的自振频率,因人的日常活动引起的振动舒适度的问题就逐步表现出来。研究表明,当楼板振动的基频不满足 $f \geqslant 24\sqrt{l}$(其中 f 为楼板振动圆频率,l 为楼板的跨度)的要求时,就应该考虑振动舒适度问题。

本工程塔楼核心筒外楼面采用钢梁和混凝土楼板的组合楼板系统,选取一标准层楼面作为楼板振动分析模型,如附图 11.10 所示。

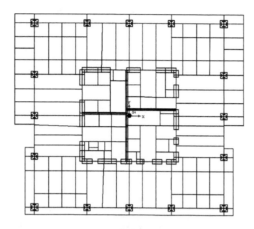

附图 11.10　人行荷载振动影响分析楼板模型

人步行激励曲线取 IABSE(International Association for Bridge and Structural Engineering)的曲线。人快速走动频率为 2.5 Hz,人慢速走动频率为 1.5 Hz,所有人的走动同相位、同频率。人的重量参考 AISC Steel Design Guide Series 11 的 2.2.1 节取作 70 kg/人。附图 11.11～附图 11.12 分别为单位重量下人快走与慢走对楼板的竖向力时程曲线。为了研究楼板在人行荷载作用后的振动衰减情况,这里在荷载时程的后段增加了一段零荷载区段。

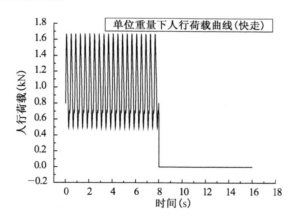

附图 11.11　快走工况下人行荷载曲线

由于加速度易于测量,目前最为常用的是用一定形式的加速度指标作为振动舒适度的评价指标。根据大量试验取值范围与人不同震感的关系,往往用"感觉不到"到"强烈感觉到"之间一系列逐级增强的语言描述。实践中采用的加速度指标有很多种形式,常见的有峰值加速度、均方根加速度以及振动剂量等形式。试验研究表明,舒适度标准与结构振动的基频有关,而我国目前还没有规范针对楼板振动的舒适度提出要求,因此本文引用欧洲规范 2 第 2 部分(EC2-2)的标准作为本报告分析的参考,该规范规定的可接受振动加速度限值 $a_{crit} = \sqrt{f_0}/2$,其中 f_0 为楼板竖向振动基频。

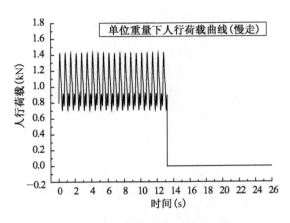

附图 11.12　慢走工况下人行荷载曲线

在上述人行荷载作用下,采用 ETABS 对楼板进行动力时程分析,得到了楼板各节点在不同工况下竖向加速度时程曲线,选取楼板加速度响应较大的节点,其加速度时程如附图 11.13~附图 11.14 所示。

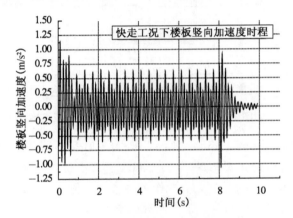

附图 11.13　快走工况下楼板节点竖向加速度时程

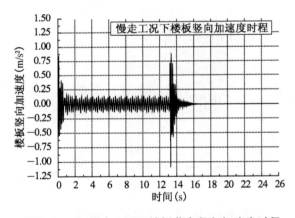

附图 11.14　慢走工况下楼板节点竖向加速度时程

从上面的结果可以看出,在人行荷载的平稳阶段,楼板振动较为平稳,快走加速度峰值在 $0.63\ \mathrm{m/s^2}$ 左右,慢走加速度峰值在 $0.14\ \mathrm{m/s^2}$ 左右,而楼板的竖向振动基频 $f_0 = 4.06\ \mathrm{Hz}$,根据 EC2-2 振动加速度限值 $a_{\mathrm{crit}} = 1.01\ \mathrm{m/s^2}$,在人行的平稳阶段,楼板振动满足舒适度的要求。在人行荷载的加载和卸载阶段,由于作用力冲量作用,加速度较平稳阶段要大,快走与慢走工况的加速度峰值均超过 $1.00\ \mathrm{m/s^2}$。但由于加载与卸载时间段非常短,因此不会产生明显的不舒适感觉。在人行荷载卸载后,两种工况下楼板的加速度均迅速衰减。

附 12　结构抗震超限设计的措施

附 12.1　针对高度超限的抗震措施

按 8 度区要求确定抗震措施并采用特殊超限设计抗震措施,如下所述:

(1)塔楼核心筒剪力墙抗震等级提高一级至特一级。

(2)核心墙内埋置型钢,以增加结构核心筒的延性。对底部加强区和加强层及其上下各一层范围内用型钢加强。

(3)核心筒剪力墙和型钢混凝土框架柱截面按中震弹性设计。

(4)采用性能化抗震设计方法,对结构整体及各部分构件设定抗震设计性能目标,对核心筒底部加强区、加强层附近墙体及桁架节点等关键部位设定较高的性能目标,并进行罕遇地震作用下非线性动力时程分析验证整体结构和构件的抗震性能达到或优于"大震不倒"这一性能目标。具体见附 8.1 节。

附 12.2　针对结构具有加强层复杂性的抗震措施

(1)采用"有限刚度"加强层,尽量降低加强层的刚度,减小刚度突变。加强层的刚度确定,以满足规范规程对结构整体刚度的最低要求为准。

(2)特殊超限设计抗震措施——伸臂桁架和腰桁架达到中震不屈服的抗震性能目标。

(3)位于加强层区间及其上、下相邻两层的核心筒剪力墙和框架柱按中震弹性设计。

(4)按强节点弱构件的原则设计伸臂桁架,保证节点在最不利工况(含大震)下不破坏。

(5)加强层沿平面短方向每榀伸臂桁架均与核心筒转角或 T 形节点相连,并贯通于整个核心筒。

(6)采用性能化抗震设计方法,对结构整体及各部分构件设定抗震设计性能目标,对核心筒底部加强区、加强层附近墙体及桁架节点等关键部位设定较高的性能目标。进行罕遇地震作用下非线性动力时程分析验证整体结构和构件的抗震性能达到或优于"大震不倒"这一性能目标。具体见附 8.1 节。

附 13　结论

本报告详述了对该项目塔楼结构体系的研究、结构线弹性分析、弹性时程分析以及构件的验算。各层面的分析结果表明目前的结构方案可以满足本报告所制定的目标,各项性能指标均符合国家规范要求,该工程结构体系成立,是安全可行的。主要的分析结论如下:

(1)结构整体位移指标为风工况和地震工况双控,风荷载下的最大层间位移角为 1/760,地震作用下的最大层间位移角为 1/643。

(2)剪力墙可以满足中震弹性抗剪、正截面抗弯的要求。

(3)所有框架柱均按 $0.25Q_0$ 和 $1.8V_{f,\max}$ 的最大值进行剪力调整,且满足中震弹性的要求。

(4)根据舒适度的计算公式,在 10 年期的风荷载作用下,结构顶部处的加速度峰值为 0.157 m/s²,满足规范小于 0.25 m/s² 的要求。

本节填写说明:对所采取的加强措施做全面小结,明确实现预期性目标的技术、经济可行性。对需要在施工图阶段进一步解决的问题,提出建议。

附件

1. 建筑、结构扩初图纸

2. 模型电算资料

3. 重要计算结果

(1)楼板受力分析

(2)节点有限元分析

(3)越层柱受力分析

每个项目特点不同,仅为举例说明。